식품 산업기사

필기 기출문제

차광종 저

다락원

머리말
Introduction

급속한 경제적, 사회적 발전과 더불어 식생활이 다양하게 변화됨에 따라 식품에 대한 욕구도 양적인 측면보다 맛과 영양, 기능성, 안전성 등을 고려하는 질적인 측면으로 변화되고 있습니다. 또한 식품제조가공 기술이 급속하게 발달하면서 식품을 제조하는 공장의 규모가 커지고 공정이 복잡해짐에 따라 식품기술 분야에 대한 기본적인 지식을 바탕으로 하여 식품재료의 선택에서부터 새로운 식품의 기획, 연구개발, 분석, 검사 등의 업무를 담당할 수 있고, 식품제조 및 가공 공정, 식품의 보존과 저장 공정에 대한 유지관리, 위생관리, 감독의 업무를 수행할 수 있는 자격 있는 전문기술 인력에 대한 수요가 급증하고 있습니다. 이에 따라 실제로 산업체나 식품관련 각종 기관에서 일정 자격취득자의 요구가 더욱 높아지고 있는 실정입니다.

이 교재는 식품산업기사에 대한 관심도의 증가에 발맞춰 식품산업기사 자격시험을 대비하는 수험생들의 합격률을 높일 수 있도록 최근 5년 동안 출제되었던 기출문제와 함께 해설을 이해하기 쉽게 요약하였습니다. 또한, 수험생들의 학습효과를 높이기 위해 문제와 해설을 분리하였고, 출제빈도가 높은 문제는 별도로 표시하여 한번 더 확인할 수 있도록 하였습니다. 그리고 중요한 키워드를 부록으로 준비하여 시험 직전에 요긴하게 활용할 수 있도록 했으므로 식품산업기사 시험 준비를 하는 모든 수험생들에게 큰 도움이 되리라 확신합니다.

그동안 산업현장에서 쌓은 경험과 대학 강의를 하면서 정리한 이론을 바탕으로 정성껏 만든 이 수험서로 식품산업기사 자격시험 준비를 하는 모든 분들에게 합격의 영광이 있기를 기원합니다.

끝으로 이 책이 나오기까지 많은 도움을 주신 여러 교수님들과 적극적으로 협조해주신 다락원 임직원 여러분께 깊은 감사를 드립니다.

저자 차광종

식품
산업기사
시험안내

개요

식품은 인간의 생명과 건강을 유지하기 위해 필요 불가결한 것으로, 사회발전과 생활의 풍요로움에 따라 식품에 대한 욕구도 양적인 측면에서 맛과 영양, 안전성 등을 고려하는 질적인 측면으로 변화하게 된다. 이에 따라 소비자에게 최상의 식품이 제공되도록 하기 위해 식품가공분야에서 기능업무를 담당할 숙련기능 인력의 양성이 요구된다.

수행직무

식품재료를 선택하고 선별, 분류하며, 만들고자 하는 식품의 제조공정에 따라 기계적, 물리화학적 처리를 하며, 작업공정에 따라 처리정도 및 숙성정도를 관찰하고 적정한 상태로 만들어 나가기 위한 지도적 기능업무를 수행한다. 또한 작업을 원활히 수행하기 위하여 작업공정을 조정하고 안전상태를 점검하는 업무를 수행한다.

진로 및 전망

주로 식품제조·가공업체, 즉석판매제조·가공업, 식품첨가물제조업체, 식품연구소 등으로 진출하며, 이외에도 학계나 정부기관 등으로 진출할 수 있다. 「식품위생법」에 의해 식품위생감시원으로 고용될 수 있다.

음식에 대한 소비욕구의 다양화와 추세로 인해 맛과 영양, 위생안전 등을 고려한 다양한 식품이 개발되고 있으며, 기업 간 경쟁도 치열해지고 있다. 이로 인해 식품재료와 제품에 관한 연구 개발, 효율적인 운영이 요구될 뿐 아니라 식품제조공정의 급속한 발전과 더불어 위생적인 관리를 위해서도 전문기술인력이 요구되고 있다.

- 시행처 : 한국산업인력공단
- 관련학과 : 전문대학 및 대학의 식품공학, 식품가공학, 식품공업 관련학과
- 시험과목
  - 필기 : 식품위생학, 식품화학, 식품가공학, 식품미생물학, 식품제조공정
  - 실기 : 식품품질관리 실무(작업형, 4시간 정도)
- 검정방법
  - 필기 : 과목당 객관식 20문항(과목당 30분)
  - 실기 : 작업형(4시간 정도)
- 합격기준
  - 필기 : 100점을 만점으로 하여 과목당 40점 이상, 전과목 평균 60점 이상
  - 실기 : 100점을 만점으로 하여 60점 이상

구분	필기원서접수(인터넷)	필기시험	필기합격 (예정자)발표
정기 1회	1월 경	3월 경	3월 경
정기 2회	3월 경	4월 경	5월 경
정기 3회	6월 경	7월 경	8월 경

※ 자세한 일정은 큐넷에서 확인
※ 2021년부터 산업기사 시험 방식이 CBT로 변경됨

- 식품의 품질검사 실험의 정확도 및 숙련도 평가
- 식품의 물리·화학적 품질검사
- 식품응용미생물 및 식품위생관련 미생물 검사

출처 : 큐넷(http://www.q-net.or.kr)

자격종목 : 식품산업기사
필기검정방법 : 객관식
문제수 : 100
시험시간 : 2시간 30분
직무내용 : 식품기술분야에 대한 전문적인 지식을 바탕으로 하여 식품의 단위조작 및 생물학적, 화학적, 물리적 위해요소의 이해와 안전한 제품의 공급을 위한 식품재료의 선택에서부터 신제품의 기획·개발, 식품의 분석·검사 등의 업무를 담당하며, 식품제조 및 가공공정, 식품의 보존과 저장 공정에 대한 업무를 수행하는 직무

식품위생학		
1. 식중독	– 세균성식중독, 화학성식중독, 자연독식중독, 곰팡이독식중독, 바이러스성식중독, 식이 알레르기	
2. 식품과 감염병	– 경구감염병	
3. 식품첨가물	– 식품첨가물개요	
4. 유해물질	– 유해물질	
5. 식품공장의 위생관리	– 식품공장의 위생관리, 식품 포장 및 용기의 위생관리, 식품공장 폐기물 처리	
6. 식품위생검사	– 안전성 평가시험, 식품위생검사	
7. 식품의 변질과 보존	– 식품의 변질과 보존	
8. 식품안전법규	– 법규의 이해	

식품화학		
1. 식품의 일반성분	– 수분, 탄수화물, 지질, 단백질, 무기질, 비타민	
2. 식품의 특수성분	– 맛성분, 냄새성분, 색소성분, 기능성물질	
3. 식품의 물성	– 식품의 물성	
4. 저장·가공 중 식품 성분의 변화	– 일반성분의 변화, 특수성분의 변화	
5. 식품의 평가	– 관능검사	
6. 식품성분분석	– 일반성분분석	

식품가공학	1. 곡류 및 서류가공	– 곡류가공, 서류가공
	2. 두류가공	– 두류가공
	3. 과채류가공	– 과일류가공, 채소류가공
	4. 유지가공	– 유지가공
	5. 유가공	– 유가공
	6. 육류가공	– 육류가공
	7. 알가공	– 알가공
	8. 수산물가공	– 수산물가공
	9. 식품의 저장	– 식품저장학 일반, 유통기한 설정방법, 식품의 포장
	10. 식품공학	– 식품공학의 기초, 식품공학의 응용

식품미생물학	1. 미생물 일반	– 미생물 일반
	2. 식품미생물	– 곰팡이류, 효모류, 세균류, 기타 미생물
	3. 식품미생물발생	– 식품저장 중 미생물 발생
	4. 발효식품 관련 미생물	– 주류, 장류, 김치류, 젓갈류, 치즈 및 발효유
	5. 기타발효	– 유기산발효 및 아미노산발효, 균체생산, 효소생산, 미생물 대사

식품제조공정	1. 선별	– 무게에 의한 선별, 크기에 의한 선별, 모양에 의한 선별, 광학에 의한 선별
	2. 세척	– 건식세척, 습식세척
	3. 분쇄	– 조분쇄기, 중간 분쇄기, 미분쇄기, 초미분쇄기
	4. 혼합 및 유화	– 교반기, 혼합기, 반죽기
	5. 성형	– 압출 성형기, 압축 성형기
	6. 원심분리	– 액체와 액체 원심분리기
	7. 여과	– 중력 여과기, 압축 여과기, 진공 여과기, 원심 여과기, 막분리 여과
	8. 추출	– 압착기, 용매추출기, 초임계 가스 추출기
	9. 이송	– 기체 이송기, 액체 이송기, 고체 이송기
	10. 건조	– 자연건조, 인공건조
	11. 농축	– 증발농축, 냉동농축, 막농축
	12. 살균	– 가열살균, 비가열 살균

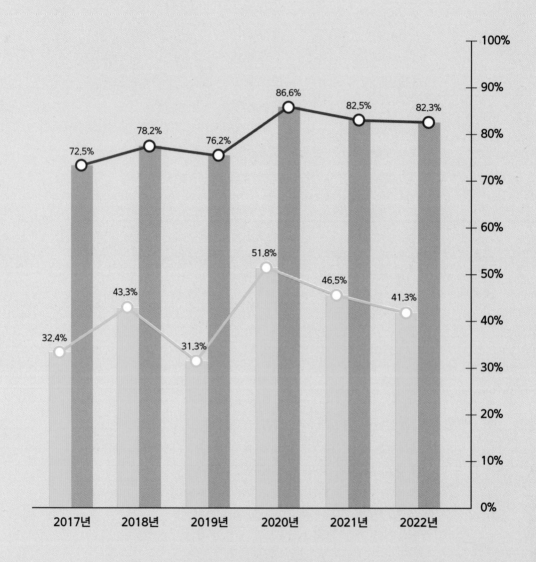

Q&A

Q 시험 일정이 궁금합니다.

A 시험 일정은 매년 상이하므로, 큐넷 홈페이지(www.q-net.or.kr)를 참고하거나 다락원 원큐패스카페(http://cafe.naver.com/1qpass)를 이용하면 편리합니다. 원서접수기간, 필기시험일정 등을 확인할 수 있습니다.

Q 자격증을 따고 싶은데 시험 응시방법을 잘 모르겠습니다.

A 시험 응시방법은 간단합니다.

[홈페이지에 접속하여 회원가입]
국가기술자격은 보통 한국산업인력공단과 한국기술자격검정원 홈페이지에서 응시하면 됩니다.
그 외에도 한국보건의료인국가시험원, 대한상공회의소 등이 있으니 자격증의 주관사를 먼저 아는 것이 중요합니다.

[사진 등록]
회원가입한 내역으로 원서를 등록하기 때문에, 규격에 맞는 본인확인이 가능한 사진으로 등록해야 합니다.
• 접수가능사진 : 6개월 이내 촬영한 (3×4cm) 칼라사진, 상반신 정면, 탈모, 무 배경
• 접수불가능사진 : 스냅 사진, 선글라스, 스티커 사진, 측면 사진, 모자 착용, 혼란한 배경사진, 기타 신분확인이 불가한 사진

원서접수 신청을 클릭한 후, 자격선택 → 종목선택 → 응시유형 → 추가입력 → 장소선택 → 결제하기 순으로 진행하면 됩니다.

Q 시험장에서 따로 유의해야 할 점이 있나요?

A 시험당일 신분증을 지참하지 않은 경우에는 당해 시험이 정지(퇴실) 및 무효 처리 되므로, 신분증을 반드시 지참하기 바랍니다.

[공통 적용]

① 주민등록증(주민등록증발급신청확인서 포함), ② 운전면허증(경찰청에서 발행 된 것), ③ 건설기계조종사면허증, ④ 여권, ⑤ 공무원증(장교·부사관·군무원신 분증 포함), ⑥ 장애인등록증(복지카드)(주민등록번호가 표기된 것), ⑦ 국가유공 자증, ⑧ 국가기술자격증(국가기술자격법에 의거 한국산업인력공단 등 10개 기관 에서 발행된 것), ⑨ 동력수상레저기구 조종면허증(해양경찰청에서 발행된 것)

[한정 적용]

- 초·중·고등학생 및 만18세 이하인 자

  ① 초·중·고등학교 학생증(사진·생년월일·성명·학교장 직인이 표기·날인 된 것), ② 국가자격검정용 신분확인증명서(검정업무 매뉴얼 별지 제1호 서식 에 따라 학교장 확인·직인이 날인된 것), ③ 청소년증(청소년증발급신청확인 서 포함), ④ 국가자격증(국가공인 및 민간자격증 불인정)

- 미취학 아동

  ① 한국산업인력공단 발행 "국가자격검정용 임시신분증"(검정업무매뉴얼 별 지 제5호 서식에 따라 공단 직인이 날인된 것), ② 국가자격증(국가공인 및 민 간자격증 불인정)

- 사병(군인)

  국가자격검정용 신분확인증명서(검정업무 매뉴얼 별지 제1호 서식에 따라 소 속부대장이 증명·날인한 것)

- 외국인

  ① 외국인등록증, ② 외국국적동포국내거소신고증, ③ 영주증

※ 일체 훼손·변형이 없는 원본 신분증인 경우만 유효·인정
　– 사진 또는 외지(코팅지)와 내지가 탈착·분리 등의 변형이 있는 것, 훼손으로 사진·인적사항 등을 인식할 수 없는 것 등
　– 신분증이 훼손된 경우 시험응시는 허용하나, 당해 시험 유효처리 후 별도 절차를 통해 사후 신분확인 실시
※ 사진, 주민등록번호(최소 생년월일), 성명, 발급자(직인 등)가 모두 기재된 경우에 한하여 유효·인정

Q 실기시험은 어떻게 준비해야 하나요?

A 식품산업기사 실기시험은 작업형으로 진행이 되며, 시험시간은 4시간 정도입니다.

시험구분	식품산업기사 표준 시험 문제
시험1	① 회분정량, 식염정량 ② 수분정량, 알칼리용액 조제 및 표정
시험2	① 일반세균검사 ② 대장균군검사

시험1, 2 각각 ①, ② 2개 중 1개 과제 배정

[예시] "시험1 ① 회분정량, 식염정량 + 시험2 ① 일반세균검사" 배정

※ 실제 출제 시에는 공개한 문제에서 일부 변형되어 과제별 상세 요구사항 등이 변경될 수 있음을 참고하시기 바랍니다.

이 책의 구성

문제편

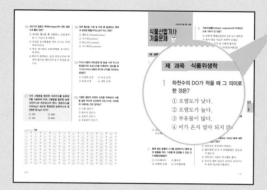

● 최근 5년간 출제된 기출문제가 담겨 있어 반복학습이 가능하다.

해설편

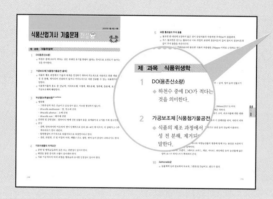

● 두꺼운 이론서가 필요 없을 정도로 상세한 해설이 담겨 있어 요점만 확실하게 캐치할 수 있다.

모의고사

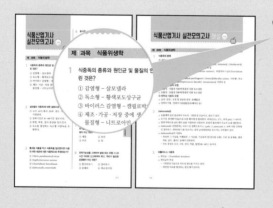

● 2021년부터 변경된 시험방식에 따라 CBT를 대비하여 실전모의고사 2회분을 수록하였다.

“ 기출문제와 해설을 따로 분리하여
해설집은 별도의 이론서가 필요없이 활용할 수 있다. ”

특징
및
활용법

[문제편]과 [해설편]을 따로 구성하여, 실제 시험처럼 문제를 푸는 데 집중할 수 있고, 문제를 푼 후 해설을 확인할 때 편리하다. 또한, 이론서에 버금가는 상세한 해설을 달아 두꺼운 이론서가 없어도 해당 과목의 이론 학습이 가능하다.

STEP 1 시험 전 실력 점검하기

최근 5년간 기출문제를 실전처럼 풀어보고 자기 실력을 점검해보자!

STEP 2 키포인트 익히기!

핵심 설명만 모아놓은 해설집으로 학습, 복습, 암기, 세 가지를 한 번에 하자!

시험 직전 최종 마무리 단계! 시험 전날에는 중요한 문제를 한 번 더 확인하고, 시험 직전에는 키워드 노트를 활용하여 내용을 차분히 정리하고 긴장을 풀자!

STEP 3 중요한 문제는 한번 더!

자주 출제되는 문제는 별도로 표시하여 눈에 띄게 했으며, 중복 출제될 가능성이 높으니 한 번 더 체크하자!

STEP 4 실전모의고사 체크하기!

실전모의고사를 통해 최근 출제 경향을 파악하고 시험에 대비하자!

차례

문제편

식품산업기사

해설편

식품산업기사

문제편

식품산업기사 기출문제

2016 1회

제1과목　식품위생학

1 식품첨가물 공전에서 삭제된 화학적 합성품이 아닌 것은?

① 브롬산칼륨　　② 규소 수지

③ 표백분　　　　④ 데히드로초산

2 전파가능성을 고려하여 발생 또는 유행 시 24시간 이내에 신고하여야 하고, 격리가 필요한 감염병이 아닌 것은?

① 발진티푸스　　② 장티푸스

③ 콜레라　　　　④ 세균성이질

3 PVC에 대한 설명으로 틀린 것은?

① 내수성이 좋다.
② 내산성이 좋다.
③ 가격이 저렴하다.
④ 열 접착은 어렵다.

4 우유에 70% ethyl alcohol을 넣고 그에 따른 응고물 생성 여부를 통해 알 수 있는 것은?

① 산도　　　　　② 지방량

③ lactase 유무　④ 신선도

5 농약의 잔류성에 대한 설명으로 틀린 것은?

① 농약의 분해속도는 구성 성분의 화학 구조의 특성에 따라 각각 다르다.
② 잔류기간에 따라 비잔류성, 보통 잔류성, 잔류성, 영구 잔류성으로 구분한다.
③ 대부분은 물로 씻으면 제거되지만, 일부 남아있을 경우 가열조리 시 농축되어 제거되지 않고 인체흡수율이 높아진다.
④ 중금속과 결합한 농약들은 중금속이 거의 영구적으로 분해되지 않아 영구 잔류성으로 분류한다.

6 세균에 의한 경구 감염병은?

① 유행성 간염　　② 콜레라

③ 폴리오　　　　④ 전염성 설사증

7 식품에 사용이 허용된 감미료는?

① sodium saccharin
② cyclamate
③ nitrotoluidine
④ ethyene glycol

8 유해성 포름알데히드(formaldehyde)와 관계없는 물질은?

① 요소 수지
② urotropin
③ rongalite
④ nitrogen trichloride

9 다음 중 인수공통감염병이 아닌 것은?

① 야토병　　　　② 탄저병

③ 급성회백수염　④ 파상열

10 주로 와인과 같은 주류 발효과정에서 생성되는 부산물로 아르기닌 등이 효모의 작용에 의해 형성된 요소(urea)가 에탄올과의 반응으로 생성되며 발암성 물질이기도 한 이것은?

① 아크릴아마이드
② 벤조피렌
③ 에틸카바메이트
④ 바이오제닉아민

11 산화방지제에 대한 설명으로 틀린 것은?

① 에리소르빈산(erythorbic acid), 몰식자산 프로필(propyl gallate) 등이 이들 종류에 속한다.
② 수용성인 것은 주로 색소 산화방지제로, 지용성인 것은 유지류의 산화방지제로 사용된다.
③ 구연산, 사과산 등의 유기산류와 병용하면 효력이 더욱 증가된다.
④ 천연첨가물로는 에리스리톨, 시클로덱스트린 시럽 등이 있다.

12 장염비브리오균 식중독을 주로 발생시키는 식품은?

① 어패류가공품   ② 육류가공품
③ 어육연제품   ④ 우유제품

13 곤충 및 동물의 털과 같이 물에 잘 젖지 아니하는 가벼운 이물 검출에 적용하는 이물 검사는?

① 여과법
② 체분별법
③ 와일드만 라스크법
④ 침강법

14 미생물의 영양세포 및 포자를 사멸시키는 것으로 정의되는 용어는?

① 간헐   ② 가열
③ 살균   ④ 멸균

15 과량의 방사선 물질에 오염된 식품을 먹을 때 나타나는 급성 방사선 증후군은 일반적으로 전신이 얼마 이상의 용량에 노출된 이후에 나타날 수 있는가?

① 1mSv   ② 10mSv
③ 100mSv   ④ 1Sv

16 식용동물에서 동물용의약품이 동물의 체내 대사과정을 거쳐 잔류허용기준 이하의 안전수준까지 배설되는 기간으로 반드시 지켜야 할 지침기간은?

① 기준기간   ② 유효기간
③ 휴약기간   ④ 유지기간

17 농약에 의한 식품 오염에 대한 설명으로 틀린 것은?

① 농약은 물이나 토양을 오염시키고 식품 원료로 사용되는 어패류 등의 생물체에 축적될 수 있다.
② 오염된 농작물이나 어패류를 섭취하면 만성 중독 증상이 나타날 수 있다.
③ 유기염소제는 분해되기 어렵다.
④ 농약의 잔류기간은 살포 장소에서 농약잔류물이 50% 소실되는 데 걸리는 기간을 말한다.

18 실험물질을 사육동물에게 2년 정도 투여하는 독성 실험 방법은?

① LD$_{50}$
② 급성 독성 실험
③ 아급성 독성 실험
④ 만성 독성 실험

19 HACCP(식품안전관리인증기준)에 대한 설명 중 틀린 것은?

① 위해분석(HA)과 중요관리점(CCP)으로 구성되어 있다.
② 유통 중의 상품만을 대상으로 하여 상품을 수거하여 위생상태를 관리하는 기준이다.
③ 식품의 원재료에서부터 가공 공정, 유통단계 등 모든 과정을 위생 관리한다.
④ CCP는 해당 위해요소를 조사하여 방지, 제거한다.

20 고등어와 같은 적색 어류에 특히 많이 함유된 물질은?

① glycogen   ② purine
③ mercaptan   ④ histidine

제2과목 식품화학

21 다음 중 다른 조건이 동일할 때 전분의 노화가 가장 잘 일어나는 조건은?

① 온도 −30℃
② 온도 90℃
③ 수분 30~60%
④ 수분 90~95%

22 딸기, 포도, 가지 등의 붉은색이나 보라색이 가공, 저장 중 불안정하여 쉽게 갈색으로 변하는 색소는?

① 엽록소
② 카로티노이드계
③ 플라보노이드계
④ 안토시아닌계

23 전분에 대한 설명으로 틀린 것은?

① 전분 분자량은 전분의 호화에 영향을 미치지 않는다.
② 전분을 가수분해할 때 lactose는 생성되지 않는다.
③ 호화전분의 노화를 막기 위해서 수분함량을 15% 이하로 급격히 줄인다.
④ 수분이 많으면 전분호화가 잘 일어나지 않는다.

24 밀감 병조림의 백탁의 원인과 가장 관계가 깊은 성분은?

① 헤스페리딘(hesperidin)
② 트리틴(tritin)
③ 루틴(rutin)
④ 다이진(daidzin)

25 유화제(emulsifying agent)의 설명 중 틀린 것은?

① 구조 내 친수기와 소수기가 있다.
② 천연유화제는 복합지질들이 많다.
③ 유화액의 형태에 영향을 준다.
④ 가공식품의 산화를 방지하는 식품첨가물이다.

26 점탄성체가 가지는 성질이 아닌 것은?

① 예사성　　　② 유화성
③ 경점성　　　④ 신전성

27 식물성 식품의 떫은맛과 관계가 깊은 것은?

① 아미노산(amino acid)
② 탄닌(tannin)
③ 포도당(glucose)
④ 비타민(vitamin)

28 단순 단백질의 구조와 관계없는 결합은?

① 수소 결합
② 글리코사이드(glycoside) 결합
③ 펩티드(peptide) 결합
④ 소수성 결합

29 새우, 게 등 갑각류의 가열이나 산 처리 시에 적색으로 변하는 것은?

① myoglobin이 nitrosmyoglobin으로 변화
② astaxanthin이 astacin으로 변화
③ cholorphyll이 pheophytin으로 변화
④ anthocyan이 anthocyanidin으로 변화

30 무기질의 기능이 아닌 것은?

① 근육 수축 및 신경 흥분, 전달에 관여한다.
② 체액의 pH 및 삼투압을 조절한다.
③ 효소, 호르몬 및 항체를 구성한다.
④ 뼈와 치아 등의 조직을 구성한다.

31 무기물 중 체내에서 알칼리 생성원소인 것은?

① Na　　　② S
③ P　　　④ Cl

32 감자를 자른 단면의 효소적 갈변 시 생기는 화합물은?

① 캐러멜(caramel)
② 베타시아닌(betacyanin)
③ 멜라닌(melanin)
④ 탄닌(tannin)

33 전분의 호화에 영향을 주는 요인과 거리가 먼 것은?

① 전분의 종류
② 산소
③ 전분 입자의 수분 함량
④ pH

34 식품의 주 단백질이 잘못 연결된 것은?

① 달걀 – ovalbumin
② 밀가루 – gluten
③ 콩 – myoglobin
④ 우유 – casein

35 유화에 대한 설명으로 틀린 것은?

① 수중유적형 유화에는 우유와 아이스크림이 대표적이다.
② 유화제는 친수성과 소수성을 동시에 갖고 있다.
③ HLB값이 8~18인 유화제의 경우 수중유적형 유화에 알맞다.
④ 유화제는 기름과 물의 계면장력을 증가시킨다.

36 수용성 비타민으로서 동식물성 식품에 널리 분포하며 산화환원 반응에 관여하는 여러 효소의 조효소가 되고 결핍되면 구각염, 피부염 등의 증상을 나타내는 것은?

① thiamine(vitamin B₁)
② riboflavin(vitamin B₂)
③ pyridoxin(vitamin B₆)
④ biotin(vitamin H)

37 관능 검사의 사용 목적과 거리가 먼 것은?

① 신제품 개발
② 제품 배합비 결정 및 최적화
③ 품질 평가방법 개발
④ 제품의 화학적 성질 평가

38 육류의 저장 중 시간이 지남에 따라 갈색을 띠는 물질은?

① oxymyoglobin
② metmyoglobin
③ nitrosomyoglobin
④ sulfmyoglobin

39 특성차이 검사 방법이 아닌 것은?

① 삼점 검사
② 다중 비교 검사
③ 순위법
④ 평점법

40 관능 검사의 묘사분석 방법 중 하나로 제품의 특성과 강도에 대한 모든 정보를 얻기 위하여 사용하는 방법은?

① 텍스처 프로필
② 향미 프로필
③ 정량적 묘사분석
④ 스펙트럼 묘사분석

제3과목 식품가공학

41 버터에 대한 설명으로 맞는 것은?

① 원유, 우유류 등에서 유지방분을 분리한 것이나 발효시킨 것을 그대로 또는 이에 식품이나 식품첨가물을 가하고 교반하여 연압 등 가공한 것이다.
② 식품유지에 식품첨가물을 가하여 가소성, 유화성 등의 가공성을 부여한 고체상이다.
③ 우유의 크림에서 치즈를 제조하고 남은 것을 살균 또는 멸균 처리한 것이다.
④ 원유 또는 유가공품에 유산균, 단백질 응유효소, 유기산 등을 가하여 응고시킨 후 유청을 제거하여 제조한 것이다.

42 자연치즈의 숙성도와 관련이 깊은 성분은?

① 수용성 질소
② 유리지방산
③ 유당
④ 카르보닐 화합물

43 유지 채유과정에서 열처리를 하는 근본적인 이유가 아닌 것은?

① 유리지방산 생성 촉진
② 원료의 수분 함량 조절
③ 산화효소의 불활성화
④ 착유 후 미생물의 오염 방지

44 통조림의 진공도에 관여하는 요소와 가장 거리가 먼 것은?

① 탈기, 가열시간 및 온도
② 통조림 원료의 종류
③ 내용물의 선도
④ 기온 및 기압

45 동결 건조의 장점이 아닌 것은?

① 위축변형이 거의 없으므로 외관이 양호하다.
② 제품의 조직이 다공질이므로 복원성이 좋다.
③ 품질 손상없이 2~3%의 저수분 상태로 건조할 수 있다.
④ 표면적이 작고 부서지지 않아 포장이나 수송이 편리하다.

46 유지의 정제 방법에 대한 설명으로 틀린 것은?

① 탈산은 중화에 의한다.
② 탈색은 가열 및 흡착에 의한다.
③ 탈납은 가열에 의한다.
④ 탈취는 감압하에서 가열한다.

47 팥으로 양갱을 제조할 때 중조($NaHCO_3$)를 넣는 이유가 아닌 것은?

① 팥의 팽화를 촉진한다.
② 껍질 파괴를 용이하게 한다.
③ 팥의 갈변화를 방지한다.
④ 소의 착색을 돕는다.

48 플라스틱 포장재의 제조과정에서 첨가되는 물질이 아닌 것은?

① 소르브산(sorbic acid)과 같은 보존제
② BHA, BHT 등과 같은 산화방지제
③ 프탈레이트(phthalate)와 같은 가소제
④ 벤조페논(benzophenone)과 같은 자외선 흡수제

49 다음 중 식물성 지방산이 아닌 것은?

① oleic acid ② linoleic acid
③ palmitic acid ④ citric acid

50 자연치즈 제조 시 커드(curd)의 가온 효과가 아닌 것은?

① 유청의 배출이 빨라진다.
② 젖산 발효가 촉진된다.
③ 커드가 수축되어 탄력성 있는 입자로 된다.
④ 고온성균의 증식을 방지한다.

51 물의 밀도로 1g/cm³(CGS 단위계)를 SI 단위계로 환산하면?

① 1kg/m³ ② 10kg/m³
③ 100kg/m³ ④ 1,000kg/m³

52 인스턴트 커피의 제조 공정에 대한 설명 중 틀린 것은?

① 원료 커피콩을 배초기(焙炒機)에서 볶아 즉시 분쇄한다.
② 분쇄한 커피콩을 추출기에 넣고 뜨거운 물을 부어 가압, 가열 추출한다.
③ 추출액은 뒤섞여 있는 미세분말을 제거하기 위해 원심분리를 한다.
④ 추출액은 분무 건조 또는 진공 건조시킨다.

53 육류 단백질의 냉동 변성을 일으키는 요인이 아닌 것은?

① 염석(salting out)
② 응집(coagulation)
③ 빙결정(ice crystal)
④ 유화(emulsion)

23

54 아질산나트륨을 사용할 수 없는 식품은?

① 식육가공품　　② 어육소시지

③ 명란젓　　　　④ 가공치즈

55 수분 함량이 10%인 밀가루 10kg을 수분 함량 20%로 맞추기 위해 첨가해야 하는 물의 양은?

① 1kg　　　　　② 1.25kg

③ 1.5kg　　　　④ 1.75kg

56 양면이 팽창한 상태인 변패 통조림의 팽창면을 손가락으로 누르면 조금은 원상으로 되돌아가나 정상의 위치까지는 되돌아가지 않는 현상을 무엇이라고 하는가?

① flipper

② soft swell

③ springer

④ hard swell

57 잼을 제조할 때 젤리점(jelly point)을 결정하는 방법으로 잘못된 것은?

① 나무주걱으로 시럽을 떠서 흘러내리게 하여 주걱 끝에 젤리모양으로 굳은 채로 떨어지는 것을 시험하는 스푼법 (spoon test)

② 끓는 시럽의 온도가 104~105℃가 되었는지 온도계로 측정

③ 당도계로 당도가 55% 정도가 되는 점을 측정

④ 농축액을 찬물이 든 유리컵에 소량 떨어지게 하여 밑바닥까지 굳은 채로 떨어지는지를 조사하는 컵법

58 축산물의 표시기준상 영양성분 함량 산출의 기준으로 옳은 것은?

① 직접 섭취하지 않는 동물의 뼈를 포함한 부위를 기준으로 산출한다.

② 한번에 먹을 수 있도록 포장·판매되는 제품은 총 내용량을 1회 제공량으로 하지 않고 100g당, 100ml당의 기준을 준수한다.

③ 1회 제공량당, 100g당, 100ml당 또는 1포장당 함유된 값으로 표시한다.

④ 단위 내용량이 1회 제공량 범위 미만에 해당하는 경우라도 2단위 이상을 1회 제공량으로 하지 않는다.

59 사과의 CA(Controlled Atmosphere) 저장 최적 조건은?

① 온도 5℃, 산소 10%, 탄산가스 10~15%, 습도 85~95%

② 온도 5℃, 산소 10%, 탄산가스 10~15%, 습도 50~60%

③ 온도 2℃, 산소 5%, 탄산가스 0.5%, 습도 85~95%

④ 온도 5℃, 산소 5%, 탄산가스 0~10%, 습도 85~95%

60 달걀의 특성에 대한 설명으로 틀린 것은?

① 양질의 단백질, 지방, 각종 비타민류가 많이 포함되어 있다.

② 난각, 난황, 난백의 크게 3부분으로 이루어져 있다.

③ 기포성, 유화성, 보수성을 지니고 있어 식품가공에 많이 이용된다.

④ 달걀 중에 있는 avidin은 biotin의 흡수를 촉진시킨다.

제4과목 식품미생물학

61 포도당 500g을 초산발효시켜 얻을 수 있는 이론적인 최대 초산량은 약 얼마인가?

① 166.7g ② 333.3g
③ 500g ④ 652.1g

62 동결보존법에 대한 설명으로 옳은 것은?

① glycerol, 탈지유, 혈청 등을 첨가하여 보존한다.
② 배지를 선택 배양하여 저온실에 보관하고 정기적으로 이식하여 보존한다.
③ 시험관을 진공상태에서 불로 녹여 봉해서 보존한다.
④ 멸균한 유동 파라핀을 첨가하여 저온 또는 실온에서 보존한다.

63 식품제조 공장에서 낙하 오염에 주로 관여하는 미생물은?

① 세균 ② 곰팡이
③ 바이러스 ④ 효모

64 초산균(*Acetobacter*)을 사용하여 주정초를 만들 때 이용되는 주 원료는?

① 쌀 ② 당밀
③ 에틸알코올 ④ 빙초산

65 세균의 그람염색과 직접 관계되는 것은?

① 세포막 ② 세포벽
③ 원형질막 ④ 핵

66 통조림 flat sour 변패 원인세균으로서 극히 내열성이 강한 포자를 형성하는 세균인 것은?

① *Bacillus coagulans*
② *Bacillus anthracis*
③ *Bacillus polymyxa*
④ *Bacillus cereus*

67 치즈 제조와 관련된 미생물과 거리가 먼 것은?

① *Streptococcus lactis*
② *Lactobacillus bulgaricus*
③ *Penicillium chrysogenum*
④ *Propionibacterium shermanii*

68 고온성 포자형성균에 의한 통조림 변패 요인이 아닌 것은?

① *Bacillus coagulans*
② *Bacillus stearothermophilus*
③ *Clostridium thermosaccharolyticum*
④ *Clostridium butyricum*

69 냉동식품에서 잘 검출되지 않는 세균은?

① *Flavobacterium*속
② *Pseudomonas*속
③ *Listeria*속
④ *Escherichia*속

70 식품과 관련 미생물의 연결이 틀린 것은?

① 간장 – *Aspergillus oryzae*
② 포도주 – *Saccharomyces cerevisiae*
③ 식빵 – *Saccharomyces cerevisiae*
④ 치즈 – *Aspergillus niger*

71 포자를 생성하지 못하는 효모는?

① *Saccharomyces cerevisiae*
② *Saccharomyces sake*
③ *Debaryomyces hansenii*
④ *Torulopsis utilis*

72 요구르트 발효에 사용되는 스타터는?

① *Leuconostoc mesenteroides*
② *Lactobacillus bulgaricus*
③ *Aspergillus oryzae*
④ *Saccharomyces cerevisiae*

73 김치발효의 말기에 표면에 피막을 생성하는 효모가 아닌 것은?

① *Hansenula*속
② *Candida*속
③ *Pichia*속
④ *Aspergillus*속

74 돌연변이주의 농축에서 여과법에 대한 설명으로 틀린 것은?

① 균사상으로 생육하는 곰팡이에 유용하다.
② 변이원처리를 한 포자를 최소 배지에 접종한다.
③ 수 회 반복하여 10% 이상의 변이주를 얻을 수 있다.
④ 멸균 필터로 여과하면 돌연변이된 포자는 여과액 중에서 제거된다.

75 위상차 현미경에 대한 설명으로 옳은 것은?

① 표본에 대해서 condenser와 렌즈의 위치가 반대로 되어 있는 현미경이다.
② 무색의 투명한 물체를 관찰하는 데 이용된다.
③ 미생물과 친화성이 높은 형광성 물질을 결합시켜 검출한다.
④ 전자선을 이용하여 관찰한다.

76 식품에서 일반세균의 수를 정량하기 위한 실험을 할 때 필요 없는 단계는?

① 시료와 멸균희석액을 이용해 현탁액을 제조하는 단계
② 액상 선택 배지에서 증균하는 단계
③ 표준 한천 배지에 접종해서 배양하는 단계
④ 한천 배지에서 생성된 집락을 계수하는 단계

77 일반적으로 통조림 살균 시에 가장 주의하여야 하는 부패 세균은?

① *Pediococcus halophilus*
② *Bacillus subtilis*
③ *Clostridium sporogenes*
④ *Streptococcus lactis*

78 일반적으로 곰팡이가 분비하는 효소가 아닌 것은?

① amylase ② pectinase
③ zymase ④ protease

79 개량 메주를 만드는 데 사용되는 곰팡이는?

① *Saccharomyces cerevisiae*
② *Aspergillus oryzae*
③ *Saccharomyces sake*
④ *Aspergillus niger*

80 미생물의 유전인자에 거의 영향을 주지 못하는 것은?

① α선, β선
② 가시광선, 적외선
③ γ선, χ선
④ 자외선, 중성자

제5과목 식품제조공정

81 비가열 살균에 해당하지 않는 것은?

① 자외선 살균
② 저온 살균
③ 방사선 살균
④ 전자선 살균

82 시판우유 제조 공정에서 지방구를 미세화시킬 목적으로 응용되는 유화기는?

① 터빈 교반기(turbine agitator)
② 팬 혼합기(pan mixer)
③ 리본 혼합기(ribbon mixer)
④ 고압 균질기(high pressure homo-genizer)

83 대규모 밀제분에서 가장 먼저 쓰는 roller는?

① smooth roller
② break roller
③ middling roller
④ reduction roller

84 상업적 살균 조건 설정 시 고려해야 할 요소가 아닌 것은?

① 초기 미생물 오염도
② 미생물의 내열성
③ 원산지
④ pH

85 습식 세척 방법에 해당하는 것은?

① 분무 세척   ② 마찰 세척
③ 풍력 세척   ④ 자석 세척

86 식품의 혼합에 대한 설명으로 틀린 것은?

① 건조된 가루상태의 고체를 혼합하는 조작을 고체혼합이라 하며, 좁은 의미에서 혼합은 대체로 이 경우를 말한다.
② 점도가 비교적 낮은 액체의 혼합에는 일반적으로 임펠러(impeller) 교반기를 사용하는데, 임펠러의 기본 형태는 패들(paddle), 터빈(turbin), 프로펠러(propeller) 등이 있다.
③ 혼합기 내에서 고체입자의 운동은 혼합기의 종류 및 형태에 따라 대류 혼합(convective mixing), 확산 혼합(diffusive mixing), 전단 혼합(shear mixing)으로 분류된다.
④ 점도가 아주 높은 액체 또는 가소성 고체를 섞는 조작, 고체에 약간의 액체를 섞는 조작을 교반(agitation)이라 한다.

87 건조기 중 전도형 건조기가 아닌 것은?

① 드럼 건조기
② 진공 건조기
③ 팽화 건조기
④ 트레이 건조기

88 농축 공정 중 발생하는 현상과 거리가 먼 것은?

① 점도 상승
② 거품 발생
③ 비점 하강
④ 관석(scaling) 발생

89 유체의 압력이 높을 때 장치나 배관의 파손을 방지하는 밸브는?

① 안전 밸브
② 체크 밸브
③ 앵글 밸브
④ 글로브 밸브

90 일반적으로 여과 조제(filter aid)로 사용되지 않는 것은?

① 규조토   ② 실리카겔
③ 활성탄   ④ 한천

91 어느 식품의 건물기준(dry basis) 수분 함량이 25%일 때, 이 식품의 습량기준(wet basis) 수분 함량은 몇 %인가?

① 15%   ② 20%
③ 25%   ④ 30%

92 원심분리에서 원심력을 나타내는 단위가 아닌 것은?

① $1,000 \times g$ ② 1,000N
③ 1,000rpm   ④ 1,000회전/분

93 압출성형 스낵이 압출성형기에서 압출온도와 압력에 따라 연속적으로 공정이 수행될 때 압출성형기 내부에서 이루어지는 공정이 아닌 것은?

① 분리   ② 팽화
③ 성형   ④ 압출

94 *Cl. botulinum*($D_{121.1} = 0.25$분)의 포자가 오염되어 있는 통조림을 121.1℃에서 가열하여 미생물 수를 10대수 cycle만큼 감소시키는 데 걸리는 시간은?

① 2.5분   ② 25분
③ 5분   ④ 10분

95 가공재료를 분쇄하는 일반적인 목적이 아닌 것은?

① 유효 성분의 추출효율 증대
② 용해력 향상
③ 위해물질 및 오염물질 제거
④ 혼합능력과 가공효율 증대

96 사별 공정의 효율에 영향을 주는 요인으로 거리가 먼 것은?

① 원료의 공급 속도
② 입자의 크기
③ 수분
④ 원료의 pH

97 식품 원료를 무게, 크기, 모양, 색깔 등 여러 가지 물리적 성질의 차이를 이용하여 분리하는 조작은?

① 선별　　　　② 교반
③ 교질　　　　④ 추출

98 과일주스를 가열농축할 때 향미 성분, 색소, 비타민 등 열에 의한 파괴를 최소화하기 위해 가능한 한 낮은 온도에서 농축하기 위한 장치는?

① 진공증발기(vacuum evaporator)
② 동결건조기(freeze dryer)
③ 순간살균기(flash pasteurizer)
④ 고압균질기(high pressure homo-genizer)

99 효소의 정제법에 해당되지 않는 것은?

① 염석 및 투석
② 무기용매 침전
③ 흡착
④ 이온 교환 크로마토그래피

100 아래의 추출 방법을 식품에 적용할 때 용매로 주로 사용하는 물질은?

> 이는 물질의 기체상과 액체상의 상경계 지점인 임계점 이상의 압력과 온도를 설정해 줌으로써 액체상의 용해력과 기체상의 확산계수와 점도의 특성을 지니게 하여 신속한 추출과 선택적 추출이 가능하게 하는 추출방법이다.

① 산소(O_2)
② 이산화탄소(CO_2)
③ 질소 가스(N_2)
④ 아르곤 가스(Ar)

2016년 1회 정답

1	②	2	①	3	④	4	④	5	③	6	②	7	①	8	④	9	③	10	③
11	④	12	①	13	③	14	④	15	④	16	③	17	④	18	④	19	②	20	④
21	③	22	④	23	④	24	①	25	④	26	②	27	②	28	②	29	②	30	③
31	①	32	③	33	②	34	③	35	④	36	②	37	④	38	②	39	①	40	④
41	①	42	①	43	①	44	②	45	④	46	③	47	③	48	①	49	④	50	④
51	④	52	①	53	④	54	④	55	②	56	②	57	③	58	③	59	①	60	④
61	②	62	①	63	②	64	②	65	②	66	①	67	③	68	④	69	④	70	②
71	④	72	②	73	④	74	④	75	②	76	②	77	③	78	③	79	③	80	②
81	②	82	④	83	②	84	④	85	①	86	④	87	④	88	③	89	①	90	④
91	②	92	②	93	①	94	①	95	③	96	④	97	①	98	①	99	②	100	②

식품산업기사 기출문제

2016 2회

제1과목 식품위생학

1 방사선 조사에 의한 식품 보존의 특징으로 옳은 것은?

① 대상 식품의 온도 상승을 초래하는 단점이 있다.
② 대량 처리가 불가능하다.
③ 상업적 살균을 목적으로 사용된다.
④ 침투성이 강하므로 용기 속에 밀봉된 식품을 조사시킬 수 있다.

2 살모넬라균 식중독에 대한 설명으로 틀린 것은?

① 달걀, 어육, 연제품 등 광범위한 식품이 오염원이 된다.
② 조리, 가공 단계에서 오염이 증폭되어 대규모 사건이 발생되기도 한다.
③ 애완동물에 의한 2차 오염은 발생하지 않으므로 식품에 대한 위생관리로 예방할 수 있다.
④ 보균자에 의한 식품 오염도 주의를 하여야 한다.

3 그람음성의 무아포 간균으로서 유당을 분해하여 산과 가스를 생산하며, 식품 위생 검사와 가장 밀접한 관계가 있는 것은?

① 대장균   ② 젖산균
③ 초산균   ④ 발효균

4 중요관리점(CCP)의 결정도에 대한 설명으로 옳은 것은?

① 확인된 위해요소를 관리하기 위한 선행요건이 있으며 잘 관리되고 있는가
　 – (예) – CCP 맞음
② 확인된 위해요소의 오염이 허용수준을 초과하는가 또는 허용할 수 없는 수준으로 증가하는가
　 – (아니오) – CCP 맞음
③ 확인된 위해요소를 제거하거나 또는 그 발생을 허용수준으로 감소시킬 수 있는 이후의 공정이 있는가
　 – (예) – CCP 맞음
④ 해당 공정(단계)에서 안정성을 위한 관리가 필요한가
　 – (아니오) – CCP 아님

5 다음 중 나머지 셋과 식중독 발생기작이 다른 미생물은?

① *Salmonella enteritidis*
② *Staphylococcus aureus*
③ *Bacillus cereus*
④ *Clostridium botulinum*

6 다음 통조림 식품 중 납과 주석이 용출되어 내용 식품을 오염시킬 우려가 가장 큰 것은?

① 어육   ② 식육
③ 과실   ④ 연유

7 배지의 멸균방법으로 가장 적합한 것은?

① 화염 멸균법
② 간헐 멸균법
③ 고압증기 멸균법
④ 열탕 소독법

8 식품의 변질을 방지하기 위한 방법 중 상압 건조가 아닌 것은?

① 열풍 건조법
② 배건법
③ 진공 동결 건조법
④ 분무 건조법

9 인수공통감염병으로서 동물에게는 유산을 일으키며, 사람에게는 열성질환을 일으키는 것은?

① 돈단독
② Q열
③ 파상열
④ 탄저

10 식품 위생 검사 시 생균수를 측정하는 데 사용되는 것은?

① 표준한천 평판 배양기
② 젖당부용 발효관
③ BGLB 발효관
④ SS 한천 배양기

11 포르말린이 용출될 우려가 없는 플라스틱은?

① 멜라민 수지
② 염화비닐 수지
③ 요소 수지
④ 페놀 수지

12 *Cl. botulinum*에 의해 생성되는 독소의 특성과 가장 거리가 먼 것은?

① 단순단백질
② 강한 열저항성
③ 수용성
④ 신경독소

13 식품의 기준 및 규격에 의거하여 멜라민 불검출 대상 식품이 아닌 것은?

① 영·유아용 곡류조제식
② 조제우유
③ 특수의료용도 등 식품
④ 체중조절용 조제식품

14 일본에서 발생한 미강유 오염사고의 원인물질로 피부 발진, 관절통 등의 증상을 수반하는 것은?

① PCB
② 페놀
③ 다이옥신
④ 메탄올

15 작물의 재배 수확 후 27℃, 습도 82%, 기질의 수분 함량 15% 정도로 보관하였더니 곰팡이가 발생되었다. 의심되는 곰팡이 속과 발생 가능한 독소를 바르게 나열한 것은?

① *Fusarium*속, patulin
② *Penicillium*속, T-2 toxin
③ *Aspergillus*속, zearalenone
④ *Aspergillus*속, aflatoxin

16 아니사키스(anisakis) 기생충의 대한 설명으로 틀린 것은?

① 새우, 대구, 고래 등이 숙주이다.
② 유충은 내열성이 약하여 열처리로 예방할 수 있다.
③ 냉동 처리 및 보관으로는 예방이 불가능하다.
④ 주로 소화관에 궤양, 종양, 봉와직염을 일으킨다.

17 유통기한 설정 실험 지표의 연결이 틀린 것은?

① 빵 또는 떡류 - 산가(유탕처리식품)
② 잼류 - 세균수
③ 시리얼류 - 수분
④ 엿류 - TBA가

18 완전히 익히지 않은 닭고기 섭취로 감염될 수 있는 기생충은?

① 구충
② mansoni 열두조충
③ 선모충
④ 횡천흡충

19 다음 중 채소 매개 기생충이 아닌 것은?

① 동양모양선충　② 편충
③ 톡소플라스마　④ 요충

20 단백질 식품의 부패 생성물이 아닌 것은?

① 황화수소　　② 암모니아
③ 글리코겐　　④ 메탄

제2과목　식품화학

21 식품의 텍스처(texture)를 나타내는 변수와 가장 관계가 적은 것은?

① 경도(hardness)
② 굴절률(refractive index)
③ 탄성(elasticity)
④ 부착성(adhesiveness)

22 다음 중 불포화지방산은?

① olenic acid　② lauric acid
③ stearic acid　④ palmitic aicd

23 달걀의 난황 색소가 아닌 것은?

① lutein　　② astacin
③ zeaxanthin　④ cryptoxanthin

24 전분질 식품을 볶거나 구울 때 일어나는 현상은?

① 호화 현상　　② 호정화 현상
③ 노화 현상　　④ 유화 현상

25 젤(gel)화된 콜로이드 식품은?

① 전분액
② 우유
③ 삶은 달걀(반고체)
④ 된장국

26 우유가 알칼리성 식품에 속하는 것은 무슨 영양소 때문인가?

① 지방　　② 단백질
③ 칼슘　　④ 비타민 A

27 비뉴턴 유체 중 전단응력이 증가함에 따라 전단속도가 급증하는 현상을 보이는 유체는?

① 가소성(plastic) 유체
② 의사가소성(pseudo plastic) 유체
③ 딜러턴트(dilatant) 유체
④ 의액성(thixotropic) 유체

28 클로로필(chlorophyll) 색소는 산과 반응하게 되면 어떻게 변하는가?

① 갈색의 pheophytin을 생성한다.
② 청녹색의 chlorophyllide를 생성한다.
③ 청녹색의 chlorophylline을 생성한다.
④ 갈색의 phytol을 생성한다.

29 천연계 색소 중 당근, 토마토, 새우 등에 주로 들어있는 것은?

① 카로티노이드   ② 플라보노이드
③ 엽록소   ④ 베타레인

30 토마토 적색 색소의 주성분은?

① 라이코펜   ② 베타-카로틴
③ 아스타크산틴   ④ 안토시아닌

31 빵이나 비스킷 등을 가열 시 갈변이 되는 현상은?

① 마이야르 반응 단독으로
② 효소에 의한 갈색화 반응으로
③ 마이야르 반응과 캐러멜화 반응이 동시에 일어나서
④ 아스코르빈산의 산화 반응에 의해서

32 과채류의 절단 시 갈변되는 현상과 가장 관련이 적은 것은?

① polyphenol류의 산화
② tyrosine의 산화
③ 탄닌 성분의 변화
④ 유기산의 변화

33 H_2SO_4 9.8g을 물에 녹여 최종 부피를 250mL로 정용하였다면 이 용액의 노르말 농도는?

① 0.6N   ② 0.8N
③ 1.0N   ④ 1.2N

34 관능적 특성의 측정요소들 중 반응척도가 갖추어야 할 요건이 아닌 것은?

① 단순해야 한다.
② 편파적이지 않고, 공평해야 한다.
③ 관련성이 있어야 한다.
④ 차이를 감지할 수 없어야 한다.

35 복합지질이 아닌 것은?

① 인지질   ② 당지질
③ 유도지질   ④ 스핑고지질

36 고춧가루의 붉은 색을 오랫동안 선명하게 유지하는 방법이 아닌 것은?

① 비타민 C와 같은 항산화제를 첨가한다.
② 진공포장하여 저장한다.
③ 밀봉하여 냉장고의 냉동실에 보관한다.
④ 햇빛을 이용하여 건조시킨다.

37 다음 중 필수 아미노산이 아닌 것은?

① lysine   ② phenylalanine
③ valine   ④ alanine

38 해초에서 추출되는 검(gum)질이 아닌 것은?

① 한천
② 알긴산
③ 리그닌
④ 카라기난

39 맛에 대한 설명 중 옳은 것은?

① 글루타민산 소다에 소량의 핵산계 조미료를 가하면 감칠맛이 강해진다.
② 설탕 용액에 소금을 약간 가하면 단맛이 약해진다.
③ 커피의 쓴맛은 설탕을 가하면 강해진다.
④ 오렌지 주스에 설탕을 가하면 신맛이 강해진다.

40 다음 관능 검사 중 가장 주관적인 검사는?

① 차이 검사
② 묘사 검사
③ 기호도 검사
④ 삼점 검사

제3과목 식품가공학

41 후숙과정 중 호흡상승을 보이지 않는 것은?

① 사과
② 바나나
③ 토마토
④ 밀감

42 건강기능식품과 관련하여 건강문제와 기능성 원료의 연결이 틀린 것은?

① 눈 건강 저하 – 녹차추출물
② 뼈 관절 약화 – 글루코사민
③ 칼슘 흡수 저하 – 액상 프락토올리고당
④ 피부 노화 – 히알루론산나트륨

43 두부의 종류에 대한 설명으로 옳은 것은?

① 전두부 – 10배 정도의 물을 사용하며 응고제를 넣고 단백질을 엉기게 한 다음 탈수, 성형하여 만든다.
② 자루 두부 – 보통 두부와 동일한 제조공정을 거치며 응고제를 첨가하지 않고 자루에 넣어서 만든다.
③ 인스턴트 두부 – 분말 두유로 만들며, 물을 첨가하지 않고 바로 먹을 수 있다.
④ 유바 – 진한 두유를 가열하면 얇은 막이 형성되는데, 계속 가열하여 두꺼워진 막을 걷어내어 건조한 것이다.

44 버터 제조 시 크림의 중화 작업에서 산도 0.30%인 크림 100kg을 산도 0.20%로 만들고자 할 때 필요한 소석회의 양은? (단, 젖산의 분자량 90, 소석회의 분자량 74, 소석회 1분자량은 젖산 2분자량과 중화 반응한다.)

① 약 71g
② 약 62g
③ 약 52g
④ 약 41g

45 밀가루 3kg을 사용하여 건조글루텐(건부량) 410g을 제조할 때 건조글루텐 함량, 밀가루의 종류, 주요 용도의 연결이 옳은 것은?

① 7.3% – 중력분 – 스파게티
② 7.3% – 중력분 – 국수
③ 13.7% – 강력분 – 식빵
④ 13.7% – 강력분 – 비스킷

46 우리나라에서 이용하는 식물성 유지 자원과 거리가 먼 것은?

① 밀겨
② 쌀겨
③ 유채
④ 참깨

47 청국장 발효와 관계 깊은 미생물은?

① *Aspergillus oryzae*

② *Lactobacillus bulgaricus*

③ *Saccharomyces cerevisiae*

④ *Bacillus subtilis*

48 자연치즈의 가공 기준이 잘못된 것은? (단, 개별 인정 치즈는 예외로 한다.)

① 유산균 접종 시 이종 미생물에 2차 오염이 되지 않도록 하고, 산도 및 시간 관리를 철저히 하여야 한다.

② 발효 또는 숙성 시에는 표면에 유해미생물이 오염되지 않도록 숙성실의 온도 및 습도 관리를 철저히 하여야 한다.

③ 치즈용 원유 및 유가공품은 63~65℃에서 30분간, 72~75℃에서 15초간 이상 또는 이와 동등 이상의 효력을 가지는 방법으로 살균하여야 한다.

④ 데히드로초산, 소르빈산, 소르빈산칼륨, 소르빈산칼슘, 피로피온산, 프로피온산칼슘, 프로피온산나트륨 이외의 보존료가 검출되어서는 아니 된다.

49 마요네즈 제조 시 사용되는 난황의 역할은?

① 발포제 ② 유화제

③ 응고제 ④ 팽창제

50 다음 식용유지 중 대표적인 경화유는?

① 참기름 ② 대두유

③ 면실유 ④ 쇼트닝

51 신선란의 특징이 아닌 것은?

① 까실까실한 표면 감촉을 느낄수록 신선한 편이다.

② 8%(4% W/V) 식염수에 넣었을 때 위로 떠오른다.

③ 난황계수가 0.36~0.44 정도이다.

④ 보통 HU(Haugh Unit)값이 85 이상이다.

52 시유 제조 공정 중 크림층의 형성을 방지하고, 지방구를 세분화시켜 소화율을 높이고, 우유 단백질을 안정화하는 목적으로 하는 공정은?

① 표준화(standardization)

② 연압(working)

③ 균질화(homogenization)

④ 살균(pasteurization)

53 배아미에 대한 설명으로 틀린 것은?

① 단백질, 비타민이 비교적 많다.

② 원통마찰식 도정기를 사용한다.

③ 맛이 있는 정미를 얻을 수 있다.

④ 저장성이 높다.

54 두부 제조에 사용되는 응고제로 사용하는 물질이 아닌 것은?

① 글루코노델타락톤

② 탄산칼슘

③ 염화칼슘

④ 황산칼슘

55 피클 발효에 관여하는 유해 미생물 중 산막효모에 대한 설명이 아닌 것은?

① 표면에 피막을 형성한다.

② 이산화탄소를 생산하여 부풀음을 초래한다.

③ 호기성 효모이다.

④ 젖산을 소비하여 부패세균이 증식할 수 있는 환경을 만든다.

56 침채류의 제조 원리가 아닌 것은?

① 담금 직후 가장 많은 미생물인 그람음성 호기성 세균들이 김치가 익어가며 증가한다.

② 젖산균과 효모가 증식할 정도의 소금을 가한다.

③ 채소류 중의 당을 유기산, 에틸알코올, 이산화탄소 등으로 전환한다.

④ 향신료의 향미가 조화롭게 된다.

57 유통기한의 설정을 위한 고려사항과 거리가 먼 것은?

① 포장 재질　② 보존 조건

③ 원료의 생산지　④ 유통 설정

58 육가공에서 훈연의 기능이 아닌 것은?

① 독특한 풍미를 부여한다.

② 저장성이 향상된다.

③ 수분을 감소시킨다.

④ 미생물의 생육을 향상시킨다.

59 가축의 사후경직 현상에 해당되지 않는 것은?

① 근육이 굳어져 수축·경화된다.

② 고기의 pH가 낮아진다.

③ 젖산이 생성된다.

④ 단백질의 가수분해 현상인 자기소화가 나타난다.

60 우유의 균질화 목적이 아닌 것은?

① 지방의 분리 방지

② 커드의 연화

③ 미생물의 발육 억제

④ 지방구의 미세화

제4과목　식품미생물학

61 우유 중의 세균 오염도를 간접적으로 측정하는 데 주로 사용하는 방법으로 생균수가 많을수록 탈수소 능력이 강해지는 성질을 이용하는 것은?

① 산도 시험

② 알코올 침전 시험

③ 포스포타아제 시험

④ 메틸렌블루 환원 시험

62 리파아제 생성력이 있어서 버터와 마가린의 부패에 관여하는 것은?

① *Candida tropicalis*

② *Candida albicans*

③ *Candida utilis*

④ *Candida lipolytica*

63 gram 염색에 사용되지 않는 물질은?

① crystal violet
② methylene blue
③ safranine
④ lugol 용액

64 식초 제조에 이용될 종초의 필요 조건이 아닌 것은?

① 알코올에 대한 내성이 적을 것
② 산 생성력이 크고, 산을 산화시키지 않는 것
③ 방향성 ester류를 합성할 것
④ 산에 대한 내성이 클 것

65 우유의 변색 또는 변패를 일으키는 균과 색의 연결이 서로 틀린 것은?

① *Pseudomonas syncyanea* – 청색
② *Serratia marcescens* – 황색
③ *Pseudomonas fluorescens* – 녹색
④ *Brevibacterium erythrogenes* – 적색

66 탄수화물 대사에 관한 설명 중 틀린 것은?

① EMP는 산소가 관여하지 않는다.
② 호기적 분해는 HMP 경로이다.
③ TCA 회로는 피루빈산이 완전히 산화하여 CO_2와 H_2O 및 에너지를 생성한다.
④ HMP 경로에서는 EMP와 같이 NADP와 ATP를 필요로 한다.

67 곰팡이의 분류에 대한 설명으로 틀린 것은?

① 진균류는 조상균류와 순정균류로 분류된다.
② 순정균류는 자낭균류, 담자균류, 불완전균류로 분류된다.
③ 균사에 격막(격벽, septa)이 없는 것을 순정균류, 격막을 가진 것을 조상균류라 한다.
④ 조상균류는 호상균류, 접합균류, 난균류로 분류된다.

68 고정화 효소를 공업에 이용하는 목적이 아닌 것은?

① 효소를 오랜 시간 재사용할 수 있다.
② 연속반응이 가능하여 안정성이 크며 효소의 손실도 막을 수 있다.
③ 기질의 용해도가 높아 장기간 사용이 가능하다.
④ 반응생성물의 정제가 쉽다.

69 여러 가지 선택 배지를 이용하여 미생물 검사를 하였더니 다음과 같은 결과가 나왔다. 다음 중 검출 양성이 예상되는 미생물은?

Ⓐ EMB(Eosin Methylene Blue) Agar 배지 : 진자주색 집락
Ⓑ XLD(Xylose Lysine Desoxycholate) Agar 배지 : 금속성 녹색 집락
Ⓒ MSA(Mannitol Sait Agar) 배지 : 황색 불투명 집락
Ⓓ TCBS(Thiosulfate Citrate Bilesalt Sucrose) Agar 배지 : 분홍색 불투명 집락

① 장염비브리오균
② 살모넬라균
③ 대장균
④ 황색포도상구균

70 젖당을 분해하여 CO_2와 H_2 가스를 생성하는 세균은?

① 대장균
② 초산균
③ 젖산균
④ 프로피온산균

71 효모에 의한 ethyl alcohol 발효는 어느 대사 경로를 거치는가?

① EMP　　② TCA
③ HMP　　④ ED

72 발효소시지 제조에 관여하는 주요 질산염 환원균은?

① *Lactobacillus*속
② *Pediococcus*속
③ *Micrococcus*속
④ *Streptococcus*속

73 *Clostridium*속 세균 중 단백질 분해력보다 탄수화물 발효능이 더 큰 것은?

① *Clostridium perfringens*
② *Clostridium botulinum*
③ *Clostridium acetobutylicum*
④ *Clostridium sporogenes*

74 맥주 제조용 보리에서 발아 시 생성되는 효소는?

① cytase　　② cellulase
③ amylase　　④ lipase

75 박테리오파지가 문제 시 되지 않는 발효는?

① 젖산균 요구르트 발효
② 항생물질 발효
③ 맥주 발효
④ glutamic acid 발효

76 미생물의 명명에서 종의 학명(scientfic name)이란?

① 과명과 종명
② 속명과 종명
③ 과명과 속명
④ 목명과 과명

77 다음 중 글루타민산(glutamic acid)을 생산하는 우수한 생산균주가 아닌 것은?

① *Pseudomonas*속
② *Brevibacterium*속
③ *Corynebacterium*속
④ *Microbacterium*속

78 빵효모 발효 시 발효 1시간 후($t_1 = 1$)의 효모량이 10^2g, 발효 11시간 후($t_2 = 11$)의 효모량이 10^3g이라면, 지수 계수 M(exponential modulus)은?

① 0.1303　　② 0.2303
③ 0.3101　　④ 0.4101

79 청주 제조용 종국 제조에 있어 재를 섞는 목적이 아닌 것은?

① koji균에 무기성분 공급
② 유해균의 발육 저지
③ 특유한 색깔 조절
④ 적당한 pH 조절

80 발효 효모의 가장 주된 영양원이 될 수 있는 식품은?

① 밥   ② 우유
③ 쇠고기   ④ 포도즙

제5과목   식품제조공정

81 10% 고형분을 함유한 사과주스를 농축장치를 사용하여 50% 고형분을 함유한 농축 사과주스로 제조하고자 한다. 원료주스를 1,000kg/h 속도로 투입하면 농축주스의 생산량은 몇 kg/h인가?

① 500   ② 400
③ 200   ④ 800

82 다음 중 가장 입자가 작은 가루는?

① 10메시 체를 통과한 가루
② 30메시 체를 통과한 가루
③ 50메시 체를 통과한 가루
④ 100메시 체를 통과한 가루

83 24%(습량기준)의 수분을 함유하는 곡물 20ton을 14%(습량기준)까지 건조하기 위해서 제거해야 하는 수분량은 얼마인가?

① 2,325kg   ② 4,650kg
③ 6,975kg   ④ 9,300kg

84 분쇄에 사용되는 힘의 성질 중 충격력을 이용하여 여러 종류의 식품을 거칠게 또는 곱게 분쇄하는 데 사용되며, 회전자(rotor)가 포함된 설비는?

① 해머 밀(hammer mill)
② 디스크 밀(disc mill)
③ 볼 밀(ball mill)
④ 롤 밀(roll mill)

85 물은 통과하지만 소금은 통과하지 않는 정밀한 아세트산 셀룰로오스, 폴리설폰 등으로 바닷물을 밀어내는 소금은 남기고, 물만 통과시키는 막 분리 여과는?

① 한외여과법   ② 역삼투법
③ 투석법   ④ 정밀여과법

86 열에 민감하고 점도가 낮은 식품을 가열할 때 사용하며, 식품공업에서 가장 널리 사용되는 열교환기는?

① 관형 열교환기
② 회전식 열교환기
③ 통관식 열교환기
④ 이중관식 열교환기

87 식품의 여과를 위한 역삼투에 대한 설명으로 틀린 것은?

① 높은 압력이 요구된다.
② 가열하지 않고 고농축액을 만들 수 있다.
③ 막은 삼투압보다 높은 압력에 견딜 수 있다.
④ 고분자량 물질의 분리 정제에 이용된다.

88 살균 후 위생상 문제가 되는 미생물이 생존할 수 없는 수준으로 살균하는 방법을 의미하는 용어는?

① 저온 살균법
② 포장 살균법
③ 상업적 살균법
④ 열탕 살균법

89 식품의 분쇄기 선정 시 고려할 사항이 아닌 것은?

① 원료의 경도와 마모성
② 원료의 미생물학적 안전성
③ 원료의 열에 대한 안전성
④ 원료의 구조

90 분무건조기의 분무장치 중 액체 속의 고형분 마모의 위험성이 가장 낮고 원료 유량을 독립적으로 변화시킬 수 있는 것은?

① 압력 노즐(pressure nozzle)
② 원심분무기(centrifugal atomizer)
③ 2류체 노즐(two fluid nozzle)
④ 사이클론(cyclone)

91 식품공업에서 적용하고 있는 식품의 가열살균에 대한 설명으로 옳은 것은?

① 효소의 활성을 촉진시킨다.
② 미생물의 완전사멸이 주목적이다.
③ 품질 손상보다 보존성 향상이 최우선이다.
④ 미생물을 최대로 사멸하면서 품질 저하를 최소화하는 조건에서 살균한다.

92 저온의 금속판 사이에 식품을 끼워서 동결하는 방법은?

① 담금 동결법
② 접촉 동결법
③ 공기 동결법
④ 이상 동결법

93 식품 성분의 초임계 유체 추출에 주로 사용되는 물질은?

① 질소
② 산소
③ 암모니아
④ 이산화탄소

94 육류, 신선한 과실 등 섬유조직을 가진 제품을 분쇄(절단 포함)할 때 사용되는 설비가 아닌 것은?

① 슬라이싱(slicing)
② 다이싱(dicing)
③ 펄핑(pulping)
④ 소프터닝(softening)

95 식용유지류 제조 시 압착 또는 초임계 추출로 얻어진 원유에 자연정치, 여과 등의 추출 공정을 실시하는 주된 이유는?

① 냄새를 제거하기 위하여
② 미생물의 오염 방지를 위하여
③ 유통기한을 연장시키기 위하여
④ 침전물을 제거하기 위하여

96 다음 중 효과적인 액체 혼합에 적합하지 않은 것은?

① 장애판
② 원심력
③ 상승류
④ 와류

97 방사선 조사에 대한 설명 중 틀린 것은?

① 방사선 조사 시 식품의 온도 상승은 거의 없다.

② 처리시간이 짧아 전 공정을 연속적으로 작업할 수 있다.

③ 10kGy 이상의 고선량조사에도 식품 성분에 아무런 영향을 미치지 않는다.

④ 방사선 에너지가 식품에 조사되면 식품 중의 일부 원자는 이온이 된다.

99 증기가압살균장치(retort)에 필요하지 않은 것은?

① 유량계

② 안전판

③ 자동기록 온도계

④ 압력계

98 다음 가공식품 중 주로 압출성형 방법으로 제조된 것은?

① 식빵

② 마카로니

③ 젤리

④ 빙과류 아이스크림

100 식품 원료의 크기, 모양, 무게, 색깔 등의 물리적 성질의 차를 이용하여 분리하는 조작은?

① 추출　　　　② 여과

③ 원심분리　　④ 선별

2016년 2회 정답

1	④	2	③	3	①	4	④	5	①	6	③	7	③	8	③	9	③	10	①
11	②	12	②	13	④	14	①	15	④	16	③	17	④	18	②	19	③	20	③
21	②	22	①	23	④	24	②	25	③	26	③	27	③	28	①	29	①	30	①
31	③	32	④	33	②	34	④	35	③	36	③	37	④	38	③	39	①	40	③
41	④	42	①	43	④	44	④	45	③	46	①	47	④	48	④	49	②	50	④
51	②	52	③	53	③	54	②	55	②	56	①	57	③	58	④	59	④	60	③
61	④	62	④	63	②	64	①	65	②	66	②	67	③	68	③	69	④	70	①
71	①	72	③	73	③	74	③	75	③	76	②	77	①	78	②	79	③	80	④
81	③	82	④	83	③	84	①	85	②	86	③	87	④	88	③	89	②	90	②
91	④	92	②	93	④	94	④	95	④	96	④	97	③	98	②	99	①	100	④

식품산업기사 기출문제

2016 3회

제1과목 식품위생학

1 식중독 역학조사에 대한 설명으로 틀린 것은?

① 오염된 식품의 섭취와 질병의 초기 증상이 보인 시점 사이의 간격(잠복기)을 계산하여 추정중인 질병이 감염성인지 독소형인지 판단한다.

② 발병률은 "환자수 ÷ 섭취자수 × 100"으로 산출한다.

③ 역학의 3대 요인으로 병인적 인자, 화학적 인자, 환경적 인자가 있다.

④ 식중독 원인으로 추정되는 식품의 출처를 파악하기 위하여 역추적 조사를 실시한다.

2 각 위생동물과 관련된 식품, 위해와의 연결이 틀린 것은?

① 진드기 : 설탕, 화학조미료 – 진드기뇨증

② 바퀴 : 냉동 건조된 곡류 – 디프테리아

③ 쥐 : 저장식품 – 장티푸스

④ 파리 : 조리식품 – 콜레라

3 식품 및 축산물안전관리인증기준의 작업위생관리에서 아래의 ( ) 안에 알맞은 것은?

- 칼과 도마 등의 조리 기구나 용기, 앞치마, 고무장갑 등은 원료나 조리과정에서의 ( )을(를) 방지하기 위하여 식재료 특성 또는 구역별로 구분하여 사용하여야 한다.
- 식품 취급 등의 작업은 바닥으로부터 ( ) cm 이상의 높이에서 실시하여 바닥으로부터의 ( )을(를) 방지하여야 한다.

① 오염물질 유입 – 60 – 곰팡이 포자 날림

② 교차 오염 – 60 – 오염

③ 공정 간 오염 – 30 – 접촉

④ 미생물 오염 – 30 – 해충·설치류의 유입

4 HACCP 시스템 적용단계의 7원칙 중 첫 번째 원칙은?

① 위해요소 분석

② 공정흐름도 작성

③ HACCP팀 구성

④ 중요관리점(CCP) 결정

5 최확수(MPN)법의 검사와 관련된 용어 또는 설명이 아닌 것은?

① 비연속된 시험용액 2단계 이상을 각각 5개씩 또는 3개씩 발효관에 가하여 배양

② 확률론적인 대장균군의 수치를 산출하여 최확수로 표시

③ 가스 발생 양성관수

④ 대장균군의 존재 여부 시험

6 *Vibrio parahaemolyticus*에 의한 식중독에 대한 설명으로 틀린 것은?

① 융모 선단에서 Na과 Cl의 흡수 저해로 수분을 다량 유출하여 설사를 야기한다.

② 대분 Kanankawa 반응 시험에서 양성을 나타낸다.

③ 그람음성균으로 민물에서는 살지 못한다.

④ 혈청형으로는 O_1 균주와 non-O_1 균주로 분류하는 것이 일반적이다.

7 식품가공 중 생성되는 유해물질이 아닌 것은?

① 벤조피렌
② 아크릴아마이드
③ 에틸카바메이트
④ 옥소홍데나필

8 병에 걸린 동물의 고기를 섭취하거나 병에 걸린 동물을 처리, 가공할 때 감염될 수 있는 인수공통감염병은?

① 디프테리아   ② 폴리오
③ 유행성 간염   ④ 브루셀라병

9 맥각에 의한 식중독을 일으키는 곰팡이는?

① *Penicillium islandicum*
② *Mucor mucedo*
③ *Rhizopus oryzae*
④ *Claviceps purpurea*

10 다음 중 납의 시험법과 관계가 없는 것은?

① 황산-질산법
② 피크린산 시험지법
③ 마이크로 웨이브법
④ 유도결합 플라스마법

11 식중독 안전관리를 위한 시설·설비의 위생관리로 잘못된 것은?

① 수증기열 및 냄새 등을 배기시키고 조리장의 적정 온도를 유지시킬 수 있는 환기시설이 갖추어져 있어야 한다.

② 내벽은 내수처리를 하여야 하며, 미생물이 번식하지 아니하도록 청결하게 관리하여야 한다.

③ 바닥은 내수처리가 되어 있고 가급적 미끄러지지 않는 재질이어야 한다.

④ 경사가 지면 미끄러짐 등의 안전 위험이 있으므로 경사가 없도록 한다.

12 작업 위생 관리로 적절하지 않은 것은?

① 조리된 식품에 대하여 배식하기 직전에 음식의 맛, 온도, 이물, 이취, 조리상태 등을 확인하기 위한 검식을 실시하여야 한다.

② 냉장식품과 온장식품에 대한 배식 온도관리 기준을 설정·관리하여야 한다.

③ 위생장갑 및 청결한 도구(집게, 국자 등)를 사용하여야 하며, 배식중인 음식과 조리 완료된 음식을 혼합하여 배식하여서는 아니 된다.

④ 해동된 식품은 즉시 사용하고 즉시 사용하지 못할 경우 조리 시까지 냉장 보관하여야 하며, 사용 후 남은 부분을 재동결하여 보관한다.

13 식품 등의 표시기준상 1회 제공량은 몇 세 이상 소비 계층이 통상적으로 섭취하기에 적당한 양인가?

① 4세   ② 7세
③ 10세   ④ 13세

14 쌀의 건조 저장에 대한 설명으로 틀린 것은?

① 미생물의 발육을 억제시키기 위하여 수분활성도를 0.7 이하로 하여야 한다.

② 쌀의 건조 시 미생물과 벌레의 피해를 막을 수 있다.

③ 쌀을 과건조 시 쇄미가 되기 쉽고 묵은 쌀로 빨리 된다.

④ 여름철에는 저온 저장을 함께 하는 것이 좋다.

15 건강기능식품의 기준 및 규격상 홍삼의 기능성 내용이 아닌 것은?

① 면역력 증진에 도움을 줄 수 있음

② 피로 개선에 도움을 줄 수 있음

③ 혈소판 응집 억제를 통한 혈액흐름에 도움을 줄 수 있음

④ 자양강장에 도움을 줄 수 있음

16 방사능 물질에 의한 식품 오염 중 식물체에서 문제가 되는 핵종은?

① ^{65}Zn, ^{131}I

② ^{60}Co, ^{137}Cr

③ ^{90}Sr, ^{137}Cs

④ ^{55}Fe, ^{131}Cd

17 대장균의 시험법이 아닌 것은?

① 동시시험법　　② 최확수법

③ 건조필름법　　④ 한도시험법

18 농약잔류허용기준 설정 시 안전수준 평가는 ADI 대비 TMDI 값이 몇 %를 넘지 않아야 안전한 수치인가?

① 10%　　② 20%

③ 40%　　④ 80%

19 통조림 식품의 변패과정에서 관의 팽창을 유발시키는 가스로, 식품 중에 존재하는 산이 관의 철과 반응하여 방출되는 것은?

① 메탄 가스　　② 탄산 가스

③ 수소 가스　　④ 일산화탄소 가스

20 식품 중 방사능 오염 허용 기준치의 설정 기준은?

① 해당 식품을 1년간 지속적으로 먹어도 건강에 지장이 없는 수준으로 설정

② 해당 식품을 1회 일시적으로 먹어도 건강에 지장이 없는 수준으로 설정

③ 해당 식품을 1년간 섭취하여 급성 방사선 증후군이 나타나는 수준으로 설정

④ 해당 식품을 1회 일시적으로 섭취하여 일상생활에서 접하는 자연방사선량을 초과하지 않는 수준으로 설정

제2과목　식품화학

21 쌀 1g을 취하여 질소를 정량한 결과, 전 질소가 1.5%일 때 쌀 중의 조단백질 함량은? (단, 질소계수는 6.25로 가정한다.)

① 약 8.4%　　② 약 9.4%

③ 약 10.4%　　④ 약 11.4%

22 다음 중 유지를 가열했을 때 일어나는 변화가 아닌 것은?

① 요오드가의 증가

② 발연점의 저하

③ 점도의 증가

④ 산가의 증가

23 단백질을 SDS(Sodium Dodecyl Sulfate) 젤 전기영동을 할 때 단백질의 이동거리에 가장 크게 영향을 주는 것은?

① 단백질의 용해도
② 단백질의 유화성
③ 단백질의 분자량
④ 단백질의 구조

24 casein에 작용하여 paracasein과 peptide로 분해시켜 치즈 제조 시 커드(curd)를 형성시키는 역할을 하는 효소는?

① pepsin
② trypsin
③ carboxypeptidase
④ rennin

25 핵산의 구성 성분이며 보조효소의 성분으로 생리상 중요한 당은?

① glucose
② ribose
③ fructose
④ xylose

26 다당류인 이눌린(inulin)의 구성당은?

① maltose
② glucose
③ fructose
④ galactose

27 액체의 외부에 힘을 가하면 액체는 유동하며 액체 내부의 흐름에 대한 저항성이 생기는데, 이 저항성은?

① 점성
② 탄성
③ 소성
④ 가소성

28 식품에 존재하는 자연 독성 물질이 아닌 것은?

① melamine
② solanine
③ gossypol
④ trypsin inhibitor

29 식품과 주요 물성의 연결이 틀린 것은?

① 물엿 – 점성(viscosity)
② 스펀지케이크 – 소성(plasticity)
③ 젤리 – 탄성(elasticity)
④ 밀가루 반죽 – 점탄성(viscoelasticity)

30 전단응력이 오래 작용할수록 점조도가 감소하는 젤(gel)의 특성을 나타내는 유체는?

① 뉴턴(newton) 유체
② 딜러턴트(dilatant) 유체
③ 의사가소성(pseudoplastic) 유체
④ 틱소트로픽(thixotropic) 유체

31 생선의 신선도 측정에 이용되는 성분은?

① 아세트알데히드(acetaldehyde)
② 트리메틸아민(trimethylamine)
③ 포름알데히드(formaldehyde)
④ 디아세틸(diacetyl)

32 다음 중 환원당 정량 방법은?

① Kjeldahl법
② Bertrand법
③ Karl Fischer법
④ Soxhlet법

33 식품의 조리·가공 시 맛 성분에 대한 설명 중 틀린 것은?

① 김치의 신맛은 숙성 시 탄수화물이 분해하여 생긴 젖산과 초산 때문이다.

② 간장과 된장의 감칠맛은 탄수화물이나 단백질이 분해하여 생긴 아미노산, 당분, 유기산 등이 혼합된 맛이다.

③ 무, 양파를 삶으면 단맛이 나는 것은 매운맛 성분인 allylsulfide류가 alkylmercaptan으로 변화하기 때문이다.

④ 감귤과즙을 저장하거나 가공처리를 하면 쓴맛이 나는 것은 비타민 E 성분 때문이다.

34 요오드 정색 반응에 청색을 나타내는 덱스트린(dextrin)은?

① 아밀로덱스트린(amylodextrin)

② 에리스로덱스트린(erythrodextrin)

③ 아크로모덱스트린(achromodextrin)

④ 말토덱스트린(maltodextrin)

35 유지의 산패 정도를 나타내는 값이 아닌 것은?

① TBA가

② 과산화물가

③ 카르보닐가

④ Polenske가

36 마이야르(maillard) 반응에 관여하지 않는 물질은?

① 라이신(lysine)

② 글리신(glycine)

③ 포도당(glucose)

④ 레시틴(lecithin)

37 다음 중 쌀에 함유된 주 단백질은?

① gluten ② hordein

③ zein ④ oryzenin

38 액체 속에 기체가 분산되어 있는 콜로이드 식품이 아닌 것은?

① 맥주 ② 스프

③ 사이다 ④ 콜라

39 안토시아닌 색소의 특징이 아닌 것은?

① 수용성이다.

② 한 개 또는 두 개의 단당류와 결합되어 있는 배당체이다.

③ 금속이온에 의해 색이 변한다.

④ pH에 따라 색이 변하지 않는다.

40 aflatoxin의 특징 중 틀린 것은?

① 산에 강하다.

② 알칼리에 강하다.

③ 쌀, 보리 등의 주요 곡류에서 번식한다.

④ 조리과정 중 쉽게 제거된다.

제3과목 식품가공학

41 우유의 신선도 시험법은?

① 알코올법

② 유고형분 정량법

③ glycogen 검사법

④ 한천젤 확산법

42 달걀을 깨지 않고 품질 검사하는 방법으로 틀린 것은?

① 빛을 비춘 후 반대쪽에서 관찰하면 기실의 크기, 난황의 위치 등을 확인할 수 있다.

② 신선한 것은 난황이 보이지 않으나 오래 지난 것은 뚜렷이 보인다.

③ 식염수(40g 소금/1L 물)에 넣었을 때 위로 뜨는 것은 오래된 것이다.

④ 껍질 표면이 까실까실할수록 오래된 달걀이다.

43 탄산음료류의 탄산가스압(kg/cm^2) 규격으로 옳은 것은?

① 탄산수 : 0.5 이상

② 탄산수 : 1.0 이상

③ 탄산음료 : 0.1 이상

④ 탄산음료 : 1.0 이상

44 김치의 발효에 중요한 역할을 하는 미생물은?

① 효모

② 곰팡이

③ 대장균

④ 젖산균

45 식물 유지의 채유법 중 추출법에 사용하는 용제의 구비조건으로 틀린 것은?

① 유지는 잘 추출되나 유지 이외의 물질은 잘 녹지 않을 것

② 유지 및 착유박에 나쁜 냄새를 남기지 않을 것

③ 기화열 및 비열이 커서 회수하기 쉬울 것

④ 인화 및 폭발의 위험성이 적을 것

46 재래식 간장(㉠)과 개량식 간장(㉡)에 가장 많이 함유된 휘발성 유기산은 각각 무엇인가?

① ㉠ acetic acid ㉡ lactic acid

② ㉠ lactic acid ㉡ acetic acid

③ ㉠ formic acid ㉡ acetic acid

④ ㉠ acetic acid ㉡ formic acid

47 신선한 액란을 제당과정 없이 건조했을 때 생기는 변화에 해당되지 않는 것은?

① 용해도의 감소

② 품질 저하

③ 변색

④ 점도의 감소

48 유통기한을 생략할 수 없는 것은?

① 설탕

② 빙과류

③ 껌류(소포장 제품)

④ 탁주

49 햄이나 베이컨을 만들 때 염지액 처리 시 첨가되는 질산염과 아질산염의 기능으로 가장 적합한 것은?

① 수율 증진

② 멸균 작용

③ 독특한 향기의 생성

④ 고기 색의 고정

50 수분 함량이 10%인 초자질 밀 2,000kg을 수분 함량이 15.5%가 되도록 하기 위해 첨가하여야 할 물의 양은?

① 약 109kg   ② 약 117kg

③ 약 130kg   ④ 약 146kg

51 마요네즈(mayonnaise)의 제조 방법의 설명 중 틀린 것은?

① 난황을 분리하여 원료로 사용한다.
② 난황과 난백을 분리하여 일정 비율로 혼합하여 식초와 식용유를 넣어서 만든다.
③ 난황을 분리하여 식초와 혼합하고 식용유와 나머지 식초를 넣으면서 유화, 균질화한다.
④ 마요네즈의 배합비는 대체적으로 난황 10%, 조미료 3.5%, 향신료 1.5%, 식초 10%, 식용유 75% 정도이다.

52 청국장의 제조 과정 중에 소금을 첨가할 때 나타나는 현상은?

① 청국장의 단백질 당화효소의 활성이 강해져 소화율이 낮아진다.
② 제조기간이 짧아져 고형물의 양이 적어진다.
③ 순수 배양한 *Bacillus natto* 활성이 없어져 에틸렌 함량이 높아진다.
④ 유산균과 효모의 발육이 억제된다.

53 DFD육의 설명으로 틀린 것은?

① 육색이 검고, 조직이 단단하며 외관이 건조하다.
② 쇠고기에서 주로 발생하며 약 3% 정도이다.
③ 도실 전의 피로, 운동, 절식, 흥분 등의 스트레스가 원인이다.
④ 수분 손실이 많아 가공육 제조 시 결착력이 낮다.

54 두유에서 콩비린내를 없애는 공정이 아닌 것은?

① 증자법
② 열수 침지법
③ 알칼리 침지법
④ 냉수 침지법

55 식품의 조리 및 가공에서 튀김용으로 쓰이는 기름의 특성에 대한 설명으로 옳은 것은?

① 인화점이 높고, 발연점이 높은 것이 좋다.
② 인화점이 높고, 발연점이 낮은 것이 좋다.
③ 인화점은 낮고, 발연점은 높은 것이 좋다.
④ 인화점은 낮고, 발연점도 낮은 것이 좋다.

56 냉장의 효과가 아닌 것은?

① 밥의 노화 억제
② 미생물의 증식 억제
③ 수확 후 식물조직의 대사 작용 억제
④ 효소에 의한 지질의 산화와 갈변, 퇴색 반응 억제

57 빙과류 등에 사용되는 안정제가 아닌 것은?

① sodium alginate
② gelatin
③ CMC
④ glycerin

58 5분도미의 도정률은?

① 92% ② 94%
③ 96% ④ 98%

59 김치의 일반적인 특성이 아닌 것은?

① 섬유질이 풍부하여 정장 작용에 유익하다.

② 유산균 등의 유익균이 많이 존재한다.

③ 에너지원 및 단백질원으로써 가치가 높다.

④ 발효과정 중 생성되는 유기산 등이 미각을 자극하여 식욕을 돋운다.

60 우유의 저온 장시간 살균에 적당한 온도와 시간은?

① 60~65℃, 5분

② 60~65℃, 30분

③ 121℃, 15분

④ 121℃, 30분

제4과목 식품미생물학

61 일본 청주 koji 제조에 이용되는 곰팡이의 속은?

① *Aspergillus*속

② *Mucor*속

③ *Rhizopus*속

④ *Penicillium*속

62 포도당으로부터 과당을 제조할 때 쓰이는 효소는?

① amylase

② glucose isomerase

③ glucose oxidase

④ pectinase

63 흑국균으로서 펙틴(pectin) 분해력이 가장 강한 균주는?

① *Aspergillus niger*

② *Aspergillus usami*

③ *Aspergillus oryzae*

④ *Aspergillus awamori*

64 다음 중 병행복발효주에 해당하는 것은?

① 맥주　　　　② 포도주

③ 청주　　　　④ 보드카

65 포도당 1kg으로부터 얻어지는 이론적인 초산 생성량은 약 몇 g인가?

① 537g　　　　② 557g

③ 600g　　　　④ 667g

66 초산 발효 시 종균이 갖추어야 할 조건에 해당되는 않는 것은?

① 내산성이 좋아야 한다.

② 산의 생성속도와 양이 좋아야 한다.

③ 초산을 산화분해 해야 한다.

④ 방향성 에스테르와 불휘발산을 생성해야 한다.

67 녹농균이라고도 하며, 우유를 청색으로 변색시키는 부패균은?

① *Pseudomonas aeruginosa*

② *Micrococcus varians*

③ *Serratia marcescens*

④ *Proteus vulgaris*

68 일반적인 미생물의 영양세포에서 건조에 대한 내성이 강한 것부터 낮은 순으로 나열된 것은?

① 곰팡이 – 효모 – 세균
② 세균 – 효모 – 곰팡이
③ 효모 – 세균 – 곰팡이
④ 세균 – 곰팡이 – 효모

69 빵 효모 생산균주로 적합한 것은?

① *Saccharomyces rouxii*
② *Saccharomyces cerevisiae*
③ *Saccharomyces pastorianus*
④ *Saccharomyces servazzii*

70 발효공업에서 파지(phage)의 오염방지 대책으로 적당하지 않은 것은?

① 장치살균 등을 통한 철저한 살균을 행한다.
② 혐기적인 발효를 이용한다.
③ 파지에 대한 내성이 강한 균주를 이용한다.
④ rotation system을 이용한다.

71 탄산음료의 미생물에 의한 변패에 관한 설명 중 틀린 것은?

① 물의 살균에는 염소 또는 자외선이 이용된다.
② 원료, 용기 및 물의 살균과 여과를 철저히 하여야 한다.
③ 낮은 산도의 음료는 산도가 높은 것에 비해서 변패되기 어렵다.
④ 탄산음료의 변패의 대부분은 효모 오염에 기인한다.

72 고정화 효소제법 설명으로 틀린 것은?

① 미생물 오염의 위험성이 배제된다.
② 담체화 효소용의 결합법이다.
③ 안정성의 증가가 있다.
④ 재사용이 가능하다.

73 요구르트(yoghurt) 제조에 주로 사용하는 젖산균은?

① *Lactobacillus bulgaricus*
② *Lactobacillus plantarum*
③ *Lactobacillus casei*
④ *Lactobacillus brevis*

74 저장 중인 곡류의 수분 함량이 13.5%일 경우 곰팡이가 발생하였다면 다음 중 어느 곰팡이에 의한 것인가?

① *Aspergillus restrictus*
② *Aspergillus flavus*
③ *Peniclilum funiculosum*
④ *Mucor rouxii*

75 일반적으로 치즈 숙성에 사용되는 균은?

① *Penicillium roqueforti*
② *Penicillium citrinum*
③ *Penicillium chrysogenum*
④ *Penicillium notatum*

76 밥에서 쉰내를 내게 하고 산성화시키는 세균은?

① *Clostridium prefringens*
② *Bacillus subtillis*
③ *Staphyiococcus aureus*
④ *Lactobacillus bulgaricus*

77 CO_2가 고농도로 함유된 청량음료수가 미생물의 증식을 억제할 수 있는 이유가 아닌 것은?

① pH의 저하
② 혐기적 영향
③ 미생물의 CO_2 방출 대사계의 저해
④ CO_2가 당을 비발효성 당으로 변환

78 공업적으로 lipase를 생산하는 미생물이 아닌 것은?

① *Aspergillus niger*
② *Rhizopus delemar*
③ *Candida cylindracea*
④ *Aspergillus oryzae*

79 미생물의 성장에 많이 필요한 무기원소이며 메티오닌, 시스테인 등의 구성 성분인 것은?

① S   ② Mo
③ Zn   ④ Fe

80 곰팡이의 형태적 특징을 바르게 설명한 것은?

① *Aspergillus*속 – 정낭 위에 분생자를 착생한다.
② *Penicillium*속 – 병족세포를 갖고 있다.
③ *Mucor*속 – 가근과 포복지를 갖는다.
④ *Rhizopus*속 – 유성생식 결과 자낭 안에 8개 정도의 자낭포자를 형성한다.

제5과목   식품제조공정

81 다음 중 고체-액체 혼합과 관련이 있는 것은?

① 텀블러 혼합기
② 리본, 스크루 혼합기
③ 팬 믹서
④ 교반

82 농산물 통조림을 제조할 때 데치기(blanching)의 목적이 아닌 것은?

① 식품 원료에 들어 있는 효소를 불활성화시킨다.
② 식품 조직 중의 가스를 방출시킨다.
③ 예열함으로써 원료 중에 들어있는 산소 농도를 감소시킨다.
④ 식품의 갈변화를 일으킨다.

83 농축 공정 시 용액의 농축 효과를 저해시킬 수 있는 요인이 아닌 것은?

① 압력의 감소
② 끓는점 오름
③ 점도의 증가
④ 거품의 생성

84 분쇄기의 선정 시 고려할 사항이 아닌 것은?

① 원료의 경도
② 원료의 수분 함량
③ 원료의 구조
④ 원료의 색상

85 액체-액체-기체(물-기름-공기)의 혼합장치로 사용되는 것은?

① 열 교환기
② 버터 교동기
③ 콜로이드 밀
④ 니더(kneader)

86 3%의 소금물 10kg을 증발농축기로 농축하여 15%의 소금물로 농축시키려면 얼마의 수분을 증발시켜야 하는가?

① 8.0kg   ② 6.5kg
③ 6.0kg   ④ 5.0kg

87 크림 분리, 유지 정제 시 비누 물질 제거, 과일 주스의 청징 및 효소의 분리 등에 널리 이용되는 원심분리기는?

① tubular-bowl 원심분리기
② disc-bowl 원심분리기
③ cylinder-bowl 원심분리기
④ filtering 원심분리기

88 두부 제조 공정 중 주의해야 할 사항으로 적합하지 않은 것은?

① 불린 콩을 최대한 곱게 갈아야 두부 수율이 높아진다.
② 콩의 침지 시간이 부족하면 팽윤상태가 불량하여 단백질 추출이 어려워진다.
③ 마쇄가 충분하지 못하면 비지가 많이 나와 두부 수율이 감소한다.
④ 콩의 침지시간이 너무 길면 콩 단백질이 변성되어 응고상태가 불량해진다.

89 다음 건조방법 중 일반적으로 공정 비용이 가장 많이 드는 것은?

① 연속식 진공건조법(contiunous vacuum drying)
② 유동층 건조법(fluidised-bed drying)
③ 동결 건조법(freeze drying)
④ 드럼 건조법(drum drying)

90 바닷물에서 소금 성분 등은 남기고 물 성분만 통과시키는 막분리 여과법은?

① 한외여과법　② 역삼투압법
③ 투석　　　　④ 정밀여과법

91 다음 중 분쇄의 목적이 아닌 것은?

① 유용 성분의 추출 용이
② 흡습성의 안정화
③ 건조, 추출, 용해능력 향상
④ 혼합 능력 개선

92 식품의 고온 살균에서 가열 조건에 영향을 주는 요인이 아닌 것은?

① 식품의 pH
② 공기 중 CO_2 함량
③ 용기 또는 내용물의 열 전달 특성
④ 식품의 충진 조건

93 통조림 가공 시 레토르트(retort)를 동작할 때 살균 성능의 극대화를 위한 레토르트 내 공기와 수증기의 조성에 관한 설명으로 옳은 것은?

① 공기를 최대한 제거하고 수증기만으로 레토르트 내부를 채워야 살균 성능이 극대화된다.
② 건조공기만으로 레토르트 내부를 채워야 살균 성능이 극대화된다.
③ 수증기와 공기를 동일한 비율로 레토르트 내부를 채워야 살균 성능이 극대화된다.
④ 공기와 수증기의 조성과 레토르트의 살균 성능과의 상관관계는 미미하다.

94 알코올 발효 후 효모를 제거하는 데 가장 적합한 여과방법은?

① 역삼투(reverse osmosis)
② 한외여과(ultafiltration)
③ 정밀여과(microfiltration)
④ 투석(dialysis)

95 농산가공에서 분체, 입체, 습기가 있는 재료나 화학적 활성을 지니고 있는 고온물질을 트로프(trough) 또는 파이프(pipe) 내에서 회전시켜 운반하는 반송기계는?

① 벨트 컨베이어(belt conveyer)
② 스크루 컨베이어(screw conveyer)
② 버킷 엘리베이터(bucket elevator)
④ 드로우어(thrower)

96 식품의 세척에 대한 설명으로 옳은 내용은?

① 건식 세척이 습식 세척에 비해 세척비용이 많이 든다.

② 초음파 세척을 위해서는 가청주파수대를 사용하여야 효과가 크다.

③ 부유 세척 시 저어줄 경우 와류로 인해 세척의 효과가 떨어진다.

④ 분무 세척 시에는 세척물의 종류 및 상태에 따라 수압, 노즐 등을 조절하면 세척 효과를 높일 수 있다.

97 토마토의 대표적인 적색 색소로 철과 구리의 접촉 및 가열에 의하여 갈색으로 변화하는 색소는?

① 라이코펜(lycopene)

② 안토시안(anthocyan)

③ 코치닐(cochineal)

④ 클로로필(chlorophyll)

98 압출성형기에 공급되는 원료의 수분 함량을 18%(습량기준)로 맞추고자 한다. 물을 첨가하기 전에 분말의 수분 함량이 10%라 하면 분말 5kg에 추가해야 하는 물의 양은 몇 약 kg인가?

① 2.05　　② 1.24

③ 0.49　　④ 0.17

99 밀가루의 제분 공정에서 1차 조쇄롤(break roll) 또는 분쇄롤(reduction roll)을 거치는 동안 얻어지는 산물이 아닌 것은?

① 미들링(middling)

② 세몰리나(semolina)

③ 파텐트분(patent flour)

④ 클리어분(clear flour)

100 동결 건조기의 주요 부분이 아닌 것은?

① 가열판　　② 진공장치

③ 진공건조실　　④ 원심분리관

식품산업기사 기출문제 2017 1회

제1과목 식품위생학

1 우리나라 남해안의 항구와 어항 주변의 소라, 고둥 등에서 암컷에 수컷의 생식기가 생겨 불임이 되는 임포섹스(imposex) 현상이 나타나게 된 원인 물질은?

① 트리뷰틸주석
② 폴리클로로비페닐
③ 트로할로메탄
④ 디메틸프탈레이트

2 경구 감염병의 특징이라고 할 수 없는 것은?

① 소량 섭취하여도 발병한다.
② 지역적인 특성이 인정된다.
③ 환자 발생과 계절과의 관계가 인정된다.
④ 잠복기가 짧다.

3 다음 중 *Aspergillus flavus*의 생육에 가장 적당한 조건은?

① 25~30도, 상대습도 80%
② 10~15도, 상대습도 60%
③ 0~5도, 상대습도 60%
④ -5~0도, 상대습도 70%

4 도자기 또는 항아리 등에 사용되는 유약에서 특히 문제가 되는 유해금속은?

① 철
② 구리
③ 납
④ 주석

5 유해물질에 관련된 사항이 바르게 연결된 것은?

① Hg – 이타이이타이병 유발
② DDT – 유기인제
③ parathion – cholinesterase 작용 억제
④ dioxin – 유해성 무기화합물

6 자가품질검사 기준에서 자가품질검사 주기의 적용 시점은?

① 제품 제조일을 기준으로 산정한다.
② 유통기한 만료일을 기준으로 산정한다.
③ 판매 개시일을 기준으로 산정한다.
④ 품질유지 기한 만료일을 기준으로 산정한다.

7 식품을 자외선으로 살균할 때의 특징이 아닌 것은?

① 유기물 특히 단백질 식품에 효과적이다.
② 조사 후 조사 대상물에 거의 변화를 주지 않는다.
③ 비열(非熱) 살균한다.
④ 살균효과는 대상물의 자외선 투과율과 관계있다.

8 기타 영·유아식에 사용할 수 있는 첨가물이 아닌 것은?

① L-시스틴
② 시스틴
③ 스테비오사이드
④ 뮤신

9 착색료로서 갖추어야 할 조건이 아닌 것은?

① 인체에 독성이 없을 것
② 식품의 소화흡수율을 높일 것
③ 물리화학적 변화에 안정할 것
④ 사용하기에 편리할 것

10 식품의 원재료부터 제조, 가공, 보존, 유통, 조리 단계를 거쳐 최종 소비자가 섭취하기 전까지의 각 단계에서 발생할 우려가 있는 위해요소를 규명하고 중점적으로 관리하는 것은?

① GMP 제도
② 식품안전관리인증기준
③ 위해식품 자진 회수 제도
④ 방사살균(radappertization) 기준

11 식중독의 역학조사 시 원인규명이 어려운 이유가 아닌 것은?

① 조사 전에 치료가 되어 환자에게서 원인 물질이 검출되지 않는 경우가 발생하므로
② 식품의 냉동, 냉장보관으로 인해 원인물질(미생물, 화학물질 등)의 검출이 불가능하므로
③ 식중독을 일으키는 균이나 독소가 식품에 극미량 존재하므로
④ 식품이 여러 가지 성분으로 복잡하게 구성되어 있으므로

12 식품의 방사선 조사 처리에 대한 설명 중 틀린 것은?

① 외관상 비조사 식품과 조사 식품의 구별이 어렵다.
② 화학적 변화가 매우 적은 편이다.
③ 저온, 가열, 진공, 포장 등을 병용하여 방사선 조사량을 최소화할 수 있다.
④ 투과력이 약해 식품 내부의 살균은 불가능하다.

13 굴, 모시조개 등이 원인이 되는 동물성 중독성분은?

① 테트로도톡신
② 삭시톡신
③ 리코핀
④ 베네루핀

14 식중독균인 황색포도상구균(*Staphylococcus aureus*)과 이 구균이 생산하는 독소인 enterotoxin에 대한 설명 중 옳은 것은?

① 이 구균은 coagulase 양성이고 mannitol을 분해한다.
② 포자를 형성하는 내열성균이다.
③ 독소 중 A형만 중독증상을 일으킨다.
④ 일반적인 조리방법으로 독소가 쉽게 파괴된다.

15 *Aspergillus*속 곰팡이 독소가 아닌 것은?

① 아플라톡신
② 스테리그마토시스틴류
③ 제랄레논
④ 오크라톡신

16 수인성 감염병의 특징이 아닌 것은?

① 단시간에 다수의 환자가 발생한다.
② 동일 수원의 급수지역에 환자가 편재된다.
③ 잠복기가 수 시간으로 비교적 짧다.
④ 원인 제거 시 발병이 종식될 수 있다.

17 멜라민(melamin) 수지로 만든 식기에서 위생상 문제가 될 수 있는 주요 성분은?

① 비소   ② 게르마늄
③ 포름알데히드   ④ 단량체

18 보존료의 사용 목적과 거리가 먼 것은?

① 수분 감소의 방지
② 신선도 유지
③ 식품의 영양가 보존
④ 변질 및 부패 방지

19 가공식품에 잔류한 농약에 대하여 식품의 기준 및 규격에 별도로 잔류허용기준을 정하지 않은 경우 무엇을 우선적으로 적용하는가?

① WHO 기준
② FDA 기준
③ CODEX 기준
④ FCC/CFR 기준

20 식품의 제조·가공 공정에서 일반적인 HACCP의 한계기준으로 부적합한 것은?

① 미생물 수
② Aw와 같은 제품 특성
③ 온도 및 시간
④ 금속검출기 감도

제2과목 식품화학

21 유지를 가열하면 점도가 커지는 것은 다음 중 어느 반응에 의한 것인가?

① 산화 반응   ② 가수분해 반응
③ 중합 반응   ④ 열 분해 반응

22 감귤류에 특히 많은 유기산은?

① tartaric acid
② citric acid
③ succinic acid
④ acetic acid

23 유화액의 수중유적형과 유중수적형을 결정하는 조건으로 가장 거리가 먼 것은?

① 유화제의 성질
② 물과 기름의 비율
③ 유화액의 방치시간
④ 물과 기름의 첨가 순서

24 비타민 A의 산화를 방지할 수 있는 것은?

① 비타민 B   ② 비타민 D
③ 비타민 E   ④ 비타민 K

25 식품의 조직감(texture) 특성에서 견고성(hardness)이란?

① 반고체 식품을 삼킬 수 있는 정도까지 씹는 데 필요한 힘
② 식품을 파쇄하는 데 필요한 힘
③ 식품의 형태를 구성하는 내부적 결합에 필요한 힘
④ 식품의 형태를 변형하는 데 필요한 힘

26 15%의 설탕 용액에 0.15%의 소금 용액을 동량 가하면 용액의 맛은?

① 짠맛이 감소한다.
② 단맛이 증가한다.
③ 단맛이 감소한다.
④ 맛의 변화가 없다.

27 적색의 양배추를 식초를 넣은 물에 담글 때 나타나는 현상은?

① 녹색으로 변한다.
② 흰색으로 변한다.
③ 적색이 보존된다.
④ 청색으로 변한다.

28 우유 단백질 중 치즈 제조에 사용되는 것은?

① 락토글로불린
② 락토알부민
③ 카세인
④ 글루텐

29 단백질의 변성인자가 아닌 것은?

① 산
② 염류
③ 아미노산
④ 표면장력

30 녹색채소(시금치 등)를 살짝 데칠 경우에 그 녹색이 더욱 선명해지는 이유는?

① 데치기에 의하여 클로로필 색소의 Mg이 Cu로 치환되었기 때문이다.
② 데치기에 의하여 식물조직에 존재하는 chlorophyllase가 활성화되었기 때문이다.
③ 데치기에 의하여 식물조직에 산이 생성되었기 때문이다.
④ 데치기에 의하여 식물조직에 알칼리가 생성되었기 때문이다.

31 선도가 저하된 해산어류의 특유한 비린 냄새의 원인은?

① piperidine
② trimethylamine
③ methyl mercaptan
④ actin

32 다음 중 소수기에 속하는 것은?

① $-OH$
② $-CH_2-CH_3$
③ $-NH_2$
④ $-CHO$

33 1M NaOH 용액 1L에 녹아있는 NaOH의 중량은?

① 30g
② 35g
③ 40g
④ 50g

34 유지를 튀김에 사용하였을 때 나타나는 화학적인 현상은?

① 산가가 감소한다.
② 산가가 변화하지 않는다.
③ 요오드가가 감소한다.
④ 요오드가가 변화하지 않는다.

35 아미노산의 중성 용액 혹은 약산성 용액에 시약을 가하여 같이 가열했을 때 CO_2를 발생하면서 청색을 나타내는 반응으로 아미노산이나 펩티드 검출 및 정량에 이용되는 것은?

① 밀론 반응
② 크산토프로테인 반응
③ 닌히드린 반응
④ 뷰렛 반응

36 식품의 기본 맛 4가지 중 해리된 수소이온(H^+)과 해리되지 않는 산의 염에 기인하는 것은?

① 단맛
② 짠맛
③ 신맛
④ 쓴맛

37 다음 중 인지질로 구성된 것은?

① lecithin, cephalin
② sterol, squalene
③ triglyceride, glycerol
④ wax, tocopherol

38 다음 중 vitamin A를 가장 많이 함유하는 식품은?

① 우유
② 버터
③ 간유
④ 고등어

39 다음 중 식물성 식품 성분 가운데 자외선을 쪼이면 비타민 D로 전환되는 것은?

① cholesterol
② sitosterol
③ ergosterol
④ stigmasterol

40 수분활성도에 대한 설명 중 틀린 것은?

① 일반적으로 수분활성도가 0.3 정도로 낮으면 식품 내의 효소 반응은 거의 정지된다.
② 일반적으로 수분활성도가 0.85 이하이면 미생물 중 세균의 생장은 거의 정지된다.
③ 일반적으로 수분활성도가 0.7 이상이 되면 비효소적 갈변 반응의 반응속도는 감소하기 시작한다.
④ 일반적으로 수분활성도가 0.2 이하에서는 지질산화의 반응속도가 최저가 된다.

41 어패육이 식육류에 비하여 쉽게 부패하는 이유가 아닌 것은?

① 수분과 지방이 적어 세균 번식이 쉽다.
② 어체 중의 세균은 단백질 분해효소의 생산력이 크다.
③ 자기소화 작용이 커서 육질의 분해가 쉽게 일어난다.
④ 조직이 연약하여 외부로부터 세균의 침입이 쉽다.

42 수산물의 화학적 선도 판정의 지표가 되지 않는 것은?

① pH
② 휘발성 염기질소
③ 트리메틸아민옥시드
④ K value

43 과일 및 채소의 수확 후 생리현상으로 중량 감소를 일으키는 가장 주된 작용은?

① 휴먼 작용
② 증산 작용
③ 발아발근 작용
④ 후숙 작용

44 육질의 연화를 위한 숙성과정에서 일어나는 현상에 대한 설명으로 틀린 것은?

① pepsin, trypsin, cathepsin 등의 효소 작용에 의한 단백질 가수분해 작용이 일어난다.
② actomyosin의 해리현상이 일어난다.
③ 혈색소인 hemoglobin이나 myoglobin은 Fe^{2+}가 Fe^{3+}로 된다.
④ 숙성과정에서 도살 전과 비교하여 pH의 변화는 없다.

45 냉동포장재로 가장 적합한 것은?

① 염화비닐리덴　② 염산고무
③ 염화비닐　　　④ 폴리에스테르

46 밀가루를 점탄성이 강한 반죽으로 만들기 위한 조치 방법으로 옳은 것은?

① 혼합을 과도하게 한다.
② 밀가루를 숙성, 산화시킨다.
③ 회분 함량이 많은 전분을 사용한다.
④ 글루텐 함량이 적은 박력분을 사용한다.

47 우유가 단맛을 약간 가진 것은 어떤 성분 때문인가?

① 나이아신　　② 리파아제
③ 포도당　　　④ 유당

48 유지의 탈색 공정 방법으로 사용되지 않는 것은?

① 수증기 증류법　② 활성백토법
③ 산성백토법　　④ 활성탄법

49 다음 중 유화제가 아닌 것은?

① lecithin　　　② monoglyceride
③ cephalin　　　④ arginine

50 아이스크림 품질 평가 중 큰 유당 결정이 생겨 사상(沙狀)조직이 나타나는 현상은?

① buttery body
② crumbly body
③ fluffy body
④ sandiness

51 고기의 신선도를 유지하기 위하여 냉동법으로 저장한 경우 얼음결정에 의하여 발생할 수 있는 변화가 아닌 것은?

① 근육조직 손상
② 탈수
③ 산패
④ 부피 감소

52 사과통조림을 최종 당도 20Bx로 하고자 한다. 이때 고형량은 250g, 고형분 중 당은 6%, 내용 총량은 430g으로 하고자 할 때 주입액의 당도는 얼마인가?

① 20　　　　　② 28.6
③ 39.4　　　　④ 61.2

53 청국장에 대한 설명으로 틀린 것은?

① 타르 색소가 검출되어서는 아니 된다.
② 된장보다 고형물 덩어리가 많다.
③ 콩은 황백색 종자가 좋다.
④ 제조에 사용되는 natto균은 *Aspergillus* 속이다.

54 식품의 기준 및 규격에서 사용하는 단위가 아닌 것은?

① 길이 : m, cm, mm
② 용량 : L, mL
③ 압착강도 : N
④ 열량 : W, kW

55 효소 당화법에 의한 포도당 제조에 대한 설명으로 틀린 것은?

① 분말액은 식용이 가능하다.
② 산 당화법에 비해 당화시간이 길다.
③ 원료는 완전히 정제할 필요가 없다.
④ 당화액은 고미가 강하고 착색물질이 많다.

56 가열치사시간을 1/10로 감소시키기 위하여 처리하는 가열온도의 변화를 나타내는 값은?

① D값
② Z값
③ F값
④ L값

57 간장 코지 제조 중 시간이 지남에 따라 역가가 가장 높아지는 효소는?

① α-amylase
② β-amylase
③ protease
④ lipase

58 전단속도 $25s^{-1}$에서 토마토 케첩($K = 1.5Pa \cdot s^{0.5}$, $n = 0.5$)의 겉보기 점도를 계산하면 얼마인가? (단, 토마토 케첩의 항복응력은 없다.)

① $0.3Pa \cdot s$
② $0.5Pa \cdot s$
③ $1.0Pa \cdot s$
④ $1.5Pa \cdot s$

59 전분 200kg을 산 당화법으로 분해시켜 포도당을 제조하면 그 생산량은 약 얼마인가?

① 111kg
② 220kg
③ 333kg
④ 55kg

60 소금의 방부력과 관계가 없는 것은?

① 원형질의 분리
② 펩타이드 결합의 분해
③ 염소이온의 살균 작용
④ 산소의 용해도 감소

제4과목   식품미생물학

61 곰팡이에서 포복지(stolon)와 가근(rhizoid)을 가진 속은?

① *Penicillium*속
② *Mucor*속
③ *Aspergillus*속
④ *Rhizopus*속

62 아래 설명에 가장 적합한 균종은?

- 코지 곰팡이의 대표적인 균종이다.
- 청주, 된장, 간장, 감주 등의 제품에 이용된다.
- 처음에는 백색이나, 분생자가 생기면서부터 황색에서 황녹색으로 되고 더 오래되면 갈색을 띤다.

① *Aspergillus usami*
② *Aspergillus flavus*
③ *Aspergillus niger*
④ *Aspergillus oryzae*

63 세균을 분류하는 기준으로 볼 수 없는 것은?

① 편모의 유무 및 착생 부위
② 격벽(septum)의 유무
③ 그람(gram) 염색성
④ 포자의 형성 유무

64 혈구계수기를 이용하는 총균수 측정법에서 말하는 총균수(total count)란?

① 살아있는 미생물의 수
② 고체배지상에 나타난 미생물 수
③ 사멸된 미생물을 제외한 수
④ 현미경하에서 셀 수 있는 미생물 수

65 효모에 의한 발효성 당류가 아닌 것은?

① 과당
② 전분
③ 설탕
④ 포도당

66 맥주 제조용 양조 용수의 경도(hardness)를 저하시키는 방법으로 부적당한 것은?

① 염소 첨가
② 가열
③ 석회수 첨가
④ 이온 교환 수지 사용

67 *Penicillium roquefortii*와 가장 관계 깊은 것은?

① 치즈　　　　② 버터
③ 유산균 음료　④ 절임류

68 클로렐라(chlorella)에 대한 설명으로 틀린 것은?

① 단세포의 녹조류이다.
② 엽록소를 가지고 있다.
③ 형태는 나선형이다.
④ 양질의 단백질을 다량 함유한다.

69 세균의 포자에만 존재하는 저분자 화합물은?

① peptidoglycan
② dipicolinic acid
③ lipopolysaccharide(LPS)
④ muraminic acid

70 원핵세포 생물에 대한 설명 중 틀린 것은?

① 핵막과 미토콘드리아가 없다.
② 호흡효소는 대부분 mesosome에 존재한다.
③ 진화 발달된 세포이다.
④ 일반적으로 sterol이 없다.

71 미생물의 영양상 특징이 아닌 것은?

① 미생물의 영양은 탄소원 또는 에너지원의 이용이 다양하다.
② 증식은 첨가영양원의 농도에 대응해서 증가하고 어느 농도 이상에서는 일정하게 된다.
③ 증식에 필요한 모든 영양원이 충족되어야 하며 필수 영양원이 조금 부족해도 증식할 수 있다.
④ 같은 화합물이라도 농도에 따라 미생물에 대한 영향은 다르다.

72 박테리오파지에 대한 설명으로 틀린 것은?

① 광학현미경으로 관찰할 수 없다.
② 세균의 용균 현상을 일으키기도 한다.
③ 독자적으로 증식할 수 없다.
④ 기생성이기 때문에 자체의 유전물질이 없다.

73 포도당 100g을 정상형 젖산균을 사용하여 젖산발효시킬 때 얻어지는 젖산의 이론치는?

① 80g　　　② 86g
③ 92g　　　④ 100g

74 버섯에 대한 설명 중 틀린 것은?

① 대부분은 담자균류에 속한다.
② 담자균류는 균사에 격막이 있다.
③ 2차 균사는 단핵 균사이다.
④ 동담자균류와 이담자균류가 있다.

75 한식(재래식) 된장 제조 시 메주에 생육하는 세균은?

① *Bacillus subtilis*
② *Acetobacter aceti*
③ *Lactobacillus brevis*
④ *Clostridium botulinum*

76 세균이 식품에 오염되어 증식하면서 생성한 독소를 사람이 섭취하여 중독증을 유발하는 식중독균에 속하는 것은?

① 황색포도상구균
(*Staphylococcus aureus*)
② 장염비브리오균
(*Vibrio parahaemolyticus*)
③ 장출혈성 대장균
(enterohemorrhagic *E. coli* O157)
④ 살모넬라균(*Salmonella*)

77 다음 반응과 관계 깊은 것은?

$$C_6H_{12}O_6 + 6O_2 \rightarrow 6CO_2 + 6H_2O + 688kcal$$

① 발효 작용
② 호흡 작용
③ 증식 작용
④ 증산 작용

78 invertase를 생성하는 미생물은?

① *Saccharomyces carsbergensis*
② *Saccharomyces ellipsoideus*
③ *Saccharomyces coreanus*
④ *Saccharomyces cerevisiae*

79 다음 중 세균이 아닌 것은?

① *Micrococcus*속
② *Sarcina*속
③ *Bacillus*속
④ *Pichia*속

80 항생물질 제조에 이용되며, 황변미 독소 생성과 관계있는 자낭균류의 누룩곰팡이과 미생물은?

① *Rhizopus*속
② *Penicillium*속
③ *Aspergillus*속
④ *Mucor*속

제5과목 식품제조공정

81 수직 스크루 혼합기의 용도로 가장 적합한 것은?

① 점도가 매우 높은 물체를 골고루 섞어 준다.
② 서로 섞이지 않는 두 액체를 균일하게 분산시킨다.
③ 고체분말과 소량의 액체를 혼합하여 반죽상태로 만든다.
④ 많은 양의 고체에 소량의 다른 고체를 효과적으로 혼합시킨다.

82 사각형의 여과틀에 여과포를 씌우고 여과판과 세척판을 교대로 배열해서 만든 대표적인 가압여과기는?

① 중력여과기
② 필터프레스
③ 진공여과기
④ 원심여과기

83 일반적으로 액체식품의 건조에 가장 효율적인 건조 방법은?

① 진공 건조
② 가압 건조
③ 냉동 건조
④ 분무 건조

84 농도 5%(wt)의 식염수 1톤을 50%(wt)로 농축시키려면 몇 kg의 수분 중량이 필요한가?

① 120kg
② 250kg
③ 630kg
④ 900kg

85 초임계 유체 추출 방법이 효과적으로 쓰이는 식품군이 아닌 것은?

① 커피　　　　② 유지
③ 스낵　　　　④ 향신료

86 식품공업에서 원료 중의 고형물을 회수할 때나 물에 녹지 않는 액체를 분리할 때 고속회전시켜 비중의 차이에 의해 분리하는 조직은?

① 추출　　　　② 여과
③ 조립　　　　④ 원심분리

87 밀가루 반죽과 같은 고점도 반고체의 혼합에 관여하는 운동과 관계가 먼 것은?

① 절단(cutting)　② 치댐(kneading)
③ 접음(folding)　④ 전단(shearing)

88 물리적 비가열 살균 기술이 아닌 것은?

① 초음파 살균 기술
② 고전압 펄스 전기장 기술
③ 생리활성 물질 첨가 기술
④ 초고압 기술

89 김치 제조에서 배추의 소금절임 방법이 아닌 것은?

① 압력법　　　　② 건염법
③ 혼합법　　　　④ 염수법

90 진공 동결 건조에 대한 설명으로 틀린 것은?

① 향미 성분의 손실이 적다.
② 감압상태에서 건조가 이루어진다.
③ 다공성 조직을 가지므로 복원성이 좋다.
④ 열풍 건조에 비해 건조시간이 적게 걸린다.

91 냉동건조(freeze drying) 방법으로 제조된 식품의 특징으로 틀린 것은?

① 제품의 밀도가 증가한다.
② 향미 성분이 보존된다.
③ 승화와 탈습의 과정을 거쳐 제조된다.
④ 제품의 물리적 변형이 적다.

92 유지의 채취법으로 적당하지 않은 것은?

① 증류법　　　　② 추출법
③ 용출법　　　　④ 압착법

93 다음 중 입자 크기 −10 +20mesh의 의미로 옳은 것은?

① 10mesh 체는 통과하나 20mesh 체는 통과하지 못하는 입자
② 10mesh 체는 통과하지 못하나 20mesh 체는 통과하는 입자
③ 10mesh 체와 20mesh 체를 모두 통과하는 입자
④ 10mesh 체와 20mesh 체를 모두 통과하지 못하는 입자

94 고춧가루나 떡 제조용 쌀가루를 제조할 때 사용하는 롤러 밀은 2개의 롤러의 회전속도가 달라 분쇄력을 갖게 된다. 롤러의 표준 회전속도 비는?

① 1 : 1　　　　② 1 : 2.5
③ 1 : 5　　　　④ 1 : 10

95 가열 살균에 있어 D값이 120℃에서 20초인 세균을 초기 농도 10^5에서 10^1까지 부분살균하는 데 소요되는 총 살균시간은?

① 120초 ② 100초
③ 80초 ④ 50초

96 식품가공 방법 중 배럴(barrel)의 한 쪽에는 원료 투입구가 있고 다른 쪽에는 작은 구멍(die)이 뚫려 있으며 배럴 안쪽에 회전 스크루(screw)에 의해 가압된 원료가 나오는 형태의 성형 방법은?

① 과립성형(agglomeration)
② 주조성형(casting)
③ 압출성형(extrusion)
④ 압연성형(sheeting)

97 판상식 열교환기에 관한 설명으로 틀린 것은?

① 총괄 열전달 계수가 매우 작아서 열전달이 천천히 된다.
② 사용 후 청소가 쉽다.
③ 판의 수를 조정함으로써 가열용량을 쉽게 조정할 수 있다.
④ 점도가 높은 유체에는 사용하기 곤란하다.

98 제면공정 중 압출과정으로 제조되는 면이 아닌 것은?

① 소면
② 스파게티면
③ 당면
④ 마카로니

99 0.0029인치 크기의 체 눈을 형성하는 200메시 체를 기준으로 하여 다음 체 눈의 크기를 $\sqrt{2}$ 만큼씩 증가시키는 체의 표준 시리즈는?

① tyler series
② british standards
③ ASTM−E 11
④ mesh standards

100 건량기준(dry basis) 수분 함량 25%인 식품의 습량기준(wet basis) 수분 함량은?

① 20% ② 25%
③ 30% ④ 18%

식품산업기사 기출문제

제1과목　식품위생학

1　식품의 방사능 오염에서 생성률이 크고 반감기도 길어 가장 문제가 되는 핵종만을 묶어 놓은 것은?

① ^{89}Sr, ^{95}Zn
② ^{140}Ba, ^{141}Ce
③ ^{90}Sr, ^{137}Cs
④ ^{59}Fe, ^{131}I

2　다음 중 타르 색소를 사용해도 되는 식품은?

① 면류
② 레토르트식품
③ 어육소시지
④ 인삼, 홍삼음료

3　식품과 유해성분의 연결이 틀린 것은?

① 독미나리 – 시큐톡신
② 황변미 – 시트리닌
③ 피마자유 – 고시폴
④ 독버섯 – 콜린

4　식품공장 폐수와 가장 관계가 적은 것은?

① 유기성 폐수이다.
② 무기성 폐수이다.
③ 부유물질이 많다.
④ BOD가 높다.

5　간디스토마의 제1 중간숙주는?

① 붕어
② 우렁이
③ 가재
④ 은어

6　LD_{50}량에 대한 설명으로 틀린 것은?

① 한 무리의 실험동물 50%를 사망시키는 독성물질의 양이다.
② 실험방법은 검체의 투여량을 고농도로부터 순차적으로 저농도까지 투여한다.
③ 독성물질의 경우 동물체중 1kg에 대한 독물량으로 나타내며 동물의 종류나 독물경로도 같이 표기한다.
④ LD_{50}량의 값이 클수록 안전성은 높아진다.

7　민물고기의 생식에 의하여 감염되는 기생충증은?

① 간흡충증
② 선모충증
③ 무구조충
④ 유구조충

8　건조식품의 포장재로 가장 적합한 것은?

① 산소와 수분의 투과도가 모두 높은 것
② 산소와 수분의 투과도가 모두 낮은 것
③ 산소의 투과도는 높고 수분의 투과도는 낮은 것
④ 산소의 투과도는 낮고 수분의 투과도는 높은 것

9　다음 중 식품을 매개로 감염될 수 있는 가능성이 가장 높은 바이러스성 질환은?

① A형 간염
② B형 간염
③ 후천성 면역결핍증
④ 유행성 출혈열

10 *Clostridium botulinum*의 특성이 아닌 것은?

① 통조림, 병조림 등의 밀봉식품의 부패에 주로 관여된 균이다.
② 그람양성 간균으로 내열성 아포를 형성한다.
③ 치사율이 매우 높은 식중독균이다.
④ 100℃, 30초 정도 살균하면 사멸된다.

11 포스트 하비스트 농약이란?

① 수확 후의 농산물의 품질을 보존하기 위하여 사용하는 농약
② 소비자의 신용을 얻기 위하여 사용하는 농약
③ 농산물 재배 중에 사용하는 농약
④ 농산물에 남아 있는 잔류농약

12 다음 중 유해성이 높아 허가되지 않은 보존료는?

① 안식향산
② 붕산
③ 소르빈산
④ 데히드로초산나트륨

13 아플라톡신에 대한 설명으로 틀린 것은?

① 생산균은 *Penicillium*속으로서 열대지방에 많고 온대지방에서는 발생건수가 적다.
② 생산 최적온도 25~30℃, 수분 16% 이상, 습도 80~85% 정도이다.
③ 주요 작용물질은 쌀, 보리, 땅콩 등이다.
④ 예방의 확실한 방법은 수확 직후 건조를 잘하며 저장에 유의해야 한다.

14 우유에 대한 검사 중 Babcock법은 무엇에 대한 검사법인가?

① 우유의 지방
② 우유의 비중
③ 우유의 신선도
④ 우유 중의 세균수

15 식품위생 검사를 위한 검체의 일반적인 채취방법 중 옳은 것은?

① 깡통, 병, 상자 등 용기에 넣어 유통되는 식품 등은 반드시 개봉한 후 채취한다.
② 합성착색료 등의 화학물질과 같이 균질한 상태의 것은 가능한 많은 양을 채취하는 것이 원칙이다.
③ 대장균이나 병원 미생물의 경우와 같이 목적물이 불균질할 때는 최소량을 채취하는 것이 원칙이다.
④ 식품에 의한 감염병이나 식중독의 발생 시 세균학적 검사에는 가능한 많은 양을 채취하는 것이 원칙이다.

16 종이류 등의 용기나 포장에서 위생문제를 야기시킬 수 있는 대표적인 물질은?

① formalin의 용출
② 형광증백제의 용출
③ BHA의 용출
④ 2-mercaptoimidazole의 용출

17 다음 중 식육가공품의 발색제와 반응하여 형성되는 발암 물질은?

① 아세틸아민
② 소아민
③ 황산제일철
④ 니트로사민

18 식품첨가물의 주요 용도의 연결이 바르게 된 것은?

① 규소 수지 – 추출제
② 염화암모늄 – 보존료
③ 알긴산나트륨 – 산화방지제
④ 초산 비닐 수지 – 껌기초제

19 PCB에 대한 설명 중 틀린 것은?

① 미강유에 원래 들어 있는 성분이다.
② polychlorinated biphenyl의 약어이다.
③ 1968년 일본에서 처음 중독증상이 보고되었다.
④ 인체의 지방조직에 축적되며, 배설속도가 늦다.

20 대장균 O157 : H7의 시험에서 확인 시험 후 행하는 시험은?

① 정성 시험   ② 증균 시험
③ 혈청형 시험   ④ 독소 시험

제2과목   식품화학

21 밥을 상온에 오래 두었을 때 생쌀과 같이 굳어지는 현상은?

① 호화   ② 노화
③ 호정화   ④ 캐러멜화

22 2N HCL 40ml와 4N HCL 60ml를 혼합했을 때의 농도는?

① 3.0N   ② 3.2N
③ 3.4N   ④ 3.6N

23 닌히드린 반응(ninhydrin reaction)이 이용되는 것은?

① 아미노산의 정성
② 지방질의 정성
③ 탄수화물의 정성
④ 비타민의 정성

24 유지의 가공 중 경화와 관련이 없는 것은?

① 경화란 지방산의 이중결합에 수소를 첨가하는 공정이다.
② 경화의 목적은 유지의 산화안정성을 높이는 것이다.
③ 경화유에는 트랜스지방산이 들어 있지 않다.
④ 경화유는 쇼트닝이나 마가린 제조에 이용된다.

25 연유 중에 젓가락을 세워 회전시키면 연유가 젓가락을 따라 올라간다. 이런 성질을 무엇이라고 하는가?

① Weissinberg 효과
② 예사성
③ 경점성
④ 신점성

26 식용유지의 발연점에 대한 설명으로 틀린 것은?

① 유지 중의 유리지방산 함량이 많을수록 발연점은 낮아진다.
② 유지를 가열하여 유지의 표면에서 엷은 푸른 연기가 발생할 때의 온도를 말한다.
③ 노출된 유지의 표면적이 클수록 발연점은 낮아진다.
④ 식용유지의 발연점은 낮을수록 좋다.

27 단맛이 큰 순서로 나열되어 있는 것은?

① 설탕 > 과당 > 맥아당 > 젖당
② 맥아당 > 젖당 > 설탕 > 과당
③ 과당 > 설탕 > 맥아당 > 젖당
④ 젖당 > 맥아당 > 과당 > 설탕

28 소수성 졸에 소량의 전해질을 넣을 때 콜로이드 입자가 침전되는 현상은?

① 브라운 운동   ② 응결
③ 흡착   ④ 유화

29 맛에 대한 설명으로 틀린 것은?

① 단팥죽에 소량의 소금을 넣으면 단맛이 더욱 세게 느껴진다.
② 오징어를 먹은 직후 귤을 먹으면 감칠맛을 느낄 수 있다.
③ 커피에 설탕을 넣으면 쓴맛이 억제된다.
④ 신맛이 강한 레몬에 설탕을 뿌려 먹으면 신맛이 줄어든다.

30 염기성 아미노산이 아닌 것은?

① lysine   ② arginine
③ histidine   ④ alanine

31 천연지방산의 특징이 아닌 것은?

① 불포화지방산은 이중결합이 없다.
② 대부분 탄소수가 짝수이다.
③ 불포화지방산은 대부분 cis형이다.
④ 카르복실기가 하나이다.

32 식품 중의 수분 함량을 가열건조법에 의해 측정할 때 계산식은?

W_0 : 칭량병의 무게
W_1 : 건조 전 시료의 무게 + 칭량병의 무게
W_2 : 건조 후 항량에 달했을 때 시료의 무게 + 칭량병의 무게

① 수분% $= \left(\dfrac{W_0 - W_1}{W_1 - W_2} \right) \times 100$

② 수분% $= \left(\dfrac{W_1 - W_0}{W_2 - W_1} \right) \times 100$

③ 수분% $= \left(\dfrac{W_1 - W_2}{W_1 - W_0} \right) \times 100$

④ 수분% $= \left(\dfrac{W_2 - W_1}{W_1 - W_0} \right) \times 100$

33 다음 중 감칠맛과 관계 깊은 아미노산은?

① glycine   ② asparagine
③ glutamic acid   ④ valine

34 전분의 노화 억제와 관련이 없는 것은?

① 냉동   ② 냉장
③ 유화제 첨가   ④ 자당 첨가

35 사람이나 가축의 장내 미생물에 의해 합성되어 사용되는 비타민은?

① 비타민 B   ② 비타민 K
③ 비타민 C   ④ 비타민 E

36 매운맛 성분으로 진저롤이 있는 것은?

① 마늘   ② 생강
③ 고추   ④ 후추

37 칼슘(Ca)의 흡수를 저해하는 인자가 아닌 것은?

① 수산　　　　　② 비타민 D
③ 피틴산　　　　④ 식이섬유

38 호화된 전분이 갖는 성질이 아닌 것은?

① 점도의 증가
② 소화율의 증가
③ 방향 부동성의 손실
④ 수분 흡수 정도의 감소

39 다음 중 동물성 스테롤은?

① cholesterol　　② ergoserol
③ sitosterol　　　④ stigmasterol

40 단백질 분자 내에 티로신과 같은 페놀 잔기를 가진 아미노산의 존재에 의해서 일어나는 정색 반응은?

① 밀론 반응　　　② 뷰렛 반응
③ 닌히드린 반응　④ 유황 반응

제3과목　식품가공학

41 염장 원리에서 가장 주요한 요인은?

① 단백질 분해효소의 작용 억제
② 소금의 삼투 작용 및 탈수 작용
③ CO_2에 대한 세균의 감도 증가
④ 산소의 용해도를 감소

42 달걀의 저장법으로 부적합한 것은?

① 가스 냉장법　　② 냉장법
③ 도포법　　　　④ 온탕법

43 통조림 제조의 주요 공정 순서가 바르게 된 것은?

① 밀봉 – 살균 – 탈기
② 탈기 – 밀봉 – 살균
③ 살균 – 밀봉 – 탈기
④ 살균 – 탈기 – 밀봉

44 냉훈법에 비하여 온훈법의 장점이 아닌 것은?

① 고기가 더 연하다.
② 고기의 향기가 좋다.
③ 고기의 맛이 좋다.
④ 저장성이 우수하다.

45 찹쌀과 멥쌀의 성분상 큰 차이는?

① 단백질 함량　　② 지방 함량
③ 회분 함량　　　④ 아밀로펙틴 함량

46 햄, 소시지, 베이컨 등의 가공품 제조 시 단백질의 보수력 및 결착성을 증가시키기 위해 사용되는 첨가물은?

① MSG
② ascorbic acid
③ polyphosphate
④ chlorine

47 치즈의 숙성률을 나타내는 기준이 되는 성분은?

① 수용성 질소화합물
② 유리지방산
③ 유리아미노산
④ 환원당

48 통조림 식품의 변패 및 그 원인의 연결이 틀린 것은?

① 밀감 통조림의 백탁 – 과육 중의 hesperidin의 불용출
② 관 내면 부식 – 주석, 철 등 용기 성분의 이상 용출
③ 관 외면 부식 – 부식성 용수의 사용
④ 다랑어 통조림의 청변 – Met-Mb, TMAO, cytein의 관여

49 식물성 유지에 대한 설명으로 옳은 것은?

① 건성유에는 올리브유, 땅콩기름 등이 있다.
② 불건성유에는 들기름, 팜유 등이 있다.
③ 반건성유에는 대두유, 참기름, 미강유 등이 있다.
④ 불건성유는 요오드값이 150 이상이다.

50 물의 밀도는 $1g/cm^3$이다. 이를 lb/ft^3 단위로 환산하면 약 얼마인가? (단, 1lb는 454g, 1ft는 30.5cm로 계산한다.)

① $60.6lb/ft^3$ ② $62.5lb/ft^3$
③ $64.4lb/ft^3$ ④ $66.6lb/ft^3$

51 일반적인 밀가루 품질 시험 방법과 거리가 먼 것은?

① amylase 작용력 시험
② 면의 신장도 시험
③ gluten 함량 측정
④ protease 작용력 시험

52 HTST법(고온 단시간 살균법)은 72~75℃에서 얼마 동안 열처리 하는 것인가?

① 0.5초 내지 5초간
② 15초 내지 20초간
③ 1분간
④ 5분간

53 병류식과 비교할 때 향류식 터널건조기의 일반적인 특징으로 옳은 것은?

① 수분 함량이 낮은 제품을 얻기 어렵다.
② 식품의 건조 초기에 고온 저습의 공기와 접하게 된다.
③ 과열될 염려가 없어 제품의 열 손상을 적게 받고 건조속도도 빠르다.
④ 열의 이용도가 높고 경제적이다.

54 식품의 저장 방법 중 식염절임에 대한 설명으로 틀린 것은?

① 염수과정에서 식염의 침투로 식염 용액이 형성되고 여기에 육단백질이 용해되어 콜로이드 용액을 만들어 수분을 흡수하는 경우도 있다.
② 일반적으로 식염 농도가 증가하거나 온도가 높아지면 삼투압이 커지게 된다.
③ 건염법은 염수법에 비하여 유지 산화가 많이 일어날 가능성이 있다.
④ 식염 중에 칼슘염이나 마그네슘염이 들어 있으면 식염의 침투속도가 높아진다.

55 포도당 당량이 높을 때의 현상은?

① 점도가 떨어진다.
② 삼투압이 낮아진다.
③ 평균 분자량이 증가한다.
④ 덱스트린이 증가한다.

56 두류가공품 중 소화율이 가장 높은 것은?

① 된장 ② 두부
③ 납두 ④ 콩나물

57 당도가 12%인 사과 과즙 10kg을 당도가 24%가 되도록 하기 위하여 첨가해야 할 설탕량은 약 몇 kg인가?

① 1.2750kg ② 1.5789kg
③ 2.3026kg ④ 2.5431kg

58 샐러드 기름을 제조할 때 탈납과정의 주요 목적은?

① 불포화지방산을 제거한다.
② 저온에서 고체상태로 존재하는 지방을 제거한다.
③ 지방 추출원료의 찌꺼기를 제거한다.
④ 수분을 제거한다.

59 아이스크림 제조 시 사용하는 안정제가 아닌 것은?

① 젤라틴 ② 알긴산염
③ CMC ④ 구아닐산이나트륨

60 라면 한 그릇에 나트륨이 2,000mg이 들어있다면, 이것을 소금량으로 환산하면 얼마인가?

① 5g ② 8g
③ 12g ④ 20g

제4과목 식품미생물학

61 유기산과 생산 미생물과의 연결이 틀린 것은?

① 구연산 – *Aspergillus niger*
② 초산 – *Acetobacter aceti*
③ 젖산 – *Leuconostoc mesenteroides*
④ 프로피온산 – *Propionibacterium shermanii*

62 다음 중 koji 곰팡이의 특징과 거리가 먼 것은?

① *Aspergillus oryzae* group이다.
② 단백질 분해력이 강하다.
③ 곰팡이 효소에 의하여 아미노산으로 분해한다.
④ 일반적으로 당화력이 약하다.

63 아황산 펄프폐액을 사용한 효모 생산을 위하여 개발된 발효조는?

① waldhof형 배양장치
② vortex형 배양장치
③ air lift형 배양장치
④ plate tower형 배양장치

64 출아법으로 증식하여 포자를 형성하는 미생물은?

① *Saccharomyces*속
② *Mucor*속
③ *Rhizopus*속
④ *Torulopsis*속

65 일반적으로 위균사를 형성하는 효모는?

① *Saccharomyces*속
② *Candida*속
③ *Hanseniaspora*속
④ *Trulopsis*속

66 미생물의 생육에 직접 관계하는 요인이 아닌 것은?

① pH ② 수분
③ 이산화탄소 ④ 온도

71

67 적당한 수분이 있는 조건에서 식빵에 번식하여 적색을 형성하는 미생물은?

① *Lactobacillus plantarum*
② *Staphylococcus aureus*
③ *Pseudomonas fluorescens*
④ *Serratia marcescens*

68 독버섯의 독성분이 아닌 것은?

① enterotoxin   ② neurine
③ muscarine   ④ phaline

69 bacteriophage의 설명으로 틀린 것은?

① 세균에 감염 기생하여 기생적으로 증식한다.
② 생물과 무생물의 중간 위치이다.
③ DNA, RNA, 효소를 모두 가지고 있다.
④ 살아있는 세포에만 기생한다.

70 bacteriophage에 의해서 유전자 전달이 이루어지는 현상은?

① 형질 전환   ② 접합
③ 형질 도입   ④ 유전자 재조합

71 누룩곰팡이에 대한 설명으로 거리가 먼 것은?

① 단모균은 단백질 분해력이 강하다.
② 장모균은 당화력이 강하다.
③ 분생포자를 형성하지 않으며 끝이 빗자루 모양이다.
④ 최적생육온도는 20~37℃이다.

72 탄소원으로 포도당 1kg에 *Saccharomyces cerevisiae*를 배양하여 발효시켰을 때 얻어지는 에틸알코올의 이론적인 생성량은 얼마인가? (단, 원자량 : H=1, C=12, O=16)

① 423g   ② 511g
③ 645g   ④ 786g

73 *Acetobacter*속의 특성이 아닌 것은?

① gram음성의 무포자 간균이다.
② 혐기성균이다.
③ 액체배지에서 피막을 형성한다.
④ 에탄올을 산화시킨다.

74 에틸알코올 발효 시 에틸알코올과 함께 가장 많이 생성되는 것은?

① CO_2 ② CH_3CHO
③ $C_5H_5(OH)_3$ ④ CH_3OH

75 조상균류(*Phycomycetes*)에 속하는 곰팡이는?

① *Fusarium*속
② *Eremothecium*속
③ *Mucor*속
④ *Aspergillus*속

76 생선이나 수육이 변패할 때 인광을 나타내는 원인균은?

① *Bacillus coagulans*
② *Salmonella enteritidis*
③ *Vibrio indicus*
④ *Erwinia carotovora*

77 세균에 대한 설명으로 틀린 것은?

① 분열에 의해 증식한다.
② 내생포자를 형성할 수 있다.
③ 형태에 따라 구균, 간균, 나선균 등으로 구분한다.
④ 핵과 세포질이 핵막에 의해 구분된다.

78 전분 당화력이 강해서 구연산 생성 및 소주 제조에 사용되는 곰팡이는?

① Aspergillus tamari
② Penicillium citrinum
③ Monascus purpureus
④ Aspergillus niger

79 미생물이 탄소원으로 가장 많이 이용하는 당질은?

① 포도당(glucose)
② 자일로오스(xylose)
③ 유당(lactose)
④ 라피노오스(raffinose)

80 스위스 치즈의 치즈 눈 생성에 관여하는 미생물은?

① Propionibacterium shermanii
② Lactobacillus bulgaricus
③ Penicillium requeforti
④ Streptococcus thermophilus

제5과목 식품제조공정

81 열에 의한 변질 방지에 가장 적합한 것은?

① 저압 증발   ② 진공 증발
③ 단일 효용 증발   ④ 다중 효용

82 가열팽화에 의한 전분의 호화를 이용한 식품의 가공 시 사용되는 기기는?

① 압출성형기   ② 원심분리기
③ 초임계장치   ④ 균질기

83 와이어 메시체 또는 다공판과 이를 지지하는 구조물로 되어 있으며, 진동운동은 기계적 또는 전자적 장치로 이루어지는 설비로, 미분쇄된 곡류의 분말 등을 사별하는 데 사용되는 설비는?

① 바 스크린   ② 진동체
③ 릴   ④ 사이클론

84 γ선, X선, 가시광선, 마이크로파 등의 광범위한 스펙트럼을 사용하는 광학적 방법에 의한 선별에 적절하지 않은 항목은?

① 숙도
② 색깔
③ 크기
④ 중심체의 이상 여부

85 같은 부피를 가진 다양한 형태의 딸기 제품을 냉동시켰을 때 냉동 전후에 일어나는 부피 변화가 가장 작은 것은?

① 딸기열매
② 거칠게 분쇄한 딸기 페이스트
③ 딸기잼
④ 딸기넥타

86 식품공장 내 공기를 살균하는 데 적절한 방법은?

① 마이크로파 살균
② 자외선 살균
③ 가열 살균
④ 과산화수소 살포 살균

87 식품성분을 분리할 때 사용하는 막분리법 중 관계가 옳은 것은?

① 농도차 – 삼투압
② 온도차 – 투석
③ 압력차 – 투과
④ 전위차 – 한외여과

88 식품재료들 간의 부딪힘이나 식품재료와 세척기의 움직임에 의해 생기는 힘을 이용하여 오염물질을 제거하는 세척 방법은?

① 마찰 세척
② 흡인 세척
③ 자석 세척
④ 정전기 세척

89 상업적 살균에 대한 설명 중 옳은 것은?

① 통조림 관 내에 부패세균만을 완전히 사멸시킨다.
② 통조림 관 내에 포자형성세균을 완전히 사멸시킨다.
③ 통조림 저장성에 영향을 미칠 수 있는 일부 세균의 사멸만을 고려한다.
④ 통조림 관 내에 포자형성세균과 생활세포를 모두 완전히 사멸시킨다.

90 다음 미생물 중 121.1℃에서 D값이 가장 큰 것은?

① *Clostridium botulinum*
② *Clostirdium sporogenes*
③ *Bacillus subtilis*
④ *Bacillus stearothermophilus*

91 쌀 도정 공장에서 도정이 끝난 백미와 쌀겨를 분리 정선하고자 한다. 이때 가장 효과적인 정선법은?

① 자석식 정선법
② 기류 정선법
③ 체 정선법
④ 디스크 정선법

92 우유로부터 크림을 분리할 때 많이 사용되는 분리 기술은?

① 가열   ② 여과
③ 탈수   ④ 원심분리

93 초임계 유체의 설명으로 틀린 것은?

① 초임계 유체의 점도는 일정한 온도에서 압력 변화에 민감하다.
② 초임계 유체의 확산도는 압력이 높아질수록 증가한다.
③ 초임계 유체의 용해도는 압력이 높아질수록 증가한다.
④ 임계점 이상의 온도와 압력에서의 유체상태를 초임계 유체라고 한다.

94 가루나 알갱이 모양의 원료를 관 속으로 수송하기 때문에 건물의 안팎과 관계없이 자유롭게 배관이 가능하며, 위생적이고, 기계적으로 움직이는 부분이 없어 관리가 쉬운 특성을 지닌 수송 기계는?

① 벨트 컨베이어
② 롤러 컨베이어
③ 스크루 컨베이어
④ 공기 압송식 컨베이어

95 식품원료 분쇄기 중 버 밀의 특징에 대한 설명으로 틀린 것은?

① 이물질이 들어가면 쉽게 고장이 난다.
② 구입 가격이 비싸다.
③ 소요 동력이 낮다.
④ 공회전 시 판의 마모가 심하다.

96 수분 함량 12%인 옥수수가루를 사용하여 압출성형 스낵을 제조하고자 한다. 옥수수가루를 압출성형기에 투입하기 전에 수분 함량을 18%로 맞추어야 한다면 옥수수가루 10kg당 첨가해야 하는 물의 양은 얼마인가?

① 0.37kg   ② 0.73kg
③ 1.11kg   ④ 1.48kg

97 카페인이 일부 제거된 커피를 생산하기 위해 적용해야 할 식품 제조 공정은?

① 미분쇄
② 압출과립
③ 압출성형
④ 초임계 가스 추출

98 살균 방법으로 적합하지 않은 것은?

① 0.1% 승홍수 살균
② 3% 석탄산액 살균
③ 70% 알코올 용액 살균
④ 90% 메탄올 살균

99 착즙된 오렌지 주스는 15%의 당분을 포함하고 있는데, 농축 공정을 거치면서 당 함량이 60%인 농축 오렌지 주스가 되어 저장된다. 당 함량이 45%인 오렌지 주스 제품 100kg을 만들려면 착즙 오렌지 주스와 농축 오렌지 주스를 어떤 비율로 혼합해야 하겠는가?

① 1 : 2   ② 1 : 2.8
③ 1 : 3   ④ 1 : 4

100 식품의 건조 방법과 그에 적합한 식품이 잘못 연결된 것은?

① 분무 건조 – 우유
② 동결 건조 – 설탕
③ 드럼 건조 – 이유식류
④ 마이크로파 건조 – 칩(chip)

2017년 2회 정답

1	③	2	③	3	③	4	②	5	②	6	②	7	①	8	②	9	①	10	④
11	①	12	②	13	①	14	①	15	④	16	②	17	④	18	④	19	①	20	③
21	②	22	②	23	①	24	③	25	①	26	④	27	③	28	②	29	②	30	④
31	①	32	③	33	③	34	②	35	②	36	②	37	②	38	①	39	①	40	①
41	②	42	④	43	②	44	④	45	④	46	③	47	①	48	①	49	③	50	②
51	④	52	②	53	②	54	④	55	①	56	②	57	②	58	②	59	④	60	①
61	③	62	②	63	①	64	①	65	②	66	①	67	④	68	①	69	③	70	③
71	③	72	②	73	②	74	①	75	③	76	③	77	②	78	①	79	①	80	①
81	②	82	①	83	②	84	③	85	①	86	②	87	①	88	①	89	③	90	④
91	②	92	③	93	②	94	④	95	②	96	③	97	④	98	④	99	①	100	②

식품산업기사 기출문제

제1과목 식품위생학

1 산소가 소량 함유된 환경에서 발육할 수 있는 미호기성 세균으로 식육을 통해 감염될 수 있는 식중독균은?

① 살모넬라
② 캠필로박터
③ 병원성 대장균
④ 리스테리아

2 일반적으로 식품의 초기 부패 단계에서 1g 세균수는 어느 정도인가?

① $1 \sim 10$
② $10^2 \sim 10^3$
③ $10^4 \sim 10^5$
④ $10^7 \sim 10^8$

3 유전자 변형 식품과 관련하여 그 자체 생물이 생식, 번식 가능한 것으로 '살아있는 유전자 변형 생물체'를 의미하는 용어는?

① LMO
② GMO
③ gene
④ deoxyribonucleic acid

4 식품 등의 표시에 대한 설명으로 틀린 것은?

① 유통기한은 소비자에게 판매가 허용되는 기한을 말한다.
② 소분 판매하는 제품은 소분 가공을 한 날이 제조연월일이다.
③ 품질유지기한은 식품의 특성에 맞는 적절한 보존방법이나 기준에 따라 보관할 경우 해당식품 고유의 품질이 유지될 수 있는 기한이다.
④ 제조연월일은 포장을 제외한 더 이상의 제조나 가공이 필요하지 아니한 시점이다.

5 미강유의 탈취 공정에서 열매개체로 사용된 물질이 혼입된 미강유를 먹고 나타난 중독증상은?

① 이타이이타이병
② 미나마타병
③ PCB(polychloridebiphenyl) 중독
④ 황변미 중독

6 다음 중 바퀴벌레의 생태가 아닌 것은?

① 야간활동성 　② 독립생활성
③ 잡식성　　　 ④ 가주성

7 COD에 대한 설명 중 틀린 것은?

① COD란 화학적 산소요구량을 말한다.
② BOD가 적으면 COD도 적다.
③ COD는 BOD에 비해 단시간 내에 측정 가능하다.
④ 식품공장 폐수의 오염 정도를 측정할 수 있다.

8 노로바이러스의 특징이 아닌 것은?

① 물리·화학적으로 안정된 구조를 가진다.

② 환자의 구토물이나 대변에 존재한다.

③ 100℃에서 10분간 가열해도 불활성화되지 않는다.

④ 구토나 설사 증상 없이도 바이러스를 배출하는 무증상 감염이 발생한다.

9 식품의 초기 부패 현상의 식별법이 아닌 것은?

① 히스타민(histamine)의 함량 측정

② 생균수 측정

③ 휘발성 염기질소의 정량

④ 환원당 정량

10 건강기능식품 제조에 사용할 수 있는 원료는?

① 황백(黃柏)　② 농축인삼류

③ 담즙·담낭　④ 사람의 태반

11 합성착색료에 해당하지 않는 것은?

① 식용색소 녹색 제3호

② 카르민

③ 삼이산화철

④ 소르빈산

12 식품에 항생물질이 잔류할 때 일어날 수 있는 문제점과 거리가 먼 것은?

① 알레르기 증상의 발현

② 항생제 내성균의 출현

③ 급성 중독으로 인한 식중독 발생

④ 감염증의 변모

13 방사능 오염에 대한 설명이 잘못된 것은?

① 핵분열 생성물의 일부가 직접 또는 간접적으로 농작물에 이행될 수 있다.

② 생성률이 비교적 크고, 반감기가 긴 ^{90}Sr과 ^{137}Cs이 식품에서 문제가 된다.

③ 방사능 오염 물질이 농작물에 축적되는 비율은 지역별 생육 토양의 성질에 영향을 받지 않는다.

④ ^{131}I는 반감기가 짧으나 비교적 양이 많아서 문제가 된다.

14 바이오제닉 아민에 대한 설명 중 틀린 것은?

① 일반적으로 식품의 발효과정 중 아미노산인 아르기닌 등으로부터 형성되는 우레아(urea)가 에탄올과 작용하여 생성된다.

② 미생물, 식물 및 동물의 대사과정에서 생성되며 치즈, 육제품, 포도주, 침채류 등 발효식품에서 발견된다.

③ 다양한 젖산균류와 식품부패 미생물들에 의해 고단백질성 식품으로부터 생성되기 쉽다.

④ 일반적으로는 성인의 경우 amine oxidase에 의해 분해된다.

15 여시니아 엔테로콜리티카균에 대한 설명으로 틀린 것은?

① 그람음성의 단간균이다.

② 냉장보관을 통해 예방할 수 있다.

③ 진공포장에서도 증식할 수 있다.

④ 쥐가 균을 매개하기도 한다.

16 쥐에 의해 생길 수 있는 병과 그 원인의 연결이 틀린 것은?

① Weil씨병 : 쥐의 오줌으로부터 감염
② 서교증 : 쥐에게 물려서 감염
③ 유행성 출혈열 : 쥐의 분변에 의한 감염
④ Kwashiorkor : 쥐벼룩에 의한 감염

17 연어나 송어를 생식함으로써 감염되는 기생충은?

① 무구조충   ② 광절열두조충
③ 스파르가눔증   ④ 선모충

18 염미를 가지고 있어 일반 식염(소금)의 대용으로 사용할 수 있는 식품첨가물로서 주 용도가 산도조절제, 팽창제인 것은?

① L-글루타민산나트륨
② L-라이신
③ DL-주석산나트륨
④ DL-사과산나트륨

19 안식향산에 대한 설명으로 틀린 것은?

① 분자식은 $C_8H_6O_2$이다.
② 벤조산이라고 불리는 식품 보존료이다.
③ pH 4.5 이하에서 항균 효과가 강하다.
④ 간장의 사용기준은 0.6g/kg 이하이다.

20 식품첨가물로 고시하기 위한 검토사항이 아닌 것은?

① 생리활성 기능이 확실한 것
② 화학명과 제조방법이 확실한 것
③ 식품에 사용할 때 충분히 효과가 있는 것
④ 통례의 사용방법에 의해 인체에 대한 안전성이 확보되는 것

제2과목 식품화학

21 단백질의 설명으로 틀린 것은?

① 고분자 함질소 유기화합물이다.
② 가수분해시켜 각종 아미노산을 얻는다.
③ 생물의 영양 유지에 매우 중요하다.
④ 평균 10% 정도의 탄소를 함유하고 있다.

22 변성 단백질의 성질이 아닌 것은?

① polypeptide 사슬이 열에 의하여 풀어져서 효소 작용을 받기가 어려워진다.
② 생물학적 특성을 상실하여 항원과 항체의 결합능력이 상실된다.
③ 구상 단백질이 변성하여 풀린 구조를 취하기 때문에 점도, 확산계수 등이 크게 된다.
④ 많은 단백질의 경우 내부에 있던 소수성 아미노산 잔기들이 표면에 노출될 수 있다.

23 물, 청량음료 등 묽은 용액들은 어떤 유체의 특성을 나타내는가?

① 뉴턴(newton) 유체
② 딜러턴트(dilatant) 유체
③ 의사가소성(pseudoplastic) 유체
④ 빙햄소성(bingham plastic) 유체

24 식품과 매운맛을 내는 물질의 연결이 옳은 것은?

① 고추 - 피페린(piperine)
② 마늘 - 알리신(allicine)
③ 겨자 - 캡사이신(capsaicin)
④ 후추 - 진저롤(gingerol)

25 아래의 (ㄱ)과 (ㄴ)의 반응에서 나타나는 색을 순서대로 나열한 것은?

> (ㄱ) 적당량의 포도껍질을 취한 비커에 포도껍질이 잠길 정도로 1% 염산 메탄올 용액 (메탄올에 염산을 용해시킨 용액)을 가하여 색소를 추출하였다.
> (ㄴ) 같은 색소 용액을 또 다른 비커에 취하여 pH 7~8 정도가 되도록 0.5N 수산화나트륨 용액을 가하였다.

① 적색, 적색　　② 적색, 청색
③ 청색, 청색　　④ 청색, 적색

26 효소적 갈변 반응의 억제 방법이 아닌 것은?

① ascorbic acid 첨가
② 염화나트륨 첨가
③ 이산화황 첨가
④ 황산구리 첨가

27 당류 중 케톤기를 갖는 6탄당(ketohexose)은?

① galactose　　② glucose
③ mannose　　④ fructose

28 단백질 내 질소 함유량은 평균 몇 % 정도인가?

① 5%　　② 12%
③ 16%　　④ 22%

29 전분의 호화(gelatinization)에 직접적으로 영향을 주는 요인이 아닌 것은?

① 아밀라아제의 함량
② 아밀로오스의 함량
③ 전분의 수분 함량
④ 전분 현탁액의 pH

30 버터의 분산질(상)과 분산매를 순서대로 바르게 연결한 것은?

① 액체-액체　　② 고체-액체
③ 액체-고체　　④ 고체-고체

31 호화전분의 노화를 억제하는 방법이 아닌 것은?

① 수분을 15% 이하로 줄인다.
② 유화제를 첨가한다.
③ 설탕을 첨가한다.
④ 냉장고에 보관한다.

32 단백질이 가수분해되어 아미노산이 되었다가 탈카르복시 반응에 의하여 생기는 물질은?

① 지방산　　② 아민
③ 탄수화물　　④ 지방

33 다음 중 황화알릴(allyl sulfide)의 냄새가 나는 식품은?

① 사과, 바나나　　② 파
③ 육계(肉桂)　　④ 부패 계란

34 어떤 식품 10g을 연소시켜 얻은 회분의 수용액을 중화하는 데 0.1N-NaOH 10ml가 소요되었다면 이 식품의 특성은?

① 알칼리도 10　　② 산도 10
③ 알칼리도 100　　④ 산도 100

35 면실 중에 존재하는 항산화 성분으로 강력한 항산화력이 인정되나 독성 때문에 사용되지 못하는 것은?

① 쿠르쿠민(curcumin)

② 고시폴(gossypol)

③ 구아이아콜(guaiacol)

④ 레시틴(lecithin)

36 식품의 갈색화 반응과 관계 깊은 polyphenol oxidase와 tyrosinase가 함유하고 있는 금속원소는?

① Zn   ② Fe

③ Cu   ④ Ni

37 서양고추냉이, 겨자, 양배추, 무 등을 분쇄했을 때 자극적인 향기를 내는 성분은?

① methyl mercaptan

② limonene

③ isothiocyanate

④ diallyl sulfide

38 다음 아미노산 중 L형이나 D형과 같은 광학이성체가 존재하지 않는 것은?

① 발린(valine)

② 아이소루신(isoleucine)

③ 글리신(glycine)

④ 트레오닌(threonine)

39 중성지방을 가장 바르게 설명한 것은?

① 고급지방산과 glycol의 ester이다.

② 고급지방산과 glycerol의 ester이다.

③ 고급지방산과 고급 alcohol의 ester 이다.

④ 저급지방산과 1급 alcohol의 ester이 다.

40 식용유지의 품질을 평가하는 데 가장 중요한 사항은?

① glyceride의 양

② 유리지방산 함량

③ lipase 함량

④ 색소

제3과목 식품가공학

41 경도가 높은 곡물을 도정하는 데 가장 효과적인 도정 작용은?

① 마찰 작용   ② 충격 작용

③ 연삭 작용   ④ 찰리 작용

42 플라스틱 포장재료 중 열접착성이 우수하고 방습성이 큰 것은?

① 폴리에틸렌   ② 폴리에스테르

③ 폴리프로필렌   ④ PVC

43 명태에 대한 설명으로 틀린 것은?

① 북어는 장시간 천천히 말린 명태

② 코다리는 꾸들꾸들하게 반쯤 말린 명태

③ 황태는 겨우내 자연적으로 동결 건조된 명태

④ 노가리는 명태 새끼

44 콩나물 성장에 따른 화학적 성분의 변화에 대한 설명으로 틀린 것은?

① 비타민 C 함량의 증가
② 가용성 질소화합물의 감소
③ 지방 함량의 감소
④ 섬유소 함량의 감소

45 육제품 제조 시 훈연의 목적 및 효과에 대한 설명으로 틀린 것은?

① 방부 작용에 의한 저장성 증가
② 항산화 작용에 의한 산화 방지
③ 훈연취 부여에 의한 풍미의 개선
④ 훈연에 의한 수분 증발로 육질이 질겨짐

46 다음 중 알코올 발효유는?

① yoghurt
② acidophilus milk
③ calpis
④ kumiss

47 박피, 수세한 복숭아의 당분이 8.0%일 때, 이것을 공관에 고형량 270g씩 살재임을 할 경우 주입당액의 농도는 약 얼마로 하여야 하는가? (단, 내용물의 총량은 430g, 제품의 규격 당도는 19.5%이다.)

① 10% ② 20%
③ 30% ④ 40%

48 플라스틱 필름 포장에서 기름기나 물기가 있을 때 접착이 곤란하여 주로 vinylidene chloride계의 필름 플라스틱 봉지 제조 시에 사용되는 방법은?

① 열접착법
② 임펄스식 열접착법
③ 고주파 접착법
④ 결뉴법

49 식물성 유지가 동물성 유지보다 산패가 덜 일어나는 이유로 적합한 것은?

① 천연항산화제가 들어있기 때문에
② 발연점이 낮기 때문에
③ 시너지스트(synergist)가 없기 때문에
④ 열에 안정하기 때문에

50 식품의 가공 저장 시 호흡률에 대한 정의로 옳은 것은?

① 과일 1kg으로부터 1시간에 방출되는 CO_2 gas의 mg수
② 과일 1g의 성분변화에서 나오는 gas 발생량
③ 과일 1kg으로부터 1일간 방출되는 CO_2 gas의 mg수
④ 식물체 10kg의 성분이 분해될 때 나오는 CO_2 gas의 mg수

51 식품포장용 착색필름 중 소시지 등의 육제품 변색 방지에 가장 효과적인 색상은?

① 황색 ② 청색
③ 녹색 ④ 적색

52 과실이 익어가면서 조직이 연해지는 이유는?

① 전분질이 가수분해되기 때문
② 펙틴(pectin)질이 분해되기 때문
③ 색깔이 변하기 때문
④ 단백질이 가수분해되기 때문

53 두류의 가공에서 코지(koji)를 만드는 가장 중요한 목적은?

① 알코올을 생성시킨다.
② 전분을 당화시킨다.
③ 단백질 및 탄수화물 분해효소를 생성시킨다.
④ 소화와 흡수를 높여준다.

54 M.G(May Grunwald)염색법을 이용하여 도정도를 판정할 경우 청색이 나타났다면 몇 분도미인가?

① 10분도미   ② 7분도미
③ 5분도미   ④ 1분도미

55 다음 중 신선란의 난황계수는 어느 범위인가?

① 0.55~0.59   ② 0.50~0.54
③ 0.45~0.49   ④ 0.40~0.44

56 유지 채취 방법 중 부적합한 것은?

① 융출(용출)법   ② 증발법
③ 압착법   ④ 추출법

57 제빵 시 스트레이트법과 비교할 때 스펀지법의 공정상의 장점은?

① 큰 제품을 얻을 수 있다.
② 단시간 발효로 노력이 감소된다.
③ 작업시간이 짧다.
④ 제품의 풍미가 우수하다.

58 다음 중 한천이나 명태의 건조방법으로 적합한 것은?

① 천일 건조(sun drying)
② 자연 동건(natural cold drying)
③ 진공동결 건조(vacuum freeze drying)
④ 냉풍 건조(cold air drying)

59 검체 10ml로 우유의 산도를 계산하는 다음 식에서 0.009의 의미는?

$$\text{산도(젖산\%)} = \frac{a \times 0.009 \times f}{10 \times \text{우유의 비중}} \times 100$$

a : 0.1N NaOH의 소비량(ml)
f : 0.1N NaOH의 역가

① 0.1N NaOH 용액의 농도계수
② 0.1N NaOH 용액 1ml에 해당하는 젖산의 g수
③ 우유 1ml 중에 들어 있는 젖산의 mg수
④ 우유 1ml 중에 들어 있는 전 알칼리양의 mg수

60 Cl. botulinum 포자 현탁액을 121℃에서 열처리하여 초기 농도의 99.999%(=0.00001배)를 사멸시키는 데 1분 걸렸다. 이 포자의 121℃에서 D(decimal reduction time)값은 약 얼마인가?

① 2분   ② 1분
③ 0.5분   ④ 0.2분

제4과목　식품미생물학

61 전분 분해효소와 단백질 분해효소를 강하게 분비하는 미생물을 이용하여 제조되는 발효 식품과 그 미생물의 관계가 옳은 것은?

① 치즈, 항생물질 – *Penicillium*속

② 청주, 된장 – *Aspergillus*속

③ 구연산, 글루콘산 – *Aspergillus*속

④ 청주, 과즙청징 – *Penicillium*속

62 상면효모와 하면효모에 대한 설명으로 틀린 것은?

① 상면효모의 발효액은 투명하다.

② 상면효모는 소량의 효모 점질물 poly-saccharide를 함유한다.

③ 하면효모는 발효 작용이 늦다.

④ 하면효모는 균체가 산막을 형성하지 않는다.

63 미생물에서 무기염류의 역할과 관계가 적은 것은?

① 세포의 구성분

② 세포벽의 주성분

③ 물질대사의 보효소

④ 세포 내의 삼투압 조절

64 다음 중 무성포자에 속하지 않는 것은?

① 후막포자　　② 포자낭포자

③ 분생포자　　④ 접합포자

65 포도당의 homo젖산 발효는 어떤 대사경로를 거치는가?

① HMS경로　　② TCA회로

③ EMP경로　　④ Krebs회로

66 진핵세포에 대한 설명으로 틀린 것은?

① 막으로 둘러싸인 핵이 있다.

② DNA는 원형으로 세포질에 존재한다.

③ 막으로 둘러싸인 세포 소기관이 발달되어 있다.

④ 원핵세포보다 크기가 크다.

67 다음 미생물의 생육 곡선에서 (B)의 시기를 무엇이라 하는가?

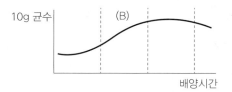

① 대수 증식기로서 균수가 지수적으로 증가하는 시기

② 유도기로서 균수가 시간에 비례하여 증식하는 시기

③ 대수 증식기로서 세포분열이 지연된 시기

④ 유도기로서 세포분열이 왕성한 시기

68 *Pseudomonas*속의 특징이 아닌 것은?

① 저온에서 혐기적으로 저장되는 식품의 부패에 주로 관여한다.

② 열 저항성이 없어 가열에 취약하다.

③ 탄화수소, 방향족 화합물을 분해시키는 종이 많다.

④ 수용성의 형광색소를 생성하는 종도 있다.

69 콩 제국 중 온도가 50℃ 이상으로 상승되면 활발히 증식되는 균속은?

① *Micrococcus*속

② *Clostridium*속

③ *Bacillus*속

④ *Lactobacillus*속

70 "$C_6H_{12}O_6+O_2 \rightarrow CH_3COOH+H_2O$"에 의해 에탄올(ethanol) 100g에서 생성될 수 있는 초산(acetic acid)의 이론 생성량은?

① 130.4g   ② 13.4g

③ 111.4g   ④ 11.4g

71 *Asperillus oryzae*를 koji로 이용하는 주된 이유는?

① 프로테아제와 리파아제의 생산력이 강하다.

② 아밀라아제와 리파아제의 생산력이 강하다.

③ 프로테아제와 아밀라아제의 생산력이 강하다.

④ 프로테아제와 펙티나아제의 생산력이 강하다.

72 미생물과 생산하는 효소의 연결이 틀린 것은?

① *Aspergillus niger* – pectinase

② *Penicillium vitale* – amylase

③ *Saccharomyces cerevisiae* – invertase

④ *Bacillus subtilis* – protease

73 클로렐라에 대한 설명으로 틀린 것은?

① 녹조식물 클로렐라과에 속하는 담수 조류이다.

② 편모로 운동을 한다.

③ 녹민물, 습지 등에 서식한다.

④ 광합성 능력이 뛰어나고 배양하기 쉽다.

74 곤충에서 기생하는 동충하초를 생성하는 버섯류는?

① *Corbyceps*속

② *Gibberella*속

③ *Neurospora*속

④ *Tricholoma*속

75 다음 중 *Saccharomyces cerevisiae*와 가장 관계가 깊은 것은?

① 알코올 제조   ② 피막 형성

③ 색소 생산   ④ 젖산 생산

76 버터나 치즈 제조에 주로 이용되는 미생물은?

① 효모   ② 낙산균

③ 젖산균   ④ 초산균

77 포도주 효모에 대한 설명으로 잘못된 것은?

① *Saccharomyces cerevisiae var. ellipsoideus*가 흔히 사용된다.

② 타원형이다.

③ 무포자 효모이다.

④ 아황산에 내성인 것이 좋다.

78 *Clostridium*속 세균에 대한 설명 중 틀린 것은?

① gram양성의 포자형성 간균이다.

② catalase 양성균이다.

③ 탄수화물을 발효시켜 유기산과 가스를 생성하는 균종도 많다.

④ 토양 속에서 공기 중의 N_2를 고정하는 균종도 많다.

79 녹말을 분해하는 효소는?

① amylase   ② lipase

③ maltase   ④ protease

80 효모의 증식과 관계가 먼 것은?

① 출아법

② 자낭포자 형성

③ 분열법

④ 분생포자 형성

제5과목 식품제조공정

81 제분 시 자력분리기가 사용되는 공정은?

① 탈수   ② 운반

③ 세척   ④ 정선

82 어떤 식품을 110℃에서 가열살균하여 미생물을 모두 사멸시키는 데 걸린 시간이 8분이었다. 이를 바르게 표기한 것은?

① $D_{110℃} = 8분$ ② $Z = 8분$

③ $F_{110℃} = 8분$ ④ $F_{8min} = 110℃$

83 다음 중 초미분쇄기는?

① 헤머 밀(hammer mill)

② 롤 분쇄기(roll crusher)

③ 콜로이드 밀(colloid mill)

④ 볼 밀(ball mill)

84 과즙, 젤라틴과 같은 열에 예민한 물질을 증발 농축하려면 어떤 증발관을 이용해야 하는가?

① 수직관식 증발관

② 강제순환식 증발관

③ 수평관식 증발관

④ 진공 증발관

85 다음 살균장치 중 연속식 살균장치가 아닌 것은?

① 하이드로록 살균기(hydrolock sterilizer)

② 회전식 살균기(rotary sterilizer)

③ 수탑식 살균기(hydrostatic sterilizer)

④ 레토르트 살균기(retort sterilizer)

86 여과기 바닥에 다공판을 깔고 모래나 입자형태의 여과재를 채운 구조로, 여과층에 원액을 통과시켜 여액을 회수하는 장치는?

① 가압여과기   ② 원심여과기

③ 중력여과기   ④ 진공여과기

87 다음 중 체의 눈이 가장 큰 것은?

① 30메시   ② 60메시

③ 120메시   ④ 200메시

88 식품의 건조과정에서 일어날 수 있는 변화에 대한 설명으로 틀린 것은?

① 지방이 산화할 수 있다.
② 단백질이 변성할 수 있다.
③ 표면피막 현상이 일어날 수 있다.
④ 자유수 함량이 늘어나 저장성이 향상될 수 있다.

89 우유나 과즙의 맛과 비타민 등 영양성분을 보존하기 위하여 70~75℃에서 10~20초간 살균하는 방법은?

① 저온살균법
② 고온순간살균법
③ 초고온살균법
④ 간헐살균법

90 과립을 제조하는 데 사용하는 장치인 피츠밀(fitz mill)의 원리에 대한 설명으로 적합한 것은?

① 분말 원료와 액체를 혼합시켜 과립을 만든다.
② 단단한 원료를 일정한 크기나 모양으로 파쇄시켜 과립을 만든다.
③ 혼합이나 반죽된 원료를 스크루를 통해 압출시켜 과립을 만든다.
④ 분말 원료를 고속회전시켜 콜로이드 입자로 분산시켜 과립을 만든다.

91 건조제품에 위축변형이 거의 없으며, 열민감성 물질이 보존되고, 흡수시켰을 때 복원성이 양호한 건조방법은?

① 동결 건조   ② 분무 건조
③ 피막 건조   ④ 통기 건조

92 식품의 건조방법에서 상압건조방법이 아닌 것은?

① 유동층 건조
② explosive puff 건조
③ bend 건조
④ 기류 건조

93 유체가 한 방향으로만 흐르도록 한 역류방지용 밸브는?

① 정지 밸브
② 슬루스 밸브
③ 체크 밸브
④ 안전 밸브

94 다음 중 혼합에 관한 설명으로 틀린 것은?

① 액체와 액체를 섞는 조작을 교반이라 한다.
② 고체에 약간의 액체를 섞는 조작을 반죽이라 한다.
③ 건조된 가루상태의 분말을 혼합하는 조작을 분무라 한다.
④ 섞이지 않는 액체를 강력히 교반하여 분산시키는 것을 유화라 한다.

95 과실 및 채소의 저장 방법 중 포장으로 호흡 작용과 증산작용이 억제되고 냉장을 겸용하면 상당한 효과를 거둘 수 있는 방법은?

① CA 저장
② MA 저장
③ 방사선 조사 저장법
④ 플라스틱 필름법

96 감자, 양파, 마늘 등의 발아, 발근 억제와 살충을 목적으로 이용하는 저선량 방사선 조사의 조사선량은 얼마인가?

① 1kGy 이하
② 1~10kGy
③ 10~50kGy
④ 50~100kGy

97 수분 함량이 80%인 양파 40kg을 이용하여 건조기에서 수분 함량을 20%로 내리고자 한다. 건조된 양파는 몇 kg이 되겠는가?

① 5kg
② 10kg
③ 15kg
④ 20kg

98 아이스크림의 제조 동결 공정에서 아이스크림의 용적을 늘리고 조직, 경도, 촉감을 개선하기 위해 작은 기포를 혼입하는 조작은?

① 오버팩
② 오버웨이트
③ 오버런
④ 오버타임

99 회전속도를 동일하게 유지할 때, 원심분리기 로터(rotor)의 반지름을 2배로 늘리면 원심 효과는 몇 배가 되는가?

① 0.25배
② 0.5배
③ 2배
④ 4배

100 마요네즈의 혼합 상대로 적합한 것은?

① 청징
② 반죽
③ 유화
④ 액화

2017년 3회 **정답**

1	②	2	④	3	①	4	②	5	③	6	②	7	②	8	③	9	④	10	②
11	④	12	③	13	③	14	①	15	②	16	④	17	②	18	④	19	①	20	①
21	④	22	①	23	①	24	②	25	②	26	④	27	④	28	③	29	①	30	③
31	④	32	②	33	②	34	④	35	②	36	③	37	③	38	③	39	②	40	②
41	③	42	①	43	①	44	④	45	④	46	④	47	④	48	③	49	①	50	①
51	④	52	②	53	③	54	④	55	④	56	②	57	③	58	②	59	②	60	④
61	②	62	④	63	②	64	④	65	③	66	②	67	①	68	①	69	③	70	②
71	③	72	②	73	②	74	①	75	①	76	③	77	③	78	②	79	①	80	④
81	④	82	③	83	③	84	④	85	④	86	②	87	③	88	①	89	②	90	②
91	①	92	②	93	③	94	③	95	④	96	①	97	②	98	③	99	③	100	③

2018년 3월 4일 시행

식품산업기사 기출문제 2018 1회

제1과목 식품위생학

1 먹는물의 수질기준 중 미생물에 관한 일반 기준으로 잘못된 것은?

① 일반세균은 1mL 중 100CFU를 넘지 아니할 것(샘물 및 염지하수 제외)
② 총 대장균군은 100mL에서 검출되지 아니할 것(샘물 및 염지하수 제외)
③ 살모넬라, 쉬겔라는 완전음성일 것 (샘물, 먹는샘물, 염지하수, 먹는염지하수 및 먹는 해양심층수의 경우)
④ 여시니아균은 2L에서 검출되지 아니할 것(먹는물 공동시설의 물의 경우)

2 민물의 게 또는 가재가 제2 중간숙주인 기생충은?

① 폐흡충   ② 무구조충
③ 요충   ④ 요코가와흡충

3 단백질 식품이 불에 탈 때 생성되어 발암물질로 적용할 수 있는 것은?

① trihalomethane
② polychlorobiphenyl
③ benzopyrene
④ choline

4 다음 중 산패와 관계가 있는 것은?

① 단백질의 분해
② 탄수화물의 변질
③ 지방의 산화
④ 지방의 환원

5 *Aspergillus flavus*가 aflatoxin을 생산하는 데 필요한 조건과 가장 거리가 먼 것은?

① 최적온도 : 25~30℃
② 최적상대습도 : 80% 이상
③ 기질의 수분 : 16% 이상
④ 주요 기질 : 육류 등의 단백질 식품

6 해수에 존재하는 호염성의 식중독 원인 세균은?

① 포도상구균
② 웰치균
③ 장염비브리오균
④ 살모넬라균

7 공장 폐수에 의해 바닷물에 질소, 인 등의 함량이 증가하여 플랑크톤이 다량 번식하고 용존산소가 감소되어 어패류의 폐사와 유독화가 일어나는 현상은?

① 부영양화 현상
② 신나천(神奈川) 현상
③ 스모그 현상
④ 밀스링케(Mills-Reincke) 현상

8 미생물 중 특히 곰팡이의 증식을 억제하여 치즈, 식육가공품 등에 사용하는 합성보존료는?

① 소르빈산   ② 살리실산
③ 안식향산   ④ 데히드로초산

9 식품의 보존 방법 중 방사선 조사에 대한 설명으로 틀린 것은?

① 1kGy 이하의 저선량 방사선 조사를 통해 발아 억제, 기생충 사멸, 숙도 지연 등의 효과를 얻을 수 있다.
② 바이러스의 사멸을 위해서는 발아 억제를 위한 조사보다 높은 선량이 필요하다.
③ 10kGy 이하의 방사선 조사로는 모든 병원균을 완전히 사멸시키지 못한다.
④ 안전성을 고려하여 식품에 사용이 허용된 방사선은 ^{140}Ba이다.

10 무구조충에 대한 설명으로 틀린 것은?

① 세계적으로 쇠고기 생식 지역에 분포한다.
② 소를 숙주로 해서 인체에 감염된다.
③ 감염되면 소화장애, 복통, 설사 등의 증세를 보인다.
④ 갈고리촌충이라고도 하며, 사람의 소장에 기생한다.

11 비브리오 패혈증에 대한 설명으로 틀린 것은?

① 원인균은 $V.\ parahaemolyticus$이다.
② 간 질환자나 당뇨 환자들이 걸리기 쉽다.
③ 전형적인 증상은 무기력증, 오한, 발열 등이다.
④ 감염을 피하기 위해 수온이 높은 여름철에 조개류나 낙지류의 생식을 피하는 것이 좋다.

12 식품오염물은 음식물에 직접 또는 먹이사슬에 의한 생물농축을 통해 인체건강장해를 일으키는 환경오염물질을 발생시키는데, 그 발생 원인과 거리가 먼 것은?

① 식품 또는 첨가물의 오용 및 남용 등에 의한 경우
② 식품의 제조, 가공과정에서 유해물질이 혼입되는 경우
③ 기구나 용기포장에서 유해물질이 용출된 경우
④ 물리적 변화로 인한 식품조직의 변형에 의한 경우

13 초기 부패의 식별법이 아닌 것은?

① 생균수 측정
② 휘발성 염기질소의 정량
③ 히스타민(histamine)의 정량
④ 환원당 측정

14 $Cl.\ perfringens$에 의한 식중독에 관한 설명 중 옳은 것은?

① 우리나라에서는 발생이 보고된 바가 없다.
② 육류와 같은 고단백질 식품보다는 채소류가 자주 관련된다.
③ 일반적으로 병독성이 강하여 적은 균 수로도 식중독을 야기한다.
④ 포자형성(sporulation)이 일어나는 경우에만 식중독이 발생한다.

15 식품보존료로서 안식향산(benzoic acid)을 사용할 수 없는 식품은?

① 과일·채소류 음료
② 탄소음료
③ 인삼음료
④ 발효음료류

16 간디스토마의 일종인 피낭유충(metacercaria)을 사멸시키지 못하는 조건은?

① 열탕
② 냉동결빙
③ 간장
④ 식초

17 표백 작용과 관계없는 것은?

① 산성 제일인산칼륨
② 과산화수소
③ 무수아황산
④ 아황산나트륨

18 식품 등의 위생적인 취급에 관한 기준이 틀린 것은?

① 부패·변질되기 쉬운 원료는 냉동·냉장시설에 보관하여야 한다.
② 제조·가공조리 또는 포장에 직접 종사하는 사람은 위생모를 착용하여야 한다.
③ 최소 판매 단위로 포장된 식품이라도 소비자 수요에 따라 탄력적으로 분할하여 판매할 수 있다.
④ 식품 등의 제조·가공·조리에 직접 사용되는 기계·기구는 사용 후에 세척·살균하여야 한다.

19 식품첨가물의 사용에 대한 설명이 틀린 것은?

① 효과 및 안전성에 기초를 두고 최소한의 양을 사용해야 한다.
② 식품첨가물의 원료 자체가 완전 무해하면 성분규격이 따로 정해져 있지 않다.
③ 식품첨가물의 사용으로 심각한 영양손실을 초래할 경우, 그 사용은 고려되어야 한다.
④ 천연첨가물의 제조에 사용되는 추출 용매는 식품첨가물공전에 등재된 것으로서 개별 규격에 적합한 것이어야 한다.

20 수질오염과 관련하여 공장 폐수의 어류에 대한 치사량을 구하는 데 사용되는 단위는?

① LD_{50}
② LC
③ ADI
④ TLm

제 2 과목   식품화학

21 다음 식품 중 소성유동을 일으키는 것은?

① 인절미
② 밀가루 반죽
③ 생크림
④ 청국장

22 단맛을 내는 물질이 아닌 것은?

① 아스파탐(aspartame)
② 사카린(saccharin)
③ 스테비오사이드(stevioside)
④ 알칼로이드(alkaloid)

23 효소는 주로 어떤 물질로 구성되어 있는가?

① 탄수화물
② 단백질
③ 인지질
④ 중성지방

24 식품의 저장 중 유지 성분의 산패에 영향을 미치는 정도가 가장 작은 것은?

① 빛
② 온도
③ lipoxigenase
④ 탄수화물

25 교질의 성질이 아닌 것은?

① 반투성　　② 브라운 운동
③ 흡착성　　④ 경점성

26 단백질에 대한 설명으로 틀린 것은?

① 단백질 함량은 질소 함량을 통해 추정할 수 있다.
② 단백질의 약 16%는 질소분이다.
③ 식품 중 단백질의 질소 함량은 식품의 형태에 따라 크게 달라진다.
④ 질소 함량은 보통 Kjeldahl 법에 의해서 추정된다.

27 지방의 가수분해에 의한 생성물은?

① 글리세롤과 에테르
② 글리세롤과 지방산
③ 에스테르와 에테르
④ 에스테르와 지방산

28 다음 중 필수아미노산에 해당하지 않는 것은?

① 알라닌　　② 히스티딘
③ 라이신　　④ 발린

29 6mg의 all-trans-rentinol은 몇 international unit(IU)의 비타민 A에 해당하는가?

① 10,000IU　　② 20,000IU
③ 30,000IU　　④ 60,000IU

30 새우, 게 등을 가열할 때 생기는 적색 물질은?

① astaxanthin
② astacin
③ lutein
④ cryptoxanthin

31 식품 중의 회분(%)을 회화법에 의해 측정할 때 계산식이 옳은 것은? (단, S : 건조 전 시료의 무게, W : 회화 후의 회분과 도가니의 무게, W_0 : 회화 전의 도가니 무게)

① $[(W-S)/W_0]\times100$
② $[(W_0-W)/S]\times100$
③ $[(W-W_0)/S]\times100$
④ $[(S-W_0)/W]\times100$

32 포화지방산으로 조합된 것은?

① 아라키도닌산, 올레인산, 리놀레닌산, 스테아린산
② 팔미틴산, 스테아린산, 올레인산, 아라키딘산
③ 로오린산, 스테아린산, 리놀레인산, 올레인산
④ 미리스틴산, 스테아린산, 팔미틴산, 아라키딘산

33 독성이 매우 강하여 면실유 정제 시에 반드시 제거하여야 하는 천연 항산화제는?

① sesamol　　② guar gum
③ gossypol　　④ gallic acid

34 Ca의 흡수를 촉진하는 비타민은?

① 비타민 A
② 비타민 B_1
③ 비타민 B_2
④ 비타민 D

35 채소 중의 카로틴 성분은 어느 비타민의 효력을 가지는가?

① 비타민 A
② 비타민 B_1
③ 비타민 C
④ 비타민 D

36 다음 중 식품의 수분정량법이 아닌 것은?

① 건조감량법
② 증류법
③ Karl Fischer법
④ 자외선 사용법

37 O/W형 유화액(emulsion)에 해당하지 않는 식품은?

① 우유
② 마가린
③ 마요네즈
④ 아이스크림

38 식품의 전형적인 등온흡(탈)습 곡선에 관한 설명으로 틀린 것은?

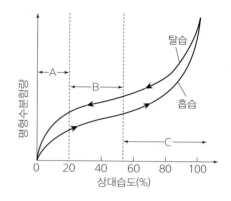

① 식품이 놓여져 있는 환경의 상대습도가 높아질수록 식품의 수분 함량은 증가한다.
② A영역은 식품 중의 수분이 단분자층을 형성하고 있는 부분이다.
③ A영역의 수분은 식품 중 아미노(amino)기나 카르복실(carboxyl)기와 이온 결합하고 있다.
④ C영역은 다분자층 영역으로 물 분자간 수소 결합이 주요한 결합형태이다.

39 특성차이를 검사하는 관능검사 방법 중 동시에 두 개의 시료를 제공하여 특정 특성이 더 강한 것을 식별하도록 하는 것은?

① 이점비교검사
② 다시료비교검사
③ 순위법
④ 평점법

40 엽록소(chlorophyll)의 녹색을 오래 보존하기 위해 chlorophyll의 Mg을 무엇으로 치환하는 것이 좋은가?

① Cu
② H
③ K
④ N

제3과목 식품가공학

41 냉동화상(freezer burn)에 대한 설명으로 틀린 것은?

① 동결된 식품의 표면이 공기와 접촉하여 발생한다.
② 다공질의 건조층이 생긴다.
③ 색깔, 조직, 향미, 영양가는 변화가 없다.
④ 냉동 육류의 저장에서 많이 발생한다.

42 수산식품 자원으로서 동물성 자원이 아닌 것은?

① 어류
② 갑각류
③ 연체동물류
④ 조류

43 7분도미의 도정률은 약 몇 %인가?

① 100
② 97
③ 94
④ 91

44 잼 제조 시 젤(gel)화의 조건으로 적합한 것은?

① 당도 60~65%
② 펙틴 20~25%
③ 산도 0.5%
④ pH 4.0

45 유지의 산패 측정 방법 중 화학적 방법이 아닌 것은?

① 과산화물가 측정
② TBA가 측정
③ oven test
④ AOM법

46 산을 첨가했을 때 응고·침전하는 우유 단백질로, 유화제로도 사용되는 것은?

① 레닌(rennin)
② 글로불린(globulin)
③ 케이신(casein)
④ 알부민(albumin)

47 과실주스 제조 시 청징에 사용하지 않는 것은?

① 난백
② 펙틴 분해 효소
③ 젤라틴 및 탄닌
④ 아스코르빈산

48 우유 5,000kg/h를 5℃에서 55℃까지 열교환기로 가열하고자 한다. 우유의 비열이 3.85kJ/kg·k일 때 필요한 열에너지 양은?

① 267.4kW
② 275.2kW
③ 282.3kW
④ 323.5kW

49 식품의 수증기압이 10mmHg이고 같은 온도에서 순수한 물의 수증기압이 20mmHg일 때 수분활성도는?

① 0.1
② 0.2
③ 0.5
④ 1.0

50 채소나 과실을 알칼리로 박피할 때 껍질이 제거되는 원리는?

① 껍질 자체를 알칼리가 분해시키기 때문
② 알칼리가 고온에서 전분을 분해시키기 때문
③ 껍질 밑층의 pectin질 등을 분해시켜 수용성으로 만들기 때문
④ 알칼리가 cellulose를 분해시키기 때문

51 장류 제조 시 코지(koji)를 사용하는 주된 목적은?

① 호기성균을 발육시켜 호흡 작용을 정지시키기 위해
② 아미노산, 에스테르 등의 물질을 얻기 위해
③ 아밀라아제, 프로테아제 등의 효소를 생성하기 위해
④ 잡균의 번식을 방지하기 위해

52 유통기한 설정을 위한 실험결과 보고서의 내용 중 '제품의 특성'에 들어가지 않아도 되는 것은?

① 제조, 가공 공정
② 사용원료 생산자
③ 포장재질, 포장방법, 포장단위
④ 보존 및 유통온도

53 달걀을 이루는 세 가지 구조에 해당하지 않는 것은?

① 난각   ② 난황
③ 난백   ④ 기공

54 무발효빵 제조 시 사용되는 팽창제와 관계없는 것은?

① 과붕산나트륨
② 탄산수소나트륨
③ 탄산암모늄
④ 주석산수소칼륨

55 달걀 저장 중 일어나는 변화로 틀린 것은?

① 농후난백의 수양화
② 난황계수의 감소
③ 난중량 감소
④ 난백의 pH 하강

56 육제품의 주요 훈연 목적과 거리가 먼 것은?

① 저장성 증진   ② 산화 방지
③ 풍미 증진   ④ 영양 증진

57 각 전분의 특성에 대한 설명이 틀린 것은?

① 감자 전분 – 전분의 입자크기가 크다.
② 찰옥수수 전분 – 아밀로펙틴의 함량이 높다.
③ 밀 전분 – 아밀로오스와 아밀로펙틴의 비율이 25 : 75 정도이다.
④ 타피오카 전분 – 아밀로오스 100%로 구성되어 있다.

58 육류가 사후경직되면 글리코겐과 젖산은 각각 어떻게 변하는가?

① 글리코겐 증가, 젖산 증가
② 글리코겐 감소, 젖산 감소
③ 글리코겐 증가, 젖산 감소
④ 글리코겐 감소, 젖산 증가

59 염장을 통한 방부의 효과의 원리가 아닌 것은?

① 탈수에 의한 수분활성도 감소
② 삼투압에 의한 미생물의 원형질 분리
③ 산소 용해도 감소
④ 단백질 분해요소의 작용 촉진

60 극성이 낮아 유지작물로부터 식용 유지를 추출할 때 가장 많이 사용하는 용매는?

① 물(water)
② 헥산(hexane)
③ 벤젠(benzene)
④ 에테르(ether)

제4과목　식품미생물학

61 포도주 발효에 가장 많이 사용되는 효모는?

① *Saccharomyces sake*
② *Saccharomyces coreanus*
③ *Saccharomyces ellipsoideus*
④ *Sassharomyces carlsbergensis*

62 곰팡이에 대한 설명 중 틀린 것은?

① 균사 조각이나 포자에 의해 증식한다.
② 자낭포자는 무성생식에 의해 형성된다.
③ 호기성 미생물이다.
④ 유성생식 세대가 없는 것을 불완전균류라 한다.

63 아밀라아제(amylase)를 생산하지 못하는 미생물은?

① *Aspergillus oryzae*
② *Rhizopus delemar*
③ *Aspergillus niger*
④ *Acetobactor aceti*

64 고정화 효소(immobilized enzyme)에 대한 설명으로 틀린 것은?

① 미생물 오염의 위험성이 감소한다.
② 안정성이 증가한다.
③ 재사용이 가능하다.
④ 반응의 연속화가 가능하다.

65 영양세포의 원형질 속에 가장 많이 포함되어 있는 성분은?

① 단백질　　　② 당분
③ 지방　　　　④ 수분

66 다음 중 포자형성 세균은?

① *Acetobacter aceti*
② *Escherichia coli*
③ *Bacillus subtilis*
④ *Streptococcus cremoris*

67 미생물 증식량의 측정법과 거리가 먼 것은?

① 건조 균체량 측정
② 균체 질소량 측정
③ 비탁법에 의한 측정
④ micrometer 이용법

68 포도당 1kg의 젖산으로 모두 발효될 때 얻어지는 젖산은 몇 g인가? (단, 포도당 분자량 : 180, 젖산 분자량 : 90)

① 500g   ② 800g

③ 1,000g   ④ 2,000g

69 원핵세포의 구조와 기능이 잘못 연결된 것은?

① 세포벽 – 세포의 기계적 보호

② 염색체 – 단백질의 합성 감소

③ 편모 – 운동력

④ 세포막 – 투과 및 수송능

70 액체배지에서 초산균의 특징은?

① 균막을 형성하고 혐기성이다.

② 균막을 형성하고 호기성이다.

③ 균막을 형성하지 않으며 혐기성이다.

④ 균막을 형성하지 않으며 호기성이다.

71 김치 발효에서 발효 초기 우세균으로 김치맛에 영향을 미치는 미생물은?

① *Leuconostoc mesenteroides*

② *Streptococcus thermophilus*

③ *Saccharomyces cerevisiae*

④ *Aspergillus oryzae*

72 간장의 제조 공정에 사용되는 균주는?

① *Aspergillus tamari*

② *Aspergillus sojae*

③ *Aspergillus flavus*

④ *Aspergillus glaucus*

73 각 효모의 특징에 대한 설명으로 틀린 것은?

① *Schizosaccharomyces*속 – 분열법으로 증식한다.

② *Torulopsis*속 – 유지 생산균이다.

③ *Candida*속 – 탄화수소를 자화시키는 효모가 많다.

④ *Debaryomyces*속 – 내염성 산막효모이다.

74 다음 중 대장균에 대한 설명이 틀린 것은?

① Gram 음성 무포자 간균이며, 호기성 또는 통성 혐기성이다.

② 유당을 분해하여 가스를 발생하는 특징이 있다.

③ 일반적으로 식품이나 용수의 오염 지표균으로 사용된다.

④ 호염성 세균으로 해수에 주로 존재한다.

75 유산균이 아닌 것은?

① *Lectobacillus*속

② *Leuconostoc*속

③ *Pediococcus*속

④ *Streptomyces*속

76 청주, 간장, 된장의 제조에 사용되는 Koji 곰팡이의 대표적인 균종으로 황국균이라고 하는 곰팡이는?

① *Aspergillus oryzae*

② *Aspergillus niger*

③ *Aspergillus flavus*

④ *Aspergillus fumigatus*

77 이상발효 젖산균의 대표적인 포도당 대사 반응식은?

① $C_6H_{12}O_6 \rightarrow 2C_2H_5OH + 2CO_2$

② $C_6H_{12}O_6 \rightarrow 2CH_3 \cdot CHOH \cdot COOH$

③ $C_6H_{12}O_6 \rightarrow CH_3 \cdot CHOH \cdot COOH + C_2H_5OH + CO_2$

④ $C_6H_{12}O_6 \rightarrow C_3H_5(OH)_3 + CH_3CHO + CO_2$

78 맥주 제조에 사용되는 효모는?

① *Saccharomyces fragilis*

② *Saccharomyces peka*

③ *Saccharomyces cerevisiae*

④ *Zygosaccharomyces rouxii*

79 통조림의 살균 부족으로 잔존하기 쉬운 독소 형성 세균은?

① *Streptococcus faecalis*

② *Clostridium botulinum*

③ *Bacillus subtilis*

④ *Lactobacillus casei*

80 제조 방법에 따른 술의 분류 시 단행복발효주에 해당되는 것은?

① 맥주　　　　② 포도주

③ 위스키　　　④ 고량주

제5과목　식품제조공정

81 액체 중에 들어있는 침전물이나 불순물을 걸러내는 여과기에 속하지 않는 것은?

① 중력여과기　　② 압축여과기

③ 진공여과기　　④ 이송여과기

82 반죽 상태의 식품을 노즐을 통해 밀어내어 일정한 모양을 가지게 하는 식품 성형기는?

① 압출성형기　　② 압연성형기

③ 응괴성형기　　④ 주조성형기

83 일반적으로 여과보조제로 많이 사용되는 재료는?

① 규조토　　　　② 한천

③ 벤젠　　　　　④ 다이옥신

84 추출 공정에서 용매로서의 조건과 거리가 먼 것은?

① 가격이 저렴하고 회수가 쉬워야 한다.

② 물리적으로 안정해야 한다.

③ 화학적으로 안정해야 한다.

④ 비열 및 증발열이 적으며 용질에 대하여는 용해도가 커야 한다.

85 각 분쇄기의 설명으로 틀린 것은?

① 롤 분쇄기 : 두 개의 롤이 회전하면서 압축력을 식품에 직용하여 분쇄한다.

② 해머 밀 : 곡물, 전채소류 분쇄에 적합하다.

③ 핀 밀 : 충격식 분쇄기이며 충격력은 핀이 붙은 디스크의 회전속도에 비례한다.

④ 커팅 밀 : 열과 인장력을 작용하여 분쇄한다.

86 포자를 형성하는 *Bacillus*속의 내열성균을 완전히 살균하기 위하여 100℃에서 일정시간 간격으로 반복하여 멸균하는 살균법은?

① 초고온살균법(UHT)
② 고온순간살균법(HTST)
③ 간헐살균법
④ 전자파 살균법

87 흡출, 송출밸브가 설치된 실린더 속을 피스톤이 왕복하여 액체를 이송시키는 펌프가 아닌 것은?

① 워싱 펌프(washing pump)
② 플런저 펌프(plunger pump)
③ 메터링 펌프(metering pump)
④ 스크루 펌프(screw pump)

88 단팥죽을 제조하기 위해 팥을 구입했는데 완두콩과 대두가 섞여 있는 경우가 발생하였다. 팥의 순도를 올리기 위해 어느 선별기를 선택하는 것이 좋은가?

① 풍력선별기
② 색채선별기
③ 비중선별기
④ 중력선별기

89 곡류와 같은 고체를 분쇄하고자 할 때 사용하는 힘이 아닌 것은?

① 충격력(impact force)
② 유화력(emulsification)
③ 압축력(compression force)
④ 전단력(shear force)

90 원심분리기의 회전속도를 2배로 늘리면 원심력은 몇 배로 증가하는가?

① 1배
② 2배
③ 4배
④ 8배

91 다음 중 열의 대류에 의해 건조하는 방법이 아닌 것은?

① 유동층 건조
② 분무 건조
③ 드럼 건조
④ 터널형 열풍 건조

92 증발농축 시 관석 현상에 대한 설명이 아닌 것은?

① 관석현상이 일어나면 열전달이 방해되어 증발효율이 떨어진다.
② 원료에 섬유질이나 단백질이 많으면 더욱 잘 일어난다.
③ 관석 현상을 줄이려면 원료의 흐름을 느리게 해야 한다.
④ 관석 현상을 줄이려면 주기적으로 가열부를 청소해야 한다.

93 다음 중 건조한 상태에서 세척하는 방법이 아닌 것은?

① 초음파세척(ultrasonic cleaning)
② 마찰세척(abrasion cleaning)
③ 흡인세척(aspiration cleaning)
④ 자석세척(magnetic cleaning)

94 식품의 내열성에 영향을 미치는 인자가 아닌 것은?

① 열처리 온도
② 식품의 구성 성분
③ 수분활성도
④ 열공급원

95 건조조에 의한 건조법에서 사용하는 건조제로 적합하지 않은 것은?

① 무수 염화칼슘
② 오산화인
③ 실리카겔
④ 염산

96 가장 작은 크기의 용질을 분리할 수 있는 방법은?

① 정밀여과(microfiltration)
② 역삼투(reverse osmosis)
③ 한외여과(ultrafiltration)
④ 체분리

97 식품 원료를 광학선별기로 분리할 때 사용되는 물리적 성질은?

① 무게
② 색깔
③ 크기
④ 모양

98 식품의 식중독균이나 부패에 관여하는 미생물만 선택적으로 살균하여 소비자의 건강에 해를 끼치지 않을 정도로 부분 살균하는 방법은?

① 냉살균
② 상업적 살균
③ 열균
④ 무균화

99 식품 extruder에서 수행될 수 있는 단위공정이 아닌 것은?

① 냉각(cooling)
② 혼합(mixing)
③ 조리(cooking)
④ 성형(forming)

100 사탕 등 당류 가공품을 제조할 때 kneading 공정을 설명한 것 중 틀린 것은?

① Kneading은 점성이 높은 액상 물질의 혼합에 적합하다.
② Kneading 과정에 carbonation을 할 수 있다.
③ Kneading 공정을 통해 조직이 치밀해진다.
④ Z형 교반날개가 장착되어 있으며, 원료 혼합물의 신연, 포갬, 뒤집힘 등 다양한 동작이 가능하다.

2018년 1회 정답

1	③	2	①	3	③	4	③	5	④	6	③	7	①	8	①	9	④	10	④
11	①	12	④	13	④	14	④	15	④	16	②	17	①	18	③	19	②	20	④
21	③	22	④	23	②	24	④	25	④	26	③	27	②	28	①	29	②	30	②
31	③	32	④	33	③	34	④	35	①	36	④	37	③	38	②	39	①	40	①
41	③	42	④	43	③	44	①	45	③	46	③	47	④	48	①	49	③	50	③
51	③	52	②	53	④	54	①	55	④	56	④	57	④	58	④	59	④	60	②
61	③	62	④	63	④	64	①	65	④	66	③	67	①	68	③	69	②	70	②
71	①	72	②	73	②	74	④	75	④	76	①	77	③	78	③	79	②	80	①
81	④	82	①	83	①	84	②	85	④	86	③	87	④	88	②	89	④	90	③
91	③	92	③	93	①	94	④	95	④	96	②	97	②	98	①	99	①	100	③

식품산업기사 기출문제

2018 2회

제1과목 식품위생학

1 오크라톡신(ochratocin)은 무엇에 의해 생성되는 독소인가?

① 곰팡이　　② 세균
③ 바이러스　　④ 복어의 일종

2 공장지대의 매연 및 훈연한 육제품 등에서 검출 분리되는 강력한 발암성 물질로 식품오염에 특히 주의하여야 하는 다환 방향족 탄화수소는?

① methionine
② polychlorobiphenyl
③ nitroanillin
④ benzopyrene

3 식품의 포장재로 사용되는 종이류가 위생상 문제가 되는 이유가 아닌 것은?

① 형광염료의 이행
② 포장착색료의 용출
③ 저분자량 물질의 혼입
④ 납 등 유해물질의 혼입

4 다음의 목적과 기능을 하는 식품첨가물은?

- 식품의 제조 과정이나 최종 제품의 pH 조절을 위한 완충 역할
- 부패균이나 식중독 원인균을 억제하는 식품 보존제 역할
- 유지의 항산화제나 갈색화 반응 억제 시의 상승제
- 밀가루 반죽의 점도 조절제

① 산미료(acidulant)
② 조미료(seasoning)
③ 호료(thickening agent)
④ 유화제(emulsifier)

5 대장균군의 추정, 확정, 완전시험에서 사용되는 배지가 아닌 것은?

① TCBS agar　　② Endo agar
③ EMB agar　　④ EGLB

6 폐기물 처리에 대한 설명으로 옳지 않은 것은?

① 용기는 밀폐구조이어야 한다.
② 용기의 세척·소독은 적정 주기로 이루어져야 한다.
③ 식품용기와 구분되어야 한다.
④ 용기는 냄새가 누출되어도 된다.

7 식중독의 발생 조건으로 틀린 것은?

① 원인세균이 식품에 부착하면 어떤 경우라도 발생한다.
② 특수원인세균으로서 특정 식품을 오염시키는 특수 관계가 성립하는 경우가 있다.
③ 적합한 습도와 온도일 때 식중독 세균이 발육한다.
④ 일반인에 비하여 면역기능이 저하된 위험군은 식중독 세균에 감염 시 발병할 가능성이 더 높다.

8 위해물질인 bisphenol의 사용용도가 아닌 것은?

① 폴리카보네이트 수지
② 농약첨가제
③ 플라스틱강화제
④ 질산염

9 식품의 포장 및 용기에 있는 아래 도안의 의미는?

① 방사선 조사처리 식품
② 유기농법 식품
③ 녹색 신고 식품
④ 천연첨가물 함유 식품

10 개인위생이란?

① 식품종사자들이 사용하는 비누나 탈취제의 종류
② 식품종사자들이 일주일에 목욕하는 회수
③ 식품종사자들이 건강, 위생장갑 착용 및 청결을 유지하는 것
④ 식품종사자들이 작업 중 항상 장갑을 끼는 것

11 간장을 양조할 때 착색료로서 가장 많이 쓰이는 첨가물은?

① caramel   ② methionine
③ menthol   ④ vanillin

12 식품 등의 표시기준에 의거 아래의 표시가 잘못된 이유는?

> 두부제품에 "소르빈산 무첨가, 무보존료"로 표시

① 식품 등의 표시사항에 해당하지 않는 식품첨물의 표시
② 원래의 식품에 해당 식품첨가물의 함량에 대한 강조 표시
③ 해당 식품에 사용하지 못하도록 한 식품첨가물에 대하여 사용을 하지 않았다는 표시
④ 건강기능식품과 혼동하여 소비자가 오인할 수 있는 표시

13 콜라 음료의 산미료로 사용되는 것은?

① 구연산   ② 사과산
③ 인산   ④ 젖산

14 바실러스 세레우스(*Bacillus cereus*)를 MYP 한천배지에 배양한 결과 집락의 색깔은?

① 분홍색   ② 흰색
③ 녹색   ④ 흑녹색

15 쥐와 관련되어 감염되는 질병이 아닌 것은?

① 유행성 출혈열   ② 살모넬라증
③ 페스트   ④ 폴리오

16 다음의 첨가물 중 현재 살균제로 지정되고 있는 것은?

① 아황산나트륨
② 차아염소산나트륨
③ 프로피온산
④ 소르빈산

17 리케차에 의하여 감염되는 질병은?

① 탄저병
② 비저
③ Q열
④ 광견병

18 식품위생검사와 가장 관계가 깊은 세균은?

① 대장균
② 젖산균
③ 초산균
④ 낙산균

19 인체에 감염되어도 충란이 분변으로 배출되지 않는 기생충은?

① 아니사키스
② 유구조충
③ 폐흡충
④ 회충

20 수질오염 지표에 대한 설명 중 틀린 것은?

① 수중 미생물이 요구하는 산소량을 ppm 단위로 나타낸 것이 BOD(생물학적 산소요구량)이다.
② 물 속에 녹아있는 용존산소(DO)는 4pp 이상이고 클수록 좋은 물이다.
③ 유기물질을 산화하기 위해 사용하는 산화제의 양에 상당하는 산소의 양을 ppm으로 나타낸 것이 COD(화학적 산소요구량)이다.
④ BOD가 높다는 것은 물 속에 분해되지 쉬운 유기물의 농도가 낮음을 의미한다.

제2과목   식품화학

21 다음 중 필수아미노산이 아닌 것은?

① 트립토판(tryptophane)
② 라이신(lysine)
③ 루신(leucine)
④ 글루탐산(glutamic acid)

22 다음 프로비타민(provitamin) A 중, 비타민 A의 효율이 제일 큰 것은?

① cryptoxanthin
② α-carotene
③ β-carotene
④ γ-carotene

23 생고기를 숯불로 구울 때 생성될 수 있는 유해성분은?

① 니트로사민
② 다환 방향족 탄화수소
③ 아플라톡신
④ 테트로도톡신

24 쓴맛을 나타내는 물질 중 배당체의 구조를 갖는 것은?

① 카페인(caffeine)
② 테오브로민(theobromine)
③ 쿠쿠르비타신(cucurbitacin)
④ 휴물론(humulone)

25 식물성 검이 아닌 것은?

① 아라비아 검
② 콘드로이틴
③ 로커스트 검
④ 타마린드 검

26 0.01N CH_3COOH(초산의 전리도는 0.01) 용액의 pH는?

① 2
② 3
③ 4
④ 5

27 식품 중 수분의 역할이 아닌 것은?

① 모든 비타민을 용해한다.
② 화학반응의 매개체 역할을 한다.
③ 식품의 품질에 영향을 준다.
④ 미생물의 성장에 영향을 준다.

28 밀가루 반죽의 점탄성을 측정하는 장비로 강력분, 박력분의 판정 및 반죽이 굳기까지의 흡수율을 측정할 수 있는 것은?

① amylograph
② extensograph
③ farinograph
④ penetrometer

29 가공식품에 사용되는 솔비톨(sorbitol)의 기능이 아닌 것은?

① 저칼로리 감미료
② 계면활성제
③ 비타민 C 합성 시 전구물질
④ 착색제

30 약한 산이나 알칼리에 파괴되지 않고 쉽게 변색되지 않는 색소를 주로 함유한 식품은?

① 검정콩   ② 당근
③ 가지   ④ 옥수수

31 글리코겐(glycogen)이 가장 높은 농도로 함유된 것은?

① 동물의 혈액   ② 동물의 간
③ 동물의 뼈   ④ 식물의 뿌리

32 포도당 용액에 펠링(Fehling)시약을 가하고 가열하면 어떤 색깔의 침전물이 생기는가?

① 푸른색   ② 붉은색
③ 검은색   ④ 흰색

33 채소를 삶을 때 나는 냄새의 주성분에 해당하는 것은?

① 알코올(alcohol)
② 클로로필(chlorophyll)
③ 디메틸설파이드(dimethylsulfide)
④ 암모니아(ammonia)

34 채소, 과일에 많이 존재하는 강력한 천연항산화 물질은?

① sorbic acid
② salicylic acid
③ ascorbic acid
④ benzoic acid

35 다음 중 산성식품이 아닌 것은?

① 달걀   ② 육류
③ 어류   ④ 고구마

36 전분의 노화를 억제하는 방법으로 적합하지 않은 것은?

① 수분 함량의 조절
② 냉장 보관
③ 설탕 첨가
④ 유화제 사용

37 연유 속에 젓가락을 세워서 회전시켰을 때 연유가 젓가락을 따라 올라가는 현상은?

① 점조성(consistency)

② 예사성(spinability)

③ 바이센베르그 효과(Weissenberg effect)

④ 신전성(ectensibility)

38 아미노산인 트립토판을 전구체로 하여 만들어 지는 수용성 비타민은?

① 비오틴(biotin)

② 엽산(folic acid)

③ 나이아신(niacin)

④ 리보플라빈(riboflavin)

39 대두에 많이 함유되어 있는 기능성 물질은?

① 라이코펜(lycopene)

② 아이소플라본(isoflavone)

③ 카로티노이드(carotenoid)

④ 세사몰(sesamol)

40 식물성 색소 중 지용성(脂溶性) 색소인 것은?

① carotenoid   ② flavonoid

③ anthocyanin   ④ tannin

제3과목 식품가공학

41 잼 제조 시 젤리점(jelly point)을 결정하는 방법이 아닌 것은?

① 스푼 테스트

② 컵 테스트

③ 당도계에 의한 당도 측정

④ 알칼리 처리법

42 식용유의 정제 공정으로 볼 수 없는 것은?

① 탈검(degumming)

② 탈산(deacidification)

③ 산화(oxidation)

④ 탈색(bleaching)

43 과채류의 장기 저장을 위한 일반적인 공기조성으로 옳은 것은?

① O_2 농도 높게 – CO_2 농도 높게

② O_2 농도 낮게 – CO_2 농도 낮게

③ O_2 농도 낮게 – CO_2 농도 높게

④ O_2 농도 높게 – CO_2 농도 낮게

44 육류의 사후경직이 완료되었을 때의 pH는?

① pH 7.4 정도   ② pH 6.4 정도

③ pH 5.4 정도   ④ pH 4.4 정도

45 다음 중 제조 시 균질화(homogenization) 과정을 거치지 않는 것은?

① 시유   ② 버터

③ 무당연유   ④ 아이스크림

46 두부 응고제의 장점과 단점에 대한 설명으로 옳은 것은?

① 염화칼슘의 장점은 응고시간이 빠르고, 보존성이 양호하다.

② 황산칼슘의 장점은 사용이 편리하고, 수율이 높다.

③ 염화칼슘의 단점은 신맛이 약간 있는 것이다.

④ 글루코노델타락톤의 단점은 수율이 낮고, 두부가 거칠고 견고한 것이다.

47 덱스트린(dextrin)의 요오드 반응 색깔이 잘못 연결된 것은?

① amylodextrin – 청색
② erythrodextrin – 적갈색
③ achrodextrin – 청색
④ maltodextrin – 무색

48 유지를 채취하는 데 적합하지 않은 방법은?

① 가열하여 흘러나오는 기름을 채취한다.
② 산을 첨가하여 가수분해시킨다.
③ 기계적인 압력으로 압착하여 기름을 짜낸다.
④ 휘발성 용제를 사용하여 추출한다.

49 달걀을 분무 건조한 난분의 변색에 관여한 갈변 반응은?

① 마이야르 반응
② 캐러멜화 반응
③ 폴리페놀 산화 반응
④ 아스코르브산 산화 반응

50 어류에 대한 설명으로 틀린 것은?

① 적색육에는 히스티딘(histidine), 백색육에는 글리신(glycine)과 알라닌(alanine)이 풍부하다.
② 비린내의 주성분은 TMAO(trimethylamine oxide)이다.
③ 사후변화는 해당 → 사후경직 → 해경 → 자기소화 → 부패의 순서로 일어난다.
④ 안구는 신선도 저하에 따라 혼탁과 내부 침하가 진행된다.

51 유지 가공 시 수소첨가(hydrogenatin)의 목적이 아닌 것은?

① 유지의 불포화도가 감소되어 산화안정성을 증가시킨다.
② 가소성과 경도를 부여하여 물리적 성질을 개선한다.
③ 융점과 응고점을 낮춰준다.
④ 냄새, 색깔 및 풍미를 개선한다.

52 내건성 곰팡이가 생육할 수 있는 수분활성도 한계값은?

① 0.90   ② 0.88
③ 0.70   ④ 0.65

53 60%의 고형분을 함유하고 있는 농축 오렌지주스 100kg이 있다. 45% 고형분을 함유하고 있는 최종제품을 얻기 위해, 15%의 고형분을 함유하고 있는 오렌지주스를 얼마나 가하여야 하는가?

① 30kg   ② 40kg
③ 50kg   ④ 60kg

54 제빵 공정에서 처음에 밀가루를 체로 치는 가장 큰 이유는?

① 불순물을 제거하기 위하여
② 해충을 제거하기 위하여
③ 산소를 풍부하게 함유시키기 위하여
④ 가스를 제거하기 위하여

55 식품냉동에서 냉동곡선이란?

① 식품이 냉동되는 시간과 빙결정 생성량의 관계를 나타낸 것

② 식품이 냉동되는 과정을 시간과 온도의 관계식으로 나타낸 것

③ 식품이 냉동되는 시간과 육단백 변성의 관계를 나타낸 것

④ 식품이 냉동되는 시간과 빙결정 크기의 관계를 나타낸 것

56 밀가루 반죽의 점탄성을 측정하는 장치는?

① 아밀로그래프(Amylograph)

② 익스텐소그래프(Extensograph)

③ 패리노그래프(Farinograph)

④ 브라벤더 비스코미터(Brabender Viscometer)

57 분유류에 대한 설명 중 틀린 것은?

① 분유라 함은 원유 또는 탈지유를 그대로 또는 이에 식품 또는 식품첨가물을 가하여 가공한 분말상의 것을 말한다.

② 전지분유는 원유에서 수분을 제거하여 분말화한 것으로 원유 100%이다.

③ 가당분유는 원유에 설탕, 과당, 포도당, 올리고당류를 가하여 분말화한 것이다.

④ 장기저장에 적합한 분유의 수분 함량 기준은 6~10% 이다.

58 어육을 소금과 함께 갈아서 조미료와 보강재료를 넣고 응고시킨 식품을 나타내는 용어는?

① 수산 훈제품   ② 수산 염장품
③ 수산 건제품   ④ 수산 연제품

59 과즙 청징 방법 중 색소 및 비타민의 손실이 가장 큰 것은?

① 펙티나아제(pectinase) 사용

② 난백 처리

③ 규조토 사용

④ 젤라틴 및 탄닌 처리

60 압출성형기에 공급되는 원료의 수분 함량을 15%(습량기준)로 맞추고자 한다. 물을 첨가하기 전 분말의 수분 함량이 10%라면 분말 1kg당 추가해야 하는 물의 양은?

① 약 0.014kg   ② 약 0.026kg
③ 약 0.042kg   ④ 약 0.058kg

제4과목 식품미생물학

61 방선균에 대한 설명이 틀린 것은?

① 항생물질 생산균으로 유용하게 이용된다.

② 진핵세포 생물로 세포벽의 화학적 성분이 그람음성 세균과 유사하다.

③ 주로 토양에 서식하며 흙냄새의 원인균이다.

④ 균사상으로 발육한다.

62 한류해수에 잘 서식하고 육안으로 볼 수 있는 다세포형으로 다시마, 미역이 속하는 조류는?

① 규조류   ② 남조류
③ 홍조류   ④ 갈조류

63 미생물의 동결보존법에 대한 설명으로 옳은 것은?

① glycerol, 디메틸황산화물과 같은 보존제를 첨가하여 보존한다.
② 배지를 선택 배양하여 저온실에 보관하고 정기적으로 이식하여 보존한다.
③ 시험관을 진공상태에서 불로 녹여 봉해서 보관한다.
④ 멸균한 유동 파라핀을 첨가하여 저온 또는 실온에서 보관한다.

64 미생물의 증식 곡선에서 정지기와 사멸기가 형성되는 이유가 아닌 것은?

① 배지의 pH 변화
② 영양분의 고갈
③ 유해 대사산물의 축적
④ Growth factor의 과다한 합성

65 김치 숙성에 주로 관계되는 균은?

① 고초균   ② 대장균
③ 젖산균   ④ 황국균

66 포도당을 발효하여 젖산만 생성하는 젖산균은?

① 정상발효 젖산균
② α-hetero형 젖산균
③ β-hetero형 젖산균
④ 가성 젖산균

67 세포질이 양분되면서 격막이 생겨 분열·증식하는 분열효모는?

① Saccharomyces속
② Schizosaccharomyces속
③ Candida속
④ Kloecera속

68 분홍색 색소를 생성하는 누룩곰팡이로 홍주의 발효에 이용되는 것은?

① Monascus purpureus
② Neurospora sitophila
③ Rhizopus javanicus
④ Botrytis cinerea

69 성숙한 효모세포의 구조에서 중앙에 위치하며 가장 큰 공간을 차지하고, 노폐물을 저장하는 장소는?

① 핵(nucleus)
② 저장립(lipid granule)
③ 세포막(cell membrane)
④ 액포(vacuole)

70 토양이나 식품에서 자주 발견되고 aflatoxin이라는 발암성 물질을 생성하는 유해 곰팡이균은?

① Aspergillus flavus
② Aspergillus niger
③ Aspergillus oryzae
④ Aspergillus sojae

71 Gram 양성이며 포자를 형성하는 편성 혐기성균은?

① *Bacillus*속
② *Clostridium*속
③ *Escherichia*속
④ *Corynebacterium*속

72 Gram 음성의 간균이며 주로 단백질 식품의 부패에 관여하는 세균은?

① *Staphylococcus*속
② *Bacillus*속
③ *Micrococcus*속
④ *Proteus*속

73 세균의 편모에 대한 설명으로 틀린 것은?

① 편모는 세균의 운동기관으로서 대부분 단백질로 구성되어 있다.
② 편모는 구균보다 간균에서 많이 볼 수 있다.
③ 편모는 대부분 세포벽에서부터 나온다.
④ 편모가 없는 세균도 있다.

74 진핵세포와 원핵세포에 관한 설명 중 틀린 것은?

① 원핵세포는 하등미생물로 세균, 남조류가 속한다.
② 원핵세포에는 핵막, 인, 미토콘드리아가 없다.
③ 진핵세포의 염색체 수는 1개이다.
④ 진핵세포에는 핵막이 있다.

75 아래의 맥주 제조 공정 중 호프(hop)를 첨가하는 공정은?

> 보리 → 맥아 제조 → 분쇄 → 당화 → 자비 →
> 여과 → 발효 → 저장 → 제품

① 분쇄　　　　② 당화
③ 자비　　　　④ 여과

76 청주의 제조에 관한 설명으로 틀린 것은?

① 쌀, 코지, 물로 제조되는 병행복발효주이다.
② 코지 곰팡이는 *Aspergillus oryzae*가 사용된다.
③ 좋은 코지를 제조하기 위해서는 산소와의 접촉을 차단해야 한다.
④ 주모(moto)는 양조효모를 활력이 좋은 상태로 대량 배양해 놓은 것이다.

77 상면발효효모의 특성은?

① 발효 최적 온도는 10~25℃이다.
② 세포가 침강하므로 발효액이 투명해진다.
③ 독일계 맥주의 효모가 여기에 속한다.
④ 라피노오스(raffinose)를 발효시킬 수 있다.

78 고정화 효소의 일반적인 제법이 아닌 것은?

① 담체결화법
② 가교법
③ 자기소화법
④ 포괄법

79 저장 중인 사과, 배의 연부현상을 일으키는 것은?

① *Penicillium notatum*

② *Penicillium expansum*

③ *Penicillium cyclopium*

④ *Penicillium chrysogenum*

80 미생물의 증식기 중 유도기와 관계없는 것은?

① 세포 내 RNA 함량이 증가한다.

② 미생물이 가장 왕성하게 발육한다.

③ 새로운 환경에 적응하며, 각종 효소 단백질을 생합성한다.

④ 세포 내의 DNA 함량은 거의 일정하다.

제5과목 식품제조공정

81 크고 무거운 식품 원료를 운반하는 데 주로 사용되는 고체이송기로 수직방향 운반용의 양동이를 사용하는 것은?

① 체인 컨베이어

② 롤러 컨베이어

③ 버킷 엘리베이터

④ 스크루 컨베이어

82 점도가 높은 액상식품 또는 반죽상태의 원료를 가열된 원통 표면과 접촉시켜 회전하면서 건조시키는 장치는?

① 드럼 건조기

② 분무식 건조기

③ 포말식 건조기

④ 유동층식 건조기

83 다음 농축 공정에서 원료의 온도변화가 가장 작은 공정은?

① 증발농축 ② 동결농축

③ 막농축 ④ 감압농축

84 고체의 양은 많으나 유동성이 비교적 큰 계란, 크림, 쇼트닝의 제조에 가장 적합한 혼합기는?

① 드럼 믹서(drum mixer)

② 스크루 믹서(screw mixer)

③ 반죽기(kneader)

④ 팬 믹서(pan mixer)

85 식품재료에 들어 있는 불필요한 물질이나 변형·부패된 재료를 분리·제거하는 선별법의 선별 원리에 해당하지 않는 것은?

① 무게에 의한 선별

② 크기에 의한 선별

③ 모양에 의한 선별

④ 경험에 의한 선별

86 교반 속도가 빠른 액체혼합기에서 방해판(baffle)이 하는 주된 역할은?

① 소용돌이를 완화하여 내용물이 넘치지 않도록 한다.

② 교반에 필요한 에너지의 소비를 줄여준다.

③ 회전속도를 높여준다.

④ 열발생으로 내용물의 점도를 낮춰준다.

87 제면 공정 중 반죽을 작은 구멍으로 압출하여 만든 식품이 아닌 것은?

① 당면 ② 마카로니

③ 우동 ④ 롱스파게티

88 식품의 건조 중 일어나는 화학적 변화가 아닌 것은?

① 갈변 현상 및 색소 파괴
② 단백질 변성 및 아미노산 파괴
③ 가용성 물질의 이동
④ 지방의 산화

89 연속조업이 가능한 장점이 있고 우유에 크림을 분리할 때 주로 사용되는 원심분리기는?

① 관형(tubular) 원심분리기
② 원판형(disc) 원심분리기
③ 바스켓(basket) 원심분리기
④ 진공식(vacuum) 원심분리기

90 계란의 껍질에 붙은 오염물, 과일 표면의 기름 (grease)이나 왁스 등을 제거할 때, 주로 물 또는 세척수를 이용하여 세척하는 방법으로 가장 효과적인 것은?

① 침지세척(soaking cleaning)
② 분무세척(spray cleaning)
③ 부유세척(flotation cleaning)
④ 초음파세척(ultrasonic cleaning)

91 다음 중 압출성형기의 기본 기능과 관계가 먼 것은?

① 혼합　　　　② 가수분해
③ 팽화　　　　④ 조직화

92 증발 농축이 진행될수록 용액에 나타나는 현상으로 옳은 것은?

① 농도가 낮아진다.
② 비점이 높아진다.
③ 거품이 없어진다.
④ 점도가 낮아진다.

93 표면에 흠이 있는 원판이 회전하면서 통과하는 고형 식품을 전단력에 의하여 분쇄하는 분쇄장치는?

① 디스크 밀(disc mill)
② 해머 밀(hammer mill)
③ 롤 밀(roll mill)
④ 볼 밀(ball mill)

94 초임계 가스 추출법에서 주로 사용되는 초임계 가스로 맞는 것은?

① 이산화탄소 가스
② 수소 가스
③ 헬륨 가스
④ 질소 가스

95 설비비가 비싸고, 처리량이 적어 점도가 높은 최종 단계의 농축에 많이 사용되는 증발기는?

① 긴 관형 증발기
② 코일 및 재킷식 증발기
③ 기계 박막식 증발기
④ 플레이트식 증발기

96 수분 함량 50%(습량 기준)인 식품 100kg을 건조기에 투입하여 수분 함량 20%로 낮추고자 한다. 제거하여야 할 수분의 양은?

① 50kg
② 27.5kg
③ 37.5kg
④ 30kg

97 색채선별기(color sorting system)로 선별이 적합하지 않은 식품은?

① 숙성정도가 다른 토마토
② 과도하게 열처리 된 잼
③ 크기가 다른 오이
④ 표면 결점을 가진 땅콩

98 원료를 파쇄실의 회전 칼날로 절단한 뒤 스크린을 통과시켜 일정한 크기나 모양으로 조립하는 대표적인 파쇄형 조립기는?

① 피츠 밀(fitz mill)
② 니더(kneader)
③ 핀 밀(pin mill)
④ 위노어(winnower)

99 식품 원료의 전처리 공정으로써 분쇄의 목적이 아닌 것은?

① 원료의 입자 크기를 감소시켜 건조 속도를 느리게 하기 위하여
② 특정한 원료의 입자 크기를 균일하게 하기 위하여
③ 원료의 혼합 공정을 쉽고 효과적으로 하기 위하여
④ 조직으로부터 원하는 성분을 효율적으로 추출하기 위하여

100 무균 충전 시스템에 대한 설명으로 틀린 것은?

① 용기에 관계없이 균일한 품질의 제품을 얻을 수 있다.
② 무균 환경 하에서 작업이 이루어진다.
③ 포장 용기에 식품을 담아 밀봉 후 살균한다.
④ 주로 초고온 순간(UHT) 살균으로 처리한다.

2018년 2회 정답

1	①	2	④	3	③	4	①	5	①	6	④	7	①	8	④	9	①	10	③
11	①	12	③	13	③	14	①	15	④	16	②	17	③	18	①	19	①	20	④
21	④	22	③	23	②	24	③	25	②	26	③	27	①	28	③	29	④	30	②
31	②	32	②	33	③	34	③	35	④	36	③	37	③	38	③	39	③	40	①
41	④	42	③	43	③	44	③	45	②	46	①	47	③	48	②	49	①	50	②
51	③	52	③	53	③	54	③	55	②	56	③	57	④	58	③	59	③	60	④
61	③	62	②	63	①	64	④	65	③	66	①	67	③	68	③	69	③	70	①
71	②	72	④	73	③	74	③	75	③	76	③	77	①	78	①	79	②	80	②
81	②	82	②	83	③	84	④	85	④	86	①	87	③	88	③	89	②	90	④
91	②	92	②	93	①	94	①	95	③	96	③	97	③	98	①	99	①	100	③

식품산업기사 기출문제

2018 3회

제1과목 | 식품위생학

1 식품위생 검사 시 검체의 채취 및 취급에 관한 주의사항으로 틀린 것은?

① 저온 유지를 위해 얼음을 이용할 때 얼음이 검체에 직접 닿게 하여 저온 유지 효과를 높인다.

② 식품위생감시원은 검체 채취 시 당해 검체와 함께 검체 채취 내역서를 첨부하여야 한다.

③ 채취된 검체는 오염, 파손, 손상, 해동, 변형 등이 되지 않도록 주의하여 검사실로 운반하여야 한다.

④ 미생물학적인 검사를 위한 검체를 소분 채취할 경우 멸균된 기구·용기 등을 사용하여 무균적으로 행하여야 한다.

2 일생에 걸쳐 매일 섭취해도 부작용을 일으키지 않는 1일 섭취 허용량을 나타내는 용어는?

① acceptable risk

② ADI(acceptable daily intake)

③ dose−response curve

④ GRAS(generally recognized as safe)

3 식품 등의 표시기준에 따른 트랜스지방의 정의에 따라, ( )에 들어갈 용어가 순서대로 옳게 나열된 것은?

> 트랜스지방이라 함은 트랜스구조를 ( )개 이상 가지고 있는 ( )의 모든 ( )을 말한다.

① 2, 공액형, 포화지방산

② 1, 공액형, 포화지방산

③ 2, 비공액형, 불포화지방산

④ 1, 비공액형, 불포화지방산

4 식품의 부패를 검사하는 화학적인 방법이 아닌 것은?

① pH 측정

② 휘발성 염기질소 측정

③ 트리메틸아민(TMA) 측정

④ phosphatase 활성 측정

5 소독·살균의 용도로 사용하는 알코올의 일반적인 농도는?

① 100%　　　　② 90%

③ 70%　　　　④ 50%

6 산분해 간장 제조 시 생성되는 유해물질은?

① MCPD　　　② dioxin

③ DHEA　　　④ DEHP

7 아래의 특징에 해당하는 식중독 원인균은?

> 경미한 경우에는 발열, 두통, 구토 등을 나타내지만 종종 패혈증이나 뇌수막염, 정신착란 및 혼수상태에 빠질 수 있다. 연질치즈 등이 자주 관련되고, 저온에서 성장이 가능하며 태아나 신생아의 미숙 사망이나 합병증을 유발하기도 하여 치명적인 균이다.

① *Vibrio vulnificus*
② *Listeria monocytogenes*
③ *Cl. botulinum*
④ *E. coli* O157:H7

8 식품위생법령상 위해평가 과정의 정의가 틀린 것은?

① 위해요소의 인체 내 독성을 확인하는 위험성 확인과정
② 위해요소의 식품잔류허용기준을 결정하는 위험성 결과과정
③ 위해요소가 인체에 노출된 양을 산출하는 노출평가과정
④ 위험성 확인과정, 위험성 결정과정, 노출평가과정의 결과를 종합하여 해당 식품 등이 건강에 미치는 영향을 판단하는 위해도 결정과정

9 식물성 식중독을 일으키는 원인물질과 식품의 연결이 틀린 것은?

① 시큐톡신(cicutoxin) – 독미나리
② 에르고톡신(ergotoxin) – 면실유
③ 무스카린(muscarine) – 버섯
④ 솔라닌(solanine) – 감자

10 식품 등의 공전을 작성·보급하여야 하는 자는?

① 농림축산식품부장관
② 식품의약품안전처장
③ 보건복지부장관
④ 농촌진흥청장

11 채소를 통하여 감염되는 기생충이 아닌 것은?

① 십이지장충　　② 선모충
③ 요충　　　　　④ 회충

12 식품의 영양강화를 위하여 첨가하는 식품첨가물은?

① 보존료　　　　② 감미료
③ 호료　　　　　④ 강화제

13 유해성 포름알데히드(formaldehyde)와 관계없는 물질은?

① 요소수지
② urotropin
③ rongalite
④ nitrogen trichloride

14 식품첨가물의 사용에 대한 설명으로 옳은 것은?

① 젤라틴의 제조에 사용되는 우내피 등의 원료는 크롬처리 등 경화공정을 거친 것을 사용하여야 한다.
② 식품의 가공과정 중 결함 있는 원재료의 문제점을 은폐하기 위하여는 사용할 수 있다.
③ 식품 중에 첨가되는 식품첨가물의 양은, 기술적 효과를 달성할 수 있는 최대량으로 사용하여야 한다.
④ 물질명에 「 」를 붙인 것은 품목별 기준 및 규격에 규정한 식품첨가물을 나타낸다.

15 도자기제 및 법랑 피복제품 등에 안료로 사용되어 그 소성온도가 충분하지 않으면 유약과 같이 용출되어 식품위생상 문제가 되는 중금속은?

① Fe   ② Sn

③ Al   ④ Pb

16 먹는물의 수질기준에서 허용기준수치가 가장 낮은 것은?

① 불소   ② 질산성 질소

③ 크롬   ④ 수은

17 식품의 recall 제도를 가장 잘 설명한 것은?

① 식품의 유통 시 발생한 문제 제품을 자발적으로 회수하여 처리하는 사후관리 제도

② 식품공장의 미생물 관리를 위한 위해 분석을 기초로 중요관리점을 점검하는 제도

③ 변질되기 쉬운 신선식품의 전 유통과정을 각 식품에 적합한 저온 조건으로 관리하는 제도

④ 식품 등의 규격 및 기준과 같은 최저기준 이상의 위생적 품질을 기하는 기술적 조건을 제시하는 제도

18 일본에서 발생한 미나마타병의 유래는?

① 공장폐수 오염

② 대기 오염

③ 방사능 오염

④ 세균 오염

19 인수공통감염병이 아닌 것은?

① 파상열   ② 탄저

③ 야토병   ④ 콜레라

20 히스타민을 생성하는 대표적인 균주는?

① *Bacillus subtilis*

② *Bacillus cereus*

③ *Proteus morganii*

④ *Aspergillus oryzae*

제2과목   **식품화학**

21 식품의 조지방 정량법은?

① Soxhlet법   ② Kjeldahl법

③ Van Slyke법   ④ Bertrand법

22 맛의 상호 작용의 예로 틀린 것은?

① 설탕 용액에 소량의 소금을 가하면 단맛이 증가된다.

② 커피에 설탕을 가하면 쓴맛이 억제된다.

③ 식염에 유기산을 가하면 짠맛이 감소한다.

④ 신맛이 강한 과일에 설탕을 가하면 신맛이 억제된다.

23 고분자화합물인 단백질의 분석과 관련이 없는 실험방법은?

① 원심분리

② 젤 크로마토그래피

③ SDS 젤 전기영동

④ 동결건조

24 과일의 성숙기 및 보관 중 발생하는 연화 (softening) 과정에서 가장 많은 변화가 일어나는 물질로, 세포벽이나 세포막 사이에 존재하는 구성물은?

① cellulose   ② hemicellulose

③ pectin   ④ lignin

25 식품 10g을 회화시켜 얻은 회분의 수용액을 중화하는 데 0.1N NaOH 3.0mL가 소요되었다면 이 식품의 상태는?

① 알칼리도 15
② 산도 15
③ 알칼리도 30
④ 산도 30

26 Henning의 냄새 프리즘(smell prism)에 해당하지 않는 것은?

① 매운 냄새(spicy)
② 수지 냄새(resinous)
③ 썩은 냄새(putrid)
④ 메스꺼운 냄새(nauseous)

27 맛을 내는 대표적인 성분의 연결이 틀린 것은?

① 감칠맛 – 퀴닌
② 청량감 – 멘톨
③ 떫은맛 – 탄닌
④ 매운맛 – 피페린

28 전분 입자의 호화현상에 대한 설명이 틀린 것은?

① 생전분에 물을 넣고 가열하였을 때 소화되기 쉬운 α 전분으로 되는 현상이다.
② 온도가 높을수록 호화가 빨리 일어난다.
③ 알칼리성 pH에서는 전분 입자의 호화가 촉진된다.
④ 일반적으로 쌀과 같은 곡류 전분입자가 감자, 고구마 등 서류 전분입자에 비해 호화가 쉽게 일어난다.

29 유지의 굴절률은 불포화도가 커질수록 일반적으로 어떻게 변하는가?

① 변화없다.
② 작아진다.
③ 커진다.
④ 굴절되지 않는다.

30 배추김치에서 배추의 녹색이 갈색으로 변하는 이유는 엽록소의 Mg이 어떤 성분으로 치환되었기 때문인가?

① Fe^{2+} ② Cu^{2+}
③ H^+ ④ OH^-

31 산화방지제로 사용되지 않는 것은?

① 아스코르브산(ascorbic acid)
② 세사몰(sesamol)
③ 리보플라빈(riboflavin)
④ 알파토코페롤(α –tocopherol)

32 연유 중에 젓가락을 세워서 회전시켰을 때 연유가 젓가락을 따라 올라가는 현상은?

① 브라운 운동
② 바이센베르그 효과
③ 틴들 현상
④ 예사성

33 기초대사량을 측정할 때의 조건으로 적합하지 않은 것은?

① 영양상태가 좋을 때 측정할 것
② 완전휴식상태일 때 측정할 것
③ 적당한 식사 직후에 측정할 것
④ 실온 20℃ 정도에서 측정할 것

34 비타민 B₁(thiamin)에 대한 설명 중 틀린 것은?

① 마늘의 매운맛 성분인 알리신(allicin)과 결합한 알리티아민(allithiamin) 형태가 있다.

② 당질 대사에 관여하므로 탄수화물 섭취량에 비례하여 요구된다.

③ 생체 내의 산화 환원 효소에 관여하는 조효소로 작용한다.

④ 결핍되면 각기병 또는 신경염 증상을 보인다.

35 유지를 가열하였을 때 점도가 상승하는 원인은?

① 가수분해반응

② 열분해반응

③ 산화반응

④ 중합반응

36 포도당이 환원되어 생성된 당알코올은?

① 솔비톨(sorbitol)

② 만니톨(mannitol)

③ 이노시톨(inositol)

④ 둘시톨(dulcitol)

37 녹말을 가수분해하는 효소로서 α-1, 4 결합뿐 아니라 분지점의 α-1, 6 결합도 분해하는 효소는?

① 알파아밀라아제(α-amylase)

② 베타아밀라아제(β-amylase)

③ 글루코아밀라아제(glucoamylase)

④ 탈분지아밀라아제(debranching amylase)

38 고추의 매운맛 성분은?

① 차비신(chavicine)

② 캡사이신(capsaicin)

③ 카테콜(catechol)

④ 갈산(gallic acid)

39 관능검사에서 신제품이나 품질이 개선된 제품의 특성을 묘사하는 데 참여하며 보통 고도의 훈련과 전문성을 겸비한 요원으로 구성된 패널은?

① 차이식별 패널

② 특성묘사 패널

③ 기호조사 패널

④ 소비자 패널

40 다음 중 겔 상태의 식품이 아닌 것은?

① 된장국　　　② 묵

③ 젤리　　　④ 양갱

제3과목　식품가공학

41 추출한 유지를 낮은 온도에 저장하면서 굳어 엉긴 고체지방을 제거하는 공정은?

① 탈산　　　② 원터리제이션

③ 탈취　　　④ 탈색

42 축육을 도살하기 전에 조치해야 할 사항으로 틀린 것은?

① 도살 전의 급수

② 도살 전의 안정

③ 도살 전의 급식

④ 도살 전의 위생검사

43 유지의 정제 공정이 아닌 것은?

① 불용물질 제거(desludge)
② 탈산(deacidification)
③ 탈색(bleaching)
④ 산화(oxidation)

44 버터의 정의로 옳은 것은?

① 원유, 우유류 등에서 유지방분을 분리한 것 또는 발효시킨 것을 교반하여 연압한 것을 말한다(식염이나 식용색소를 가한 것 포함).
② 식용유지에 식품첨가물을 가하여 가소성, 유화성 등의 가공성을 부여한 고체상의 것을 말한다.
③ 원유 또는 우유류에서 분리한 유지방분으로 유지방분 30% 이상의 것을 말한다.
④ 유크림에서 수분과 무지유고형분을 제거한 것을 말한다.

45 청국장의 끈끈한 점성 물질의 주된 성분은?

① fructan
② glucan
③ galactan
④ xylan

46 쌀의 도정도가 높을수록 상대적으로 증가하는 것은?

① 섬유질
② 단백질
③ 소화율
④ 비타민류

47 비중이 0.95인 액체 18g이 차지하는 부피는 얼마인가? (단, 물의 밀도는 1.0g/cm³)

① 0.95cm³
② 1.05cm³
③ 1.18cm³
④ 18.9cm³

48 고형분이 10%인 오렌지주스 100kg을 농축시켜 20%의 고형분이 함유되어 있는 주스로 만들기 위해서는 수분을 얼마나 증발시켜야 되는가?

① 20kg
② 40kg
③ 50kg
④ 60kg

49 잼류의 가공 시 필요한 성분이 아닌 것은?

① 펙틴
② 당
③ 유기산
④ 단백질

50 어패류의 선도 판정에 대한 설명이 틀린 것은?

① 관능적 방법은 오감에 의하여 판정하는 방법으로 객관성이 높아 현장에서 많이 이용한다.
② 세균학적 방법은 어패육에 부착한 세균수를 측정하는 방법으로 시료 채취 부위에 따라 결과에 오차가 생기기 쉽다.
③ 휘발성 염기질소 함량이 5~10mg/100g인 경우는 신선한 어육으로 볼 수 있다.
④ 어육의 pH는 사후에 내려갔다가 선도의 저하와 더불어 다시 상승한다.

51 소시지(sausage)를 제조할 때 원료육에 향신료 및 조미료를 첨가하여 혼합하는 기계는?

① meat chopper
② silent cutter
③ stuffer
④ packer

52 사과 1kg을 20℃ 저장고에 보관했을 때, 1시간 동안의 호흡량이 54[CO_2mg/kg/h]이었다. 이 사과를 10℃ 저장고로 옮겼을 때, 1시간 동안의 호흡량은 얼마인가? (단, 이 사과의 온도계수(Q_{10})는 1.8이다)

① 12[CO_2mg/kg/h]
② 30[CO_2mg/kg/h]
③ 48[CO_2mg/kg/h]
④ 50[CO_2mg/kg/h]

53 유지 채유 과정에서 열처리 하는 이유가 아닌 것은?

① 유리지방산 생성 촉진
② 원료의 수분 함량 조절
③ 산화효소의 불활성화
④ 착유 후 미생물의 오염방지

54 물엿의 점성에 기여하는 대표적인 물질은?

① 과당
② 덱스트린
③ 유당
④ 전분

55 어패류 선도 판정의 지표물질이 아닌 것은?

① 옥시미오글로빈(oxymyoglobin)
② 인돌(indole)
③ 하이포잔틴(hypoxanthine)
④ 트리메틸아민(trimethylamine)

56 치즈 제조 시 발효유를 응고시키기 위하여 첨가하는 것은?

① 카세인(케이신)
② 염화나트륨
③ 레닛
④ 스타터

57 젖음 세척(wet cleaning) 방법이 아닌 것은?

① 분무세척
② 마찰세척
③ 부유세척
④ 초음파세척

58 고구마 전분 제조 시 석회 처리에 따른 주요 효과가 아닌 것은?

① 수율 증대
② 품질 향상
③ 부패 방지
④ 이물질 제거

59 통조림 용기 중 금속 원형관의 호칭에서 401의 의미는?

① 직경이 401mm이다.
② 직경이 40.1mm이다.
③ 직경이 4와 1/16인치이다.
④ 직경이 4와 1/12인치이다.

60 마요네즈 제조 시 유화제 역할을 하는 것은?

① 식초산
② 면실유
③ 소금
④ 레시틴

61 맥주를 발효하기 위한 맥아즙 제조 공정의 주 목적으로 가장 알맞은 것은?

① 효모의 증식
② 저장성 부여
③ 발효
④ 당화

62 곰팡이의 유성생식 과정이 옳게 나열된 것은?

① 핵융합 → 원형질융합 → 감수분열 → 포자형성
② 원형질융합 → 핵융합 → 감수분열 → 포자형성
③ 핵융합 → 감수분열 → 원형질융합 → 포자형성
④ 원형질융합 → 감수분열 → 핵융합 → 포자형성

63 다음 중 불완전균류가 아닌 것은?

① *Aspergillus*속
② *Mucor*속
③ *Botrytis*속
④ *Penicillium*속

64 감귤류의 연부 부패의 원인이 되는 미생물은?

① *Acetobacter*속
② *Clostridium*속
③ *Lactobacillus*속
④ *Penicillum*속

65 산막효모의 특징이 아닌 것은?

① 액 표면에 피막을 형성한다.
② 위균사나 진균사를 형성한다.
③ 양조 과정 중에 알코올을 생성한다.
④ *Hansenula*속이 해당된다.

66 일반적으로 미생물의 세포 구성 물질 중 수분을 제외하고 가장 많은 함량을 차지하는 것은?

① 핵산
② 단백질
③ 지방
④ 탄수화물

67 다음 중 증류주에 해당하는 것은?

① 맥주
② 포도주
③ 일본 청주
④ 위스키

68 일반적으로 통조림 살균 시에 가장 주의하여 야 하는 부패 세균은?

① *Pediococcus halophilus*
② *Bacillus subtilis*
③ *Clostridium sporogenes*
④ *Streptococcus lactis*

69 다음 세포벽 구성 성분 중 그람양성균에만 존재하는 것은?

① 인지질(phospholipid)
② 펩티도글리칸(peptidoglycan)
③ 지질다당체(lipopoly saccharide)
④ 테이코산(teichoic acid)

70 계란 전체가 회갈색으로 되고 특히 난황이 검게 되는 흑색 부패(black rots)의 원인균은?

① *Torulopsis*속
② *Serratia*속
③ *Proteus*속
④ *Achromobacter*속

71 조상균류와 순정균류의 분류기준은 무엇인가?

① 포자의 유무
② 격벽의 유무
③ 균사체의 유무
④ 편모의 유무

72 치즈 표면에 착생하여 치즈의 변색과 불쾌취를 발생시키는 곰팡이가 아닌 것은?

① *Geotrichum*속
② *Cladosporium*속
③ *Fusarium*속
④ *Penicillium*속

73 사람이나 동물의 피부에서 흔히 검출되는 균으로 내열성이 강한 장독소를 생성하는 독소형 식중독균은?

① 리스테리아균
② 살모넬라균
③ 장염비브리오균
④ 황색포도상구균

74 gluconic acid를 생산하는 미생물과 거리가 먼 것은?

① *Acetobacter gluconicum*
② *Pseudomonas fluorescens*
③ *Penicillium notatum*
④ *Lactobacillus bulgaricus*

75 맥주의 하면발효효모로 많이 사용되는 것은?

① *Saccharomyces cerevisiae*
② *Saccharomyces carlsbergensis*
③ *Saccharomyces coreanus*
④ *Saccharomyces rouxii*

76 피자기속에 자낭포자 4~8개가 순서대로 나열되어 있고 분생자가 반달모양으로 빵조각 등에 생육하여 연분홍색을 띠므로 붉은빵곰팡이라고도 하며, 미생물 유전학의 연구로도 많이 사용되는 곰팡이 속은?

① *Aspergillus*속
② *Eremothecium*속
③ *Neurospora*속
④ *Penicillium*속

77 일반 효모가 생육이 잘 되는 배지의 pH는?

① 약 1~2　　② 약 5~6

③ 약 7~8　　④ 약 9~10

78 메주 제조 시 단백질분해효소 등 가수분해효소를 주로 생산하는 것은?

① *Salmonella*속

② *Bacillus*속

③ *Lactobacillus*속

④ *Saccharomyces*속

79 카탈라아제(catalase) 효소에 대한 설명으로 옳은 것은?

① 탄닌 물질을 분해한다.

② 과산화수소를 분해한다.

③ 단백질을 분해한다.

④ 펙틴을 분해한다.

80 포도당 500g을 초산 발효시켜 얻을 수 있는 이론적인 최대 초산량은 약 얼마인가?

① 166.7g　　② 333.3g

③ 500g　　④ 652.1g

제5과목　식품제조공정

81 방사선 살균에 많이 사용되는 조사선원은?

① Co^{60}, Cs^{137}

② Co^{60}, Ir^{192}

③ Cs^{137}, Cs^{134}

④ Cs^{134}, Ir^{192}

82 효소의 정제법에 해당되지 않는 것은?

① 염석 및 투석

② 무기용매 침전

③ 흡착

④ 이온교환 크로마토그래피

83 시료의 추출에 대한 설명으로 옳은 것은?

① 추출용매는 점도가 높은 것을 선택한다.

② 추출은 시료 특성에 관계없이 항상 동일한 용매로만 추출해야 한다.

③ 용매는 경제성, 작업성, 안전성을 고려하여 선택한다.

④ 입자의 크기는 되도록 크게 하여 용매와의 접촉면이 작아지게 한다.

84 열풍이 흐르는 방향과 식품이 이동되는 방향에 따라 병류식과 향류식으로 분류되는 건조기로, 과일이나 채소를 건조하는 데 많이 쓰이며, 건조하는 데 비교적 긴 시간이 필요한 식품에 적합한 것은?

① 터널 건조기

② 캐비넷 건조기

③ 부상식 건조기

④ 기송식 건조기

85 과립성형 방법으로 제조되는 제품이 아닌 것은?

① 분말주스　　② 이스트

③ 커피분말　　④ 비스킷

86 유지의 정제 중 원유에 들어 있는 유리지방산을 제거하는 공정은?

① 탈취   ② 탈검
③ 탈색   ④ 탈산

87 용액 상태로 녹아 있는 원료를 냉각시켜 단단하게 만든 후 얇은 족으로 만드는 조립기는?

① 압출 조립기
② 파쇄형 조립기
③ 혼합형 조립기
④ 플레이크형 조립기

88 단위조작 중 기계적 조작이 아닌 것은?

① 정선   ② 분쇄
③ 혼합   ④ 추출

89 원료가 일정한 속도로 이동 중이거나 교반 중일 때 물을 뿌려 세척하는 방법은?

① 침지세척   ② 마찰세척
③ 분무세척   ④ 부유세척

90 회전속도가 빠른 회전자(rotor)가 있는 충격형 분쇄기로, 조직이 딱딱한 곡류나 섬유질이 많은 건조 채소, 건조 육류 등의 분쇄에 많이 이용 되는 것은?

① disc mill
② hammer mill
③ ball mill
④ crushing mill

91 섞이지 않는 두 액체를 빠른 속도로 교반하여 한 액체를 다른 액체에 균일하게 분산시키는 장치는?

① 니더(kneader)
② 휘퍼(whipper)
③ 임펠러(impeller)
④ 유화기(emulsificater)

92 유지를 추출할 때 효율성 증대를 위한 원료의 전처리 공정으로 가장 거리가 먼 것은?

① 조분쇄
② 압편
③ 증열 및 건조
④ 살균

93 다음 중 에멀션의 형태가 다른 하나는?

① 버터   ② 마요네즈
③ 생크림   ④ 우유

94 다음 (   )에 들어갈 알맞은 용어는?

포장, 저온저장을 하는 식품일 경우 적당하게 살균하는 (   )을 하게 된다. 이는 명시된 유통기한 내에 어떤 부패미생물의 생육 때문에 먹을 수 없거나 어떠한 위해도 받지 않도록 유효 적절하게 가열처리하는 것을 말한다.

① 상업적 살균
② 멸균
③ 저온 살균
④ 적정 살균

95 우유와 같은 액상 식품을 미세한 입자로 분무하여 열풍과 접촉시켜 순간적으로 건조시키는 방법은?

① 천일건조　　② 복사건조
③ 냉풍건조　　④ 분무건조

96 식품 통조림이 *Clostridium botulinum* 포자로 오염되어 있다. 이 포자의 $D_{121.1}$이 0.25분일 때, 이 통조림을 121.1℃에서 가열하여 포자의 수를 12대수 cycle만큼 감소시키는 데 걸리는 시간은?

① 0.02분　　② 2분
③ 3분　　④ 30분

97 다음 중 건식 세척 방법은?

① 담금세척　　② 분무세척
③ 부유세척　　④ 체분리세척

98 점도가 큰 페이스트상의 식품이나 고형분량이 많아 기계적으로 분무가 어려운 식품을 연속적으로 건조하는 데 사용되는 건조방법은?

① 드럼건조　　② 열풍건조
③ 고주파건조　　④ 적외선건조

99 살균온도 121℃에서 습열살균이 필요한 식품의 pH는?

① pH 2　　② pH 3
③ pH 4　　④ pH 5

100 식품을 노즐 또는 다이스와 같은 작은 구멍을 통하여 압력으로 밀어내는 성형법으로 제조된 가공 식품으로만 이루어진 것은?

① 국수, 껌
② 국수, 소시지
③ 마카로니, 국수
④ 마카로니, 소시지

2018년 3회 정답

1	①	2	②	3	④	4	④	5	③	6	①	7	②	8	②	9	②	10	②
11	②	12	④	13	④	14	④	15	④	16	④	17	①	18	①	19	④	20	③
21	①	22	③	23	④	24	③	25	④	26	④	27	①	28	④	29	③	30	③
31	③	32	②	33	②	34	③	35	④	36	①	37	③	38	①	39	②	40	①
41	②	42	③	43	④	44	①	45	①	46	③	47	④	48	③	49	④	50	①
51	②	52	②	53	①	54	②	55	①	56	③	57	②	58	③	59	③	60	④
61	④	62	④	63	②	64	④	65	②	66	②	67	④	68	③	69	④	70	③
71	②	72	③	73	④	74	④	75	②	76	③	77	②	78	②	79	②	80	②
81	①	82	②	83	④	84	①	85	④	86	④	87	②	88	④	89	③	90	②
91	④	92	④	93	①	94	①	95	④	96	③	97	④	98	①	99	④	100	④

식품산업기사 기출문제 2019 1회

제 1 과목 식품위생학

1 식품첨가물의 구비조건으로 옳지 않은 것은?

① 체내에 무해하고 축적되지 않아야 한다.
② 식품의 보존효과는 없어야 한다.
③ 이화학적 변화에 안정해야 한다.
④ 식품의 영양가를 유지시켜야 한다.

2 식품공업에 있어서 폐수의 오염도를 판명하는 데 필요치 않은 것은?

① DO
② BOD
③ WOD
④ COD

3 식품 중 진드기류의 번식 억제방법이 아닌 것은?

① 밀봉 포장에 의한 방법
② 습도를 낮추는 방법
③ 냉장 보관하는 방법
④ 30℃ 정도로 가열하는 방법

4 수돗물의 염소 소독 중 염소와 미량의 유기물질과의 반응으로 생성될 수 있는 발암성 물질은?

① benzopyrene
② nitrosoamine
③ toluene
④ trihalomethane

5 실험물질을 사육 동물에 2년 정도 투여하는 독성 실험 방법은?

① LD$_{50}$
② 급성독성실험
③ 아급성독성실험
④ 만성독성실험

6 식품위생분야 종사자 등의 건강진단규칙에 의한 연 1회 정기 건강진단 항목이 아닌 것은?

① 성병
② 장티푸스
③ 폐결핵
④ 전염성 피부질환

7 다음 중 우리나라에서 허용된 식품첨가물은?

① 롱가리트
② 살리실산
③ 아우라민
④ 구연산

8 보툴리누스균에 의한 식중독이 가장 일어나기 쉬운 식품은?

① 유방염에 걸린 소의 우유
② 분뇨에 오염된 식품
③ 살균이 불충분한 통조림 식품
④ 부패한 식육류

9 식품 포장재로부터 이행 가능한 유해물질이 잘못 연결된 것은?

① 금속포장재 – 납, 주석
② 요업 용기 – 첨가제, 잔존 단위체
③ 고무마개 – 첨가제
④ 종이포장재 – 착색제

10 민물고기를 섭취한 일이 없는데도 간흡충에 감염되었다면 이와 가장 관계가 깊은 감염경로는?

① 채소 생식으로 인한 감염

② 가재요리 섭취로 인한 감염

③ 쇠고기 생식으로 인한 감염

④ 민물고기를 요리한 도마를 통한 감염

11 곰팡이의 대사산물 중 사람에게 질병이나 생리 작용의 이상을 유발하는 물질이 아닌 것은?

① aflatoxin　　② citrinin

③ patulin　　④ saxitoxin

12 다음 물질 중 소독 효과가 거의 없는 것은?

① 알코올　　② 석탄산

③ 크레졸　　④ 중성세제

13 세균성식중독과 비교하였을 때, 경구감염병의 특징에 해당하는 것은?

① 발병은 섭취한 사람으로 끝난다.

② 잠복기가 짧아 일반적으로 시간 단위로 표시한다.

③ 면역성이 없다.

④ 소량의 균에 의하여 감염이 가능하다.

14 일반적으로 열경화성 수지에 해당되는 플라스틱 수지는?

① 폴리에틸렌(polyethylene)

② 폴리프로필렌(polyproplene)

③ 폴리아미드(polyamide)

④ 요소(urea)수지

15 대부분의 식중독 세균이 발육하지 못하는 온도는?

① 37℃ 이하　　② 27℃ 이하

③ 17℃ 이하　　④ 3.5℃ 이하

16 식품오염에 문제가 되는 방사능 핵종이 아닌 것은?

① Sr-90　　② Cs-137

③ I-131　　④ C-12

17 우유의 저온살균이 완전히 이루어졌는지를 검사하는 방법은?

① 메틸렌블루(methylene blue) 환원시험

② 포스파테이즈(phosphatase) 검사법

③ 브리드씨법(Breed's method)

④ 알코올 침전시험

18 어패류가 주요 원인 식품이며 3%의 식염배지에서 생육을 잘하는 식중독균은?

① *Staphylococcus aureus*

② *Clostridium botulinum*

③ *Vibrio parahaemolyticus*

④ *Salmonella enteritidis*

19 식품의 보존료 중 잼류, 망고처트니, 간장, 식초 등에 사용이 허용되었으나, 내분비 및 생식 독성 등의 안전성이 문제가 되어 2008년 식품첨가물 지정이 취소된 것은?

① 데히드로초산

② 프로피온산

③ 파라옥시 안식향산 프로필

④ 파라옥시 안식향산 에틸

20 미생물학적 검사를 위해 고형 및 반고형인 검체의 균질화에 사용하는 기계는?

① 초퍼(chopper)
② 원심분리기(centrifuge)
③ 균질기(stomacher)
④ 냉동기(freezer)

제2과목　식품화학

21 식품을 장기간 보관할 때 고유의 냄새가 없어지게 되는 주된 이유는?

① 식품의 냄새성분은 휘발성이기 때문이다.
② 식품의 냄새성분은 친수성이기 때문이다.
③ 식품의 냄새성분은 소수성이기 때문이다.
④ 식품의 냄새성분은 비휘발성이기 때문이다.

22 다음의 식품 중 소성체의 특성을 나타내는 것은 어느 것인가?

① 가당연유　　② 생크림
③ 물엿　　　　④ 난백

23 지방 1g 중에 oleic acid 20mg이 함유되어 있을 경우의 산가는? (단, KOH의 분자량은 56이고, oleic acid $C_{18}H_{34}O_2$의 분자량은 282이다.)

① 3.97　　　　② 0.0397
③ 100.7　　　 ④ 1.007

24 다음 중 이중결합이 2개인 지방산은?

① 팔미트산(palmitic acid)
② 올레산(oleic acid)
③ 리놀레산(linoleic acid)
④ 리놀렌산(linolenic acid)

25 딸기, 포도, 가지 등의 붉은 색이나 보라색이 가공, 저장 중 불안정하여 쉽게 갈색으로 변하는데 이 색소는?

① 엽록소
② 카로티노이드계
③ 플라보노이드게
④ 안토시아닌계

26 과당(fructose)에 대한 설명으로 틀린 것은?

① 과당은 포도당과 함께 유리상태로 과일, 벌꿀 등에 함유되어 있다.
② 과당은 환원당이며, α형과 β형의 두개 이성체가 존재한다.
③ 설탕에 비하여 단맛이 약하다.
④ 물에 대한 용해도가 커서 과포화되기 쉽다.

27 식품의 효소적 갈변을 방지하는 물리적 방법과 가장 거리가 먼 것은?

① 공기 주입　　② 데치기
③ 산 첨가　　　④ 저온 저장

28 단백질의 변성에 대한 설명으로 틀린 것은?

① 단백질의 변성은 등전점에서 가장 잘 일어난다.

② 단백질의 열 응고 온도는 대개 60~70℃이다.

③ 육류 단백질의 동결변성은 −5~−1℃에서 가장 잘 일으킨다.

④ 콜라겐은 가열에 의해 불용성의 젤라틴으로 된다.

29 α형 이성질체보다 β형 이성질체의 단맛이 강한 당류는?

① 과당   ② 맥아당

③ 설탕   ④ 포도당

30 함황 아미노산이 아닌 것은?

① lysine   ② cysteine

③ methionine   ④ cystine

31 단백질을 등전점과 같은 pH 용액에서 전기영동을 하면 어떻게 이동하는가?

① 전혀 움직이지 않는다.

② (+)극으로 빠르게 움직인다.

③ (−)극으로 빠르게 움직인다.

④ (−)극으로 움직이다가 다시 (+)극으로 움직인다.

32 향기 성분으로 알리신(allicin)이 들어 있는 것은?

① 마늘   ② 사과

③ 고추   ④ 무

33 요오드 정색반응에 청색을 나타내는 덱스트린(dextrin)은?

① 아밀로덱스트린(amylodextrin)

② 에리스로덱스트린(erythrodextrin)

③ 아크로덱스트린(achrodextrin)

④ 말토덱스트린(maltodextrin)

34 유지의 산패를 측정하는 화학적 성질과 거리가 먼 것은?

① 과산화물가   ② 요오드가

③ 산가   ④ 폴렌스케가

35 식품의 텍스처(texture)를 나타내는 변수와 가장 거리가 먼 것은?

① 경도(hardness)

② 굴절률(refractive index)

③ 탄성(elasticity)

④ 부착성(adhesiveness)

36 일반적으로 효소의 활성에 크게 영향을 미치지 않는 것은?

① 공기   ② 온도

③ pH   ④ 기질의 양

37 단백질의 열변성에 영향을 주는 요인이 아닌 것은?

① 수분

② 전해질의 존재

③ 색깔

④ 수소이온농도

38 단백질의 등전점에서 나타나는 현상이 아닌 것은?

① 기포력이 최소가 된다.
② 용해도가 최소가 된다.
③ 팽윤이 최소가 된다.
④ 점도가 최소가 된다.

39 가공육의 색의 변화에 대한 설명으로 틀린 것은?

① 가공육은 저장기간이 길어지면서 육색의 변화가 문제가 된다.
② 미오글로빈과 옥시미오글로빈은 육색을 붉게 하는 색소이다.
③ 아질산염은 메트미오글로빈을 형성시켜 육색을 붉게 유지시킨다.
④ 가열을 오래하면 포피린류가 생성되어 갈색 등으로 변한다.

40 분산상과 분산매가 모두 액체인 식품은?

① 맥주　　　　② 우유
③ 전분액　　　④ 초콜릿

제 3 과목　식품가공학

41 유지에 수소를 첨가하는 목적과 거리가 먼 것은?

① 색깔을 개선한다.
② 산화안정성을 좋게 한다.
③ 식품의 냄새, 풍미를 개선한다.
④ 유지의 유통기한을 연장시킨다.

42 어패류의 맛에 관여하는 함질소 엑스성분이 아닌 것은?

① TMAO　　　② betaine
③ 핵산관련물질　④ 글리세라이드

43 두부제조와 가장 밀접한 단백질은?

① 글루테닌　　② 글리아딘
③ 글리시닌　　④ 카제인

44 잼 제조 시 농축 공정에서 젤리점 판정법이 아닌 것은?

① 알코올 침전법
② 컵 테스트(cup test)
③ 스푼 테스트(spoon test)
④ 온도계법

45 햄과 베이컨의 제조공정에서 간먹이기에 사용되는 일반적인 재료가 아닌 것은?

① 소금　　　　② 식초
③ 설탕　　　　④ 향신료

46 프로바이오틱스(probiotics)에 대한 설명으로 틀린 것은?

① 대부분의 프로바이오틱스는 유산균들이며 일부 *Bacillus* 등을 포함하고 있다.
② 과량으로 섭취하면 heterofermentation을 하는 균주에 의한 가스 발생 등으로 설사를 유발할 수 있다.
③ 프로바이오틱스가 장 점막에서 생육하게 되면 장내의 환경을 중성으로 만들어 장의 기능을 향상시킨다.
④ 프로바이오틱스가 장내에 도달하여 기능을 나타내려면 하루에 $10^8 \sim 10^{10}$cfu 정도를 섭취하여야 한다.(단, 건강기능식품 공전에서 정하는 프로바이오틱스에 해당하는 경우이며, 새로 개발된 균주의 경우 섭취량이 달라질 수 있다.)

47 식품 등의 표시기준에 따라 제조일과 제조시간을 함께 표시하여야 하는 즉석섭취·편의식품류는?

① 어육연제품　　② 식용유지류

③ 도시락　　　　④ 통·병조림

48 식품을 포장하는 목적으로 거리가 먼 것은?

① 취급을 편리하게 하기 위하여

② 상품가치를 향상시키기 위하여

③ 내용물의 맛을 변화시키기 위하여

④ 식품의 변패를 방지하기 위하여

49 장류의 원료에 대한 설명으로 옳은 것은?

① 된장용으로는 찹쌀이 가장 좋다.

② 장류용 보리는 도정(겨층 제거)한 것을 사용한다.

③ 된장용 소금은 3~4등급의 소금을 사용한다.

④ 장류용 물은 불순물이 많아도 상관없다.

50 면 제조 시 사용하는 견수의 역할이 아닌 것은?

① 약간 노란색을 띠게 한다.

② 중화면에 특유한 풍미를 부여한다.

③ 밀 녹말의 노화를 촉진하여 준다.

④ 면의 식감을 쫄깃하게 한다.

51 비중계에 대한 설명으로 틀린 것은?

① 디지털 비중계 : 정밀하고 간편하게 비중을 측정할 수 있다.

② 경보오메계 : 비중이 물보다 가벼운 액체에 사용한다.

③ 브릭스 비중계 : 비중을 측정한 후 온도 4℃로 보정한다.

④ 중보오메계 : 비중이 물보다 무거운 액체에 사용한다.

52 열이동과 물질이동의 원리가 동시에 적용되는 단위조작이 아닌 것은?

① 건조　　　　② 농축

③ 증류　　　　④ 포장

53 달걀 가공품에 대한 설명으로 틀린 것은?

① 액란(liquid egg)은 전란액, 난백액, 난황액이 있다.

② 피단(pidan)은 달걀 속에 소금과 알칼리성 염류를 침투시켜 노른자와 흰자를 응고, 숙성시킨 조미달걀이다.

③ 마요네즈는 노른자위의 유화력을 이용한 대표적인 달걀 가공품이다.

④ 건조란은 껍질 째 탈수 건조시킨 것으로, 아이스크림, 쿠키 등에 사용되고 있다.

54 과실, 채소 가공 시 데치기(blanching)의 목적과 거리가 먼 것은?

① 박피를 쉽게 한다.

② 맛과 조직감을 좋게 한다.

③ 변색과 변질을 방지된다.

④ 가열 살균 시 부피가 줄어드는 것을 방지한다.

55 식품이 나타내는 수증기압이 0.98이고 해당 온도에서 순수한 물의 수증기압이 1.0일 때 수분활성도(Aw)는?

① 0.02　　　　② 0.98

③ 1.02　　　　④ 1.98

56 쌀의 도정률이 작은 것에서 큰 순서로 옳게 나열 한 것은?

① 주조미 < 백미 < 5분도미 < 현미
② 주조미 < 5분도미 < 백미 < 현미
③ 현미 < 5분도미 < 백미 < 주조미
④ 현미 < 백미 < 5분도미 < 주조미

57 우유의 지방정량법이 아닌 것은?

① Gerber법
② Kjeldahl법
③ Babcock법
④ Roese-Gottlieb법

58 식품저장을 위한 염장의 삼투작용에 대한 설명이 틀린 것은?

① 미생물의 생육 억제에 효과가 있다.
② 식품 내외의 삼투압차에 의하여 침투와 확산의 두 작용이 일어난다.
③ 소금에 의해 식품의 보수성이 좋아진다.
④ 높은 삼투압으로 미생물 세포는 원형질 분리가 일어난다.

59 고형분 함량이 50%인 식품 5kg을 농축하여 고형분 함량 80%로 만들려고 한다. 제거해야 할 물의 양은?

① 1.325 kg
② 1.505 kg
③ 1.625 kg
④ 1.875 kg

60 유지의 추출용제로 적당하지 않은 것은?

① hexane
② acetone
③ HCl
④ CCl_4

제4과목   식품미생물학

61 세균의 그람 염색에 사용되지 않는 것은?

① Crystal violet 액
② Lugol 액
③ Safranin 액
④ Congo red 액

62 청국장 발효균은?

① *Aspergillus oryzae*
② *Bacillus natto*
③ *Rhizopus delimer*
④ *Zygosaccharomyces rouxii*

63 세균의 편모와 가장 관련이 깊은 것은?

① 생식기관
② 운동기관
③ 영양축적기관
④ 단백질합성기관

64 *Pichia*속과 *Hansenula*속에 대한 설명으로 옳은 것은?

① 모두 질산염을 자화한다.
② *Pichia*속만 질산염을 자화한다.
③ *Hansenula*속만 질산염을 자화한다.
④ 모두 질산염을 자화하지 못한다.

65 미생물 대사 중 pyruvic acid에서 TCA cycle로 들어갈 때 필요로 하는 물질은?

① acetyl CoA
② NADP
③ FAD
④ ATP

66 균내에 존재하는 효소를 추출하기 위한 균체 파괴법에 해당하지 않는 것은?

① 기계적 마쇄법
② 초음파 마쇄법
③ 자기소화법
④ 염석 및 투석법

67 그람 양성균 세포벽의 특징이 아닌 것은?

① 그람 음성균에 비해 세포벽이 얇다.
② peptidoglycan을 가지고 있다.
③ 지질다당류의 외막은 없다.
④ teichoic acid가 함유되어 있다.

68 에탄올 1Kg이 전부 초산발효가 될 경우 생성되는 초산의 양은 약 얼마인가?

① 667g   ② 767g
③ 1204g   ④ 1304g

69 박테리오파지의 숙주는?

① 조류   ② 곰팡이
③ 효모   ④ 세균

70 제빵에 주로 사용하는 균주는?

① *Acetobacter aceti*
② *Saccharomyces oleaceus*
③ *Saccharomyces cerevisiae*
④ *Acetobacter xylinum*

71 유리 산소의 존재 유무에 관계없이 생육이 가능한 균은?

① 편성호기성균
② 편성혐기성균
③ 통성혐기성균
④ 미호기성균

72 포도주의 주 발효균은?

① *Saccharomyces ellipsoideus*
② *Saccharomyces sake*
③ *Saccharomyces sojae*
④ *Saccharomyces coreanus*

73 균사의 끝에 중축이 생기고 여기에 포자낭을 형성하여 그 속에 포자낭포자를 내생하는 곰팡이는?

① *Aspergillus*속
② *Neurospora*속
③ *Absidia*속
④ *Penicillium*속

74 겨울철에 살균하지 않은 생유에 발생하면 쓴 맛이 나게 하며, 단백질분해력이 강한 균은?

① *Erwinia carotova*
② *Gluconobacter oxydans*
③ *Enterobacter aerogenes*
④ *Pseudomonas fluorescens*

75 전자 및 전리 방사선이 미생물을 살균시키는 주요 원리는?

① 효소의 합성
② 탄수화물의 분해
③ 고온 발생
④ DNA의 파괴

76 하등미생물 중 형태의 분화 정도가 가장 앞선 균사상의 원핵 생물로 토양에 주로 존재하며 다양한 항생물질을 생산하는 미생물은?

① 방선균   ② 효모
③ 곰팡이   ④ 젖산균

77 포자낭병의 밑 부분에 가근을 형성하는 미생물속은?

① *Rhizopus*속
② *Mucor*속
③ *Aspergillus*속
④ *Penicillum*속

78 통기성의 필름으로 포장된 냉장 포장육의 부패에 관여하지 않는 세균은?

① *Pseudomonas*속
② *Clostridium*속
③ *Moraxella*속
④ *Acinetobacter*속

79 치즈 제조 시에 필요한 응유효소인 rennet의 대응효소를 생산하는 곰팡이는?

① *Penicillium chrysogenum*
② *Rhizopus japonicus*
③ *Absidia ichtheimi*
④ *Mucor pusillus*

80 세균의 생육에 있어 균체의 세대기간(generation time)이 일정하고 생리적 활성이 최대인 것은?

① 유도기(lag phase)
② 대수기(logarithimic phase)
③ 정상기(stationary phase)
④ 사멸기(death phase)

제5과목 식품제조공정

81 *Cl. botulinum*($D_{121.1}$=0.25분)의 포자가 오염되어 있는 통조림을 121.1℃에서 가열하여 미생물 수를 10대수 cycle 만큼 감소시키는 데 걸리는 시간은?

① 2.5분   ② 25분
③ 5분   ④ 10분

82 식품원료를 무게, 크기, 모양, 색깔 등 여러 가지 물리적 성질의 차이를 이용하여 분리하는 조작은?

① 선별   ② 교반
③ 교질   ④ 추출

83 *Bacillus stearothermophillus* 포자를 열처리하여 생존균의 농도를 초기의 1/100000 만큼 감소시키는 데 110℃에서는 50분, 125℃에서는 5분이 각각 소요되었다. 이 균의 z값은?

① 15℃   ② 10℃
③ 5℃   ④ 1℃

84 방사선 조사에 대한 설명 중 틀린 것은?

① 방사선 조사 시 식품의 온도상승은 거의 없다.
② 처리시간이 짧아 전 공정을 연속적으로 작업할 수 있다.
③ 10kGy 이상의 고선량조사에도 식품 성분에 아무런 영향을 미치지 않는다.
④ 방사선에너지가 식품에 조사되면 식품 중의 일부 원자는 이온이 된다.

85 증발 농축이 진행될수록 용액에 나타나는 현상으로 틀린 것은?

① 농도가 상승한다.
② 비점이 낮아진다.
③ 거품이 발생한다.
④ 점도가 증가한다.

86 Extruder 기계를 통한 압출 공정에서 나타나는 식품재료의 물리·화학적 변화가 아닌 것은?

① 단백질의 변성
② 효소의 활성화
③ 갈색화 반응
④ 전분의 호화

87 아래의 설명에 해당하는 것은?

파이프 중간에 둥근 구멍이 뚫린 원판을 삽입하여 원판 앞·뒤의 압력차로부터 식용유의 유량을 구할 수 있다.

① 벤츄리 유량계
② 오리피스 유량계
③ 피토관
④ 로터미터

88 밀 제분 시 원료 밀을 롤러(roller)를 사용하여 부수면서 배유부와 외피를 분리하는 공정은?

① 가수공정　　② 순화공정
③ 훈증공정　　④ 조쇄공정

89 동결건조에 대한 설명으로 옳지 않은 것은?

① 식품 조직의 파괴가 적다.
② 주로 부가가치가 높은 식품에 사용한다.
③ 제조단가가 적게 든다.
④ 향미 성분의 보존성이 뛰어나다.

90 감귤통조림에서 하얀 침전물이 생성되는 현상을 방지하기 위한 방법이 아닌 것은?

① 박피에 사용된 알칼리처리 시간의 단축
② 시럽 중 산성과즙 첨가
③ Hesperidinase 효소 처리
④ 원료감귤의 아황산가스 처리

91 시유 제조에서 균질기를 사용하는 목적이 아닌 것은?

① 크림층의 분리 방지
② 소화 흡수율 증가
③ 우유 속에 지방의 균질 분산
④ 카제인(casein)의 분리 용이

92 다단 추출기로 스크루 컨베이어를 갖는 2개의 수직형 실린더 탑으로 구성된 연속추출기는?

① 힐데브란트 추출기
② 볼만 추출기
③ 배터리 추출기
④ 로토셀 추출기

93 열교환기의 판수를 변화시킴으로써 증발능력을 용이하게 조절할 수 있으며 소요면적이 작고 쉽게 해체할 수 있는 장점이 있는 플레이트식 증발기의 구성 장치에 해당하지 않는 것은?

① 응축기　　② 분리기
③ 와이퍼　　④ 원액펌프

94 아래의 추출방법을 식품에 적용할 때 용매로 주로 사용하는 물질은?

> 물질의 기체상과 액체상의 상경계 지점인 임계점 이상의 압력과 온도를 설정하여 기체와 액체의 구별을 할 수 없는 상태가 될 때 신속하고 선택적 추출이 가능하게 한다.

① 산소
② 이산화탄소
③ 질소가스
④ 아르곤가스

95 습식 세척기에 해당하지 않는 것은?

① 담금 탱크
② 분무 세척기
③ 자석 분리기
④ 초음파 세척기

96 일정한 모양을 가진 틀에 식품을 담고 냉각 혹은 가열 등의 방법으로 고형화시키는 성형 방법은?

① 주조성형
② 압연성형
③ 압출성형
④ 절단성형

97 다음 중 식품에 열을 전달하는 방식으로 전도를 이용하는 건조장치는?

① 터널 건조기(tunnel dryer)
② 트레이 건조기(tray dryer)
③ 빈 건조기(bin dryer)
④ 드럼 건조기(drum dryer)

98 바람을 불어 넣어 비중 차이를 이용해 식품원료에 혼입된 흙, 잡초 등의 이물질을 분리하는 장치는?

① 자석식 분리기
② 체 분리기
③ 기송식 분리기
④ 마찰 세척기

99 식품제조공정에서 거품을 소멸시키는 목적으로 사용되는 첨가물은?

① 규소수지
② n-핵산
③ 유동파라핀
④ 규조토

100 가늘고 긴 원통모양의 보울(bowl)이 축에 매달려 고속으로 회전하여 가벼운 액체는 안쪽, 무거운 액체는 벽 쪽으로 이동하도록 분리시키는 기계는?

① 관형 원심분리기
② 원관형 원심분리기
③ 노즐형 원심분리기
④ 컨베이어형 원심분리기

식품산업기사 기출문제

제1과목 식품위생학

1 어패류 생식이 주된 원인이며 세균성 이질과 비슷한 증상을 나타내는 식중독균은?

① 병원성 대장균
② 보툴리누스균
③ 장구균
④ 장염비브리오균

2 식품공장에서 사용되는 용수에 대한 기본적인 처리방법에 해당되지 않는 것은?

① 여과　　　　② 경화
③ 침전　　　　④ 연화

3 다음 중 살균력이 가장 강한 자외선의 파장은?

① 260nm　　　② 350nm
③ 400nm　　　④ 546nm

4 방사능 오염물질에 대한 설명이 틀린 것은?

① Sr^{90}은 뼈에 침착하기 쉽다.
② Sr^{90}이 인체에 과량 노출될 경우 백혈병에 걸릴 가능성이 있다.
③ Cs^{137}은 인체에 과량 노출될 경우 근무력증에 걸릴 가능성이 있다.
④ Cs^{137}은 전신 근육에 축적된다.

5 유통기한 설정 실험을 생략할 수 있는 것은?

① 살균 방법 변경 시
② 제품의 배합 비율 및 성상 변경 시
③ 제품명 변경 시
④ 소매 포장 변경 시

6 식품 용기 및 포장재료에서 식품으로 이행되어 위생적 문제를 야기할 수 있는 물질이 바르게 연결된 것은?

① 금속용기 – PCB
② 인쇄된 포장지 – 톨루엔(toluene)
③ 사일로 내부의 페인트 – 염화비닐
④ PVC병 – 중금속

7 한탄바이러스에 의해 유발되어 들쥐나 집쥐의 배설물에 있는 바이러스로 인해 감염되는 질병은?

① 유행성출혈열　② 야토병
③ 브루셀라증　　④ 광우병

8 식품 첨가물로서 규소수지의 사용 용도는?

① 소포제　　　　② 껌 기초제
③ 유화제　　　　④ 호료

9 HACCP 관리계획의 적절성과 실행 여부를 정기적으로 평가하는 일련의 활동을 무엇이라 하는가?

① 중요관리점
② 개선조치
③ 검증
④ 위해요소분석

10 인수공통감염병에 해당하지 않는 것은?

① 브루셀라병　　② 결핵

③ 리스테리아증　④ 디프테리아

11 바이러스에 의한 경구 감염병이 아닌 것은?

① 폴리오　　　② 감염성 설사증

③ 콜레라　　　④ 유행성 간염

12 테트로도톡신에 대한 설명으로 틀린 것은?

① 물에 녹지 않는다.

② 산에 안정하다.

③ 알칼리에 안정하다.

④ 열에 안정하다.

13 훈연제품에서 주로 발견될 수 있는 발암성 물질은?

① trans 불포화지방산

② benzopyrene

③ carmine

④ trichloroethylene

14 식품의 용기로 사용되는 플라스틱에 대한 단량체(monomer)의 양을 규제하는 이유는?

① 포장의 기능성 향상을 위하여

② 품질적으로 안정된 재질을 얻기 위하여

③ 식품에 혼입되어 건강상 유해하기 때문에

④ 포장재질의 광택을 좋게 하기 위하여

15 다음 중 수용성 산화방지제는?

① 디부틸히드록시톨루엔

② 부틸히드록시아니솔

③ 터셔리부틸히드로퀴논

④ 에리토브산나트륨

16 다음의 첨가물 중 현재 살균제로 지정되고 있는 것은?

① 아황산나트륨

② 차아염소산나트륨

③ 프로피온산

④ 소르빈산

17 다음 식중독균 중 내열성이 강한 포자를 형성하는 것은?

① 장염비브리오균

② 포도상구균

③ 보툴리누스균

④ 병원성대장균

18 밀가루 개량제나 반죽개량제로 사용되지 않는 것은?

① 과산화 벤조일　② 과황산암모늄

③ 알긴산나트륨　　④ 시스테인염산염

19 손에 화농성 상처가 있는 사람이 만든 식품을 먹고 식중독이 발생했다면 다음 중 어느 균에 의해서 일어났을 가능성이 가장 많은가?

① 살모넬라균　　② 보툴리누스균

③ 포도상구균　　④ 장염비브리오균

20 단백질 식품의 부패 시 생성되는 주요 물질이 아닌 것은?

① 아민
② 글리코겐
③ 메르캅탄
④ 암모니아

---

21 장내세균에 의해 합성될 수 있는 비타민은?

① 비타민 A
② 비타민 D
③ 비타민 E
④ 비타민 K

22 anthocyanin에 대한 설명으로 틀린 것은?

① 꽃, 과일 및 채소류에 존재하는 적색 또는 자색의 수용성색소이다.
② 자연계에 글루코오스, 갈락토오스, 람노오스 등의 당류와 결합한 배당체의 형태로 존재한다.
③ 산성에서는 적색, 중성에서는 자색, 알칼리성에서는 청록색을 나타낸다.
④ isoprene 단위가 중합하여 형성된 tetraterpene의 구조를 가지고 있다.

23 당의 감미도 설명으로 틀린 것은?

① 설탕의 감미도는 온도가 낮을수록 강해진다.
② β-fructose의 감미도가 α-fructose보다 강하다.
③ fructose의 감미도는 50℃가 넘으면 설탕보다 약해진다.
④ 단맛의 세기는 fructose 〉 sucrose 〉 glucose 〉 lactose의 순이다.

24 다음 중 산패를 가장 잘 일으키는 유지는?

① 버터
② 올리브유
③ 정어리유
④ 참기름

25 아미노산의 아미노기와 환원당의 카보닐기가 축합하여 갈색 색소를 생성하는 반응은?

① ascorbic acid에 의한 갈변 반응
② caramel화 반응
③ maillard 반응
④ polypphenol에 의한 산화반응

26 필수 아미노산이 아닌 것은?

① lysine
② phenylalanine
③ valine
④ alanine

27 아미노산의 일종인 알라닌(alanine)을 pH 1의 산성용액에 녹인 후 전기영동장치에 넣고 전류를 통하면 어떻게 되는가?

① (+)극으로 이동한다.
② (-)극으로 이동한다.
③ 어느 쪽 전극으로도 이동되지 않는다.
④ 쌍극자 이온으로 존재하므로 양쪽 극으로 분리되어 이동한다.

28 관능적 특성의 측정 요소들 중 반응척도가 갖추어야 할 요건이 아닌 것은?

① 단순해야 한다.
② 편파적이지 않고, 공평해야 한다.
③ 관련성이 있어야 한다.
④ 차이를 감지할 수 없어야 한다.

29 가공식품에 사용되는 단당류나 소당류의 주된 기능이 아닌 것은?

① 점도 증가　　② 감미 부여
③ 무게 증가　　④ 흡습성 증가

30 콜로이드의 성질에 관한 설명 중 틀린 것은?

① 겔(gel) 상태에서 브라운 운동을 한다.
② 반투막을 통과할 수 없다.
③ 흡착성이 있어 냄새성분을 쉽게 제거한다.
④ 빛을 산란시킨다.

31 $CuSO_4$의 알칼리 용액에 다음 당을 넣고 가열할 때 Cu_2O의 붉은색 침전이 생기지 않는 것은?

① 포도당(glucose)
② 맥아당(maltose)
③ 유당(lactose)
④ 설탕(sucrose)

32 육류의 냄새에 관한 설명으로 틀린 것은?

① 신선육 냄새의 주성분은 피페리딘(piperidine)이다.
② 가열육의 냄새는 주로 마이야르 반응(maillard reaction)에 기인한다.
③ 냄새는 동물이 섭취한 사료에 따라 달라질 수 있다.
④ 가열할 때 동물에 따라 특이한 냄새가 나는 것은 구성 지방이 서로 다르기 때문이다.

33 단백질 변성에 의한 일반적인 변화가 아닌 것은?

① 용해도의 증가
② 반응성의 증가
③ 생물학적 활성의 소실
④ 응고 및 겔(gel)화

34 유지의 자동산화 속도가 가장 빠른 지방산은?

① 스테아르산(stearic acid)
② 올레산(oleic acid)
③ 리놀레산(linoleic acid)
④ 리놀렌산(linolenic acid)

35 단백질 중의 질소 함유량은 평균 몇 % 정도인가?

① 5%　　② 12%
③ 16%　　④ 22%

36 식물성 식품의 떫은맛과 관계있는 성분은?

① 아미노산(amino acid)
② 탄닌(tannin)
③ 포도당(glucose)
④ 비타민(vitamin)

37 다음 중 불포화지방산은?

① oleic acid

② lauric acid

③ stearic acid

④ palmitic aicd

38 다음 중 노화가 가장 쉽게 발생되는 전분의 아밀로오스(amylose) 함량은?

① 2~5% ② 7~9%

③ 12~15% ④ 19~20%

39 전분의 노화에 영향을 미치는 인자가 아닌 것은?

① 전분의 종류

② amylose와 amylopectin의 함량

③ 팽윤제의 사용

④ 각종 유기 및 무기이온의 존재

40 텍스처(texture) 기계적 특징에 대한 설명으로 틀린 것은?

① 경도는 식품의 형태를 변형시키는데 필요한 힘의 크기이다.

② 응집성은 어떤 물체를 형성하는 내부 결합력의 크기이다.

③ 부착성은 유체가 단위의 힘에 의해서 유동되는 정도이다.

④ 탄성은 물체가 외부의 힘에 의하여 변형되었다가 힘이 제거될 때 다시 복귀되는 성질이다.

41 두부의 제조에 관한 설명이 틀린 것은?

① 콩을 충분히 불리지 않으면 마쇄가 잘 되지 않는다.

② Mg염, Ca염 등이 응고제로 쓰인다.

③ 소포제로는 면실유나 실리콘수지 등이 쓰인다.

④ 일반적으로 단시간에 높은 압력을 가해 압착하여야 탄력성이 좋다.

42 쌀의 영양을 강화하기 위한 목적으로 제조한 제품 중 쌀을 고온·고압으로 가열하여 급히 상온·상압으로 분출시켜 알파화된 전분을 베타화되지 않게 방지할 목적으로 가공된 쌀은?

① 팽화쌀 ② 파보일드쌀

③ 알파화미 ④ 코팅쌀

43 토마토를 펄핑(pulping)하여 껍질과 씨를 제거한 후 농축하여 고형분의 농도가 8~12% 정도가 되도록 만든 것은?

① 토마토 퓨레

② 토마토 케첩

③ 토마토 페이스트

④ 토마토 주스

44 식육제품을 포장했을 때 식용이 가능한 포장재(casing)는?

① 셀룰로오스(cellulose) 케이싱

② 콜라겐(collagen) 케이싱

③ 셀로판(cellophane) 케이싱

④ 화이브러스(fibrous) 케이싱

45 우유를 농축하고 설탕을 첨가하여 저장성을 높인 제품은?

① 시유

② 무당연유

③ 가당연유

④ 초콜릿우유

46 훈연 방법에 관한 설명이 틀린 것은?

① 냉훈법은 훈연시간이 길어 감량이 크다.

② 열훈법에 의한 제품은 수분함량이 비교적 높다.

③ 속훈법에는 액훈하는 방법이 있다.

④ 온훈법에 의한 제품은 저장성이 아주 좋다.

47 어묵류 가공 시 육조직을 파쇄하여 식염에 단백질을 용해시키는 공정은?

① 성형(molding)

② 세절(chopping)

③ 고기갈이(grinding)

④ 가열(heating)

48 우유를 균질화(Homogenization) 시키는 목적으로 가장 거리가 먼 것은?

① 지방구를 분쇄한다.

② 커드(curd)를 연하게 한다.

③ 미생물의 발육을 저지시킨다.

④ 크림층의 형성을 방지한다.

49 유지의 채취방법이 아닌 것은?

① 증류법

② 용출법

③ 압착법

④ 추출법

50 아래 설명에 해당하는 열교환기는?

- 열에 민감하고, 점도가 낮은 액체(유체)를 가열·냉각하는 데 많이 사용된다.
- 우유, 과일주스, 청주 등의 식품에 사용된다.

① 이중관 열교환기

② 통-관 열교환기

③ 판형 열교환기

④ 회전식 열교환기

51 복숭아 통조림 제조 시 복숭아의 껍질을 벗기기 위해 사용하는 것은?

① $NaOH$ 용액

② $NaCl$ 용액

③ $NaHCO_3$ 용액

④ citric acid 용액

52 어떤 식품의 수소이온농도가 5×10^{-6}일 때 이 식품의 pH는 약 얼마인가? (단, log5=0.699로 계산한다.)

① 5.1

② 5.3

③ 5.5

④ 5.7

53 도정 정도에 따른 쌀의 종류 중 10분도미란?

① 쌀겨층을 완전히 벗긴 쌀
② 쌀겨층을 85% 벗긴 쌀
③ 쌀겨층을 75% 벗긴 쌀
④ 쌀겨층을 50% 벗긴 쌀

54 달걀의 선도 방법 중 할란검사법에서 사용하지 않는 것은?

① 난백계수
② Haugh 단위
③ 난황계수
④ 진음법

55 식품의 방사선 조사에 대한 설명이 틀린 것은?

① 연속공정으로 처리할 수 없다.
② 냉동된 상태로 처리할 수 있다.
③ 포장된 식품도 처리할 수 있다.
④ ^{60}Co의 감마선이 많이 이용된다.

56 통조림 식품과 비교하여 레토르트 식품이 갖는 특징에 대한 설명이 틀린 것은?

① 레토르트 파우치 식품은 통조림 식품과 마찬가지로 장기보존이 가능하다.
② 레토르트 파우치 식품은 통조림 식품에 비하여 가열살균시간을 단축할 수 있다.
③ 레토르트 파우치 식품은 통조림 식품에 비하여 가벼워 휴대가 용이하다.
④ 용기만을 놓고 볼 때, 레토르트 파우치 식품은 통조림 식품에 비하여 제조비용이 많이 드는 것이 단점이다.

57 늙은 쇠고기가 암적색을 나타내는 현상의 원인 물질은?

① myoglobin
② metmyoglobin
③ hemoglobin
④ oxymyoglobin

58 식용유지의 정제과정에서 활성백토, 활성탄 등 흡착제를 가하는 공정은?

① 탈산
② 탈취
③ 탈색
④ 탈검

59 고추장 제조공정에서 코지(koji)를 넣고 전분을 당화할 때 온도가 낮아지면 어떤 현상이 발생하는가?

① 효모의 번식으로 알코올 맛이 난다.
② 초산균의 번식으로 신맛이 난다.
③ 젖산균의 번식으로 신맛이 난다.
④ 부패세균의 번식으로 부패취가 난다.

60 0℃의 얼음 100g을 가열하여 100℃의 물로 변화시킬 때 가열해 주어야 하는 열량(kcal)은?(단, 얼음의 융해잠열은 80cal/g, 물의 열용량은 1cal/g℃ 이다.)

① 10 kcal
② 18 kcal
③ 64 kcal
④ 72 kcal

61 곰팡이의 일반적인 증식방법은?

① 출아법　　　② 동태접합법
③ 분열법　　　④ 무성포자 형성법

62 *Saccharomyces cerevisiae*에 대한 특징 중 옳은 것은?

① 떡갈나무의 수액에서 나온 효모이다.
② 적색효모가 포함된다.
③ 맥주에 오염되면 불쾌한 냄새를 내는 유해효모이다.
④ 세포는 구형, 난형 또는 타원형이다.

63 효모에 의한 알코올 발효 시 포도당 100g으로부터 얻을 수 있는 최대 에틸알코올의 양은 약 얼마인가?

① 25g　　　② 50g
③ 77g　　　④ 100g

64 *Rhizopus delemar*가 생성하는 효소로 전분을 거의 100% 포도당으로 분해시키는 것은?

① α-amylase
② β-amylase
③ glucoamylase
④ dextrinase

65 염색체와는 분리되어 존재하며 자체가 복제가 가능한 유전물질로서 대부분의 원핵생물에서 발견되며 항생제 저항성이나 병원성 유전자 등을 가지고 있는 물질은?

① 리보솜(ribosome)
② 플라스미드(plasmid)
③ 박테리오신(bacteriosin)
④ 세포막(cell membrance)

66 맥주 제조용 맥아를 만드는 공정순서로 옳은 것은?

① 보리의 정선 → 침맥 → 발아 → 배조
② 보리의 정선 → 발아 → 침맥 → 배조
③ 침맥 → 발아 → 배조 → 보리의 정선
④ 침맥 → 발아 → 보리의 정선 → 배조

67 10℃의 냉장고에 보관 중인 생선이 부패 변질되었을 때 원인균 검출시험에서 우선적으로 검출이 예상되는 세균은?

① *Bacillus*속
② *Pseudomonas*속
③ *Clostridium*속
④ *Proteus*속

68 알코올 발효력이 강한 효모는?

① *Schizosaccharomyces*속
② *Pichia*속
③ *Hansenula*속
④ *Debaryomyces*속

69 균사에 격벽이 있는 곰팡이로만 묶인 것은?

① *Mucor*속과 *Rhizopus*속
② *Mucor*속과 *Aspergillus*속
③ *Aspergillus*속과 *Rhizopus*속
④ *Aspergillus*속과 *Penicillium*속

70 밥, 빵 등을 부패시키고 강력한 아밀라아제, 프로테아제를 분비하며 통성 혐기성으로 내열성 포자를 생성하는 균은?

① *Escherichia coli*
② *Lactobacillus plantarum*
③ *Bacillus subtilis*
④ *Clostridium botulinum*

71 다음 중 무포자효모가 아닌 것은?

① *Cryptococcus*속
② *Torulopsis*속
③ *Candida*속
④ *Bullera*속

72 다음 중 그람음성, 호기성 간균은?

① *Clostridium*속
② *Micrococcus*속
③ *Pseudomonas*속
④ *Streptococcus*속

73 포자낭 포자, 포복지, 가근을 형성하는 곰팡이는?

① *Mucor*속　　② *Rhizopus*속
③ *Aspergillus*속　④ *penicillium*속

74 효모의 세포구조에 대한 설명 중 틀린 것은?

① 효모의 세포벽 두께는 0.1㎛ 정도이다.
② 효모의 출아흔은 출아할 때 생긴 낭세포가 부착되었던 곳이다.
③ 효모의 세포질은 지질을 함유하지 않는다.
④ 효모의 액포는 세포의 노폐물 저장소이다.

75 버섯이 진핵세포임을 알 수 있는 세포 성분은?

① 탄수화물　　　② 인산
③ 유리아미노산　④ 스테롤(sterol)

76 미생물에서 세포벽의 기능이 아닌 것은?

① 삼투압에 저항한다.
② 외부 충격으로부터 완충작용을 한다.
③ 세포의 고유한 모양을 유지한다.
④ 에너지를 합성한다.

77 아황산펄프 폐액으로부터 균체를 배양하기에 가장 적합한 효모는?

① *Candida utilis*
② *Candida tropicalis*
③ *Candida albicans*
④ *Candida versatilis*

78 세균의 세포벽의 주성분으로 라이소자임에 의해 분해가 가능한 구조물질은?

① 뮤코단백질　　② 펩티도글리칸
③ 세포막　　　　④ 핵막

79 녹조류이며 사료 및 기능성식품의 단백질원으로 가치가 높은 것은?

① 미역 ② 클로렐라
③ 우뭇가사리 ④ 김

80 PCR(polymerase chain reaction) 방법을 이용한 식중독균 검사 실험에서, 실험에 사용되는 각 성분에 대한 설명이 틀린 것은?

① Primer : DNA 증폭 시작 부분에 선택적으로 결합하는 짧은 염기서열
② DNA polymerase : DNA를 합성하는 효소
③ dNTP : 효소작용을 촉진시키는 무기질 촉매
④ Template : 시료로부터 추출한 증폭 대상이 되는 DNA

제5과목 식품제조공정

81 액체상태의 재료를 고온의 기류 속에 미립자로 분산시켜 표면적을 현저하게 크게 하여 짧은 시간에 건조시키는 건조기는?

① 터널 건조기(tunnel dryer)
② 드럼 건조기(drum dryer)
③ 동결 건조기(freeze dryer)
④ 분무 건조기(spray dryer)

82 다음 중 1~10cm 크기의 원료를 0.5~1cm 크기로 분쇄하는 중간 분쇄기에 속하는 것은?

① 볼 밀(ball mill)
② 핀 밀(pin mill)
③ 해머 밀(hammer mill)
④ 콜로이드 밀(colloid mill)

83 원추형을 거꾸로 한 모양으로 내부에 스크루 컨베이어를 경사지게 설치하여 상부에서 회전시켜 경사면을 따라 자전하면서 공전하여 혼합하는 고정용기형 혼합기는?

① 수직형 스크루 혼합기
② 나우타형 혼합기
③ U형 혼합기
④ 리본형 혼합기

84 표면에 홈이 있는 원판이 회전하면서 전단력이나 충격력에 의해 입자를 미세하게 분쇄하는 장치는?

① 롤 밀(roll mill)
② 해머 밀(hammer mill)
③ 디스크 밀(disc mill)
④ 볼 밀(ball mill)

85 가열살균의 일반적인 온도와 시간에 대한 설명으로 틀린 것은?

① 저온장시간살균법은 65~68℃에서 약 30분간 살균한다.
② 고온단시간살균법은 74~76℃에서 약 15초 내지 20초간 살균한다.
③ 초고온순간살균법은 130~150℃에서 약 20초간 살균한다.
④ 열탕살균법은 100℃ 끓는 물에서 약 30분간 살균한다.

86 용매를 이용한 추출공정에서 추출 속도에 영향을 미치는 인자와 거리가 먼 것은?

① 접촉 표면적 ② 용액의 pH
③ 추출 온도 ④ 용매의 유속

87 다음 중 막분리 여과의 장점이 아닌 것은?

① 연속 조작이 가능
② 설치비가 저렴
③ 열에 의한 영양성분의 손실 최소화
④ 상변화 없이 물질 분리 가능

88 식품과 관련된 살균방법 중 비가열처리법으로 볼 수 없는 것은?

① 방사선 살균
② 초고압 살균
③ 레토르트 살균법
④ 약제 살균

89 습식연미기 및 색채선별기로 쌀 표면의 유리된 쌀겨와 이물질, 썩은 쌀, 벌레 먹은 쌀 등을 제거하여 즉시 이용할 수 있도록 가공한 쌀은?

① 주조미　　　② 청결미
③ 배아미　　　④ 고아미

90 판형 압착기에 대한 설명으로 틀린 것은?

① 유압을 이용하여 압착한다.
② 연속식으로 작업할 수 있다.
③ 압착즙은 가압판의 홈을 따라 아래로 모인다.
④ 원료를 가압판 사이에 채운다.

91 용액 상태로 녹아 있는 원료를 냉각하여 단단하게 만든 후 얇은 조각으로 만드는 조립기는?

① 압출 조립기(extruder)
② 파쇄형 조립기
　(break type granulator)
③ 혼합형 조립기
　(mixing type granulator)
④ 박편형 조립기
　(flaker type granulator)

92 식품의 저온 저장용 냉동기의 구조로 적합 것은?

① 압축기-응축기-증발기
② 압축기-농축기-증발기
③ 압축기-농축기-팽창밸브
④ 압축기-농축기-건조기

93 국내 통조림 가공공장에서 많이 이용하고 있는 정치식 수평형 레토르트의 부속장비(기기)가 아닌 것은?

① 브리더(bleeder)
② 벤트(vent)
③ 척(chuck)
④ 안전밸브

94 탱크 속의 액체 수위를 알고자 할 때 어떤 계기를 사용하는 것이 적합한가?

① 유량계　　　② 압력계
③ 속도계　　　④ 액면계

95 산성(pH 4.5 이하) 통조림식품의 열처리와 관련이 없는 것은?

① PA3679

② *Bacillus coagulans*

③ Flat sour

④ 100℃ 이하 열처리

96 입자 또는 분말식품을 열풍으로 불어 올려 주어 위로 부유시킴으로써 재료와 열풍의 접촉으로 건조하는 장치는?

① 유동층 건조기 　② 회전 건조기

③ 드럼 건조기 　　④ 분무 건조기

97 균체 내 효소의 추출법으로 적당하지 않은 것은?

① 기계적 마쇄법

② 압력차법

③ 추출기법

④ 초음파 파쇄법

98 컨베이어나 진동판 위에 식품을 얹어놓고 광선을 일정시간 내려 쬐어 복사열을 이용하여 건조시키는 방법은?

① 감압 건조 　　② 가압 건조

③ 적외선 건조 　④ 가열 건조

99 수산식품가공에서 표면경화(skin effect) 현상을 방지하기 위한 방법에 대한 설명으로 옳은 것은?

① 야간 퇴적한다.

② 표면증발속도를 내부 확산 속도보다 빠르게 조절한다.

③ 초기에 고온 열풍 건조한다.

④ 내부 확산을 억제한다.

100 식품산업에서 사용되고 있는 막 분리 여과방법 중 역삼투(reverse osmosis) 원리를 이용하는 방법이 아닌 것은?

① 맥주나 와인의 미생물 제거

② 단당류의 제거

③ 염수의 탈염

④ 각종 주스의 농축

2019년 8월 4일 시행

식품산업기사 기출문제

 2019 3회

제1과목 식품위생학

1 황변미 식중독의 원인독소가 아닌 것은?
① aflatoxin ② citrinin
③ islanditoxin ④ luteoskyrin

2 식품 첨가물의 규격 및 기준 중 사용기준에 규정된 제한 범위가 아닌 것은?
① 합성 첨가물만을 사용할 것으로 제한
② 대상품목의 제한
③ 사용농도의 제한
④ 사용목적의 제한

3 회충알을 사멸시킬 수 있는 능력이 가장 강한 처리 또는 조건은?
① 중성세제 ② 저온
③ 건조 ④ 가열

4 식품의 사후관리 강화방안으로 식품의 유통 과정에서 문제점이 발생하였을 때 그 제품을 회수하여 폐기하는 제도는?
① Quality control 제도
② Recall 제도
③ HACCP 제도
④ GMP 제도

5 보존료로서의 구비조건이 아닌 것은?
① 독성이 없을 것
② 색깔이 양호할 것
③ 사용이 간편할 것
④ 미량으로 효과가 있을 것

6 선모충(*Trichinella spiralis*)의 감염을 방지하기 위한 방법은?
① 송어 생식금지
② 쇠고기 생식금지
③ 어패류 생식금지
④ 돼지고기 생식금지

7 신선한 어패류의 보존 시 시간의 경과에 따른 pH 변화는?
① 높아진다.
② 낮아진다.
③ 중성을 유지한다.
④ 변함없다.

8 주류 등의 발효 과정에서 생성되는 부산물로 국제암연구기관(IARC)에 의해 Group 2A로 분류된 발암성물질인 에틸카바메이트의 주요 전구물질이 아닌 것은?
① 아르기닌 ② 시트룰린
③ 우레아 ④ 히스티딘

9 만손주흡혈충은 다음 중 어떤 식품을 날것으로 먹었을 때 감염되기 쉬운가?

① 분뇨를 사용하여 재배한 채소

② 브루셀라증에 감염된 젖소에서 생산된 우유

③ 유기염소제 농약을 살충제로 사용한 과일

④ 뱀, 개구리, 닭고기 등의 파충류, 양서류, 조류

10 인, 질소 등의 농도가 높은 공장이나 도시의 폐수가 해수에 유입되어 폭발적으로 플랑크톤이 대량 증식하여 색조를 띠는 현상은?

① 적조 현상　　　② 부영양화 현상

③ 폐사 현상　　　④ 수온상승 현상

11 식품의 유통기한 설정 실험 시 조정조건에 대한 설명으로 틀린 것은? (단, 예외규정은 제외한다.)

① 실온유통제품 : 실온이라 함은 0~25℃를 말하며, 원칙적으로 25℃를 포함하여 선정한다.

② 상온유통제품 : 상온이라 함은 15~25℃를 말하며, 25℃를 포함하여 선정하여야 한다.

③ 냉장유통제품 : 냉장이라 함은 0~10℃를 말하며, 원칙적으로 10℃를 포함한 냉장온도를 선정하여야 한다.

④ 냉동유통제품 : 냉동이라 함은 −18℃ 이하를 말하며, 품질변화를 최소화될 수 있도록 냉동온도를 선정하여야 한다.

12 시료의 대장균 검사에서 최확수(MPN)가 300이라면 검체 1L 중에 얼마의 대장균이 들어있는가?

① 30　　　　　　② 300

③ 3000　　　　　④ 30000

13 식품첨가물의 주용도 분류에 해당하지 않는 것은?

① 탈수제　　　　② 착색제

③ 소포제　　　　④ 보존료

14 세균성 식중독 중 일반적으로 잠복기가 가장 짧은 것은?

① 황색포도상구균

② 장염비브리오균

③ 대장균

④ 살모넬라균

15 보툴리누스 식중독이 식품위생상 중요한 이유는?

① 항균제로는 아포의 발아 및 균의 증식이 방지되지 않기 때문이다.

② 발병 전 섭취자에게 항독소를 투여하여도 예방이 되지 않기 때문이다.

③ 균이 생산한 독소가 열에 의해 파괴되지 않은 복합단백질이기 때문이다.

④ 균이 생산한 아포가 내열성이 강하여 장시간 끓여도 살균되지 않기 때문이다.

16 김밥 등의 편이식품 등에 존재할 수 있으며 아포를 생성하는 독소형 식중독균은?

① 살모넬라

② 바실러스 세레우스

③ 리스테리아

④ 비브리오

17 부패한 사과가 혼입된 원료를 사용하여 착즙한 사과주스에서 검출될 수 있는 독소 성분은?

① aflatoxin　　② patulin

③ citrinin　　④ ergotoxine

18 수질을 나타내는 지표 BOD의 표시 사항은?

① 화학적 산소 요구량

② 생물학적 산소 요구량

③ 생물학적 환경오염도

④ 용존 산소량

19 염장 중 소금의 방부작용이 아닌 것은?

① 삼투압에 의한 탈수작용

② 원형질 분리에 의한 세균세포 사멸

③ 단백질 분해효소의 저해작용

④ 산소의 용해도 증가에 의한 작용

20 식품첨가물과 주요용도의 연결이 틀린 것은?

① 황산제일철 – 강화제

② 무수아황산 – 발색제

③ 아질산나트륨 – 보존료

④ 질산칼륨 – 발색제

제2과목　식품화학

21 반고형의 식품을 삼킬 수 있는 상태로까지 붕괴시키는 데 필요한 힘으로 설명되어지는 식품의 texture 성질은?

① 부착성(adhesiveness)

② 깨짐성(취약성, brittleness)

③ 저작성(chewiness)

④ 검성(gumminess)

22 액체 속에 기체가 분산되어 있는 콜로이드 식품이 아닌 것은?

① 맥주　　② 스프

③ 사이다　　④ 콜라

23 단백질 SDS(sodium dodecyl sulfate) 젤 전기영동을 할 때 단백질의 이동거리에 가장 크게 영향을 주는 것은?

① 단백질의 용해도

② 단백질의 유화성

③ 단백질의 분자량

④ 단백질의 구조

24 15%의 설탕 용액에 0.15%의 소금 용액을 동량 가한 용액의 맛은?

① 짠맛이 증가한다.

② 단맛이 증가한다.

③ 단맛이 감소한다.

④ 맛에 별다른 변화가 없다.

25 천연지방산의 특징이 아닌 것은?

① 불포화지방산은 이중결합이 없다.

② 대부분 탄소수가 짝수이다.

③ 불포화 지방산은 대부분 cis형이다.

④ 카르복실기가 하나이다.

26 다음 중 환원당 정량 방법은?

① Kjeldahl 법

② Bertrand 법

③ Karl Fischer 법

④ Soxhlet 법

27 온도에 따른 맛의 변화에 대한 설명으로 틀린 것은?

① 일반적으로 온도의 상승에 따라 단맛은 감소한다.
② 설탕은 온도 변화에 따라 단맛의 변화가 거의 없다.
③ 온도 상승에 따라 짠맛과 쓴맛은 감소한다.
④ 신맛은 온도 변화에 거의 영향을 받지 않는다.

28 과산화물가를 측정하여 알 수 있는 것은?

① 유지의 산패도
② 유지의 불포화도
③ 유지의 경화도
④ 유지 중의 불용성 지방 양

29 제인(zein)은 어디에서 추출하는가?

① 밀   ② 보리
③ 옥수수   ④ 감자

30 발색단에 포함되지 않은 원자단은?

① -OH   ② >C=O
③ $-NO_2$ ④ -N=N-

31 전분질 식품을 볶거나 구울 때 일어나는 현상은?

① 호화 현상   ② 호정화 현상
③ 노화 현상   ④ 유화 현상

32 단백질의 가열변성에 대한 설명 중 틀린 것은?

① 단백질의 가열변성은 60~70℃ 부근에서 일어나는 경우가 많다.
② 단백질의 가열변성은 등전점에서 가장 잘 일어난다.
③ 단백질의 가열변성은 peptide 사슬이 끊어져 -SH 등의 활성기 증가에 기인한다.
④ 단백질은 Mg^{2+}, Ca^{2+} 등의 염류에 의해 가열변성이 촉진된다.

33 다음 중 비타민 A와 관계가 없는 것은?

① chroman 핵
② cryptoxanthin
③ β-ionone 핵
④ axerophthol

34 무기질의 기능이 아닌 것은?

① 근육 수축 및 신경 흥분, 전달에 관여한다.
② 체액의 pH 및 삼투압을 조절한다.
③ 효소, 호르몬 및 항체를 구성한다.
④ 뼈와 치아 등의 조직을 구성한다.

35 다음 중 양파의 최루성분은?

① allicin
② thiopropionaldehyde
③ quercetin
④ propylmercaptane

36 점탄성을 나타내는 식품의 경도와 관련이 있는 현상은?

① 예사성
② 바이센베르크(weissenberg) 효과
③ 경점성
④ 신전성

37 칼슘(Ca)의 흡수를 저해하는 인자가 아닌 것은?

① 수산(oxalic acid)
② 비타민 D
③ 피틴산(phytic acid)
④ 식이섬유

38 2N HCl 40mL와 4N HCl 60mL를 혼합했을 때의 농도는?

① 3.0N
② 3.2N
③ 3.4N
④ 3.6N

39 선도가 저하된 바닷고기의 특유한 비린 냄새의 본체는 무엇인가?

① 피페리딘(piperidine)
② 트리메틸아민(trimethylamine)
③ 메틸머캡탄(methyl mercaptane)
④ 스카톨(skatole)

40 유지의 융점에 대한 설명 중 틀린 것은?

① 포화지방산은 탄소수 증가에 따라 융점이 높아진다.
② 불포화지방산은 이중결합수의 증가에 따라 융점이 낮아진다.
③ cis형의 지방산에 있어서 이중결합의 위치가 carboxyl기에서 멀어질수록 융점이 높아진다.
④ 단일 화합물의 유지라도 결정형에 따라 융점이 달라진다.

41 된장 숙성 중 일반적으로 일어나는 화학변화가 아닌 것은?

① 당화작용
② 알코올 발효
③ 단백질 분해
④ 탈색 작용

42 지방 함량이 30% 이상으로 양과자 제조용으로 많이 사용하는 크림은?

① plastic 크림
② light 크림
③ clotted 크림
④ whipping 크림

43 패들 교반기의 종류에 해당되지 않는 것은?

① 평판패들
② 역회전형패들
③ 터빈패들
④ 케이트패들

44 육류 단백질의 냉동변성을 일으키는 요인이 아닌 것은?

① 염석(salting out)
② 응집(coagulation)
③ 빙결정(ice crystal)
④ 유화(emulsion)

45 찹쌀과 멥쌀의 성분상 큰 차이는?

① 단백질 함량

② 지방 함량

③ 회분 함량

④ 아밀로펙틴 함량

46 유황훈증법에 의한 건조과일 제조에 대한 설명으로 거리가 먼 것은?

① 옥시다아제(oxidase) 등의 산화효소를 파괴시킨다.

② 불쾌취를 제거한다.

③ 미생물 억제효과가 있다.

④ 과육의 갈변을 방지하여 색깔을 유지시켜 준다.

47 햄, 소시지, 베이컨 등의 가공품 제조 시 단백질의 보수력 및 결착성을 증가시키기 위해 사용되는 첨가물은?

① M.S.G

② ascorbic acid

③ polyphosphate

④ chlorine

48 주로 전단력과 충격력에 의하여 분쇄작용이 일어나는 분쇄기는?

① 롤 밀(roll mill)

② 디스크 밀(disc mill)

③ 버 밀(burr mill)

④ 볼 밀(ball mill)

49 무지유고형분의 주 공급 원료로 부적합한 것은?

① 탈지유　　② 버터밀크

③ 연유　　④ 크림

50 수분함량 10.5%인 밀 100kg에 물을 첨가하여 밀의 수분함량을 15.0%로 조절하고자 한다. 첨가하여야 할 물의 양은 약 얼마인가?

① 3.42kg　　② 4.05kg

③ 5.29kg　　④ 6.05kg

51 어떤 과일의 pectin 함량을 알기 위하여 과즙을 시험관에 취하고 이것과 같은 양의 ethyl alcohol을 가하여 잘 혼합한 다음 응고물 생성상태를 관찰하였더니 응고물이 액 전체에 떠 있었다. 이 과일의 pectin 함량을 옳게 판정한 것은?

① 많음　　② 적음

③ 중간 정도　　④ 아주 적음

52 생 달걀을 다량 섭취 시 난백 단백질 중 비오틴과 결합하여 비오틴 흡수를 방해하는 물질은?

① 오보뮤신(ovomucin)

② 오보글로불린(ovoglobulin)

③ 플라보프로테인(flavoprotein)

④ 아비딘(avidin)

53 옥수수 전분을 습식법으로 제조할 때 생성되는 부산물이 아닌 것은?

① corn steep liquor
② gluten meal
③ gluten feed
④ anthocyanin

54 식품 내 함유된 천연 항산화제는?

① 비타민 D
② 토코페롤
③ 콜레스테롤
④ 스테로이드

55 식품의 혼합조작과 관련된 설명으로 틀린 것은?

① 혼합(mixing) : 곡물, 입자, 분말 등의 모든 형태의 혼합을 통칭한다.
② 교반(agitation) : 액체-액체 혼합을 말하며 저점도의 액체들을 혼합하거나 소량의 미세한 고형물을 용해 또는 균일하게 부유시킨다.
③ 유화(emulsification) : 액체-액체 혼합으로 서로 녹는 액체를 고루 혼합하는 것이다.
④ 교동(churning) : 버터 제조 등에서 사용하는 혼합법이다.

56 염장 원리에서 가장 주요한 요인은?

① 단백질 분해효소의 작용 억제
② 소금의 삼투작용 및 탈수작용
③ CO_2에 대한 세균의 감도 증가
④ 산소의 용해도 감소

57 유지의 정제공정으로 올바른 것은?

① 중화 – 탈검 – 탈산 – 탈색 – 탈취 – 탈납
② 중화 – 탈납 – 탈검 – 탈산 – 탈색 – 탈검
③ 탈검 – 탈산 – 탈취 – 탈납 – 탈색 – 중화
④ 탈검 – 탈색 – 탈산 – 탈취 – 탈납 – 중화

58 어패류의 사후변화 과정에 대한 설명 중 틀린 것은?

① 근육의 사후 경직이 가장 먼저 일어난다.
② 해당작용에 의해 젖산이 생겨 pH가 낮아진다.
③ 효소작용에 의하여 단백질이 분해된다.
④ pH 저하로 해당작용 중단 후에는 TMA 등 염기성물질 증가로 pH가 상승한다.

59 결합수의 특성으로 옳은 것은?

① 용매로 작용하지 못한다.
② 미생물 번식에 이용된다.
③ 0℃에서 얼기 시작한다.
④ 압착 시 제거가 가능하다.

60 8.2kg의 지방을 함유하는 크림으로 10kg의 버터를 만들었다면 이 버터의 오버런(over-run)은 약 얼마인가?

① 18%
② 22%
③ 181%
④ 219%

61 효모의 일반적인 사용 용도가 아닌 것은?

① SCP(single cell protein)의 제조
② 공업용 아밀라아제(amylase)의 제조
③ 알코올 제조
④ 핵산물질의 제조

62 다음 젖산균 중 이상발효 젖산균은?

① *Streptococcus*속
② *Pediococcus*속
③ *Leuconostoc*속
④ *Sporolactobacillus*속

63 미생물 생육곡선에서 균이 새로운 환경에 적응하는 기간으로 RNA 함량이 증가하고 세포의 크기가 커지는 생육단계는?

① 유도기   ② 대수기
③ 정지기   ④ 사멸기

64 전분(starch)에 존재하는 미생물을 감소시키는 수단이 아닌 것은?

① 소량의 액체염소에 의한 살균
② 100℃, 30분간 3일에 걸친 간헐살균
③ 생전분에 차아염소산소다 첨가
④ pH를 6~7로 조정

65 곰팡이의 형태에 대한 설명으로 틀린 것은?

① 담자포자 – 담자기의 끝에 보통 8개의 담자포자가 형성된다.
② 분생포자 – 분생자병 끝에 형성된다.
③ 균총 – 균사체와 자실체를 합친 것을 뜻한다.
④ 기중균사 – 배지의 내부나 표면에서 생육하며 영양분을 흡수하는 균사이다.

66 식품공장에서의 일반적인 파지(phage) 예방법으로 가장 적합한 것은?

① 이스트와 혼합 배양
② pH 조건의 변화
③ 숙주를 바꾸는 rotation system의 실시
④ 온도의 변화

67 1mole의 glucose를 *Saccharomyces cerevisiae*로 발효하였을 때 최대 몇 mole의 ethanol이 생기는가?

① 1   ② 2
③ 3   ④ 4

68 청주 제조용 종국제조에 있어 재를 섞는 목적이 아닌 것은?

① koji 균에 무기성분 공급
② 유해균의 발육저지
③ 특유한 색깔 조절
④ 적당한 pH 조절

69 병행복발효주에 해당하지 않는 것은?

① 청주   ② 맥주
③ 탁주   ④ 약주

70 플라스미드(plasmid)에 관한 설명으로 틀린 것은?

① 진핵세포에 존재하는 세포 소기관이다.
② 원형의 이중 나선구조로 되어 있다.
③ 약제 내성인자(resistant factor)를 가질 수 있다.
④ 염색체 DNA와 관계없이 독자적으로 복제할 수 있다.

71 위균사 효모로서 식사료 효모인 것은?

① *Candida*속
② *Hansenula*속
③ *Rhodotorula*속
④ *Cryptococcus*속

72 활털곰팡이(*Absidia*속)에 대한 설명 중 옳은 것은?

① 폐자기를 형성하는 특징이 있다.
② 대칭과 비대칭으로 포자낭병을 형성한다.
③ 가근과 가근 사이의 포복지 중간에 포자낭병이 있다.
④ 소포자낭을 형성한다.

73 다음 중 유포자효모(ascosporogenous yeast)는?

① *Rhodosporidium*속
② *Bullera*속
③ *Saccharomyces*속
④ *Candida*속

74 다음 중 균사에 격벽이 없는 것은?

① *Penicillium*속
② *Aspergillus*속
③ *Fusarium*속
④ *Rhizopus*속

75 항생물질인 스트렙토마이신(streptomycin)을 생산하는 균은?

① 대장균   ② 방선균
③ 고초균   ④ 푸른곰팡이

76 박테리오파지(bacteriophage) 오염에 의한 피해를 입는 발효공업만으로 짝지어진 것은?

① 식혜 – 항생물질 제조
② 청주 – 유기산 제조
③ 식초 – 요구르트 제조
④ single cell protein(SCP) – 핵산 제조

77 세포기관 중 산화적 인산화 효소가 다량 함유되어 있어 에너지를 생산하는 기관은?

① 미토콘드리아　② 소포체
③ 골기체　④ 리보솜

78 정상발효젖산균(homofermentative lactic acid bacteria)에 의해서 포도당으로부터 생성되는 대사물은?

① 포도당 2분자
② 젖산 2분자
③ 젖산 1분자와 탄산가스
④ 젖산 1분자와 맥아당 1분자

79 개량 메주를 만드는 데 사용되는 곰팡이는?

① *Saccharomyces cerevisiae*
② *Aspergillus oryzae*
③ *Saccharomyces sake*
④ *Aspergillus niger*

80 우유나 포도주의 저온 살균방법을 고안한 사람은?

① 파스퇴르　② 코흐
③ 제너　④ 뢰벤후크

제5과목　식품제조공정

81 여과 장치의 필터 프레스(filter press)에 대한 설명으로 틀린 것은?

① 대표적인 가압여과기이다.
② 분해와 조립에 시간이 많이 걸린다.
③ 구조가 간단하고 튼튼하며, 높은 압력에 잘 견딘다.
④ 여과포의 소모가 적고, 찌꺼기를 효율적으로 세척할 수 있다.

82 밀에 섞여있는 보리를 제거할 때 적합한 선별 기준과 거리가 먼 것은?

① 무게　② 크기
③ 모양　④ 광학

83 식품종실의 기름을 추출하는 데 사용할 수 없는 용매는?

① ethyl alcohol　② hexane
③ cylcohexane　④ heptane

84 높은 압력으로 식품용액을 작은 구멍으로 밀어 내거나 원심력을 이용하여 생성한 미세한 입자를 열풍과 접촉시켜 건조하는 방법은?

① 분무 건조　② 피막 건조
③ 열풍 건조　④ 포말 건조

85 분쇄에 사용되는 힘의 성질 중 충격력을 이용하여 여러 종류의 식품을 거칠게 또는 곱게 분쇄하는데 사용며, 회전자(rotor)가 포함되는 설비는?

① 해머 밀(hammer mill)
② 디스크 밀(disc mill)
③ 볼 밀(ball mill)
④ 롤 밀(roll mill)

86 터널건조기(tunnel dryer)에서 열풍이 흐르는 방향과 식품이 이동하는 방향이 반대인 경우를 나타내는 용어는?

① 향류식　② 병류식
③ 유동층식　④ 기송식

87 통조림 살균법으로 가장 많이 쓰이는 방법은?

① 약제 살균
② 자외선 살균
③ 방사선 살균
④ 가압증기 살균

88 식품 성분을 분리할 때 사용하는 막 분리법 중 연결이 옳은 것은?

① 농도차 – 삼투압
② 온도차 – 투석
③ 압력차 – 투과
④ 전위차 – 한외여과

89 비가열 살균에 해당하지 않는 것은?

① 자외선 살균
② 저온 살균
③ 방사선 살균
④ 전자선 살균

90 우유로부터 크림을 분리할 때 많이 사용되는 분리기술은?

① 가열
② 여과
③ 탈수
④ 원심분리

91 사과, 복숭아, 오렌지와 같이 둥근 모양의 과일을 선별하는 데 주로 이용되는 선별기는?

① 길이선별기
② 롤러선별기
③ 디스크선별기
④ 반사선별기

92 식품가공 방법 중 배럴(barrel)의 한쪽에는 원료 투입구가 있고 다른 쪽에는 작은 구멍(die)이 뚫려 있으며 배럴 안쪽에 회전 스크루(screw)에 의해 가압된 원료가 나오는 형태의 성형방법은?

① 과립성형(agglomeration)
② 주조성형(casting)
③ 압출성형(extrusion)
④ 압연성형(sheeting)

93 시유제조공정에서 우유지방의 부상으로 생기는 크림층(cream layer)의 생성을 방지하기 위하여 행하는 균질화의 효과적인 압력과 온도는?

① $50kg/cm^2$, $10℃$
② $100kg/cm^2$, $30℃$
③ $150kg/cm^2$, $50℃$
④ $200kg/cm^2$, $80℃$

94 과실주스 제조에서 부유물을 침전시키기 위해 사용되는 침전보조제(filter aid)가 아닌 것은?

① 달걀알부민(egg albumin)
② 카제인(casein)
③ 셀룰로오스(cellulose)
④ 규조토(diatom earth)

95 착즙된 오렌지 주스는 15%의 당분을 포함하고 있는데 농축공정을 거치면서 당함량이 60%인 농축 오렌지 주스가 되어 저장된다. 당함량이 45%인 오렌지 주스 제품 100kg을 만들려면 착즙 오렌지 주스와 농축 오렌지 주스를 어떤 비율로 혼합해야 하겠는가?

① 1 : 2
② 1 : 2.8
③ 1 : 3
④ 1 : 4

96 교반기의 일종인 휘퍼(whipper)에 대한 설명으로 틀린 것은?

① 버터를 제조할 때 사용하는 교동장치와 그 기능이 유사하다.
② 유입된 공기방울을 작은 크기로 미세하게 부순다.
③ 액상 생크림의 유화상태를 유지하도록 한다.
④ 휘퍼가 회전하는 동안 외부로부터 액상의 생크림 내부로의 공기 유입을 돕는다.

97 10% 고형분을 함유한 사과주스를 농축장치를 사용하여 50% 고형분을 함유한 농축 사과주스로 제조하고자 한다. 원료주스를 1000kg/h 속도로 투입하면 농축주스의 생산량은 몇 kg/h 인가?

① 500
② 400
③ 200
④ 800

98 육류 통조림 가공 및 저장 중 발생하는 흑변과 관련된 함황아미노산이 아닌 것은?

① 메티오닌(methionine)
② 시스틴(cystine)
③ 티로신(tyrosine)
④ 시스테인(cysteine)

99 아이스크림의 제조공정 중 동결 시에 믹스의 응집방지와 숙성시간을 단축하며, 점도를 증가시켜 아이스크림의 바디와 조직을 개선하는 공정은?

① 균질화 공정
② 숙성 공정
③ 동결 공정
④ 경화 공정

100 가열된 열판의 표면에 건조할 액체상의 식품을 얇은 막으로 도포하여 건조시키는 건조법에 사용되는 건조 장치는?

① 드럼 건조기
② 분무식 건조기
③ 포말식 건조기
④ 유동층식 건조기

식품산업기사 기출문제

제1과목 식품위생학

1 하천수의 DO가 적을 때 그 의미로 가장 적합한 것은?

① 오염도가 낮다.
② 오염도가 높다.
③ 부유물이 많다.
④ 비가 온지 얼마 되지 않았다.

2 식품첨가물에서 가공보조제에 대한 설명으로 틀린 것은?

① 기술적 목적을 달성하기 위하여 의도적으로 사용된다.
② 최종 제품 완성 전 분해, 제거되어 잔류하지 않거나 비의도적으로 미량 잔류할 수 있다.
③ 식품의 입자가 부착되어 고형화되는 것을 감소시킨다.
④ 살균제, 여과보조제, 이형제는 가공보조제이다.

3 병에 걸린 동물의 고기를 섭취하거나 병에 걸린 동물을 처리, 가공할 때 감염될 수 있는 인수공통감염병은?

① 디프테리아   ② 폴리오
③ 유행성 간염   ④ 브루셀라병

4 지표미생물(indicator organism)의 자격요건으로 거리가 먼 것은?

① 분변 및 병원균들과의 공존 또는 관련성
② 분석 대상 시료의 자연적 오염균
③ 분석 시 증식 및 구별의 용이성
④ 병원균과 유사한 안정성(저항성)

5 통조림 용기로 가공할 경우 납과 주석이 용출되어 식품을 오염시킬 우려가 가장 큰 것은?

① 어육   ② 식육
③ 과실   ④ 연유

6 유해물질에 관련된 사항이 바르게 연결된 것은?

① Hg – 이타이이타이병 유발
② DDT – 유기인제
③ Parathion – Cholinesterase 작용 억제
④ Dioxin – 유해성 무기화합물

7 민물고기의 생식에 의하여 감염되는 기생충증은?

① 간흡충증   ② 선모충증
③ 무구조충   ④ 유구조충

8 살균을 목적으로 사용되는 자외선 등에 대한 설명으로 틀린 것은?

① 자외선은 투과력이 약하다.
② 불투명체 조사 시 반대방향은 살균되지 않는다.
③ 자외선은 사람이 직시해도 좋다.
④ 조리실 내의 살균은 도마나 조리기구의 표면 살균에 이용된다.

9 포스트 하비스트(post harvest) 농약이란?

① 수확 후의 농산물의 품질을 보존하기 위하여 사용하는 농약

② 소비자의 신용을 얻기 위하여 사용하는 농약

③ 농산물 재배 중에 사용하는 농약

④ 농산물에 남아 있는 잔류농약

10 살모넬라균 식중독에 대한 설명으로 틀린 것은?

① 달걀, 어육, 연제품 등 광범위한 식품이 오염원이 된다.

② 조리, 가공단계에서 오염이 증폭되어 대규모 사건이 발생되기도 한다.

③ 애완동물에 의한 2차 오염은 발생하지 않으므로 식품에 대한 위생관리로 예방할 수 있다.

④ 보균자에 의한 식품오염도 주의를 하여야 한다.

11 식품공장 폐수와 가장 관계가 적은 것은?

① 유기성 폐수이다.

② 무기성 폐수이다.

③ 부유물질이 많다.

④ BOD가 높다.

12 각 위생동물과 관련된 식품, 위해와의 연결이 틀린 것은?

① 진드기 : 설탕, 화학조미료 – 진드기 뇨증

② 바퀴 : 냉동 건조된 곡류 – 디프테리아

③ 쥐 : 저장식품 – 장티푸스

④ 파리 : 조리식품 – 콜레라

13 식용색소 황색 제4호를 착색료로 사용하여도 되는 식품은?

① 커피   ② 어육소시지

③ 배추김치   ④ 식초

14 식품 매개성 바이러스가 아닌 것은?

① 노로바이러스

② 로타바이러스

③ 레트로바이러스

④ 아스트로바이러스

15 verotoxin에 대한 설명이 아닌 것은?

① 단백질로 구성

② *E. coli* O157:H7

③ 담즙 생산에 치명적 영향

④ 용혈성 요독 증후군 유발

16 식품위생법상 "화학적 합성품"의 정의는?

① 화학적 수단에 의하여 원소 또는 화합물에 분해반응 외의 화학반응을 일으켜 얻은 물질을 말한다.

② 물리·화학적 수단에 의하여 첨가·혼합·침윤의 방법으로 화학반응을 일으켜 얻은 물질을 말한다.

③ 기구 및 용기·포장의 살균·소독의 목적에 사용되어 간접적으로 식품에 이행될 수 있는 물질을 말한다.

④ 식품을 제조·가공 또는 보존함에 있어서 식품에 첨가·혼합·침윤 기타의 방법으로 사용되는 물질을 말한다.

17 우리나라 남해안의 항구와 어항 주변의 소라, 고동 등에서 암컷에 수컷의 생식기가 생겨 불임이 되는 임포섹스(imposex) 현상이 나타나게 된 원인 물질은?

① 트리뷰틸주석(tributyltin)
② 폴리클로로비페닐
　　(polychrolobiphenyl)
③ 트리할로메탄(trihalomethane)
④ 디메틸프탈레이트
　　(demethyl phthalate)

18 영하의 조건에서도 자랄 수 있는 전형적인 저온성 병원균(psychrotrophic pathogen)은?

① *Vibrio parahaemolyticus*
② *Clostridium perfringens*
③ *Yersinia enterocolitica*
④ *Bacillus cereus*

19 식품 위생검사 시 생균수를 측정하는 데 사용되는 것은?

① 표준한천평판배양기
② 젖당부용발효관
③ BGLB 발효관
④ SS 한천배양기

20 간장에 사용할 수 있는 보존료는?

① benzoic acid　② sorbic acid
③ β-naphthol　④ penicillin

---

21 식품 중의 회분을 회화법에 의해서 측정할 때 계산식이 옳은 것은?(단, S : 건조 전 시료의 무게, W : 회화후의 회분과 도가니의 무게, Wo : 회화 전의 도가니의 무게)

① 회분% = ((W−S)/Wo) × 100
② 회분% = ((Wo−W)/S) × 100
③ 회분% = ((W−Wo)/S) × 100
④ 회분% = ((S−Wo)/W) × 100

22 전분(starch)의 글루코사이드(glucoside)결합을 가수분해하는 효소로서 β-amylase의 효소작용은?

① 전분 분자의 α-1,4결합을 임의의 위치에서 크게 가수분해하여 maltose나 dextrin을 생성한다.
② 전분에서 glucose만을 1개씩 분리한다.
③ 전분의 α-1,4 결합을 말단에서부터 분해하여 β-maltose단위로 분리시킨다.
④ 전분의 α-1,6 결합을 분리시킨다.

23 pH 3 이하의 산성에서 검정콩의 색깔은?

① 검정색　　　　② 청색
③ 녹색　　　　　④ 적색

24 달걀흰자나 납두 등에 젓가락을 넣어 당겨 올리면 실을 빼는 것과 같이 되는 현상은?

① 예사성
② 바이센베르그의 현상
③ 경점성
④ 신전성

161

25 칼슘은 직접적으로 어떤 무기질의 비율에 따라 체내 흡수가 조절되는가?

① 마그네슘　　② 인
③ 나트륨　　　④ 카륨

26 관능적 특성의 영향요인들 중 심리적 요인이 아닌 것은?

① 기대오차　　② 습관에 의한 오차
③ 후광효과　　④ 억제

27 염장 초기의 식품에 있어서 자유수, 결합수의 양은 어떻게 변화하는가?

① 전체 수분에 대한 자유수의 비율은 감소하고 결합수의 비율은 증가한다.
② 전체 수분에 대한 자유수의 비율은 증가하고 결합수의 비율은 감소한다.
③ 전체 수분에 대한 자유수의 비율은 증가하고 결합수의 비율도 증가한다.
④ 전체 수분에 대한 자유수의 비율은 감소하고 결합수의 비율도 감소한다.

28 관능검사의 묘사분석 방법 중 하나로 제품의 특성과 강도에 대한 모든 정보를 얻기 위하여 사용하는 방법은?

① 텍스처 프로필
② 향미 프로필
③ 정량적 묘사분석
④ 스펙트럼 묘사분석

29 녹말이 소화될 때 발생하는 분해산물이 아닌 것은?

① α-dextrin　　② glucose
③ lactose　　　　④ maltose

30 유화액의 형태에 영향을 주는 조건이 아닌 것은?

① 유화제의 성질
② 물과 기름의 비율
③ 물과 기름의 온도
④ 물과 기름의 첨가 순서

31 효소와 그 작용기질의 짝이 잘못된 것은?

① α-amylase : 전분
② β-amylase : 섬유소
③ trypsin : 단백질
④ lipase : 지방

32 아밀로오스 분자의 비환원성 말단에서 맥아당 단위로 절단하는 가수분해효소는?

① α-amylase　　② β-amylase
③ glucoamylase　　④ isoamylase

33 유지의 자동산화에 대한 다음 설명 중 틀린 것은?

① 유지의 유도기간이 지나면 유지의 산소 흡수속도가 급증한다.
② 식용유지가 자동산화 되면 과산화물가가 높아진다.
③ 식용유지의 자동산화 중에는 과산화물의 형성과 분해가 동시에 발생한다.
④ 올레산은 리놀레산보다 약 10배 이상 빨리 산화된다.

34 등전점이 pH 10인 단백질에 대한 설명 중 옳은 것은?

① 구성 아미노산 중에 염기성 아미노산의 함량이 많다.
② 구성 아미노산 중에 산성 아미노산의 함량이 많다
③ 구성 아미노산 중에 중성 아미노산의 함량이 많다
④ 구성 아미노산 중에 염기성, 산성, 중성, 아미노산의 함량이 같다.

35 파인애플, 죽순, 포도 등에 함유되어 있는 주요 유기산은 어느 것인가?

① 초산(acetic acid)
② 구연산(citric acid)
③ 주석산(tartaric acid)
④ 호박산(succinic acid)

36 다음 중 식품의 수분정량법이 아닌 것은?

① 건조감량법
② 증류법
③ Karl Fischer법
④ 자외선 사용법

37 유지를 튀김에 사용하였을 때 나타나는 화학적인 현상은?

① 산가가 감소한다.
② 산가가 변화하지 않는다.
③ 요오드가가 감소한다.
④ 요오드가가 변화하지 않는다.

38 산성식품과 알칼리식품에 대한 설명으로 틀린 것은?

① 무기질 중 PO_4^3, SO_4^2 등 음이온을 생성하는 것은 산생성 원소이다.
② 해조류, 과실류, 채소류는 알칼리성 식품이다.
③ 육류, 곡류는 산성 식품이다.
④ 식품 100g을 회화하여 얻은 회분을 알칼리화하는 데 소비되는 0.1N−NaOH의 ㎖수를 알칼리도라고 한다.

39 지방의 자동산화에 가장 크게 영향을 주는 것은?

① 산소
② 당류
③ 수분
④ pH

40 vitamin B_{12}의 구조에 함유되어 있는 무기질은?

① Zn
② Co
③ Cu
④ Mo

제3과목   식품가공학

41 개량식 간장 제조 시 장달임의 목적이 아닌 것은?

① 갈색향상
② 향미부여
③ 청징
④ 숙성시간 단축

42 현미는 어느 부위를 벗겨낸 것인가?

① 과종피
② 왕겨층
③ 배아
④ 겨층

43 버터 제조 시 크림층의 지방구 막을 파괴시켜 버터입자를 생성시키는 조작은?

① 교동(churning)
② 숙성(aging)
③ 연압(working)
④ 중화(neutralizing)

44 두부 제조 시 두부의 응고 정도에 미치는 영향이 가장 적은 것은?

① 응고제의 색
② 응고 온도
③ 응고제의 종류
④ 응고제의 양

45 달걀 선도의 간이 검사법이 아닌 것은?

① 외관법
② 진음법
③ 투시법
④ 건조법

46 육질의 결착력과 보수력을 부여하는 첨가물은?

① MSG(monosodium glutamate)
② ATP(adenosine trihydroxyanisole)
③ 인산염
④ BHA(butylated hydroxy anisole)

47 유지의 정제공정으로 올바른 것은?

① 중화 → 탈취 → 탈색 → 탈검 → 윈터리제이션
② 탈색 → 탈검 → 중화 → 탈취 → 윈터리제이션
③ 중화 → 탈검 → 탈색 → 탈취 → 윈터리제이션
④ 탈검 → 탈취 → 중화 → 탈색 → 윈터리제이션

48 밀가루 가공식품 중 빵에 대한 설명이 틀린 것은?

① 밀가루 반죽의 가스는 첨가하는 효모의 작용에 의해 생성
② 밀가루는 빵의 골격을 형성하고 반죽의 가스 포집 역할
③ 소금은 부패 미생물 생육 억제 및 향미 촉진
④ 설탕은 발효공급원으로 전분 노화 촉진

49 121℃에서 D_{121}값이 0.2분, Z값이 10℃인 *Clostridium botulinum*을 118℃에서 살균하고자 한다. D_{118}값은?

① 0.5분
② 0.4분
③ 0.2분
④ 0.1분

50 밀봉 두께(seam thickness)에 대한 설명 중 옳은 것은?

① 제1시이밍롤 압력이 강하면 밀봉두께는 작아진다.
② 제2시이밍롤 압력이 강하면 밀봉두께는 작아진다.
③ 제2시이밍롤 압력이 약하면 밀봉두께는 작아진다.
④ 밀봉두께는 시이밍롤의 압력과 관계가 없다.

51 유통기한 설정과 관련한 설명으로 틀린 것은?

① 실험에 사용하는 검체는 시험용 시제품, 생산 판매하고자 하는 제품, 실제로 유통되는 제품 모두 가능하다.

② 영업자 등이 유통기한 설정 시 참고할 수 있도록 제시하는 판매가능 기간은 권장유통기간이다.

③ 제품의 제조일로부터 소비자에게 판매가 허용되는 기한은 유통기한이다.

④ 소비자에게 판매 가능한 최대기간으로써 설정실험 등을 통해 산출된 기간은 유통기간이다.

52 통조림 당액 제조 시 준비할 당액의 농도를 구하는 식으로 옳은 것은?

> W_1 : 담을 과일의 무게(g)
> W_2 : 주입할 당액의 무게(g)
> W_3 : 내용총량(g)
> X : 과일의 당도(°brix)
> Z : 개관 시 규격당도(°brix)

① $\dfrac{W_1Z - W_3X}{W_2}$ ② $\dfrac{W_3Z - W_1X}{W_2}$

③ $\dfrac{W_2Z - W_3X}{W_1}$ ④ $\dfrac{W_1Z - W_2X}{W_3}$

53 감압건조에서 공기 대신 불활성 기체를 사용할 때 가장 효과가 큰 것은?

① 산화 방지
② 비용의 감소
③ 건조시간의 단축
④ 표면경화(case hardening) 방지

54 치즈 제조 시 원료유 1000kg에 대한 레닛(rennet) 분말의 첨가량은 몇 kg인가?

① 0.02~0.04kg ② 0.2~0.4kg
③ 2~4kg ④ 20~40kg

55 육제품 훈연 성분 중 항산화 작용과 관련이 깊은 성분은?

① 포름알데히드 ② 식초산
③ 레진류 ④ 페놀류

56 통조림 가열 살균 후 냉각효과에 해당되지 않는 것은?

① 호열성 세균의 발육방지
② 관내면 부식방지
③ 식품의 과열 방지
④ 생산능률의 상승

57 마요네즈 제조 시 유화제 역할을 하는 것은?

① 난황 ② 식초산
③ 식용유 ④ 소금

58 동물 사후강직 단계에서 일어나는 근수축 결과로 생긴 단백질은?

① 미오신(myosin)
② 트로포미오신(tropomyosin)
③ 액토미오신(actomyosin)
④ 트로포닌(trioinin)

59 쌀의 도정도 판정에 이용되는 시약은?

① May Gruünwald
② Guaiacol
③ H_2O_2
④ Lugol

60 식품의 기준 및 규격에서 사용하는 단위가 아닌 것은?

① 길이 : m, cm, mm
② 용량 : L, mL
③ 압착강도 : N(Newton)
④ 열량 : W, kW

제4과목 식품미생물학

61 아래 설명에 가장 적합한 곰팡이속은?

- 양조공업에 대부분 사용된다.
- 강력한 당화효소와 단백질 분해효소 등을 분비한다.
- 균총의 색깔로 구분하여 백국균, 황국균, 흑국균으로 나뉘어진다.
- 널리 분포되어 있는 곰팡이로 균사에는 격벽이 있다.

① *Rhizopus*속
② *Mucor*속
③ *Aspergillus*속
④ *Monascus*속

62 고체배지에 대한 설명과 가장 거리가 먼 것은?

① 평판 또는 사면배지에 사용된다.
② 미생물의 순수분리에 사용된다.
③ 균주의 보관 및 이동시에 사용된다.
④ 균의 운동성 유무에 대한 실험 배지로 사용된다.

63 빵 효모를 생산하기 위한 배양조건에 적합한 것은?

① 빵 효모를 생산하기 위해 혐기적인 조건이 필요하므로 혐기 배양 탱크가 필요하다.
② 효모액 중의 당 농도는 가급적 높게 유지시켜야 양질의 제품을 얻을 수 있다.
③ 가장 적합한 배양온도는 25~30℃ 정도이다.
④ 잡균의 오염을 방지하기 위해 항상 pH 3 이하로 일정하게 유지해야 한다.

64 빵 효모 발효 시 발효 1시간 후(t_1=1)의 효모량이 10^2g, 발효 11시간 후(t_2=11)의 효모량이 10^3g이라면, 지수 계수 M(exponential modulus)은?

① 0.1303   ② 0.2303
③ 0.3101   ④ 0.4101

65 까망베르(Camembert) 치즈 숙성에 이용되며 푸른곰팡이라고 불리는 것은?

① *Penicillum*속
② *Aspergillus*속
③ *Rhizopus*속
④ *Saccharomyces*속

66 젖산균에 대한 설명 중 틀린 것은?

① 요구르트 제조 시 이형발효의 젖산균만 사용하여 발생을 억제시킨다.
② 대부분이 catalase 음성이다.
③ 김치, 침채류의 발효에 관여한다.
④ 장내에서 유해균의 증식을 억제할 수 있다.

67 대장균의 특징에 대한 설명이 아닌 것은?

① 그람음성이다.
② 통성 혐기성이다.
③ 포자를 형성한다.
④ 당을 분해하여 가스를 생성한다.

68 각 효모의 특징에 대한 설명이 틀린 것은?

① *Sporobolomyces*속 – 사출포자 효모이다.
② *Rhodotorula*속 – 유지생산 효모이다.
③ *Schizosaccharomyces*속 – 분열에 의해 증식하는 효모이다.
④ *Candida*속 – 적색 효모이다.

69 세포벽의 역할이 아닌 것은?

① 세포 내부의 높은 삼투압으로부터 세포를 보호한다.
② 세포 고유의 형태를 유지하게 한다.
③ 전자전달계가 있어서 산화적 인산화 반응을 일으킬 수 있다.
④ 세포벽 성분에 의해 세균독성이 나타나기도 한다.

70 김치의 후기발효에 관여하고 김치의 과숙 시 최고의 생육을 나타내어 김치의 산패와 관계가 있는 미생물은?

① *Lactobacillus plantarum*
② *Leuconostoc mesenteroides*
③ *Pichia membranefaciens*
④ *Aspergillus oryze*

71 미생물을 액체 배양기에서 배양하였을 경우 증식곡선의 순서가 옳은 것은?

① 유도기 → 감퇴기 → 대수기 → 정상기
② 정상기 → 대수기 → 유도기 → 사멸기
③ 정상기 → 대수기 → 사멸기 → 유도기
④ 유도기 → 대수기 → 정상기 → 사멸기

72 가근(rhizoid)과 포복지(stolon)을 가지고 번식하는 곰팡이는?

① *Aspergillus oryzae*
② *Mucor rouxii*
③ *Penicillium chrysogenum*
④ *Rhizopus japonicus*

73 내생포자와 영양세포의 특성을 비교하였을 때 영양세포에 대한 설명으로 옳은 것은?

① 효소 활성이 낮다.
② 열저항성이 높다.
③ Lysozyme에 감수성이 있다.
④ 건조 저항성이 높다.

74 *Penicillium*속과 *Aspergillus*속의 주요 차이점은?

① 분생자   ② 경자
③ 병족세포   ④ 균사

75 바이러스의 항원성을 갖고 있어 백신의 제조에 유용하게 이용되는 주된 성분은?

① 핵산   ② 단백질
③ 지질   ④ 당질

76 다음 당류 중 *Saccharomyces cerevisiae*로 발효시킬 수 없는 것은?

① 유당(lactose)
② 포도당(glucose)
③ 맥아당(maltose)
④ 설탕(sucrose)

77 세균에만 기생하는 미생물은?

① 자낭균류 ② 박테리오파지
③ 방선균   ④ 불완전균류

78 병행복발효주에 해당하는 것은?

① 청주   ② 포도주
③ 매실주 ④ 맥주

79 식용효모로 사용되는 SCP 생산균주로서, 병원성을 나타내기도 하는 효모는?

① *Candida*속
② *Hansenulla*속
③ *Debaryomyces*속
④ *Rhodotorula*속

80 대장균군을 검출하기 위해 주로 이용되는 당은?

① 포도당 ② 젖당
③ 맥아당 ④ 과당

제5과목 식품제조공정

81 여과기 바닥에 다공판을 깔고 모래나 입자 형태의 여과재를 채운 구조로, 여과층에 원액을 통과시켜 여액을 회수하는 장치는?

① 가압 여과기 ② 원심 여과기
③ 중력 여과기 ④ 진공 여과기

82 분무건조기(spray dryer)의 구성장치 중 열에 민감한 식품의 건조에 적합한 형태의 건조 방식은?

① 향류식(counter current flow type)
② 병류식(concurrent flow type)
③ 혼합류식(mixed flow type)
④ 평행류식(parallel flow type)

83 제시한 분쇄기와 적용 식품과의 관계가 틀린 것은?

① 디스크 밀(disc mill) - 곡물
② 롤러 밀(roller mill) - 건고추
③ 해머 밀(hammer mil) - 채소
④ 펄퍼(pulper) - 토마토

84 식품의 저장성 향상을 위하여 기체조절(controlled atmosphere) 저장을 할 때 이용되는 용어 또는 이론에 대한 설명으로 옳은 것은?

① 호흡률(Respiratory quotient, RQ)은 1kg의 식품이 호흡작용으로 1시간 동안 방출하는 탄산가스의 양(mg)으로 표시한다.
② 일반적으로 저장 중 식품의 호흡량이 2~3배 증가하면 변패요인의 작용속도 또한 2~3배 증가한다.
③ 발열량이란 농산물 1톤이 1시간동안 발생되는 열량으로 표시한다.
④ 추숙과정에서 에틸렌(ethylene)가스가 발생되면 추숙이 지연된다.

85 밀가루 반죽과 같은 고점도 반고체의 혼합에 관여하는 운동과 관계가 먼 것은?

① 절단(cutting)　② 치댐(kneading)

③ 접음(folding)　④ 전단(shearing)

86 원료의 전처리 조작에 해당되지 않는 것은?

① 세척　　　　　② 선별

③ 절단　　　　　④ 포장

87 식품가공 시 물질이동의 원리를 이용한 단위 조작과 가장 거리가 먼 것은?

① 추출　　　　　② 증류

③ 살균　　　　　④ 결정화

88 무균포장법으로 우유나 주스를 충전·포장할 때 포장용기인 테트라팩을 살균하는 데 적절하지 않은 방법은?

① 화염살균

② 가열공기에 의한 살균

③ 자외선살균

④ 가열증기에 의한 살균

89 막여과(membrane filteration)에 대한 설명으로 잘못된 것은?

① 균체와 부유물질 사이의 밀도차에 크게 의존하지 않는다.

② 여과과정 중 여과조제(filter aid)와 응집제를 필요로 한다.

③ 균체의 크기에 크게 의존하지 않는다.

④ 공기의 노출이 적어 병원균의 오염을 줄일 수 있다.

90 젤리의 강도에 영향을 끼치는 주요 인자가 아닌 것은?

① 펙틴의 농도

② 염류의 종류

③ 메톡실의 분자량

④ 당의 농도

91 과립을 제조하는 데 사용하는 장치인 피츠밀(fitz mill)의 원리에 대한 설명으로 가장 적합한 것은?

① 분말 원료와 액체를 혼합시켜 과립을 만든다.

② 단단한 원료를 일정한 크기나 모양으로 파쇄시켜 과립을 만든다.

③ 혼합이나 반죽된 원료를 스크루를 통해 압출시켜 과립을 만든다.

④ 분말 원료를 고속 회전시켜 콜로이드 입자로 분산시켜 과립을 만든다.

92 건량기준(dry basis) 수분함량 25%인 식품의 습량기준(wet basis) 수분함량은?

① 20%　　　　　② 25%

③ 30%　　　　　④ 18%

93 다음 식품가공 공정 중 혼합조작이 아닌 것은?

① 반죽　　　　　② 교반

③ 유화　　　　　④ 정선

94 초고온 순간(UHT) 살균 방식에 대한 설명으로 틀린 것은?

① 연속적인 작업이 어렵다.

② 액상 제품의 살균에 적합하다.

③ 직접 가열과 간접 가열 방식이 있다.

④ 일반적인 가열 살균 방식에 비해 영양 파괴나 품질 손상을 줄일 수 있다.

95 식품의 건조 과정에서 일어날 수 있는 변화에 대한 설명으로 틀린 것은?

① 지방이 산화할 수 있다.
② 단백질이 변성할 수 있다.
③ 표면피막 현상이 일어날 수 있다.
④ 자유수 함량이 늘어나 저장성이 향상될 수 있다.

96 D_{120}이 0.2분, Z값이 10℃인 미생물포자를 110℃에서 가열살균 하고자 한다. 가열살균지수를 12로 한다면 가열치사시간은 얼마인가?

① 2.4분　　② 1.2분
③ 12분　　④ 24분

97 분체 속에 직경이 5㎛ 정도인 미세한 입자가 혼합되어 있을 때 사용하는 분리기로 가장 적합한 것은?

① 경사형 침강기
② 관형 원심분리기
③ 원판형 원심분리기
④ 사이클론 분리기

98 이송, 혼합, 압축, 가열, 반죽, 전단, 성형 등 여러 가지 단위공정이 복합된 가공방법으로써 일정한 식품원료로부터 여러 가지 형태, 조직감, 색과 향미를 가진 다양한 제품 또는 성분을 생산하는 공정은?

① 흡착　　② 여과
③ 코팅　　④ 압출

99 김치제조에서 배추의 소금절임 방법이 아닌 것은?

① 압력법　　② 건염법
③ 혼합법　　④ 염수법

100 점도가 높은 페이스트 상태이거나 고형분이 많은 액상원료를 건조할 때 적합한 건조기는?

① 드럼건조기　　② 분무건조기
③ 열풍건조기　　④ 유동층건조기

식품산업기사 기출문제 2020 3회

제1과목 식품위생학

1 1일 섭취허용량이 체중 1kg당 10mg 이하인 첨가물을 어떤 식품에 사용하려고 하는데 체중 60kg인 사람이 이 식품을 1일 500g씩 섭취한다고 하면, 이 첨가물의 잔류 허용량은 식품의 몇 %가 되는가?

① 0.12%　　　② 0.17%
③ 0.22%　　　④ 0.27%

2 다음 중 인수공통감염병이 아닌 것은?

① 중증열성혈소판감소증후군
② 탄저
③ 급성회백수염
④ 중증급성호흡기증후군

3 COD에 대한 설명 중 틀린 것은?

① COD란 화학적 산소요구량을 말한다.
② BOD가 적으면 COD도 적다.
③ COD는 BOD에 비해 단시간 내에 측정 가능하다.
④ 식품공장 폐수의 오염정도를 측정할 수 있다.

4 병원체에 따른 인수공통감염병의 분류가 잘못된 것은?

① 세균 – 장출혈성대장균감염증
② 세균 – 결핵
③ 리케차 – Q열
④ 리케차 – 일본뇌염

5 육류가공 시 생성되는 발암성 물질로 발색제를 첨가하여 생성되는 유해물질은?

① 니트로소아민
② 아크릴아마이드
③ 에틸카바메이트
④ 다환방향족탄화수소

6 식품첨가물로 산화방지제를 사용하는 이유로 거리가 먼 것은?

① 산패에 의한 변색을 방지한다.
② 독성물질의 생성을 방지한다.
③ 식욕을 향상시키는 효과가 있다.
④ 이산화물의 불쾌한 냄새 생성을 방지한다.

7 식품위생검사를 위한 검체의 일반적인 채취 방법 중 옳은 것은?

① 깡통, 병, 상자 등 용기에 넣어 유통되는 식품 등은 반드시 개봉한 후 채취한다.
② 합성착색료 등의 화학 물질과 같이 균질한 상태의 것은 여러 부위에서 가능한 많은 양을 채취하는 것이 원칙이다.
③ 대장균이나 병원 미생물의 경우와 같이 목적물이 불균질할 때는 1개 부위에서 최소량을 채취하는 것이 원칙이다.
④ 식품에 의한 감염병이나 식중독의 발생 시 세균학적 검사에는 가능한 많은 양을 채취하는 것이 원칙이다.

8 포르말린(formalin)을 축합시켜 만든 것으로 이것이 용출될 때 위생상 문제가 될 수 있는 합성수지는?

① 페놀수지
② 염화비닐수지
③ 폴리에틸렌수지
④ 폴리스틸렌수지

9 멜라민(melamine) 수지로 만든 식기에서 위생상 문제가 될 수 있는 주요 성분은?

① 비소   ② 게르마늄
③ 포름알데히드   ④ 단량체

10 쥐와 관련되어 감염되는 질병이 아닌 것은?

① 유행성출혈열   ② 살모넬라증
③ 페스트   ④ 폴리오

11 독소형 식중독균에 속하며 신경증상을 일으키는 원인균은?

① *Salmonella enteritidis*
② *Yersinia enterocolitica*
③ *Clostridium botulinum*
④ *Vibrio parahaemolytica*

12 식품의 기준 및 규격에 의거하여 부패·변질 우려가 있는 검체를 미생물 검사용으로 운반하기 위해서는 멸균용기에 무균적으로 채취하여 몇 도의 온도를 유지시키면서 몇 시간 이내에 검사기관에 운반하여야 하는가?

① 0℃, 4시간
② 12±3℃ 이내, 6시간
③ 36±2℃ 이하, 12시간
④ 5±3℃ 이하, 24시간

13 식품과 자연 독성분의 연결이 잘못된 것은?

① 감자 – solanine
② 섭조개 – saxitoxin
③ 복어 – tetrodotoxin
④ 알광대버섯 – venerupin

14 곤충 및 동물의 털과 같이 물에 잘 젖지 아니하는 가벼운 이물검출에 적용하는 이물검사는?

① 여과법
② 채분별법
③ 와일드만 플라스크법
④ 침강법

15 PVC(polyvinyl chloride) 필름을 식품포장재로 사용했을 때 잔류할 수 있는 단위체로 특히 문제가 되는 발암성 유해물질은?

① Calcium chloride
② AN(acrylonitril)
③ DEP(diethyl phthalate)
④ VCM(vinyl chloride monomer)

16 다음 식중독 중 일반적으로 치사율이 가장 높은 것은?

① 프로테우스균 식중독
② 보툴리누스균 식중독
③ 포도상구균 식중독
④ 살모넬라균 식중독

17 *Clostridium botulinum*의 특성이 아닌 것은?

① 식중독 감염 시 현기증, 두통, 신경장애 등이 나타난다.
② 호기성의 그람음성균이다.
③ A형 균은 채소, 과일 및 육류와 관계가 깊다.
④ 불충분하게 살균된 통조림 속에 번식하는 간균이다.

18 식품에 사용되는 보존료의 조건으로 부적합한 것은?

① 인체에 유해한 영향을 미치지 않을 것
② 적은 양으로 효과적일 것
③ 식품의 종류에 따라 작용이 가변적일 것
④ 체내에 축적되지 않을 것

19 핵분열 생성물질로서 반감기는 짧으나 비교적 양이 많아서 식품오염에 문제가 될 수 있는 핵종은?

① ^{90}Sr ② ^{131}I
③ ^{137}Cs ④ ^{106}Ru

20 우유 살균처리는 무슨 균의 살균을 그 한계온도로 하였는가?

① 결핵균   ② 티푸스균
③ 연쇄상구균   ④ 디프테리아균

제2과목 식품화학

21 관능검사의 사용 목적과 거리가 먼 것은?

① 신제품 개발
② 제품 배합비 결정 및 최적화
③ 품질 평가방법 개발
④ 제품의 화학적 성질 평가

22 단백질 분자 내에 티로신(tyrosine)과 같은 페놀(phenol) 잔기를 가진 아미노산의 존재에 의해서 일어나는 정색반응은?

① 밀론(Millon)반응
② 뷰렛(Biuret)반응
③ 닌히드린(Ninhydrin)반응
④ 유황반응

23 단맛이 큰 순서로 나열되어 있는 것은?

① 설탕 〉과당 〉맥아당 〉젖당
② 맥아당 〉젖당 〉설탕 〉과당
③ 과당 〉설탕 〉맥아당 〉젖당
④ 젖당 〉맥아당 〉과당 〉설탕

24 밀가루의 흡수력 및 점탄성을 조사하는 데 이용되는 것은?

① Extensogram   ② Amylogram
③ Farinogram   ④ Texturometer

25 비타민 M이라고도 불리며 결핍 시 거대혈구성 빈혈을 초래하는 비타민은?

① 비오틴(Biotin)
② 엽산(Folic acid)
③ 비타민 B_{12}
④ 비타민 C

26 아미노산인 트립토판을 전구체로 하여 만들어지는 수용성 비타민은?

① 비오틴(biotin)
② 엽산(folic acid)
③ 나이아신(niacin)
④ 리보플라빈(riboflavin)

27 가공식품에 사용되는 소르비톨(sorbitol)의 기능이 아닌 것은?

① 저칼로리 감미료
② 계면활성제
③ 비타민 C 합성 시 전구물질
④ 착색제

28 튀김과 같이 유지를 고온에서 오랜 시간 가열하였을 때 나타나는 반응과 거리가 먼 것은?

① 비누화반응 ② 열분해반응
③ 산화반응   ④ 중합반응

29 다음 색소 중 배당체로 존재하는 것은?

① 안토시아닌(anthocyanin)
② 클로로필(chlorophyll)
③ 헤모글로빈(hemoglobin)
④ 미오글로빈(myoglobin)

30 닌히드린 반응(ninhydrin rection)이 이용되는 것은?

① 아미노산의 정성
② 지방질의 정성
③ 탄수화물의 정성
④ 비타민의 정성

31 면실 중에 존재하는 항산화 성분으로 강력한 항산화력이 인정되나 독성 때문에 사용되지 못하는 것은?

① 커쿠민(curcumin)
② 고시폴(gossypol)
③ 구아이아콜(guaiacol)
④ 레시틴(lecithin)

32 단당류에 부제탄소(asymmetric carbon)가 3개일 때 이론적으로 존재하는 입체이성체(stereoisomer)의 수는?

① 2개   ② 4개
③ 8개   ④ 16개

33 다음 식품 중 수분활성도(Aw)가 가장 낮아 일반적으로 저장성이 가장 높은 것은?

① 비스킷   ② 소시지
③ 식빵   ④ 쌀

34 겨자과 식물(겨자, 배추, 무, 양배추 등)의 대표적인 향기 성분에 대한 설명 중 틀린 것은?

① 식물체 중에 향기성분의 전구물질이 있다.
② 조리과정 또는 조직이 파쇄될 때 전구물질이 효소작용을 받아 향기성분으로 전환된다.
③ 대표적인 전구물질은 황화이화일(dially sulfide)이다.
④ 이소티오시안산(isothiocyanate)은 이들의 대표적인 향기성분들과 관계가 깊다.

35 물은 알코올이나 에테르 등에 비해 분자량이 매우 적음에도 이들에 비해 비점이 높은 특징이 있다. 이와 같은 이유는 물의 무슨 결합 때문인가?

① 공유결합   ② 이온결합
③ 수소결합   ④ 배위결합

36 쌀 1g을 취하여 질소를 정량한 결과, 전질소가 1.5%일 때 쌀 중의 조단백질 함량은?(단, 질소계수는 6.25로 가정한다.)

① 약 8.4% ② 약 9.4%
③ 약 10.4% ④ 약 11.4%

37 노화에 대한 설명 중 틀린 것은?

① 2~5℃에서는 물분자 간의 수소결합이 안정되어 노화가 잘 일어난다.
② 노화는 수분함량이 많으면 많을수록 잘 일어난다.
③ pH에 영향을 받아 강산성 상태에서는 노화가 촉진된다.
④ amylopectin의 함량이 많을수록 노화가 억제된다.

38 식품 원료 50g 중 순수한 단백질 함량이 10g, 질소함량이 1.7g일 때 이 식품의 질소계수는?

① 0.17 ② 0.34
③ 5.88 ④ 8.50

39 다음 관능검사 중 가장 주관적인 검사는?

① 차이 검사 ② 묘사 검사
③ 기호도 검사 ④ 삼점 검사

40 분산계가 유탁질로 되어 있는 식품은?

① 잼 ② 맥주
③ 버터 ④ 쇠기름

---

41 유지의 정제방법에 대한 설명 중 틀린 것은?

① 탈산은 중화에 의한다.
② 탈색은 가열 및 흡착에 의한다.
③ 탈납은 가열에 의한다.
④ 탈취는 감압 하에서 가열한다.

42 감귤류로 과실음료를 제조할 때, 통조림 후 용액의 혼탁을 유발하는 것과 가장 관계가 깊은 물질은?

① hesperidin, pectin
② vitamin A, vitamin C
③ tannin, phenol
④ yeast, amino acid

43 과실 주스 중의 부유물 침전을 촉진시키기 위해 사용되는 것은?

① 카제인(casein)
② 펙틴(pectin)
③ 글루콘산(gluconic acid)
④ 셀룰라아제(cellulase)

44 콩나물 성장에 따른 화학적 성분의 변화에 대한 설명으로 중 틀린 것은?

① 비타민 C 함량의 증가
② 가용성 질소화합물의 감소
③ 지방 함량의 감소
④ 섬유소 함량의 감소

45 식육가공에서 훈연 침투속도에 영향을 미치지 않는 것은?

① 훈연 농도
② 훈연재의 색상
③ 훈연실의 공기속도
④ 훈연실의 상대습도

46 식품에 함유된 어떤 세균의 내열성(D값)이 40초이다. 균의 농도를 10^4에서 10까지 감소시키는 데 소요되는 총 살균시간(TDT)은 얼마인가?

① 120초　　② 240초
③ 300초　　④ 400초

47 치즈에 대한 설명으로 가장 적당한 것은?

① 치즈는 우유의 지방을 응고시켜 제조한다.
② 치즈는 우유의 단백질을 렌닛(rennet) 또는 젖산균으로 응고시켜 얻은 커드(curd)를 이용한다.
③ 커드를 모은 후에 맛과 풍미를 좋게 하기 위하여 식염을 커드량의 5~7% 첨가한다.
④ 치즈 숙성 시의 피막제는 호화전분을 사용한다.

48 10%의 고형분을 함유한 포도주스 1kg을 감압 농축시켜 고형분 50%로 농축할 경우 제거해야 할 수분의 양은?

① 0.2kg　　② 0.4kg
③ 0.6kg　　④ 0.8kg

49 신선한 달걀의 판정과 관계가 먼 것은?

① 난각의 상태　　② 계란의 비중
③ 기실의 크기　　④ 난황의 색깔

50 제빵 공정에서 처음에 밀가루를 체로 치는 가장 큰 이유는?

① 불순물을 제거하기 위하여
② 해충을 제거하기 위하여
③ 산소를 풍부하게 함유시키기 위하여
④ 가스를 제거하기 위하여

51 맥주를 제조할 때 이용하는 보리의 조건으로 바람직하지 않은 것은?

① 전분이 많을 것
② 수분이 13% 이하인 것
③ 껍질이 얇은 것
④ 단백질이 많은 것

52 마요네즈 제조에 있어 난황의 주된 작용은?

① 응고제 작용　　② 유화제 작용
③ 기포제 작용　　④ 팽창제 작용

53 쌀의 저장 형태 중 저장성이 가장 큰 것은?

① 5분 도미　　② 백미
③ 벼　　④ 현미

54 햄이나 베이컨을 만들 때 염지액 처리 시 첨가되는 질산염과 아질산염의 기능과 가장 적합한 것은?

① 수율증진
② 멸균작용
③ 독특한 향기의 성분
④ 고기색의 고정

55 원료크림의 지방량이 80㎏이고 생산된 버터의 양이 100㎏이라면, 버터의 증용률(overrun)은?

① 5%   ② 15%
③ 25%   ④ 80%

56 분유 제조 시 건조방법으로 적합한 것은?

① 자연 건조   ② 열풍 건조
③ 분무 건조   ④ 피막 건조

57 콩 단백질의 주성분이며 두부 제조 시 묽은 염류 용액에 의해 응고되는 성질을 이용하는 물질은?

① 알부민(albumin)
② 글리시닌(glycinin)
③ 제인(zein)
④ 락토글로불린(lactoglobulin)

58 냉동 식품용 포장지의 일반적인 특성이 아닌 것은?

① 방습성이 있을 것
② 가스 투과성이 낮을 것
③ 수축 포장 시 가열 수축성이 없을 것
④ 저온에서 경화되지 않을 것

59 식물성 유지가 동물성 유지보다 산패가 덜 일어나는 이유로 적합한 것은?

① 천연항산화제가 들어있기 때문에
② 발연점이 낮기 때문에
③ 시너지스트(synergist)가 없기 때문에
④ 열에 안정하기 때문에

60 식품을 가열하는 데 50J의 에너지가 요구되었다면, 이를 칼로리로 환산하면 약 얼마인가?

① 210 cal   ② 12 cal
③ 210 kcal   ④ 12 kcal

제4과목   식품미생물학

61 아황산펄프폐액을 사용한 효모생산을 위하여 개발된 발효조는?

① waldhof형 배양장치
② vortex형 배양장치
③ air lift형 배양장치
④ plate tower형 배양장치

62 대표적인 곰팡이독소로서 *Aspergillus flavus*가 생성하는 곰팡이 독은?

① 맥각독   ② 아플라톡신
③ 오크라톡신   ④ 파툴린

63 곰팡이 분류에 대한 설명으로 틀린 것은?

① 진균류는 조상균류와 순정균류로 분류된다.
② 순정균류는 자낭균류, 담자균류, 불완전균류로 분류된다.
③ 균사에 격막(격벽, septa)이 없는 것을 순정균류, 격막을 가진 것을 조상균류라 한다.
④ 조상균류는 호상균류, 접합균류, 난균류로 분류된다.

64 간장의 제조공정에 사용되는 균주는?

① *Aspergillus tamari*
② *Aspergillus sojae*
③ *Aspergillus flavus*
④ *Aspergillus glaucus*

65 종초(種酢)를 선택하는 일반적인 조건이 아닌 것은?

① 초산 이외의 유기산류나 향기성분인 ester류를 생성한다.
② 초산을 다시 산화(과산화)분해해야 한다.
③ 알코올에 대한 내성이 강해야 한다.
④ 초산 생성속도가 빨라야 한다.

66 여러 가지 선택배지를 이용하여 미생물 검사를 하였더니 다음과 같은 결과가 나왔다. 다음 중 검출 양성이 예상되는 미생물은?

Ⓐ EMB(Eosin Methylene Blue) Agar 배지
　: 진자주색 집락
Ⓑ XLD(Xylose Lysine Desoxycholate) Agar 배지 : 금속성 녹색 집락
Ⓒ MSA(Mannitol Sait Agar) 배지 : 황색 불투명 집락
Ⓓ TCBS(Thiosulfate Citrate Bilesalt Sucrose) Agar 배지 : 분홍색 불투명 집락

① 장염비브리오균
② 살모넬라균
③ 대장균
④ 황색포도상구균

67 맥주 제조에 사용되는 효모는?

① *Saccharomyces fragilis*
② *Saccharomyces peka*
③ *Saccharomyces cerevisiae*
④ *Shizosaccharomyces rouxii*

68 미생물이 탄소원으로서 가장 많이 이용하는 당질은?

① 포도당(glucose)
② 자일로오스(xylose)
③ 유당(lactose)
④ 라피노오스(raffinose)

69 글루코오스(glucose)에 젖산균을 배양하여 발효할 때 homo 젖산발효에 해당하는 것은?

① $C_6H_{12}O_6 \rightarrow 2CH_3CHOHCOOH$

② $C_6H_{12}O_6 \rightarrow$ $CH_3CHOHCOOH+C_2H_5OH+CO_2$

③ $C_6H_{12}O_6 \rightarrow$ $CH_3CHOHCOOH+2CO_2$

④ $C_6H_{12}O_6+O_2 \rightarrow$ $CH_3CHOHCOOH+CH_3COOH+$ $2CO_2+H_2O$

70 *Botrytis*속에 대한 설명 중 옳은 것은?

① 배에 번식하여 단맛이 감소한다.

② 사과에 번식하여 신맛이 감소하여 품질이 좋아진다.

③ 포도에 번식하면 신맛이 감소하고 단맛이 상승한다.

④ 채소류에 번식하여 과성숙을 일으킨다.

71 세포 내 지방 저장력이 가장 높은 유지효모는?

① *Candida albcans*

② *Candida utilis*

③ *Rhodotorula glutinis*

④ *Saccharomyces cerevisiae*

72 공업적으로 lipase를 생산하는 미생물이 아닌 것은?

① *Aspergillus niger*

② *Rhizopus delemar*

③ *Candida cylindracea*

④ *Aspergillus oryzae*

73 포도당의 Homo 젖산발효는 어떤 대사경로를 거치는가?

① HMS경로   ② TCA회로

③ EMP경로   ④ Krebs회로

74 청주, 간장, 된장의 제조에 사용되는 koji 곰팡이의 대표적인 균총으로 황국균이라고 하는 곰팡이는?

① *Aspergillus oryzae*

② *Aspergillus niger*

③ *Aspergillus flavus*

④ *Aspergillus fumigatus*

75 살아있지만 배양이 안되는 세균을 의미하며, 우호적인 좋은 환경에서 증식되어 식중독을 야기할 수 있는 세균은?

① TPC   ② Injured cell

③ Aerobic count   ④ VBNC

76 청주에서 품질이 저하되게 하는 화락현상을 유발하는 균은?

① *Lactobacillus homohiochii*

② *Leuconostoc mesentroides*

③ *Saccharomyces cerevisiae*

④ *Aspergillus sake*

77 주정 제조 시 당화과정이 생략될 수 있는 원료는?

① 당밀   ② 고구마

③ 옥수수   ④ 보리

78 미생물의 생육곡선에서 세포 내의 RNA는 증가하나 DNA가 일정한 시기는?

① 유도기   ② 대수기

③ 정상기   ④ 사멸기

79 Eumycetes(진균류)가 아닌 것은?

① 세균   ② 버섯

③ 효모   ④ 곰팡이

80 일반적으로 위균사(Pseudomycelium)를 형성하는 효모는?

① *Saccharomyces*속

② *Candida*속

③ *Hanseniaspora*속

④ *Trignopsis*속

제5과목 식품제조공정

81 원심분리를 이용하여 액체와 고체를 분리하려고 할 때 고체의 농도가 높을 경우 사용하는 원심분리기로 적합한 것은?

① 디슬러지 원심분리기
(desludge centrifuge)

② 관형 원심분리기
(tubular bowl centrifuge)

③ 원통형 원심분리기
(cylindrical bowl centrifuge)

④ 노즐 배출형 원심분리기
(nozzle discharge centriguge)

82 마쇄 전분유에서 전분을 분리하기 위해 수십 장의 분리판을 가진 회전체로서 원심력을 이용하여 고형물을 분리하는 원심분리기로 옳은 것은?

① 노즐형 원심분리기

② 데칸트형 원심분리기

③ 가스 원심분리기

④ 원통형 원심분리기

83 와이어 메시체 또는 다공판과 이를 지지하는 구조물로 되어 있으며, 진동운동은 기계적 또는 전자기적 장치로 이루어지는 설비로, 미분쇄된 곡류의 분말 등을 사별하는 데 사용되는 설비는?

① 바 스크린(bar screen)

② 진동체(vibration screen)

③ 릴(reels)

④ 사이클론(cyclone)

84 타원형의 용기에 물을 반쯤 채우고 임펠라를 회전시켜 일정 위치에서 기체가 압축 이송되는 장치는?

① 로터리 블로워   ② 압축기

③ 매시 펌프   ④ 팬

85 우유로부터 크림을 분리하는 공정에서 많이 적용되고 있는 원심분리기는?

① 노즐 배출형 원심분리기
(nozzle discharge centrifuge)

② 원관형 원심분리기
(disc bowl centrifuge)

③ 디켄터형 원심분리기
(decanter centrifuge)

④ 가압 여과기(filter press)

86 착즙된 오렌지 주스는 15%의 당분을 포함하고 있는데 농축공정을 거치면서 당함량이 60%인 농축 오렌지 주스가 되어 저장된다. 당함량이 45%인 오렌지 주스 제품 100kg을 만들려면 착즙 오렌지 주스와 농축 오렌지 주스를 어떤 비율로 혼합해야 하겠는가?

① 1 : 2
② 1 : 2.8
③ 1 : 3
④ 1 : 4

87 식품의 살균온도를 결정하는 가장 중요한 인자는?

① 식품의 비타민 함량
② 식품의 pH
③ 식품의 당도
④ 식품의 수분함량

88 살균 후 위생상 문제가 되는 미생물이 생존할 수 없는 수준으로 살균하는 방법을 의미하는 용어는?

① 저온 살균법
② 포장 살균법
③ 상업적 살균법
④ 열탕 살균법

89 식품별 조사처리기준에 의한 허용대상 식품별 흡수선량에서 ( ) 안에 알맞은 것은?

품목	조사목적	선량(kGy)
감자 양파 마늘	발아억제	( )

① 0.15 이하
② 0.25 이하
③ 1 이하
④ 7 이하

90 쌀도정 공장에서 도정이 끝난 백미와 쌀겨를 분리 정선하고자 할 때 가장 효과적인 정선법은?

① 자석식 정선법
② 기류 정선법
③ 체정선법
④ 디스크 정선법

91 우유단백질 중 혈액에서부터 이행된 단백질은?

① 카제인(casein)
② 이무노글로불린(immunoglobulin)
③ 락토글로불린(lactoglobulin)
④ 락토알부민(lactalbumin)

92 곡류와 같은 고체를 분쇄하고자 할 때 사용하는 힘이 아닌 것은?

① 충격력(impact force)
② 유화력(emulsification)
③ 압축력(compression force)
④ 전단력(shear force)

93 달걀 흰자의 단백질 성분이 아닌 것은?

① 오브알부민(ovalbumin)
② 콘알부민(conalbumin)
③ 오브뮤코이드(ovomucoid)
④ 리포비텔린(lipovitellin)

94 통조림의 제조공정 중 탈기의 목적이 아닌 것은?

① 관내면의 부식억제
② 혐기성 미생물의 발육억제
③ 변패관의 식별용이
④ 내용물의 산화방지

95 분무식 살균 장치에서 유리 용기의 열 충격으로 인한 파손을 줄이기 위해 실시하는 조작 순서로 옳은 것은?

① 예열→살균→예냉→냉각→세척
② 예냉→냉각→예열→살균→세척
③ 세척→예열→살균→예냉→냉각
④ 냉각→세척→예열→살균→예냉

96 다음 중 침강분리의 원리와 거리가 먼 것은?

① 중력　　　　② 부력
③ 항력　　　　④ 장력

97 다음 중 기체 이송에 사용되지 않는 기기는?

① 팬(fan)
② 브로어(blower)
③ 파이프(pipe)
④ 컴프레서(compressor)

98 다음 중 나열된 건조기와 적용 가능한 해당 식품 또는 용도가 잘못 연결된 것은?

① 빈 건조기(bin dryer) – 마감건조
② 분무 건조기(spray dryer) – 과일주스
③ 기송식 건조기(pneumatic dryer) – 두유
④ 유동층 건조기(fluidized bed dryer) – 설탕

99 바닷물에서 소금성분 등은 남기고 물 성분만 통과시키는 막분리 여과법은?

① 한외여과법　　② 역삼투압법
③ 투석　　　　　④ 정밀여과법

100 어떤 식품을 110℃에서 가열살균하여 미생물을 모두 사멸시키는 데 걸린 시간이 8분이었다. 이를 바르게 표기한 것은?

① $D_{110℃}$=8분　② Z=8분
③ $F_{110℃}$=8분　④ F_{8min}=110℃

2020년 3회 정답

1	①	2	③	3	②	4	④	5	①	6	③	7	④	8	①	9	③	10	④
11	③	12	④	13	④	14	③	15	④	16	②	17	②	18	③	19	②	20	①
21	④	22	①	23	③	24	③	25	②	26	③	27	④	28	①	29	①	30	①
31	②	32	③	33	①	34	③	35	③	36	②	37	②	38	③	39	③	40	③
41	③	42	①	43	①	44	④	45	②	46	①	47	②	48	②	49	④	50	③
51	④	52	②	53	③	54	④	55	③	56	①	57	②	58	③	59	①	60	②
61	①	62	③	63	③	64	②	65	③	66	④	67	④	68	①	69	①	70	②
71	③	72	④	73	③	74	①	75	②	76	①	77	①	78	①	79	①	80	②
81	①	82	①	83	②	84	③	85	②	86	①	87	③	88	③	89	①	90	②
91	②	92	④	93	④	94	②	95	①	96	④	97	③	98	②	99	②	100	③

식품산업기사 실전모의고사

1회

제1과목 식품위생학

1. 식중독의 종류와 원인균 및 물질의 연결이 틀린 것은?

① 감염형 – 살모넬라
② 독소형 – 황색포도상구균
③ 바이러스 감염형 – 캠필로박터 제주니
④ 제조·가공·저장 중에 생성되는 유해물질형 – 니트로아민

2. 살모넬라 식중독에 대한 설명으로 틀린 것은?

① 균은 60℃에서 20분 정도 가열하면 사멸된다.
② 잠복기간은 8~48시간 정도이다.
③ 발열, 복통, 설사 증상을 일으킨다.
④ 독소를 생성하는 독소형 식중독을 유발한다.

3. 통조림 식품을 먹고 식중독을 일으켰다면 다음의 어떤 세균에 의한 식중독으로 추정되는가?

① *Vibrio parahaemolyticus*
② *Staphylococcus aureus*
③ *Clostridium botulinum*
④ *Salmonella enteritidis*

4. 음식을 섭취한 임신부가 패혈증이 발생하고 자연유산을 하였다. 식중독 유발 균주를 확인한 결과 식염 6%에서 성장가능하고 catalase 양성이었다. 이 식품에 오염된 균은?

① *Yersinis enterocolitica*
② *Campylobacter jejuni*
③ *Listeria monocytogenes*
④ *Escherichia coli* 0157:H7

5. 포스트 하비스트 농약이란?

① 수확 후의 농산물의 품질을 보존하기 위하여 사용하는 농약
② 소비자의 신용을 얻기 위하여 사용하는 농약
③ 농산물 재배 중에 사용하는 농약
④ 농산물에 남아 있는 잔류농약

6. 복어의 독성이 가장 강한 부위는?

① 난소   ② 위장
③ 피부   ④ 껍질

7. 식품등의 표시기준에 의거 한국인에게 알레르기를 유발하는 것으로 알려져 있는 원재료명이 아닌 것은?

① 메밀   ② 보리
③ 우유   ④ 밀

8. 전파가능성을 고려하여 발생 또는 유행 시 24시간 이내에 신고하여야 하고, 격리가 필요한 감염병이 아닌 것은?

① 발진티푸스   ② 장티푸스
③ 콜레라   ④ 세균성이질

9 Q열(fever)이 발생한 지역에서 생산되는 우유를 살균처리할 때는 다음의 어느 병원균이 파괴될 때까지 가열하여야 되는가?

① *Tuberculosis bacillus*
② *Streptococcus lactis*
③ *Coxiella burnetii*
④ *Salmonella pullorum*

10 완전히 익히지 않은 닭고기 섭취로 감염될 수 있는 기생충은?

① 구충
② Mansoni 열두조충
③ 선모충
④ 횡천흡충

11 쥐에 의해 감염되는 질병이 아닌 것은?

① 유행성 출혈열 ② 살모넬라증
③ 웰시병   ④ 폴리오

12 식품오염에 문제가 되는 방사성 물질이 아닌 것은?

① ^{90}Sr ② ^{137}Cs
③ ^{131}I ④ ^{12}C

13 식품안전관리인증기준을 적용·준수하여야 하는 식품이 아닌 것은?

① 비가열음료
② 빙과류
③ 과자류
④ 어육가공품 중 어묵류

14 다음 중 포르말린(formalin)을 축합시켜 만든 것으로 이것이 용출될 때 위생상 문제가 될 수 있는 합성수지는?

① 페놀수지
② 염화비닐수지
③ 폴리에틸렌수지
④ 폴리스틸렌수지

15 COD에 관한 설명 중 맞지 않는 것은?

① COD란 화학적 산소요구량을 말한다.
② BOD가 적으면 COD도 적다.
③ COD는 BOD에 비해 단시간 내에 측정 가능하다.
④ 유기물을 화학적으로 산화시킬 때 소모되는 산소량을 말한다.

16 수질오염과 관련하여 공장 폐수의 어류에 대한 치사량을 구하는 데 사용되는 단위는?

① LD_{50} ② LC
③ ADI   ④ TLm

17 carbonyl value에 대한 설명으로 옳은 것은?

① 트랜스지방의 함량을 측정하는 값이다.
② 불포화지방산의 함량을 측정하는 값이다.
③ 가열 유지의 산화 정도를 판정하는 값이다.
④ 단백질의 부패 정도를 판정하는 값이다.

18 식품의 초기 부패 현상의 식별법이 아닌 것은?

① 히스타민(histamine)의 함량 측정
② 생균수 측정
③ 휘발성 염기질소의 정량
④ 환원당 정량

19 기준에서 자가품질검사 주기의 적용시점은?

① 제품 제조일을 기준으로 산정한다.
② 유통기한 만료일을 기준으로 산정한다.
③ 판매 개시일을 기준으로 산정한다.
④ 품질유지기한 만료일을 기준으로 산
정한다.

20 식품등의 표시기준에 의거 아래의 표시가 잘
못된 이유는?

> 두부제품에 "소르빈산 무 첨가, 무 보존료"로
> 표시

① 식품등의 표시사항에 해당하지 않는
식품첨가물의 표시
② 원래의 식품에 해당 식품첨가물의 함
량이 전혀 들어있지 않은 경우 그 영
양소에 대한 강조표시
③ 해당 식품에 사용하지 못하도록 한 식
품첨가물에 대하여 사용을 하지 않았
다는 표시
④ 건강기능식품과 혼동하여 소비자가
오인할 수 있는 표시

21 수분활성도에 대한 설명 중 틀린 것은?

① 일반적으로 수분활성도가 0.3 정도로
낮으면 식품내의 효소반응은 거의 정
지된다.
② 일반적으로 수분활성도가 0.85 이하
이면 미생물 중 세균의 생장은 거의
정지된다.
③ 일반적으로 수분활성도가 0.7 이상이
되면 비효소적 갈변반응의 반응속도
는 감소하기 시작한다.
④ 일반적으로 수분활성도가 0.2 이하에
서는 지질산화의 반응속도가 최저가
된다.

22 포유동물의 유즙 중에 존재하는 당은?

① 유당(lactose)
② 맥아당(maltose)
③ 라피노오스(raffinose)
④ 글리코겐(glycogen)

23 용액에 펠링(Fehling)시약을 가하고 가열하면
어떤 색깔의 침전물이 생기는가?

① 푸른색   ② 붉은색
③ 검은색   ④ 흰색

24 다음 중 산패를 가장 잘 일으키는 유지는?

① 버터   ② 올리브유
③ 정어리유   ④ 참기름

25 항산화제로 작용하는 저분자 펩티드인 글루타티온(glutathione)을 구성하는 아미노산이 아닌 것은?

① arginine

② cysteine

③ glutamic acid

④ glycine

26 단백질 구조 중 peptide결합 사슬이 α-나선 구조(helix)를 이룬 것은?

① 1차 구조　　② 2차 구조
③ 3차 구조　　④ 4차 구조

27 Ca의 흡수를 촉진시키는 비타민은?

① 비타민 A　　② 비타민 B_1
③ 비타민 B_2　　④ 비타민 D

28 다음 비타민 중 당질 대사와 밀접한 관계가 있는 것은?

① 비타민 A　　② 비타민 B_1
③ 비타민 C　　④ 비타민 P

29 다음 중 당류 중 β형의 것이 단맛이 강한 것은?

① 과당　　② 맥아당
③ 설탕　　④ 포도당

30 식품의 조리·가공 시 맛성분에 대한 설명 중 틀린 것은?

① 김치의 신맛은 숙성 시 탄수화물이 분해하여 생긴 젖산과 초산 때문이다.

② 간장과 된장의 감칠맛은 탄수화물이나 단백질이 분해하여 생긴 아미노산, 당분, 유기산 등이 혼합된 맛이다.

③ 무, 양파를 삶으면 단맛이 나는 것은 매운맛 성분인 allylsulfide류가 alkylmercaptan으로 변화하기 때문이다.

④ 감귤과즙을 저장하거나 가공처리를 하면 쓴맛이 나는 것은 비타민 E 성분 때문이다.

31 향기의 주성분이 황을 함유하는 식품은?

① 무　　② 계피
③ 커피　　④ 박하

32 엽록소가 산에 의해 갈변을 일으키는 원인은?

① 엽록소에 결합된 마그네슘이 산화를 일으켜 산화 마그네슘으로 되기 때문이다.

② 엽록소에 결합된 마그네슘이 수소이온과 치환되어 페오피틴을 생성하기 때문이다.

③ 엽록소에 결합된 마그네슘이 수소이온과 결합하여 갈색색소를 생성하기 때문이다.

④ 엽록소 중의 피틸에스텔 그룹이 가수분해되어 클로로필리드를 형성하기 때문이다.

33 안토시아닌(anthocyanin)계 색소가 산성에서 띠는 색깔은?

① 무색　　　　② 적색
③ 청색　　　　④ 자색

34 식품의 갈색화 반응과 관계 깊은 polyphenol oxidase와 tyrosinase가 함유하고 있는 금속원소는?

① Zn　　　　② Fe
③ Cu　　　　④ Ni

35 식품가공 중 교질(colloid) 용액에서 교질을 침전시키고자 한다. 적당한 방법이 아닌 것은?

① 반대 전하를 지니는 교질 입자를 첨가한다.
② 교질용액의 pH를 교질의 등전점으로 조절한다.
③ 많은 양의 중성염을 첨가한다.
④ 보호교질을 첨가한다.

36 외부 힘의 작용을 받아 변성된 후 그 힘을 제거해도 원상태로 되돌아가지 않는 성질은?

① 점성(viscosity)
② 소성(plasticity)
③ 탄성(elasticity)
④ 점탄성(viscoelasticity)

37 전분의 노화에 대한 설명 중 틀린 것은?

① 일반적으로 amylose함량이 많을수록 노화가 잘 일어난다.
② 감자, 고구마 등의 전분이 옥수수, 밀과 같은 곡류 전분보다 노화되기 쉽다.
③ 전분의 농도가 커질수록 노화속도가 증가한다.
④ 80℃ 이상의 온도에서 수분함량을 15% 이하로 제거 시키는 것이 전분의 노화 억제에 가장 효과적이다.

38 엽록소(chlorophyll)의 녹색을 오래 보존하는 방법은?

① chlorophyll의 Mg을 Cu로 치환시킨다.
② chlorophyll의 Mg을 H로 치환시킨다.
③ chlorophyll의 Mg을 K로 치환시킨다.
④ chlorophyll의 Mg을 Na로 치환시킨다.

39 관능적 특성의 측정 요소들 중 반응척도가 갖추어야 할 요건이 아닌 것은?

① 단순해야 한다.
② 편파적이지 않고, 공평해야 한다.
③ 관련성이 있어야 한다.
④ 차이를 감지할 수 없어야 한다.

40 전분 분자의 비환원성 말단에서부터 차례로 포도당 2분자씩 분해하는 효소는?

① α-amylase
② β-amylase
③ glucoamylase
④ isoamylase

41 현미의 도정률을 증가시킴에 따른 변화 중 틀린 것은?

① 단백질의 손실이 커진다.
② 탄수화물량이 증가된다.
③ 총 열량이 증가된다.
④ 소화율이 낮아진다.

42 일반적으로 제면용으로 가장 적당하고, 많이 사용되는 밀가루는?

① 강력분 　　② 준강력분
③ 중력분 　　④ 박력분

43 산당화법에서 사용되는 전분 분해제 중 사용 후 중화했을 때 생성되는 입자가 크고 용해도는 작은 특징을 가진 것은?

① 수산 　　② 염산
③ 황산 　　④ 초산

44 두류의 가공에서 코지(Koji)를 만드는 가장 중요한 목적은?

① 알코올을 생성시킨다.
② 전분을 당화시킨다.
③ 단백질 및 탄수화물 분해효소를 생성시킨다.
④ 소화와 흡수를 높여준다.

45 팥을 이용하여 양갱 제조 시 중조(NaHCO₃)를 넣는 이유가 아닌 것은?

① 팥의 팽화를 촉진한다.
② 껍질 파괴를 용이하게 한다.
③ 팥의 갈변화를 방지한다.
④ 소의 착색을 돕는다.

46 수산물 통조림의 관내기압이 43.2cmHg이고 관외기압이 75.0cmHg일 때 통조림의 진공도는?

① 12.5cmHg 　② 31.8cmHg
③ 118.2cmHg 　④ 44.3cmHg

47 염장을 통한 방부 효과의 원리가 아닌 것은?

① 탈수에 의한 수분활성도 감소
② 삼투압에 의한 미생물의 원형질 분리
③ 산소 용해도 감소
④ 단백질 분해효소의 작용 촉진

48 샐러드 기름을 제조할 때 탈납(winterization) 과정을 거친다. 탈납의 목적은?

① 불포화지방산을 제거한다.
② 저온에서 고체 상태로 존재하는 지방을 제거한다.
③ 지방 추출원료의 찌꺼기를 제거한다.
④ 수분을 제거한다.

49 우리나라의 원유 가격을 결정하는 요인이 아닌 것은?

① 체세포수 　　② 지방함량
③ 세균수 　　④ 유당함량

50 버터 제조 시 교동(churning)에 영향을 주는 요인과 거리가 먼 것은?

① 크림의 온도
② 교동기 회전수
③ 크림의 식염함량
④ 크림의 양

51 자연치즈 제조 시 커드(curd)의 가온 효과가 아닌 것은?

① 유청의 배출이 빨라진다.
② 젖산 발효가 촉진된다.
③ 커드가 수축되어 탄력성 있는 입자로 된다.
④ 고온성균의 증식을 방지한다.

52 도살 후 육류의 사후강직이 최대치를 나타낼 때의 pH는?

① pH 7.4 정도
② pH 6.4 정도
③ pH 5.4 정도
④ pH 4.4 정도

53 햄, 소시지, 베이컨 등의 가공품을 제조할 때 단백질의 보수력 및 결착성을 증가시키기 위해 사용되는 주된 첨가물은?

① M.S.G
② ascorbic acid
③ polyphosphate
④ chlorine

54 액란을 냉동저장하였다가 해동하면 덩어리로 뭉치는 현상을 젤화라고 하는데 이를 방지하기 위하여 소금 또는 설탕을 첨가한다. 액란의 냉동에 의한 젤(gel)화가 생기는 주원인으로 가장 적합한 것은?

① 지방의 응고로 인하여
② 얼음 입자가 녹지 않아서
③ 액란의 유화상태가 파손되어서
④ 단백질의 응집에 의하여

55 수산물 통조림 제조공정에 대한 설명으로 틀린 것은?

① 통조림 살균은 혐기성균인 클로스트리듐보툴리눔(*Clostridium botulinum*)의 발육한계점인 pH 6.0 이상의 수산물 통조림은 저온살균을 해야 한다.
② 통조림은 살균 후 조직의 연화, 황화수소 생성, 호열성세균의 발육 등을 억제하기 위하여 급속 냉각한다.
③ 통조림 공정 중 밀봉 전에 품질저하 방지, 관내부 부식방지, 호기성미생물 발육억제, 변패관 식별 등을 위하여 탈기한다.
④ 통조림에 묽은 식염수, 조미액, 기름 등을 넣으면 살균효과가 상승하고, 어체의 관벽부착과 고형물 파손 등을 방지할 수 있다.

56 사과, 배 등과 같이 호흡급상승(climacteric rise)을 갖는 청과물의 선도유지에 사용되는 활성포장용 품질유지제는?

① 흡습제
② 탈산소제
③ 알코올 증기 발생제
④ 에틸렌(ethylene) 가스 흡수제

57 식품 유통기한 설정실험 지표로서 가장 거리가 먼 것은?

① 물리적 특성
② 이화학적 특성
③ 미생물학적 특성
④ 관능적 특성

58 식육제품을 포장했을 때 식용이 가능한 포장재(casing)는 어느 것인가?

① 셀룰로오스(cellulose) 케이싱
② 콜라겐(collagen) 케이싱
③ 셀로판(cellophane) 케이싱
④ 파이브러스(fibrous) 케이싱

59 건조기 탱크의 아래쪽에 가압된 열풍을 불어 넣어 열풍 속에 식품이 약간 뜨게 함으로써 시료와 열풍과의 접촉을 좋게 만든 건조기는?

① 캐비넷 건조기
② 터널식 건조기
③ 드럼 건조기
④ 부상식 건조기

60 면역능력에 도움을 주는 건강기능식품의 고시형 원료가 아닌 것은?

① 표고버섯균사체
② 인삼
③ 홍삼
④ 알로에겔

제4과목　식품미생물학

61 동식물의 세포보다 미생물의 세포 내에 비교적 많이 함유되어 있는 것은?

① 요산(uric acid)
② 지방산(fatty acid)
③ 아미노산(amino acid)
④ 핵산(nucleic acid)

62 균사에 격벽이 있는 곰팡이로만 묶인 것은?

① *Mucor*속과 *Rhizopus*속
② *Mucor*속과 *Aspergillus*속
③ *Aspergillus*속과 *Rhizopus*속
④ *Aspergillus*속과 *Penicillium*속

63 어떤 세균 4마리를 2시간 배양하여 세균이 64마리가 되었다면 이 세균의 세대시간은 얼마인가?

① 20분　　② 30분
③ 40분　　④ 50분

64 자외선 조사에 의해서 미생물이 사멸되는 이유는?

① DNA 파괴
② RNA 파괴
③ 세포질의 파괴
④ 아포 벽의 파괴

65 조상균류의 유성적 생활사(접합포자 형성과정)로 옳은 것은?

① 접합지 – 배우자낭 – 접합자 – 접합포자 – 감수분열 – 포자낭
② 접합자 – 포자낭 – 접합지 – 접합포자 – 감수분열 – 배우자낭
③ 접합자 – 포자낭 – 접합포자 – 접합지 – 감수분열 – 배우자낭
④ 접합지 – 배우자낭 – 접합포자 – 접합자 – 감수분열 – 포자낭

66 일반적으로 위균사(Pseudomycelium)를 형성하는 효모는?

① *Saccharomyces*속
② *Candida*속
③ *Hanseniaspora*속
④ *Trulopsis*속

67 난형이며 알코올 발효력이 강한 상면발효효모로 영국식 맥주 제조에 사용되는 효모는?

① *Saccharomyces carlsbergensis*
② *Saccharomyces coreanus*
③ *Saccharomyces fragilis*
④ *Saccharomyces cerevisiae*

68 다음 중 대장균에 대한 설명이 틀린 것은?

① Gram 음성 무포자 간균이며, 호기성 또는 통성혐기성이다.
② 유당을 분해하여 가스를 발생하는 특징이 있다.
③ 일반적으로 식품이나 용수의 오염 지표균으로 사용된다.
④ 호염성 세균으로 해수에 주로 존재한다.

69 다음 중 조류(algae)에 대한 설명으로 틀린 것은?

① 보통 세포 내에 엽록체를 가지고 광합성 작용을 한다.
② 담수에도 존재할 수 있다.
③ 광합성 색소의 종류, 광합성 산물 및 생식법 등에 의해 분류된다.
④ 남조류에는 안토시아닌이 있어 광합성을 한다.

70 발효공업에서 파지에 대한 방지대책이 아닌 것은?

① 공장주변 및 실내의 청결
② 혐기조건하에서 발효
③ 연속교체법을 이용
④ 내성균 이용

71 10℃의 냉장고에 보관 중인 생선이 부패 변질되었다. 원인균 검출시험에서 우선적으로 검출이 예상되는 세균은?

① *Bacillus*속
② *Pseudomonas*속
③ *Clostridium*속
④ *Proteus*속

72 전분으로부터 amylo법에 의한 주정제조에 이용되는 곰팡이는?

① *Mucor mucedo*
② *Mucor rouxii*
③ *Rhizopus nigricans*
④ *Aspergillus usami*

73 맥주 제조 시 첨가되는 호프(hop)의 효과로 잘못된 것은?

① 맥주 특유의 향미를 부여한다.
② 저장성을 높인다.
③ 맥주의 거품 발생에 관계한다.
④ 효모의 증식을 촉진시켜 알코올 농도를 높인다.

74 청주의 제조에 관련된 설명으로 잘못된 것은?

① 쌀, 코지, 물로 제조되는 병행복발효
주이다.
② 코지 곰팡이는 *Aspergillus oryzae*
가 사용된다.
③ 좋은 코지를 제조하기 위해서는 산소
와의 접촉을 차단해야 한다.
④ 주모(moto)는 양조효모를 활력이 좋
은 상태로 대량 배양해 놓은 것이다.

75 핵산관련 물질이 정미성을 나타내는 화학구
조의 설명으로 부적당한 것은?

① ribose의 5'- 위치에 인산기가 존재
해야 한다.
② nucleotide의 당은 ribose만이고
deoxyribose는 관계없다.
③ purine환은 6 위치에 OH기가 있어야
한다.
④ 염기는 pyrimidine계의 것에는 정미
성을 가지고 있지 않다.

76 김치의 숙성에 관여하는 미생물이 아닌 것은?

① *Lactobacillus*
② *Pediococcus*
③ *Leuconostoc*
④ *Campylobacter*

77 포도당 1kg으로부터 얻어지는 이론적인 초산
생성량은 약 몇 g인가?

① 537g　　② 557g
③ 600g　　④ 667g

78 글루탐산(glutamic acid)을 생산하는 경우 생
육인자로 요구되는 성분은?

① 비오틴(biotin)
② 티아민(thiamine)
③ 페니실린(penicillin)
④ 올레산(oleic acid)

79 고정화 효소(immobilized enzyme)의 설명
이 옳은 것은?

① 효소와 담체가 결합한 것이다.
② pH, 온도조건에 민감하다.
③ 기질에 대한 특이성이 증가한다.
④ 반응속도가 빨라진다.

80 bacteriophage에 의해서 유전자 전달이 이
루어지는 현상은?

① 형질전환　　② 접합
③ 형질도입　　④ 유전자 재조합

제5과목　식품제조공정

81 색채선별기(Color Sorting System)로 선별이
적합하지 않은 식품은?

① 숙성정도가 다른 토마토
② 과도하게 열처리된 잼
③ 크기가 다른 오이
④ 표면 결점을 가진 땅콩

82 체분리 시 입자 크기의 분포를 측정할 때 체눈의 크기는 표준체의 단위인 메시(mesh)로 표현하는데 메시의 정의로 옳은 것은?

① 체망 1inch 길이당 들어 있는 체눈의 수

② 체망 10inch 길이당 들어 있는 체눈의 수

③ 체망 1cm 길이당 들어 있는 체눈의 수

④ 체망 10cm 길이당 들어 있는 체눈의 수

83 밀, 보리 등 곡류와 크기가 비슷하나 모양이 다른 여러 가지 잡초씨, 지푸라기 등을 분리할 때 길이나 직경의 차이에 따라 분리하는 방법은?

① 체 정선법

② 디스크 정선법

③ 기류 정선법

④ 자석식 정선법

84 습식 세척 방법에 해당하는 것은?

① 분무 세척　　② 마찰 세척

③ 풍력 세척　　④ 자석 세척

85 회전속도가 빠른 회전자(rotor)가 있는 충격형 분쇄기로, 조직이 딱딱한 곡류나 섬유질이 많은 건조 채소, 건조 육류 등의 분쇄에 많이 이용되는 것은?

① disc mill　　② hammer mill

③ ball mill　　④ crushing mill

86 식품의 혼합에 대한 설명으로 틀린 것은?

① 건조된 가루상태의 고체를 혼합하는 조작을 고체혼합이라 하며, 좁은 의미에서 혼합은 대체로 이 경우를 말한다.

② 점도가 비교적 낮은 액체의 혼합에는 일반적으로 임펠러(impeller) 교반기를 사용하는데, 임펠러의 기본 형태는 패들(paddle), 터빈(turbin), 프로펠러(propeller) 등이 있다.

③ 혼합기 내에서 고체입자의 운동은 혼합기의 종류 및 형태에 따라 대류혼합(convective mixing), 확산혼합(diffusive mixing), 전단혼합(shear mixing)으로 분류된다.

④ 점도가 아주 높은 액체 또는 가소성 고체를 섞는 조작, 고체에 약간의 액체를 섞는 조작을 교반(agitation)이라 한다.

87 회전자에 의해 강한 원심력을 받아 고정자와 회전자 사이의 극히 좁은 틈을 통과하여 유화시키는 유화기는?

① automizer

② vibration mill

③ ring roller mill

④ colloid mill

88 식품의 압출장치에서 배럴(barrel) 내부에 걸리는 압력 생성 원인과 거리가 먼 것은?

① 스크루의 길이

② 스크루 지름의 증가와 스크루 pitch의 감소

③ 배럴(barrel) 직경의 감소

④ 스크루에 제한 날개(restriction fight)의 부착

89 압출성형스낵이 압출성형기에서 압출온도와 압력에 따라 연속적으로 공정이 수행될 때 압출성형기 내부에서 이루어지는 공정이 아닌 것은?

① 분리   ② 팽화
③ 성형   ④ 압출

90 고정된 통 안에 가늘고 긴 회전 원통을 설치하여 혼합물을 하부에서 공급하면 원심력에 의해 가벼운 액체는 안쪽에 층을 이루고 무거운 액체는 벽쪽으로 이동하여 분리시키는 기계는?

① 관형 원심분리기
② 원판형 원심분리기
③ 컨베이어형 원심분리기
④ 노즐형 원심분리기

91 음이온 및 양이온 교환막을 이용하여 전위차에 의한 이온을 분리하는 방법은?

① 전기투석   ② 역삼투
③ 열삼투   ④ 투석

92 치즈를 만들고 난 유청에서 유청단백질을 농축하고자 할 때 적합한 막분리 공정은?

① 한외여과
② 나노여과
③ 마이크로여과
④ 역삼투

93 추출공정에서 용매로서의 조건과 거리가 먼 것은?

① 가격이 저렴하고 회수가 쉬워야 한다.
② 물리적으로 안정해야 한다.
③ 화학적으로 안정해야 한다.
④ 비열 및 증발열이 적으며 용질에 대하여는 용해도가 커야 한다.

94 농산가공에서 분체, 입체, 습기가 있는 재료나 화학적 활성을 지니고 있는 고온물질을 트로프(trough) 또는 파이프(pipe) 내에서 회전시켜 운반하는 반송기계는?

① 벨트컨베이어(belt conveyer)
② 스크루컨베이어(screw conveyer)
② 버킷엘리베이터(bucket elevator)
④ 드로우어(thrower)

95 다음 중 분무건조(spray drying) 장치의 구성 부분이 아닌 것은?

① 액체가열장치
② 원액분무장치
③ 건조장치
④ 제품회수장치

96 동결건조에 대한 설명으로 옳지 않은 것은?

① 식품 조직의 파괴가 적다.
② 주로 부가가치가 높은 식품에 사용한다.
③ 제조단가가 적게 든다.
④ 향미 성분의 보존성이 뛰어나다.

97 다음 농축기 중에 저온으로 가동하는 농축방식이 아닌 것은?

① 동결농축
② 막분리
③ 역삼투
④ 칼란드리아식

98 푸딩이나 소스, 스프 등과 같은 고점도의 식품이나 작은 입자를 함유하는 식품의 가열이나 냉각에 적합한 열교환기(heat exchanger)는?

① 관형 열교환기
   (tubular heat exchanger)
② 관형 열교환기
   (plate heat exchanger)
③ 표면긁기 열교환기
   (scraped surface heat exchnger)
④ 이중관 열교환기
   (double pipe heat exchanger)

99 식품 자체 내에서 열이 발생하는 가열공정이 아닌 것은?

① 마이크로파 가열
   (microwave heating)
② 저항 가열(ohmic heating)
③ 적외선 가열(infrared heating)
④ 고주파 가열
   (high frequency heating)

100 다음 중 식품가공에서의 열전달 방식이 아닌 것은?

① 전도   ② 대류
③ 비열   ④ 복사

실전모의고사 1회 **정답**

1	③	2	④	3	③	4	③	5	①	6	①	7	②	8	①	9	③	10	②
11	④	12	④	13	③	14	①	15	②	16	④	17	③	18	④	19	①	20	③
21	④	22	①	23	②	24	③	25	①	26	②	27	④	28	②	29	①	30	④
31	①	32	②	33	②	34	③	35	④	36	②	37	①	38	①	39	④	40	②
41	④	42	③	43	①	44	③	45	③	46	②	47	①	48	②	49	④	50	③
51	④	52	③	53	③	54	④	55	①	56	④	57	①	58	②	59	④	60	①
61	④	62	②	63	②	64	①	65	①	66	②	67	④	68	①	69	④	70	②
71	②	72	②	73	④	74	③	75	②	76	④	77	④	78	①	79	①	80	③
81	③	82	①	83	②	84	①	85	②	86	④	87	④	88	①	89	①	90	①
91	①	92	①	93	②	94	②	95	①	96	③	97	④	98	③	99	③	100	③

195

제1과목 식품위생학

1 식중독의 분류

① 세균성 식중독 유형
- 감염형 식중독 : 살모넬라균, 장염비브리오균, 병원성 대장균, *Arizona*균, *Citrobacter*균, 리스테리아균, 여시니아균, *Cereus*균(설사형) 식중독 등
- 독소형 식중독 : 포도상구균(*Staphylococcus aureus*), 보툴리누스균(*Clostridium botulinum*) 식중독 등
- 복합형 : *Welchii*균(*Clostridium perfringens*), *Cereus*균(*Bacillus cereus*, 구토형), 독소원성 대장균, 장구균(*Streptococcus faecalis*), *Aeromonas*균 식중독 등

② 자연독 식중독 유형
- 식물성 : 식물성 식품에 함유된 각종 독소성분
- 동물성 : 동물성 식품에 함유된 각종 독소성분

③ 화학성 식중독 유형
- 급성·만성 : 오염 및 잔류된 유독·유해물질
- 알레르기형 : 알레르기유발물질(유해아민 등)

2 *Salmonella*균

- 동물계에 널리 분포하며 무포자, 그람음성 간균이고, 편모가 있다.
- 호기성, 통성혐기성균으로 보통 배지에 잘 발육한다. 최적온도는 37℃, 최적 pH는 7~8이다.
- 열에 약하므로 60℃에서 20분 가열하면 사멸되며, 토양과 물속에서 비교적 오래 생존한다.
- *Salmonella* 감염증에는 티푸스성 질환으로서 *S. typhi*, *S. paratyphi A·B*에 의한 감염병인 장티푸스, 파라티푸스를 일으키는 것과 급성위장염을 일으키는 감염형이 있다.
- *Salmonella*균의 식중독
  - 육류와 그 가공품, 어패류와 그 가공품, 가금류의 알(건조란 포함), 우유 및 유제품, 생과자류, 납두, 샐러드 등에서 감염된다.
  - 주요 증상은 오심, 구토, 설사, 복통, 발열(38~40℃) 등이다.

3 보툴리누스 식중독

- 원인균 : *Clostridium botulinus*
- 원인균의 특징
  - 그람양성 간균으로 주모성 편모를 가지고 있다.
  - 내열성 아포를 형성하는 편성 혐기성이다.

- 신경독소인 neurotoxin을 생성한다.
- 균 자체는 비교적 내열성 강하나 독소는 열에 약하다.

◆ 잠복기 : 12~36시간

◆ 증상 : 신경증상으로 초기에는 위장장애 증상이 나타나고, 심하면 시각장애, 언어장애, 동공확대, 호흡곤란, 구토, 복통 등이 나타나지만 발열이 없다.

◆ 치사율 : 30~80%로 세균성 식중독 중 가장 높다.

◆ 원인식품 : 소시지, 육류, 특히 통조림과 병조림 같은 밀봉식품이고, 살균이 불충분한 경우가 많다.

◆ 예방법
- 식품의 섭취 전 충분히 가열한다.
- 포장 식육이나 생선, 어패류 등은 냉장보관하여야 한다.
- 진공팩이나 통조림이 팽창되어 있거나 이상한 냄새가 날 때에는 섭취하지 않는다.

4 *Listeria monocytogenes*의 특성

◆ 생육환경
- 그람양성, 무포자 간균이며 운동성을 가짐
- catalase 양성
- 생육적온 30~37℃이고 냉장온도(4℃)에서도 성장 가능
- 최적 pH 7.0이고 최저 pH 3.3~4.2에서도 생존 가능
- 최적 Aw 0.97이고 최저 0.90에서도 생존 가능
- 성장 가능 염도(salt %)는 0.5~16%이지만 20%에서도 생존 가능

◆ 증상 : 패혈증, 수막염, 유산, 사산, 발열, 오한, 두통

◆ 잠복기 : 12시간~21일

◆ 감염원 : 포유류 장관, 생유, 토양, 채소, 배수구, 씽크대, 냉장고, 연성치즈, 아이스크림, 냉동만두, 냉동피자, 소시지, 수산물(훈제연어)

◆ 감염량 : 1,000균 추정

◆ 예방법 : 식육 철저한 가열, 채소류 세척, 비살균 우유 금지, 손, 조리기구, 환경 청결 유지

5 포스트 하비스트(post harvest) 농약

◆ 수확 후 처리 농약을 말한다.

◆ 농사를 짓는 동안 뿌리는 농약이 아니라 저장농산물의 병충해 방제 또는 품질을 보존하기 위하여 출하 직전에 뿌리는 농약이다.

◆ 수입된 밀, 옥수수, 오렌지, 그레이프 프루트, 레몬, 바나나, 파인애플 등의 농산물에 많은 양의 포스트 하비스트가 뿌려져서 온다.

6 복어 중독

◆ 복어의 난소, 간, 창자, 피부 등에 있는 tetrodotoxin 독소에 의해 중독을 일으킨다. 계절적으로 산란기 직전인 5~7월에 독력이 가장 강하다.

◆ 중독증상은 지각이상, 호흡장해, cyanosis 현상, 운동장해, 혈행장해, 위장장해, 뇌증 등의 증상이 일어난다.

◆ 독성분이 가장 강한 부위 순은 생식선(난소 등)→간→피부→장→육질부 순이다.

◆ 독력은 MU(mouse unit)로 표시한다.

7 식품등의 표시기준

◆ 원재료명 및 함량의 규정에 따라 한국인에게 알레르기를 유발하는 것으로 알려져 있는 난류(가금류에 한한다), 우유, 메밀, 땅콩, 대두, 밀, 고등어, 게, 새우, 돼지고기, 복숭아, 토마토를 함유하거나 이들 식품으로부터 추출 등의 방법으로 얻은 성분과 이들 식품 및 성분을 함유한 식품 또는 식품첨가물을 원료로 사용하였을 경우에는 함유된 양과 관계없이 원재료명을 표시하여야 한다.

8 제2급 감염병

◆ "제2급 감염병"이란 전파가능성을 고려하여 발생 또는 유행 시 24시간 이내에 신고하여야 하고, 격리가 필요한 감염병을 말한다.

◆ 제2급 감염병의 종류(21종) : 결핵, 수두, 홍역, 콜레라, 장티푸스, 파라티푸스, 세균성 이질, 장출혈성대장균감염증, A형 간염, 백일해, 유행성이하선염, 풍진, 폴리오, 수막구균 감염증, b형 헤모필루스인플루엔자, 폐렴구균 감염증, 한센병, 성홍열, 반코마이신내성황색포도알균(VRSA) 감염증, 카바페넴내성장내세균속균종(CRE) 감염증, E형 간염

9 Q열(fever)

◆ rickettsia성 질환이며 인수공통감염병이다.

◆ 소, 면양, 염소 등에 감염 발병하여 사람에게 감염된다.

◆ 원인균은 *Coxiella burnetii*이다.

10 만선열두조충의 유충에 의한 감염증

◆ 원인충 : *Spirometra erinaceri, S. mansoni, S. mansonoides*

◆ 제1 중간숙주 : 물벼룩

◆ 제2 중간숙주 : 개구리, 뱀, 담수어 등

◆ 인체에 감염
  - 제1 중간숙주인 플레로서코이드에 오염된 물벼룩이 들어있는 물을 음용
  - 제2 중간숙주인 개구리, 뱀 등을 생식
  - 제2 중간숙주를 섭취한 포유류(개, 고양이, 닭) 등을 사람이 생식할 때, 즉 돼지고기나 소고기, 조류 등의 살을 생식

11 쥐에 의한 감염병

◆ 세균성 질환 : 페스트, 와일씨병 등
◆ 리케차성 질환 : 발진열, 쯔쯔가무시병 등
◆ 식중독 : *salmonela* 식중독
◆ 바이러스성 질환 : 신증후군 출혈열(유행성 출혈열) 등

➕ 폴리오(소아마비)는 파리에 의하여 전파된다.

12 식품오염에 문제가 되는 방사선 물질

◆ 생성률이 비교적 크고
　 – 반감기가 긴 것 : Sr-90(28.8년), Cs-137(30.17년) 등
　 – 반감기가 짧은 것 : I-131(8일), Ru-106(1년) 등
◆ C에서 문제되는 핵종은 C-12가 아니고 C-14이다.

13 식품안전관리인증기준 대상 식품 [식품위생법 시행규칙 62조]

◆ 수산가공식품류의 어육가공품류 중 어묵·어육소시지
◆ 기타수산물가공품 중 냉동 어류·연체류·조미가공품
◆ 냉동식품 중 피자류·만두류·면류
◆ 과자류, 빵류 또는 떡류 중 과자·캔디류·빵류·떡류
◆ 빙과류 중 빙과
◆ 음료류[다류 및 커피류는 제외한다]
◆ 레토르트식품
◆ 절임류 또는 조림류의 김치류 중 김치
◆ 코코아가공품 또는 초콜릿류 중 초콜릿류
◆ 면류 중 유탕면 또는 곡분, 전분, 전분질원료 등을 주원료로 반죽하여 손이나 기계 따위로 면을 뽑아내거나 자른 국수로서 생면·숙면·건면
◆ 특수용도식품
◆ 즉석섭취·편의식품류 중 즉석섭취식품
◆ 즉석섭취·편의식품류의 즉석조리식품 중 순대
◆ 식품제조·가공업의 영업소 중 전년도 총 매출액이 100억원 이상인 영업소에서 제조·가공하는 식품

14 페놀수지(phenol resin)

◆ 페놀과 포름알데히드로 제조되는 열경화성수지로 내열성, 내산성이 강하다.
◆ 완전히 축합, 경화하면 원료에서 유래되는 페놀과 포르말린의 용출이 없으며 무독하고 안전하다.
◆ 그러나 축합, 경화가 불안전한 것은 페놀과 포르말린이 용출되어 식품 위생상 문제가 되고 있다.

15 COD(화학적 산소요구량)

◆ 물속의 산화기능 물질이 산화되어 주로 무기성 산화물과 가스로 되기 위해 소비되는 산화제에 대응하는 산소량을 말한다.

◆ 유기물은 적으나 무기환원성 물질(아질산염, 제1 철염, 황화물 등)이 많으면 BOD는 적어도 COD는 높게 나타난다.

16 TLm

◆ 어류에 대한 급성독성물질의 유해도를 나타내는 수치이다.

◆ 일정한 시간에 물고기를 오염된 물에 노출시켜 50%가 생존할 수 있는 독성물질의 농도를 말한다.

17 carbonyl value(C.O.V)

◆ 유지나 지방질 식품의 산화에 의해 생성된 carbonyl화합물의 전체량을 정량하는 방법이다.

◆ carbony화합물은 peroxide value와 같이 산화과정 동안 증가하였다가 감소되는 일이 없기 때문에 오랫동안 산화된 유지일수록 carbonyl화합물의 함량이 계속 증가된다.

18 식품의 초기 부패 식별법

◆ 관능검사, 일반세균수 검사, 휘발성 염기질소의 정량, 히스타민(histamine)의 정량, 트리메틸아민(trimethylamine)의 정량 등이 있다.

⊕ 환원당 측정은 당의 환원성 유무를 판정하는 방법으로 Bertrand법이 있다.

19 자가품질검사 주기의 적용시점

◆ 제품 제조일을 기준으로 한다.

◆ 다만, 주문자상표부착 식품등(OEM)과 식품제조 가공업자가 자신의 제품을 만들기 위해 수입한 반가공 원료식품 및 용기 포장은 세관장이 신고필증을 발급한 날을 기준으로 산정한다.

20 식품등의 표시기준 제7조(소비자가 오인·혼동하는 표시 금지)

표시대상이 되는 식품등을 제조·가공·수입·소분·판매하는 영업자는 식품의 용기·포장 등에 다음 각 호의 소비자가 오인·혼동하는 표시를 하여서는 아니 된다.

① 식품첨가물공전으로 해당 식품에 사용하지 못하도록 한 합성보존료, 색소 등의 식품첨가물에 대하여 사용을 하지 않았다는 표시
   (예시) 면류, 김치 및 두부제품에 "무보존료" 등의 표시

② 영양소의 함량을 낮추거나 제거하는 제조·가공의 과정을 하지 아니한 원래의 식품에 해당 영양소 함량이 전혀 들어 있지 않은 경우 그 영양소에 대한 강조표시

③ 합성착향료만을 사용하여 원재료의 향 또는 맛을 내는 경우 그 향 또는 맛을 뜻하는 그림, 사진 등의 표시

21 식품의 안전성과 수분활성도(Aw)

◆ 수분활성도(water activity, Aw) : 어떤 임의의 온도에서 식품이 나타내는 수증기압(Ps)에 대한 그 온도에 있어서의 순수한 물의 최대수증기압(Po)의 비로써 정의한다.

◆ 효소작용 : 수분활성이 높을 때가 낮을 때보다 활발하며, 최종 가수분해도도 수분활성에 의하여 크게 영향을 받는다.

◆ 미생물의 성장 : 보통 세균 성장에 필요한 수분활성은 0.91, 보통 효모, 곰팡이는 0.80, 내건성 곰팡이는 0.65, 내삼투압성 효모는 0.60이다.

◆ 비효소적 갈변 반응 : 다분자 수분층보다 낮은 Aw에서는 발생하기 어려우며, Aw 0.6~0.7의 범위에서 반응속도가 최대에 도달하고 Aw 0.8~1.0에서 반응속도가 다시 떨어진다.

◆ 유지의 산화반응 : 다분자층 영역(Aw 0.3~0.4)에서 최소가 되고 다시 Aw가 증가하여 Aw 0.7~0.8에서 반응속도가 최대에 도달하고 이 범위보다 높아지면 반응속도가 떨어진다.

22 유당(lactose)

◆ 이당류이며 포유동물의 젖에만 존재하고, 뇌, 신경조직에 존재한다.

◆ 장속의 유해균의 번식을 억제한다.

◆ 유즙 중에서 α형과 β형의 비율은 2:3이며, β형이 α형 보다 단맛이 강하다.

◆ 유당은 보통 효모에 의해 발효되지 않는다.

23 환원당

◆ 펠링(Fehling) 용액을 떨어뜨리면 적색의 침전물이 생성된다.

◆ 환원당에는 glucose, fructose, lactose가 있고, 비환원당은 sucrose이다.

24 유지의 산패

◆ 산화에 의한 산패(산화적 산패)와 물, 산, 알칼리 및 효소에 의한 가수분해적 산패로 대별된다.

◆ 산화에 의한 산패는 유지가 공기 중 분자상 산소(O_2)에 산화되면 hydroperoxide가 생성되고 hydroperoxide는 불안정하기 때문에 빛, 열, 금속, pH 등의 영향으로 분해되어 aldehyde, ketone류, 저급알코올을 생성하고 중합에 의하여 점도가 높아진다.

◆ 지방산의 불포화도가 높을수록 쉽게 산화된다.

⊕ 어유에는 고도불포화지방산이 많이 함유되어 있어서 산패를 가장 잘 일으킨다.

25 글루타티온(glutathione)

◆ 저분자 펩티드의 일종으로 글루타민산, 시스테인, 글리신의 세 개의 아미노산이 결합한 것이다.

◆ 생체 내의 산화, 환원 반응에 중요한 역할을 한다.

26 단백질의 2차 구조

◆ α-helix 등의 나선구조인데 이것은 나선에 따라 규칙적으로 결합되는 peptide의 =CO 기와 NH-기 사이에서 이루어지는 수소결합에 의해 α-helix 구조를 형성하여 안정된다.

◆ α-helix 구조가 변성되면 β-구조(pleated sheet 구조)가 된다.

27 칼슘(Ca)의 흡수를 도와주는 요인

◆ 칼슘은 산성에서는 가용성이지만 알칼리성에서는 불용성으로 되기 때문에 유당, 젖산, 단백질, 아미노산 등 장내의 pH를 산성으로 유지하는 물질은 흡수를 좋게 한다.

◆ 비타민 D는 Ca의 흡수를 촉진한다.

⊕ 시금치의 수산(oxalic acid), 곡류의 피틴산(phytic acid), 탄닌, 식이섬유 등은 Ca의 흡수를 방해한다.

28 비타민 B₁(thiamine)

◆ 장에서 흡수되어 thiamine pyrophosphate(TPP)로 활성화되어 당질대사에 관여한다.

◆ 100°C까지는 비교적 안정한 편이고 산성에서도 안정적이나 중성 특히 알칼리성에서 분해된다.

◆ 보통 조리 시 10~20% 손실되고 광선에 대해서 안정적이고, allithiamine(마늘)의 매운맛 성분을 형성한다.

◆ 탄수화물의 대사를 촉진하며, 식욕 및 소화기능을 자극하고, 신경 기능을 조절한다.

◆ 결핍되면 피로, 권태, 식욕부진, 각기, 신경염, 신경통이 나타난다.

29 과당(furctose)

◆ 설탕의 150% 정도로 천연당류 중 단맛이 가장 강하다.

◆ 단맛은 β형이 α형보다 3배 단맛이 강하다.

◆ 과당의 수용액을 가열하면 β형은 α형으로 변하여 단맛이 현저히 저하된다.

30 감귤과즙을 저장하거나 가공처리를 하면 쓴맛이 나는 것은 리모닌(limonin)성분 때문이다.

31 유황화합물을 함유한 엽채류와 근채류의 향기성분

◆ methylmercaptan(무), propylmercaptan(양파, 마늘), dimethylmercaptan(단무지), S-methylcysteine sulfoxide(양배추), methyl-β-mercaptopropionate(파인애플), β-methylmercaptopropyl alcohol(간장), alkylsulfide(고추냉이, 아스파라거스) 등이 있다.

32 chlorohpyll은 산에 의해 Mg⁺이 H⁺로 치환되어 pheophytinzation이 되어 갈색으로 변한다.

33 안토시아닌(anthocyanin) 색소

◆ 식물의 잎, 꽃, 과실의 아름다운 빨강, 보라, 파랑 등의 색소이다.
◆ 안토시아니딘(anthocyanidin)의 배당체로서 존재한다.
◆ 수용액의 pH에 따라 색깔이 변하는 특성을 가지는데 산성에서는 적색, 중성에서는 자색, 알칼리성에서는 청색 또는 청록색을 나타낸다.
◆ 산을 가하면 과실의 붉은색을 그대로 유지할 수 있다.

34 polyphenol oxidase와 tyrosinase가 함유하고 있는 금속원소

◆ polyphenol oxidase는 Cu^{++}를 함유한 산화효소이고 이 효소는 Cu^{++}이나 Fe^{++}에 의하여 활성화되고 Cl^-에 의하여 억제된다(NaCl에 담그면 효소적 갈변 억제).
◆ tyrosinase는 Cu^{++}를 함유한 산화효소이고, 이 효소는 Cu^{++}에 의하여 더욱 활성을 띠며 Cl^-에 의해 억제된다.

35 교질(colloid)용액

◆ 전기적으로 (+), (−) 전기를 띠고 있어 안정한 분산계를 형성한다.
◆ 교질용액은 때때로 입자가 모여서 분산매와 떨어져 침전을 일으키는데 이와 같은 현상을 응결(coagulation)이라 한다.
◆ 응결은 온도의 변화 및 분산매의 증발에 의해서도 일어나고, 반대로 전하를 가진 교질입자의 첨가나 중성염의 첨가 또는 교질용액을 등전점 부근의 pH로 조절할 때도 일어난다.

36 식품의 레올로지(rheology)

◆ 소성(plasticity) : 외부에서 힘의 작용을 받아 변형이 되었을 때 힘을 제거하여도 원상태로 되돌아가지 않는 성질   예 버터, 마가린, 생크림
◆ 점성(viscosity) : 액체의 유동성에 대한 저항을 나타내는 물리적 성질이며 균일한 형태와 크기를 가진 단일물질로 구성된 뉴턴 액체의 흐르는 성질을 나타내는 말   예 물엿, 벌꿀
◆ 탄성(elasticity) : 외부에서 힘의 작용을 받아 변형되어 있는 물체가 외부의 힘을 제거하면 원래상태로 되돌아가려는 성질   예 한천젤, 빵, 떡
◆ 점탄성(viscoelasticity) : 외부에서 힘을 가할 때 점성유동과 탄성변형을 동시에 일으키는 성질   예 난백, 껌, 반죽

37 노화에 영향을 주는 인자

◆ 온도 : 노화에 가장 알맞은 온도는 2~5°C이며, 60°C 이상의 온도와 동결 때는 노화가 일어나지 않는다.
◆ 수분함량 : 30~60%에서 가장 노화하기 쉬우며, 10% 이하에서는 어렵고, 수분이 매우 많은 때도 어렵다.
◆ pH : 다량의 OH 이온(알칼리)은 starch의 수화를 촉진하고, 반대로 다량의 H 이온(산성)

은 노화를 촉진한다.

◆ 전분의 종류 : amylose는 노화하기 쉽고, amylopectin은 노화가 어렵다. 옥수수, 밀은 노화하기 쉽고, 감자, 고구마, 타피오카는 노화하기 어려우며, 찰옥수수 전분은 노화가 가장 어렵다.

38 클로로필(chlorophyll) 색소의 성질

◆ chlorophyll을 Cu^{++}, Zn^{++}, Fe^{++} 또는 염과 가열하면 chlorophyll 분자 중의 Mg^{++}은 금속 이온과 치환되어 녹색이 고정된다.

39 관능적 특성의 측정 요소들 중 반응척도가 갖추어야 할 요건

◆ 단순해야 한다.
◆ 관련성이 있어야 한다.
◆ 편파적이지 않고 공평해야 한다.
◆ 의미전달이 명확해야 한다.
◆ 차이를 감지할 수 있어야 한다.

40 β-amylase

◆ amylose와 amylopectin 내부의 α-1,4-glucan 결합을 비환원성 말단부터 maltose 단위로 규칙적으로 가수분해하여 dextrin과 maltose를 생성하는 효소이다.
◆ 당화형 amylase라 한다.

제3과목   식품가공학

41 도정률이 증가함에 따라

◆ 섬유소, 회분, 비타민 등의 영양소는 손실이 커지고 탄수화물량이 증가한다.
◆ 총 열량이 증가하고 밥맛, 소화율도 향상된다.

42 밀가루의 종류

◆ 강력분 : 12~13% 이상, 제빵용, 강도가 높음
◆ 준강력분 : 11~12%, 빵의 원료, 강도와 성질이 강력분에 준함
◆ 중력분 : 10~11%, 제면용, 강도가 중간 정도
◆ 박력분 : 10% 이하, 과자 및 튀김용, 강도가 가장 약함

43 산당화법에서 사용하는 전분 분해제

◆ 일반적으로 염산, 황산 및 옥살산(수산)을 사용된다.
◆ 옥살산을 사용할 때 탄산칼슘으로 중화하게 되므로 옥살산칼슘이 생기게 된다.
◆ 이것은 당액에서 용해도가 극히 적을 뿐 아니라 침전입자가 크므로 여과하여 제거하기가 쉽다.

44 코지(koji) 제조의 목적

◆ 코지 중 amylase 및 protease 등의 여러 가지 효소를 생성하게 하여 전분 또는 단백질을 분해하기 위함이다.
◆ 원료는 순수하게 분리된 코지균과 삶은 두류 및 곡류이다.

45 팥을 이용하여 양갱 제조 시 중조($NaHCO_3$)를 넣는 이유

◆ 팥의 섬유가 많고 단단한 조직의 팽화를 촉진한다.
◆ 팥의 껍질 파괴를 용이하게 한다.
◆ 소의 착색을 돕는다.
◆ 연료가 절약된다.

➕ 중조에 의해 비타민 B_1이 파괴되는 것이 결점이다.

46 통조림 내의 진공도

◆ 통조림 내부압력과 외부압력의 차이를 말한다.
◆ 통조림의 진공도 = 관외기압 − 관내기압
  = 75.0 − 43.2 = 31.8cmHg

47 소금 절임의 저장효과

◆ 고삼투압으로 원형질 분리
◆ 수분활성도의 저하
◆ 소금에서 해리된 Cl^-의 미생물에 대한 살균작용
◆ 고농도 식염용액 중에서의 산소 용해도 저하에 따른 호기성세균 번식 억제
◆ 단백질 가수분해효소 작용 억제
◆ 식품의 탈수

48 Winterization(탈납처리, 동유처리)

◆ salad oil 제조 시에만 하는 처리이다.
◆ 기름이 냉각 시 고체지방으로 생성되는 것을 방지하기 위하여 탈취하기 전에 고체지방을 제거하는 작업이다.

49 우리나라 원유 가격은 유지방, 유단백, 세균수, 체세포수 등을 병행하여 1A, 1B, 2, 3, 4 등급으로 산정한다(적용일시: 2016년 1월 1일부터).

50 버터 제조 시 교동(churning)에 영향을 주는 요인

◆ 크림의 온도 : 여름철 8~10℃, 겨울철 12~14℃

◆ 크림의 지방함량 : 30~40%

◆ 크림의 양 : 1/3~1/2 정도(1/3이 가장 적당)

◆ 교동기 회전수 : 20~35rpm, 50~60분

51 자연치즈 제조 시 커드 가온(cooking) 목적

◆ whey 배출이 빨라지고, 수분조절이 되고, 유산발효가 촉진되며, 커드가 수축되어 탄력성
있는 입자로 된다.

52 육류의 사후경직 후 pH 변화

◆ 도축 전의 pH는 7.0~7.4이나 도축 후에는 차차 낮아지고 경직이 시작될 때는 pH 6.3~6.5
이며 pH 5.4에서 최고의 경직을 나타낸다.

◆ 대체로 1%의 젖산의 생성에 따라 pH는 1.8씩 변화되어 보통 글리코겐 함량은 약 1%이므
로 약1.1%의 젖산이 생성되고, 최고의 산도 즉, 젖산의 생성이 중지되거나 끝날 때는 약
pH 5.4로 된다. 이때의 산성을 극한산성이라 한다.

53 polyphosphate(중합인산염)의 역할

◆ 단백질의 보수력을 높이고, 결착성을 증진시키고, pH 완충작용, 금속이온 차단, 육색을 개
선시킨다.

◆ 햄, 소시지, 베이컨이나 어육연제품 등에 첨가한다.

54

◆ 액란을 동결저장하였다가 해동하면 난황의 단백질이 응집하여 젤(gel)화되어 교반해도 분
산되지 않고, 기계적으로 미세하게 마쇄하면 황색 반점이 분산된 모양으로 된다.

◆ 난황의 저온보존 시 젤화를 방지하기 위해서 설탕이나 식염농도 10% 정도 첨가 후 −10℃
이하에서 보존하는 방법과 단백질 분해효소인 protease가 유효하게 이용되고 있다.

55 통조림의 살균조건

◆ 통조림 제조 시 식품은 pH 4.6을 기준으로 산성식품과 저산성식품으로 구분한다.

◆ pH 4.6 이하의 산성식품의 경우

– 과일 등

– 낮은 pH로 인해 미생물의 아포가 발육할 수가 없어 80~100℃의 비교적 낮은 온도에서
도 살균을 행할 수 있다.

– 곰팡이, 효모, 유산균 낙산균 등이 살균대상이다.

◆ pH 4.6 이상의 저산성식품의 경우

– 식육, 수산물, 채소류 등

– *Clostridium botulinum*의 포자를 사멸하기 위해서 120~125℃의 고온에서 살균한다.

– *Clostridium botulinum*은 살균지표 세균이다.

56 호흡급상승(climacteric rise)

- 수확 후 과일의 대사 속도가 급격히 커지는 현상이다.
- 이산화탄소의 생성량이 많아지면서 에틸렌 가스의 생성(1ppm), 과육이 연화되고, 착색, 향기성분의 생성, 유기산의 감소와 당함량의 증가 등의 변화가 일어난다.
- 과일 성숙의 지표로 이용하고 있다.
- 품질유지제는 자체적으로 발생하는 에틸렌 가스를 흡수시키는 흡수제를 사용한다.

57 유통기한 설정실험 지표(실험항목)는 이화학적, 미생물학적 및 관능적 지표로 구분할 수 있다.

58 콜라겐(collagen) 케이싱

- 젤라틴과 젤리를 원료로 한 천연 동물성 단백질인 콜라겐을 대량생산 방식으로 분자상의 용액에 가용성화한 것이다.
- 콜라겐은 천연 케이싱과 같이 식용가능하다.

59 부상식(유동층식, fluidized bid) 건조기

- 다공판 등의 통기성 재료로 바닥을 만든 용기에 분립체를 넣고, 아래에서부터 공기를 불어 넣으면 어느 풍속 이상에서 분립체가 공기 중에 부유 현탁되는데, 이때 아래에서부터 열풍을 불어넣어 유동화 되고 있는 분립체에 열을 가해 건조시키는 방법이다.
- cylone(집진기)를 설치하면 먼지도 동시에 분리할 수 있다.
- 이 건조방식은 곡물과 같은 입상의 시료를 건조하는 데 적합하다.

60 면역 기능에 도움을 주는 건강기능식품

- 인정된 기능성 원료
  - 게르마늄효모, 금사상황버섯, 당귀혼합추출물, 클로렐라, 표고버섯균사체, Enterococcus faecalis 가열처리건조분말, L-글루타민, 다래추출물, 소엽추출물, 피카 오프레토분말등복합물, 구아바잎추출물등복합물
- 고시형 원료
  - 인삼, 홍삼, 알콕시글리세롤 함유 상어간유, 알로에겔

제4과목 식품미생물학

61
- 핵산은 세포 내 단백질의 대부분을 차지하고 RNA와 DNA가 있다.
- 미생물은 일반적으로 세포 내에 핵산을 많이 함유하는데 세균 포자의 RNA 및 DNA 함량은 영양세포의 약 반분에 지나지 않는다.

62 진균류(*Eumycetes*)

◆ 조상균류
- 균사에 격벽(격막)이 없다.
- 호상균류, 난균류, 접합균류(*Mucor*속, *Rhizopus*속, *Absidia*속) 등

◆ 순정균류
- 균사에 격벽이 있다.
- 자낭균류(*Monascus*속, *Neurospora*속), 담자균류, 불완전균류(*Aspergillus*속, *Penicillium*속, *Trichoderma*속) 등

63 총균수＝초기균수×2^{세대기간}

$64 = 4 \times 2^n$, $n = 4$

2시간/4 = 0.5시간

64 자외선 조사

◆ 자외선 중에서 가장 살균력이 강한 파장은 2573Å이다.

◆ 이것은 생명을 지배하는 가장 중요한 핵산(DNA)의 흡수대인 2600~2650Å에 속하기 때문이다.

◆ 자외선은 살균작용과 동시에 변이를 일으키는 작용도 한다.

65 조상균류의 유성생식

◆ 일반적으로 +(웅주)와 -(자주)의 균사가 접합하여 핵이 융합하고, 접합균류의 경우에는 투터운 막을 가진 접합포자를 형성하게 되며, 난균류의 경우에는 세포 내에 난포자를 형성한다.

◆ 접합균류의 생활사 : 균사 - 배우자낭 - 접합체 - 접합포자 - 감수분열 - 포자낭 - 포자

66 ◆ *Saccharomyces*속 : 구형, 난형 또는 타원형이고, 위균사를 만드는 것도 있다.

◆ *Hanseniaspora*속 : 레몬형이고 위균사를 형성하지 않는다.

◆ *Candida*속 : 구형, 난형, 원통형이고, 대부분 위균사를 잘 형성한다.

◆ *Trulopsis*속 : 소형의 구형 또는 난형이고, 위균사를 형성하지 않는다.

67 맥주의 종류

◆ 발효시키는 효모의 종류에 따라 상면발효맥주와 하면발효맥주가 있다.
- 상면발효맥주 : 상면발효효모인 *Saccharomyces cerevisiae*로 발효시켜 제조하고 영국, 캐나다, 독일의 북부지방 등에서 주로 생산한다.
- 하면발효맥주 : 하면발효효모인 *Saccharomyces carsbergensis*로 발효시켜 제조하고 한국, 일본, 미국 등에서 주로 생산한다.

68 대장균

◆ 동물이나 사람의 장내에 서식하는 세균을 통틀어 대장균이라 한다.
◆ 그람 음성, 호기성 또는 통성혐기성, 주모성 편모, 무포자 간균이다.
◆ lactose를 분해하여 CO_2와 H_2 가스를 생성한다.
◆ 대장균군 분리 동정에 lactose을 이용한 배지를 사용한다.
◆ 분변오염의 지표세균으로 사용한다.

69 조류(algae)

◆ 분류학상 대부분 진정핵균에 속하므로 세포의 형태는 효모와 비슷하다.
◆ 종래에는 남조류를 조류에 분류했으나 이는 원시핵균에 분류하므로 세균 중 청녹세균에 분류하고 있다.
◆ 바닷물에 서식하는 해수조와 담수 중에 서식하는 담수조가 있다.
◆ 조류에는 갈조류, 홍조류 및 녹조류의 3문이 여기에 속한다.
◆ 세포 내에 엽록체를 가지며, 공기 중의 CO_2와 물로부터 태양에너지를 이용하여 포도당을 합성하는 광합성 미생물이다.
◆ 남조류는 특정한 엽록체가 없고 엽록소(chlorophyll a)가 세포 전체에 분포한다.

70 phage의 예방대책

◆ 공장과 그 주변 환경을 미생물학적으로 청결히 하고 기기의 가열살균, 약품살균을 철저히 한다.
◆ phage의 숙주특이성을 이용하여 숙주를 바꾸어 phage 증식을 사전에 막는 starter rotation system을 사용, 즉 starter를 2균주 이상 조합하여 매일 바꾸어 사용한다.
◆ 약재 사용방법으로서 chloramphenicol, streptomycin 등 항생물질의 저농도에 견디고 정상발효하는 내성균을 사용한다.

71 *Pseudomonas*속

◆ 그람 음성, 무포자 간균, 호기성이며 내열성은 약하다.
◆ 특히 저온에서 호기적으로 저장되는 식품에 부패를 일으킨다.
◆ 어패류, 육류, 유가공품, 우유, 달걀, 야채 등에 널리 분포하여 식품을 부패시키는 부패세균이다.
◆ *Pseudomonas*속이 부패 세균으로서 중요한 점
  – 증식속도가 빠르다.
  – 많은 균종이 저온에서 잘 증식한다.
  – 암모니아 등의 부패생성물량이 많다.
  – 단백질, 지방 분해력이 강하다.
  – 일부 균종은 색소를 생성한다.
  – 여러 종류의 방부제에 대하여 강한 저항성을 가지고 있다.

72 *Mucor rouxii*

◆ 중국 누룩에서 분리되었고 전분 당화력이 강하며, α-amylo법에 의한 알코올 제조에 이용된다.

◆ 생육적온은 30~40°C이다.

73 호프(hop)의 효과

◆ 호프는 맥주에 고미와 상쾌한 향미를 부여하고, 거품의 지속성 그리고 항균성 등의 효과가 있다.

◆ hop의 tannin은 양조공정에서 불안정한 단백질을 침전 제거하고, 맥주의 청징에도 도움이 된다.

74 좋은 청주 코지를 제조하기 위해서

◆ 적당한 온도와 습도로 조절된 공기를 원료 증미 층을 통하게 하여 발생된 열과 탄산가스를 밖으로 배출시킨다.

◆ 품온 조절과 산소공급을 적당히 해야 한다.

75 핵산관련 물질이 정미성을 나타내는 화학구조

◆ nucleoside, 염기에는 정미성을 가진 것이 없고 nucleotide만 정미성분을 가진다.

◆ purine계 염기만이 정미성이 있고 pyrimidine계의 것은 비정미성이다.

◆ 당은 ribose나 deoxyribose에 관계없이 정미성을 가진다.

◆ 인산은 당의 5'의 위치에 있지 않으면 정미성이 없다.

◆ purine염기의 6의 위치 탄소에 −OH가 있어야 정미성이 있다.

76 김치의 발효 젖산균

◆ *Lactobacillus plantarum*, *L. brevis*, *Streptococcus faecalis*, *Leuconostoc mesenteroides* 등과 이외에 *Pediococcus* sp. 등이 있다.

⊕ *Lactobacillus*는 발효유 제조에 이용되는 유산균이다.

⊕ *Campylobacter*는 소나 염소 등의 전염성 유산 및 설사증의 원인균이었는데 최근 집단 식중독의 원인균으로서 세계적으로 관심이 집중되고 있다.

77 포도당으로부터 초산 생성

◆ 반응식

$$C_6H_{12}O_6 \longrightarrow 2C_2H_5OH + 2CO_2$$
$$(180) \qquad\qquad (2\times46)$$

$$C_2H_5OH + O_2 \longrightarrow CH_3COOH + H_2O$$
$$(46) \qquad\qquad (60)$$

◆ 포도당 1kg으로부터 이론적인 ethanol 생성량

$180 : 46 \times 2 = 1000 : \chi$

$\therefore \chi = 511.1g$

◆ 포도당 1kg으로부터 초산 생성량

$180 : 60 \times 2 = 1000 : \chi$

$\therefore \chi = 666.6g$

78 glutamic acid 생산균주

◆ 생육인자로서 biotin을 요구한다.

◆ glutamic acid 축적의 최적 biotin량은 생육최적 요구량(약 10~25r/ℓ) 보다 1/10 정도인 0.5~2.0r/ℓ가 적당하다.

◆ 이보다 많으면 균체만 왕성하게 증가되어 젖산만 축적하고 glutamic acid는 생성되지 않는다.

79 고정화 효소

◆ 최근 효소의 활성을 유지하면서 물에 녹지 않는 담체에 물리적 또는 화학적 방법으로 부착시켜 고체 촉매화한 고정화 효소가 실용화되고 있다.

◆ 고정화에 의해서 효소는 열, pH, 유기용매, 단백질변성제, protease, 효소저해제 등의 외부인자에 안정성이 증가하는 장점도 있고, 연속 효소반응시 안정성 또는 보존성이 좋아지는 경우도 있다.

◆ 고정화 효소나 균체는 고정화하기 전에 비해 조금씩 다른 성질을 나타낼 수 있고, 효소는 고정화에 의해서 일반적으로 활성이 저하되는 경우가 많고, 기질특이성이 변화하는 일이 있다.

80 형질도입(transduction)

◆ 어떤 세균 내에 증식하던 bacteriophage가 그 세균의 염색체 일부를 빼앗아 방출하여 다른 새로운 세균 숙주속으로 침입함으로서 처음 세균의 형질이 새로운 세균의 균체 내에 형질이 전달되는 현상을 말한다.

◆ *Salmonella typhimurium*과 *Escherichia coli* 등에서 볼 수 있다.

제5과목   식품제조공정

81 광학에 의한 선별

◆ 스펙트럼의 반사와 통과 특성을 이용하는 X-선, 가시광선, 마이크로파, 라디오파 등의 광범위한 분광 스펙트럼을 이용해 선별하는 방법이다.

◆ 이 방법의 원리는 가공재료의 통과 특성과 반사 특성을 이용하는 선별방법으로 나뉜다.

◆ 통과 특성을 이용한 선별은 식품에 통과되는 빛의 정도를 기준으로 선별하는 방법이다. 달걀류의 이상 여부 판단, 과일류나 채소류의 성숙도, 중심부의 결함 등을 선별하는데 이용한다.

◆ 반사 특성을 이용한 선별은 가공재료에 빛을 쪼이면 재료 표면에서 나타난 빛의 산란(scattering), 복사, 반사 등의 성질을 이용해 선별하는 방법이다. 반사정도는 야채, 과일, 육류 등의 색깔에 의한 숙성정도, 곡류의 표면손상, 흠난 과일의 표면, 결정의 존재 여부, 비스켓, 빵, 감자의 바삭거림 정도 등에 따라 달라진다.

82 메시(mesh)

◆ 표준체의 체눈의 개수를 표시하는 단위이다.
◆ 1mesh는 1inch(25.4mm)에 세로×가로 크기 체눈의 개수를 의미한다.
◆ mesh의 숫자가 클수록 체의 체눈의 크기는 작다는 것을 의미한다.

83 디스크 정선법

◆ 농산물을 기계적으로 수확할 경우 밀, 보리 등 곡류와 크기가 비슷하나 모양이 다른 여러 가지 잡초씨, 지푸라기 등이 섞인다. 이들은 비중의 차이나 크기에 따라 구분하기 어렵다. 이를 분리할 때 길이나 직경의 차이에 따라 분리하는 방법이다.

84 세척의 분류

건식세척	• 마찰세척(abrasion cleaning) • 흡인세척(aspiration cleaning) • 자석세척(magnetic cleaning) • 정전기적 세척(electrostatic cleaning)
습식세척	• 담금세척(soaking cleaning) • 분무세척(spray cleaning) • 부유세척(flotation cleaning) • 초음파세척(ultrasonic cleaning)

85 해머 밀(hammer mill)

◆ 충격형 분쇄기로, 여러 개의 해머가 부착된 회전자(rotor)와 분쇄실 밑에 있는 반원형의 체로 구성되어 있다.
◆ 회전자는 2,500~4,000rpm으로 회전시키면 해머의 첨단속도는 30~90m/sec에 이르게 되어 식품은 강한 충격을 받아 분쇄된다.
◆ 결정성 고체, 곡류, 건조 채소, 건조 육류 등을 분쇄하는 데 알맞다.

86 **교반(agitation)**

◆ 액체-액체 혼합을 말하며, 저점도의 액체들을 혼합하거나 소량의 고형물을 용해 또는 균일하게 하는 조작이다.

87 **콜로이드 밀(colloid mill)**

◆ 1,000~20,000rpm으로 고속회전하는 로터(rotor)와 고정판(stator)으로 되어있다. 이 사이에 액체가 겨우 흐를 만한 좁은 간격(약 0.0025㎜)을 가지고 있다.
◆ 액체가 이 간격 사이를 통과하는 동안 전단력, 원심력, 충격력, 마찰력이 작용하여 유화시킬 수 있다.
◆ 치즈, 마요네즈, 샐러드크림, 시럽, 주스 등 유화에 이용된다.

88 **압출장치에서 배럴 내부에 걸리는 압력 생성 원인**

◆ 스크루 지름의 증가와 스크루 pitch의 감소
◆ 배럴 직경의 감소
◆ 스크루에 제한 날개의 부착

89 **압출성형기(extruder)**

◆ 원료의 사입구에서 사출구에 이르기까지 압축, 분쇄, 혼합, 반죽, 충밀림, 가열, 용융, 성형, 팽화 등의 여러 가지 단위공정이 이루어지는 식품 가공기계이다.
◆ 압출성형스낵 : 압출성형기를 통하여 혼합, 압출, 팽화, 성형시킨 제품으로 extruder 내에서 공정이 순간적으로 이루어지기 때문에 비교적 공정이 간단하고 복잡한 형태로 쉽게 가공할 수 있다.

90 **관형 원심분리기(tubular bowl centrifuge)**

◆ 고정된 case 안에 가늘고 긴 보울(bowl)이 윗부분에 매달려 고속으로 회전한다.
◆ 공급액은 보울 바닥의 구멍에 삽입된 고정 노즐을 통하여 유입되어 보울 내면에서 두 동심 액체층으로 분리된다.
◆ 내층, 즉 가벼운 층은 보울 상부의 둑(weir)을 넘쳐나가 고정배출 덮개 쪽으로 나가며, 무거운 액체는 다른 둑을 넘어 흘러서 별도의 덮개로 배출된다.
◆ 액체와 액체를 분리할 때 사용한다.
◆ 식용유의 탈수, 과일주스 및 시럽의 청징에 사용된다.

91 막분리 기술의 특징

막분리법	막기능	추진력
확산투석(dialsis)	확산에 의한 선택 투과성	농도차
전기투석(electrodialsis, ED)	이온성 물질의 선택 투과성	전위차
정밀여과(microfiltration, MF)	막외경에 의한 입자크기의 분배	압력차
한외여과(ultrafiltration, UF)	막외경에 의한 분자크기의 선별	압력차
역삼투(reverse osmosis, RO)	막에 의한 용질과 용매와의 분리	압력차

92 역삼투(reverse osmosis)법
◆ 본래 바닷물에서 순수를 얻기 위해 시작된 방법이다.
◆ 반투막을 사이에 두고 고농도의 염류를 함유하고 있는 유청 쪽에 압력을 주어 물 쪽으로 염류를 투과시켜 탈염, 농축시킨다.
◆ 유청 중의 단백질을 한외여과법으로 분리하고 투과액으로부터 유당을 회수하기 위해 역삼투법으로 농축한 후 농축액에서 전기영동법에 의해 회분을 제거하는 종합공정을 이용한다.

93 추출공정에서 용매로서의 조건
◆ 가격이 저렴해야 한다.
◆ 화학적으로 안정해야 한다.
◆ 비열 및 증발열이 작아 회수가 쉬워야 한다.
◆ 용질에 대하여는 용해도가 커야 한다.
◆ 인화 및 폭발하는 등의 위험성이 적어야 한다.
◆ 추출박에 나쁜 냄새와 맛을 남기지 않을 뿐 아니라 독성이 없어야 한다.

94 스크루컨베이어(screw conveyer)
◆ 원통형 또는 단면의 아래쪽 반이 반원형인 물통 모양의 외곽속에 나사를 넣고, 이 나사를 회전시켜서 물건을 나사의 날개에 따라 이동시키는 운송기계이다.
◆ 곡물, 습기가 있는 재료, 밀가루, 설탕과 같이 가루로 되어 있는 것을 운반하는데 이용된다.

95 분무건조(spray drying) 장치
◆ 열풍장치, 분무장치, 건조실, 제품의 회수장치 및 제품의 반출 냉각장치 등으로 구성되어 있다.

96 동결건조(freeze drying)
◆ 식품을 $-40 \sim -30℃$까지 급속 동결시킨 후 진공도 $1.0 \sim 0.1\text{mmHg}$ 정도의 진공을 유지하는 건조기 내에서 얼음을 승화시켜 건조한다.

장점	• 위축변형이 거의 없으며 외관이 양호하다. • 효소적 또는 비효소적 성분 간의 화학반응이 없으므로 향미, 색 및 영양가의 변화가 거의 없다. • 제품의 조직이 다공질이고 변성이 적으므로 물에 담갔을 때 복원성이 좋다. • 품질의 손상없이 2~3% 정도의 저수분으로 건조할 수 있다.
단점	• 딸기나 셀러리 등은 색, 맛, 향기의 보존성은 좋으나 조직이 손상되어 수화시켰을 때 원식품과 같은 경도를 나타내지 못한다. • 다공질 상태이기 때문에 공기와의 많은 접촉면적으로 흡습산화의 염려가 크다. • 냉동 중에 세포구조가 파괴되었기 때문에 기계적 충격에 대하여 부스러지기 쉽고 포장이나 수송에 문제점이 많다. • 시설비와 운전 경비가 비싸다. • 건조 시간이 길고 대량 건조하기 어렵다.

97 칼란드리아식(calandria) 농축기

◆ 짧은 관(tube)이 수직이나 수평으로 들어 있는 열교환기이다.

◆ 1~2m 길이에 직경이 50~100mm인 관들로 되어있다.

◆ 수증기는 원통에 공급되고 용액은 관 내부를 통하여 자연대류에 의해 순환, 가열되고 증기는 증기배출기로 빠져나가게 된다.

➕ 동결농축, 막분리, 역삼투는 저온처리가 가능한 농축방식이다.

98 작은 입자를 함유하는 액상식품의 살균

◆ 점도가 낮은 식품들은 판상열교환기(plate heat exchanger)나 관형열교환기(tubular heat exchanger)를 사용하여 가열과 냉각시킨다.

◆ 점도가 비교적 높은 식품들은 표면긁기 열교환기(scraped surface heat exchanger)를 사용한다. 특히 의가소성을 나타내는 비뉴턴성 식품의 경우 열전달속도를 높이기 위하여 표면긁기 열교환기를 사용하며, 크기가 15mm 정도의 고체입자를 함유하는 식품을 가열할 경우는 이중관형 표면긁기 열교환기를 사용한다.

99 적외선 가열(infrared heating)

◆ 열매체를 필요로 하지 않기 때문에 피가열물(식품)의 표면 아래까지 직접 적외선 에너지를 공급할 수 있다.

◆ 식품의 주성분인 물이나 유기물질은 $3\sim25\,\mu m$의 파장영역에 강한 흡수대를 갖는다.

◆ 피가열물(식품)에 의해서 흡수된 전자파 에너지는 열에너지로 변환된다.

100 식품에 대한 열전달 방식

◆ 전도, 대류, 복사의 형태가 있다.

◆ 내용 식품에 따라 대류와 전도의 중간 형태로 구분하기 어려운 복합형이 있다.

식품산업기사 실전모의고사 2회

제1과목   식품위생학

1 식중독의 발생 조건에 대한 설명으로 틀린 것은?

① 원인세균이 식품에 부착하면 어떤 경우라도 발생한다.
② 특수원인세균으로서 특정식품을 오염시키는 특수 관계가 성립하는 경우가 있다.
③ 적합한 습도와 온도일 때 식중독 세균이 발육한다.
④ 일반인에 비하여 면역기능이 저하된 위험군은 식중독세균에 감염 시 발병할 가능성이 더 높다.

2 세균성 식중독 중 잠복기가 가장 짧은 것은?

① 포도상구균   ② 장염비브리오균
③ 대장균   ④ 살모넬라균

3 비브리오 패혈증에 대한 설명으로 틀린 것은?

① 원인균은 *V. parahaemolyticus*이다.
② 간질환자나 당뇨환자들이 걸리기 쉽다.
③ 전형적인 증상은 무기력증, 오한, 발열 등이다.
④ 원인균은 감염성이 매우 높다.

4 대장균군에 대한 설명으로 맞는 것은?

① 그람음성, 무아포의 간균으로 젖당을 분해하는 호기성, 통성혐기성균이다.
② 그람양성, 간균으로 젖당을 분해하는 호기성, 혐기성균이다.
③ 그람음성, 구균으로 젖당을 분해하지 않는 호기성, 통성혐기성균이다.
④ 그람음성, 무아포의 간균으로 젖당을 분해하지 않는 호기성, 통성혐기성균이다.

5 황색포도상구균 식중독에 대한 설명으로 거리가 먼 것은?

① 잠복기가 1~6시간으로 짧다.
② 사망률이 매우 높다.
③ 내열성이 강한 장내독소(enterotoxin)에 의한 식중독이다.
④ 주 증상은 급성위장염으로 인한 구토, 설사이다.

6 *Cl. perfringens*에 의한 식중독에 관한 설명 중 옳은 것은?

① 우리나라에서는 발생이 보고된 바가 없다.
② 육류와 같은 고단백질 식품보다는 채소류가 자주 관련된다.
③ 일반적으로 병독성이 강하여 적은 균 수로도 식중독을 야기한다.
④ 포자형성(sporulation)이 일어나는 경우에만 식중독이 발생한다.

7 cholinesterase의 작용을 억제하여 혈액과 조직 중에 생기는 유해한 acetylcholine을 축적시켜 중독증상을 나타내는 농약은?

① 유기인제   ② 유기염소제
③ 유기불소제   ④ 유기수은제

8 다음 중 유해성이 높아 허가되어 있지 않은 보존료는?

① 안식향산   ② 붕산
③ 소르빈산   ④ 데히드로초산

9 식중독 시 cyanosis 현상이 나타나는 어종은?

① 굴   ② 조개
③ 독꼬치고기   ④ 복어

10 세균에 의한 경구 감염병은?

① 유행성 간염   ② 콜레라
③ 폴리오   ④ 전염성 설사증

11 다음 기생충과 그 감염 원인이 되는 식품의 연결이 잘못된 것은?

① 쇠고기 – 무구조충
② 오징어, 가다랭이 – 광절열두조충
③ 가재, 게 – 폐흡충
④ 돼지고기 – 유구조충

12 식품업소에 서식하는 바퀴와 관계가 없는 것은?

① 오물을 섭취, 식품·식기에 병원체를 옮긴다.
② 부엌 주변, 습한 곳, 어두운 구석을 깨끗이 청소해야 한다.
③ 붕산가루를 넣은 먹이, DDVP나 pyrethrine 훈증 등으로 살충 효과가 있다.
④ 곰팡이류를 먹고, 촉각은 주걱형이다.

13 벤조피렌(benzopyrene)에 관한 설명으로 틀린 것은?

① 식품 중에 흔히 있다.
② 자연독이다.
③ 발암물질이다.
④ 대기오염 물질이다.

14 다음과 같은 목적과 기능을 하는 식품첨가물은?

- 식품의 제조과정이나 최종제품의 pH 조절을 위한 완충제
- 부패균이나 식중독 원인균을 억제하는 식품 보존제
- 유지의 항산화제나 갈색화 반응 억제시의 상승제
- 밀가루 반죽의 점도 조절제

① 산미료(acidulant)
② 조미료(seasoning)
③ 호료(thickening agent)
④ 유화제(emulsifier)

15 식품에서 특히 가장 문제되는 방사능 오염물질은?

① ^{90}Sr　　② ^{60}Co
③ ^{235}Ur　　④ ^{238}Ue

16 식품 및 축산물안전관리인증기준의 작업위생관리에서 아래의 (　) 안에 알맞은 것은?

- 칼과 도마 등의 조리 기구나 용기, 앞치마, 고무장갑 등은 원료나 조리과정에서의 (　) 을(를) 방지하기 위하여 식재료 특성 또는 구역별로 구분하여 사용하여야 한다.
- 식품 취급 등의 작업은 바닥으로부터 (　) cm 이상의 높이에서 실시하여 바닥으로부터의 (　)을(를) 방지하여야한다.

① 오염물질 유입 – 60 – 곰팡이 포자 날림
② 교차오염 – 60 – 오염
③ 공정간 오염 – 30 – 접촉
④ 미생물 오염 – 30 – 해충·설치류의 유입

17 전류를 직접 식품에 통하는 장치를 가진 기구의 전극으로 사용이 불가능한 것은?

① 철　　② 알루미늄
③ 구리　　④ 티타늄

18 일반세균수를 검사하는 데 주로 사용되는 방법은?

① 최확수법
② Rezazurin
③ Breed법
④ 표준한천평판배양법

19 식품 등의 표시기준을 수록한 식품 등의 공전을 작성·보급하여야 하는 자는?

① 농림축산식품부장관
② 식품의약품안전처장
③ 보건복지부장관
④ 농촌진흥청장

20 식품위생분야 종사자 등의 건강진단규칙에 의한 연 1회 정기 건강진단 항목이 아닌 것은?

① 성병　　② 장티푸스
③ 폐결핵　　④ 전염성 피부질환

제2과목　식품화학

21 물은 알코올이나 에테르 등에 비해 분자량이 매우 적음에도 이들에 비해 비점이 높은 특징이 있다. 이와 같은 이유는 물의 무슨 결합 때문인가?

① 공유결합　　② 이온결합
③ 수소결합　　④ 배위결합

22 lactose가 들어있는 식품은?

① 쇠고기　　② 채소
③ 우유　　④ 달걀

23 녹말의 두 성분인 아밀로오스(amylose)와 아밀로펙틴(amylopectin)의 성질에 대한 비교 설명으로 옳은 것은?

① 아밀로오스의 분자량이 일반적으로 더 크다.
② 아밀로펙틴이 더 빨리 호화된다.
③ 아밀로오스의 분자구조가 더 복잡하다.
④ 아밀로펙틴의 요오드 정색반응은 적갈색이다.

24 펙틴(pectin)질 중 분자량이 가장 큰 것은?

① pectinic acid
② protopectin
③ pectic acid
④ pectin

25 다음 지방산 중 식용유를 구성하는 주요 지방산이 아닌 것은?

① 올레산(oleic acid)
② 부티르산(butyric acid)
③ 팔미트산(palmitic acid)
④ 리놀레산(linoleic acid)

26 유지의 발연점(smoke point)에 영향을 미치는 인자가 아닌 것은?

① 용해도
② 유리지방산의 함량
③ 노출된 유지의 표면적
④ 외부에서 들어간 미세한 입자상 물질의 존재

27 다음 지방산 중 자동산화 속도가 가장 큰 것은?

① 스테아르산(stearic acid)
② 올레산(oleic acid)
③ 리놀레산(linoleic acid)
④ 리놀렌산(linolenic acid)

28 다음에서 설명하는 단백질은?

- 단순단백질에 속하고 물 및 중성 염용액에 불용이다.
- 묽은 산 및 묽은 알칼리에 녹는다.
- 곡류 종자에 많으므로 식물성단백질, 곡류단백질이라고 부르기도 한다.
- oryzenin, hordenin 등이 이에 속한다.

① globulin ② histone
③ albumin ④ glutelin

29 아미노산의 중성용액 혹은 약산성 용액에 시약을 가하여 같이 가열했을 때 CO_2를 발생하면서 청색을 나타내는 반응으로 아미노산이나 펩티드 검출 및 정량에 이용되는 것은?

① 밀론 반응
② 크산토프로테인 반응
③ 닌히드린 반응
④ 뷰렛 반응

30 칼슘은 직접적으로 어떤 무기질의 비율에 따라 체내 흡수가 조절되는가?

① 마그네슘 ② 인
③ 나트륨 ④ 칼륨

31 아미노산인 트립토판을 전구체로 하여 만들어지는 수용성 비타민은?

① 비오틴(biotin)
② 엽산(folic acid)
③ 나이아신(niacin)
④ 리보플라빈(riboflavin)

32 다음 중 양파의 최루성분은?

① allicin
② thiopropionaldehyde
③ quercetin
④ propylmercaptane

33 식물 엽록소의 중요한 구성원소로 당질대사에 관여하는 효소의 작용을 촉진시키는 무기질은?

① Mn ② Ca
③ Fe ④ Mg

34 녹차 음료수를 마실 경우에 가장 많은 양으로 섭취하게 되는 플라보노이드(flavonoid)는?

① isoflavone
② retinoid
③ anthocyanin
④ flavan-3-ol

35 식품의 효소적 갈변 방지법으로 틀린 것은?

① 공기주입
② 데치기
③ 산 첨가
④ 저온 처리

36 전단응력이 오래 작용할수록 점조도가 감소하는 젤(gel)의 특성을 나타내는 유체는 다음 중 어느 것인가?

① 뉴톤(Newton) 유체
② 딜레탄트(Dilatant) 유체
③ 의사가소성(pseudoplastic) 유체
④ 직소트로픽(thixotropic) 유체

37 반고형의 식품을 삼킬 수 있는 상태로까지 붕괴시키는 데 필요한 힘으로 설명되는 식품의 texture 성질은?

① 부착성(adhesiveness)
② 깨짐성(취약성, brittleness)
③ 저작성(chewiness)
④ 검성(gumminess)

38 온도에 따른 맛의 변화에 대한 설명으로 틀린 것은?

① 일반적으로 온도의 상승에 따라 단맛은 감소한다.
② 설탕은 온도 변화에 따라 단맛의 변화가 거의 없다.
③ 온도 상승에 따라 짠맛과 쓴맛은 감소한다.
④ 신맛은 온도 변화에 거의 영향을 받지 않는다.

39 관능적 특성의 영향요인들 중 심리적 요인이 아닌 것은?

① 기대오차
② 습관에 의한 오차
③ 후광효과
④ 억제

40 기초대사량을 측정할 때의 조건으로 적합하지 않은 것은?

① 영양상태가 좋을 때 측정할 것
② 완전휴식 상태일 때 측정할 것
③ 적당한 식사 직후에 측정할 것
④ 실온 20℃ 정도에서 측정할 것

제3과목 식품가공학

41 경도가 높은 곡물을 도정하는 데 가장 효과적인 도정작용은?

① 마찰작용
② 충격작용
③ 연삭작용
④ 찰리작용

42 밀가루 반죽의 패리노그램(farinogram)을 구성하는 요소가 아닌 것은?

① 반죽의 경도　② 반죽의 안정도
③ 반죽의 호화도　④ 반죽의 탄성

43 밀가루 가공식품 중 빵에 대한 설명이 틀린 것은?

① 밀가루 반죽의 가스는 첨가하는 효모의 작용에 의해 생성
② 밀가루는 빵의 골격을 형성하고 반죽의 가스 포집 역할
③ 소금은 부패 미생물 생육 억제 및 향미 촉진
④ 설탕은 발효공급원으로 전분 노화 촉진

44 두부의 제조에 관한 설명이 틀린 것은?

① 콩을 충분히 불리지 않으면 마쇄가 잘 되지 않는다.
② Mg염, Ca염 등이 응고제로 쓰인다.
③ 소포제로는 면실유나 실리콘수지 등이 쓰인다.
④ 일반적으로 단시간에 높은 압력을 가해 압착하여야 탄력성이 좋다.

45 코지(koji)를 사용하는 가장 주된 목적은?

① 호기성균을 발육시켜 호흡작용을 정지시키기 위해
② 아미노산, 에스테르 등의 물질을 얻기 위해
③ 아밀라아제, 프로테아제 등의 효소를 생성하기 위해
④ 잡균의 번식을 방지하기 위해

46 아미노산간장의 특징이 아닌 것은?

① 단백질 원료를 염산으로 분해시키고 NaOH로 중화시켜 얻는다.
② 짧은 시간 내에 만들 수 있다.
③ 단백질의 이용률을 높일 수 있다.
④ 발효간장에 비하여 풍미가 우수하다.

47 통조림 가열 살균 후 냉각효과에 해당되지 않는 것은?

① 호열성 세균의 발육방지
② 관내면 부식방지
③ 스트루비트(struvite)의 생성방지
④ 생산능률의 상승

48 젤리화의 강도와 관계없는 인자는?

① 펙틴의 농도　② 펙틴의 분자량
③ pH　　　　　④ 음이온의 양

49 떫은 감을 떫지 않게 하는 과정인 탈삽방법에 해당하지 않는 것은?

① 탄산가스법　② 알코올법
③ 온탕법　　　④ 알데히드법

50 소금의 방부력과 관계가 없는 것은?

① 원형질의 분리
② 펩타이드 결합의 분해
③ 염소이온의 살균작용
④ 산소의 용해도 감소

51 추출한 유지를 낮은 온도에 저장하면서 굳어 엉긴 고체 지방을 제거하는 공정은?

① 탈산　　　② 윈터리제이션
③ 탈취　　　④ 탈납

52 우유를 균질화(homogenization)시키는 목적으로 가장 거리가 먼 것은?

① 지방구를 분쇄한다.
② 커드(curd)를 연하게 한다.
③ 미생물의 발육을 저지시킨다.
④ 크림층 형성을 방지한다.

53 아이스크림을 제조할 때 가장 알맞은 오버런 (overrun)의 범위는 얼마인가?

① 30±5%　　　② 50±10%
③ 70±5%　　　④ 90±10%

54 다음 중 알코올 발효유는 어느 것인가?

① yoghurt
② acidophilus milk
③ calpis
④ kumiss

55 가축의 사후경직 현상에 해당되지 않는 것은?

① 근육이 굳어져 수축경화된다.
② 고기의 pH가 낮아진다.
③ 젖산이 생성된다.
④ 단백질의 가수분해 현상인 자기소화 가 나타난다.

56 소시지(sausage)를 제조할 때 원료육에 향신 료 및 조미료를 첨가하여 혼합하는 기계는?

① meat chopper
② silent cutter
③ stuffer
④ packer

57 어패류의 맛에 관여하는 함질소 엑스성분이 아닌 것은?

① TMAO
② betaine
③ 핵산관련물질
④ 글리세라이드

58 플라스틱 포장재료 중 열접착성이 우수하고 방습성이 큰 것은?

① 폴리에틸렌
② 폴리에스테르
③ 폴리프로필렌
④ PVC

59 사과 1kg을 20℃ 저장고에 보관했을 때, 1시 간 동안의 호흡량이 54[CO_2mg/kg/h]이었다. 이 사과를 10℃ 저장고로 옮겼을 때, 1시간 동안의 호흡량은 얼마인가? (단, 이 사과의 온 도계수(Q_{10})는 1.80이다)

① 12[CO_2mg/kg/h]
② 30[CO_2mg/kg/h]
③ 48[CO_2mg/kg/h]
④ 50[CO_2mg/kg/h]

60 121℃에서 D_{121}값이 0.2분, Z값이 10℃인 *Clostridium botulinum*을 118℃에서 살균하고자 한다. D_{118}값은?

① 0.5분   ② 0.4분

③ 0.2분   ④ 0.1분

제 **4** 과목   **식품미생물학**

61 미생물 세포벽의 기능이 아닌 것은?

① 삼투압에 저항한다.

② 외부 충격으로부터 완충작용을 한다.

③ 세포의 고유한 모양을 유지한다.

④ 에너지를 합성한다.

62 미생물의 생육기간 중 물리·화학적으로 감수성이 높으며 세대기간이나 세포의 크기가 일정한 시기는?

① 유도기   ② 대수기

③ 정상기   ④ 사멸기

63 조상균류(*Phycomycetes*)에 속하는 곰팡이는?

① *Fusarium*속

② *Eremothecium*속

③ *Mucor*속

④ *Aspergillus*속

64 β-carotene을 분비하므로 붉은 빵 곰팡이로도 불리는 곰팡이는?

① *Monascus*속

② *Ashbya*속

③ *Neurospora*속

④ *Fusarium*속

65 효모의 증식에서 분열법으로 증식하여 분열효모라고도 하는 효모는?

① *Schizosaccharomyces*속

② *Saccharomyces*속

③ *Candida*속

④ *Trigonopsis*속

66 상면발효효모의 특성을 바르게 설명한 것은?

① 발효최적온도는 10~25℃이다.

② 발효속도가 느리며 혐기성이다.

③ 독일계의 맥주 효모가 여기에 속한다.

④ 라피노오스(raffinose)를 발효시킬 수 있다.

67 세균의 포자에만 존재하는 물질로써 내열성을 부여하는 저분자화합물은?

① peptidoglycan

② dipicolinic acid

③ lipopolysaccharide(LPS)

④ muraminic acid

68 *Clostridium*속 세균 중에서 단백질 분해력보다 탄수화물 발효능이 더 큰 것은?

① *Clostridium perfringens*

② *Clostridium botulinum*

③ *Clostridium acetobutylicum*

④ *Clostridium sporogenes*

69 다음 균 중 homo형 젖산 발효균이 아닌 것은?

① *Lactobacillus acidophilus*
② *Lactobacillus bulgaricus*
③ *Lactobacillus lactis*
④ *Leuconostoc mesenteoides*

70 밥에서 쉰내를 내게 하고 산성화시키는 세균은?

① *Clostridium welchii*
② *Bacillus subtilis*
③ *Staphyiococcus aureus*
④ *Lactobacillus bulgaricus*

71 조류(Algae)에서 미역, 다시마에 속하는 것은?

① 규조류   ② 갈조류
③ 녹조류   ④ 남조류

72 박테리오파지에 대한 설명으로 틀린 것은?

① 광학현미경으로 관찰할 수 없다.
② 세균의 용균현상을 일으키기도 한다.
③ 독자적으로 증식할 수 없다.
④ 기생성이기 때문에 자체의 유전물질이 없다.

73 효모에 의한 알코올 발효 시 포도당 100g으로부터 얻을 수 있는 최대 에틸알코올의 양은 약 얼마인가?

① 25g   ② 50g
③ 77g   ④ 100g

74 맥주의 후발효의 목적이 아닌 것은?

① 발효성 엑기스 분을 완전히 발효시킨다.
② 발생된 CO_2를 저온 하에서 필요한 양만 맥주에 녹인다.
③ 맥주 혼탁의 원인물질을 석출시켜 제거한다.
④ 맥주 고유의 색깔을 진하게 착색시킨다.

75 홍국을 만들어서 홍주를 양조하는 곰팡이는?

① *Penicillium notatum*
② *Monascus purpureus*
③ *Byssochlamys fulva*
④ *Neurospora sitophila*

76 청국장 제조에 사용하는 미생물은?

① *Aspergillus oryzae*
② *Lactobacillus brevis*
③ *Acetobacter aceti*
④ *Bacillus subtilis*

77 다음 중 젖산 발효식품이 아닌 것은?

① 김치   ② 치즈
③ 요구르트   ④ 식초

78 포도당 1kg이 젖산으로 발효된다면 이때 얻어지는 젖산은 몇 g인가? (단, 포도당의 분자량은 180, 젖산의 분자량은 90이다.)

① 500g ② 800g
③ 1000g ④ 2000g

79 gluconic acid를 생산하는 미생물과 거리가 먼 것은?

① *Acetobacter gluconicum*
② *Pseudomonas fluorescens*
③ *Penicillium notatum*
④ *Lactobacillus bulgaricus*

80 균과 그 균이 생산하는 효소의 연결이 잘못된 것은?

① *Aspergillus niger*-pectinase
② *Penicillium vitale*-amylase
③ *Saccharomyces cerevisiae*-invertase
④ *Bacillus subtilis*-protease

제5과목 식품제조공정

81 식품원료를 무게, 크기, 모양, 색깔 등 여러 가지 물리적 성질의 차이를 이용하여 분리하는 조작은?

① 선별 ② 교반
③ 교질 ④ 추출

82 다음 중 가장 입자가 작은 가루는?

① 10메시 체를 통과한 가루
② 30메시 체를 통과한 가루
③ 50메시 체를 통과한 가루
④ 100메시 체를 통과한 가루

83 분체 속에 직경이 5㎛ 정도인 미세한 입자가 혼합되어 있을 때 사용하는 분리기로 가장 적합한 것은?

① 경사형 침강기
② 관형 원심분리기
③ 원판형 원심분리기
④ 사이클론 분리기

84 식품과 오염물질의 부력 차이를 이용한 세척 방법은?

① 침지 세척(soaking cleaning)
② 부유 세척(flotation cleaning)
③ 분무 세척(spray cleaning)
④ 초음파 세척(ultrasonic cleaning)

85 다음 중 1~10cm 크기의 원료를 0.5~1cm 크기로 분쇄하는 중간 분쇄기에 속하는 것은?

① 볼 밀(ball mill)
② 핀 밀(pin mill)
③ 해머 밀(hammer mill)
④ 콜로이드 밀(colloid mill)

86 각 분쇄기의 설명으로 틀린 것은?

① 롤 분쇄기 : 두 개의 롤이 회전하면서 압축력을 식품에 작용하여 분쇄한다.
② 해머 밀 : 곡물, 건채소류 분쇄에 적합하다.
③ 핀 밀 : 충격식 분쇄기이며 충격력은 핀이 붙은 디스크의 회전속도에 비례한다.
④ 커팅 밀 : 충격과 전단력이 주로 작용하여 분쇄한다.

87 시유제조공정에서 우유지방의 부상으로 생기는 크림층(cream layer)의 생성을 방지하기 위하여 행하는 균질화의 효과적인 압력과 온도는?

① $50kg/cm^2$, $10℃$
② $100kg/cm^2$, $30℃$
③ $150kg/cm^2$, $50℃$
④ $200kg/cm^2$, $80℃$

88 원추형을 거꾸로 한 모양으로 내부에 스크루 컨베이어를 경사지게 설치하여 상부에서 회전시켜 경사면을 따라 자전하면서 공전하여 혼합하는 고정용기형 혼합기는?

① 수직형 스크루 혼합기
② 나우타형 혼합기
③ U형 혼합기
④ 리본형 혼합기

89 압출성형기에 공급되는 원료의 수분함량을 18%(습량기준)로 맞추고자 한다. 물을 첨가하기 전에 분말의 수분함량이 10%라 하면 분말 5kg에 추가해야 하는 물의 양은 몇 kg인가?

① 2.05　　　② 1.24
③ 0.49　　　④ 0.17

90 과립을 제조하는 데 사용하는 장치인 피츠밀 (fitz mill)의 원리에 대한 설명으로 가장 적합한 것은?

① 분말 원료와 액체를 혼합시켜 과립을 만든다.
② 단단한 원료를 일정한 크기나 모양으로 파쇄시켜 과립을 만든다.
③ 혼합이나 반죽된 원료를 스크루를 통해 압출시켜 과립을 만든다.
④ 분말 원료를 고속 회전시켜 콜로이드 입자로 분산시켜 과립을 만든다.

91 일반적으로 여과조제(filter aid)로 사용되지 않는 것은?

① 규조토　　　② 실리카겔
③ 활성탄　　　④ 한천

92 바닷물에서 소금성분 등은 남기고 물 성분만 통과시키는 막분리 여과법은?

① 한외여과법　　　② 역삼투압법
③ 투석　　　④ 정밀여과법

93 실린더형 추출기로 부채꼴 칸막이로 나누어진 수많은 구역으로 구성되어 있으며, 각 구역은 수직축을 따라 회전하며 다공성 바닥으로 구성되어 있음을 특징으로 하는 연속식 추출기는?

① Bollman 추출기
② Hildebrandt 추출기
③ Rotocel 추출기
④ Miscella 추출기

94 수분 함량이 80%인 양파 40kg을 이용하여 건조기에서 수분 함량을 20%로 내리고자 한다. 건조된 양파는 몇 kg이 되겠는가?

① 5kg　　　　② 10kg

③ 15kg　　　　④ 20kg

95 진공동결건조에 대한 설명으로 틀린 것은?

① 향미 성분의 손실이 적다.

② 감압 상태에서 건조가 이루어진다.

③ 다공성 조직을 가지므로 복원성이 좋다.

④ 열풍 건조에 비해 건조 시간이 적게 걸린다.

96 다음 중 농축 공정 중 발생하는 현상과 거리가 먼 것은?

① 점도 상승

② 거품 발생

③ 비점 하강

④ 관석(scaling) 발생

97 식품의 식중독균이나 부패에 관여하는 미생물만 선택적으로 살균하여 소비자의 건강에 해를 끼치지 않을 정도로 부분 살균하는 방법은?

① 냉살균　　　　② 상업적 살균

③ 열균　　　　④ 무균화

98 식품 통조림이 *Clostridium botulinum* 포자로 오염되어 있다. 이 포자의 $D_{121.1}$이 0.25분일 때, 이 통조림을 121.1℃에서 가열하여 포자의 수를 12대수 cycle만큼 감소시키는 데 걸리는 시간은?

① 0.02분　　　　② 2분

③ 3분　　　　④ 30분

99 단위조작 중 기계적 조작이 아닌 것은?

① 정선　　　　② 분쇄

③ 혼합　　　　④ 추출

100 초임계 유체 추출방법이 효과적으로 쓰이는 식품군이 아닌 것은?

① 커피　　　　② 유지

③ 스낵　　　　④ 향신료

실전모의고사 2회 **정답**

1	①	2	①	3	①	4	①	5	②	6	④	7	①	8	②	9	④	10	②
11	②	12	④	13	②	14	①	15	①	16	②	17	③	18	③	19	②	20	①
21	③	22	③	23	④	24	②	25	②	26	①	27	④	28	④	29	③	30	②
31	③	32	②	33	④	34	④	35	①	36	④	37	③	38	①	39	④	40	③
41	③	42	③	43	④	44	④	45	②	46	④	47	④	48	④	49	④	50	②
51	④	52	③	53	④	54	④	55	④	56	②	57	④	58	①	59	④	60	②
61	④	62	④	63	③	64	③	65	①	66	①	67	②	68	③	69	②	70	②
71	②	72	④	73	②	74	④	75	②	76	②	77	③	78	②	79	④	80	②
81	①	82	④	83	④	84	②	85	③	86	④	87	③	88	②	89	②	90	③
91	②	92	②	93	③	94	②	95	④	96	③	97	②	98	③	99	④	100	③

227

제1과목 식품위생학

1 식중독 발생 조건

◆ 세균에 필요한 영양소나 수분을 많이 함유해야 한다.

◆ 온도와 습도도 중요한 요소다.

◆ 원인세균에 따른 특정한 식품이 있어야 한다.

◆ 많은 양의 세균이나 독소가 있어야 한다.

◆ 면역기능이 저하되면 식중독세균에 감염 시 발병할 가능성이 더 높다.

2 세균성 식중독의 잠복기

◆ 포도상구균 식중독 : 1~6시간

◆ 장염비브리오 식중독 : 10~18시간

◆ 대장균 식중독 : 10~30시간

◆ 살모넬라 식중독 : 12~36시간

3 비브리오 패혈증

◆ 원인균 : *Vibrio vulnificus*

◆ 성상

– 해수세균, 그람음성 간균

– 소금 농도가 1~3%인 배지에서 잘 번식하는 호염성균(8% 이상 식염농도에서 증식하지 못함)

– 18~20℃로 상승하는 여름철에 해안지역을 중심으로 발생(4℃ 이하, 45℃ 이상에서 증식하지 못함)

◆ 감염 및 원인식품

– 오염된 어패류의 섭취(경구감염)

– 낚시, 어패류의 손질시, 균에 오염된 해수 및 갯벌의 접촉(창상감염)

– 알코올 중독이나 만성 간질환 등 저항력 저하 환자에 주로 발생

– 생선회보다는 조개류, 낙지류, 해삼 등 연안 해산물에서 검출빈도 높음

◆ 임상증상

– 경구감염시 어패류 섭취 후 1~2일에 발생하고 피부병변 수반한 패혈증

– 당뇨병, 간질환, 알코올 중독자 등 저항성 떨어져있는 만성질환자에 중증인 경우가 많고 발병 후 사망률은 50%로 높음

– 오한, 발열, 저혈압, 패혈증

– 사지의 격렬한 동통, 홍반, 수포, 출혈반 등 창상감염과 유사한 피부병변
– 창상감염 시 해수에 접촉된 창상부에 발적과 홍반, 통증, 수포, 괴사
– 예후는 비교적 양호
◆ 예방
– 여름철 어패류 생식 피함(특히 만성질환자)
– 어패류는 56℃ 이상의 가열로 충분히 조리 후 섭취
– 피부에 상처가 있는 사람은 어패류 취급에 주의
– 몸에 상처가 있는 사람은 오염된 해수에 직접 접촉 피함

4 대장균군의 특성

◆ 그람음성 무포자 간균이다.
◆ 유당을 분해하여 산과 가스를 생성한다.
◆ 주모성 편모를 갖는다.
◆ 협막도 안 만든다.
◆ 분변세균의 오염지표가 된다.
◆ 주 증상은 급성위장염이다.
◆ 호기성, 통성 혐기성이다.
◆ 열에 약하여 60℃에서 15~20분이면 사멸되지만, 저온에서는 강하다.

5 포도상구균에 의한 식중독

◆ 잠복기는 1~6시간이며 보통 3시간 정도이다.
◆ 화농성 질환을 일으킨다.
◆ 증상은 가벼운 위장증상이며, 불쾌감, 구토, 복통, 설사 등이 증상이고, 발열은 거의 없고, 보통 24~48시간 이내에 회복된다.
◆ 사망하는 예는 거의 없다.
◆ 생성 독소는 enterotoxin이며, 120℃에서 20분 가열해도 완전히 파괴되지 않는다.
◆ 원인식품은 떡, 콩가루, 쌀밥, 우유, 치즈, 과자류 등이다.
◆ 주로 사람의 화농소나 콧구멍 등에 존재하는 포도상구균(손, 기침, 재채기 등), 조리인의 화농소에 의하여 감염이 된다.

6 웰치균 식중독

◆ 원인균 : *Clostridium perfringens*
◆ 원인균의 특성
– 그람양성 간균이고, 아포를 형성한다.
– 혐기성이고 독소를 생성한다.
– 아포는 100℃에 4~5시간 정도의 가열에도 견딘다.
– 토양, 물, 우유 외에 사람이나 동물의 장관에 존재한다.

◆ enterotoxin
- sporulation(포자형성) 동안 생합성
- heat-sensitive(열에 민감) 60℃에서 30분
◆ 감염원
- 보균자인 식품업자, 조리자의 분변을 통한 식품 감염
- 오물, 쥐, 가축의 분변을 통한 식품 감염
◆ 원인식품 : 주로 고기와 그 가공품이고, 어패류 및 그 가공품, 면류, 감주 등이다.

7 유기인제 농약

◆ 중독기전 : acetylcholine을 분해하는 효소인 choline esterase와 결합하여 활성이 억제되어 신경조직 내에 acetylcholine이 축적되기 때문에 중독이 나타난다.
◆ 증상 : 신경전달이 중절되고, 심하면 경련, 흥분, 시력장애, 호흡곤란 증상이 나타난다.

8 유해 보존료

◆ 붕산, formaldehyde, 불소화합물(HF, NaF), β-naphthol, 승홍($HgCl_2$), urotropin 등이 있다.

⊕ 허용된 보존료에는 데히드로초산, 프로피온산나트륨, 소르빈산, 안식향산나트륨 등이 있다.

9 복어의 tetrodotoxin 독소에 의한 중독증상

◆ 지각이상, 호흡장해, cyanosis 현상, 운동장해, 혈행장해, 위장장해, 뇌증 등의 증상이 일어난다.

10 경구 감염병의 분류

◆ 세균에 의한 것 : 세균성 이질(적리), 콜레라, 장티푸스, 파라티푸스, 성홍열 등
◆ 바이러스에 의한 것 : 유행성 간염, 소아마비(폴리오), 감염성 설사증, 천열(이즈미열) 등
◆ 리케차성 질환 : Q열 등
◆ 원생동물에 의한 것 : 아메바성 이질 등

11 기생충과 감염 원인이 되는 식품

◆ 광절열두조충 : 제1 중간숙주는 짚신벌레, 물벼룩, 제2 중간숙주는 연어, 송어 등
◆ 폐흡충 : 제1 중간숙주는 다슬기, 제2 중간숙주는 게, 가재 등
◆ 무구조충 : 중간숙주는 소
◆ 유구조충 : 중간숙주는 돼지

12 바퀴^{cockroaches}

◆ 생태
  - 불완전변태 : 알-유충-성충
  - 야간성, 잡식성, 질주성, 군거생활을 한다.
  - 인분·오물을 먹고, 발에 묻혀 돌아다니므로 불결하다.
◆ 위생상 피해
  - 콜레라, 장티푸스, 이질 등의 소화기계 전염병균을 퍼트린다.
  - 기생충의 중간숙주 구실도 한다.
◆ 구제
  - 발생하기 쉽거나 숨기 쉬운 것을 제거하고 청결히 한다.
  - 음식물의 관리를 철저히 한다.
  - 잔효성 살충제, 즉 1% diazinon, 3% chlordane, 1% propoxar 등의 유제나 유화제를 분무한다.

13 벤조피렌^{3,4-benzopyrene}

◆ 발암성 다환 방향족탄화수소이다.
◆ 구운 쇠고기, 훈제어, 대맥, 커피, 채종유 등에 미량 함유되어 있다.
◆ 공장지대의 대맥에는 농촌지대의 대맥보다 약 10배나 함량이 많은 것으로 알려졌으며, 이는 대기오염의 영향 때문으로 판단된다.
◆ 벤조피렌의 발암성은 체내에서 대사활성화 되어 DNA와 결합함으로써 생긴다.

14 산미료^{acidulant}

◆ 식품을 가공하거나 조리할 때 적당한 신맛을 주어 미각에 청량감과 상쾌한 자극을 주는 식품첨가물이며, 소화액의 분비나 식욕 증진효과도 있다.
◆ 보존료의 효과를 조장하고, 제품의 pH 조절, 향료나 유지 등의 산화방지에 기여한다.
◆ 유기산계 : 구연산(무수 및 결정), D-주석산, DL-주석산, 푸말산, 푸말산일나트륨, DL-사과산, 글루코노델타락톤, 젖산, 초산, 디핀산, 글루콘산, 이타콘산 등이 있다.
◆ 무기산계 : 이산화탄소(무수탄산), 인산 등이 있다.

15 식품오염에 문제가 되는 방사선 물질

◆ 생성률이 비교적 크고
  - 반감기가 긴 것 : Sr-90(28.8년), Cs-137(30.17년) 등
  - 반감기가 짧은 것 : I-131(8일), Ru-106(1년) 등
◆ Sr-90은 주로 뼈에 침착하여 17.5년이란 긴 유효반감기를 가지고 있기 때문에 한번 침착되면 조혈기관인 골수 장애를 일으킨다.
◆ 그러므로 Sr-90은 식품위생상 크게 문제가 된다.

16 식품 및 축산물안전관리인증기준 [작업위생관리(별표1)-교차오염의 방지]

◆ 칼과 도마 등의 조리 기구나 용기, 앞치마, 고무장갑 등은 원료나 조리과정에서의 교차오염을 방지하기 위하여 식재료 특성 또는 구역별로 구분하여 사용하여야 한다.

◆ 식품 취급 등의 작업은 바닥으로부터 60㎝ 이상의 높이에서 실시하여 바닥으로부터의 오염을 방지하여야 한다.

17 식품위생법 제9조 기구 및 용기·포장의 기준 및 규격

◆ 전류를 직접 식품에 통하게 하는 장치를 가진 기구의 전극은 철, 알루미늄, 백금, 티타늄 및 스테인리스 이외의 금속을 사용하여서는 아니 된다.

18 식품의 세균수 검사

◆ 일반세균수 검사 : 주로 Breed법에 의한다.

◆ 생균수 검사 : 표준한천평판 배양법에 의한다.

19 식품 등의 공전

◆ 식품의약품안전처장은 판매 등을 목적으로 하는 식품 또는 식품첨가물, 기구 및 용기 포장의 제조 등의 기준과 규격을 정하여 고시하여야 하며 그 표시에 관한 기준과 유전자재조합 기술을 활용한 원료로 제조 가공한 식품 또는 식품첨가물의 표시에 관한 기준을 정하여 고시하여야 한다.

◆ 또한 각종의 표시기준을 수록한 식품 등의 공전을 작성·보급하여야 한다.

20 식품위생분야 종사자의 건강진단규칙 제2조

대상	건강진단 항목	횟수
식품 또는 식품첨가물(화학적 합성품 또는 기구 등의 살균·소독제는 제외한다)을 채취·제조·가공·조리·저장·운반 또는 판매하는데 직접 종사하는 사람. 다만, 영업자 또는 종업원 중 완전포장된 식품 또는 식품첨가물을 운반하거나 판매하는 데 종사하는 사람은 제외한다.	• 장티푸스(식품위생 관련영업 및 집단급식소 종사자만 해당한다) • 폐결핵 • 전염성 피부질환(한센병 등 세균성 피부질환을 말한다)	년1회

제2과목 식품화학

21 물의 끓는점이 높은 이유

◆ 수소결합은 다른 분자간 결합보다 힘이 세다.

◆ 수소결합을 많이 할수록 끓는점이 높다.

◆ 물은 끓는점이 100℃, 알코올은 78.3℃, 에테르는 34.6℃이다.

◆ 원래 물질의 끓는점은 분자량이 클수록 높은데 물은 분자량이 18, 에탄올은 46, 에테르는 74.12이다.

◆ 물의 끓는점이 높은 이유는 분자하나당 수소결합 수가 더 많기 때문이다

◆ 물은 수소결합이 4개, 에탄올은 2개, 에테르는 없다.

22 유당 lactose

◆ 이당류이며 포유동물의 젖에만 존재한다.

◆ 뇌, 신경조직에 존재하며 장속의 유해균의 번식을 억제한다.

◆ 유즙 중에서 α형과 β형의 비율은 2:3이며, β형이 α형보다 단맛이 강하다.

◆ 유당은 보통 효모에 의해 발효되지 않는다.

23 아밀로오스와 아밀로펙틴의 성질 비교

성질	amylose	amylopectin
모양	사슬모양의 포도당 6개 단위로 된 나선형	가지모양
결합상태	420~980개의 glucose가 α−1,4 결합	천 개 이상의 glucose가 α−1,4 결합과 α−1,6 결합
옥도반응	청색	적갈색
청색값	1.36	0.05
분자량	4만~34만	4백만~6백만
수용액에서 안정도	노화된다.	안정하다.
용해도	녹기 쉽다.	난용이다.
호화반응	쉽다(사슬모양).	어렵다(가지모양).
노화반응	쉽다.	어렵다.

24 프로토펙틴 protopectin

◆ pectin의 모체로서 미숙한 과일의 불용성 펙틴이다.

◆ 펙틴(pectin)질 중 분자량이 가장 크다.

25 일반 동식물성 유지의 주요 지방산

◆ stearic acid, palmitic acid 등의 포화지방산과 oleic acid, linoleic acid, linolenic acid 의 불포화지방산 등이다.

⊕ butyric acid는 유지방의 주요 구성 지방산이다.

26 유지의 발연점

◆ 유지 중의 유리지방산 함량이 많을수록, 노출된 유지의 표면적이 클수록, 이물질의 함량이 많을수록 낮아진다.
◆ 유지의 발연점은 높을수록 좋다.
◆ 유지의 발연점에 영향을 미치는 인자
　– 유리지방산의 함량
　– 노출된 유지의 표면적
　– 혼합 이물질의 존재
　– 유지의 사용 횟수

27 유지의 자동산화 속도

◆ 유지 분자 중 2중 결합이 많으면 활성화되는 methylene기($-CH_2$)의 수가 증가하므로 자동산화 속도가 빨라진다.
◆ 포화지방산은 상온에서 거의 산화가 일어나지 않지만 불포화지방산은 쉽게 산화되며 불포화지방산에서 cis형이 tran형보다 산화되기 쉽다.
◆ stearic acid(18:0)은 포화지방산이고, oleic acid(18:1), linoleic acid(18:1), linolenic acid(18:2)은 불포화지방산이며 이들의 산화속도는 1 : 12 : 25라는 보고가 있다.

28 글루텔린 glutelin

◆ 단순단백질에 속하고 물 및 중성 염용액에 불용이다.
◆ 묽은 산 및 묽은 알칼리에 녹는 단백질의 총칭이다.
◆ 곡류에 많고 쌀의 오리제닌, 밀의 글루테닌 등이 대표적이다.
◆ 글루테닌은 gliadin과 함께 글루텐 형성에 관여하고 glutamic acid 함량이 높은 것이 특징이다.

29 닌히드린 Ninhydrin 반응

◆ 단백질 용액에 1% ninhydrin 용액을 가한 후 중성 또는 약산성에서 가열하면 CO_2를 발생하면서 청색을 나타내는 반응이다.
◆ α-amino기를 가진 화합물이 나타내는 정색반응이다.
◆ 아미노산이나 펩티드 검출 및 정량에 이용된다.

30 인

◆ 칼슘과 인의 섭취 비율은 1:1~2이며 인은 칼슘 흡수를 방해할 수 있어 적당한 비율로 섭취하여야 한다.

31 나이아신 niacin

◆ 다른 비타민과는 달리 체내에서 아미노산의 일종인 트립토판으로부터 합성될 수 있다.

◆ 나이아신의 섭취가 부족해도 트립토판을 충분히 섭취하면 결핍증은 일어나지 않는다.

◆ 옥수수를 주식으로 하는 지역에서는 트립토판 섭취가 부족하게 되어 결핍증이 올 수 있다.

◆ 결핍되면 펠라그라(pellagra)가 발병된다. 이외에도 피부염, 피부의 각화, 색소침착, 식욕부진, 설사, 불면증, 구내염, 여러 가지의 신경장해 및 치매증이 나타난다.

32 양파의 매운 성분인 최루성분

◆ prophenyl alchol, propionaldehyde 및 그 중합체 또는 thiopropionaldehyde, 3-hydroxy thiopropionaldehyde 등이 있다.

◆ trans-(+)-S-(1-propenyl)-L-cysteine sulfoxide가 allicinase에 의해 1-propenesulfenic acid를 생성한 후 최루성이 강한 propanethial S-oxide로 바뀐다.

◆ 이 같은 양파의 최루성분은 최소 50개 이상의 다른 화학구조를 가지는 것으로 확인되었다.

33 엽록소 chlorophyll

◆ 식물의 잎이나 줄기의 chloroplast의 성분으로 단백질, 지방, lipoprotein과 결합하여 존재하며, porphyrin ring 안에 Mg을 함유하는 녹색색소이다.

◆ chlorophyll에는 a, b, c, d 4종이 있는데 식물에는 a(청녹색)와 b(황녹색)의 2종이 있으며, 식물 중에 3 : 1의 비율로 함유되어 있다.

34 카테킨 catechin

◆ flavonoid의 유도체로서 flavan-3-ol을 기본구조로 하고 있다.

◆ 폴리페놀 화합물의 일종으로 특유의 쓴맛을 가지고 있다.

◆ 식물계에 널리 분포하지만 특히 녹차 중의 대표적인 성분이다.

35 효소에 의한 갈변을 억제하는 방법

◆ 효소를 불활성화 시킨다.

◆ 효소의 최적 조건을 변동시킨다.
- phenol dxidase의 경우 pH 3.0 이하에서 활성이 상실된다.
- 온도는 -10℃ 이하가 효과적이다.

◆ 산소를 제거하거나 기질을 변화시킨다.

◆ 금속이온을 제거한다.

◆ 환원성 물질(아황산가스, 아황산염, ascorbic acid 등)을 첨가한다.

⊕ 공기주입은 갈변을 촉진시키는 결과가 된다.

36 직소트로픽 thixotropic

◆ 비뉴톤성 시간 의존형 유체로 shearing(층밀림, 전단응력)시간이 경과할수록 점도가 감소하는 유체이다.
◆ 즉, 각변형속도가 커짐에 따라 묽어져 점성계수가 감소한다.
◆ 케찹이나 호화전분액 등이 thixotropic에 해당된다.

37 식품의 texture 성질

◆ 부착성(adhesiveness) : 식품의 표면과 식품이 접촉하는 다른 물질(혀, 이, 입천장) 사이의 인력을 극복하는 데 필요한 힘이다.
◆ 깨짐성(brittleness) : 물질이 깨지는 데 필요한 힘으로 경도와 응집성과 관련이 있다.
◆ 저작성(chewiness) : 단단한 식품을 저작하는 데 필요한 힘이며, 경도, 응집성 및 탄성과 관련이 있다.
◆ 검성(gumminess) : 반고형 식품을 삼키기 위한 상태로 분해하는 데 필요한 힘으로 경도와 응집성과 관련이 있다.

38 당류의 온도에 따른 감미도 변화

◆ 온도가 상승됨에 따라서 단맛은 증가하고, 짠맛과 쓴맛은 감소한다.
◆ 신맛은 온도에 의하여 크게 영향을 받지 않으며, 온도의 강하로 쓴맛의 감소가 특히 심해진다.
◆ 설탕은 비환원당으로 온도에 따라 감미 변화가 거의 없어 상대감미도의 기준물질로 사용된다.

39 관능검사에 영향을 주는 심리적 요인

◆ 중앙경향오차　　　　　◆ 순위오차
◆ 기대오차　　　　　　　◆ 습관오차
◆ 자극오차　　　　　　　◆ 후광효과
◆ 대조오차

40 기초대사량 측정조건

◆ 적어도 식후 12~18시간이 경과된 다음
◆ 조용히 누워있는 상태
◆ 마음이 평안하고 안이한 상태
◆ 체온이 정상일 때
◆ 실온이 약 18~20℃일 때

41 곡물의 도정

◆ 곡물끼리의 마찰작용과 마찰로 고체 표면을 벗기는 찰리작용, 금강사 같이 단단한 물체로 깎는 절삭작용, 충격작용 등이 공동으로 이루어진다.

◆ 절삭작용은 높은 경도의 곡물 도정에 유효한 방법이며, 이는 금강사 같은 금속조각으로 곡류입자 조직을 깎아내는 작용으로 연삭과 연마가 있다.

42 밀가루 반죽의 farinogram

◆ farinograph는 밀가루를 이겨서 반죽을 만들었을 때 생기는 점탄성을 측정하는 장치이다.

◆ 밀가루 반죽의 farinogram을 구성하는 요소 : 반죽의 경도, 반죽의 형성기간, 반죽의 안정도, 반죽의 탄성, 반죽의 약화도 등이다.

43 제빵 시 설탕 첨가 목적

◆ 효모의 영양원으로 발효 촉진

◆ 빵 빛깔과 질을 좋게 함

◆ 산화방지

◆ 수분 보유력이 있어 노화 방지

44 두부의 제조

◆ 원료 콩을 씻어 물에 담가 두면 부피가 원료 콩의 2.3~2.5배가 된다.

◆ 두유의 응고 온도는 70~80℃ 정도가 적당하다.

◆ 응고제 : 염화마그네슘($MgCl_2$), 황산마그네슘($MgSO_4$), 염화칼슘($CaCl_2$), 황산칼슘($CaSO_4$), glucono-δ-lactone 등

◆ 소포제 : 식물성 기름, monoglyceride, 실리콘 수지 등

45 코지[koji] 제조의 목적

◆ 코지 중 amylase 및 protease 등의 여러 가지 효소를 생성하게 하여 전분 또는 단백질을 분해하기 위해서다.

◆ 간장코지 제조 중 시간이 흐름에 따라 protease가 가장 많이 생성되고, 그리고 α-amylase, β-amylase 등 여러 가지 효소가 생성된다.

◆ 간장코지는 탄수화물 분해보다 단백질 분해를 더 중요시 하고 있으므로 protease가 많이 생성되는 것이 좋다.

46 아미노산 간장(산분해간장)

◆ 단백질 원료를 염산으로 가수분해하고 NaOH 또는 Na_2CO_3로 중화하여 얻은 아미노산과 소금이 섞인 액체를 말한다.

◆ 중화할 때의 온도가 높으면 쓴맛이 생기므로 60℃ 이하에서 중화시켜야 한다.
◆ 풍미가 양조간장에 비해 많이 떨어지는 것이 단점이다.

47 살균 후 통조림을 급랭시키는 이유

◆ 과열에 의한 조직 연화방지, 변색방지, struvite 성장억제, 호열균(50~55℃)의 번식을 막기 위해서이다.
◆ 냉각은 38℃ 정도로 자체 열로 통 표면의 수분이 건조될 때까지 한다.

48 젤리화의 강도와 관계있는 인자

◆ pectin의 농도, pectin의 분자량, pectin의 ester화의 정도, 당의 농도, pH, 같이 들어 있는 염류의 종류 등이 있다.

49 떫은감의 탈삽 방법

◆ 온탕법(35~40℃), 알코올법(밀폐 용기에 감을 주정처리), 탄산가스법(감을 CO_2로 충만시키는), 동결법(-20℃ 부근에서 냉동) 등이 있다.
◆ 이외에 γ-조사, 카바이트, 아세트알데히드, 에스테르 등을 이용하는 방법이 있다.

50 소금의 방부효과

◆ 고삼투압으로 원형질 분리
◆ 수분활성도의 저하
◆ 소금에서 해리된 Cl^-의 미생물에 대한 살균작용
◆ 고농도 식염용액 중에서의 산소 용해도 저하에 따른 호기성세균 번식 억제
◆ 단백질 가수분해효소 작용 억제
◆ 식품의 탈수

51 Winterization(탈납처리, 동유처리)

◆ salad oil 제조 시에만 하는 처리이다.
◆ 기름이 냉각 시 고체지방으로 생성이 되는 것을 방지하기 위하여 탈취하기 전에 고체 지방을 제거하는 작업이다.

52 균질의 목적

◆ creaming의 생성을 방지한다.
◆ 조직을 균일하게 한다.
◆ 우유의 점도를 높인다.
◆ 커드 장력이 감소되어 소화가 용이하게 된다.
◆ 부드러운 커드가 된다.
◆ 지방산화 방지 효과가 있다.

53 아이스크림의 증용률(overrun)

◆ icecream의 조직감을 좋게 하기 위해 동결 시 크림(cream) 조직 내에 공기를 갖게 함으로써 생긴 부피 증가율이다.

◆ 보통 90~100%이다.

54 최종 발효산물에 따른 발효유의 분류

◆ 젖산 발효유 : 유산균에 의하여 유산 발효시켜 제조한 것이다.
  - yoghurt, bifidus milk, calpis, acidophilus milk

◆ 알코올 발효 : 유산균과 효모에 의하여 유산 발효와 알코올 발효를 시켜 제조한 것이다.
  - leben, kefir, kumiss

55 가축의 사후강직(경직)

◆ 도살 후 시간이 경과함에 따라 근육이 강하게 수축되어 굳어지는 현상을 사후강직이라 한다.

◆ 사후 근육 중의 글리코겐은 혐기적인 분해인 glycolysis에 의해서 젖산과 무기 인산이 생성하면서 감소하게 된다.

◆ 젖산이 생성되면서 육의 pH가 낮아지고 pH가 5.0 이하가 되면 산성포스타파아제가 활성화되어 ATP가 분해되고, ATP가 소실된 근육에서는 myosin과 actin이 결합하여 atomyosin으로 되어 고기의 경직이 일어난다.

56 육가공 기계

◆ chopper(grinder) : 육을 잘게 자르는 기계

◆ silent cutter : 육을 곱게 갈아서 유화 결착력을 높이는 기계로서 첨가물 혼합이나 제조에 이용

◆ stuffer : 원료육과 각종 첨가물을 케이싱에 충전하는 기계

◆ packer : 포장기계

57 어패류의 함질소 엑스성분

◆ 함질소 엑스성분의 주체는 아미노산이며 어류(특히 붉은살)에는 히스티딘이 많다.

◆ 연체류, 갑각류, 극피동물에는 단맛이 강한 글리신, 알라닌, 프롤린 등이 주요성분이다.

◆ 수산동물육에는 타우린이 널리 분포되어 있다.

◆ 기타 카르노신, 안세린, 바레닌 등이 수산동물 전반에 함유되어 있다.

◆ 트리메틸옥사이드는 해산동물에 많이 함유되어 있는데 민물고기에는 거의 없다.

◆ 오징어, 문어, 대합, 새우 등의 무척추동물에는 단맛을 띠는 글리신, 베타인이 함유되어 있다.

◆ 5′-뉴클레오타이드류는 어류에는 5′-이노신산이 0.1~0.3% 정도 함유되어 있는데 무척추동물에는 거의 없고 대신 5′-아데닐산이 상당량 함유되어 있다.

◆ 조개류에는 특이적인 감칠맛성분으로 호박산이 함유되어 있다.

58 폴리에틸렌^{PE}의 특성

◆ 탄성이 크다.
◆ 반투명이며 가볍고 강하다.
◆ 인쇄 적성이 불량하다.
◆ 방습성이 좋다(수증기 투과성이 낮다).
◆ gas 투과성이 크다.
◆ 저온과 유기약품에 안정하다.
◆ 내유성이 불량하다.
◆ 열접착성이 우수하다.
◆ 가격이 저렴하다.
◆ 내수성이 우수하다.

59 온도계수(Q_{10})

◆ 저장온도가 10℃ 변동 시 여러 가지 작용이 어떻게 변하는가를 나타내는 숫자이다.
◆ 예를 들면 호흡량, 청과물 육질의 연화의 정도, 미생물의 작용을 보면 보통 Q_{10}=2~3이면 온도가 10℃ 상승하고 변질이 2~3배 증가하며, 10℃ 낮아지면 변질이 1/2~1/3로 낮아진다.
◆ Q_{10}값이 1.8인 경우 10℃ 낮아지면 변질이 1/1.8로 낮아진다. 따라서 20℃에서 호흡량이 54[CO_2.mg/kg/h]이면 10℃에서 호흡량은 54×1/1.8=30[CO_2mg/kg/h]로 낮아진다.

60 D_{118}값

$$\log\frac{D_{118}}{D_{121}} = \frac{T_2 - T_1}{Z}$$

$$\log\frac{D_{118}}{0.2} = \frac{121 - 118}{10}$$

$$\log\frac{D_{118}}{0.2} = 0.3$$

$$\frac{D_{118}}{0.2} = 10^{0.3} = 2$$

$$\therefore D_{118} = 2 \times 0.2 = 0.4분$$

제4과목 식품미생물학

61 세포벽의 기능

◆ 세포벽은 세포의 고유한 형태를 유지한다.
◆ 삼투압 충격과 같은 외부 환경으로부터 세포의 내부 구조물과 세포질막을 보호한다.
◆ 외부 충격으로부터 완충작용을 한다.
◆ 세포벽 성분에 의해 항균 및 항바이러스 작용을 하기도 한다.

62 대수기(증식기, logarithimic phase)

◆ 세포는 급격히 증식을 시작하여 세포 분열이 활발하게 되고, 세대시간도 짧고, 균수는 대수적으로 증가한다.

◆ RNA는 일정하고, DNA가 증가한다.

◆ 세포질 합성 속도와 세포수의 증가는 비례한다.

◆ 이때의 증식 속도는 환경(영양, 온도, pH, 산소 등)에 따라 결정된다.

◆ 세대시간, 세포크기가 일정하며 생리적 활성이 가장 강한 시기이고 물리적·화학적 처리에 대한 감수성이 높은 시기이다.

◆ 세균의 경우는 이 대수기에서 일정의 생육 속도로 세포가 분열하여 n세대 후 세포수는 2n으로 된다.

63 진균류 Eumycetes

◆ 격벽의 유무에 따라 조상균류와 순정균류로 분류

◆ 조상균류
　– 균사에 격벽(격막)이 없다.
　– 호상균류, 난균류, 접합균류(*Mucor*속, *Rhizopus*속, *Absidia*속) 등

◆ 순정균류
　– 균사에 격벽이 있다.
　– 자낭균류(*Monascus*속, *Neurospora*속), 담자균류, 불완전균류(*Aspergillus*속, *Penicillium*속, *Trichoderma*속) 등

64 *Neurospora*속

◆ 대부분 자웅이체로 갈색 또는 흑색의 피자기를 만들고 그 중에 원통형의 자낭 안에 4~8개의 자낭을 형성한다.

◆ 무성세대는 오랜지색 또는 담홍색의 분생자가 반달모양의 덩어리로 되어 착색한다.

◆ 타진나무, 옥수수심, 빵조각에 생육하여 연분홍색을 띠므로 붉은 빵곰팡이라고 한다.

◆ 포자의 색소에는 대량의 β-carotene이 함유한다.

66 상면발효효모와 하면발효효모의 비교

	상면효모	하면효모
형식	• 영국계	• 독일계
형태	• 대개는 원형이다. • 소량의 효모점질물 polysaccharide를 함유한다.	• 난형 내지 타원형이다. • 다량의 효모점질물 polysaccharide를 함유한다.
배양	• 세포는 액면으로 뜨므로, 발효액이 혼탁된다. • 균체가 균막을 형성한다.	• 세포는 저면으로 침강하므로, 발효액이 투명하다. • 균체가 균막을 형성하지 않는다.
생리	• 발효작용이 빠르다. • 다량의 글리코겐을 형성한다. • raffinose, melibiose를 발효하지 않는다. • 최적온도는 10~25℃	• 발효작용이 늦다. • 소량의 글리코겐을 형성한다. • raffinose, melibiose를 발효한다. • 최적온도는 5~10℃
대표효모	• *Sacch. cerevisiae*	• *Sacch. carlsbergensis*

67 세균의 포자

◆ 세균 중 어떤 것은 생육환경이 악화되면 세포 내에 포자를 형성한다.

◆ 포자 형성균으로는 호기성의 *Bacillus*속과 혐기성의 *Clostridium*속에 한정되어 있다.

◆ 몇 층의 외피를 가져 복잡한 구조로 구성되어 있어서 내열성이고 내구기관으로서의 특성을 가지고 있다.

◆ 포자에는 영양세포에 비하여 대부분 수분이 결합수로 되어 있어서 상당한 내건조성을 나타낸다.

◆ 유리포자는 대사 활동이 극히 낮고 가열, 방사선, 약품 등에 대하여 저항성이 강하다.

◆ 세균의 포자는 특수한 성분으로 dipcolinic acid를 5~12% 함유하고 있다.

68 *Clostridium acetobutylicum*

◆ 단백질 분해력보다 탄수화물 발효능이 더 큰 세균이다.

◆ 전분질 및 당류를 발효하여 acetone, butanol, ethanol, 낙산, 초산, CO_2 및 H_2 등을 생성한다.

69 유산 발효형식

◆ 정상발효형식(homo type)
  - 당을 발효하여 젖산만 생성
  - 정상발효 유산균은 *Streptococcus*속, *Pediococcus*속, 일부 *Lactobacillus*속(*L. delbruckii, L. acidophilus, L. casei, L. bulgaricus, L. lactis, L. homohiochii*) 등이 있다.

◆ 이상발효형식(hetero type)
  - 당을 발효하여 젖산 외에 알코올, 초산, CO_2 등 부산물 생성

– 이상발효 유산균은 *Leuconostoc*속(*Leuc. mesenteoides*), 일부 *Lactobacillus*속(*L. fermentum, L. brevis, L. heterohiochii*) 등이 있다.

70 *Bacillus*(고초균)

◆ 호기성 내지 통성혐기성 균의 중온, 고온성 유포자 간균이다.
◆ 단백질 분해력이 강하며 단백질 식품에 침입하여 산 또는 gas를 생성한다.
◆ *Bacillus subtilis*은 밥, 빵 등을 부패시키고 끈적끈적한 점질물질을 생산한다.
◆ 강력한 α -amylase와 protease를 생산하고, 항생물질인 subtilin을 만든다.

71 조류 algae

◆ 규조류 : 깃돌말속, 불돌말속 등
◆ 갈조류 : 미역, 다시마, 녹미채(톳) 등
◆ 홍조류 : 우뭇가사리, 김
◆ 남조류 : *Chroococcus*속, 흔들말속, 염주말속 등

72 phage의 특징

◆ 독자적인 대사기능은 없고 생세포 내에서만 증식한다.
◆ 한 phage의 숙주균은 1균주에 제한되고 있다(phage의 숙주특이성).
◆ 핵산(DNA와 RNA) 중 어느 한 가지 핵산만 가지고 있다(대부분 DNA).

73 Gay Lusacc식에 의하면

◆ 이론적으로는 glucose로부터 51.1%의 알콜이 생성된다.
◆ $C_6H_{12}O_6 \longrightarrow 2C_2H_5OH+2CO_2$의 식에서, 이론적인 ethanol 수득률이 51.1%이므로, 100×51.1/100=51.1g이다.

74 후발효의 목적

◆ 발효성의 엑기스 분을 완전히 발효시킨다.
◆ 발생한 CO_2를 저온에서 적당한 압력으로 필요량만 맥주에 녹인다.
◆ 숙성되지 않는 맥주 특유의 미숙한 향기나 용존되어 있는 다른 gas를 CO_2와 함께 방출시킨다.
◆ 효모나 석출물의 침전분리 : 맥주의 여과가 용이하다.
◆ 거친 고미가 있는 hop 수지의 일부 석출 분리 : 세련, 조화된 향미로 만든다.
◆ 맥주의 혼탁 원인물질을 석출·분리한다.

75 *Monascus purpureus*

◆ 균사가 선홍색이다.
◆ 중국의 남부, 말레이시아반도 등지에서 홍주의 원료인 홍국을 만드는 데 이용한다.

76 청국장 제조에 사용하는 미생물

◆ *Bacillus natto*는 일본의 청국장인 납두로부터 분리된 호기성 포자 형성균으로 생육인자는 biotin을 필요로 한다.
◆ *Bacillus subtilis*는 고초균으로 α-amylase와 *protease*을 다량 분비하므로 청국장 제조에 이용되고 또한 *subtilin, subtenolin* 등 항생물질을 생성한다.

77

김치, 치즈, 요구르트는 젖산균을 이용하여 젖산 발효시킨 발효식품이고 식초는 일반적으로 *Acetobacte aceti*, *Acet. acetosum*, *Acet. oxydans*, *Acet. rancens* 등의 초산균을 이용하여 제조한다.

78 포도당(1몰)으로부터 젖산(2몰) 생성

$$C_6H_{12}O_6 \longrightarrow 2CH_3CHOHCOOH$$

(분자량 180)　　　　　　　　　(2×90)

$$180 : 180 = 1000 : x$$

$$x = \frac{180 \times 1000}{180} = 1000g$$

79 gluconic acid를 생산하는 미생물

◆ *Aspergillus niger*, *Aspergillus oryzae*, *Penicillium chrysogenum*, *Penicillium notatum* 등의 곰팡이와 *Acetobacter gluconicum*, *Acetobacter oxydans*, *Gluconobacter*속과 *Pseudomonas*속 등의 세균도 있다.

80 미생물이 생산하는 효소

효소	균주	용도
α-amylase	*Bacillus subtilis* *Aspergillus oryzae*	제빵, 시럽, 물엿, 술덧의 액화, glucose 제조, 호발제
invertase	*Saccharomyces cerevisiae*	glucose 제조
protease	*Bacillus subtilis* *Streptemyces griseus* *Aspergillus oryzae*	합성청주 향미액, 청주청정, 제빵, 육류연화, 조미액, 의약화장품 첨가, 사료 첨가
pectinase	*Sclerotinia libertiana* *Aspergillus oryzae* *Aspergillus niger*	과즙, 과실주 청정, 식물섬유의 정련

81 선별 selecting, sorting

◆ 보통 재료에는 불필요한 화학물질(농약, 항생물질), 이물질(흙, 모래, 돌, 금속, 배설물, 털, 나뭇잎) 등이 함유되어 있다. 그 중 이물질들은 물리적 성질의 차에 따라 분리, 제거해야 하는데 이 과정이 선별이다.

◆ 선별에서 말하는 재료의 물리적 성질이란 재료의 크기, 무게, 모양, 비중, 성분조성, 전자기적 성질, 색깔 등을 말한다.

82 메쉬 mesh

◆ 표준체의 체눈의 개수를 표시하는 단위이다.

◆ 1mesh는 1inch(25.4mm)에 세로×가로 크기 체눈의 개수를 의미한다.

◆ mesh의 숫자가 클수록 체의 체눈의 크기는 작다는 것을 의미한다.

83 사이클론 분리기(집진기)

◆ 기체 속에 직경이 5μm 정도인 미세한 입자가 혼합되어 있을 때나 기체 속에 미세한 액체입자(mist)가 혼합되었을 때 쉽게 분리할 수 있는 분리기이다.

◆ 사이클론은 제분공업, 차류공업, 농약공업 등에 사용된다.

84 부유 세척 flotation cleaning

◆ 식품과 오염물질의 부력 차이를 이용한 세척방법이다.

◆ 무거운 조각과 더러운 것들을 비롯하여 썩거나 멍든 재료는 물에 가라앉기 때문에 적당한 위치에 설치한 탱크 속의 홈통을 통하여 제거하고 정상적인 것만 넘치게 하여 수집한다.

◆ 완두콩, 강낭콩, 건조야채로부터 각종 이물질을 제거할 수 있다.

85 해머 밀 hammer mill

◆ 충격력을 이용해 원료를 분쇄하는 분쇄기이며 가장 많이 쓰인다.

◆ 중간 분쇄 : 수 cm(1~4cm) 또는 0.2~0.5mm까지 분쇄

◆ 장점은 몇 개의 해머가 회전하면서 충격과 일부 마찰을 받아 분쇄시키는 것으로 구조가 간단하며 용도가 다양하고 효율에 변함이 없다.

◆ 단점은 입자가 균일하지 못하고 소요 동력이 크다.

86 커팅 밀 cutting mill

◆ 건어육, 건채소, gum상으로 된 식품은 충격력이나 전단력만으로는 잘 부서지지 않기 때문에 조직을 자르는 형태로 절단형 분쇄방식을 이용한다.

87 균질화의 압력과 온도

◆ 압력 : 140~210kg/cm² (2,000~3,000lbs/in²)

◆ 온도 : 50~60℃

88 나우타형 혼합기

◆ 원추형 용기에 회전하는 스크루가 용기 벽면에 경사지게 설치되어 자전하면서 용기 벽면을 따라 공전한다.

◆ 이 형식은 혼합이 빠르고 효율이 우수하기 때문에 대량의 물체에 소량을 혼합하는 데 효과적이다.

89 추가해야 할 물 = w(b-a)/100-b

(w : 용량, a : 최초 수분함량, b : 나중 수분함량)

∴ 추가해야 할 물 = 5(18-10)/100-18 = 0.49kg

90 피츠밀 fitz mill

◆ 단단한 원료를 회전하는 칼에 의해 일정 크기와 모양으로 부수거나 절단하여 조립하는 기계이다.

91 여과조제 filter aid

◆ 매우 작은 콜로이드상의 고형물을 함유한 액체의 여과를 용이하게 하기 위하여 사용하는 것이다.

◆ 여과면에 치밀한 층이 형성되는 것을 방지하는 목적으로 첨가한다.

◆ 규조토, pulp, 활성탄, 실리카켈, 카본 등이 사용된다.

92 역삼투 reverse osmosis

◆ 평형상태에서 막 양측 용매의 화학적 포텐셜(chemical potential)은 같다.

◆ 그러나 용액 쪽에 삼투압보다 큰 압력을 작용시키면 반대로 용액 쪽에서 용매분자가 막을 통하여 용매 쪽으로 이동하는데 이 현상을 역삼투 현상이라 한다.

◆ 역삼투는 분자량이 10~1000 정도인 작은 용질분자와 용매를 분리하는 데 이용된다.

◆ 대표적인 예는 바닷물의 탈염(desalination)이고, 미생물 제거, 유청의 농축, 주스의 농축 등에 이용된다.

93 Rotocel 추출기

◆ 실린더형 추출기로 부채꼴 모양의 칸막이로 나누어져 있는 수많은 구역으로 이루어져 있으며, 각 구역은 수직축을 따라 회전하며 다공성 바닥으로 구성되어 있는 연속식 추출기이다.

◆ 사탕무 설탕과 기름추출에 이용한다.

94 건조된 양파의 무게

◆ 양파의 고형분 함량

$40 \times (100-80)/100 = 8kg$

◆ 건조 후 양파의 무게(X)

$X \times (100-20)/100 = 8$

∴ $X = 10$

95 동결건조 freeze drying

◆ 식품을 $-40 \sim -30℃$까지 급속 동결시킨 후 진공도 $1.0 \sim 0.1㎜Hg$ 정도의 진공을 유지하는 건조기 내에서 얼음을 승화시켜 건조한다.

◆ 장점

– 위축 변형이 거의 없으며 외관이 양호하다.

– 효소적 또는 비효소적 성분간의 화학반응이 없으므로 향미, 색 및 영양가의 변화가 거의 없다.

– 제품의 조직이 다공질이고 변성이 적으므로 물에 담갔을 때 복원성이 좋다.

– 품질의 손상 없이 $2 \sim 3\%$ 정도의 저수분으로 건조할 수 있다.

◆ 단점

– 딸기나 셀러리 등은 색, 맛, 향기의 보존성은 좋으나 조직이 손상되어 수화시켰을 때 원 식품과 같은 경도를 나타내지 못한다.

– 다공질 상태이기 때문에 공기와의 많은 접촉면적으로 흡습산화의 염려가 크다.

– 냉동 중에 세포 구조가 파괴되었기 때문에 기계적 충격에 대하여 부스러지기 쉽고 포장 이나 수송에 문제점이 많다.

– 시설비와 운전 경비가 비싸다.

– 건조 시간이 길고 대량 건조하기 어렵다.

96 농축 공정 중 발생하는 현상

◆ 비점 상승 : 농축이 진행되면 용액의 농도가 상승하면서 비점 상승 현상이 나타난다.

◆ 점도 상승 : 농축이 진행됨에 따라 용액의 농도가 상승하면서 점도 상승 현상이 나타난다.

◆ 관석의 생성 : 수용액이 가열부와 오랜 기간 동안 접촉하면 가열표면에 고형분이 쌓여 딱 딱한 관석이 형성된다.

◆ 비말동반 : 증발관 내에서 액체가 끓을 때 아주 작은 액체방울이 생기며 이것이 증기와 더 불어 증발관 밖으로 나오게 된다.

97 상업적 살균 commercial sterilization

◆ 가열살균에 있어서 식품의 저장성과 품질을 양립시킬 수 있는 최저한도의 열처리를 말한다.

◆ 식품산업에서 가열처리($70 \sim 100℃$ 살균)를 하였더라도 저장 중에 다시 생육하여 부패 또 는 식중독의 원인이 되는 미생물만을 일정한 수준까지 사멸시키는 방법이다.

◆ 산성의 과일통조림에 많이 이용한다.

98 D값

◆ 균수를 1/10로 줄이는 데 걸리는 시간은 0.25분

◆ $1/10^{12}$ 수준으로 감소(12배)시키는 데 걸리는 시간은 $0.25 \times 12 = 3$분

99 단위조작

	조작	조작의 목적
열조작	열전달	저온저장, CA저장, 동결저장, 살균저장
	증발	농축
확산 조작	결정화	정제
	흡수	CO_2, O_2 이동
	증류	농축, 정제
	건조	탈수저장
	추출	유지, 당의 분리
	훈연화	훈연, 탈수저장
	염장	염장(salting)
	당장	당장(sugaring)
기계적 조작	침강, 원심분리	고액분리, 분급
	여과, 압착	고액분리
	집진	고액분리, 제균
	세분화	파쇄, 분쇄
	교반, 혼합	조합

100 초임계 유체 추출

◆ 물질이 그의 임계점보다 높은 온도와 압력 하에 있을 때, 즉 초임계점 이상의 상태에 있을 때 이물질의 상태를 초임계 유체라 하며 초임계 유체를 용매로 사용하여 물질을 분리하는 기술을 초임계 유체 추출기술이라 한다.

◆ 초임계 유체로 자주 사용하는 물질은 물과 이산화탄소다.

◆ 초임계 상태의 이산화탄소는 여러가지 물질을 잘 용해한다. 목표물을 용해한 초임계 이산화탄소를 임계점 이하로 하면, 이산화탄소는 기화하여 대기로 날아가고 용질만이 남는다.

◆ 공정은 용제의 압축, 추출, 회수, 분리로 나눌 수 있다.

◆ 초임계 가스 추출 방법은 성분의 변화가 거의 없고 특정 성분을 추출하고 분리하는 데 이용되어 식품에서는 커피, 홍차 등에서 카페인 제거, 동·식물성 유지추출, 향신료 및 향료의 추출 등에 널리 쓰이는 추출의 새로운 기술이다.

Q PASS

원큐패스는 수험생들이 한번에 합격하기를 응원합니다.

식품 필기
산업기사
기출문제

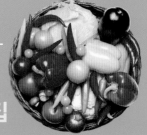

★★★
한국산업인력공단
출제기준에 맞춘 문제집

PART 1 식품위생학
PART 2 식품화학
PART 3 식품가공학
PART 4 식품미생물학
PART 5 식품제조공정

식품 필기

산업기사

기출문제

해설편

해설편

식품산업기사 기출문제 해설 2016 1회

제1과목   식품위생학

1 식품첨가물 공전에서 삭제된 화학적 합성품

◆ 브롬산칼륨(potassium bromate) : 취소일자 '96. 4. 26(고시 1996 45호)
◆ 표백분(bleaching powder) : 취소일자 '10. 11. 12(고시 제2010-82호)
◆ 데히드로초산(dehydroacetic acid) : 취소일자 '10. 11. 12(고시 제2010-82호)

⊕ 규소 수지(silicone resin)
　• 현재 사용이 허용된 화학적 합성품이다.
　• 거품을 없애는 목적 이외에 사용하여서는 아니 된다.

2 제2급 감염병

◆ "제2급 감염병"이란 전파가능성을 고려하여 발생 또는 유행 시 24시간 이내에 신고하여야
하고, 격리가 필요한 감염병을 말한다.
◆ 제2급 감염병의 종류(21종) : 결핵, 수두, 홍역, 콜레라, 장티푸스, 파라티푸스, 세균성 이
질, 장출혈성대장균감염증, A형 간염, 백일해, 유행성이하선염, 풍진, 폴리오, 수막구균 감
염증, b형 헤모필루스인플루엔자, 폐렴구균 감염증, 한센병, 성홍열, 반코마이신내성황색
포도알균(VRSA) 감염증, 카바페넴내성장내세균속균종(CRE) 감염증, E형 간염

3 PVC의 특성

◆ 내수성, 내유성이 좋다.
◆ 내산성, 내알칼리성이 좋다.
◆ 투명성, 착색성이 좋다.
◆ 작업이 용이하다.
◆ 열 접착이 용이하다.
◆ 가격이 저렴하다.
◆ 자외선, 오존 및 기후에 강하다.
◆ 대부분의 유기화학물질에 약하다.

4 우유의 알코올 시험

◆ 우유에 70% ethyl alcohol을 동량(1~2ml)으로 넣고 응고물의 생성여부에 따라 판정한다.
◆ 우유의 가열에 대한 안정성, 우유의 산패 유무(신선도)를 판정할 수 있다.

5 농약의 잔류성

◆ 농약은 그 잔류성에 따라 비잔류성, 중간잔류성, 잔류성으로 구분한다.

◆ 잔류기간은 비잔류성 농약 1~12주간, 중간잔류성 농약 1~18개월, 잔류성 2~5년이다.

◆ 잔류기간이란 농약 살포 장소에서 농약 잔류분이 75~100% 사라지는데 걸리는 기간을 말한다.

⊕ 잔류성 농약은 잔류성이 크고 지용성이어서 인체지방조직에 축적되어 만성적인 독작용을 나타낸다.

6 경구 감염병

◆ 병원체가 음식물, 손, 기구, 위생동물 등을 거쳐 경구적(입)으로 체내에 침입하여 일으키는 질병을 말한다.

◆ 경구 감염병의 분류
  - 세균에 의한 것 : 콜레라, 장티푸스, 세균성 이질(적리), 파라티푸스, 성홍열 등
  - 바이러스에 의한 것 : 유행성 간염, 소아마비(폴리오), 감염성 설사증, 천열(이즈미열) 등
  - 리케차성 질환 : Q열, 발진열, 쯔쯔가무시병, 발진티푸스, 홍반열 등
  - 원생동물에 의한 것 : 아메바성 이질 등

7 식품에 사용이 허용된 합성감미료

◆ sodium saccharin, aspartame, D-sorbitol, disodium glycyrrhizinate, trisodium glycyrrhizinate 등이 있다.

⊕ 유해감미료 : cyclamate, dulcin, ethylene glycol, perillartine, p-nitro-o-toluidine 등이 있다.

8 유해성 포름알데히드

◆ 요소 수지 : 제조 시 가열·가압조건이 부족할 때는 미반응 원료인 페놀, 포름알데히드가 용출되는 경우가 있다.

◆ urotropin : formaldehyde와 ammonia가 결합하여 형성된 물질로서, 방부력이 있어 식품에 사용되기도 한다. 그러나 독성이 강해 대부분의 나라에서 사용이 금지되고 있다.

◆ rongalite : 식품에 대한 작용은 아황산 표백제이며 상당량의 formaldehyde가 식품 중에 잔류하게 된다. 우리나라에서 물엿의 표백제로 사용되었으나 현재 사용을 금지하고 있다.

⊕ nitrogen trichloride(NCl_3) : 자극성의 황색 유상물질로 휘발성의 액체이다. 미국에서 밀가루의 표백과 숙성에 사용되었으나 현재는 사용이 금지되고 있다.

9 인수공통감염병

◆ 척추동물과 사람 사이에 자연적으로 전파되는 질병을 말한다. 사람은 식육, 우유에 병원체가 존재할 경우 섭식하거나 감염동물, 분비물 등에 접촉하여 2차 오염된 음식물에 의해 감염된다.

◆ 대표적인 인수공통감염병
- 세균성 질병 : 탄저, 비저, 브루셀라병, 세균성 식중독(살모넬라, 포도상구균증, 장염비브리오), 야토병, 렙토스피라병, 리스테리아병, 서교증, 결핵, 재귀열 등
- 리케차성 질병 : 발진열, Q열, 쯔쯔가무시병, 발진티푸스, 홍반열 등
- 바이러스성 질병 : 일본뇌염, 인플루엔자, 뉴캐슬병, 앵무병, 광견병, 천연두, 유행성 출혈열 등

10 에틸카바메이트(ethyl carbamate)

◆ 우레탄이라고도 하며, 화학식은 $H_2NCOOC_2H_5$이다.
◆ 국제암연구소(IARC)에서 발암우려물질(group 2A)로 분류하고 있는 유해물질로서 식품의 저장 및 숙성과정에서 자연적으로 생성되는 것으로 알려져 있다.
◆ 포도주(와인), 위스키, 청주 등의 주류(100ppb) 이외에도 빵, 요구르트, 치즈, 간장, 된장, 김치 등 발효식품에도 함유되어 있다.
◆ 담배연기에도 상당히 많은 양(300~400ppb)이 들어있다.
◆ 현재까지 알려진 전구물질은 요소(urea), 아르기닌(arginine), 시트룰린(citruline) 등이다.
◆ 저장기간이 길수록, 가열하거나 숙성온도가 높을수록 생성량이 많아진다.

11 산화방지제

◆ 수용성과 지용성이 있다.
◆ 수용성은 주로 색소의 산화방지에 사용되며 에리소르빈산(erythrobic acid), ascorbic acid 등이 있다.
◆ 지용성은 유지 또는 유지를 함유하는 식품에 사용되며 몰식자산프로필(propyl gallate), BHA, BHT, ascorbyl palmitate, DL-α-tocopherol 등이 있다.
◆ 산화방지제는 단독으로 사용할 경우보다 2종 이상을 병용하는 것이 더욱 효과적이며 구연산과 같은 유기산을 병용하는 것이 효과적이다.

12 장염비브리오균 식중독의 원인식품

◆ 근해산 어패류가 압도적으로 많다(70%).
◆ 특히 어패류의 생식이 주원인이다.

13 이물 시험법

◆ 체분별법
- 검체가 미세한 분말 속의 비교적 큰 이물일 때 적용한다.
- 체로 포집하여 육안검사를 한다.
◆ 여과법
- 검체가 액체이거나 또는 용액으로 할 수 있을 때의 이물일 경우 적용한다.
- 용액으로 한 후 신속여과지로 여과하여 이물검사를 한다.

◆ 와일드만 라스크법
- 곤충 및 동물의 털과 같이 물에 젖지 않는 가벼운 이물일 때 적용한다.
- 원리 : 검체를 물과 혼합되지 않는 용매와 저어 섞음으로서 이물을 유기용매층에 떠오르게 하여 취한다.

◆ 침강법
- 쥐똥, 토사 등의 비교적 무거운 이물일 때 적용한다.

14 총칙 [식품공전]

◆ 살균 : 따로 규정이 없는 한 세균, 효모, 곰팡이 등 미생물의 영양세포를 사멸시키는 것을 말한다.

◆ 멸균 : 따로 규정이 없는 한 미생물의 영양세포 및 포자를 사멸시키는 것을 말한다.

15 급성 방사선 증후군(방사능병, ARS)

◆ 전리복사에 과다하게 노출되어 생체조직이 피해를 입는 것이다. 일반적으로 단기간 동안 다량의 방사선에 노출되어 발생하는 심각한 문제를 가리킨다. 방사선이 세포 분열과 상호 작용함에 따라 수많은 피폭 증상이 나타난다.

◆ 1~2시버트(Sv) : 가벼운 피폭 증세, 30일 이후 10%의 사망률, 미약하거나 어느 정도 수준의 때로는 구토를 유발하는 메스꺼움을 포함한 일반적인 증세가 나타난다.

16 휴약기간 withdrawal period [동물용의약품의 안전 사용기준]

◆ 식용으로 사용되는 축산물 등을 생산하는 동물에 대하여 식용으로 사용하기 전에 동물용 의약품을 일정기간 사용금지하는 기간을 말한다.

17 농약의 잔류기간

◆ 농약 살포 장소에서 농약 잔류분이 75~100% 사라지는 데 걸리는 기간을 말한다. 환경조건에 따라 달라질 수 있다.

◆ 농약은 그 잔류성에 따라 비잔류성, 중간잔류성, 잔류성으로 구분한다.
- 비잔류성 : 잔류기간이 1~12주간
  예 유기인계 및 카바메이트계 살충제, 합성피레트로이드 등
- 중간잔류성 : 1~18개월
- 잔류성 : 2~5년
  예 DDT, aldrin, dieldrin, BHC 등 유기염소계 살충제

18 물질의 독성 시험

◆ 급성 독성 시험 : 실험용 쥐에게 경구 투여를 한 후에 1주간 관찰하여 50% 치사량(LD_{50})를 구하는 실험이다.

◆ 만성 독성 시험 : 생쥐, 흰쥐 등을 2년간의 사육시험 결과로 사망률, 병리조직학적 변화, 발암성, 최기형성, 물질의 생체 내 대사 등을 관찰한다. 만성 독성 시험은 식품이나 식품첨가물이 인체에 끼치는 최대 무작용량을 판정하는 데 목적이 있다.

19 HACCP(식품안전관리인증기준) 제도

◆ 식품의 원재료부터 제조, 가공, 보존, 유통, 조리단계를 거쳐 최종소비자가 섭취하기 전까지의 각 단계에서 발생할 우려가 있는 위해요소를 규명하고, 이를 중점적으로 관리하기 위한 중요관리점을 결정하여 자율적이며 체계적이고 효율적인 관리로 식품의 안전성을 확보하기 위한 과학적인 위생관리체계라고 할 수 있다.

20 알레르기^{allergy} 식중독

◆ 가다랭이와 같은 붉은살 생선은 histidine의 함유량이 많아 histamine decarboxylase를 갖는 *Proteus morganii*가 묻어있어 histidine을 histamine으로 분해하여 아민류와 어울려 알레르기성 식중독을 유발한다.
◆ 원인식품 : 가다랭이, 고등어, 꽁치 및 단백질 식품 등
◆ 원인물질 : 단백질의 부패산물로 histamine, ptomaine, 부패아민류 등

제2과목　식품화학

21 전분의 노화^{retrogradation}에 영향을 주는 인자

◆ 온도 : 노화에 가장 알맞은 온도는 2~5℃이며, 60℃ 이상의 온도와 동결 때는 노화가 일어나지 않는다.
◆ 수분 함량 : 30~60%에서 가장 노화하기 쉬우며, 10% 이하에서는 어렵고, 수분이 매우 많은 때도 어렵다.
◆ pH : 다량의 OH이온(알칼리)은 starch의 수화를 촉진하고, 반대로 다량의 H이온(산성)은 노화를 촉진한다.
◆ 전분의 종류 : amylose는 노화하기 쉽고, amylopectin은 노화가 어렵다. 옥수수, 밀은 노화하기 쉽고, 감자, 고구마, 타피오카는 노화하기 어려우며, 찰옥수수 전분은 노화가 가장 어렵다.

22 안토시안^{anthocyanin}계 색소

◆ 꽃, 과실, 채소류에 존재하는 적색, 자색 및 청색의 수용성 색소로서 화청소라고도 부른다.
◆ 매우 불안정하여 가공, 저장 중에 쉽게 변색하여 품질저하 요인이 된다.
◆ anthocyanin은 배당체로 존재하며 산, 알칼리, 효소 등에 의해 쉽게 가수분해되어 aglycone인 anthocyanidin과 포도당이나 galactose, rhamnose 등의 당류로 분리된다.

23 전분의 호화에 미치는 영향

◆ 수분 : 전분의 수분 함량이 많을수록 호화는 잘 일어난다.
◆ 전분의 종류 : 전분의 입자가 클수록 호화가 빠르다. 즉 감자, 고구마는 쌀이나 밀의 전분 보다 크기 때문에 빨리 일어난다.
◆ 온도 : 호화에 필요한 최적온도는 전분의 종류나 수분의 양에 따라 다르나 대개 60℃ 정도다. 온도가 높으면 호화의 시간이 빠르다. 쌀은 70℃에서는 수 시간 걸리나 100℃에서는 20분 정도이다.
◆ pH : 알칼리성에서는 팽윤(swelling)과 호화가 촉진된다.
◆ 염류 : 일부 염류는 전분 알맹이의 팽윤과 호화를 촉진시킨다. 일반적으로 음이온이 팽윤 제로서 작용이 강하며 그 순서는 $OH^- > CNS^- > Br^- > Cl^-$ 이다. 한편, 황산염은 호화를 억제한다.

24 밀감통조림의 백탁 원인

◆ 헤스페리딘(hesperidin)이 침전되기 때문이다.
◆ 억제법은 내열성 hesperidinase 첨가, hesperidin 함량이 적은 품종 선택, CMC를 약 10ppm 첨가하여 pH를 저하시키는 방법 등이다.
◆ 헤스페리딘
 – 비타민 P라고도 하며 감귤류의 과피에 비교적 다량으로 함유되어 있다.
 – aglycone과 hesperetin 또는 methyl reiodictyol과 disaccharide, rutinose로 구성된 flavanone 배당체이다.
 – 모세혈관의 침투성을 조절하는 작용이 있다.

25 유화제 emulsifying agent

◆ 한 분자 내에 소수기와 친수기를 가지고 있는데 친수기는 물, 소수기는 기름과 결합하여 물과 기름의 계면에 유화제 분자의 피막이 형성되어 계면장력을 저하시켜 유화성을 일으키게 한다.
◆ 유화제에는 단백질, 레시틴, 콜레스테롤, 담즙산염 등이 있으며 천연유화제 중에는 복합지질들이 많다.

26 점탄성 viscoelasticity

◆ 외부의 힘에 의하여 물체가 점성유동과 탄성변형을 동시에 나타내는 복잡한 성질을 말한다.
◆ 점탄성체가 가지는 성질에는 예사성(spinability), 경점성(consistency), 신전성(extensibility), Weissenberg의 효과 등이 있다.
 – 예사성 : 달걀 흰자위나 bacillus natto로 만든 청국장 등에 젓가락을 넣었다가 당겨 올리면 실을 빼는 것과 같이 늘어나는 성질이다.
 – 경점성 : 점탄성을 나타내는 식품의 견고성을 말하며 반죽의 경점성(반죽의 경도)은 farinogfaph 등을 사용하여 측정한다.

- 신전성 : 국수 반죽과 같이 대체로 고체를 이루고 있으며 막대상 또는 긴 끈 모양으로 늘어나는 성질이다.
- Weissenberg의 효과 : 가당연유 속에 젓가락을 세워서 회전시키면 연유가 젓가락을 따라 올라가는 현상이다.

27 식물성 식품의 떫은맛 astringent taste

◆ 혀 표면에 있는 점성단백질이 일시적으로 변성, 응고되어 미각신경이 마비 또는 수축됨으로써 일어나는 수렴성의 불쾌한 맛이다.
◆ 떫은맛은 주로 polyphenol성 물질인 tannin류에 기인한다.
◆ tannin에 속하는 떫은맛 성분
- 감의 떫은맛은 gallic acid와 phloroglucinol의 축합인 shibuol에 기인
- 차엽의 떫은맛은 몰식자산과 catechin에 기인
- 밤 껍질의 떫은맛은 gallic acid 2분자가 축합한 egallic acid에 기인
- 커피의 떫은맛은 coffeic acid와 quinic acid가 축합한 chlorogenic acid에 기인

28 단백질의 구조에 관련되는 결합

◆ 1차 구조 : 펩티드(peptide) 결합
◆ 2차 구조 : 수소 결합
◆ 3차 구조 : 이온 결합, 수소 결합, S-S 결합, 소수성 결합, 정전적인 결합 등

29 갑각류의 가열이나 산 처리 시

◆ 새우, 게 등의 갑각류에는 xanthophyll류에 속하는 astaxanthin이 단백질과 헐겁게 결합하여 청록색을 띠고 있으나, 가열하면 astaxanthin이 단백질과 분리하는 동시에 공기에 의하여 산화를 받아서 astacin으로 변화하여 적색이 된다.

30 인체 내에서 무기염류의 기능

◆ 체액의 pH와 삼투압을 조절한다.
◆ 근육이나 신경을 흥분시킨다.
◆ 효소를 구성하거나 그 기능을 촉진시킨다.
◆ 치아와 골격을 구성한다.
◆ 소화액의 분비, 배뇨작용에도 관계한다.
◆ 단백질의 용해도를 증가시키는 작용을 한다.

31 산성 식품과 알칼리성 식품

◆ 산성 식품
- P, Cl, S, I, Br 등 원소를 많이 함유하고 있는 식품
- P, Cl, S, I, Br 등은 PO_4^{3-}, Cl^-, SO_4^{2-}, I^-, Br^-을 만들어 음이온이 되므로 산 생성 원소이다.
- 육류, 어류, 달걀, 곡류, 콩류, 조개류 등

◆ 알칼리성 식품
- Ca, Mg, Na, K, Fe 등의 원소를 많이 함유한 식품
- Ca, Mg, Na, K, Fe 등 산화물은 물에 녹으면 $Ca(OH)_2$, $Mg(OH)_2$, $NaOH$, KOH, $Fe(OH)_2$와 같은 알칼리성의 수화물이 된다.
- 해조류, 과실류, 야채류, 감자류, 당근, 양배추 등

32 tyrosinase에 의한 갈변

◆ 채소나 과실류 특히 감자의 갈변 원인이 되는 tyrosinase는 분자 내에 구리(Cu)를 함유하고 있는 산화효소이다.

◆ 공기 중에서 감자를 절단하면 tyrosine은 tyrosinase에 의해 산화되어 dihydroxy phenylalanine(DOPA)을 거쳐 O-quinone phenylalanin(DOPA-quinone)이 된다.

◆ 다시 산화, 계속적인 축합·중합반응을 통하여 흑갈색의 melanin 색소를 생성한다.

33 23번 해설 참조

34 식품의 주 단백질

◆ ovalbumin : 난백
◆ gluten : 밀가루
◆ glycinin : 대두
◆ myoglobin : 근육
◆ casein : 우유

35 유화제 emulsifying agent

◆ 한 분자 내에 -OH, -CHO, -COOH, -NH₂ 등의 극성기(친수기)와 alkyl기(CH_3-CH_2-CH^2-)와 같은 비극성기(소수기)를 가지고 있다.

◆ 친수기는 물, 소수기는 기름과 결합하여 물과 기름의 계면에 유화제 분자의 피막이 형성되어 계면장력을 저하시켜 유화성을 일으키게 한다.

◆ HLB값이 8~18인 유화제는 수중유적형 유화에 알맞고, HLB값이 3.5~6인 유화제는 유중수적형 유화에 알맞다.

36 비타민 B₂ riboflavin

◆ 성장촉진인자로 알려져 있다.

◆ 체내에서 인산과 결합하여 조효소인 FMN와 FAD 형태로 변환되어 산화, 환원 작용에 관여한다.

◆ 산이나 열에는 안정하나 알칼리와 빛에는 약하고 가시광선과 자외선에 의해 ribitol 부분이 파괴되어 효력을 상실한다.

◆ 결핍되면 성장 정지, 식욕 부진, 구각염, 설염, 피부염 등의 증상이 나타난다.

37 관능검사의 사용 목적

◆ 신제품 개발
◆ 제품 배합비 결정 및 최적화
◆ 품질 관리규격 제정
◆ 품질 수명 측정
◆ 경쟁사의 감시
◆ 품질 평가방법 개발
◆ 공정 개선 및 원가 절감
◆ 관능검사 기초 연구
◆ 소비자 관리

38 미오글로빈 myoglobin

◆ 육색소로서 globin 1분자와 heme 1분자가 결합하고 있으며 산소의 저장체로 작용한다.
◆ 공기 중 산소에 의해 선홍색의 oxymyoglobin이 되고, 계속 산화하면 갈색의 metmyoglobin 이 된다.

39 특성차이 관능검사 방법

◆ 이점 비교 검사 : 두 개의 시료(A, B)를 동시에 제시하고 단맛, 경도, 윤기 등 주어진 특성 에 대해 어떤 시료의 강도가 더 큰지를 선택하도록 하는 방법으로 정답 확률은 50%이다. 가장 간단하고 많이 사용되는 방법이다.
◆ 다시료 비교 검사 : 어떤 정해진 성질에 대해 여러 시료를 기준과 비교하여 점수를 정하도 록 하는 방법이다. 비교되는 시료 중에 기준과 동일한 시료를 포함시킨다.
◆ 순위법 : 세 개 이상의 시료를 제시하여 주어진 특성이 제일 강한 것부터 순위를 정하게 하 는 방법이다.
◆ 평정법 : 여러 시료(3~6개)의 특정 성질이 어떤 양상으로 다른지를 조사하려고 할 때 사용 되는 방법이다.

40 관능검사 중 묘사분석

◆ 정의 : 식품의 맛, 냄새, 텍스처, 점도, 색과 겉모양, 소리 등의 관능적 특성을 느끼게 되는 순서에 따라 평가하게 하는 것으로 특성별 묘사와 강도를 총괄적으로 검토하게 하는 방법 이다.
◆ 묘사분석에 사용하는 방법
  – 향미 프로필, 텍스처 프로필, 정량적 묘사분석, 스펙트럼 묘사분석, 시간-강도 묘사분석

41 버터류 [축산물위생관리법 제4조]

◆ 버터류라 함은 원유, 우유류 등에서 유지방분을 분리한 것이나 발효시킨 것을 그대로 또는 이에 식품이나 식품첨가물을 가하고 교반하여 연압 등 가공한 것을 말한다.

◆ 축산물가공품의 유형 : 버터, 가공버터, 버터오일

42 치즈의 숙성도 ripening degree

◆ 우유의 주요 단백질인 카세인은 칼슘카세인(Ca-caseinate)의 형태로 존재한다.

◆ 레닌에 의하여 불용성인 파라칼슘카세인(paracalciumcaseinate)으로 분해되나 치즈의 숙성이 진행됨에 따라 수용성으로 변하며, 그 비율이 점차 증가됨으로 수용성 질소 화합물의 양은 치즈의 숙성도를 나타낸다.

◆ 숙성도(%) = $\dfrac{\text{수용성 질소 화합물(WSN)}}{\text{총 질소(TN)}} \times 100$

43 채유 시 가열처리를 하는 이유

◆ 세포막을 파괴하고, 단백질을 응고시켜, 유지의 점도를 낮게 하여 착유율을 높이는 데 있다.

◆ 열처리 효과 : 원료의 수분 함량 조절, 산화효소의 불활성화, 유해세균 사멸 등

44 통조림 내의 진공도에 영향을 주는 인자

◆ 탈기, 가열 온도와 시간

◆ head space와 충진상태

◆ 내용물의 선도

◆ 내용물의 산성도

◆ 기온과 기압

◆ 살균 온도

45 동결 건조 freeze drying

◆ 식품을 −40~−30℃까지 급속동결시킨 후 진공도 0.1~1.0mmHg 정도의 진공을 유지하는 건조기 내에서 얼음을 승화시켜 건조한다.

◆ 장점

– 위축변형이 거의 없으며 외관이 양호하다.

– 효소적 또는 비효소적 성분 간의 화학반응이 없으므로 향미, 색 및 영양가의 변화가 거의 없다.

– 제품의 조직이 다공질이고 변성이 적으므로 물에 담갔을 때 복원성이 좋다.

– 품질의 손상없이 2~3% 정도의 저수분으로 건조할 수 있다.

◆ 단점
- 딸기나 셀러리 등은 색, 맛, 향기의 보존성은 좋으나 조직이 손상되어 수화시켰을 때 원 식품과 같은 경도를 나타내지 못한다.
- 다공질 상태이기 때문에 공기와의 많은 접촉면적으로 흡습산화의 염려가 크다.
- 냉동 중에 세포 구조가 파괴되었기 때문에 기계적 충격에 대하여 부스러지기 쉽고 포장이나 수송에 문제점이 많다.
- 시설비와 운전 경비가 비싸다.
- 건조 시간이 길고 대량 건조하기 어렵다.

46 winterization(탈납처리, 동유처리)

◆ 기름이 냉각 시 고체지방으로 생성되는 것을 방지하기 위하여 탈취하기 전에 고체지방을 제거하는 것이 필요하다. 이 작업을 탈납(dewaxing)이라고 한다.
◆ salad oil 제조 시에만 탈납처리를 한다.
◆ 주로 면실유에 사용되며, 면실유는 낮은 온도에 두면 고체지방이 생겨 사용할 때 외관상 좋지 않으므로 이 작업을 꼭 거친다.

47 팥으로 양갱을 제조할 때 중조($NaHCO_3$)를 넣는 이유

◆ 팥의 섬유가 많고 단단한 조직의 팽화를 촉진한다.
◆ 팥의 껍질 파괴를 쉽게 한다.
◆ 소의 착색을 돕는다.
◆ 연료가 절약된다.

➕ 중조에 의해 비타민 B_1이 파괴되는 것이 결점이다.

48 플라스틱 포장재의 제조과정에서 첨가되는 첨가제

종류	화합물	물질명
안정제	alkyl 주석	dibutyl 주석화합물 triethyl 주석화합물
산화방지제	phenol류	BHA, BHT
가소제	phthalate adipate phosphate	DBP, DOP DOA(dioctyl adipate) TCP(trioctyl phosphate) epoxidised soybean oil
자외선흡수제	benzophenone benzotriazole salicylate	
성에방지제		polyoxyethlene nonyl phenyl ether

* BHA : butyl hydroxy anisol   * BHT : dibutyl hydroxy toluene
* DBP : dibutyl phthalate   * DOP : dioctyl phthalate

49 식물성 유지의 성질

◆ 주로 지방산 조성에 의해 결정된다.
◆ 대부분의 경우 oleic acid, linoleic acid, palmitic acid, stearic acid의 4가지 지방산이 가장 보편적으로 존재한다.

50 자연치즈 제조 시 커드 가온(cooking) 목적

◆ 유청(whey) 배출이 빨라진다.
◆ 수분 조절이 된다.
◆ 유산 발효가 촉진된다.
◆ 커드가 수축되어 탄력성 있는 입자로 된다.

51 1g/cm³(CGS 단위계)를 SI 단위계로 환산하면

◆ $1g/cm^3 = \dfrac{1g}{1cm^3} = \dfrac{0.001kg}{0.000001m^3} = \dfrac{1,000kg}{1m^3} = 1,000kg/m^3$

52 인스턴트 커피의 제조 공정

◆ 원료 커피콩을 배초기(焙炒機)에서 볶고 향기의 휘발을 막기 위해 식힌 후 분쇄기에서 분쇄한다.
◆ 분쇄한 커피콩을 추출기에 넣고 뜨거운 물을 부어 스팀으로 120~150℃로 가압, 가열해서 추출한다. 추출액 중의 고형분은 30~35%이다.
◆ 추출액은 뒤섞여 있는 미세한 분말을 제거하기 위해 원심분리를 한다.
◆ 추출액은 150~180℃의 더운 바람 속에 분무하여 건조한다(가루커피 : 맥스웰 하우스 등).
◆ 또는 동결 후 진공 건조 시킨다(입자커피 : 맥심커피).

53 육류단백질의 냉동 변성

◆ 육조직 중의 수분이 동결되면 무기성분이 조직의 일부에 농축되어 단백질을 염석(salting out)시키고, 곧 단백질의 변성이 일어난다.
◆ 또한 얼음결정(ice crystal)이 생성되면 단백질 분자의 주위에서 탈수가 일어나 단백질 분자가 서로 접근함으로써 단백질 분자 간의 수소 결합을 비롯한 분자 간 결합이 형성되어 응집(coagulation)이 일어난다.

54 아질산나트륨의 규격 기준 [식품첨가물 공전]

◆ 아질산나트륨은 아래의 식품 이외에 사용하여서는 아니 된다.
◆ 아질산나트륨의 사용량은 아질산이온으로서 아래의 기준 이상 남지 아니하도록 사용하여야 한다.

– 식육가공품(포장육, 식육추출가공품, 식용우지, 식용돈지 제외), 고래고기제품 : 0.07g/kg
– 어육소시지 : 0.05g/kg
– 명란젓, 연어알젓 : 0.005g/kg

55 첨가해야 할 물의 양

◆ 첨가해야 할 물 = $\dfrac{w(b-a)}{100-b}$

　w : 용량, a : 최초 수분 함량, b : 나중 수분 함량

◆ 첨가해야 할 물 = $\dfrac{10(20-10)}{100-20}$ = 1.25kg

56 통조림 변패관

◆ flipper : 관의 뚜껑과 밑바닥은 거의 편평하나 한쪽 면이 약간 부풀어 있어 누르면 소리를 내며 원상태로 되돌아가는 정도의 변패관
◆ springer : flipper보다 심하게 팽창되어 있어 손끝으로 누르면 반대쪽 면이 소리를 내며 튀어나오는 상태의 팽창관
◆ swell : 관의 양면이 모두 단단하게 팽창한 것으로 나온 부분을 강하게 눌러서 약간 들어가게 느껴지는 soft swell과 눌러도 들어가지 않는 hard swell이 있다.
◆ hydrogen swell : 부패균의 작용에 의하지 않고 식물이 통벽의 함석판과 작용하여 침식되어 수소가스가 발생하여 팽창한 것

57 젤리점을 결정하는 방법

◆ cup test : 냉수를 담은 컵에 농축물을 떨어뜨렸을 때 분산되지 않을 때
◆ spoon test : 스푼으로 떠서 볼 때 시럽상태가 되어 떨어지지 않고 은근히 늘어질 때
◆ 온도계법 : 온도계로 104~105℃가 될 때
◆ 당도계법 : 굴절당도계로 측정하여 65% 정도가 될 때

58 축산물의 표시기준상 영양성분 함량 산출의 기준

◆ 영양성분 함량은 축산물 중 가식부위를 기준으로 산출한다. 이 경우 가식부위는 동물의 뼈, 식물의 씨앗 및 제품의 특성상 품질유지를 위하여 첨가되는 액체 등으로 통상적으로 섭취하지 않는 비가식부위는 제외하고 실제 섭취하는 양을 기준으로 한다.
◆ 한번에 먹을 수 있도록 포장·판매되는 제품은 *[표 3]의 1회 제공기준량 및 *라)에 따른 1회 제공량 범위에도 불구하고 총 내용량을 1회 제공량으로 한다.
◆ 영양성분 함량은 1회 제공량당, 100g당, 100㎖당 또는 1포장당 함유된 값으로 표시한다.
◆ 단위 내용량이 1회 제공량 범위 미만에 해당하는 경우에는 2단위 이상을 1회 제공량으로 하되, 1회 제공기준량에 가장 가까운 값이 되도록 단위의 수를 정한다.
　*[표 3], 라) : 축산물위생관리법 축산물의 표시기준 참조

60 아비딘^{avidin}

◆ 난백 단백질 중의 아비딘 함량은 0.05%로 미량이나 난황 중 비오틴(biotin)과 결합하여 비타민을 불활성화시킨다.

제 4 과목 식품미생물학

61 이론적인 최대 초산 생산량

◆ $C_6H_{12}O_6 \longrightarrow 2C_2H_5OH + 2CO_2$
　　180　　　　　　　　　　2×46

　　$C_2H_5OH + O_2 \longrightarrow CH_3COOH + H_2O$
　　　46　　　　　　　　　　　60

◆ $180 : 60 \times 2 = 500 : \chi$
　$\therefore \ \chi = 333.3$

62 미생물의 동결보존법

◆ 미생물 세포를 20% 정도의 glycerol, 10% DMSO(dimethyl sulfoxide) 등 동해방지제(cryoprotectant)와 섞어서 서서히 동결시켜 냉동고($-20℃$), deep freezer($-70℃$), 액체질소($-196℃$) 중에서 보존한다.

◆ 동해방지제로는 각종의 당류, 탈지유, 혈청 등을 첨가해도 보호 효과를 기대할 수 있다.

63 공중낙하균

◆ 공중세균의 대부분은 그람양성 구균이나 진균(곰팡이나 효모) 또는 아포자형성균 등이다.

◆ 공중낙하균 측정법(Koch법)은 일정 면적의 한천배지를 일정기간 정치하고 떨어지는 미생물 입자를 포집하여, 일정기간 배양한 후 계수하는 방법이다.

◆ 식품제조 공장에서 낙하 미생물의 대부분은 곰팡이다.

64 초산균을 이용하여 주정초를 만들 때

◆ 초산균에 의해 ethyl alcohol로부터 alcohol dehydrogenase와 aldehyde dehydrogenase의 작용에 의해 산화되어 acetaldehyde로 되고 이것이 수화(hydration)된 후 수소가 이탈되어 acetic acid가 된다.

65 세포벽의 그람염색성

◆ 세포벽의 주성분은 peptidoglycan이고 세포벽의 화학적 조성에 따라 염색성이 달라진다.

◆ 일반적으로 그람양성균은 그람음성균에 비하여 peptidoglycan 성분이 많다.

66 플랫 사우어^{flat sour}

◆ 통조림 외관은 정상관과 구별하기 어려우나 내용물은 가스의 생성과 관계없이 산을 생성하는 변패관을 말한다.

◆ 외관은 정상(flat)이나 내용은 산성 반응이라는 점에서 flat sour라고 한다.

◆ 내열성 유포자 세균인 *Bacillus stearothermophilus*, *Bacillus coagullans*에 의한다.

67 *Penicillium chrysogenum*

◆ *Penicillium chrysogenum*는 penicillin 생산균이다.

68 통조림 변패 원인이 되는 고온성 포자형성 세균

◆ *Clostridium thermosaccharolyticum*, *C. sporogenes*, *C. perfringens*, *C. bifermentans* 등

◆ *Bacillus coagulans*, *Bacillus stearothermophilus*, *Bacillus lichemiformis* 등

69 냉동식품에서 잘 검출되는 저온성 세균

◆ 냉동식품에서는 *Pseudomonas*와 *Flavobacterium* 등이 과반수 이상 분포해 있다.

◆ 어육의 냉동식품에서는 *Brevibacterium*, *Corynebacterium*, *Arthrobacter* 등이 발견된다.

◆ 야채, 과일의 가공 냉동식품에서는 *Micrococcus*가 많이 발견된다.

◆ *Listeria*속은 아이스크림이나 수산냉동품 등에서 검출되기도 하며 4℃ 이하의 저온식품 또는 냉동식품에 증식하는 균이다.

70 식품과 관련 미생물

◆ *Aspergillus oryzae* : 간장, 된장, 청주, 탁주, 약주 등의 제조에 이용되는 곰팡이

◆ *Saccharomyces cerevisiae* : 상면발효 맥주, 청주, 빵, 포도주 등의 제조에 이용되는 효모

◆ *Aspergillus niger* : 유기산 발효 공업, 소주 양조 등에 이용되는 곰팡이

71 효모의 분류

◆ 유포자효모 : *Saccharomyces*속, *Saccharomycodes*속, *Schizosaccharomyces*속, *Debaryomyces*속, *Pichia*속, *Hansenula*속, *Nadsonia*속, *Kluyveromyces*속 등

◆ 무포자 효모 : *Torulopsis*속, *Cryptococcus*속, *Candida*속, *Rhodotorula*속, *Trichosporon*속, *Kloeckera*속 등

72 젖산균 starter

◆ 발효유, cheese, butter 등을 제조할 때 젖산균을 순수배양한 starter를 첨가한다.

    – yoghurt의 starter : *Streptococcus thermophilus*와 *Lactobacillus bulgaricus* 등

    – cheese의 starter : *Str. lactis*, *Str. cremoris* 등

    – butter의 starter : *L. bulgaricus*, *Str. lactis*, *Str. cremoris* 등

73 산막효모의 특징

◆ 다량의 산소를 요구한다.
◆ 위균사를 형성한다.
◆ 액면에 발육하며 피막을 형성한다.
◆ 산화력이 강하다.
◆ 산막효모에는 *Hansenula*속, *Pichia*속, *Debaryomyces*속 등이 있다.
◆ 대부분 양조 공업에서 알코올을 분해하는 유해균으로 작용한다.

74 돌연변이주의 농축에서 여과법

◆ 변이 처리한 포자를 액체 최소배지에서 적당한 시간 배양한 다음 여과하면 영양요구성의 변이가 되지 않은 포자는 발육하여 여과에 의해서 제거되고 생육하지 못한 영양요구성의 포자가 들어 있는 여액을 얻게 된다.

75 위상차 현미경

◆ 생체에 조직이나 세포와 같은 무색 투명한 물체를 염색하지 않고 광학적인 방법에 의해 내부 구조를 관찰할 수 있도록 만든 현미경이다.
◆ 물체를 통과해 나온 빛이 회절판(위상판)을 지나면서 생긴 위상차를 명암으로 표현해 물체의 형태를 관찰할 수 있게 한다.
◆ 즉, 굴절률과 대상물의 두께 차이로 생기는 위상의 차를 이용한 것이다.
◆ 상의 정확한 크기를 측정하기 어렵다는 결점이 있지만 무색투명한 샘플들을 관찰하기 위한 목적으로 많이 사용된다.

76 일반세균수 정량 실험 단계

◆ 시험용액 단계 희석
◆ 표준 한천 배지에 접종
◆ 배양기에 배양
◆ 한천 배지에 생성된 집락 계수

77 *Clostridium sporogenes*

◆ 그람양성 간균이고 혐기적 조건에서 잘 번식한다.
◆ 원인식품은 소시지, 육류, 특히 통조림과 밀봉식품이고, 살균이 불충분한 경우에 생성되는 식중독 원인균으로 유명하다.

78 곰팡이가 분비하는 효소

◆ amylase, maltase, invertase, glucoamylase, cellulase, inulinase, pectinase, papain, trypsin, lipase 등이다.

➕ 지마아제(zymase)는 효모가 분비하는 효소이다.

79 *Aspergillus oryzae*(황국균)

◆ 아밀라아제, 인베르타아제, 셀룰라아제, 펙틴나아제, 리파아제, 프로테아제 등을 생산한다.
◆ 전분 당화력과 단백질 분해력이 강해 간장, 된장, 청주, 탁주, 약주 제조에 이용된다.
◆ 생육온도는 25~37℃이다.

➕ *Aspergillus niger* : 전분 당화력이 강하고 당액을 발효하며 구연산이나 글루콘산을 생산하는 균주이다.

80 미생물에 영향을 주는 광선

◆ 단파장의 가시광선(2,000~3,200Å)의 부분이 살균력이 있고, 가시광선(4,000~7,000Å) 과 적외선(7,500Å 이상)은 미생물에 대한 살균력이 거의 없다.
◆ 자외선은 살균력과 동시에 변이를 일으키는 작용도 있다.
◆ X선, γ선, β선, α선, 중성자 등의 방사선은 어느 것이나 직접 간접으로 미생물에 영향을 미친다.

제5과목 식품제조공정

81 비가열 살균

◆ 가열처리를 하지 않고 살균하는 방법이다.
◆ 효율성, 안전성, 경제성 등을 고려할 때 일반적인 살균법인 열살균보다 떨어질 때가 많으나 열로 인한 품질 변화, 영양 파괴를 최소화할 수 있다는 장점을 갖는다.
◆ 방사선 조사, 자외선 살균, 전자선 살균, 약제 살균, 여과제균 등이 있다.

82 고압 균질기^{high pressure homogenizer}

◆ 균질기 밸브와 고압 펌프로 구성되어 있다.
◆ 예비 혼합한 액을 고압 펌프로 밸브에 공급하면 액은 밸브와 밸브 시트 사이의 좁은 간격을 250m/s의 고속으로 통과하게 된다.
◆ 이때 분상의 입자는 전단 작용을 받아 분쇄되면서 분산상 출구에서 브레이크 링에 직각으로 충돌하여 충격에 의해 더욱 분쇄된다.
◆ 고압에서 저압으로 압력이 갑자기 낮아지므로 팽창되어 더욱 미세한 입자가 된다.
◆ 대표적인 예는 우유의 균질이며, 그 밖에 아이스크림, 크림수프, 샐러드 크림 등의 제조에 이용된다.

83 밀제분 시 사용하는 roller

◆ 밀을 분쇄할 때는 조쇄(粗碎)할 경우에 이용하는 브레이크 롤러(break roller)와 분쇄(粉碎)할 경우에 이용하는 스무드 롤러(smooth roller)를 사용한다.
◆ 브레이크 롤러의 압착, 절단, 비틀림 작용에 의하여 밀이 부서진다.

84 상업적 살균조건 설정 시 고려해야 할 요소

◆ 식품재료의 종류, 상태, pH
◆ 가열 후 저장방법, 미생물과 포자의 내열 정도, 산소의 용해 정도, 오염된 미생물의 수, 용기 등
◆ 식품재료가 액체인지 고체인지의 여부, 열전도, 구성 성분 등

85 세척의 분류

◆ 건식 세척의 종류
  - 마찰 세척(abrasion cleaning)
  - 흡인 세척(aspiration cleaning)
  - 자석 세척(magnetic cleaning)
  - 정전기적 세척(electrostatic cleaning)
◆ 습식 세척의 종류
  - 담금 세척(soaking cleaning)
  - 분무 세척(spray cleaning)
  - 부유 세척(flotation cleaning)
  - 초음파 세척(ultrasonic cleaning)

86 교반 agitation

◆ 액체-액체 혼합을 말하며, 저점도의 액체들을 혼합하거나 소량의 고형물을 용해 또는 균일하게 하는 조작이다.

87 외부 열전달 방식에 의한 건조 장치의 분류

◆ 대류
  - 식품 정치형 및 식품 반송형 : 캐비닛(트레이), 컨베이어, 터널, 빈
  - 식품 교반형 : 회전, 유동층
  - 열풍 반송형 : 분무, 기송
◆ 전도
  - 식품 정치형 및 식품 반송형 : 드럼, 진공, 동결
  - 식품 교반형 : 팽화
◆ 복사
  - 적외선, 초단파, 동결

88 농축 공정 중 발생하는 현상

◆ 점도 상승 : 농축이 진행됨에 따라 용액의 농도가 상승하면서 점도 상승 현상이 나타난다.
◆ 비점 상승 : 농축이 진행되면 용액의 농도가 상승하면서 비점 상승 현상이 나타난다.
◆ 관석의 생성 : 수용액이 가열부와 오랜 기간 동안 접촉하면 가열 표면에 고형분이 쌓여 딱딱한 관석이 형성된다.

◆ 비말 동반 : 증발관 내에서 액체가 끓을 때 아주 작은 액체방울이 생기며 이것이 증기와 더불어 증발관 밖으로 나오게 된다.

89 밸브의 종류

◆ 안전 밸브 : 압력용기와 그밖에 고압유체를 취급하는 배관에 설치하여 관 또는 용기 내의 압력이 규정한도에 달하면 내부에너지를 자동적으로 외부로 방출하여 용기 안의 압력을 항상 안전한 수준으로 유지하는 밸브이다.
◆ 체크 밸브 : 유체의 흐름이 한쪽 방향으로 역류하면 자동적으로 밸브가 닫혀지게 할 때 사용하며 스윙형과 리프트형이 있다.
◆ 앵글 밸브 : 밸브 본체의 입구와 출구의 중심선이 직각으로 유체의 흐름 방향이 직각으로 변하는 형식의 조절 밸브이다. 보통 유체를 옆으로부터 아래로 90도 방향 전환하며 슬러리 유체, 점성 유체 등이 쉽게 흐르게 하는 것을 목적으로 하는 용도에 사용 또는 출구 측에 drain이 허용되지 않는 경우에 사용한다.
◆ 글로브 밸브(스톱 밸브) : 일반적으로 공 모양의 밸브 몸통을 가지며, 입구와 출구의 중심선이 일직선 위에 있고 유체의 흐름이 S자 모양으로 되는 밸브이다.

90 여과 조제 filter aid

◆ 매우 작은 콜로이드상의 고형물을 함유한 액체의 여과를 용이하게 하기 위하여 사용하는 것이다.
◆ 여과면에 치밀한 층이 형성되는 것을 방지하는 목적으로 첨가한다.
◆ 규조토, 펄프(pulp), 활성탄, 실리카겔, 카본 등이 사용된다.

91 습량기준 수분 함량

◆ 건량기준 수분 함량(%)

$$M(\%) = \frac{Ww}{Ws} \times 100$$

◆ 습량기준(총량기준) 수분 함량(%)

$$m(\%) = \frac{Ww}{Ww + Ws} \times 100$$

　　m : 습량기준 수분 함량(%), M : 건량기준 수분 함량(%), Ww : 완전히 건조된 물질의 무게(%), Ws : 물질의 총 무게(%)

◆ 건량기준 수분 함량이 25%일 때

$$M(\%) = \frac{25}{100} \times 100 = 25$$

즉, Ww : 25, Ws : 100

$$m(\%) = \frac{25}{25 + 100} \times 100 = 20\%$$

92 원심분리 centrifugation

◆ 원심력을 이용하여 물질들을 분리하는 단위공정으로 섞이지 않는 액체의 분리, 액체로부터 불용성 고체의 분리, 원심여과 등을 모두 일컫는 용어이다.
◆ 액체-액체 분리가 가장 일반적이나 고체-액체 분리도 가능하다.

◆ rpm(분당회전수)이 높을수록, 질량이 클수록, 반지름이 클수록 받는 원심력이 크며, 이로 인해 원심력 방향으로 무거운 물질이 이동하게 되어 빠른 침전이 가능하다. 결과로 무거운 물질은 아래에, 가벼운 물질은 위에 있게 된다.

◆ 원심력 $= mr\omega^2 =$ 물질의 질량 × 반지름 × (각속도)^2

◆ 단위는 rpm(분당회전수), g(1g = 중력가속도)이다(이외에도 물질의 점도, 밀도, 반지름, 부력 등 계산).

93 압출성형기extruder

◆ 원료의 사입구에서 사출구에 이르기까지 압축, 분쇄, 혼합, 반죽, 층밀림, 가열, 성형, 용융, 팽화 등의 여러 가지 단위공정이 이루어지는 식품가공 기계이다.

◆ 압출성형 스낵 : 압출성형기를 통하여 혼합, 압출, 팽화, 성형시킨 제품으로 extruder 내에서 공정이 순간적으로 이루어지기 때문에 비교적 공정이 간단하고 복잡한 형태로 쉽게 가공할 수 있다.

94 D값

◆ 균수를 $\dfrac{1}{10}$ 로 줄이는 데 걸리는 시간은 0.25분이다.

◆ $\dfrac{1}{10^{10}}$ 수준으로 감소(10배)시키는 데 걸리는 시간은 0.25 × 10 = 2.5분이다.

95 식품의 가공 공정에서 분쇄 공정의 목적

◆ 조직으로부터 유효성분을 효율적으로 추출해내기 위하여
◆ 용해력을 향상시키기 위하여
◆ 특정제품의 입자규격을 맞추기 위하여
◆ 입자의 크기를 줄여서 입자당 표면적을 증대하기 위하여
◆ 혼합능력과 가공효율을 증대하기 위하여

96 사별 공정의 효율에 영향을 주는 요인

◆ 원료의 공급속도
◆ 입자의 크기
◆ 재료의 수분
◆ 입자표면의 전하

97 선별selecting, sorting

◆ 보통 재료에는 불필요한 화학물질(농약, 항생물질), 이물질(흙, 모래, 돌, 금속, 배설물, 털, 나뭇잎) 등이 함유되어 있다. 그 중 이물질들은 물리적 성질의 차에 따라 분리, 제거해야 하는데, 이 과정이 선별이다.

◆ 선별에서 말하는 재료의 물리적 성질이란 재료의 크기, 무게, 모양, 비중, 성분 조성, 전자기적 성질, 색깔 등을 말한다.

98 진공증발기^{vacuum evaporator}

◆ 진공상태에서 농축하기 때문에 낮은 온도에서도 농축속도가 빠르고 열에 의한 성분 변화가 거의 없다.
◆ 우유, 과일주스 등의 농축에 주로 이용된다.

99 추출 효소액의 정제

◆ 황산암모늄 등에 의한 염석법
◆ acetone, ethanol, isopropanol 등의 유기용매 침전법
◆ aluminium silicate, alumina gel 등에 약산성에서 흡착시켜 중성 또는 알칼리성에서 용출시키는 흡착법
◆ cellophane이나 cellodion 막을 이용한 투석법
◆ 한외여과막을 이용한 한외여과법
◆ 양이온 교환 수지, 음이온 교환 수지 및 cellulose 이온 교환체를 이용하는 이온 교환법
◆ 단백분자 크기의 차를 이용하는 가교 dextran 등을 이용하는 gel 여과법

100 초임계 유체 추출에 주로 사용하는 용매

◆ 기존의 추출은 대부분의 경우가 유기용매에 의한 추출이며 모두가 인체에 유해한 물질이다.
◆ 유기용매에 비해 초임계 CO_2 추출의 가장 큰 장점
  – 인체에 무해한 CO_2를 용매로 쓰는 것
  – 초임계 CO_2 용매의 경우 온도와 압력의 조절만으로 선택적 물질 추출 가능

식품산업기사 기출문제 해설 ②2016 2회

1 식품의 방사선 조사 특징

◆ 감마선의 투과력이 강하여 제품이 완전히 포장된 상태에서도 처리가 가능하고 플라스틱, 종이, 금속 등 제한없이 사용할 수 있다.

◆ 조사된 식품의 온도 상승이 거의 없기 때문에 가열처리할 수 없는 식품이나 건조식품 및 냉동식품을 살균할 수 있다.

◆ 연속처리를 할 수 있다.

◆ 식품에 방사선이 잔류하지 않고 공해가 없다.

◆ 효과가 확실하다.

> ⊕ 식품에 조사 시 문제점
> • 특이한 화학적 변화가 일어난다.
> • 향기 소실 및 방사선 조사취가 나거나 색상이 변질될 우려가 있다.
> • 비타민 및 영양소가 파괴된다.
> • 방사선 조사 식품의 제한이 있다.
> • 부작용을 상쇄하기 위해 첨가물의 사용이 필요하다.
> • 방사선 조사 식품 섭취에 따른 유해성이 거론되고 있다.
> • 소비자들이 조사 식품을 기피하는 경향이 있다.

2 *Salmonella*균

◆ 동물계에 널리 분포하며 무포자, 그람음성 간균이고, 편모가 있다.

◆ 호기성, 통성 혐기성균으로 보통 배지에 잘 발육한다. 최적 온도는 37℃, 최적 pH는 7~8이다.

◆ 열에 약하므로 60℃에서 20분 가열하면 사멸되며, 토양과 물속에서 비교적 오래 생존한다.

◆ *Salmonella* 감염증에는 티푸스성 질환으로서 *S. typhi*, *S. paratyphi* A·B에 의한 감염병인 장티푸스, 파라티푸스를 일으키는 것과 급성 위장염을 일으키는 감염형이 있다.

◆ *Salmonella*균의 식중독

　– 육류와 그 가공품, 어패류와 그 가공품, 가금류의 알(건조란 포함), 우유 및 유제품, 생과자류, 납두, 샐러드 등에서 감염된다.

　– 주요 증상은 오심, 구토, 설사, 복통, 발열(38~40℃) 등이다.

3 식품 위생 검사와 가장 관계가 깊은 세균

◆ 대장균과 장구균 등이다.

◆ 대장균
  – 그람음성, 간균이며 주모성 편모가 있어 운동성이고, 호기성 또는 통성 혐기성균이다.
  – 젖당을 분해하여 산과 가스를 생성한다.
  – 분변오염의 지표가 되기 때문에 음료수의 지정세균 검사를 제외하고는 대장균을 검사하여 음료수 판정의 지표로 삼는다.

4 중요관리점(CCP)의 결정도

◆ 질문 1 : 확인된 위해요소를 관리하기 위한 선행요건이 프로그램이 있으며 잘 관리되고 있는가?
  – 예 : CP임
  – 아니오 : 질문 2
◆ 질문 2 : 이 공정이나 이후 공정에서 확인된 위해의 관리를 위한 예방조치 방법이 있는가?
  – 예 : 질문 3
  – 아니오 : 이 공정에서 안전성을 위한 관리가 필요한가?
  – 아니오 : CP임
◆ 질문 3 : 이 공정은 이 위해의 발생 가능성을 제거 또는 허용수준까지 감소시키는가?
  – 예 : CCP임
  – 아니오 : 질문 4
◆ 질문 4 : 확인된 위해요소의 오염이 허용수준을 초과하여 발생할 수 있는가? 또는 오염이 허용할 수 없는 수준으로 증가할 수 있는가?
  – 예 : 질문 5
  – 아니요 : CP임
◆ 질문 5 : 이후의 공정에서 확인된 위해를 제거하거나 발생가능성을 허용수준까지 감소시킬 수 있는가?
  – 예 : CP임
  – 아니오 : CCP임

5 세균성 식중독

◆ 발생기작에 의해 감염형과 독소형으로 나눈다.
◆ 감염형 : 세균의 체내 증식에 의한 것
  ⑨ *Salmonella*, 병원성 대장균, 장염비브리오균 등
◆ 독소형
  – 세균의 독소에 의한 것
    ⑨ *Botulinus*균, 포도상구균, *Cereus*균
  – 부패산물에 의한 것
    ⑨ allergy성 식중독

6 과즙통조림의 주석 용출

◆ 통조림 관 내면에 도장하지 않은 것이 산성 식품과 작용하면 주석(Sn)이 용출된다.

◆ 주스통조림을 만드는 물속이나 미숙 과일의 표면에 질산이온이 들어 있어서 질산이온과 같이 주석 용출을 촉진시킨다.

◆ 식품위생법에서 청량음료수와 통조림 식품의 허용량을 150ppm 이하로 규정하고 있다.

7 고압증기 멸균법

◆ 115.5℃에서 30분, 121.5℃에서 20분 또는 126.5℃에서 15분간 멸균시킨다.

◆ 고무장갑, 가운, 배지, 유리 및 사기그릇 등의 소독에 이용된다.

◆ 주로 포자 형성균의 살균에 이용된다.

8 상압 건조

◆ 자연환기 건조, 열풍(송풍, 통풍) 건조, 분무 건조, 피막 건조, 포말 건조, 건조제 건조, 고주파 건조, 적외선 건조 등

⊕ 진공 건조 : 동결 건조, 진공 분무 등

9 파상열(브루셀라증, brucellosis)

◆ 병원체
- 그람음성의 작은 간균이고 운동성이 없고, 아포를 형성하지 않는다.
- *Brucella melitenisis* : 양, 염소에 감염
- *Brucella abortus* : 소에 감염
- *Brucella suis* : 돼지에 감염

◆ 감염원 및 감염경로
- 접촉이나 병에 걸린 동물의 유즙, 유제품이나 고기를 거쳐 경구 감염된다.

◆ 증상
- 결핵, 말라리아와 비슷하여 열이 단계적으로 올라 38~40℃에 이르며, 이 상태가 2~3주 계속되다가 열이 내린다.
- 발열현상이 주기적으로 되풀이되므로 파상열이라고 한다.
- 경련, 관절염, 간 및 비장의 비대, 백혈구 감소, 발한, 변비 등의 증상이 나타나기도 한다.

10 식품의 세균수 검사

◆ 일반세균수 검사 : 주로 Breed법에 의한다.

◆ 생균수 검사 : 표준한천 평판 배양법에 의한다.

11 포르말린이 용출될 우려가 있는 플라스틱

◆ 최근 요소(urea)나 페놀(phenol, 석탄산) 등을 축합한 열경화성 합성수지제의 식기가 많이

쓰이는데 축합, 경화가 불안전한 것은 포름알데히드와 페놀이 용출되어 문제가 되고 있다.

◆ 멜라민 수지는 멜라민과 포름알데히드의 중합으로 생성되는 고분자로, 제조과정에서 미반응한 포름알데히드가 수지 내에 잔류하고 있다가 조건만 충족된다면 항상 용출이 가능하다.

12 *Cl. botulinum*이 생성한 독소

◆ neurotoxin(신경독소)이다.

◆ 균의 자가용해에 의하여 유리되며 단순단백으로 되어 있다.

◆ 세균 독소 중에서 가장 맹독으로 정제독소 $0.001 \mu g$으로 마우스를 죽일 수 있다.

◆ 특징은 열에 약하여 80℃에서 30분간 가열하면 파괴된다.

13 멜라민^{melamine} 기준 [식품공전]

대상식품	기준
◆ 특수용도식품 중 영아용 조제식, 성장기용 조제식, 영·유아용 곡류조제식, 기타 영·유아식, 특수의료용도 등 식품 ◆ 「축산물의 가공기준 및 성분규격」에 따른 조제분유, 조제우유, 성장기용 조제분유, 성장기용 조제우유, 기타 조제분유, 기타 조제우유	불검출
◆ 상기 이외의 모든 식품 및 식품첨가물	2.5mg/kg 이하

14 PCB^{polychlorobiphenyls}에 의한 식중독

◆ 가공된 미강유를 먹은 사람들이 색소 침착, 발진, 종기 등의 증상을 나타내는 괴질이 1968년 10월 일본의 규슈를 중심으로 발생하여 112명이 사망하였다.

◆ 조사 결과 미강유 제조 시 탈취 공정에서 가열매체로 사용한 PCB가 누출되어 기름에 혼입되어 일어난 중독사고로 판명되었다.

◆ 주요 증상은 안질에 지방이 증가하고, 손톱, 구강점막에 갈색 내지 흑색의 색소가 침착된다.

15 aflatoxin

◆ *Asp. flavus*가 생성하는 대사산물로서 곰팡이 독소이다.

◆ 간암을 유발하는 강력한 간장독성분이다.

◆ B_1, B_2, G_1, G_2은 견과류나 곡물류에서 많이 발견되며 M_1은 우유에서 발견된다.

◆ 탄수화물이 풍부하고, 기질수분 16% 이상, 상대습도 80~85% 이상, 최적온도 30℃이며 땅콩, 밀, 쌀, 보리, 옥수수 등의 곡류에 오염되기 쉽다.

16 아니사키스^{anisakis}

◆ 고래, 돌고래 등의 바다 포유류의 제1 위에 기생하는 회충이다.

◆ 제1 중간숙주는 갑각류이며, 제2 중간숙주는 오징어, 대구, 가다랭이 등의 해산어류이다.

◆ 주로 소화관에 궤양, 종양, 봉와직염(phlegmon)을 일으킨다.

◆ 위장벽의 점막에 콩알 크기의 호산구성 육아종이 생기는 것이 특징이다.

◆ 유충은 50℃에서 10분, 55℃에서 2분, −10℃에서 6시간 생존한다.

17 유통기한 설정 실험 지표

식품군	식품종 또는 유형	이화학적	미생물학적	관능적
2. 빵류 또는 떡류	빵류, 떡류, 만두류	산가(유탕처리식품) 수분 휘발성 염기질소(식육, 어육 함유 제품) TBA가(식육, 어육 함유 제품)	세균수(발효제품 또는 유산균함유 제품 제외) 황색포도상구균(크림빵)	성상 물성 곰팡이
4. 잼류	잼, 마멀레이드, 기타 잼류	pH 가용성 고형분	세균수	성상 점조성 곰팡이
8. 엿류	물엿, 기타 엿, 덱스트린	수분 pH		성상 곰팡이 (액상제품)
29. 기타 식품류	시리얼류	수분 비타민류	바실러스 세레우스	성상

18 만손열두조충의 유충에 의한 감염증

◆ 원인충 : *Spirometra erinaceri*, *S. mansoni*, *S. mansonoides*
◆ 제1 중간숙주 : 물벼룩
◆ 제2 중간숙주 : 개구리, 뱀, 담수어 등
◆ 인체 감염
 − 제1 중간숙주인 플레로서코이드에 오염된 물벼룩이 들어있는 물을 음용할 때
 − 제2 중간숙주인 개구리, 뱀 등을 생식할 때
 − 제2 중간숙주를 섭취한 포유류(개, 고양이, 닭) 등을 사람이 생식할 때 즉, 돼지고기나 소고기, 조류 등의 살을 생식할 때

19 기생충과 매개 식품

◆ 채소를 매개로 감염되는 기생충 : 회충, 요충, 십이지장충(구충), 동양모양선충, 편충 등
◆ 어패류를 매개로 감염되는 기생충 : 간디스토마(간흡충), 폐디스토마(폐흡충), 요코가와흡충, 광절열두조충, 아니사키스 등
◆ 수육을 매개로 감염되는 기생충 : 무구조충(민촌충), 유구조충(갈고리촌충), 선모충 등

20 동물성 식품의 부패

◆ 동물성 식품은 부패에 의하여 단백질이 분해되어 만들어진 아미노산이 부패 미생물에 의해 탈아미노 반응, 탈탄산 반응 및 동시 반응에 의해 분해되어 아민류, 암모니아, mercaptane, 인돌, 스케톨, 황화수소, 메탄 등이 생성되어 부패취의 원인이 된다.

21 식품의 텍스처^{texture}

◆ 식품의 구조를 이루고 있는 요소들의 복합체가 생리적인 감각을 통하여 느껴지는 것으로 서 식습관, 소비자의 성향, 제조 공정, 치아의 건강상태 등에 크게 영향을 받는다.

◆ 식품의 텍스처를 특정지을 수 있는 성질에는 기계적 특성, 기하학적 특성 및 기타 특성이 있다.

◆ 기계적 특성을 나타내는 변수
  - 견고성(hardness), 응집성(cohesiveness), 점성(viscosity), 탄력성(elasticity), 부착성 (adhesiveness) 등의 1차적인 변수
  - 취약성(brittleness), 저작성(chewiness), 점착성(gumminess) 등의 2차적인 변수

22 불포화지방산

◆ 탄화수소의 사슬이 단일결합 이외에 하나 이상의 이중결합이 있는 지방산이다.

◆ oleic acid($C_{18:1}$)는 불포화지방산이다.

⊕ lauric acid(C_{12}), stearic acid(C_{18}), palmitic acid(C_{16}) 등은 포화지방산이다.

23 달걀의 색소

◆ 난백 : riboflavin(비타민 B_2)이 함유되어 있어서 엷은 황색형광을 띤다.

◆ 난황 : acrotenoid계 색소인 lutein(0.1mg%), zeaxanthin(0.2mg%), cryptoxanthin (0.03mg%) 및 β-carotene(0.03mg%)이 함유되어 있어 진한 황색을 띤다. 난황의 색은 carotenoid계 색소가 많아 황색을 띤다.

24 전분의 호정화^{dextrinization}

◆ 전분에 물을 가하지 않고 160~180℃ 이상으로 가열하면 열분해되어 가용성 전분을 거쳐 호정(dextrin)으로 변화하는 현상을 말한다.

◆ 호화와 혼동되기 쉬운데 호화는 화학변화가 따르지 않고 물리적 상태의 변화뿐이나, 호정 화는 화학적 분해가 조금 일어난 것으로 호화 전분보다 물에 잘 용해되며 소화효소 작용도 받기 쉬우나 점성은 약하다.

25 젤^{gel}

◆ 친수 졸(sol)을 가열하였다가 냉각시키거나 또는 물을 증발시키면 분산매가 줄어들어 반고 체 상태로 굳어지는데, 이 상태를 젤이라고 한다.

◆ 한천, 젤리, 묵, 삶은 달걀 등

26 **식품의 알칼리성 및 산성**

- ◆ 알칼리성 식품
  - Ca, Mg, Na, K, Fe 등의 원소를 많이 함유한 식품
  - 과실류, 야채류, 해조류, 감자류, 당근 등
- ◆ 산성 식품
  - P, Cl, S, I, Br 등의 원소를 많이 함유하고 있는 식품
  - 단백질, 탄수화물, 지방이 풍부한 식품은 생체 내에서 완전히 분해하면 CO_2와 H_2O을 생성하고 CO_2는 체내에서 탄산(H_2CO_3)으로 존재하기 때문에 산성 식품에 속한다.
  - 곡류, 육류, 어류, 달걀, 콩류 등

27 **딜러턴트**^{dilatant} **유체**

딜러턴트^{dilatant} 유체

- ◆ 전단속도의 증가에 따라 전단응력의 증가가 크게 일어나는 유동을 말한다.
- ◆ 이 유형의 액체는 오직 현탁 속에 불용성 딱딱한 입자가 많이 들어 있는 액상에서만 나타나는 유형, 즉 오직 고농도의 현탁액에서만 이런 현상이 일어난다.

28 **클로로필**^{chlorophyll} **색소**

- ◆ 산에 불안정한 화합물이다.
- ◆ 산으로 처리하면 porphyrin에 결합하고 있는 Mg이 수소이온과 치환되어 갈색의 pheophytin을 형성한다.

29 **carotenoid**

- ◆ 당근에서 처음 추출하였으며 등황색, 황색, 적색을 나타내는 지용성 색소들이다.
- ◆ 우유, 난황, 새우, 게, 연어 등에도 존재한다.

30 **라이코펜**^{lycopene}

- ◆ carotene류의 색소 중 적색계 색소이다.
- ◆ 토마토, 감, 수박, 살구 등에 붉은 색을 띠게 한다.

31 **빵이나 비스킷 등 가열 시 갈변 현상**

- ◆ 빵이나 비스킷 등의 갈색은 가열 시 마이야르 반응과 캐러멜화 반응이 동시에 일어나서 생긴 갈변 때문이다.

32 **과채류에서 일어날 수 있는 갈변**

- ◆ polyphenol oxidase에 의한 갈변
- ◆ tyrosinase에 의한 갈변
- ◆ peroxinase에 의한 갈변
- ◆ 탄닌 성분(chlorogenic acid 등)에 의한 갈변

33 H_2SO_4 노르말 농도

◆ $1N\ H_2SO_4 = 49.04g/1000ml$

$1N\ H_2SO_4 = 12.26g/250ml$

$1N : 12.26 = x : 9.8$

$\therefore\ x = 0.8N$

34 관능적 특성의 측정 요소들 중 반응척도가 갖추어야 할 요건

◆ 단순해야 한다.

◆ 관련성이 있어야 한다.

◆ 편파적이지 않고 공평해야 한다.

◆ 의미전달이 명확해야 한다.

◆ 차이를 감지할 수 있어야 한다.

35 지질의 분류

◆ 단순지질 : 지방산과 글리세롤의 esters

　－ 식물유지, 동물유지, wax, glyceride, sterol ester

◆ 복합지질 : 단순지질에 다른 성분이 결합한 것

　－ 인지질, 당지질, 단백지질, 황지질

◆ 유도지질(구성지질) : 단순지질 및 복합지질의 기본 구성 성분

　－ 지방산(포화지방산, 불포화지방산), glycerol, sterol, 탄화수소

37 필수 아미노산

◆ 인체 내에서 합성되지 않아 외부에서 섭취해야 하는 아미노산을 필수 아미노산이라 한다.

◆ 성인에게는 valine, leucine, isoleucine, threonine, lysine, methionine, phenylalanine, tryptophan 등 8종이 필요하다.

◆ 어린이나 회복기 환자에게는 arginine, histidine이 더 첨가된다.

38 해초에서 추출되는 검^{gum}질

◆ 한천(agar)은 홍조류와 녹조류에서 추출한 고무질로서 cellulose 함량은 비교적 낮으나 각종 다당류의 함량은 높다.

◆ 알긴산(alginic acid)은 미역, 다시마 등의 갈조류의 세포막 구성 성분으로 존재하는 다당류이다.

◆ 카라기난(carrageenan)은 홍조류에 속하는 해조류의 추출물로서 우수한 gel 형성제, 점착제, 안정제, 등으로 사용되고 있다.

⊕ 리그닌(lignin)은 셀룰로오스 및 헤미셀룰로오스와 함께 목재의 실질(實質)을 이루고 있는 성분이다. 리그닌은 세포벽에 많이 들어 있다.

39 맛의 상호작용(대비, 억제, 상쇄)

◆ 설탕 용액에 소금을 약간 가하면 단맛이 증가한다(맛의 대비).

◆ 커피에 설탕을 넣으면 커피의 쓴맛이 설탕의 단맛에 의하여 억제되어 소실된다(맛의 억제).

◆ 오렌지 주스에 설탕을 가하면 맛이 상쇄되어 조화된 맛이 된다(맛의 상쇄).

40 기호도 검사

◆ 관능 검사 중 가장 주관적인 검사는 기호도 검사이다.

◆ 기호 검사는 소비자의 선호도와 기호도를 평가하는 방법으로 새로운 식품의 개발이나 품질 개선을 위해 이용되고 있다.

◆ 기호 검사에는 선호도 검사와 기호도 검사가 있다.

　– 선호도 검사는 여러 시료 중 좋아하는 시료를 선택하게 하거나 좋아하는 순서를 정하는 것이다.

　– 기호도 검사는 좋아하는 정도를 측정하는 방법이다.

제3과목　식품가공학

41 호흡상승climacteric rise, CR

◆ 서양배, 사과, 바나나, 토마토, 감, 딸기와 같이 수확하여 후숙하는 사이 호흡 작용이 높아지는 것을 말한다.

◆ 가스를 저장할 농산물은 climacteric rise가 일어나기 전에 저장고에 넣어야 한다.

◆ CR 유무에 의한 과실의 분류

CR이 있는 것	CR이 없는 것
서양배, 바나나, 사과, 아보카도, 망고, 파파야, 토마토	레몬, 오렌지, 밀감, 포도, 파인애플, 딸기, 감, 버찌

42 건강 문제와 관련된 기능성 원료

◆ 눈 건강에 도움을 주는 기능성 원료 : 빌베리추출물, 헤마토코쿠스추출물, 지아잔틴추출물, 루테인복합물

◆ 관절·뼈 건강에 도움을 주는 기능성 원료

　– 인정된 기능성 원료 : 가시오갈피 등 복합추출물, 글루코사민, 로즈힙 분말 외 10종

　– 고시형 원료 : 뮤코다당·단백, 비타민 D, 비타민 K 외 2종

◆ 칼슘 흡수의 도움을 주는 기능성 원료 : 액상 프락토올리고당, 폴리감마글루탐산

◆ 피부 건강에 도움을 주는 기능성 원료

　– 인정된 기능성 원료 : 소나무껍질추출물 등 복합물, 곤약감자추출물, 히알루론산나트륨 외 5종

　– 고시형 원료 : 엽록소 함유 식물, 클로렐라, 스피루리나, 알로에 젤

43 두부의 종류

◆ 전두부 : 두유 전부가 응고되게 상당히 진한 두유를 만들어 응고시켜 탈수하지 않은 채 구멍이 없는 두부 상자에 넣어 성형시킨다. 가수량은 5~5.5배로 하고 응고제량은 두유 1kg당 5~6g 정도 사용하여 응고시킨다.

◆ 자루 두부 : 전두부와 같이 진한 두유를 만들어 냉각시킨 것을 합성 수지 주머니에 응고제와 함께 집어넣어 가열응고시킨다.

◆ 인스턴트 두부 : 두유를 건조시켜 분말화 한 다음 응고제를 혼합하여 편의성을 부여한 두부를 말한다.

◆ 유바 : 진한 두유를 가열할 때 표면에 생기는 얇은 막을 건져 내서 건조시킨 두부를 말한다.

44 버터 제조 시 크림의 중화 작업에서 필요한 소석회의 양

◆ $Ca(OH)_2 + 2CH_3CH(OH)COOH \longrightarrow Ca(CH_3CHOHCOO)_2 + 2H_2O$
   (74)   (2×90)

◆ 중화시킬 산의 양(g) = 크림 중량(g) × $\dfrac{\text{중화시킬 산도(\%)}}{100}$

$$= 100 \times \frac{(0.30 - 0.20)}{100} = 0.1\text{kg}$$

◆ 중화에 필요한 소석회량 = 중화할 젖산량 × $\dfrac{\text{소석회의 분자량}}{2 \times \text{젖산의 분자량}}$

$$= 100 \times \frac{74}{2 \times 90} = 41.1\text{g}$$

45 밀가루의 종류

◆ 건조글루텐 함량(%) = $\dfrac{\text{건조글루텐(건부량)}}{\text{밀가루}} \times 100 = 13.7$

◆ 글루텐의 함량에 따라 강력분, 준강력분, 중력분, 박력분으로 나눌 수 있다.
  – 강력분 : 12~13% 이상, 제빵용, 강도가 높음
  – 준강력분 : 11~12%, 빵의 원료, 강도와 성질이 강력분에 준함
  – 중력분 : 10~11%, 제면용, 강도가 중간 정도
  – 박력분 : 10% 이하, 과자 및 튀김용, 강도가 가장 약함

46 우리나라에서 생산되는 유지

◆ 식물성 유지
  – 식용유는 쌀겨 기름, 면화씨 기름, 유채유, 참깨 기름, 콩 기름, 들깨 기름, 고추씨 기름 등이 있다.
  – 공업용 유지는 피마자 기름, 아마인유 등이 있다.
◆ 동물성 유지
  – 원료는 소 기름, 돼지 기름, 어유 등이 사용되고 있다.

47 청국장 제조에 사용되는 균

◆ *Bacillus subtilis*와 *Bacillus natto*가 있다.
- *Bacillus subtilis*는 α-amylase, protease를 생성하고, 생육인자로 biotin이 필요하지 않다.
- *Bacillus natto*는 α-amylase, protease를 생성하고, biotin이 필요하다.

48 자연치즈의 보존료 사용 기준

◆ 데히드로초산나트륨 : 0.5 이하(데히드로초산으로서)
◆ 소르빈산, 스르빈산칼륨, 소르빈산칼슘 : 3.0 이하(소르빈산으로서)
◆ 프로피온산, 프로피온산칼슘, 프로피온산나트륨 : 3.0 이하(프로피온산으로서)

➕ 이외의 보존료가 검출되어서는 아니 된다.

49 마요네즈

◆ 난황의 유화력을 이용하여 난황과 식용유를 주원료로 식초, 소금, 설탕 등을 혼합하여 유화시켜 만든 제품이다.
◆ 난황의 유화력은 난황 중의 인지질인 레시틴(lecithin)이 유화제로서 작용한다.

50 경화유 제조

◆ 유지의 불포화지방산에 니켈(Ni)을 촉매로 수소(H_2)를 불어 넣으면 불포화지방산의 2중결합에 수소가 결합해서 포화지방산이 되어 액체의 유지를 고체의 지방으로 변화시킬 수 있다. 이 고체지방을 경화유라 한다.
◆ 마가린과 쇼트닝 등이 대표적인 경화유이다.

51 묵은란의 특징

◆ 8% 식염수에 넣었을 때 위로 떠오르는 것은 묵은란이다.

52 균질

◆ 우유에 물리적 충격을 가하여 지방구 크기를 작게 분쇄하는 작업
◆ 균질 목적
- creaming의 생성을 방지한다.
- 조직을 균일하게 한다.
- 우유의 점도를 높인다.
- 커드 장력이 감소되어 소화가 잘 된다.
- 부드러운 커드가 된다.
- 지방산화 방지 효과가 있다.

➕ 리파아제(lipase) 작용은 균질, 가열, 동결, 마찰 등에 의하여 지방구막이 파괴되면 활성이 증가한다.

53 배아미

◆ 원통마찰식 도정기를 사용하여 도정하며 배유와 배아가 떨어지지 않도록 도정한 것이다.
◆ 단백질, 비타민 B_1이 비교적 많이 들어있는 배아를 남겨 영양이 좋고 맛이 있는 정미를 얻기 위한 도정 방식이다.
◆ 긴 쌀보다 둥근 쌀이 좋다.

54 두부 응고제의 특성

◆ 두부 응고제에는 $MgSO_4$, $MgCl_2$, $CaCl_2$, $CaSO_4 \cdot H_2O$, glucono$-\delta-$lactone 등이 있다.
  – 염화칼슘($CaCl_2$)의 장점은 응고시간이 빠르고, 보존성이 양호하고, 압착 시 물이 잘 빠진다. 단점은 수율이 낮고, 두부가 거칠고, 견고하다.
  – 황산칼슘($CaSO_4$)의 장점은 두부의 색상이 좋고, 조직이 연하고, 탄력성이 있고, 수율이 높다. 단점은 사용이 불편하다.
  – 글루코노델타락톤(GDL, glucono$-\delta-$lactone)의 장점은 사용이 편리하고, 응고력이 우수하며, 수율이 높다. 단점은 약간의 신맛이 나고, 조직이 대단히 연하다.

55 피클 발효

◆ 발효 초기에는 호기성 잡균이 주로 번식하여 약간의 산을 생산한다.
◆ 그 다음은 이상젖산 발효균이 번식하여 탄산가스를 발생하게 되면 혐기성 조건이 속히 형성되므로 젖산균의 번식이 왕성해진다.
◆ 숙성이 너무 지나치게 되면 산막효모가 발생하여 피막을 형성한다.
◆ 산막효모는 젖산을 소모하여 용액 중의 산의 양을 줄게 하므로 부패균, 그 밖의 잡균 및 곰팡이 등이 번식하게 되며 펙틴 분해 효소의 생성으로 조직의 연화가 일어난다.

56 침채류의 숙성 중 미생물 변화

◆ 발효 초기에는 그람음성균인 *Aeromonas*속과 그람양성균인 *Bacillus*속이 발현되고 이어서 그람양성균인 젖산균이 발효를 주도하게 된다.
◆ 말기에는 효모들에 의한 작용으로 연부현상이 나타난다.

57 유통기한 설정

◆ 식품제조·가공업자는 포장 재질, 보존 조건, 제조 방법, 원료 배합 비율 등 제품의 특성과 냉장 또는 냉동 보존 등 기타 유통 실정을 고려하여 위해 방지와 품질을 보장할 수 있도록 유통기한 설정을 위한 실험을 통하여 유통기한을 설정하여야 한다.

58 훈연의 주요 목적

◆ 제품에 연기성분을 침투시켜 보존성 향상
◆ 특유의 색과 풍미 증진
◆ 육색의 고정화 촉진
◆ 지방산화 방지

⊕ 훈연방법 : 냉훈법, 온훈법, 고온훈연법 등이 있다.

59 가축의 사후강직(경직)

◆ 도살 후 시간이 경과함에 따라 근육이 강하게 수축되어 굳어지는 현상을 사후강직이라 한다.

◆ 사후 근육 중의 글리코겐은 혐기적인 분해인 glycolysis에 의해서 젖산과 무기인산이 생성하면서 감소하게 된다.

◆ 젖산이 생성되면서 육의 pH가 낮아지고 pH가 5.0 이하가 되면 산성 포스타파아제가 활성화되어 ATP를 분해하고, ATP가 소실된 근육에서는 myosin과 actin이 결합하여 atomyosin으로 되어 고기의 경직이 일어난다.

60 52번 해설 참조

제4과목 식품미생물학

61 우유의 시험

◆ 산도 시험 : 우유의 산패 유무 판정

◆ 알코올 침전 시험 : 우유의 산패 유무와 열안정성 판정

◆ 포스포타아제 시험 : 저온살균유의 완전살균 여부 판정

◆ 메틸렌블루 환원 시험 : 간접적으로 세균의 오염도 측정

62 ◆ *Candida tropicalis* : 사료 효모 제조 균주로 사용되며, 균체 단백질 제조용의 석유 효모로서 이용된다.

◆ *Candida albicans* : 사람의 피부, 인후 점막 등에 기생하여 candidiasis를 일으키는 병원균이다.

◆ *Candida utilis* : pentose 당화력과 vitamin B_1 축적력이 강하여 사료 효모 제조에 사용되고 균체는 inosinic acid의 원료로 사용된다.

◆ *Candida lipolytica* : *C. rugosa*와 같이 강한 lipase 생성 효모로 알려져 있고 버터와 마가린의 부패에 관여한다.

63 gram 염색법

◆ 일종의 rosanilin 색소, 즉 crystal violet, methyl violet 혹은 gentian violet으로 염색시켜 옥도로 처리한 후 acetone이나 알코올로 탈색시키는 것이다.

◆ gram 염색 순서
A액(crystal violet 액)으로 1분간 염색 → 수세 → 물 흡수 → B액(lugol 액)에 1분간 담금 → 수세 → 흡수 및 완전 건조 → 95% ethanol에 30초 색소 탈색 → 흡수 → safranin 액으로 10초 대비 염색 → 수세 → 건조 → 검경

64 **식초 양조에서 종초에 쓰이는 초산균의 구비 조건**

◆ 산 생성속도가 빠르고, 생성량이 많아야 한다.

◆ 가능한 한 다시 초산을 산화하지 않아야 한다.

◆ 초산 이외의 유기산류나 에스테르류를 생성해야 한다.

◆ 알코올에 대한 내성이 강해야 한다.

◆ 잘 변성되지 않아야 한다.

65 *Serratia marcescens*

◆ *Serratia marcescens*는 우유나 육류의 표면에 감염되어 적색을 나타낸다.

66 **Hexose Monophosphate Pathway(HMP)**

◆ 호기적 또는 혐기적으로 작용하며 생합성 과정에도 중요하다.

◆ 해당경로와는 달리 직접 ATP를 생산하지 않는 대신 NADPH를 생성한다.

◆ 전체적인 반응 : $3(glucose-6-phosphate)+NADP \longrightarrow 2fructose-6-ⓟ+$
   $glyceraldehyde-3-ⓟ+3CO_2+6NADPH_2$

◆ HMP 경로의 역할

– ribose : nucleotide 생합성에 사용한다.

– NADPH : 지방산, steroid의 생합성에 사용, 분자의 환원을 위한 전자원이다.

– erythrose-4-phosphate(중간산물) : 방향족 아미노산의 생합성에 이용한다.

– 중간물질은 ATP 합성에도 이용한다.

◆ HMP 경로와 EMP 경로의 차이점

– NAD 대신에 NADPH를 조효소로 사용, ATP를 필요로 하지 않는다.

67 **진균류**^eumycetes

◆ 격벽의 유무에 따라 조상균류와 순정균류로 분류한다.

◆ 조상균류

– 균사에 격벽(격막)이 없다.

– 호상균류, 난균류, 접합균류(*Mucor*속, *Rhizopus*속, *Absidia*속) 등

◆ 순정균류

– 균사에 격벽이 있다.

– 자낭균류(*Monascus*속, *Neurospora*속), 담자균류, 불완전균류(*Aspergillus*속,
   *Penicillium*속, *Trichoderma*속) 등

68 **고정화 효소**^immobilized enzyme**의 장점**

◆ 효소의 안정성이 증가한다.

◆ 이용 목적에 적절한 성질과 형상의 고정화 효소를 조제할 수 있다.

◆ 재사용이 가능하다.

◆ 반응의 연속화가 가능하다.
◆ 반응장치가 차지하는 면적이 적다.
◆ 반응생성물의 순도 및 수득률이 향상된다.
◆ 자원면이나 환경문제 등의 점에서도 유리하다.

70 대장균^{*E. coli*}

◆ 동물이나 사람의 장내에 서식하는 세균을 통틀어 대장균이라 한다.
◆ 대장균은 그람음성, 호기성 또는 통성 혐기성, 주모성 편모, 무포자 간균이고, 젖당(lactose) 을 분해하여 CO_2와 H_2 gas를 생성한다.
◆ 대장균군 분리 동정에 lactose을 이용한 배지를 사용한다.

71 주정 발효

◆ 전분 혹은 당류를 효모에 의하여 발효시켜 ethyl alcohol을 생성하는 것이다.
◆ 즉, 주정 원료를 곰팡이에 의하여 포도당으로 당화시키고, 포도당은 효모에 의하여 해 당작용(EMP 경로)으로 발효되어 pyruvic acid가 생성되고 pyruvic acid는 혐기적으로 alcohol dehydrogenase에 의하여 ethyl alcohol이 생합성된다.

72 질산염 환원세균

◆ 육제품의 염지(curing)에서 *Micrococcus*속은 질산염 환원 능력에 의한 아질산을 생성하 며 고기를 발색시킨다.
◆ 발색은 pH의 영향을 받으며 산성조건하에서 진행이 쉽기 때문에 glucose로부터 산을 생 성하는 *Micrococcus*속은 고기 색깔에 큰 영향을 미친다.

73 *Clostridium acetobutylicum*

◆ 단백질 분해력보다 탄수화물 발효능이 더 큰 세균이다.
◆ 전분질 및 당류를 발효하여 acetone, butanol, ethanol, 낙산, 초산, CO_2 및 H_2 등을 생성 한다.

74 맥주

◆ 보리의 전분질을 맥아의 당화효소(amylase)로 당화시킨 후 알코올 발효를 시키는 단행복 발효주이다.
◆ 수침한 보리를 14~18℃에서 수분 함량, 산소 공급을 적당히 유지하면서 담색맥아는 7~8 일간, 농색맥아는 8~11일간 발아시킨다.

75 박테리오파지가 문제되는 발효

◆ 최근 미생물을 이용하는 발효 공업 즉, yoghurt, amylase, acetone, butanol, glutamate, cheese, 납두, 항생물질, 핵산 관련 물질의 발효에 관여하는 세균과 방사선균에 phage의 피해가 자주 발생한다.

76 종의 학명 scientfic name

◆ 각 나라마다 다른 생물의 이름을 국제적으로 통일하기 위하여 붙인 이름을 학명이라 한다.
◆ 현재 학명은 린네의 2명법이 세계 공통으로 사용된다.
 – 학명의 구성 : 속명과 종명의 두 단어로 나타내며, 여기에 명명자를 더하기도 한다.
 – 2명법＝속명＋종명＋명명자의 이름
◆ 속명과 종명은 라틴어 또는 라틴어화한 단어로 나타내며 이탤릭체를 사용한다.
◆ 속명의 머리 글자는 대문자로 쓰고, 종명의 머리 글자는 소문자로 쓴다.

77 glutamic acid 발효에 사용되는 균주

◆ *Corynebacterium glutamicum*, *Brevibacterium lactofermentum*, *Micrococcus glutamicus*, *Bacillus megaterium*, *Micrococcus varians* 등이 있다.

78 효모의 증식 상태

◆ $X_2 = X_1 e^{\mu(t_2-t_1)}$
 단, X_1, X_2는 각각 시간 t_1, t_2에 있어서 효모량이다. μ는 단위 균체량당 증식속도를 나타낸다.
◆ 효모는 세대시간에 역비례한다.
◆ 그러므로, $\mu = \dfrac{2.303 \log\left(\dfrac{X_2}{X_1}\right)}{(t_2-t_1)}$

$$= \dfrac{2.303 \log\left(\dfrac{10^3}{10^2}\right)}{10}$$

$$= 0.2303$$

79 청주 종국 제조 시 나무재의 사용 목적

◆ 국균(koji)에 무기성분을 공급한다.
◆ pH를 높여서 잡균의 번식을 방지한다.
◆ 국균이 생산하는 산성 물질을 중화한다.
◆ 포자형성을 양호하게 한다.

80 효모

◆ 탄소원으로 glucose, fructose, mannose, galactose 등을 이용하며 양조 효모에 의해서 알코올을 생성한다.
◆ 포도주는 포도과즙을 효모(*Saccharomyces ellipsoideus*)에 의해서 알코올 발효시켜 제조한다.

◆ 발효 효모가 영양원으로 이용할 수 있는 식품재료는 탄소원이 많은 사탕수수, 사탕무, 포도과즙 등이다.

제5과목 식품제조공정

81 농축주스의 생산량

◆ 초기 주스 수분 함량 : $1,000\text{kg/h} \times \dfrac{(100-10)}{100} = 900\text{kg/h}$

◆ 초기 주스 고형분 함량 : $1,000 - 900 = 100\text{kg/h}$

◆ 수분 함량 50%인 농축주스 : $100\text{kg/h} \times 100 \div (100-50) = 200\text{kg/h(C)}$

82 mesh

◆ 표준체의 체눈의 개수를 표시하는 단위이다.

◆ 1mesh는 1inch(25.4mm)에 세로×가로 크기 체눈의 개수를 의미한다.

◆ mesh의 숫자가 크면 클수록 체의 체눈의 크기는 작다는 것을 의미한다.

83 제거해야 할 수분량

◆ 건조 후 제품 무게(X) : 건조 전후 고형분의 양은 같다.

$$20,000\text{kg} \times 0.76 = X \times 0.86$$
$$\therefore X = 17,674.4\text{kg}$$

◆ 건조 후 남는 수분량 : $17,674.4 - 15,200 = 2,474.4\text{kg}$

◆ 제거해야 할 수분량 : $4,800 - 2,474.4 = 2,325.6\text{kg}$

84 해머 밀 hammer mill

◆ 충격력을 이용해 가장 많이 쓰인다.

◆ 중간 분쇄 : 수 cm(1~4cm) 또는 0.2~0.5mm까지 분쇄

◆ 장점 : 몇 개의 해머가 회전하면서 충격과 일부 마찰을 받아 분쇄시키는 것으로 구조가 간단하며 용도가 다양하고 효율에 변함이 없다.

◆ 단점 : 입자가 균일하지 못하고 소요 동력이 크다.

85 역삼투 reverse osmosis

◆ 평형상태에서 막 양측 용매의 화학적 포텐셜(chemical potential)은 같다.

◆ 그러나 용액 쪽에 삼투압보다 큰 압력을 작용시키면 반대로 용액 쪽에서 용매분자가 막을 통하여 용매 쪽으로 이동하는데, 이 현상을 역삼투 현상이라 한다.

◆ 역삼투는 분자량이 10~1,000 정도인 작은 용질분자와 용매를 분리하는 데 이용된다.

◆ 대표적인 예는 바닷물의 탈염(desalination)이다.

86 평판 열교환기 | plate heat exchanger

◆ 평판 열교환기의 구조는 0.5mm 두께의 얇은 스테인리스 강철판을 파형으로 가공하여 강도를 높이고, 여러 장의 평판을 약 4~7mm의 간격을 두고 겹쳐 조립한 상태이다.
◆ 우유와 가열매체 또는 냉각매체가 한 장의 평판을 사이에 두고 반대 방향으로 흐르면서 평판을 통하여 열을 교환한다.
◆ 예열부, 가열부, 유지부, 냉각부의 4개 부문으로 구성되어 있다.
◆ 우유, 주스 등 액체식품을 연속적으로 HTST 또는 UHT법으로 살균처리 할 때 이용된다.

87 역삼투 reverse osmosis

◆ 평형상태에서 막 양측 용매의 화학적 포텐셜(chemical potential)은 같다.
◆ 그러나 용액 쪽에 삼투압보다 큰 압력을 작용시키면 반대로 용액 쪽에서 용매분자가 막을 통하여 용매 쪽으로 이동하는데, 이 현상을 역삼투 현상이라 한다.
◆ 역삼투는 분자량이 10~1,000 정도인 작은 용질분자와 용매를 분리하는 데 이용된다.
◆ 대표적인 예는 바닷물의 탈염(desalination)이다.

88 상업적 살균 commercial sterilization

◆ 가열살균에 있어서 식품의 저장성과 품질을 양립시킬 수 있는 최저한도의 열처리를 말한다.
◆ 식품산업에서 가열처리(70~100℃ 살균)를 하였더라도 저장 중에 다시 생육하여 부패 또는 식중독의 원인이 되는 미생물만을 일정한 수준까지 사멸시키는 방법이다.
◆ 산성의 과일통조림에 많이 이용한다.

89 분쇄기를 선정할 때 고려할 사항

◆ 원료의 크기, 원료의 특성, 분쇄 후의 입자 크기, 입도 분포, 재료의 양, 습·건식의 구별, 분쇄 온도 등이다.
◆ 특히 열에 민감한 식품의 경우에는 식품성분의 열분해, 변색, 향기의 발산 등도 고려해야 한다.

91 식품의 가열살균의 목적

◆ 품질 손상을 최소화하는 조건에서 미생물을 최대로 사멸시킨다.
◆ 효소를 불활성화시킨다.
◆ 보존성을 향상시킨다.
◆ 휘발성 이취를 제거하여 풍미를 개선한다.

92 동결법의 종류

◆ 담금 동결법 : 방수성 플라스틱 필름으로 밀착 포장한 식품에 브라인을 분무하거나 침지하여 동결하는 방법이다.
◆ 접촉 동결법 : 저온의 금속판 사이에 식품을 끼워서 동결하는 방법이다.

◆ 공기 동결법 : 냉동실 내부에 냉각관을 선반 모양으로 조립하여 그 위에 식품을 올려놓고 −30~−25℃의 공기를 서서히 순환시켜 3~72시간 동안 동결하는 방법이다.

◆ 이상 동결법 : 액화가스를 이용하여 식품을 동결하는 방법이다.

93 초임계 유체 추출

◆ 물질이 그의 임계점보다 높은 온도와 압력하에 있을 때 즉, 초임계점 이상의 상태에 있을 때 이물질의 상태를 초임계 유체라 하며 초임계 유체를 용매로 사용하여 물질을 분리하는 기술을 초임계 유체 추출 기술이라 한다.

◆ 초임계 유체로 자주 사용하는 물질은 물과 이산화탄소다.

◆ 초임계 상태의 이산화탄소는 여러 가지 물질을 잘 용해한다.

◆ 목표물을 용해한 초임계 이산화탄소를 임계점 이하로 하면, 이산화탄소는 기화하여 대기로 날아가고 용질만이 남는다.

96 액체 혼합 시

◆ 교반기를 액체 속에 넣고 회전시키면 와류(vortex)가 발생되어 혼합을 방해하기 때문에 장애관(baffle)을 설치하여 이를 방지한다.

97 식품의 방사선 조사

◆ 방사선에 의한 살균 작용은 주로 방사선의 강한 에너지에 의하여 균체의 체내 수분이 이온화되어 생리적인 평형이 깨어지며 대사기능 역시 파괴되어 균의 생존이 불가능해진다.

◆ 방사선 조사 식품은 발아 억제, 살충, 살균, 숙도 조정 등의 목적으로 방사선(γ선·β선·X선 등)을 조사한 식품이다.

◆ 우리나라 사용 방사선의 선원 및 선종은 Co-60의 감마선(γ)이다.

◆ 방사선 조사 식품은 방사선이 식품을 통과하여 빠져나가므로 식품 속에 잔류하지 않는다.

◆ 방사선 조사 식품은 어떠한 유전적인 영향도 미치지 않는다.

◆ 10kGy 이하의 저선량에서는 식품성분의 변화를 초래하지 않는다.

◆ 방사선 조사의 장점은 포장된 상태로 처리가 가능하고, 연속 살균이 가능한 무열 살균이다.

◆ 반면에 단점은 조직의 변화, 영양소의 파괴, 조사취 등의 발생이며 안전성에 대한 불안감이 제기되고 있다.

98 압출면

◆ 작은 구멍으로 압출하여 만든 면
　－ 녹말을 호화시켜 만든 전분면, 당면 등
　－ 강력분 밀가루를 사용하여 호화시키지 않고 만든 마카로니, 스파게티, 버미셀(vermicell), 누들 등

99 증기가압살균장치^{retort}

◆ 레토르트의 기본 구조는 수증기나 냉각수 또는 압축공기를 공급할 수 있는 장치와 배기 및 배수를 위한 장치가 설치되어 있다.

◆ 레토르트 내부의 온도와 압력을 측정하고 조절할 수 있는 장치가 장착되어 있다.

◆ 안전밸브가 설치되어 있다.

100 선별^{selecting, sorting}

◆ 보통 재료에는 불필요한 화학물질(농약, 항생물질), 이물질(흙, 모래, 돌, 금속, 배설물, 털, 나뭇잎) 등이 함유되어 있다. 그 중 이물질들은 물리적 성질의 차에 따라 분리, 제거해야 하는데, 이 과정이 선별이다.

◆ 선별에서 말하는 재료의 물리적 성질이란 재료의 크기, 무게, 모양, 비중, 성분 조성, 전자기적 성질, 색깔 등을 말한다.

식품산업기사 기출문제 해설 2016 3회

---

1 역학적 3대 기본인자

◆ 병인적 인자, 숙주적 인자, 환경적 인자로 나눌 수 있다.
◆ 이들 3대 인자의 상황작용으로 질병 발생 여부를 좌우한다.

2 바퀴벌레

◆ 바퀴벌레는 콜레라, 장티푸스, 이질 등의 소화기계 감염병균을 퍼트리고 기생충의 중간숙
주 구실도 한다.

3 식품 및 축산물안전관리인증기준

◆ 작업위생관리(별표 1) – 교차오염의 방지
  – 칼과 도마 등의 조리 기구나 용기, 앞치마, 고무장갑 등은 원료나 조리과정에서의 교차
  오염을 방지하기 위하여 식재료 특성 또는 구역별로 구분하여 사용하여야 한다.
  – 식품 취급 등의 작업은 바닥으로부터 60㎝ 이상의 높이에서 실시하여 바닥으로부터의
  오염을 방지하여야 한다.

4 HACCP의 7원칙 및 12절차

◆ 준비단계 5절차
  – 절차 1 : HACCP팀 구성
  – 절차 2 : 제품설명서 작성
  – 절차 3 : 용도 확인
  – 절차 4 : 공정흐름도 작성
  – 절차 5 : 공정흐름도 현장 확인
◆ HACCP 7원칙
  – 절차 6(원칙 1) : 위해요소 분석(HA)
  – 절차 7(원칙 2) : 중요관리점(CCP) 결정
  – 절차 8(원칙 3) : 한계기준(Critical Limit : CL) 설정
  – 절차 9(원칙 4) : 모니터링 방법 설정
  – 절차 10(원칙 5) : 개선조치 방법 설정
  – 절차 11(원칙 6) : 검증절차의 수립
  – 절차 12(원칙 7) : 문서화 및 기록 유지

5 최확수법 MPN, most probable number

◆ 수 단계의 연속한 동일희석도의 검체를 수 개씩 유당부이온 발효관에 접종하여 대장균군의 존재 여부를 시험하고 그 결과로부터 확률론적인 대장균군의 수치를 산출하여 이것을 최확수(MPN)로 표시하는 방법이다.

◆ 검체 10, 1 및 0.1mL씩을 각각 5개씩 또는 3개씩의 발효관에 가하여 배양 후 얻은 결과에 의하여 검체 100mL 또는 100g 중에 존재하는 대장균군수를 표시하는 것이다.

◆ 최확수란 이론상 가장 가능한 수치를 말한다.

6 *Vibrio parahaemolyticus*의 혈청형

◆ 장염비브리오균의 항원에는 균체(O), 편모(H), 표재성(K)의 3종류가 있으나, H 항원은 모든 장염비브리오에서 공통이기 때문에 이 균의 혈청형은 O 및 K의 조합에 의하여 표시된다.

◆ 현재, 장염비브리오의 항원표는 1~11의 O군, 1~75의 K 항원으로부터 이루어지는 80혈청형으로 되어 있다.

7 식품가공 중 생성되는 유해물질

◆ 벤조피렌(3, 4-benzopyrene) : 발암성 다환 방향족탄화수소이다. 주로 훈연제품과 구이제품 등에서 검출되며, 기름, 석탄을 태우는 과정에서도 생성된다.

◆ 아크릴아마이드(acrylamide) : 감자, 쌀 그리고 시리얼 같은 탄수화물이 풍부한 식품을 제조, 조리하는 과정에서 자연적으로 생성되는 발암 가능 물질로 알려져 있다.

◆ 에틸카바메이트(ethyl carbamate) : 주류, 발효식품 등에서 발견되는 발암우려물질이다. 주로 포도주, 청주, 미소, 간장, 김치, 치즈에서도 검출된다.

◆ 니트로사민(nitrosamine) : 질산염($NaNO_3$, KNO_3), 아질산염(HNO_2)은 햄, 소시지, 베이컨 등 육제품의 가공에 이용되는 발색제이다. 아질산염은 산성 조건에서 식품 중의 아민(amine)류와 반응하면 발암물질인 니트로사민이 생성된다.

> ⊕ 옥소홍데나필 : 발기부전치료제 유사물질

8 파상열(브루셀라증, brucellosis)

◆ 병원체
 - 그람음성의 작은 간균이고 운동성이 없고, 아포를 형성하지 않는다.
 - *Brucella melitenisis* : 양, 염소에 감염
 - *Brucella abortus* : 소에 감염
 - *Brucella suis* : 돼지에 감염

◆ 감염원 및 감염경로
 - 접촉이나 병에 걸린 동물의 유즙, 유제품이나 고기를 거쳐 경구 감염된다.

◆ 증상
 - 결핵, 말라리아와 비슷하여 열이 단계적으로 올라 38~40℃에 이르며, 이 상태가 2~3주 계속되다가 열이 내린다.

- 발열 현상이 주기적으로 되풀이되므로 파상열이라고 한다.
- 경련, 관절염, 간 및 비장의 비대, 백혈구 감소, 발한, 변비 등의 증상이 나타나기도 한다.

9 맥각 ergot

◆ 맥각균(*Claviceps purpurea* 및 *Claviceps paspalis* 등)이 호밀, 보리, 라이맥에 기생하여 발생하는 곰팡이의 균핵(sclerotium)이다.
◆ 이것이 혼입된 곡물을 섭취하면 교감신경의 마비 등 맥각중독(ergotism)을 일으킨다.
◆ 맥각의 성분은 ergotoxine, ergotamine, ergometrin 등의 alkaloid 물질이 대표적이다.

10 납의 시험법 [식품공전]

① 시험용액의 조제
◆ 습식분해법
  - 황산-질산법
  - 마이크로 웨이브법
◆ 건식회화법
◆ 용매추출법
② 측정
◆ 원자흡광 광도법
◆ 유도결합 플라스마법(ICP)

➕ 피크린산 시험지법 : 시안(cyan) 화합물에 대한 정성시험법

11 식중독 예방 정보 시설·설비 위생 관리

◆ 바닥 및 배수로 관리
  - 물이 고이지 않도록 적당한 경사를 주어 배수가 잘 되도록 하여야 한다.

12 식품 및 축산물안전관리인증기준

◆ 작업위생관리(별표 1) - 전처리
  - 해동된 식품은 즉시 사용하고 즉시 사용하지 못할 경우 조리 시까지 냉장보관하여야 하며, 사용 후 남은 부분을 재동결하여서는 아니 된다.

13 식품 등의 표시기준 제2조 정의

◆ 1회 제공량 : 4세 이상 소비계층이 통상적으로 1회 섭취하기에 적당한 양으로서 1회 제공 기준량에 따라 산출한 양을 말한다.

14 쌀의 건조 저장

◆ 쌀의 건조 시 미생물과 벌레의 피해를 입을 수 있다.

15 홍삼의 기능성 내용

◆ 면역력 증진에 도움을 줄 수 있음
◆ 피로 개선에 도움을 줄 수 있음
◆ 혈소판 응집 억제를 통한 혈액흐름에 도움을 줄 수 있음
◆ 기억력 개선에 도움을 줄 수 있음
◆ 항산화에 도움을 줄 수 있음

16 식품오염에 문제가 되는 방사선 물질

◆ 생성률이 비교적 크고
  – 반감기가 긴 것 : Sr-90(28.8년), Cs-137(30.17년) 등
  – 반감기가 짧은 것 : I-131(8일), Ru-106(1년) 등
◆ 토양에 유입된 방사성 핵종 중에서 Sr-90 및 Cs-137은 뿌리를 통한 흡수가 아주 중요한
  경로가 되며 특히 Cs-137의 경우는 뿌리를 통한 흡수비율이 높고 식물에 침착된 후 흡수
  되어 다른 부위로 이동성이 높다.

17 대장균의 시험법 [식품공전]

◆ 최확수법 및 건조필름법에 의한 정량시험과 일정한 한도까지 균수를 정성으로 측정하는
  한도시험법이 있다.

18 농약잔류허용기준 설정 시 안전수준 평가

◆ ADI 대비 TMDI 값이 80%를 넘지 않아야 안전한 수준이다.

19 통조림 식품의 변패과정에서

◆ 식품 중에 존재하는 산이 관의 철과 반응하여 수소 가스가 방출된다.
◆ 과일 통조림 용기에 사용하고 있는 철로 된 용기는 겉표면에 주석을 입혀 음식물과 금속이
  직접 반응하지 못하도록 하고 있다.

20 식품 중 방사능 오염 허용 기준치

◆ 해당 식품을 1년간 지속적으로 먹어도 건강에 지장이 없는 수준으로 설정한다.

제2과목 식품화학

21 조단백질 함량

◆ 대부분 단백질의 질소 함량은 평균 16%이다.
◆ 정량법에서 Kjeldahl법으로 질소량을 측정한 후 질소계수 6.25(=100/16)를 곱하면 조단
  백질량을 구할 수 있다.

◆ 조단백질량＝1.5×6.25＝9.38

22 유지를 장시간 고온으로 가열하면

◆ 저장 중의 산패와 같은 현상이 단시간에 일어난다.
◆ 고온에 의한 중합 열분해 등 여러 가지 반응이 일어난다.
◆ 고온으로 가열하는 시간이 길면 산가, 과산화물가, 점도 및 굴절률이 높아지고 요오드가가 낮아진다.
◆ 분해 형성된 유리지방산의 존재로 튀김류의 경우 그 기름의 발연점을 급격하게 저하시킴으로써 튀김식품의 품질 저하를 가져오게 된다.

23 SDS 젤 전기영동에 의한 단백질의 분리

◆ 분자의 크기, 모양, 전체 전하의 상대적인 양(net charges)에 기초한다.
◆ 전기영동 이동도(electrophoretic mobility)는 주로 단백질의 분자량에 영향을 받는다.

24 rennin에 의한 우유 응고

◆ casein은 rennin에 의하여 paracasein이 되며 Ca^{2+}의 존재하에 응고되어 치즈 제조에 이용된다.
◆ rennin의 작용기작

$$\kappa-casein \xrightarrow{\text{rennin}} para-\kappa-casein + glycomacropeptide$$

$$para-\kappa-casein \xrightarrow[\text{pH 6.4~6.0}]{Ca^{++}} dicalcium\ para-\kappa-casein(치즈 커드)$$

25 ribose

◆ 세포질에 들어 있는 리보핵산이다.
◆ 비타민 B_2, ATP, NAD 및 CoA 등 생리적으로 중요한 물질의 구성 성분이다.
◆ 환원당이면서 발효는 안 된다.

26 이눌린inulin의 구성당

◆ 돼지감자의 주 탄수화물인 inulin은 20~30개의 D-fructose가 1, 2 결합으로 이루어진 다당류이다.

27 식품의 레올로지rheology

◆ 점성(viscosity) : 액체의 유동성에 대한 저항을 나타내는 물리적 성질이며 균일한 형태와 크기를 가진 단일물질로 구성된 뉴턴 액체의 흐르는 성질을 나타내는 말
◆ 탄성(elasticity) : 외부에서 힘의 작용을 받아 변형되어 있는 물체가 외부의 힘을 제거하면 원래상태로 되돌아가려는 성질

◆ 소성(plasticity) : 외부에서 힘의 작용을 받아 변형이 되었을 때 힘을 제거하여도 원상태로 되돌아가지 않는 성질
◆ 가소성(plasticity): 고체와 같이 작은 힘에는 저항하지만 일정 이상의 힘(항복응력)에 대하여 유동을 일으키는 성질

28 자연 독성 물질

◆ 솔라닌(solanine) : 감자의 독성분
◆ 고시폴(gossypol) : 면실유의 독성분
◆ 트립신 억제물(trypsin inhibitor) : 콩의 영양 저해 물질

> ➕ 멜라민(melamine) : 수지의 제조에 이용되며, 포르말린과 반응하여 메틸멜라민을 생성한다. 식품을 통해 섭취하게 되면 신장질환 원인이 된다.

29 식품의 레올로지 rheology

◆ 소성(plasticity) : 외부에서 힘의 작용을 받아 변형이 되었을 때 힘을 제거하여도 원상태로 되돌아가지 않는 성질 예 버터, 마가린, 생크림
◆ 점성(viscosity) : 액체의 유동성에 대한 저항을 나타내는 물리적 성질이며 균일한 형태와 크기를 가진 단일물질로 구성된 뉴턴 액체의 흐르는 성질을 나타내는 말 예 물엿, 벌꿀
◆ 탄성(elasticity) : 외부에서 힘의 작용을 받아 변형되어 있는 물체가 외부의 힘을 제거하면 원래상태로 되돌아가려는 성질 예 한천젤, 빵, 떡
◆ 점탄성(viscoelasticity) : 외부에서 힘을 가할 때 점성 유동과 탄성 변형을 동시에 일으키는 성질 예 난백, 껌, 반죽

30 틱소트로픽 thixotropic

◆ 비뉴턴성 시간 의존형 유체로 shearing(층 밀림, 전단응력) 시간이 경과할수록 점도가 감소하는 유체이다.
◆ 즉, 각변형속도가 커짐에 따라 묽어져 점성계수가 감소한다.
◆ 케첩이나 호화전분액 등이 thixotropic에 해당된다.

31 생선의 비린 냄새

◆ 신선도가 떨어진 어류에서는 trimethylamine(TMA)에 의해서 어류의 특유한 비린 냄새가 난다.
◆ 이것은 원래 무취였던 trimethylamine oxide가 어류가 죽은 후 세균의 작용으로 환원되어 생성된 것이다.
◆ trimethylamine oxide의 함량이 많은 바닷고기가 그 함량이 적은 민물고기보다 빨리 상한 냄새가 난다.

32 환원당 측정

◆ 당의 환원성 유무를 판정하는 방법으로 Bertrand법이 있다.

◆ 단당류, 이당류는 설탕을 제외하고는 모두 환원당이다.

> ⊕ • Kjeldahl법 : 조단백질 측정법
> • Karl Fischer법 : 수분 측정법
> • Soxhlet법 : 조지방 측정법

33 식품 조리·가공 시 맛 성분

◆ 감귤과즙을 저장하거나 가공처리를 하면 쓴맛이 나는 것은 리모닌(limonin) 성분 때문이다.

34 dextrin의 요오드 정색 반응

◆ 가용성 전분 : 청색

◆ amylodextrin : 푸른 적색

◆ erythrodextrin : 적갈색

◆ achrodextrin : 무색

◆ maltodextrin : 무색

35 유지의 산패를 측정하는 방법

◆ 관능 검사에 의한 방법 : oven test

◆ 물리적 방법 : 산소의 흡수속도 측정

◆ 화학적 방법 : 산값(acid value), 과산화물가(peroxide value), TBA(thiobartu20 acid value), carbonyl 화합물의 측정, AOM(active oxygen method)법, Kreis test 등

36 비효소적 갈변 반응인 maillard 반응

◆ 아미노산의 amino기($-NH_2$)와 환원당의 carbonyl($=CO$)기가 축합하여 갈색 색소인 melanoidine을 생성하는 반응이다.

◆ 환원당은 pyranose 환이 열려서 aldehyde형이 되어 반응을 일으킨다.

◆ 당류의 반응성은 pentose > hexose > sucrose의 순이다.

◆ amine이 amino acid보다 갈변속도가 크고, amino acid 중에서는 glycine이 가장 반응하기 쉬우며, lysine, histidine, arginine 등도 반응성이 크다.

37 식품의 주 단백질

◆ gluten : 밀가루

◆ hordein : 보리

◆ zein : 옥수수

◆ oryzenin : 쌀

38 거품 foam

◆ 분산매인 액체에 분산상으로 공기와 같은 기체가 분산되어 있는 것이 거품이다.

◆ 거품은 기체와 액체의 계면에 제3물질이 흡착하여 안정화 된다.

◆ 맥주의 거품은 맥주 중의 단백질, 호프(hop)의 수지 성분 등이 거품과 액체 계면에 흡착되어 매우 안정화되어 있다.

◆ 거품을 제거하기 위해서는 거품의 표면장력을 감소시켜 주어야 한다.

◆ 그런 방법으로 찬 공기를 보내거나 알코올, 지방산, 소포제를 첨가한다.

39 안토시아닌 anthocyanin 색소

◆ 식물의 잎, 꽃, 과실의 아름다운 빨강, 보라, 파랑 등의 색소이다.

◆ 안토시아니딘(anthocyanidin)의 배당체로서 존재한다.

◆ 수용액의 pH에 따라 색깔이 변하는 특성을 가지는데, 산성에서는 적색, 중성에서는 자색, 알칼리성에서는 청색 또는 청록색을 나타낸다.

◆ 식물 속에 금속염인 인, 마그네슘, 칼륨 등에 의해 색이 다양하게 나타난다.

40 아플라톡신 aflatoxin

◆ *Asp. flavus*가 생성하는 대사산물이다.

◆ 탄수화물이 풍부하고, 기질수분이 16% 이상, 상대습도 80~85%, 최적온도 30℃이다.

◆ 땅콩, 밀, 쌀, 보리, 옥수수 등의 곡류에 오염되기 쉽다.

◆ 간암을 유발하는 강력한 간장독성분이다.

◆ 열에 안정(268~269℃)하여 280~300℃로 가열 시 분해된다.

◆ 물에 불용, 아세톤이나 클로로포름에 가용, 강산이나 강알칼리에 의해 분해된다.

제3과목   식품가공학

41 우유의 신선도 검사법

◆ 관능 검사

◆ 이화학적 검사
- 산도 측정법
- 자비 시험법
- 알코올 시험법
- methylene blue법 등

◆ 세균학적 검사

42 계란의 품질과 선도 판정 요소

① 외부적인 선도

◆ 난형, 난각질, 난각의 두께, 건전도, 청결도, 난각색, 비중법, 진음법, 설감법

② 내부적인 선도
◆ 투시 검사
◆ 할란 검사
　－ 난백계수, Haugh 단위, 난황계수, 난황편심도

➕ 양호한 난각질은 난각 침착이 균일하고 기공수가 1cm²당 129±1.1개이고 난각의 두께는 0.31~0.34mm이다.

43 탄산음료류의 탄산가스압(kg/cm²) [식품공전]
◆ 탄산수 : 1.0 이상
◆ 탄산음료 : 0.5 이상

44 김치 발효에 중요한 역할을 하는 미생물
◆ 김치의 숙성에는 여러 가지 미생물과 효소가 작용하고 있는데, 가장 중요한 것이 유산균에 의한 유산발효이며, 이 발효는 김치 맛을 낼 뿐만 아니라 보존성을 높여준다. 유산발효에 의해 생성된 유산은 다른 유기산과 함께 부패균의 활동을 억제하면서 채소 성분과 유기적으로 조화되며 김치 특유의 맛을 만들어 낸다.

45 유지 추출용 용제의 구비조건
◆ 유지는 잘 추출하나 유지 이외의 물질은 잘 추출하지 않을 것
◆ 인화 및 폭발하는 등의 위험성이 적을 것
◆ 유지 및 착유박에 나쁜 냄새와 맛을 남기지 않을 뿐 아니라 독성이 없을 것
◆ 기화열 및 비열이 작아 회수하기가 쉬울 것
◆ 값이 쌀 것

46 간장에 많이 함유된 휘발성 유기산
◆ 재래식 간장에는 citric acid, formic acid, oxalic acid, propionic acid가, 개량식에는 acetic acid와 lactic acid가 상대적으로 많이 검출된다.

47 건조란
◆ 유리 글루코스에 의해 건조시킬 때 갈변, 불쾌취, 불용화 현상, 기능성의 감소 등이 나타나 품질 저하를 일으키기 때문에 제당처리가 필요하다.
◆ 제당처리 방법 : 자연 발효에 의한 방법, 효모에 의한 방법, 효소에 의한 방법이 있으며 주로 효소에 의한 방법이 사용되고 있다.

48 유통기한 또는 품질유지기한(식품 등의 세부표시기준)
◆ 표시대상 식품 : 제조·가공·소분·수입한 식품(자연상태의 농·임·수산물은 제외한다).

다만, 설탕, 빙과류, 식용얼음, 과자류 중 껌류(소포장 제품에 한한다), 식염과 주류(맥주, 탁주 및 약주를 제외한다) 및 품질유지기한으로 표시하는 식품은 유통기한 표시를 생략할 수 있다.

49 육색고정제(발색제)

◆ 육색소를 고정시켜 고기 육색을 그대로 유지하는 것이 주목적이며 또한 풍미를 좋게 하고, 식중독 세균인 *Clostridium botulium*의 성장을 억제하는 역할을 한다.

◆ 발색제에는 아질산나트륨($NaNO_2$,), 질산나트륨($NaNO_3$), 아질산칼륨(KNO_2), 질산칼륨(KNO_3) 등이 있다.

◆ 육색고정 보조제로는 ascorbic acid가 있다.

50 첨가해야 할 물의 양

◆ 첨가해야 할 물 $= \dfrac{w(b-a)}{100-b}$

　　w : 용량, a : 최초 수분 함량, b : 나중 수분 함량

◆ 첨가해야 할 물 $= \dfrac{2,000(15.5-10)}{100-15.5} = 130.18kg$

51 마요네즈 mayonnaise

◆ 난황의 유화력을 이용하여 식용유에 식초, 겨자 가루, 후추 가루, 소금, 설탕 등을 혼합하여 유화시켜 만든 것이다.

◆ 제품의 전체 구성 중 식물성 유지 65~90%, 난황액 3~15%, 식초 4~20%, 식염 0.5~1% 정도이다.

◆ 제조 방법은 난황 분리 → 균질 → 배합 → 교반 → 담기 → 저장 → 제품 순이다.

53 DFD육

◆ 최종 pH가 6.0~6.5 이상(정상육 5.6 내외)이 되어 보수력이 높아진 결과, 고기 표면이 건조해질 뿐만 아니라 세균 번식의 최적 pH에 가까워져 세균오염 가능성이 높아진다.

◆ 육의 높은 pH는 조직을 견고하게 하고 짙고 어두운 육색의 원인이 된다.

54 콩비린 냄새의 원인 물질

◆ alcohols, aldehydes, ketones, phenols 등

◆ 다른 물질과 전구 물질의 형태로 결합되어 있다가 유리되거나 lipoxygenase에 의한 지방의 분해로 생성된다.

◆ 콩비린 냄새의 제거법
　– 효소 처리, 열수 침지, 열수 마쇄, 고압스팀 실활, 진공 탈취, 알칼리 용액 침지

55 튀김기름의 품질

◆ 불순물이 완전히 제거되어 튀길 때 거품이 일지 않고 열에 대하여 안전할 것
◆ 튀길 때 연기 및 자극적인 냄새가 없을 것
◆ 발연점이 높을 것
◆ 튀김 점도의 변화가 적을 것

56 냉장의 효과

◆ 미생물의 증식 억제
◆ 수확 후 식물조직의 대사작용 억제
◆ 효소에 의한 지질의 산화와 갈변, 퇴색 반응 억제
◆ 생물학적 변화와 화학적 반응을 현저히 억제시켜 호흡식품(과일 채소류)과 비호흡식품(육류, 어패류)의 변질 속도를 낮춤
◆ 과일 채소류의 호흡속도와 숙성속도 감소

➕ 냉장 중의 변질 : 과일 채소류의 냉해, 육류의 저온 단축, 빵과 떡류의 노화

57 빙과류에 주로 사용하는 안정제

◆ sodium alginate, CMC-Na, gelatin, casein, pectin 등이며 glycerin은 안정제로 사용되지 않는다.

58 쌀의 도정도

종류	특성	도정률(%)	도감률(%)
현미	나락에서 왕겨층만 제거한 것	100	0
5분도미	겨층의 50%를 제거한 것	96	4
7분도미	겨층의 70%를 제거한 것	94	6
백미	현미를 도정하여 배아, 호분층, 종피, 과피 등을 없애고 배유만 남은 것	92	8
배아미	배아가 떨어지지 않도록 도정한 것		
주조미	술의 제조에 이용되며 미량의 쌀겨도 없도록 배유만 남게 한 것	75 이하	

59 김치의 일반적인 특성

◆ 침채류는 그 대부분이 물이며 섬유, 회분 등이 많이 들어 있으므로 열량원 및 단백질원으로써는 별 의의가 없다.
◆ 침채류 중의 회분은 그 대부분이 소금이므로 인체에 필요한 염분을 공급할 수 있다.
◆ 숙성 도중에 생기는 유기산, 알코올 및 ester 등이 미각을 자극하여 식욕을 돋운다.
◆ 섬유질이 풍부하여 정장작용을 한다.
◆ 원료인 무, 배추 또는 고추 등은 여러 가지 비타민 특히 B 및 C를 공급한다.
◆ 침채류에 들어 있는 amylase, protease 등의 효소는 소화를 돕는 효과가 있다.
◆ 젖산균 등의 세균이 정장작용을 한다.

60 우유의 살균법

◆ 저온장시간살균법(LTLT) : 62~65℃에서 20~30분간 살균
◆ 고온단시간살균법(HTST) : 71~75℃에서 15~16초간 살균
◆ 초고온순간살균법(UHT) : 130~150℃에서 0.5~5초간 살균

⊕ 간헐 살균 : 90~95℃에서 하루에 1번 30~60분간씩 3일간 반복하여 살균하는 방법으로 우유 살균에는 사용하지 않는 방법

제4과목 식품미생물학

61 청주 koji 제조에 이용되는 종국

◆ *Aspergillus oryzae-flavus*군에 속하는 황록색의 곰팡이를 백미에 증식시킨 것이다.
◆ 대개 단일균주가 아니고 수 종의 균이 혼합된 것이다.

62 glucose isomerase

◆ glucose를 이성화해서 fructose로 만드는 효소이며 xylan에 의해 유도된다.
◆ *Bacillus megaterum*이나 *Strpetomyces albus* 등이 생산하고 후자의 균주를 이용하여 밀기울, corn steep liquor 등으로 된 배지에서 30℃, 약 30시간 배양한다.

63 *Asp. niger*

◆ 산성에 강한 곰팡이고 흑국균이다.
◆ pectin 분해력이 가장 강하고 주스 청징제, 유기산 공업에 이용된다.

64 복발효주

◆ 전분질을 아밀라아제(amylase)로 당화시킨 뒤 알코올 발효를 거쳐 만든 술이다.
  – 단행복발효주 : 맥아의 아밀라아제로 전분을 미리 당화시킨 당액을 알코올 발효시켜 만든 술이다. 예 맥주
  – 병행복발효주 : 아밀라아제로 전분질을 당화시키면서 동시에 발효를 진행시켜 만든 술이다. 예 청주, 탁주

65 포도당으로부터 초산 생성

◆ 반응식

$$C_6H_{12}O_6 \longrightarrow 2C_2H_5OH + 2CO_2$$
$$\text{(180)} \qquad\qquad \text{(2×46)}$$

$$C_2H_5OH + O_2 \longrightarrow CH_3COOH + H_2O$$
$$\text{(46)} \qquad\qquad \text{(60)}$$

◆ 포도당 1kg으로부터 이론적인 ethanol 생성량

180 : 46 × 2 = 1000 : χ

∴ χ = 511.1g

◆ 포도당 1kg으로부터 초산 생성량

180 : 60 × 2 = 1000 : χ

∴ χ = 666.6g

66 식초 양조에서 종초에 쓰이는 초산균의 구비조건

◆ 산 생성속도가 빠르고, 생성량이 많아야 한다.

◆ 가능한 한 다시 초산을 산화하지 않아야 한다.

◆ 초산 이외의 유기산류나 에스테르류를 생성해야 한다.

◆ 알코올에 대한 내성이 강해야 한다.

◆ 잘 변성되지 않아야 한다.

67 *Pseudomonas aeruginosa*

◆ 녹농균이라고 한다.

◆ 그람음성 간균으로 운동성이 있고, 극편모를 갖고 있다.

◆ 상처의 화농부에서 청색 색소 피오시아닌(pyocyanin)을 생성한다.

◆ 우유를 청색으로 변색시키고, 식품의 부패를 일으킨다.

68 활성수분(active water)

◆ 미생물이 이용하는 수분은 주로 자유수(free water)이며, 이를 특히 활성수분이라 한다.

◆ 활성수분이 부족하면 미생물의 생육은 억제된다.

◆ Aw 한계를 보면 세균은 0.86, 효모는 0.78, 곰팡이는 0.65 정도이다.

69 *Saccharomyces cerevisiae*

◆ 영국의 맥주 공장에서 분리된 균으로서 전형적인 상면 효모이다.

◆ 맥주 효모, 청주 효모, 빵 효모 등이 대부분 이 효모에 속한다.

70 phage의 예방 대책

◆ 공장과 그 주변 환경을 미생물학적으로 청결히 하고 기기의 가열 살균, 약품 살균을 철저히 한다.

◆ phage의 숙주 특이성을 이용하여 숙주를 바꾸어 phage 증식을 사전에 막는 starter rotation system을 사용, 즉 starter를 2균주 이상 조합하여 매일 바꾸어 사용한다.

◆ 약재 사용 방법으로서 chloramphenicol, streptomycin 등 항생물질의 저농도에 견디고 정상발효하는 내성균을 사용한다.

71 탄산음료의 미생물 변패

◆ 탄산음료는 탄산가스에 의하여 미생물의 생육은 억제되거나 살균된다.
◆ 이는 탄산가스와 pH 저하로 미생물 생육환경에 알맞지 않기 때문이다.
◆ 효모에 의한 변패
  – 탄산음료의 90% 이상은 효모오염에 의하여 변패된다.
◆ 곰팡이에 의한 변패
  – 곰팡이는 호기성이므로 탄산가스가 충분히 함유되면 생육하지 않으나 가스 압력이 낮으면 발생될 수 있다.
◆ 탄산음료 제조 시 미생물 관리
  – 원료, 용기 및 물의 살균과 여과를 철저히 하여야 한다.
  – 물의 살균은 염소 또는 자외선, 여과는 규조토 등이 이용된다.

72 고정화 효소immobilized enzyme**의 장점**

◆ 효소의 안정성이 증가한다.
◆ 이용 목적에 적절한 성질과 형상의 고정화 효소를 조제할 수 있다.
◆ 재사용이 가능하다.
◆ 반응의 연속화가 가능하다.
◆ 반응장치가 차지하는 면적이 적다.
◆ 반응생성물의 순도 및 수득률이 향상된다.
◆ 자원면이나 환경문제 등의 점에서도 유리하다.

73 *Lactobacillus bulgaricus*

◆ 우유 중에 존재하고 유당에서 대량의 젖산을 생산한다.
◆ 젖산균 중 산의 생성이 가장 빨라 yoghurt 제조에 널리 이용된다.
◆ 장내에 증식하여 젖산에 의해 유해세균의 생육을 억제하여 정장작용을 하므로 정장제로 이용된다.
◆ 피혁의 탈석회제로도 이용된다.

> ✚ *Streptococcus lactis*, *Sc. cremoris*, *L. acidophilus* 등의 유산균도 yoghurt 제조에 널리 이용되고 있다.

74 *Aspergillus restrictus*

◆ *Aspergillus restrictus*는 수분 13.1% 이하에서도 생육된다.

75 치즈의 발효, 숙성에 관여하는 미생물

◆ *Penicillium roqueforti*는 프랑스 로크포르치즈의 곰팡이 스타터이다.
◆ *Propionibacterium shermanii*는 스위스 에멘탈치즈의 스타터로 치즈 눈을 형성하고 특유의 풍미를 생성시키기 위해 사용한다.

76 *Bacillus*(고초균)

◆ 호기성 내지 통성 혐기성 균의 중온, 고온성 유포자 간균이다.
◆ 단백질 분해력이 강하며 단백질 식품에 침입하여 산 또는 gas를 생성한다.
◆ *Bacillus subtilis*은 밥, 빵 등을 부패시키고 끈적끈적한 점질물질을 생산한다.
◆ 강력한 α-amylase와 protease를 생산하고, 항생물질인 subtilin을 만든다.

77 탄산음료의 미생물 변패

◆ 탄산음료는 탄산가스에 의하여 미생물의 생육이 억제되거나 살균된다.
◆ 이는 탄산가스에 의한 혐기적 환경과 pH 저하로 미생물 생육환경에 알맞지 않기 때문이다.

78 공업적으로 lipase를 생산하는 미생물

◆ *Aspergillus niger*, *Rhizopus delemar*, *Candida cylindraca*, *Candida paralipolytica* 등을 사용한다.

79 미생물의 생육에 필요한 무기원소

◆ P, S, Mg, K, Na, Ca 등을 비교적 많이 필요로 하며, 그 이외에 Fe, Mg, Co, Zn, Cu, Mo, Cl 등은 극히 미량으로 필요로 한다.
◆ P은 당분해 대사와 산화호흡계에서 ATP와 같은 인산 ester로 에너지 대사에 필수적으로 필요하다.
◆ Mg은 효소의 활성에 관여한다.
◆ S은 methionine, cystine 등의 아미노산의 중요한 구성 성분으로서 작용한다.
◆ Fe은 호흡계의 cytochrome 효소와 catalase 및 peroxidase의 보결족인자로서 작용한다.

80 곰팡이의 형태적 특징

◆ *Aspergillus*속 : 병족세포(foot cell)를 만들어 여기에서 분생포자(conidiospore)를 만든다. 특히 정낭의 형태에 따라 균종을 구별할 수 있다.
◆ *Penicillium*속의 특징 : *Aspergillus*와 달리 병족세포와 정낭을 만들지 않고 균사가 직립하여 분생자병을 발달시켜 분생포자를 만든다.
◆ *Mucor*속의 특징 : 가근과 포복지가 없고 포자낭병의 형태에 따라 *Monomucor*, *Recemomucor*, *Cymomucor* 세 가지로 대별한다.
◆ *Rhizopus*속의 특징 : 가근과 포복지가 있고 포자낭병은 가근에서 나오고 중축 바닥 밑에 자낭을 형성한다.

81 식품의 혼합과 관련있는 기구 및 조작

◆ 고체-고체의 혼합 : 텀블러 혼합기, 리본 믹서, 스크루 혼합기

◆ 고체-액체의 혼합 : 팬 믹서, 반죽기

◆ 액체-액체의 혼합 : 교반기

◆ 유화 : 유화기, 호모지나저, 버터 교동기

◆ 기체-액체의 혼합 : 발효 공업에서의 통기배양장치, 탄산음료 공업에서의 탄산가스 주입, 아이스크림 제조과정에서 공기혼입 조작 등

82 통조림을 제조할 때 데치기의 목적

◆ 식품 원료에 들어 있는 효소를 불활성화 시킨다.

◆ 식품 조직 중의 가스를 방출시킨다.

◆ 예열함으로써 원료 중에 들어있는 산소 농도를 감소시키고, 원료 조직의 온도를 상승시켜 그 다음 공정을 쉽게 한다.

◆ 원료조직을 부드럽게 하여 껍질 벗기기(peeling)를 쉽게 한다.

◆ 원료를 깨끗이 하는 데 효과가 있다.

83 증발관 내의 압력

◆ 어떤 액체의 증기압이 외부압력과 같아질 때 그 액체는 끓게 되므로 외부 압력에 따라 비점이 달라진다.

◆ 외부 압력이 대기압보다 낮춘 감압상태에서 가열하면 비점을 낮출 수 있다.

◆ 이와 같이 대기압보다 낮은 압력에서 증발시키는 것을 진공증발이라 한다.

◆ 식품산업에서 사용하는 농축은 대부분 감압농축을 이용하고 있다.

84 분쇄기를 선정할 때 고려할 사항

◆ 원료의 크기, 원료의 특성, 분쇄 후의 입자 크기, 입도 분포, 재료의 양, 습·건식의 구별, 분쇄 온도 등이다.

◆ 특히 열에 민감한 식품의 경우에는 식품성분의 열분해, 변색, 향기의 발산 등도 고려해야 한다.

85 버터 교동기(액체-액체의 혼합)

◆ 우유로부터 버터를 만드는 공정에서 우유로부터 크림(O/W)을 분리하여 크림을 교반을 통하여 W/O형 에멀션으로 상을 전환시켜 버터입자를 만드는 기계이다.

86 수분 증발량

$$\frac{3}{100} \times 10 = \frac{15}{100}(10 - x)$$

$$\therefore x = \frac{1.2}{0.15} = 8\text{kg}$$

87 원판형 원심분리기 disc bowl centrifuge

◆ 우유에서 크림 분리 공정에서 많이 적용되고, 식용유의 정제, 과일주스의 청징 등에도 이용된다.

88 마쇄

◆ 불린 콩을 원료 콩에 약 2배의 물을 조금씩 떨어뜨리면서 마쇄하여 흰색의 죽 모양의 두미를 만든다.
◆ 이때 지나치게 마쇄하면 여과할 때 불용성의 고운 가루가 여과포를 빠져나가므로 두부 수율이 낮아진다.

89 동결 건조 freeze drying

◆ 식품을 −40∼−30℃까지 급속 동결시킨 후 진공도 0.1∼1.0mmHg 정도의 진공을 유지하는 건조기 내에서 얼음을 승화시켜 건조한다.
◆ 장점
 − 위축변형이 거의 없으며 외관이 양호하다.
 − 효소적 또는 비효소적 성분 간의 화학반응이 없으므로 향미, 색 및 영양가의 변화가 거의 없다.
 − 제품의 조직이 다공질이고 변성이 적으므로 물에 담갔을 때 복원성이 좋다.
 − 품질의 손상 없이 2∼3% 정도의 저수분으로 건조할 수 있다.
◆ 단점
 − 딸기나 셀러리 등은 색, 맛, 향기의 보존성은 좋으나 조직이 손상되어 수화시켰을 때 원식품과 같은 경도를 나타내지 못한다.
 − 다공질 상태이기 때문에 공기와의 많은 접촉면적으로 흡습산화의 염려가 크다.
 − 냉동 중에 세포 구조가 파괴되었기 때문에 기계적 충격에 대하여 부스러지기 쉽고 포장이나 수송에 문제점이 많다.
 − 시설비와 운전 경비가 비싸다.
 − 건조시간이 길고 대량 건조하기 어렵다.

90 역삼투 reverse osmosis

◆ 평형상태에서 막 양측 용매의 화학적 포텐셜(chemical potential)은 같다.
◆ 그러나 용액 쪽에 삼투압보다 큰 압력을 작용시키면 반대로 용액 쪽에서 용매분자가 막을

통하여 용매 쪽으로 이동하는데, 이 현상을 역삼투 현상이라 한다.

◆ 역삼투는 분자량이 10~1,000 정도인 작은 용질분자와 용매를 분리하는 데 이용된다.

◆ 대표적인 예는 바닷물의 탈염(desalination)이다.

91 분쇄의 목적

◆ 생물조직으로부터 원하는 성분을 효율적으로 추출하기 위하여 이루어진다. 즉, 세포조직을 파괴시켜 세포 속에 있는 성분이 노출되므로 건조, 추출, 용해와 같은 반응을 촉진시켜 주는 효과와 더불어 독특한 식품의 물성을 갖도록 한다.

◆ 특정 제품의 입자 규격을 맞추기 위하여 이루어진다. 분말 음료용 설탕 입자의 조정, 향신료의 제조, 초콜릿의 정제능이 여기에 해당된다.

◆ 입자의 크기를 줄여 표면적을 증대시키기 위하여 이루어진다. 예를 들어 수분 함량이 많은 고체 입자를 건조할 때는 건조시간을 단축시킬 수 있다.

◆ 혼합을 쉽게 하기 위하여 이루어진다. 조제식품, 분말수프 등의 제조에 있어서 입자의 크기가 작으면 균일한 혼합이 된다.

92 고온살균에서 가열조건에 영향을 주는 요인

◆ pH 등 식품의 성질

◆ 부착되어 있는 미생물의 종류, 미생물의 수, 또는 포자의 열 저항성

◆ 용기 또는 내용물의 열전달 특성

◆ 열처리에 따르는 식품의 충진조건

93 레토르트 retort를 살균할 때

◆ 고온살균할 경우 레토르트 내 공기를 최대한 제거하고 수증기만으로 내부를 채워야 살균 성능이 극대화된다.

◆ 이는 공기가 있으면 열 전달속도가 낮아져 살균이 불충분하게 되는 경우가 있기 때문이다.

94 정밀여과 microfiltration

◆ 역삼투나 한외여과를 시행하기 위한 사전 여과 공정을 이용하며, 특히 용액 내의 세균을 제거하는 데 널리 이용되고 있다.

◆ 정밀여과의 세공은 0.01~10μm 정도이고, 세공이 막 총 부피의 80% 정도를 차지하는 것이 적당하다.

◆ 맥주 제조 시 효모도 완전히 제거된다.

95 스크루 컨베이어 screw conveyer

◆ 원통형 또는 단면의 아래쪽 반이 반원형인 물통 모양의 외곽 속에 나사를 넣고, 이 나사를 회전시켜서 물건을 나사의 날개에 따라 이동시키는 운송기계이다.

◆ 곡물, 습기가 있는 재료, 밀가루, 설탕과 같이 가루로 되어 있는 것을 운반하는 데 이용된다.

96 식품의 세척

◆ 건식 세척이 습식 세척에 비해 세척 비용이 적게 든다.

◆ 초음파 세척을 위해서는 가청주파수대(20~20,000Hz)보다 높은 주파수 20K 이상을 사용하여야 효과가 크다.

◆ 부유 세척 시 저어줄 경우 와류로 인해 세척의 효과가 높아진다.

97 라이코펜

◆ 토마토의 적색 색소인 lycopene는 공기 중에서 장시간 가열 시 갈색으로 변하고 철이나 구리와 접촉하면 변색되므로 제조 시에 주의해야 한다.

98 추가해야 하는 물의 양

◆ 추가해야 할 물 $= \dfrac{w(b-a)}{100-b}$

　　w : 용량, a : 최초 수분 함량, b : 나중 수분 함량

◆ 추가해야 할 물 $= \dfrac{5(18-10)}{100-18} = 0.49\text{kg}$

99 밀의 조쇄 공정

◆ 밀은 먼저 middling 의하여 대부분은 흰덩어리, 즉 middling이 된다.

◆ middling에도 어느 정도 밀기울부가 들어있는데, 이것은 정제기(purifier)를 사용하여 밀기울부가 없는 순수한 semolina를 얻게 된다.

◆ 잘 분리된 semolina를 smooth roll에 통과시켜 체에 거르는 과정을 여러 번 거치면 파텐트 가루(patent flour)라고 하는 순도가 높은 밀가루를 얻을 수 있다.

◆ break roll에서 middling을 얻을 때 생긴 가루를 브레이크 가루(break flour)라 부르고, smooth roll에서 얻은 가루를 미들링 가루(middling flour)라 한다.

100 동결진공 건조기의 주요 장치

◆ 동결장치, 진공건조실, 진공장치(진공펌프), 탈수장치, 가열장치, 제어장치 등으로 구성되어 있다.

식품산업기사 기출문제 해설 2017 1회

1 임포섹스^{imposex} 현상

◆ 지난 1988~93년 사이 굴, 피조개, 홍합, 바지락 등의 생산량이 해마다 10%씩 감소하는 원인을 조사하던 중 고둥의 암컷에게서 수컷 성기가 생기는 임포섹스 현상이 발견되었다.

◆ 원인은 선박용 페인트 등에 함유된 트리뷰틸주석(TBT)이 바다를 오염시켜 암컷 고둥이 TBT에 오염되면서 체내 호르몬에 교란이 일어나 수컷 성기와 수정관이 생기게 되고, 이 수정관이 과도하게 발달하면서 암컷의 음문을 막아 알이 방출되는 것을 억제시킨다.

◆ 그로 인해 고둥의 생산량이 떨어진다.

2 경구 감염병과 세균성 식중독의 차이

구분	경구 감염병	세균성 식중독
감염관계	감염환이 성립된다.	종말감염이다.
균의 량	미량의 균으로도 감염된다.	일정량 이상의 균이 필요하다.
2차 감염	2차 감염이 빈번하다.	2차 감염은 거의 드물다.
잠복기간	길다.	비교적 짧다.
예방조치	예방조치가 어렵다.	균의 증식을 억제하면 가능하다.
음료수	음료수로 인해 감염된다.	음료수로 인한 감염은 거의 없다.
면역	개인에 따라 면역이 성립된다.	면역성이 없다.

3 *Aspergillus flavus*

◆ 생육조건은 기질수분 16% 이상, 상대습도 80~85% 이상, 최적온도 30℃이다.

◆ 땅콩, 밀, 쌀, 보리, 옥수수, 고추장, 된장 및 건조해산물 등에 오염되기 쉬우며, aflatoxin을 생성한다.

4 도자기 등에 사용되는 안료

◆ 납, 카드뮴, 아연 등 유해 금속화합물이 많으며 용출될 위험성이 많다.

◆ 유약에서는 납이 검출될 수 있으며, 옹기류에는 납이 다량 함유된 연단의 사용을 금하고 있다.

5 유해물질과 관련된 사항

◆ Hg(수은) : 미나마타병 유발
◆ DDT : 유기염소제
◆ parathion(파라티온) : cholinesterase 작용 억제
◆ dioxin(다이옥신) : 유해성 유기화합물

6 자가품질검사 주기의 적용 시점

◆ 제품 제조일을 기준으로 한다.
◆ 다만, 주문자 상표부착 식품 등(OEM)과 식품제조 가공업자가 자신의 제품을 만들기 위해 수입한 반가공 원료 식품 및 용기 포장은 세관장이 신고필증을 발급한 날을 기준으로 산정 한다.

7 자외선 살균법

◆ 열을 사용하지 않으므로 사용이 간편하다.
◆ 살균 효과가 크다.
◆ 피조사물에 대한 변화가 거의 없다.
◆ 균에 내성을 주지 않는다.
◆ 살균 효과가 표면에 한정된다.
◆ 지방류에 장시간 조사 시 산패취를 낸다.
◆ 식품 공장의 실내 공기 소독, 조리대 등의 살균에 이용된다.

⊕ 작업자의 손의 세척은 역성비누(양성비누)를 이용한다.

8 기타 영·유아식에 사용 가능한 식품첨가물 [식품첨가물의 기준 및 규격]

◆ L-시스틴, 시스틴, 뮤신 등은 사용 가능한 첨가물이다.

⊕ 스테비오사이드는 사용할 수 없다.

10 HACCP(식품안전관리인증기준) 제도

◆ 식품의 원재료 생산에서부터 제조, 가공, 보존, 조리 및 유통 단계를 거쳐 최종 소비자가 섭취하기 전까지 각 단계에서 위해물질이 해당 식품에 혼입되거나 오염되는 것을 사전에 방지하기 위하여 발생할 우려가 있는 위해요소를 규명하고 이들 위해요소 중에서 최종 제품에 결정적으로 위해를 줄 수 있는 공정, 지점에서 해당 위해요소를 중점적으로 관리하는 위생관리 시스템이다.

11 식중독의 역학조사 시 원인규명이 어려운 이유

◆ 식중독 원인조사 결과 역학적으로 관련이 있는 식품에서 원인물질(병원성 미생물, 바이러스, 독소, 화학물질 등)이 검출되거나 환자 2인 이상에서 동일한 혈청형 또는 유전자형의

미생물이 검출되면 식중독으로 판정하게 된다.

◆ 식품은 여러 가지 성분으로 복잡하게 구성되어 있으며, 식중독을 일으키는 균이나 독소 등은 식품에 극미량 존재하므로 식품에서 원인균이 검출되지 않는 경우가 많다.

◆ 환자 인체 검체의 경우에도 검체(대변, 구토물 등) 채취를 거부하거나, 병원에서 항생제 치료를 받아 원인물질이 검출되지 않는 경우가 많아 원인규명에 많은 어려움이 있다.

12 식품의 방사선 조사 특징

◆ 감마선의 투과력이 강하여 제품이 완전히 포장된 상태에서도 처리가 가능하고 플라스틱, 종이, 금속 등 제한없이 사용할 수 있다.

◆ 조사된 식품의 온도 상승이 거의 없기 때문에 가열 처리할 수 없는 식품이나 건조식품 및 냉동식품을 살균할 수 있다.

◆ 연속처리를 할 수 있다.

◆ 식품에 방사선이 잔류하지 않고 공해가 없다.

◆ 효과가 확실하다.

> ⊕ 식품 조사 시 문제점
> • 특이한 화학적 변화가 일어난다.
> • 향기 소실 및 방사선 조사취가 나거나 색상이 변질될 우려가 있다.
> • 비타민 및 영양소가 파괴된다.
> • 방사선 조사 식품의 제한이 있다.
> • 부작용을 상쇄하기 위해 첨가물의 사용이 필요하다.
> • 방사선 조사 식품 섭취에 따른 유해성이 거론되고 있다.
> • 소비자들이 조사 식품을 기피하는 경향이 있다.

13 동물성 중독성분

◆ 복어 : 테트로도톡신(tetrodotoxin)

◆ 검은조개, 섭조개, 대합 : 삭시톡신(saxitoxin)

◆ 모시조개(바지락), 굴 : 베네루핀(venerupin)

> ⊕ 라이코펜(lycopene) : 잘 익은 토마토 등에 존재하는 일종의 카로티노이드계 색소

14 황색포도상구균 *Staphylococcus aureus* 의 특징

◆ 그람양성, 무포자 구균이고 통성 혐기성 세균이다.

◆ coagulase 양성, mannitol 분해성, ribitol 양성, protein A 양성이다.

◆ 잠복기는 1~6시간이며 보통 3시간 정도이다.

◆ 생성독소는 엔테로톡신(enterotoxin)이다.

◆ enterotoxin은 면역학적으로 형을 분류하면 A, B, C(C_1, C_2), D, E 형으로 나뉘나 모두 독작용을 나타낸다.

◆ 균 자체는 80℃에서 30분 가열하면 사멸되나 독소는 내열성이 강해 120℃에서 20분간 가열하여도 완전파괴되지 않는다. 220~250℃에서 30분간 가열하면 비로소 활성을 잃는다.

◆ 다른 식중독균에 비해 건조에 강하여 수 주일 동안 건조한 공기 중에서도 견디며, 수분이

적은 식품 중에서도 증식과 독소의 분비가 가능하다.
- 최적수분활성도(Aw)는 0.99 이상이나 0.86까지도 성장이 가능하다.
- 산이나 염분에 대한 저항성이 강하여 7.5%의 염분 농도에서도 증식이 가능하며 10~20% 염분에도 견딘다.
- 최적 pH는 6.0~7.0이지만 pH 4.0~9.8 범위에서도 견딘다.
- 화농성 질환을 일으킨다.

15
- aflatoxin : *Aspergillus flavus*가 생성하는 곰팡이 독소
- sterigmatocystin : *Asp. versicolar*가 생성하는 곰팡이 독소
- ochratoxin : *Asp. ochraceus*가 생성하는 곰팡이 독소

➕ zearalenone : *Fusarium graminearum*이 생성하는 곰팡이 독소

16 수인성 감염병
- 물이나 음식물에 들어 있는 세균에 의하여 감염되는 감염병이다.
- 여기에는 장티푸스, 살모넬라증, 세균성 이질, 설사성 대장균 감염, 콜레라 등이 있다.
- 대표적인 증상은 묽은 설사, 복통, 구토, 고열 등이다. 잠복기가 식중독보다 길고, 급수지역과 환자발생지역이 일치하여 2차 감염이 있다.

17 멜라민melamin **수지**
- melamin과 formalin을 축합하여 만든 수지이다.
- 요소 수지와 같이 열경화성 수지로 역시 formalin 용출이 문제가 된다.
- 비교적 formalin의 용출이 적으며 phenol 수지에 비하여 약간 떨어지는 정도이다.
- 멜라민 수지 식기류는 전자레인지에 돌리거나 산성이 강한 식초를 장기 보관하는 경우 원료 물질이 우러날 수 있기 때문에 주의해야 한다.
- 용기를 부드럽게 만드는 DEHP 등의 가소제는 사용되지 않는다.
- 멜라민 수지 식기류에 있는 무늬나 그림은 우선 그려진 후에 멜라민 수지로 다시 코팅되므로 음식물과 접촉해도 인쇄된 성분이 식품으로 옮겨지지 않는다.

18 식품의 보존료
- 식품의 부패나 변질 등 변화를 방지하여 식품의 신선도 유지와 영양가를 보존하는 첨가물이다.
- 보존제, 살균제, 산화방지제가 있다.

19 잔류허용기준을 정하지 않은 경우
- 농산물에 잔류한 농약에 대하여 「식품의 기준 및 규격」에 별도로 잔류허용기준을 정하지 않은 경우 다음 각 항의 기준을 순차적으로 적용한다.
  ① 당해 농산물에 대한 CODEX 기준

②「식품의 기준 및 규격」중 별표 4 농산물의 농약 잔류허용기준의 그 농약기준 중 당해 농산물과 ④에서 정한 동일 대분류군(단, 견과종실류, 과실류 및 채소류에 한해서는 소분류를 우선 적용)에 속한 농산물의 최저기준

③「식품의 기준 및 규격」중 별표 4 농산물의 농약 잔류허용기준의 그 농약기준 중 최저기준

④ 농산물의 분류

20 한계기준 critical limit

◆ 중요관리점에서의 위해요소관리가 허용범위 이내로 충분히 이루어지고 있는지 여부를 판단할 수 있는 기준이나 기준치를 말한다.

◆ 한계기준은 CCP에서 관리되어야 할 생물학적, 화학적 또는 물리적 위해요소를 예방, 제거 또는 허용 가능한 안전한 수준까지 감소시킬 수 있는 최대치 또는 최소치를 말하며 안전성을 보장할 수 있는 과학적 근거에 기초하여 설정되어야 한다.

◆ 한계기준은 현장에서 쉽게 확인 가능하도록 가능한 육안관찰이나 측정으로 확인할 수 있는 수치 또는 특정 지표로 나타내어야 한다.
  - 온도 및 시간
  - 습도(수분)
  - 수분활성도(Aw) 같은 제품 특성
  - 염소, 염분농도 같은 화학적 특성
  - pH
  - 금속 검출기 감도
  - 관련 서류 확인 등

제2과목 식품화학

21 유지를 가열하면

◆ 유지의 불포화지방산은 이중결합 부분에서 중합이 일어난다.

◆ 중합이 진행되면 유지는 점도가 높아져 끈끈해지고, 색이 진해지며, 향기가 나빠지고, 소화율이 떨어진다.

22 식품에 많이 함유된 유기산

◆ 오렌지류에는 거의 대부분의 유기산이 구연산(citric acid)이고, 복숭아, 딸기 등에도 구연산이 함유되어 있다.

◆ 사과에는 사과산(malic acid), 포도에는 주석산(tartaric acid)이 많다.

23 유화액의 형태

◆ 수중유적형(O/W)과 유중수적형(W/O)의 두 가지 형이 있다.
  - 수중유적형(O/W) : 우유, 마요네즈, 아이스크림 등

– 유중수적형(W/O) : 마가린과 버터
- 유화액의 형태를 이루는 조건
  – 유화제의 성질
  – 전해질의 유무
  – 기름의 성질
  – 기름과 물의 비율
  – 물과 기름의 첨가 순서

24 비타민 E^{tocopherol}

- 항산화 작용이 있어서 식품 중의 비타민 A, 카로틴, 유지 등의 산화를 억제한다.
- 동물의 생식세포 기능을 유지시켜 준다.

25 식품의 조직감^{texture} 특성

- 견고성(hardness) : 식품의 형태를 변형하는 데 필요한 힘
- 응집성(cohesiveness) : 식품의 형태를 구성하는 내부적 결합에 필요한 힘
- 점성(viscosity) : 액체가 단위의 힘에 의하여 유동되는 정도
- 탄력성(elasticity) : 외력에 의하여 변형을 받고 있는 물체가 본래의 상태로 돌아가려는 성질
- 부착성(adhesiveness) : 식품의 표면과 다른 물체(이, 입안 등)의 표면에 부착되어 있는 것을 떼어내는 데 필요한 힘

26 맛의 대비 또는 강화 현상

- 서로 다른 정미성분이 혼합되었을 때 주된 정미성분의 맛이 증가하는 현상을 말한다.
- 설탕 용액에 소금 용액을 소량 가하면 단맛이 증가하고, 소금 용액에 소량의 구연산, 식초산, 주석산 등의 유기산을 가하면 짠맛이 증가하는 것은 바로 이 현상 때문이다.
- 예로서 15% 설탕 용액에 0.01% 소금 또는 0.001% quinine sulfate를 넣으면 설탕만인 경우보다 단맛이 강해진다.

27 안토시아닌^{anthocyanin} 색소

- 식물의 잎, 꽃, 과실의 아름다운 빨강, 보라, 파랑 등의 색소이다.
- 안토시아니딘(anthocyanidin)의 배당체로서 존재한다.
- 수용액의 pH에 따라 색깔이 변하는 특성을 가지는데, 산성에서는 적색, 중성에서는 자색, 알칼리성에서는 청색 또는 청록색을 나타낸다.
- 산을 가하면 과실의 붉은색을 그대로 유지할 수 있다.

28 rennin에 의한 우유 응고

- casein은 rennin에 의하여 paracasein이 되며 Ca^{2+}의 존재하에 응고되어 치즈 제조에 이용된다.

◆ rennin의 작용기작

$$\kappa\text{-casein} \xrightarrow{\text{rennin}} \text{para-}\kappa\text{-casein} + \text{glycomacropeptide}$$

$$\text{para-}\kappa\text{-casein} \xrightarrow[\text{pH 6.4~6.0}]{Ca^{++}} \text{dicalcium para-}\kappa\text{-casein(치즈 커드)}$$

29 단백질의 변성인자

◆ 물리적인 원인 : 열, 동결, 건조, 표면장력, 광선
◆ 화학적인 원인 : 산, 알칼리, 중성염, 염장, 염류, 알코올, 아세톤, 효소

30 녹색채소를 데칠 경우

◆ 데치기 등에 의하여 식물조직이 손상을 받으면 세포 내에 존재하는 chlorophyllase의 작용으로 phytol이 제거되어 선명한 녹색인 chlorophyllide가 생성된다.

31 생선의 비린 냄새

◆ 신선도가 떨어진 어류에서는 trimethylamine(TMA)에 의해서 어류의 특유한 비린 냄새가 난다.
◆ 이것은 원래 무취였던 trimethylamine oxide가 어류가 죽은 후 세균의 작용으로 환원되어 생성된 것이다.
◆ trimethylamine oxide의 함량이 많은 바닷고기가 그 함량이 적은 민물고기보다 빨리 상한 냄새가 난다.

32 유화제

◆ 한 분자 내에 −OH, −CHO, −COOH, −NH₂ 등의 극성기(친수기)와 alkyl기(CH_3−CH_2−CH_2−)와 같은 비극성기(소수기)를 가지고 있다.
◆ 소수기는 기름, 친수기는 물과 결합하여 기름과 물의 계면에 유화제 분자의 피막이 형성되어 계면장력을 저하시켜 유화성을 일으키게 한다.

33 몰^{mol} 농도

◆ 용액 1L 속에 함유된 용질의 분자량이다.
◆ NaOH의 분자량이 40.01이므로 1M NaOH 용액 1L에 녹아있는 NaOH의 중량은 40.01g이다.

34 유지를 장시간 고온으로 가열하면

◆ 저장 중의 산패와 같은 현상이 단시간에 일어난다.
◆ 고온에 의한 중합 열분해 등 여러 가지 반응이 일어난다.
◆ 고온으로 가열하는 시간이 길면 산가, 과산화물가, 점도 및 굴절률이 높아지고 요오드가가 낮아진다.

◆ 분해형성된 유리지방산의 존재로 튀김류의 경우 그 기름의 발연점을 급격하게 저하시킴으로써 튀김식품의 품질 저하를 가져오게 된다.

35 닌히드린^{ninhydrin} 반응

◆ 단백질 용액에 1% ninhydrin 용액을 가한 후 중성 또는 약산성에서 가열하면 CO_2를 발생하면서 청색을 나타내는 반응이다.
◆ α-amino기를 가진 화합물이 나타내는 정색반응이다.
◆ 아미노산이나 펩티드 검출 및 정량에 이용된다.

36 신맛 성분

◆ 무기산, 유기산 및 산성염 등이 있다.
◆ 이러한 신맛은 수용액 중에서 해리된 수소이온(H^+)과 해리되지 않은 산 분자에 기인한다.
◆ 신맛의 강도는 pH와 반드시 정비례되지 않는다.
◆ 동일한 pH에서도 무기산보다 유기산의 신맛이 더 강하게 느껴진다.

37 인지질^{phospholipid}

◆ 중성지방(triglyceride)에서 1분자의 지방산이 인산기 또는 인산기와 질소를 포함한 화합물로 복합지질의 일종이다.
◆ 종류 : 레시틴(lecithin), 세팔린(cephalin), 스핑고미엘린(spingomyelin), 카르디올리핀(cardiolipin) 등

38 비타민 A를 많이 함유한 식품

◆ vitamin A는 물고기의 간유 중에 가장 많이 들어있고, 조개류, 뱀장어, 난황에 다소 들어있다.

39 비타민 D는 자외선에 의해

◆ 식물에서는 에르고스테롤(ergosterol)에서 에르고칼시페롤(D_2)이 형성된다.
◆ 동물에서는 7-디하이드로콜레스테롤(7-dehydrocholesterol)에서 콜레칼시페롤(D_3)이 형성된다.

40 식품의 안전성과 수분활성도(Aw)

◆ 수분활성도(water activity, Aw) : 어떤 임의의 온도에서 식품이 나타내는 수증기압(Ps)에 대한 그 온도에 있어서의 순수한 물의 최대 수증기압(Po)의 비로써 정의한다.
◆ 효소 작용 : 수분활성이 높을 때가 낮을 때보다 활발하며, 최종 가수분해도도 수분활성에 의하여 크게 영향을 받는다.
◆ 미생물의 성장 : 보통 세균 성장에 필요한 수분활성은 0.91, 보통 효모와 곰팡이는 0.80, 내건성 곰팡이는 0.65, 내삼투압성 효모는 0.60이다.
◆ 비효소적 갈변 반응 : 다분자 수분층보다 낮은 Aw에서는 발생하기 어려우며, Aw 0.6~0.7

의 범위에서 반응속도가 최대에 도달하고 Aw 0.8~1.0에서 반응속도가 다시 떨어진다.

◆ 유지의 산화 반응 : 다분자층 영역(Aw 0.3~0.4)에서 최소가 되고 다시 Aw가 증가하여 Aw 0.7~0.8에서 반응속도가 최대에 도달하고 이 범위보다 높아지면 반응속도가 떨어진다.

제3과목 식품가공학

41 어패육이 식육류에 비하여 쉽게 부패하는 이유

◆ 수분이 많고 지방이 적어 세균 번식이 쉽다.

◆ 식육류에 비하여 조직이 연약하고, 외부로부터 세균의 침입이 쉬우며, 표면의 점질물질은 균 증식의 적절한 배지가 된다.

◆ 생선에는 세균 부착 기회가 많고 표피, 아가미, 내장 등에는 세균이 많으며 저온에서도 증식한다.

◆ 자기소화 작용이 커서 육질의 분해가 쉽게 일어난다.

◆ 어체 중의 세균은 단백질 분해효소의 생산력이 크다.

42 수산물의 화학적 선도 판정의 지표 물질

◆ 휘발성 염기질소, 트리메틸아민(TMA), 휘발성 환원성 물질(aldehydes가 주체), nucleotides의 분해생성물(K value, hypoxanthine), DMA, 아미노태질소, tyrosine, histamine, indole, 휘발성 산 등이 있다.

43 과일 및 채소의 수확 후 생리현상

◆ 야채와 과일은 수확한 후에도 호흡 작용, 증산 작용, 기타 여러 가지 생화학적 변화 등 생리 작용을 한다.

◆ 증산 작용으로 야채와 과일 등이 중량 감소를 일으킨다.

➕ 증산 작용 : 식물체내의 물이 기공을 통해 수증기 상태로 공기 중으로 나가는 현상

44 육의 숙성과정 중 pH 변화

◆ 가축의 종류, 근육의 종류, 개체 간 차이가 있지만 도살 전 육의 pH 7.08~7.34에서 숙성 중 pH 5.4~5.7 정도로 낮아진다.

45 냉동식품 포장재료의 필수 구비조건

◆ 방습성, 내한성, 내수성이 있어야 한다.

◆ 가스 투과성이 낮아야 한다.

◆ 가열 수축성이 있어야 한다.

➕ 폴리에스테르(polyester), 폴리에틸렌(PE), 폴리비닐리덴클로라이드(PVDC) 등을 기본 재료로 한 복합필름이 사용된다. 즉 lamination 한 것이 이용된다.

46 밀가루를 점탄성이 강한 반죽으로 만들려면

◆ 밀가루를 일정시간 숙성, 산화시키면 수분의 분포 및 글루텐 형성을 촉진시켜 반죽의 점탄성을 높여 준다.

◆ 소금을 사용하면 밀가루의 점탄성을 높여 준다.

◆ 글루텐 함량이 많은 강력분은 점탄성이 크다.

47 우유 탄수화물

◆ 유당(lactose)이 약 99.8% 정도 차지하며 glucose 0.07%, galactose 0.02%, oligosaccharide 0.004% 정도 존재한다.

◆ 우유 전체 성분 중 유당 함량은 4.2~5.2%이다.

◆ 유당의 단맛은 설탕의 $\frac{1}{5}$ 정도이므로 우유가 약간의 단맛을 띠는 것은 유당 때문이다.

48 식용유지의 탈색공정

◆ 원유에는 카로티노이드, 클로로필 등의 색소를 함유하고 있어 보통 황록색을 띤다. 이들을 제거하는 과정이다.

◆ 가열탈색법과 흡착탈색법이 있다.
  - 가열법 : 기름을 200~250℃로 가열하여 색소류를 산화분해하는 방법이다.
  - 흡착법 : 흡착제인 산성백토, 활성탄소, 활성백토 등이 있으나 주로 활성백토가 쓰인다.

49 유화제 emulsifying agent

◆ 한 분자 내에 친수기와 소수기를 가지고 있는데, 소수기는 기름과 친수기는 물과 결합하여 기름과 물의 계면에 유화제 분자의 피막이 형성되어 계면장력을 저하시켜 유화성을 일으키게 한다.

◆ 유화제에는 단백질, monoglyceride, polyoxyethylene 유도체, glycerine, lecithin, cephalin, 콜레스테롤, 담즙산염 등이 있다.

50 사상조직 sandiness

◆ 아이스크림 제조 시 무지고형분을 과다하게 첨가하여 유당 결정이 생기거나, 유화제가 부족하여 빙결정이 생겨 입안에서 모래알을 씹는 것 같은 감촉을 준다.

51 육류를 동결 저장하여 저장기간이 길어지면

◆ 여러 가지 요인에 의해 품질 변화가 일어난다.

◆ 건조에 따른 감량, 표면 경화에 의한 동결상(육세포 파괴), 표면 점질물질의 생성(slime), 곰팡이의 변색, bone taint 현상, 변색, 드립 발생, 지질의 산화(산패) 등이 나타난다.

52 당액의 당도

◆ $W_2 = W_3 - W_1 = 430 - 250 = 180g$

◆ $Y = \dfrac{W_3 Z - W_1 X}{W_2} = \dfrac{430 \times 20 - 250 \times 6}{180} = 39.4$

W_1 : 고형물량(g), W_2 : 주입당액의 무게(g), W_3 : 제품 내용 총량(g), X : 담기 전 과육의 당도(%),
Y : 주입할 시럽 당도(%), Z : 제품 규격 당도(%)

53 청국장

◆ 납두를 만들어 여기에 소금, 마늘, 고춧가루 등의 양념을 절구에 넣고 찧어 만든 조미식품이다.

◆ 메주콩을 삶아 식기 전에 그릇에 담아 따뜻한 곳에 이불을 씌워 2~3일간 보온하면 *Bacillus natto* 균이 번식하여 점진물이 많고 독특한 향기를 가진 발효 물질로 변한다.

◆ 이 균은 40~42℃의 고온에서 발육되며 단백질 분해효소, 당화효소 등이 있으므로 소화율이 높다.

54 계량 등의 단위는 국제 단위계 [식품공전]

◆ 길이 : m, cm, mm, μm, nm

◆ 용량 : L, mL, μL(ℓ, mℓ, $\mu\ell$)

◆ 중량 : kg, g, mg, μg, ng, pg

◆ 넓이 : cm^2

◆ 열량 : kcal, kJ

55 산 당화법과 효소 당화법의 비교

	산 당화법	효소 당화법
원료 전분	정제를 완전히 해야 한다.	정제할 필요가 없다.
당화 전분 농도	약 25%	50%
분해 한도	약 90%	97% 이상
당화 시간	약 60분	48시간
당화의 설비	내산·내압의 재료를 써야 한다.	내산·내압의 재료를 쓸 필요가 없다.
당화액의 상태	쓴맛이 강하며 착색물이 많이 생긴다.	쓴맛이 없고, 이상한 생성물이 생기지 않는다.
당화액의 정제	활성탄 0.2~0.3% 이온 교환 수지	0.2~0.5%(효소와 순도에 따른다.) 조금 많이 필요하다.
관리	분해율을 일정하게 하기 위한 관리가 어렵고 중화가 필요하다.	보온(55℃)만 하면 되며 중화할 필요는 없다.
수율	결정포도당은 약 70%, 분말액을 먹을 수 없다.	결정포도당으로 80% 이상이고, 분말포도당으로 하면 100%, 분말액은 먹을 수 있다.
가격	–	산 당화법에 비하여 30% 정도 싸다.

56 Z-value

◆ 가열치사 시간이나 사멸률(lecthal rate) $\frac{1}{10}$ 또는 10배의 변화에 상당하는 가열온도의 변화량이다.

◆ 이 값이 클수록 온도 상승에 따른 살균 효과가 적어진다.

◆ 미생물의 내열성은 Z-value, 즉 250°F(121℃)에서 미생물을 사멸시키는 데 소요되는 시간(분)과 가열치사 곡선이 1 log cycle을 지나는 데 필요한 온도수(°F의 경우)의 두 가지로 나타낸다.

57 코지^{koji} 제조의 목적

◆ 코지 중 amylase 및 protease 등의 여러 가지 효소를 생성하게 하여 전분 또는 단백질을 분해하기 위해서다.

◆ 간장코지 제조 중 시간이 흐름에 따라 protease가 가장 많이 생성되고, 그리고 α-amylase, β-amylase 등 여러 가지 효소가 생성된다.

◆ 간장 코지는 탄수화물 분해보다 단백질 분해를 더 중요시 하고 있으므로 protease가 많이 생성되는 것이 좋다.

59 포도당 생산량

◆ 전분에 묽은 산과 함께 가열하면 쉽게 가수분해되어 100g의 무수전분에서 110g의 무수 D-glucose를 얻을 수 있다.

◆ 100 : 110 = 200 : x이므로, 전분 200kg을 산 당화법으로 분해시키면 포도당 220kg을 생산할 수 있다.

60 소금의 방부 효과

◆ 고삼투압으로 원형질 분리

◆ 수분활성도의 저하

◆ 소금에서 해리된 Cl⁻의 미생물에 대한 살균 작용

◆ 고농도 식염 용액 중에서의 산소 용해도 저하에 따른 호기성 세균 번식 억제

◆ 단백질 가수분해효소 작용 억제

◆ 식품의 탈수

제4과목 식품미생물학

61 *Rhizopus*속(거미줄곰팡이속)

◆ 포복지와 가근을 가지고 있으며, 가근에서 포자낭병을 형성하고, 중축 바닥 밑에 포자낭을 형성한다.

62 *Aspergillus oryzae*

◆ 국균 중에서 가장 대표적인 균종이다.

◆ 전분당화력이 강하므로 간장, 된장, 청주, 탁주, 약주, 감주 등의 제조에 사용하는 유용한 균이다.

◆ colony의 색은 초기에는 백색이지만 분생자가 착생하면 황색에서 황녹색으로 되고 더 오래되면 갈색을 띤다.

◆ 분비효소는 amylase, maltase, invertase, cellulase, inulinase, pectinase, papain, trypsin, lipase이다.

◆ 황국균이라고 하며 생육온도는 25~37℃이다.

63 세균 분류 기준

◆ 형태학적 성질(현미경적 관찰)
- 세균의 형태, 크기, 접합 상태, 포자, 운동성, 그람(gram) 염색성 등

◆ 배양적 성질(육안적 관찰)
- 천연 배지 및 각종 인공 배지에 대한 발육의 유무, 발육의 상태

◆ 생리학적 성질
- 온도, pH, 산소 요구성, 영양, 생성물, 병원성, 기생성, 효모성 등

⊕ 격벽의 유무 : 진균류는 격벽의 유무에 따라 조상균류와 순정균류로 나뉜다.

65 효모에 의한 발효성 당류

◆ 포도당, 과당, 맥아당, 설탕, 전화당, trehalose 등

⊕ 효모에 의한 비발효성 당류 : 유당, cellobiose, 전분 등

66 맥주 제조용 양조 용수의 경도를 저하시키는 방법

◆ 자비에 의한 경도 저하
◆ 석회수 첨가에 의한 경도 저하
◆ 산에 의한 탄산염의 중화
◆ 석고 첨가에 의한 탄산염 작용의 일부 제거
◆ 전기 투석에 의한 염류 제거
◆ 이온 교환 수지에 의한 염류 제거 등

67 *Penicillium roquefortii*

◆ *Penicillium roquefortii*는 푸른곰팡이 치즈로 유명한 프랑스 roquefortii 치즈의 숙성과 향미에 관여한다.

68 클로렐라*chlorella*의 특징

◆ 진핵세포 생물이며 분열증식을 한다.
◆ 단세포 녹조류이다.

◆ 크기는 2~12μ 정도의 구형 또는 난형이다.
◆ 분열에 의해 한 세포가 4~8개의 낭세포로 증식한다.
◆ 엽록체를 갖으며 광합성을 하여 에너지를 얻어 증식한다.
◆ 빛의 존재하에 무기염과 CO_2의 공급으로 쉽게 증식하며 이때 CO_2를 고정하여 산소를 낸다.
◆ 건조물의 50%가 단백질이며 필수 아미노산과 비타민이 풍부하다.
◆ 필수 아미노산인 라이신(lysine)의 함량이 높다.
◆ 비타민 중 특히 비타민 A, C의 함량이 높다.
◆ 젖산균의 생장촉진 인자를 함유하고 있다.
◆ 단위 면적당 단백질 생산량은 대두의 약 70배 정도이다.
◆ 양질의 단백질을 대량 함유하므로 단세포 단백질(SCP)로 이용되고 있다.
◆ 소화율은 떨어지지만 이를 개선하면 사료 및 우주식량으로 이용 가능성이 높다.
◆ 태양에너지 이용률은 일반 재배식물보다 5~10배 높다.
◆ 생산 균주 : *Chlorella ellipsoidea*, *Chlorella pyrenoidosa*, *Chlorella vulgaris* 등

69 세균의 포자

◆ 세균 중 어떤 것은 생육환경이 악화되면 세포 내에 포자를 형성한다.
◆ 포자형성균으로는 호기성의 *Bacillus*속과 혐기성의 *Clostridium*속에 한정되어 있다.
◆ 몇 층의 외피를 가져 복잡한 구조로 구성되어 있어서 내열성이고 내구기관으로서의 특성을 가지고 있다.
◆ 포자에는 영양세포에 비하여 대부분 수분이 결합수로 되어 있어서 상당한 내건조성을 나타낸다.
◆ 유리포자는 대사 활동이 극히 낮고 가열, 방사선, 약품 등에 대하여 저항성이 강하다.
◆ 세균의 포자는 특수한 성분으로 dipcolinic acid를 5~12% 함유하고 있다.

70 원핵세포

◆ 핵막, 인, sterol, 미토콘드리아가 없고, mesosome에 호흡효소를 가지고 있다.
◆ 세포벽은 mucocomplex로 되어 있다.

71 미생물의 영양

◆ 영양분의 균형이 중요하다.
◆ 필수 영양원이 결핍되면 타 영양소의 농도에 관계없이 생장이 제한된다.

72 phage의 특징

◆ 독자적인 대사기능은 없고 생세포 내에서만 증식한다.
◆ 한 phage의 숙주균은 1균주에 제한되고 있다(phage의 숙주특이성).
◆ 핵산(DNA와 RNA) 중 어느 한 가지 핵산만 가지고 있다(대부분 DNA).

73 젖산 생성량

◆ $C_6H_{12}O_6 \longrightarrow 2CH_3CHOHCOOH$

(분자량 180)　　　　　　　　(2×90)

◆ $180 : 180 = 100 : x$

$$\therefore x = \frac{180 \times 100}{180} = 100g$$

74 버섯

◆ 대부분 분류학상 담자균류에 속하며, 일부는 자낭균류에 속한다.

◆ 버섯균사의 뒷면 자실층(hymenium)의 주름살(gill)에는 다수의 담자기(basidium)가 형성되고, 그 선단에 보통 4개의 병자(sterigmata)가 있고 그 위에 담자포자를 한 개씩 착생한다.

◆ 균사는 격막이 있고 세포질에는 chitin질을 갖는다.

◆ 담자균류는 이(hetero)담자균류와 동(homo)담자균류가 있다.

◆ 담자기 형태에 따라 대별
   – 동담자균류 : 담자기에 격막이 없다.
   – 이담자균류 : 담자기가 부정형이고 격막이 있다.

75 메주에 생육하는 세균

◆ 재래식 된장은 *Bacillus subtilis*가 주로 관여하는 메주로 만든 조선간장의 부산물이다.

76 황색포도상구균 *Staphylococcus aureus*

◆ 그람양성 무포자 구균으로 통성 혐기성 세균이며, 잠복기는 1~6시간이고 보통 3시간 정도이다.

◆ 증상은 가벼운 위장 증상이며 사망하는 예는 거의 없다. 불쾌감, 구토, 복통, 설사 등이 증상이고, 발열은 거의 없고, 보통 24~48시간 이내에 회복된다.

◆ 화농성 염증을 가진 조리사가 감염원이 되는 식중독이다.

◆ 생성독소는 enterotoxin이다.

◆ 원인식품은 떡, 콩가루, 쌀밥, 우유, 치즈, 과자류 등이다.

77 물질대사

◆ TCA 회로는 EMP 경로(혐기적 대사) 등에 의해 생성된 pyruvic acid가 호기적으로 완전산화되어 CO_2와 H_2O로 된다.

$$C_6H_{12}O_6 \xrightarrow{\text{EMP}} 2CH_3COCOOH \xrightarrow{\text{TCA}} 6CO_2 + 6H_2O$$

78 invertase의 생산

◆ sucrose를 glucose와 fructose로 가수분해하는 효소는 invertase(sucrase, saccharase)이다.

◆ invertase의 생산에는 *Saccharomyces cerevisiae*가 이용되며 $(NH_4)_2SO_4$, KH_2PO_4, $NaNO_3$, KNO_3를 함유하는 2% sucrose 배지를 사용하여 통기배양하면 세포 내의 효소는 수 배로 증가한다.

79 *Pichia*속

◆ *Micrococcus*속, *Sarcina*속, *Bacillus*속 등은 세균이다.
◆ *Pichia*속은 효모이다.

80 *Penicillium*속

◆ *Penicillium roqueforti*는 프랑스 로크포르 치즈 특유의 풍미를 생성시키기 위해 사용된다.
◆ *Pen. chrysogenum*는 항생물질인 penicillin을 생산하는 균이다.
◆ *Pen. citrinum*는 황변미에서 분리된 균으로 독소(citrinin)를 생산한다.

제5과목 식품제조공정

81 수직형 스크루 혼합기

◆ 원통형 또는 원뿔형 용기에 회전하는 스크루가 수직 또는 용기 벽면에 경사지게 설치되어 자전하면서 용기 벽면을 따라 공전한다.
◆ 이 형식은 혼합이 빠르고 효율이 우수하기 때문에 대량의 물체에 소량을 혼합하는 데 효과적이다.

82 판들형 압축여과기 plate pressure filter

◆ 필터 프레스(filter press)라고도 한다.
◆ 여과판(filter plate), 여과포, 여과틀(filter flame)을 교대로 배열·조립한 것이다.
◆ 여과판은 주로 정방형으로 양면에 많은 돌기들이 있어 여과포(filter cloth)를 지지해주는 역할을 하며, 돌기들 사이의 홈은 여액이 흐르는 통로를 형성한다.
◆ 구조와 조작이 간단하고, 가격이 비교적 저렴하여 공업적으로 널리 이용되고 있다.
◆ 인건비와 여포의 소비가 크고, 케이크의 세척이 효율적이지 못하다.

83 분무 건조기 spray dryer

◆ 액상인 피건조물을 건조실(chamber) 내에 10~200μm 정도의 입자 크기로 분산시켜 가열 공기로 1~10초간 급속히 건조시킨다.
◆ 인스턴트 커피, 분유, 크림, 차 등 건조 제품을 만들 때 이용한다.

84 농축 시 필요한 수분 중량

◆ $\dfrac{5}{100} \times 1{,}000 = \dfrac{50}{100}(1{,}000 - x)$

∴ $x = \dfrac{450}{0.5} = 900$kg

85 초임계 유체 추출

◆ 물질이 그의 임계점보다 높은 온도와 압력하에 있을 때, 즉 초임계점 이상의 상태에 있을 때 이물질의 상태를 초임계 유체라 하며 초임계 유체를 용매로 사용하여 물질을 분리하는 기술을 초임계 유체 추출 기술이라 한다.

◆ 초임계 유체로 자주 사용하는 물질은 물과 이산화탄소다.

◆ 초임계 상태의 이산화탄소는 여러가지 물질을 잘 용해한다. 목표물을 용해한 초임계 이산화탄소를 임계점 이하로 하면, 이산화탄소는 기화하여 대기로 날아가고 용질만이 남는다.

◆ 공정은 용제의 압축, 추출, 회수, 분리로 나눌 수 있다.

◆ 초임계 가스 추출 방법은 성분의 변화가 거의 없고 특정 성분을 추출하고 분리하는 데 이용되어 식품에서는 커피, 홍차 등에서 카페인 제거, 동·식물성 유지 추출, 향신료 및 향료의 추출 등에 널리 쓰이는 추출의 새로운 기술이다.

86 원심분리

◆ 원심력을 이용하여 물질들을 분리하는 단위공정으로 섞이지 않는 액체의 분리, 액체로부터 불용성 고체의 분리, 원심여과 등을 모두 일컫는 용어이다.

◆ 액체–액체 분리가 가장 일반적이나 고체–액체 분리도 가능하다.

◆ rpm이 높을수록, 질량이 클수록, 반지름이 클수록 받는 원심력이 크며, 이로 인해 원심력 방향으로 무거운 물질이 이동하게 되어 빠른 침전이 가능하다. 결과로 무거운 물질은 아래에, 가벼운 물질은 위에 있게 된다.

87 고점도 반고체의 혼합

◆ 고점도 물체 또는 반고체 물체는 점도가 낮은 액체에서처럼 임펠러에 의해 유동이 생성되지 않으므로 물체와 혼합날개가 직접적인 접촉에 의해 물체는 비틀림, 이기기(kneading), 접음(folding), 전단(shearing), 압축작용을 연속적으로 받아 혼합된다.

88 비가열 살균

◆ 가열처리를 하지 않고 살균하는 방법이다.

◆ 효율성, 안전성, 경제성 등을 고려할 때 일반적인 살균법인 열살균보다 떨어질 때가 많으나 열로 인한 품질 변화, 영양 파괴를 최소화할 수 있다는 장점을 갖는다.

◆ 약제 살균, 방사선 조사, 자외선 살균, 전자선 살균, 여과제균, 고주파 유도 살균, 초고압 살균, 고전장 펄스, 오존 살균법, 초음파 살균 등이 있다.

89 김치제조 시 절임 공정

◆ 소금의 농도, 절임시간, 온도가 매우 중요할 뿐만 아니라 사용하는 물의 수질 및 절임 방법 등에 따라 절임식품인 김치의 발효에 큰 영향을 준다.

◆ 절임 방법 : 건염법, 염수법, 혼합법 등이 있다.

90 **동결 건조** freeze drying

◆ 식품을 −40~−30℃까지 급속동결시킨 후 진공도 0.1~1.0mmHg 정도의 진공을 유지하는 건조기 내에서 얼음을 승화시켜 건조한다.

◆ 장점
  − 위축변형이 거의 없으며 외관이 양호하다.
  − 효소적 또는 비효소적 성분 간의 화학반응이 없으므로 향미, 색 및 영양가의 변화가 거의 없다.
  − 제품의 조직이 다공질이고 변성이 적으므로 물에 담갔을 때 복원성이 좋다.
  − 품질의 손상 없이 2~3% 정도의 저수분으로 건조할 수 있다.

◆ 단점
  − 딸기나 셀러리 등은 색, 맛, 향기의 보존성은 좋으나 조직이 손상되어 수화시켰을 때 원 식품과 같은 경도를 나타내지 못한다.
  − 다공질 상태이기 때문에 공기와의 많은 접촉면적으로 흡습산화의 염려가 크다.
  − 냉동 중에 세포 구조가 파괴되었기 때문에 기계적 충격에 대하여 부스러지기 쉽고 포장이나 수송에 문제점이 많다.
  − 시설비와 운전 경비가 비싸다.
  − 건조 시간이 길고 대량 건조하기 어렵다.

92 **유지의 채유법**

◆ 식물성 유지 채취에는 압착법과 추출법이 이용된다.
◆ 동물성 유지 채취에는 용출법이 이용된다.
  − 우지, 돈지, 어유, 경유 등의 용출법은 boiling process와 melting out process가 있다.

➕ 착유율을 높이기 위해서 기계적 압착을 한 후 용매로 추출하는 방법이 많이 이용되고 있다.

95 **D값**

◆ 균을 90% 사멸시키는 데 걸리는 시간, 균수를 $\frac{1}{10}$로 줄이는 데 걸리는 시간이다.

◆ $D = \dfrac{U}{\log A - \log B}$ (U : 가열시간, A : 초기 균수, B : U시간 후 균수)

◆ 초기 균수 10^5, 나중 균수 10^1

$$20 = \frac{U}{\log 10^5 - \log 10^1} = \frac{U}{4}$$
$$\therefore U = 20 \times 4 = 80초$$

96 **압출성형기**

◆ 반죽, 반고체, 액체 식품을 노즐 또는 다이스(dice)와 같은 구멍을 통하여 압력으로 밀어내어 성형하는 방법이다.
◆ 마카로니, 소시지, 인조육 제품 등의 가공에 이용한다. 예 소시지 충전기(stuffer), 마카로니 제조기

97 판형 열교환기의 특징

◆ 총괄 열전달 계수가 크다.

◆ 아주 짧은 시간에 고온가열이 가능하다.

◆ 장치의 크기에 비해 열전달 면적이 커서 좁은 면적에 설치가 가능하다.

◆ 판을 분해할 수 있어 청소가 용이하다.

➕ 판형 열교환기는 점도가 낮은 액체를 위한 열교환기이다.

98 압출면

◆ 작은 구멍으로 압출하여 만든 면

　－ 녹말을 호화시켜 만든 전분면, 당면 등

　－ 강력분 밀가루를 사용하여 호화시키지 않고 만든 마카로니, 스파게티, 버미셀(vermicell), 누들 등

99 미국 Tyler 표준체

◆ 호칭은 메시(mesh)로 나타낸다.

◆ 1인치(25.4mm) 안의 눈 수를 말한다.

◆ 숫자가 클수록 체눈 크기는 작다.

◆ 메시 크기 간격은 $\sqrt{2}$배 scale이다.

◆ 0.0029인치(0.074mm)의 체 눈을 형성하는 200메시 체를 기준으로 한다.

100 식품의 수분 함량

◆ 건량기준 수분 함량(%)

$$m = \frac{Wm}{Wt} \times 100(\%)$$

　　m : 습량기준 함수율(%), Wm : 물질 내 수분의 무게(g), Wt : 물질의 총 무게(g)

◆ 건량기준 수분 함량이 25%일 때

$$M(\%) = \frac{Ww}{Ws} \times 100$$

$$= \frac{25}{100} \times 100 = 25$$

즉, Ww : 25, Ws : 100

$$m(\%) = \frac{25}{25+100} \times 100 = 20\%$$

식품산업기사 기출문제 해설 2017 2회

제1과목 식품위생학

1 식품오염에 문제가 되는 방사선 물질

◆ 생성률이 비교적 크고
  - 반감기가 긴 것 : Sr-90(28.8년), Cs-137(30.17년) 등
  - 반감기가 짧은 것 : I-131(8일), Ru-106(1년) 등
◆ Sr-90은 주로 뼈에 침착하여 17.5년이란 긴 유효반감기를 가지고 있기 때문에 한번 침착되면 조혈기관인 골수 장애를 일으킨다.
◆ 그러므로 Sr-90은 식품위생상 크게 문제가 된다.

2 타르tar 색소를 사용할 수 없는 식품

◆ 면류
◆ 레토르트식품
◆ 어육가공품(어육소시지 제외)
◆ 인삼·홍삼음료 등

3 식품과 유해성분

◆ 피마자 종자유의 유독성분은 ricin이고, gossypol은 면실유의 독성분이다.

4 공장 폐수

◆ 무기성 폐수와 유기성 폐수로 크게 나눌 수 있다.
◆ 도금공장, 금속공장, 화학공장 등의 무기성 폐수 중에 화학적인 유해물질이 함유되어 수산물, 농산물 등에 직접적인 피해를 준다.
◆ 식품공장의 유기성 폐수는 BOD가 높고, 부유물질을 다량 함유하고 있으므로 이에 의해서 공공용수가 오염되어 2차적인 피해를 줄 수 있다.

5 간디스토마(간흡충)

◆ 제1 중간숙주 : 왜우렁이
◆ 제2 중간숙주 : 참붕어, 잉어, 붕어, 큰납지리, 가시납지리, 피라미, 모래무지 등 48종의 민물고기가 보고되고 있다.

6 LD₅₀(반수치사량)

◆ 실험동물의 반수를 1주일 내에 치사시키는 화학물질의 양을 말한다.
◆ LD_{50} 값이 적을수록 독성이 강함을 의미한다.
◆ 실험 방법은 검체의 투여량을 저농도로부터 순차적 일정한 간격으로 고농도까지 투여한다.

7 기생충과 중간숙주

◆ 간디스토마(간흡충) : 제1 중간숙주 – 왜우렁이, 제2 중간숙주 – 붕어, 잉어 등의 민물고기
◆ 선모충 : 중간숙주 – 돼지
◆ 무구조충(민촌충) : 중간숙주 – 소
◆ 유구조충(갈고리촌충) : 중간숙주 – 돼지

8 건조식품의 포장재

◆ 건조식품은 방습성이 크고(수분 투과성이 낮고), 가스 투과성이 적은 PVDC필름, PE필름, polyester필름 등의 포장재료를 사용해야 한다.

10 보툴리누스 식중독

◆ 원인균 : *Clostridium botulinus*
◆ 원인균의 특징
 – 그람양성 간균으로 주모성 편모를 가지고 있다.
 – 내열성 아포를 형성하는 편성 혐기성이다.
 – 신경독소인 neurotoxin을 생성한다.
 – 균 자체는 비교적 내열성(A와 B형은 100℃에서 360분, 120℃에서 14분)이 강하나 독소는 열에 약하다.
◆ 잠복기 : 12~36시간
◆ 증상 : 신경증상으로 초기에는 위장 장애 증상이 나타나고, 심하면 시각 장애, 언어 장애, 동공 확대, 호흡 곤란, 구토, 복통 등이 나타나지만 발열이 없다.
◆ 치사율은 30~80%로 세균성 식중독 중 가장 높다.
◆ 원인식품 : 소시지, 육류, 특히 통조림과 병조림 같은 밀봉식품이고, 살균이 불충분한 경우가 많다.

11 포스트 하비스트 post harvest 농약

◆ 수확 후 처리 농약을 말한다.
◆ 농사를 짓는 동안 뿌리는 농약이 아니라 저장 농산물의 병충해 방제 또는 품질을 보존하기 위하여 출하 직전에 뿌리는 농약이다.
◆ 수입된 밀, 옥수수, 오렌지, 그레이프 프루트, 레몬, 바나나, 파인애플 등의 농산물에 많은 양의 포스트 하비스트가 뿌려져서 온다.

12 유해 보존료

◆ 붕산, formaldehyde, 불소화합물(HF, NaF), β-naphthol, 승홍($HgCl_2$), urotropin 등이 있다.

➕ 허용된 보존료에는 데히드로초산, 프로피온산나트륨, 소르빈산, 안식향산나트륨 등이 있다.

13 아플라톡신 aflatoxin

◆ *Asp. flavus*가 생성하는 대사산물이다.
◆ 탄수화물이 풍부하고, 기질수분이 16% 이상, 상내습도 80~85%, 최석온도 30℃이다.
◆ 땅콩, 밀, 쌀, 보리, 옥수수 등의 곡류에 오염되기 쉽다.
◆ 간암을 유발하는 강력한 간장독성분이다.
◆ 열에 안정(268~269℃)하여 280~300℃로 가열 시 분해된다.

14 우유의 지방 검사법

◆ 황산을 이용한 Babcock법과 Gerber법이 있고, ether를 이용한 Röse-Gottlieb법이 있다.
◆ 우유의 지방구는 단백질이 둘러싸여 있어서 ether, 석유 ether 등의 유기용매로는 추출이 어렵기 때문에 91~92% 농황산으로 지방 이외의 물질을 분해한 후 지방을 원심분리하여 측정하는 Babcock법과 Gerber법이 주로 이용된다.

15 식품위생 검사 시 검체의 일반적인 채취방법

◆ 깡통, 병, 상자 등 용기·포장에 넣어 유통되는 식품 등은 가능한 한 개봉하지 않고 그대로 채취한다.
◆ 대장균이나 병원 미생물의 경우와 같이 검체가 불균질할 때는 다량을 채취하는 것이 원칙이다.

16 종이류 등의 용기나 포장에서의 위생 문제

◆ 예로부터 종이는 식품포장용으로 많이 사용되어 왔는데, 보건상 문제점은 이를 가공 시 첨가한 유해물질이 용출되어 위해를 일으키는 경우이다.
◆ 즉 착색료의 용출, 형광염료의 이행, 파라핀, 납 등이다.

17 육색고정제

◆ 질산염($NaNO_3$), 아질산염($NaNO_2$), 질산칼륨(KNO_3), 아질산칼륨(KNO_2) 등이 있다.
◆ 이들은 식품 중의 dimethylamine과 반응하여 발암물질의 일종인 nitrosamine을 생성하기 때문에 사용허가 기준 내에서 유효적절하게 사용해야 한다.
◆ 육가공품에서는 육중량에 대해 0.07g/kg 이하이고, 어육가공품의 경우는 0.05g/kg 이하로 사용되고 있다.

18 식품첨가물의 용도

◆ 규소 수지 – 소포제
◆ 염화암모늄 – 발효 촉진
◆ 알긴산나트륨 – 증점제
◆ 초산 비닐 수지 – 추잉껌 기초체, 과일 등의 피막제

19 PCB^{polychlorobiphenyls}에 의한 식중독

◆ 가공된 미강유를 먹은 사람들이 색소 침착, 발진, 종기 등의 증상을 나타내는 괴질이 1968년 10월 일본의 규슈를 중심으로 발생하여 112명이 사망하였다.
◆ 조사 결과 미강유 제조 시 탈취공정에서 가열매체로 사용한 PCB가 누출되어 기름에 혼입되어 일어난 중독사고로 판명되었다.
◆ 주요 증상은 안질에 지방이 증가하고, 손톱, 구강점막에 갈색 내지 흑색의 색소가 침착된다.

20 대장균 O157:H7의 분리 및 동정 시험

◆ 증균 배양
◆ 분리 배양
◆ 확인 시험
◆ 혈청학적 검사
◆ 베로세포 독성 검사
◆ 최종 확인

제2과목 식품화학

21 노화^{retrogradation}

◆ α 전분(호화전분)을 실온에 방치할 때 차차 굳어져 micelle 구조의 β 전분으로 되돌아가는 현상을 말한다.
◆ 밥을 상온에 그대로 오래두면 굳어지는 노화현상이 일어난다.

22 용액 농도

◆ 1N HCl 용액은 1,000ml 중에 1g 당량인 36.46g 함유한다.
  2N HCl 용액 40ml 중에는 2.9189g 함유한다.
  4N HCl 용액 60ml 중에는 8.7504g 함유한다.
  2N HCl 40mL와 4N HCl 60mL를 혼합하면 100ml 중에 11.6693g 함유한다.
◆ 1,000ml 중에 116.693g 함유하므로
  $1 : 36.46 = X : 116.693$
  $\therefore X = 3.2N$

23 아미노산의 정색 반응

◆ 닌히드린 반응, 밀론 반응, 크산토프로테인 반응, 사카구치 반응, 홉킨스콜 반응, 유황 반응 등이 있다.

24 유지의 경화

◆ 액체유지에 환원 니켈(Ni) 등을 촉매로 하여 수소를 첨가하는 반응을 말한다.
◆ 수소의 첨가는 유지 중의 불포화지방산을 포화지방산으로 만들게 되므로 액체지방이 고체 지방이 된다.
◆ 경화유 제조 공정 중 유지에 수소를 첨가하는 목적
  – 글리세리드의 불포화 결합에 수소를 첨가하여 산화 안정성을 좋게 한다.
  – 유지에 가소성이나 경도를 부여하여 물리적 성질을 개선한다.
  – 색깔을 개선한다.
  – 식품으로서의 냄새, 풍미를 개선한다.
◆ 경화유는 유지의 산화안정성, 물리적 성질, 색깔, 냄새 및 풍미 등이 개선된다.

25 Weissenberg 효과

◆ 가당연유 속에 젓가락을 세워서 회전시키면 연유가 젓가락을 따라 올라간다. 이와 같은 현상을 말한다.
◆ 이것은 액체에 회전운동을 가했을 때에 흐름과 직각 방향으로 현저한 압력이 생겨서 나타나는 현상이다.

26 유지의 발연점

◆ 유지 중의 유리지방산 함량이 많을수록, 노출된 유지의 표면적이 클수록, 이물질의 함량이 많을수록 낮아진다.
◆ 유지의 발연점은 높을수록 좋다.
◆ 유지의 발연점에 영향을 미치는 인자
  – 유리지방산의 함량
  – 노출된 유지의 표면적
  – 혼합 이물질의 존재
  – 유지의 사용 횟수

27 당류의 감미도

◆ 설탕(sucrose)의 감미를 100으로 기준한다.
◆ 과당 150, 포도당 70, 맥아당 50, 젖당 20

28 colloid의 성질

◆ 브라운 운동 : 콜로이드 입자가 불규칙한 직선운동을 하는 현상을 말하며, 콜로이드 입자와 분산매가 충돌하기 때문에 발생한다.

◆ 응결 : 콜로이드는 같은 종류의 전기를 띠기 때문에 반발력으로 인하여 떠있게 된다. 소수 콜로이드에 소량의 전해질을 넣으면 콜로이드 입자가 반발력을 잃고 가라앉는 현상을 말한다.
◆ 흡착 : 콜로이드 입자는 표면적이 크기 때문에 다른 물질을 흡착하는 성질이 있다.
◆ 유화 : 분산상과 분산매가 다 같이 액체인 콜로이드 분산 시스템을 유화액이라 하고, 유화액을 이루는 작용을 유화라 한다.

29 맛의 변조
◆ 오징어를 먹은 직후 귤을 먹으면 쓴 현상을 느끼는 것은 변조작용이다.

30 아미노산의 종류
◆ 중성 아미노산 : glycine, alanine, valine, leucine, isoleucine, serine, threonine 등
◆ 산성 아미노산 : aspartic acid, glutamic acid 등
◆ 염기성 아미노산 : lysine, arginine, histidine, lysine 등
◆ 함유황 아미노산 : cysteine, cystine, methionine 등

31 지방산(fatty acid)
◆ 자연계의 식품 중에 존재하는 지방산은 대부분 짝수 개의 탄소를 가지며, 말단에 카르복실기(-COOH)를 갖는다.
◆ 알킬기 내에 이중결합이 없는 지방산을 포화지방산이라 하고, 상온에서 대부분 고체 상태이며, 탄소수가 증가할수록 융점이 높아지고 물에 녹기 어렵다.
◆ 알킬기 내에 이중결합이 있는 지방산을 불포화지방산이라 하며 천연유지 중에 존재하는 불포화지방산은 대부분 불안정한 cis형이고 상온에서 액체이며 공기 중의 산소에 의하여 쉽게 산화되고 이중결합수가 증가할수록 산화속도는 빨라지고 융점은 낮아진다.
◆ 유지의 용해성은 ether, 석유 ether, 알코올 등 유기용매에 잘 녹고 탄소수가 많고, 불포화도가 높을수록 잘 녹지 않는다.
◆ 휘발성 지방산은 수증기 증류에 의하여 쉽게 분리되는 탄소수 10 이하의 지방산이다.

32 상압가열건조법
◆ 물의 끓는점보다 약간 높은 온도(105℃)에서 시료를 건조하고 그 감량의 항량값을 수분 함량(%)으로 한다.
◆ 수분(%) $= \dfrac{W_1 - W_2}{W_1 - W_0} \times 100$

    W_0 : 칭량접시의 항량, W_1 : 건조 전 칭량접시＋시료의 항량, W_2 : 건조 후 칭량접시＋시료의 항량

33 glutamic acid
◆ L-glutamic acid의 -NH₂기에 대하여 α 위치에 있는 -COOH기가 중화된 monosodium glutamate(MSG)는 다시마와 미역의 맛난맛 성분이다.
◆ 오래전부터 알려져 왔으며 현재 공업적으로 생산되는 대표적인 조미료이다.

34 노화의 방지 방법

◆ 수분 함량을 15% 이하로 급격히 줄인다.
◆ 냉동법은 −30~−20℃의 냉동상태에서 수분을 15% 이하로 억제한다.
◆ 설탕을 첨가하여 탈수작용에 의해 유효수분을 감소시킨다.
◆ 유화제를 사용하여 전분 교질용액의 안정도를 증가시켜 노화를 억제하여 준다.

35 vitamin K

◆ 혈액 응고 작용을 한다.
◆ 열에 안정적이나 강산 또는 산화에는 불안정하고, 광선에 의해 쉽게 분해된다.
◆ 결핍되면 피부에 출혈 증상이 생기고 혈액 응고가 잘 되지 않는다. 사람이나 가축은 소화기관 내의 세균에 의해 합성한 비타민 K를 이용하기 때문에 결핍증은 드물다.
◆ 시금치, 당근잎, 양배추, 토마토, 대두, 돼지의 간 등에 많이 함유되어 있다.

36 식품과 매운맛 성분

◆ 마늘 : allicine, diallyl disulfide
◆ 생강 : gingerol, zingerone, shogaol
◆ 고추 : capsaicine
◆ 후추 : chavicine
◆ 산초 : sanshol
◆ 겨자 : allylisothiocyanate

37 칼슘(Ca)의 흡수를 도와주는 요인

◆ 칼슘은 산성에서는 가용성이지만 알칼리성에서는 불용성으로 되기 때문에 유당, 젖산, 단백질, 아미노산 등 장내의 pH를 산성으로 유지하는 물질은 흡수를 좋게 한다.
◆ 비타민 D는 Ca의 흡수를 촉진한다.

➕ 시금치의 수산(oxalic acid), 곡류의 피틴산(phytic acid), 탄닌, 식이섬유 등은 Ca의 흡수를 방해한다.

38 호화된 전분이 갖는 성질

◆ 수분 흡수에 따라 팽윤(swelling)되며 전분 사이의 결합은 점차 약해지고 점도는 급증하여 방향부동성(anistropy)은 없어진다.
◆ 효소작용을 받기 쉬우므로 소화되기 쉽다.

39 스테롤(sterol)의 종류

◆ 동물성 sterol : cholesterol, coprosterol, 7-dehydrocholesterol, lanosterol 등
◆ 식물성 sterol : sitosterol, stigmasterol, dihydrositosterol 등
◆ 효모가 생산하는 sterol : ergosterol

40 millon 반응

◆ 아미노산 용액에 $HgNO_3$와 미량의 아질산을 가하면 단백질이 있는 경우 백색 침전이 생기고 이것을 다시 60~70℃로 가열하면 벽돌색으로 변한다.

◆ 이는 단백질을 구성하는 있는 아미노산인 티로신, 디옥시페닐알라닌 등의 페놀고리가 수은화합물을 만들고, 아질산에 의해 착색된 수은착염으로 되기 때문이다.

제3과목 식품가공학

41 염장법의 원리

◆ 소금의 삼투작용에 의해 이루어진다.
  – 식품 내외의 삼투차에 의해 침투와 확산의 두 작용으로 식품 내 수분과 소금이온 용액이 바뀌어 소금은 식품 내에 스며들어 흡수되고 수분은 탈수되어 식품의 수분활성이 낮아진다.
  – 소금에 의한 높은 삼투압으로 미생물 증식이 억제되거나 사멸된다.

42 달걀을 저장하는 방법

◆ 냉장법(8~10개월 저장 가능), 냉동법(액란), 가스 저장(1년 저장 가능), 도포 저장(3~6개월 저장 가능), 침지법(3개월 저장 가능), 건조법(6~12개월 저장 가능), 피단, 훈제, 방습법(1~2개월 저장 가능) 등이 있다.

43 통조림의 제조 공정

◆ 원료 → 선별 → 씻기 → 조제(데치기, 씨빼기, 박피, 가미) → 담기 → 조미액 넣기 → 탈기 → 밀봉 → 살균 → 냉각 → 검사 → 제품

◆ 주요 4대 공정 : 탈기 → 밀봉 → 살균 → 냉각

44 훈연방법

◆ 냉훈법, 온훈법, 고온훈연법 등이 있다.

	냉훈법	온훈법	고온훈연법
온도	15~20℃	25~45℃	50~90℃
시간	수 일~수 주	수 시간	1/2~2시간
풍미	강	약	매우 약
보존성	장기간	중간	짧음

45 찹쌀과 멥쌀의 성분상 차이

◆ amylose와 amylopectin의 함량 비율이 다르다.
◆ 멥쌀은 amylose와 amylopectin의 비율이 20 : 80 정도이다.
◆ 찹쌀은 amylose가 함유되어 있지 않고 거의 amylopectin으로만 되어 있다.

46 polyphosphate(중합인산염)의 역할

◆ 단백질의 보수력을 높이고, 결착성을 증진시키고, pH 완충작용, 금속 이온 차단, 육색을 개선시킨다.
◆ 햄, 소시지, 베이컨이나 어육연제품 등에 첨가한다.

47 치즈의 숙성도

◆ 우유의 주요 단백질인 카세인은 칼슘카세인(Ca-caseinate)의 형태로 존재한다.
◆ 숙성도(%) = $\dfrac{\text{수용성 질소화합물(WSN)}}{\text{총 질소(TN)}} \times 100$
◆ 레닌에 의하여 불용성인 파라칼슘카세인(paracalciumcaseinate)으로 분해되나 치즈의 숙성이 진행됨에 따라 수용성으로 변하며, 그 비율이 점차 증가됨으로 수용성 질소화합물의 양은 치즈의 숙성도를 나타낸다.

48 밀감통조림의 백탁

◆ 원인은 hesperidin이 침전되기 때문이다.
◆ 억제법은 내열성 hesperidinase 첨가, hesperidin 함량이 적은 품종 선택, CMC를 약 10ppm 첨가하여 pH를 저하시키는 방법 등이다.

49 식물성 유지

◆ 식물성유(oil)
　- 건성유(요오드가 130 이상) : 아마인유, 동유, 들기름
　- 반건성유(요오드가 100~130) : 참기름, 대두유, 면실유, 미강유
　- 불건성유(요오드가 100 이하) : 올리브유, 땅콩기름, 피마자유
◆ 식물성지(fat) : 야자유, 코코아유

50 lb/ft³ 단위 환산

◆ 1 ft = 30.5cm
　ft³ = 30.5³cm = 28,372.6
◆ 1 lb = 454g이므로
　28,372.6 ÷ 454 = 62.5lb/ft³

51 밀가루 품질 시험

◆ 밀가루 품질 측정 기준 : 단백질(글루텐 함량), 점도, 효소 함량(α-amylase), 흡수율, 회분 및 색상, 입도, 손상 전분, 첨가물, 숙성 등
◆ 밀가루 품질 측정기기
  - amylograph : α-amylase 역가, 액화상태의 점도 측정
  - farinograph : 점탄성 측정
  - extensograph : 신장도, 인장항력 측정
  - pekar test : 색도(밀기울의 혼입도)

52 우유의 살균법

◆ 저온장시간살균법(LTLT) : 62~65℃에서 20~30분간 살균
◆ 고온단시간살균법(HTST) : 71~75℃에서 15~16초간 살균
◆ 초고온순간살균법(UHT) : 130~150℃에서 0.5~5초간 살균

➕ 간헐 살균 : 90~95℃에서 하루에 1번 30~60분씩 3일간 반복하여 살균하는 방법으로 우유 살균에는 사용하지 않는 방법

53 터널건조기

◆ 과일이나 채소의 건조에 흔히 사용된다.
◆ 열풍과 제품의 이동 방향에 따라 병류식(parallel flow)과 향류식(counter flow)이 있다.
  - 병류식 터널건조기 : 가장 뜨거운 공기가 가장 수분이 많은 제품과 접촉하기 때문에 더 뜨거운 공기를 사용할 수 있는 이점이 있다. 한편 출구의 공기는 차기 때문에 최종 제품이 충분히 건조되지 않을 수 있다.
  - 향류식 터널건조기 : 뜨겁고 건조된 공기는 제일 먼저 가장 잘 건조된 제품과 접촉하기 때문에 매우 건조가 잘된 제품을 얻을 수 있다. 한편 건조식품은 초기에 가장 뜨거운 공기와 접촉하게 되어 과열이 일어날 수도 있다. 병류식보다 열을 적게 사용하며 건조가 더 잘된 제품을 얻을 수 있고 경제적이다.

54 식염 절임

◆ 건염법보다는 염수법이 삼투속도가 크다.
◆ 식염 중에 칼슘염이나 마그네슘염이 들어 있으면 식염의 침투가 저해된다. 즉 순수한 식염이 삼투속도가 크다.

55 당화율(DE, Dextrose Equivalent)

◆ 가수분해 정도를 나타내는 단위이다.
◆ $DE = \dfrac{\text{직접환원당(포도당으로서)}}{\text{고형분}} \times 100$
◆ 전분은 분해도가 진행되어 DE가 높아지면 포도당이 증가되어 단맛과 결정성이 증가되는

반면 덱스트린은 감소되어 평균 분자량은 적어져 흡수성 및 점도가 떨어진다.

◆ 평균 분자량이 적어지면 빙점이 낮아지고 삼투압 및 방부 효과가 커지는 경향이 있다.

56 두류가공품의 소화율

◆ 콩은 여러 가지 영양소를 가지는 이상적인 식품이지만 조직이 단단하여 그대로 삶거나 볶아서 먹으면 소화와 흡수가 잘 안 된다.

◆ 따라서 가공하여 소화율과 영양가를 높여서 먹는 것이 좋다.

◆ 중요한 콩의 가공품의 소화율을 보면 다음과 같다.

콩 및 콩제품	소화율(%)	가공수율(%)	영양량(%)
볶은콩	50~70	−	−
간장	98	35	34
된장	85	90	77
두부	95	−	−
납두	85	90	77
콩나물	55	75	42

57 첨가해야 할 설탕량

◆ 설탕량 $= \dfrac{10kg(24\% - 12\%)}{100 - 24\%} = 1.5789kg$

58 winterization(탈납처리, 동유처리)

◆ salad oil 제조 시에만 하는 처리이다.

◆ 기름이 냉각 시 고체 지방으로 생성이 되는 것을 방지하기 위하여 탈취하기 전에 고체 지방을 제거하는 작업이다.

59 아이스크림 제조 시 사용하는 안정제

◆ sodium alginate, CMC−Na, gelatin, pectin, vegetable gum 등이 있다.

➕ 구아닐산이나트륨은 향미증진제로 표고버섯의 감칠맛 성분이다.

60 소금량 측정하기

◆ 소금은 나트륨(Na, 40%)과 염소(Cl, 60%)로 이루어진 염화나트륨이다.

◆ 소금 함량 중 나트륨은 $\dfrac{100}{40} = 2.5$이므로 2.5를 곱한다.

◆ 소금량 = 나트륨량 × 2.5
= 2g × 2.5 = 5g

61 *Leuconostoc mesenteroides*

◆ 쌍구 또는 연쇄의 헤테로형 젖산균이다.

◆ 설탕에서 대량의 점질물을 만들어 제당 공장에서 파이프를 막을 수 있는 유해균이다.

◆ 이 점질물은 dextran이고, 대용혈장으로 사용된다.

62 koji 곰팡이의 특징

◆ 코지 곰팡이는 *Aspergillus*속(*A. oryzae*)이다.

◆ 프로테아제(protease)의 활성이 강하여 단백질 분해력이 강하다.

◆ glutamic acid의 생산 능력이 강하다.

◆ 아밀라아제(amylase) 활성이 강하여 전분의 당화력도 강하다.

◆ 포자형성이 왕성하고 제국이 용이하다.

63 Waldhof형 발효조

◆ 아황산 펄프폐액을 사용한 효모 생산을 위하여 독일에서 개발된 발효조이다.

◆ 발생하는 거품은 기계적으로 처리되고 산소 이용률도 높으며, 공기의 제균이 요구되지 않는다.

◆ 연속배양도 가능하다.

64 *Saccharomyces*속

◆ 알코올 발효력이 강한 것이 많으며 각종 주류의 제조, 알코올의 제조, 제빵 등에 이용된다.

◆ 효모 형태는 구형, 달걀형, 타원형 또는 원통형으로 다극출아를 하는 자낭 포자효모이다.

65 ◆ *Saccharomyces*속 : 구형, 난형 또는 타원형이고, 위균사를 만드는 것도 있다.

◆ *Hanseniaspora*속 : 레몬형이고 위균사를 형성하지 않는다.

◆ *Candida*속 : 구형, 난형, 원통형이고, 대부분 위균사를 잘 형성한다.

◆ *Trulopsis*속 : 소형의 구형 또는 난형이고, 위균사를 형성하지 않는다.

66 미생물 증식에 미치는 환경요인

◆ 물리적 요인 : 온도, 내열성, 압력, 삼투압, 광선, 방사선, 산화환원전위 등

◆ 화학적 요인 : 수분, 산소, pH, 염류, 화학물질 등

◆ 생물학적 요인 : 상호공존, 편리공생, 길항과 경합 등

67 *Serratia marcescens*

◆ 단백질 분해력이 강하여 빵, 어육, 우육, 우유 등의 부패에 관여한다.

◆ 비수용성인 prodigiosin이라는 적색 색소를 생성시켜 제품의 품질을 저하시킨다.
◆ 적색 색소 생성은 25~28℃에서 호기적 배양 시 가장 양호하나 혐기적 배양에 의하여 색소 생성이 억제되기도 한다.

68 독버섯의 유독성분

◆ muscarine : 발한, 구토, 위경련을 일으키며 사람에 0.5g 경구 투여가 치사량이다.
◆ muscaridine : 광대버섯에 많이 들어 있으며 뇌증상, 동공 확대, 일과성 발작 증상을 나타낸다.
◆ phaline : 알광대버섯에 함유된 강한 용혈작용을 갖는 맹독성분이다.
◆ neurine : 호흡곤란, 설사, 경련, 마비를 일으킨다.

➕ enterotoxin : 황색포도상구균이 생성하는 독성분이다.

69 phage의 특징

◆ 독자적인 대사기능은 없고 생세포 내에서만 증식한다.
◆ 한 phage의 숙주균은 1균주에 제한되고 있다(phage의 숙주특이성).
◆ 핵산(DNA와 RNA) 중 어느 한 가지 핵산만 가지고 있다(대부분 DNA).

70 형질도입 transduction

◆ 어떤 세균 내에 증식하든 bacteriophage가 그 세균의 염색체 일부를 빼앗아 방출하여 다른 새로운 세균 숙주 속으로 침입함으로서 처음 세균의 형질이 새로운 세균의 균체 내에 형질이 전달되는 현상을 말한다.
◆ *Salmonella typhimurium*과 *Escherichia coli* 등에서 볼 수 있다.

71 *Asperillus oryzae*(황국균)

◆ 누룩곰팡이로서 대표적인 국균이다.
◆ 청주, 된장, 간장, 감주, 절임류 등의 양조 공업, 효소제 제조 등에 오래 전부터 사용해온 곰팡이다.
◆ 녹말 당화력, 단백질 분해력도 강하고 특수한 대사산물로서는 koji acid를 생성하는 것이 많다.
◆ 강력한 당화효소(amylase)와 단백질 분해효소(protease) 등을 분비한다.
◆ 당화력이 강한 장모균과 단백질 분해력이 강한 단모균이 있다.
◆ 정낭 끝 부분에 분생포자를 형성한다.
◆ 최적생육온도는 20~37℃이다.

72 Gay Lusacc식에 의하면

◆ 이론적으로는 glucose로부터 51.1%의 알코올이 생성된다.

◆ $C_6H_{12}O_6 \longrightarrow 2C_2H_5OH + 2CO_2$

◆ 이론적인 Ethanol 수득률이 51.1%이므로

$$\frac{1,000 \times 51.1}{100} = 511g이다.$$

73 식초산균

◆ *Acetobacter*속의 특성
- pseudomonadaceae과에 속하는 gram음성, 호기성의 무포자 간균이다.
- 편모는 주모인 것과 극모인 것의 두 가지가 있다.
- 초산균은 alcohol 농도가 10% 정도일 때 가장 잘 자라고 5~8%의 초산을 생성한다.
- 18% 이상에서는 자랄 수 없고 산막(피막)을 형성한다.
- 대부분 액체 배양에서 피막을 만들며 알코올(ethanol)을 산화하여 초산을 생성하므로 식초 양조에 유용된다.

◆ 초산균을 선택하는 일반적인 조건
- 산 생성속도가 빠르고, 산 생성량이 많은 것
- 가능한 한 초산을 다시 산화하지 않고 또 초산 이외의 유기산류나 향기 성분인 에스테류를 생성하는 것
- 알코올에 대한 내성이 강하며, 잘 변성되지 않는 것

◆ 일반적으로 식초 공업에 사용하는 유용균은 *Acetobacter. aceti*, *Acet. acetosum*, *Acet. oxydans*, *Acet. rancens*가 있으며, 속초균은 *Acet. schüetzenbachii*가 있다.

➕ *Acet. xylinum*는 포도과즙 중에 생육하고, 식초 양조에 유해한 균으로 초산 발효에 이용할 수 없는 초산균도 있다.

74 에틸알코올 발효 시

◆ 발효법에 의한 에틸알코올 발효 시 에틸알코올과 거의 같은 양의 탄산가스가 생성된다.
◆ 발효 중 탄산가스를 회수하여 액체 탄산가스와 고체탄산가스(드라이아이스)를 만들고 있다.

75 진균류 eumycetes

◆ 격벽의 유무에 따라 조상균류와 순정균류로 분류
◆ 조상균류
- 균사에 격벽(격막)이 없다.
- 호상균류, 난균류, 접합균류(*Mucor*속, *Rhizopus*속, *Absidia*속) 등

◆ 순정균류
- 균사에 격벽이 있다.
- 자낭균류(*Monascus*속, *Neurospora*속), 담자균류, 불완전균류(*Aspergillus*속, *Penicillium*속, *Trichoderma*속) 등

➕ • *Fusarium*속은 불완전균류이다.
• *Eremothecium*속은 반자낭균류이다.

76 해양 발광 미생물

◆ 해양 발광 미생물에는 *Vibrio*속, *Photobacterium*속, *Alteromonas* 등이 있다.

78 *Aspergillus niger*

◆ 전분 당화력(β-amylase)이 강하고, pectin 분해 효소(pectinase)를 많이 분비하여 glucose로부터 gluconic acid, oxalic acid, citric acid 등을 다량으로 생산하므로 유기산 발효 공업에 이용된다.

◆ 균총은 흑갈색으로 흑국균이라고 한다.

79 일반적인 미생물의 탄소원

◆ 효모, 곰팡이, 세균은 glucose, dextrose, fructose 등 단당류와 설탕, 맥아당 등의 2당류가 잘 이용되고, xylose, arabinose 등의 5탄당, lactose, raffinose 등과 같은 oligosaccharide을 이용하기도 한다.

◆ 젖당(lactose)은 장내 세균과 유산균의 일부에 잘 이용되나 효모의 많은 균주는 이용하지 못한다.

80 propionic acid bacteria

◆ 당류나 젖산을 발효하여 propionic acid, acetic acid, CO_2, 호박산 등을 생성하는 혐기성 균이다.

◆ pantothenic acid와 biotin을 생육인자로 요구한다.

◆ *Propionibacterium shermanii*는 스위스 치즈 숙성 시 CO_2를 생성하여 치즈에 구멍을 형성하는 세균이다.

제5과목 식품제조공정

81 진공 건조

◆ 30~100torr 정도로 감압하고 온도를 50℃ 이하로 조절된 건조실을 이용하여 수분을 제거한다.

◆ 단백질의 변성과 지질의 산화 등을 억제할 수 있다.

82 압출성형기 |extruder

◆ 원료의 사입구에서 사출구에 이르기까지 압축, 분쇄, 혼합, 반죽, 층밀림, 가열, 용융, 성형, 팽화 등의 여러 가지 단위 공정이 이루어지는 식품가공 기계다.

◆ 압출성형 스낵 : 압출성형기를 통하여 혼합, 압출, 팽화, 성형시킨 제품으로 extruder 내에서 공정이 순간적으로 이루어지기 때문에 비교적 공정이 간단하고 복잡한 형태로 쉽게 가공할 수 있다.

83 진동체 vibrating screen

◆ 여러 가지 체면을 붙인 상자형의 체를 수평 혹은 경사(15~20°)시켜 직선진동(수평만), 원진동(경사만), 타원진동(수평과 경사) 등의 고속진동을 주어 체면상의 입자군을 분산이동시켜서 사별하는 체이다.
◆ 기초에 진동이 전해지지 않도록 코일스프링, 진동고무, 공기스프링 등으로 지지되어 있다.
◆ 체가 1, 2, 3상으로 되어 있으며 2~4종의 입자군으로 사별할 수 있다.

84 광학에 의한 선별

◆ 스펙트럼의 반사와 통과 특성을 이용하는 X선, 가시광선, 마이크로파, 라디오파 등의 광범위한 분광 스펙트럼을 이용해 선별하는 방법이다.
◆ 이 방법의 원리는 가공재료의 통과 특성과 반사 특성을 이용하는 선별 방법으로 나뉜다.
◆ 통과 특성을 이용한 선별은 식품에 통과되는 빛의 정도를 기준으로 선별하는 방법이다. 달걀류의 이상 여부 판단, 과일류나 채소류의 성숙도, 중심부의 결함 등을 선별하는 데 이용한다.
◆ 반사 특성을 이용한 선별은 가공재료에 빛을 쪼이면 재료 표면에서 나타난 빛의 산란(scattering), 복사, 반사 등의 성질을 이용해 선별하는 방법이다. 반사 정도는 야채, 과일, 육류 등의 색깔에 의한 숙성 정도, 곡류의 표면 손상, 흠난 과일의 표면, 결정의 존재 여부, 비스킷, 빵, 감자의 바삭거림 정도 등에 따라 달라진다.

86 자외선 살균법

◆ 열을 사용하지 않으므로 사용이 간편하다.
◆ 살균 효과가 크다.
◆ 피조사물에 대한 변화가 거의 없다.
◆ 균에 내성을 주지 않는다.
◆ 살균 효과가 표면에 한정된다.
◆ 지방류에 장시간 조사 시 산패취를 낸다.
◆ 식품공장의 실내 공기 소독, 조리대 등의 살균에 이용된다.

87 막분리 기술의 특징

막분리법	막 기능	추진력
확산투석(dialsis)	확산에 의한 선택 투과성	농도차
전기투석(electrodialsis, ED)	이온성 물질의 선택 투과성	전위차
정밀여과(microfiltration, MF)	막 외경에 의한 입자 크기의 분배	압력차
한외여과(ultrafiltration, UF)	막 외경에 의한 분자 크기의 선별	압력차
역삼투(reverse osmosis, RO)	막에 의한 용질과 용매와의 분리	압력차

88 세척 방법

◆ 마찰 세척(abrasion cleaning) : 재료 간의 상호마찰 또는 재료와 세척기의 움직이는 부분과의 상호접촉에 의해 오염물질이 제거되는 방법이다.

◆ 흡인 세척(aspiration cleaning) : 식품을 공기분리기의 공기흐름 속으로 넣어 속도가 다른 2가지 이상의 흐름을 통과시켜 재료와 오염물질이 부력과 기체역학 성질에 따라 서로 분리되도록 고안된 방법이다. 양파, 수박, 계란 등의 세척에 이용하며 가끔 겨(bran)의 제거에도 이용된다.

◆ 자석 세척(magnetic cleaning) : 식품을 강력한 자기장 속으로 통과시키면 금속을 비롯하여 각종 이물질이 제거된다.

◆ 정전기적 세척(electrostatic cleaning) : 서로 다른 정전기적 전하를 가진 재료를 반대 전하로부터 제거하는 방법이다. 보통 재료에 함유된 미세먼지 제거에 이용된다. 특히 차 세척(tea cleaning)에 이용된다.

89 상업적 살균(commercial sterilization)

◆ 가열살균에 있어서 식품의 저장성과 품질을 양립시킬 수 있는 최저한도의 열처리를 말한다.

◆ 식품산업에서 가열처리(70~100℃ 살균)를 하였더라도 저장 중에 다시 생육하여 부패 또는 식중독의 원인이 되는 미생물만을 일정한 수준까지 사멸시키는 방법이다.

◆ 산성의 과일통조림에 많이 이용한다.

90 변패 미생물의 121.1℃에서 D값

◆ *Clostridium botulinum* : 0.1~0.3분
◆ *Clostirdium sporogenes* : 0.8~1.5분
◆ *Bacillus subtilis* : 0.1~0.4분
◆ *Bacillus stearothermophilus* : 4~5분

91 기류 정선법

◆ 풍력을 이용하여 곡물 중에 들어 있는 협잡물을 제거하는 정선기이다.

◆ 주로 쌀 등의 도정 공장에서 도정이 끝난 백미와 쌀겨를 분리하기 위하여 사용한다.

92 원심분리

◆ 우유로부터 크림을 분리하는 공정에서 많이 적용되고 있는 분리기술은 원심분리이다.

◆ 원심분리기는 원판형 원심분리기(disc bowl centrifuge)를 많이 이용한다.

93 초임계 유체 supercritical fluid, SCF

◆ 임계압력 및 임계온도 이상의 조건을 갖는 상태에 있는 비응축성 유체이다.

◆ 일반적인 액체나 기체와는 다른 고유의 특성을 가진다.

- 점도는 온도가 낮을수록, 압력이 높을수록 증가한다.
- 용해도는 압력이 증가하면 커진다.
- 밀도가 일정할 때 용해도는 온도가 상승하면 증가한다.
- 확산계수는 온도가 높을수록, 압력이 낮을수록 증가한다.

94 공기 압송식 컨베이어

◆ 수송관을 흐르는 고압의 공기에 의하여 곡식의 낟알 따위를 운반하는 수송장치이다.
◆ 특성
- 건물의 안팎과 관계없이 자유롭게 배관이 가능하다.
- 고압의 공기를 사용하므로 장거리 수송도 가능하다.
- 위생적이다.
- 기계적으로 움직이는 부분이 없어 관리가 쉽다.
- 운반 물체는 건조된 것으로 부착성이 없어야 한다.

95 버 밀 burr mill

◆ 일반적으로 사용자가 설정한 간격만큼 떨어져 있는 두 개의 회전하는 연마 표면 사이에서 단단하고 작은 식품을 갈아내는 분쇄기이다.
◆ 특징
- 두 표면 사이를 가깝게 설정하면 재료가 더 미세하게 분쇄된다.
- 단단한 이물질이 들어가면 쉽게 고장이 난다.
- 공회전 시 판의 마모가 심하다.
- 초퍼만큼 마찰에 의해 분쇄된 제품에 열이 발생하지 않는다.
- 균일한 크기의 입자를 생성한다.
- 구입 가격이 비싸지 않다.
- 동력 소비가 적다.

96 첨가해야 할 물의 양

$$\text{첨가할 가수량} = \text{옥수수가루 무게} \times \left(\frac{100 - \text{원료수분}}{100 - \text{목표수분}} - 1 \right)$$
$$= 10 \times \left(\frac{100 - 12}{100 - 18} - 1 \right)$$
$$= 0.73\text{kg}$$

97 초임계 가스 추출

◆ 초임계 가스를 용제로 하여 추출 분리하는 기술이다.
◆ 공정은 용제의 압축, 추출, 회수, 분리로 나눌 수 있다.

◆ 성분의 변화가 거의 없고 특정 성분을 추출하고 분리하는 데 이용되어 식품에서는 커피, 홍차 등에서 카페인 제거, 동·식물성 유지 추출, 향신료 및 향료의 추출 등에 널리 쓰이는 추출의 새로운 기술이다.
◆ 실 예 : 커피에서 카페인 추출, 담배에서 니코틴 추출, 식용유 추출, 어유 분리(EPA, DHA 등), 달맞이꽃 종자유 중의 감마리놀렌산(γ–linolenic acid) 분리, 갑각류 껍질로부터 astaxanthin 분리 등

98 메탄올^{methanol}

메탄올^{methanol}

◆ 메탄올은 독성이 강하기 때문에 살균 용액으로 사용하지 않는다.

99 농도 변경 계산

◆ 농축 오렌지 60%   45 − 15 = 30

  45%

  착즙 오렌 15%   60 − 45 = 15

◆ 60% 농축 오렌지 $= \dfrac{30}{30+15} \times 100 = 66.6$kg

  15% 착즙 오렌지 $= \dfrac{15}{30+15} \times 100 = 33.3$kg

◆ 즉, 15% 착즙 오렌지와 60% 농축 오렌지를 1:2 비율로 혼합하면 된다.

100 동결 건조

◆ 열에 대한 품질변화가 일어나기 쉬운 식품의 건조에 이용한다.
◆ 고품질 유지를 요구하는 식품의 건조에 이용한다.
◆ 인스턴트 커피, 분말 된장, 채소, 과일, spice류, 천연색소, 로열 젤리, 육류, 어패류 등

식품산업기사 기출문제 해설 ₂₀₁₇ 3회

제 1 과목   식품위생학

1 캠필로박터^{campylobacter}

◆ 그람음성의 간균으로서 comma상이고, 미호기성이기 때문에 3~15%의 O_2 환경하에서만 발육 증식한다.

◆ 30℃ 이하에서 생육하지 않으나 4℃에서는 생육 가능하다.

◆ 소나 염소의 전염성 유산 및 설사증의 원인균이다.

◆ 최근 집단식중독의 원인균으로서 세계적으로 관심이 집중되고 있다.

2 미생물학적 부패 판정

◆ 생균수가 식품 1g당 세균수 10^7~10^8이면 초기 부패로 판정할 수 있다.

◆ 10^5 이하인 경우 안전상태이다.

3 유전자변형생물체^{living modified organism, LMO}

◆ 생명공학기술을 이용하여 얻어진 새로운 유전물질의 조합을 포함하고 있는 모든 살아있는 생물체를 말한다.

4 제조연월일

◆ 포장을 제외한 더 이상의 제조나 가공이 필요하지 아니한 시점(포장 후 멸균 및 살균 등과 같이 별도의 제조공정을 거치는 제품은 최종공정을 마친 시점)을 말한다.

◆ 다만, 캡슐제품은 충전·성형 완료시점으로, 소분 판매하는 제품은 소분용 원료제품의 제조연월일로, 원료제품의 저장성이 변하지 않는 단순 가공처리만을 하는 제품은 원료제품의 포장시점으로 한다.

5 PCB^{polychlorobiphenyls}에 의한 식중독

◆ 가공된 미강유를 먹은 사람들이 색소 침착, 발진, 종기 등의 증상을 나타내는 괴질이 1968년 10월 일본의 규슈를 중심으로 발생하여 112명이 사망하였다.

◆ 조사 결과 미강유 제조 시 탈취공정에서 가열매체로 사용한 PCB가 누출되어 기름에 혼입되어 일어난 중독사고로 판명되었다.

◆ 주요 증상은 안질에 지방이 증가하고, 손톱, 구강점막에 갈색 내지 흑색의 색소가 침착된다.

6 바퀴벌레의 생태

◆ 바퀴벌레는 야간활동성이고, 잡식성, 질주성이며 집단서식을 한다.

7 COD(화학적 산소요구량)

◆ 물속의 산화기능 물질이 산화되어 주로 무기성 산화물과 가스로 되기 위해 소비되는 산화제에 대응하는 산소량을 말한다.

◆ 유기물은 적으나 무기환원성 물질(아질산염, 제1철염, 황화물 등)이 많으면 BOD는 적어도 COD는 높게 나타난다.

8 노로바이러스 norovirus, NV

◆ 특징

- 비세균성 급성 위장염을 일으키는 바이러스이다.
- 굴 등의 조개류에 의한 식중독의 원인이 되기도 한다.
- 바이러스의 특성상 주로 겨울철에 발생하지만 계절과 관계없이 발생하고 있는 추세다.
- 노로바이러스에 의한 집단감염은 세계 각지의 학교 등에서 발생하고 어린이, 노인과 면역력이 약한 사람에 감염되기 쉽기 때문에 주위가 필요하다.

◆ 형태적 특징

- 한 가닥의 단일구조 단백질인 single-standed RNA로 구성되어 있다.
- 환경에 상대적으로 안정하다(웬만한 추위와 60℃의 열에도 생존 가능).

◆ 전파경로

- 감염자의 대변, 구토물, 오염된 음식, 감염자가 사용한 기구를 통해 감염된다. 오염된 물에서는 특히 쉽게 제거되기 어렵고 사람 간의 2차 오염도 가능하다.
- 소량의 바이러스에도 쉽게 감염된다.
- 회복 후 3~14일까지 전파 가능하다.
- 전염성 증상은 발현기에 가장 심하다.

◆ 증상

- 구토, 수양성 설사, 오심, 메스꺼움, 발열증상 유발 및 전염력이 매우 강하다.

◆ 치료

- 현재 노로바이러스에 대한 항바이러스제는 없으며 감염을 예방할 백신도 없다.
- 노로바이러스는 바이러스의 일종이므로 항생제로 치료되지 않는다.

◆ 발생사례

- 노로바이러스에 의하여 노원구에서 2006년 급식대란이 시발되었고, 6월 15일 염광여고에서 처음 학생들에게 식중독이 발생하여 31개 학교와 1개 사업장 총 2,872명이 고생했던 예가 있다.

9 식품의 초기 부패 식별법

◆ 관능 검사, 일반세균수 검사, 휘발성 염기질소의 정량, 히스타민(histamine)의 정량, 트리메틸아민(trimethylamine)의 정량 등이 있다.

➕ 환원당 측정은 당의 환원성 유무를 판정하는 방법으로 Bertrand법이 있다.

10 농축인삼류

◆ 인삼근으로부터 가용성 인삼분을 추출하여 농축한 것이나 또는 이를 분말화한 것을 말한다. 예 인삼농축액, 인삼농축분말
◆ 고시형 기능성 원료
◆ 기능성 내용 : 면역력 증진·피로 개선에 도움을 줄 수 있음

11 소르빈산 sorbic acid

◆ 소르빈산은 치즈, 식육가공품, 발효음료류, 마가린 등에 사용하는 보존료이다.

12 항생물질이 잔류할 때 문제점

◆ 항생물질은 대개 미생물에서 추출하여 사용되며 알레르기 증상, 항생제 내성균의 출현 등의 문제가 있다.

13 방사능 물질

◆ 핵분열 산물 또는 중성자에 의하여 생기는 방사선 동위원소 때문에 지표가 오염되고 있다.
◆ 지표는 물론, 바다, 하천, 음용수, 채소, 목초, 우유 등이 오염된다.
◆ 식품오염에 문제가 되는 방사선 물질은 생성률이 비교적 크고 반감기가 긴 Sr-90(28.8년), Cs-137(30.17년) 및 반감기가 짧은 I-131(8일), Ru-106(36.5일) 등이다.
◆ 방사능 오염물질이 농작물에 축적되는 비율은 지역별 생육 토양의 성질에 영향을 받는다. 즉 Cs-137은 뿌리에서 흡수되는 경우 재배지 조건에 따라서 뚜렷한 차이가 있다. 예를 들면, 밭과 논을 비교할 때 논 쪽이 늦게 흡수된다.

14 바이오제닉 아민 biogenic amines

◆ 단백질을 함유한 식품의 유리아미노산이 저장 또는 발효·숙성과정에서 미생물의 탈탄산 작용으로 분해되어 생성된다.

15 여시니아 엔테로콜리티카 *Yersinia enterocolitica*

◆ 그람음성 간균, 통성 혐기성, 아포와 협막이 없다.
◆ 최적생육온도는 28~30℃이지만 44℃에서도 생육할 수 있고 0~5℃의 냉장온도에서도 발육이 가능한 저온세균이다.
◆ 주로 봄, 가을에 발생하며 충분히 익히지 않은 돼지고기나 오염된 물을 통해 감염되고, 들쥐 같은 야생동물의 배설물을 통해서도 전파된다.
◆ 주로 어린이와 노약자에게서 발생하며 3~7일의 잠복기를 거친다.
◆ 주요 증상에는 복통, 발열, 설사, 두통, 구토 등을 동반하는 급성 위장질환과 패혈증이 있다.
◆ 감염되기 쉬운 식품
   – 굴, 새우, 조리된 게살 등 냉장 해산물
   – 진공포장된 고기, 삶은 계란, 익힌 생선, 두부
   – 조리된 식품에서 더 오래 생육함

◆ 예방 방법
- 장기간에 걸친 저온보관은 피하는 것이 좋다.
- 열에 약하므로 돼지고기를 포함한 식품은 75℃에서 3분 이상 충분히 조리해야 한다.
- 물의 오염을 예방하는 일도 중요하다.

16 kwashiorkor

◆ 단백결핍성 소아영양 실조증
◆ 부종, 신경과민, 식욕부진, 궤양성 피부염의 특징을 보이는 심한 단백질 및 열량 부족상태로 식량 부족이나 저개발 국가에서 흔히 볼 수 있다.

17 광절열두조충

◆ 제1 중간숙주 : 짚신벌레, 물벼룩 등
◆ 제2 중간숙주 : 연어, 송어 등

18 주 용도를 표시해야 하는 식품첨가물

◆ L-글루타민산나트륨 : 산도조절제, 유화제
◆ L-라이신 : 영양강화제
◆ DL-주석산나트륨 : 산도조절제
◆ DL-사과산나트륨 : 산도조절제, 팽창제

19 안식향산 benzoic acid

◆ 분자량은 C_6H_5COOH이고, 물에 난용성이고 알코올에 잘 녹는다.
◆ 방부작용은 산성인 경우 더욱 강하다.
◆ 미생물의 살균 및 발육억제 작용이 있으며 pH 3에서 그 작용이 가장 강하다.
◆ 식품위생법에 의하여 허가된 식품보존료의 일종으로 간장(0.6g/kg 이하)에 쓰이는 외에 매염제로도 사용하고 있다.

20 식품첨가물로 고시하기 위한 검토사항

◆ 화학적 합성품은 주로 다음 5가지 항목에 대하여 가부(可否)를 검토한 후 식품위생심의위원회의 심의를 거쳐 결정한다.
- 통례의 사용 방법에 따를 경우 인체에 대하여 충분한 안정성이 보장되어 있는 것
- 식품에 사용하였을 경우 충분한 효과가 기대되는 것
- 그 화학명과 제조 방법이 명확한 것
- 화학적 시험(화학적 성상, 물리적 성상, 순도 시험, 식품 중에서 화학적 변화, 정성 시험 및 정량 시험)
- 급성 독성 시험, 만성 독성 시험, 발암성, 생화학적 및 약리학적 시험

21 단백질

◆ 식품 중 단백질은 평균 16% 정도의 질소를 함유하고 있다.

22 단백질의 변성

◆ 단백질 분자가 물리적 또는 화학적 작용에 의해 비교적 약한 결합으로 유지되고 있는 고차 구조가 변형되는 현상을 변성이라고 한다.

◆ 이 변화는 peptide 결합이 분해되어 일어나는 것과 같은 현저한 변화가 아니고 대부분의 경우 용해도가 감소하여 응고 현상이 일어난다.

◆ 변성 단백질의 성질
  - 생물학적 기능의 상실 : 효소활성이나 독성 및 면역성, 항체와 항원의 결합능력을 상실한다.
  - 용해도의 감소 : 용해도가 감소하고 보수성도 떨어진다.
  - 반응성의 증가 : −OH기, −SH기, −COOH기, −NH₂기 등의 활성기가 표면에 나오게 되므로 반응성이 증가한다.
  - 분해효소에 의한 분해 용이 : 외관은 견고해지나 내부는 단백질 가수분해효소에 의해 분해되기 쉽다.
  - 결정성의 상실 : pepsin, trypsin과 같은 결정성의 효소는 그 결정성이 소실된다.
  - 이화학적 성질 변화 : 구상 단백질이 변성하여 풀린 구조가 되기 때문에 점도, 침강계수, 확산계수 등이 증가하게 된다.

23 유체의 정의

◆ 뉴턴 유체 : 전단응력이 전단속도에 비례하는 액체를 말한다. **예** 물, 우유, 술, 청량음료, 식용유 등 묽은 용액

◆ 비뉴턴 유체 : 전단응력이 전단속도에 비례하지 않는 액체를 말한다. 이 액체의 점도는 전단속도에 따라 여러 가지로 변한다. **예** 전분, 펙틴들, 각종 친수성 교질용액을 만드는 고무질들, 단백질과 같은 고분자 화합물이 섞인 유체 식품들과 반고체 식품들, 교질용액, 유탁액, 버터 등과 같은 반고체 유지제품 등

24 식품과 매운맛 성분

◆ 마늘 : allicine, diallyl disulfide
◆ 생강 : gingerol, zingerone, shogaol
◆ 고추 : capsaicine
◆ 후추 : chavicine
◆ 산초 : sanshol
◆ 겨자 : allylisothiocyanate

25 **포도껍질**

◆ anthocyanins 색소가 많이 함유되어 있다.

◆ anthocyanins은 수용액의 pH에 따라 색깔이 쉽게 변하여 산성에서 적색, 중성에서 자주색, 알칼리성에서는 청색으로 변한다.

26 **효소적 갈변 방지법**

◆ blanching(열처리) : 효소는 복합단백질이므로 가열에 의해 쉽게 불활성화 된다.

◆ 아황산가스 또는 아황산염의 이용 : 감자의 경우, pH 6.0에서 효과적으로 억제된다.

◆ 산소의 제거 : 밀폐용기에 식품을 넣고 공기를 제거하거나, 질소나 탄산가스를 치환하면 억제할 수 있다.

◆ phenolase기질의 메틸화 : 과실류, 야채류의 색깔, 향미, texture에 아무런 영향을 주지 않고 갈변을 방지할 수 있는 방법이다.

◆ 산의 이용 : phenolase의 최적 pH는 6~7 정도이므로 식품의 pH를 citric acid, malic acid, ascorbic acid, 인산 등으로 낮추어 줌으로써 효소에 의한 갈색화 반응 억제, ascorbic acid를 가장 많이 사용한다.

◆ 온도 : −10℃ 이하가 효과적이다.

◆ 금속이온 제거

27 **과당**fructose fruit sugar, Fru

◆ ketone기(−C=O−)를 가지는 ketose이다.

◆ 천연산의 것은 D형이며 좌선성이다.

28 **단백질 내 질소 함유량**

◆ 대부분 단백질의 질소 함량은 평균 16%이며, 정량법에서 Kjeldahl법으로 질소량을 측정한 후 질소계수 $6.25(\frac{100}{16})$을 곱하면 조단백질량을 구할 수 있다.

29 **호화에 미치는 영향**

◆ 전분의 종류 : 전분의 입자가 클수록 호화가 빠르다. 즉 감자, 고구마는 쌀이나 밀의 전분보다 크기 때문에 빨리 일어난다.

◆ 수분 : 전분의 수분 함량이 많을수록 호화는 잘 일어난다.

◆ 온도 : 호화에 필요한 최저 온도는 대개 60℃ 정도이다. 온도가 높으면 호화의 시간이 빠르다. 쌀은 70℃에서는 수 시간 걸리나 100℃에서는 20분 정도이다.

◆ pH : 알칼리성에서는 팽윤과 호화가 촉진된다.

◆ 염류 : 일부 염류는 전분 알맹이의 팽윤과 호화를 촉진시킨다. 일반적으로 음이온이 팽윤제로서 작용이 강하다($OH^- > CNS^- > Br^- > Cl^-$). 한편, 황산염은 호화를 억제한다.

30 식품에서 콜로이드^{colloid} 상태

식품에서 콜로이드[colloid] 상태

분산매	분산질	분산계	식품의 예
기체	액체	에어졸	향기부여 스모그
	고체	분말	밀가루, 전분, 설탕
액체	기체	거품	맥주 및 사이다 거품, 발효 중의 거품
	액체	에멀션	우유, 생크림, 마요네즈
	고체	현탁질	된장국, 주스, 전분액, 스프
		졸	소스, 페이스트
		젤	젤리, 양갱
고체	기체	고체거품	빵, 쿠키
	액체	고체젤	한천, 과육, 버터, 마가린, 초콜릿, 두부
	고체	고체교질	사탕과자, 과자

31 노화의 방지 방법

◆ 수분 함량을 15% 이하로 급격히 줄인다.
◆ 냉동법은 −30~−20℃의 냉동상태에서 수분을 15% 이하로 억제한다.
◆ 설탕을 첨가하여 탈수작용에 의해 유효수분을 감소시킨다.
◆ 유화제를 사용하여 전분 교질용액의 안정도를 증가시켜 노화를 억제하여 준다.

32 아민^{amine} 형성

◆ 아미노산은 화학적 작용이나 효소작용에 의해서 카르복실기가 제거되고 CO_2가 유리되어 amine을 형성한다. 생선류에 함유된 histamine은 카르복실기가 제거되면 histamine을 생성하는데 이것은 allergy 식중독에 관여하는 유독성분이다.

33 황화알릴의 냄새가 나는 식품

◆ 마늘, 파, 양파의 향기성분은 diallyl sulfide, diallyl disulfide, diallyl trisulfide 등의 휘발성이 매우 강한 유황 함유화합물들이며 allinase의 작용으로 분해된다.

34 식품의 산도와 알칼리도

◆ 산도 $= \dfrac{0.1N\ NaOH\ 소비\ ml}{시료} \times \dfrac{1}{10} \times 100$

$\quad = \dfrac{100ml}{10g} \times \dfrac{1}{10} \times 100 = 100$

◆ 알칼리도 $= \dfrac{0.1N\ HCl\ 소비\ ml}{시료} \times \dfrac{1}{10} \times 100$

➕ **식품의 산도와 알칼리도**
식품 100g에서 얻은 회분을 중화하는 데 필요한 1N(노르말농도)의 산 또는 알칼리도의 ml수이다. 따라서, 식품 10g을 취하면 ×10, 0.1N NaOH로 적정하면 1/10을 계산해 주어야 한다.

35 고시폴 gossypol

◆ 면실유에는 독성이 강한 성분인 gossypol이 함유되어 있어서 정제 시 반드시 제거해야 한다.
◆ gossypol은 천연항산화제로 작용한다.

36 polyphenol oxidase와 tyrosinase가 함유하고 있는 금속원소

◆ polyphenol oxidase는 Cu^{++}를 함유한 산화효소이고 이 효소는 Cu^{++}이나 Fe^{++}에 의하여 활성화되고 Cl^-에 의하여 억제된다($NaCl$에 담그면 효소적 갈변 억제).
◆ tyrosinase는 Cu^{++}를 함유한 산화효소이고, 이 효소는 Cu^{++}에 의하여 더욱 활성을 띠며 Cl^-에 의해 억제된다.

37 isothiocyanate 화합물

◆ 십자과식물인 무, 고추냉이, 겨자, 양배추 등은 isothiocyanate 화합물($-N=C=S$기를 가지는 것)인 겨자유(mustard oil)를 갖고 있다.
◆ 이들은 일반적으로 신미를 갖고 있다.

38 부제탄소 asymmetric carbon 원자

◆ 하나의 탄소 원자에 4개의 각각 다른 원소나 기가 연결되어 있는 탄소를 말한다.
◆ 글리신(glycine)은 중성 아미노산으로 아미노산 중에서 부제탄소 원자를 가지지 않는 유일한 것으로, 광학이성질체인 L형과 D형이 존재하지 않는다.

39 중성지방 : 지방산과 glycerol의 ester 결합

◆ 유(油, oil) : 상온에서 액체 예 대두유, 면실유, 옥배유 등
◆ 지(脂, fat) : 상온에서 고체 예 우지(쇠기름), 돈지(돼지기름)

40 식용유지의 품질을 평가하는 데 가장 중요한 사항

◆ 유지 속의 유리지방산(free fatty acid)은 그 자체가 유지의 품질저하에 직접원인이 될 뿐만 아니라 유지의 자동산화과정을 촉진한다.

제3과목 식품가공학

41 곡물의 도정

◆ 곡물끼리의 마찰작용과 마찰로 고체 표면을 벗기는 찰리작용, 금강사 같이 단단한 물체로 깎는 절삭작용, 충격작용 등이 공동으로 이루어진다.
◆ 절삭작용은 높은 경도의 곡물 도정에 유효한 방법이며, 이는 금강사 같은 금속조각으로 곡류입자 조직을 깎아내는 작용으로 연삭과 연마가 있다.

42 폴리에틸렌(PE)의 특성

◆ 탄성이 크다.
◆ 반투명이며 가볍고 강하다.
◆ 인쇄 적성이 불량하다.
◆ 방습성이 좋다(수증기 투과성이 낮다).
◆ 가스(gas) 투과성이 크다.
◆ 저온과 유기약품에 안정적이다.
◆ 내유성이 불량하다.
◆ 열접착성이 우수하다.
◆ 가격이 저렴하다.
◆ 내수성이 우수하다.

43 명태의 명칭

◆ 생태 : 막 잡아 올린 싱싱한 명태
◆ 동태 : 얼린 명태
◆ 황태 : 얼렸다 녹였다 반복해서 장시간 천천히 말린 명태
◆ 북어 : 건조시킨 명태(상온이나 높은 온도에서 빠르게 말림)
◆ 코다리 : 꾸들꾸들하게 반쯤 말린 명태(보통 코를 꿰어 4마리 한 묶음으로 판매)
◆ 노가리 : 명태의 치어(새끼명태, 앵치)를 말린 것
◆ 춘태 : 3~4월에 잡은 명태

44 콩나물 성장에 따른 화학적 성분의 변화

◆ 지방은 발아 후기에 비교적 빨리 감소하고, 단백질은 전발아 기간 동안 약간 감소하고, 섬유소는 발아 10일 후에 2배로 증가하고, 수용성 단백태질소는 약 $\frac{1}{4}$로 감소한다.
◆ 콩 자체에는 없던 vit. C가 빠르게 증가하여 발아 7~8일에 최고치가 된다.
◆ vit. B군 중 B$_2$는 급속히 증가하여 10일 후에 3배로 증가한다.

45 훈연의 주요 목적

◆ 제품에 연기성분을 침투시켜 보존성 향상
◆ 특유의 색과 풍미 증진
◆ 육색의 고정화 촉진
◆ 지방 산화 방지

➕ 훈연 방법 : 냉훈법, 온훈법, 고온훈연법 등이 있다.

46 최종 발효산물에 따른 발효유의 분류

◆ 젖산 발효유 : 유산균에 의하여 유산 발효시켜 제조한 것이다.
  − yoghurt, bifidus milk, calpis, acidophilus milk

◆ 알코올 발효유 : 유산균과 효모에 의하여 유산 발효와 알코올 발효를 시켜 제조한 것이다.
– leben, kefir, kumiss

47 당액의 당도

◆ $W_2 = W_3 - W_1 = 430 - 270 = 160g$

◆ $Y = \dfrac{W_3 Z - W_1 X}{W_2} = \dfrac{430 \times 19.5 - 270 \times 8}{160} = 38.9$

W_1 : 고형물량(g), W_2 : 주입당액의 무게(g), W_3 : 제품내용총량(g), X : 담기 전 과육의 당도(%),
Y : 주입할 시럽 당도(%), Z : 제품규격 당도(%)

48 고주파 접착법 high frequency sealing

◆ 50~80MHz 정도의 고주파 전기장을 사용해 필름 내 극성분자에 의한 유전손실 즉, 분자
간 진동 및 마찰에 의해 필름 자체가 열을 발생하게 해서 접착시키는 방식이다.
◆ 이 방식은 PE같은 유전손실이 없는 필름은 사용할 수 없으며 PVC나 nylon같이 극성을 가
짐으로써 유전손실이 큰 반면 연화점에서 열에 분해되기 쉬운 필름에 많이 쓰인다.
◆ 장점은 액체가 있는 상태에서도 접착이 일어날 수 있으며 원하는 모양대로 간단히 접착할
수 있다.

49 식물성 유지가 동물성 유지보다 산패가 덜 일어나는 이유

◆ 식물성 유지에는 동물성 유지보다 천연항산화제가 많이 함유되어 산패가 잘 일어나지 않
는다.
◆ 항산화제로는 tocopherol(vit. E), 아스코르빈산(vit. C), gallic acid, quercetin, sesamol
등이 있다.
◆ 이들 물질은 산화방지 보조물질(synergist)을 첨가하면 효과적이다.

50 호흡률 Respiratory Quotient, RQ

◆ 식물이 호흡작용으로 방출하는 탄산가스와 흡입하는 산소의 체적비 $\dfrac{CO_2}{O_2}$ 를 의미한다.

◆ 1kg의 식물이 호흡작용으로 1시간 동안 방출하는 탄산가스의 양(mg)

$RQ = \dfrac{\text{호흡에 의하여 생성되는 } CO_2 \text{량}}{\text{호흡에 의하여 흡수되는 } O_2 \text{량}}$

52 익은 과실의 조직이 연해지는 이유

◆ 과일에는 유연조직 중에 pectin의 모체가 되는 protopectin이 존재한다.
◆ protopectin은 미숙한 과일에 함량이 많다가 성숙도에 따라 효소 protopectinase에 의하
여 가수분해되면 pectin으로 변한다.
◆ 따라서 과일은 익어가면서 녹색이 적색 또는 황색 등으로 색깔이 변하고, 조직도 연하게
된다.

53 코지^{koji} 제조의 목적

◆ 코지 중 amylase 및 protease 등의 여러 가지 효소를 생성하게 하여 전분 또는 단백질을 분해하기 위함이다.

◆ 원료는 순수하게 분리된 코지균과 삶은 두류 및 곡류이다.

54 MG^{May Grunwald} 시약으로 염색판정 시의 정백도

◆ 과피와 종피 : 청색(1분도미, 현미)

◆ 호분층 : 담녹색 내지 담청색(5분도미)

◆ 배유 : 담청홍색 내지 담홍색(7분도미)

◆ 배아 : 담황록색(10분도미)

55 난황계수

◆ 난을 할란하여 평판 위에 놓고 난황의 높이(h)와 직경(d)을 재어 난황의 높이를 직경으로 나눈 수치이다.

◆ 신선란의 난황계수는 0.361~0.442이다.

◆ 난황계수 $= \dfrac{\text{난황의 높이(h)}}{\text{난황의 직경(d)}}$

56 유지의 채유법

◆ 식물성 유지 채취에는 압착법과 추출법이 이용된다.

◆ 동물성 유지 채취에는 용출법이 이용된다.

– 우지, 돈지, 어유, 경유 등의 용출법은 boiling process와 melting out process가 있다.

⊕ 착유율을 높이기 위해서 기계적 압착을 한 후 용매로 추출하는 방법이 많이 이용되고 있다.

57 제빵

◆ 원료 배합, 형식에 따라 직접반죽법과 스펀지법이 있다.

– 스펀지법 : 스펀지 반죽과 본반죽으로 구분·제조하며, 가볍고 조직이 좋은 빵이 만들어지고, 효모의 양도 적게 든다.

– 직접반죽법 : 원료 전부를 한꺼번에 넣어서 발효시키는 방법으로, 빵을 만드는 시간이 짧고 발효 중의 감량이 적어지는 장점이 있다.

58 식품의 건조방법

◆ 천일 건조법 : 태양열이나 풍력에 의하여 건조하는 방법으로 어패류나 해조류 등의 건조에 많이 이용되고 또한 가장 오랜 역사를 가지고 있다.

◆ 자연 동건법 : 겨울철의 자연저온을 이용하여 야간에 기온이 내려갈 때 식품 중의 수분이 빙결하고, 주간에 기온이 올라갈 때 융해하여 수분이 증발 또는 유출하게 된다.

◆ 동결진공 건조법 : 원료식품을 동결시킨 다음, 고도의 진공하에서 식품 중의 빙결정을 직접 승화시켜 건조하는 방법이다.

◆ 냉풍 건조법 : 제습하여 수증기압을 낮게 한 냉풍을 원료에 접촉시켜 건조하는 방법이다.

59 우유의 적정산도

◆ 일정량의 우유를 중화시키는 데 필요한 알칼리 양을 측정한 후 이 알칼리와 결합한 산성 물질의 전량을 모두 젖산으로 가정하여 그것을 중량비율(%)로 표시한 것이다.

◆ 0.1N NaOH 용액으로 적정하므로 0.1N NaOH 용액 1ml에 해당하는 젖산(분자량 90.08)의 양, 즉 0.009g을 환산해주어야 한다.

60 D값

◆ 포자 초기 농도(N_0)를 1이라 하면 99.999%를 사멸시켰으므로 열처리 후의 생균의 농도(N)는 0.00001 N_0이다.

$$D_{121} = \frac{t}{\log\left(\frac{N_0}{N}\right)} = \frac{1}{\log\left(\frac{N_0}{0.00001\,N_0}\right)} = \frac{1}{5} = 0.2\text{분}$$

t : 가열 시간, N_0 : 처음 균수, N : t시간 후 균수

제4과목 식품미생물학

61 *Aspergillus*속

◆ 전분 당화력과 단백질 분해력이 강해 간장, 된장 등의 장류 제조나 청주, 탁주, 약주 등의 양조산업의 코지로 사용된다.

◆ 균총의 색깔에 따라 황국균, 흑국균, 백국균 등으로 대별한다.

62 상면발효효모와 하면발효효모의 비교

	상면효모	하면효모
형식	• 영국계	• 독일계
형태	• 대개는 원형이다. • 소량의 효모점질물 polysaccharide를 함유한다.	• 난형 내지 타원형이다. • 다량의 효모점질물 polysaccharide를 함유한다.
배양	• 세포는 액면으로 뜨므로, 발효액이 혼탁된다. • 균체가 균막을 형성한다.	• 세포는 저면으로 침강하므로, 발효액이 투명하다. • 균체가 균막을 형성하지 않는다.
생리	• 발효작용이 빠르다. • 다량의 글리코겐을 형성한다. • raffinose, melibiose를 발효하지 않는다. • 최적온도는 10~25℃이다.	• 발효작용이 늦다. • 소량의 글리코겐을 형성한다. • raffinose, melibiose를 발효한다. • 최적온도는 5~10℃이다.
대표효모	• *Sacch. cerevisiae*	• *Sacch. carlsbergensis*

63 무기염류의 역할

◆ 미생물에서 무기염류는 세포의 구성분, 물질대사의 보효소, 세포 내의 pH 및 삼투압 조절 등의 역할을 한다.

64 곰팡이 포자

◆ 유성포자 : 2개의 세포핵이 융합한 후 감수분열하여 증식하는 포자
　　– 난포자, 접합포자, 담자포자, 자낭포자 등
◆ 무성포자 : 세포핵의 융합이 없이 단지, 분열 또는 출아증식 등 무성적으로 생긴 포자
　　– 포자낭포자(내생포자), 분생포자, 후막포자, 분열포자 등

65 유산 발효 형식

◆ 정상발효 형식(homo type) : 당을 발효하여 젖산만 생성
　　– EMP경로(해당과정)의 혐기적 조건에서 1mole의 포도당이 효소에 의해 분해되어 2mole의 ATP와 2mole의 젖산이 생성된다.

　　– $C_6H_{12}O_6 \xrightarrow{\quad 2ATP \quad} 2CH_3CHOHCOOH$
　　　포도당　　　　　　　　젖산

◆ 이상발효 형식(hetero type) : 당을 발효하여 젖산 외에 알코올, 초산, CO_2 등 부산물 생성
　　– $C_6H_{12}O_6 \longrightarrow CH_3CHOHCOOH + C_2H_5OH + CO_2$
　　– $2C_6H_{12}O_6 + H_2O \longrightarrow 2CH_3CHOHCOOH + C_2H_5OH + CH_3COOH + 2CO_2 + 2H_2$

66 진핵세포와 원핵세포

◆ 진핵세포의 특징
　　– 핵막, 인, 미토콘드리아를 가지고 있다.
　　– DNA는 핵 속에 섬유상 모양의 염색사 형태로 존재한다.
　　– 염색체수는 2개 이상이다.
　　– 세포벽은 peptidoglycan이 없다.
　　– 크기는 $2{\sim}100\mu$ 정도이다.
　　– 고등미생물은 진핵세포로 되어 있다.
　　– 곰팡이, 효모, 조류, 원생동물 등이 있다.
◆ 원핵세포의 특징
　　– 핵막, 인, 미토콘드리아가 없다.
　　– 염색체수는 1개이다.
　　– 세포벽은 peptidoglycan이 존재한다.
　　– 크기는 직경 2μ 이하이다.
　　– 하등미생물은 원핵세포로 되어 있다.
　　– 세균, 방선균, 남조류 등이 있다.

67 세균과 효모의 증식곡선

◆ 유도기 : 미생물이 새로운 환경에 적응하는 시기
◆ 대수기 : 세포분열이 활발하게 되고 균수가 대수적으로 증가하는 시기

◆ 정상기 : 영양물질의 고갈, 대사생성물의 축적, 산소 부족 등으로 생균수와 사균수가 같아지는 시기
◆ 사멸기 : 환경 악화로 증식보다 사멸이 진행되어 생균수보다 사멸균수가 증가하는 시기

68 *Pseudomonas*속

◆ 그람음성, 무포자 간균, 호기성이며 내열성은 약하다.
◆ 특히 형광성, 수용성 색소를 생성하고, 비교적 저온균으로 20℃에서 잘 자란다.
◆ 육, 유가공품, 우유, 달걀, 야채 등에 널리 분포하여 식품을 부패시키는 부패세균이다.
◆ 저온에서 호기적으로 저장되는 식품의 부패에 가장 큰 작용을 한다.
◆ *Pseudomonas*속이 부패균으로서 중요한 생리적 성질
  – 증식속도가 빠르다.
  – 많은 균종이 저온에서 잘 증식한다.
  – 암모니아 등 부패생산물의 생산능력이 크다.
  – 단백질, 유지의 분해력이 크다.
  – 일부의 균종은 색소도 생성한다.
  – 대부분 균종은 방부제에 대하여 저항성이 강하다.

70 에탄올로부터 초산 생성 반응식

◆ $C_2H_5OH + O_2 \longrightarrow CH_3COOH + H_2O$
  　(46)　　　　　　　　　　(60)
◆ 에탄올 100g으로부터 이론적인 초산 생성량
  　$46 : 60 = 100 : x$
  　$\therefore x = 130.43g$

71 *Asperillus oryzae*(황국균)

◆ 누룩곰팡이로서 대표적인 국균이다.
◆ 청주, 된장, 간장, 감주, 절임류 등의 양조공업, 효소제 제조 등에 오래 전부터 사용한 곰팡이다.
◆ 녹말 당화력, 단백질 분해력도 강하고 특수한 대사산물로서는 koji acid를 생성하는 것이 많다.
◆ 강력한 당화효소(amylase)와 단백질 분해효소(protease) 등을 분비한다.
◆ 당화력이 강한 장모균과 단백질 분해력이 강한 단모균이 있다.
◆ 정낭 끝 부분에 분생포자를 형성한다.
◆ 최적생육온도는 20~37℃이다.

72 미생물이 생산하는 효소

효소	균주	용도
α-amylase	*Bacillus subtilis* *Aspergillus oryzae*	제빵, 시럽, 물엿, 술덧의 액화, glucose 제조, 호발제

invertase	*Saccharomyces cerevisiae*	glucose 제조
protease	*Bacillus subtilis* *Streptemyces griseus* *Aspergillus oryzae*	합성청주 향미액, 청주 청정, 제빵, 육류연화, 조미액, 의약화장품 첨가, 사료 첨가
pectinase	*Sclerotinia libertiana* *Aspergillus oryzae* *Aspergillus niger*	과즙, 과실주 청정, 식물섬유의 정련

73 클로렐라^{chlorella}의 특징

◆ 진핵세포 생물이며 분열증식을 한다.
◆ 단세포 녹조류이다.
◆ 크기는 2~12μ 정도의 구형 또는 난형이다.
◆ 분열에 의해 한 세포가 4~8개의 낭세포로 증식한다.
◆ 엽록체를 가지며 광합성을 하여 에너지를 얻어 증식한다.
◆ 빛의 존재하에 무기염과 CO_2의 공급으로 쉽게 증식하며 이때 CO_2를 고정하여 산소를 낸다.
◆ 건조물의 50%가 단백질이며 필수 아미노산과 비타민이 풍부하다.
◆ 필수 아미노산인 라이신(lysine)의 함량이 높다.
◆ 비타민 중 특히 비타민 A, C의 함량이 높다.
◆ 젖산균의 생장촉진인자를 함유하고 있다.
◆ 단위 면적당 단백질 생산량은 대두의 약 70배 정도이다.
◆ 양질의 단백질을 대량 함유하므로 단세포단백질(SCP)로 이용되고 있다.
◆ 소화율은 떨어지지만 이를 개선하면 사료 및 우주식량으로 이용 가능성이 높다.
◆ 태양에너지 이용률은 일반 재배식물보다 5~10배 높다.
◆ 생산균주 : *Chlorella ellipsoidea*, *Chlorella pyrenoidosa*, *Chlorella vulgaris* 등

74 대표적인 동충하초속

◆ 자낭균(ascomycetes)의 맥각균과(Clavicipitaceae)에 속하는 *Cordyceps*속이 있다.
◆ 이밖에도 불완전 균류의 *Paecilomyces*속, *Torrubiella*속, *Podonecitria*속 등이 있다.

75 *Saccharomyces cerevisiae*

◆ 영국의 맥주공장에서 분리된 것으로 알코올 발효력이 강한 상면발효효모이다.
◆ 맥주효모, 청주효모, 빵효모 등에 주로 이용된다.

76 젖산균

◆ 버터나 치즈 제조에 이용되는 미생물은 젖산균(lactic acid bacteria)이다. 젖산균에 의해 혐기적 조건에서 당을 발효하여 다량의 젖산을 생성한다.

77 포도주 효모

◆ *Saccharomyces cerevisiae var. ellipsoideus*
◆ 타원형이다.
◆ 유포자 효모이다.
◆ 단독 또는 2개씩 출아 연결되어 있다.
◆ 아황산에 내성인 것이 좋다.

78 *Clostridium*속

◆ 그람양성 혐기성 유포자 간균이다.
◆ catalase 음성균이다.
◆ 보편적으로 1개의 세균 안에 1개의 포자를 형성한다.
◆ 포자는 내열성일 뿐만 아니라 내구기관으로서 특성을 가진다.
◆ 육류와 어류에서 단백질 분해력이 강하고, 부패, 식중독을 일으키는 것이 많다.
◆ 야채, 과실의 변질을 일으키는 당류 분해성이 있는 것이 있다.
◆ 통조림, 우유 등에서 팽창은 폭발적으로 일어나고 보존 치즈, 된장의 포장 등에서도 서서히 일어난다.

79 가수분해 효소

◆ amylase : 녹말을 가수분해하는 효소
◆ lipase : 지방을 가수분해하는 효소
◆ maltase : 말토오스(엿당)를 2분자의 글루코오스로 가수분해하는 효소
◆ protease : 단백질을 가수분해하는 효소

80 효모의 증식

◆ 효모는 출아, 분열 및 양자혼합의 출아분열 등의 영양증식과 자낭포자 형성의 두 가지 방법으로 증식한다.

제5과목   식품제조공정

81 제분 시 자력분리기가 사용되는 공정

◆ 제분 시 정선과정에서 원료를 사면으로 흐르게 하고 그 원료가 흐르는 장소에 자력분리기(말징 모양 또는 막대기 모양)의 영구자석을 장치하여 그 원료 속에 들어 있는 쇳조각을 자석으로 흡착시켜 제거한다.

82

◆ $D_{110℃}$＝8분 : 110℃에서 미생물을 90% 감소시키는 데 필요한 시간은 8분이다.
◆ $F_{110℃}$＝8분 : 110℃에서 미생물을 모두 사멸시키는 데 걸리는 시간은 8분이다.

83 초미분쇄기 ^{ultra fine grinding mill}

◆ 미분쇄한 분쇄물을 더욱 가는 1㎛ 전후의 아주 미세한 분말로 분쇄하는 기계를 말한다.
◆ 제트 밀, 진동 밀, 콜로이드 밀, 원판 분쇄기 등이 대표적이다.

84 진공 증발기 ^{vacuum evaporator}

◆ 진공상태에서 농축하기 때문에 낮은 온도에서도 농축속도가 빠르고 열에 의한 성분변화가 거의 없다.
◆ 우유, 과일주스 등의 농축에 주로 이용된다.

85 고온살균장치

◆ 회분식(batch type) 살균 : 각 단계를 별도로 수행하는 방법
  – 레토르트(retort), 가압살균기(autoclave) 등
◆ 연속식(continuous type) 살균 : 예열, 살균, 예냉, 냉각의 과정을 연속적으로 수행하는 방법
  – 회전식 살균기, 수탑식 살균기, 하이드로록 살균기 등

86 중력여과 ^{gravity filtration}

◆ 혼합액에 중력을 가하여 여과재를 통과시켜 여과액을 얻고 고체입자는 여과재 위에 퇴적되게 하는 방법이다.
◆ 음료수나 용수 처리 등에 사용된다.
◆ 에너지 소비가 가장 적다.

87 메시 ^{mesh}

◆ 표준체의 체눈의 개수를 표시하는 단위이다.
◆ 1mesh는 1inch(25.4mm)에 세로×가로 크기 체눈의 개수를 의미한다.
◆ mesh의 숫자가 클수록 체의 체눈의 크기는 작다는 것을 의미한다.

88 식품의 건조과정에서 일어날 수 있는 변화

◆ 식품의 건조과정에서 자유수 함량이 줄어들어 저장성이 향상될 수 있다.

89 우유의 살균법

◆ 저온장시간살균법(LTLT) : 62~65℃에서 20~30분
◆ 고온단시간살균법(HTST) : 71~75℃에서 15~16초
◆ 초고온순간살균법(UHT) : 130~150℃에서 0.5~5초

90 피츠 밀 ^{fitz mill}

◆ 단단한 원료를 회전하는 칼에 의해 일정 크기와 모양으로 부수거나 절단하여 조립하는 기계이다.

91 동결 건조 ^{freeze drying}

◆ 식품을 −40~−30℃까지 급속동결시킨 후 진공도 0.1~1.0mmHg 정도의 진공을 유지하는 건조기 내에서 얼음을 승화시켜 건조한다.
◆ 장점
  − 위축변형이 거의 없으며 외관이 양호하다.
  − 효소적 또는 비효소적 성분 간의 화학반응이 없으므로 향미, 색 및 영양가의 변화가 거의 없다.
  − 제품의 조직이 다공질이고 변성이 적으므로 물에 담갔을 때 복원성이 좋다.
  − 품질의 손상 없이 2~3% 정도의 저수분으로 건조할 수 있다.
◆ 단점
  − 딸기나 셀러리 등은 색, 맛, 향기의 보존성은 좋으나 조직이 손상되어 수화시켰을 때 원식품과 같은 경도를 나타내지 못한다.
  − 다공질 상태이기 때문에 공기와의 많은 접촉면적으로 흡습산화의 염려가 크다.
  − 냉동 중에 세포 구조가 파괴되었기 때문에 기계적 충격에 대하여 부스러지기 쉽고 포장이나 수송에 문제점이 많다.
  − 시설비와 운전경비가 비싸다.
  − 건조시간이 길고 대량 건조하기 어렵다.

92 가압 건조 ^{explosive puff dry}

◆ 곡물류, 콩류 등 비교적 수분이 적은 식품에 많이 이용된다.
◆ 피건조물을 내압용기로 밀봉하여 가열하고, 온도와 압력이 일정의 조건에 도달한 때 내압용기의 뚜껑을 개방하여, 피건조물을 상압 속에 분출시켜 건조하는 방법이다.
◆ 원료 중의 수분은 급격히 기화, 증발하므로 발포한 다공질의 제품이 획득되는 것이 특징이다.

93 체크 밸브

◆ 순방향으로만 유체를 흐르게 하고, 역방향의 흐름은 자동적으로 막는 밸브의 한 종류이다.
◆ 배관 내의 유체가 역류되는 것을 방지하기 위해 사용되는 밸브로서 스톱 밸브의 대용으로 사용될 수 없다.

94 분무

◆ 어떤 재료의 액체를 안개와 같은 미세한 물방울 상태로 기류에 동반시킨 것을 말한다.

95 과채류의 저장과 포장

◆ 플라스틱 필름을 사용하여 포장 내에서의 과채류의 호흡과 필름을 통한 O_2 및 CO_2의 투과를 어느 정도 균형있게 조절함으로써 포장 내의 O_2 농도를 낮추고 CO_2 농도를 높여 주어서 저장성 향상의 효과를 얻고 있다.

◆ 플라스틱 필름으로 포장하면 수분의 손실을 억제하는 이점도 있다.

96 식품의 방사선 조사 food irradiation

◆ 우리나라 식품위생법에서는 ^{60}Co의 γ선을 사용하되 발아 억제, 살충 및 숙도 조절의 목적에 한하여 사용하도록 되어 있다.
◆ 허가된 품목에는 감자 외에 양파, 곡류, 건조과일, 딸기, 양송이, 생선, 닭고기 등이 있다.
◆ 발아 억제(감자, 양파, 마늘, 파)를 위해서는 0.15kGy 이하 선량이 필요하고, 완전살균이나 바이러스의 멸균을 위해서는 10~50kGy 선량이 필요하고, 유해곤충을 사멸하기 위해서는 10kGy 선량이 필요하고, 기생충을 사멸하기 위해서는 0.1~0.3kGy 선량이 필요하고, 숙도의 지연(망고, 파파야, 토마토)을 위해서는 1.0kGy 이하 선량이 필요하다.

97 건조된 양파의 무게

◆ 양파의 고형분 함량

$$\frac{40 \times (100 - 80)}{100} = 8kg$$

◆ 건조 후 양파의 무게(X)

$$\frac{X \times (100 - 20)}{100} = 8$$

$$\therefore X = 10$$

98 아이스크림의 증용률 overrun

◆ icecream의 조직감을 좋게 하기 위해 동결 시 크림(cream) 조직 내에 공기를 갖게 함으로써 생긴 부피 증가율이다.
◆ 보통 90~100%이다.

99 회전속도가 1,000rpm이라고 가정할 때

◆ 반지름이 1일 경우

$$Z = \frac{Fc}{Fg} = 0.011RN^2/g$$

$$Z = \frac{0.011(1)(1,000)^2}{980.7} = 11.2 \times g$$

◆ 반지름을 2배 늘리면

$$Z = \frac{0.011(2)(1,000)^2}{980.7} = 22.4 \times g$$

$$\therefore 원심효과는 2배가 된다.$$

100 유화 emulsification

◆ 교반과 같이 액체-액체 혼합이지만 서로 녹지 않는 액체를 분산시켜 혼합하는 것이다.

식품산업기사 기출문제 해설 2018 1회

제1과목 식품위생학

1 먹는물의 수질기준(먹는물 수질기준 및 검사 등에 관한 규칙 제2조) – 미생물에 관한 기준

◆ 일반세균은 1mL 중 100CFU를 넘지 아니할 것
◆ 총 대장균군은 100mL에서 검출되지 아니할 것
◆ 대장균·분원성 대장균군은 100mL에서 검출되지 아니할 것
◆ 분원성 연쇄상구균·녹농균·살모넬라 및 쉬겔라는 250mL에서 검출되지 아니할 것
◆ 아황산환원혐기성 포자형성균은 50mL에서 검출되지 아니할 것
◆ 여시니아균은 2L에서 검출되지 아니할 것

2 폐디스토마(폐흡충)

◆ 제1 중간숙주는 다슬기이다.
◆ 제2 중간숙주는 민물게, 민물가재 등이다.

3 벤조피렌 3, 4–benzopyrene

◆ 발암성 다환 방향족 탄화수소이다.
◆ 구운 쇠고기, 훈제어, 대맥, 커피, 채종유 등에 미량 함유되어 있다.
◆ 공장지대의 대맥에는 농촌지대의 대맥에서보다 약 10배나 함량이 많은 것으로 알려졌으며, 이는 대기오염의 영향 때문으로 판단된다.
◆ 벤조피렌의 발암성은 체내에서 대사활성화되어 DNA와 결합함으로써 생긴다.

4 유지의 산패

◆ 산화에 의한 산패(산화적 산패)와 물, 산, 알칼리 및 효소에 의한 가수분해적 산패로 대별된다.
◆ 산화에 의한 산패는 유지가 공기 중 분자상 산소(O_2)에 산화되면 hydroperoxide가 생성되고 hydroperoxide는 불안정하기 때문에 빛, 열, 금속, pH 등의 영향으로 분해되어 aldehyde, ketone류, 저급알코올을 생성하고 중합에 의하여 점도가 높아진다.

5 *Asp. flavus*가 *aflatoxin*을 생산하기 위한 생육조건

◆ 생육조건
 – 최적온도 : 25~30℃

- 최적상대습도 : 80% 이상
- 기질의 수분 : 16% 이상

◆ 주요 기질 : 땅콩, 밀, 쌀, 보리, 옥수수, 고추장, 된장 및 건조해산물 등에 오염되기 쉽다.

6 장염비브리오균 식중독

◆ 원인균 : *Vibrio parahaemolyticus*
◆ 원인균의 특성
- 그람음성 무포자 간균으로 통성 혐기성균이다.
- 극모성 편모를 갖는다.
- 호염균으로 3% 전후의 식염 농도 배지에서 잘 발육한다.
- 열에 약하여 60℃에서 2분간 가열하면 사멸한다.
- 민물에서 빨리 사멸된다.
- 증식 최적온도는 30~37℃, 최적 pH는 7.5~8.5이다.
- 감염원은 근해산 어패류가 대부분(70%)이고, 연안의 해수, 바다벌, 플랑크톤, 해초 등에 널리 분포한다.

◆ 잠복기는 평균 10~18시간이다.
◆ 주증상은 설사와 복통이고 환자의 30~40%는 발열, 두통, 오심 등의 전형적인 급성 위장염 증상을 보인다.
◆ 설사가 심할 때는 탈수 현상이 일어나기 때문에 콜레라와 비슷한 증상을 나타내기도 한다.
◆ 원인식품은 주로 어패류로 생선회가 가장 대표적이지만, 그 외에도 가열 조리된 해산물이나 침채류를 들 수 있다.

7 적조 현상

◆ 공장이나 도시 하수 중에는 식물영양분으로 인산염, 질소 등이 풍부하다. 따라서 하천이나 바다의 플랑크톤(plankton)이 대량 번식하여 용존산소를 대량으로 소모하므로 수중산소가 급격히 떨어져 혐기상태로 되어 부패하면서 악취가 나고 유독화 현상이 나타나는데 이것을 부영양화 현상이라 한다.
◆ 특히 해역에서는 플랑크톤이 많이 발생해 적색을 띠므로 적조 현상이라고도 한다.

8 소르빈산 sorbic acid

◆ 물에 녹기 어려운 무색 침상 결정 또는 백색 결정성 분말로서 냄새가 없거나, 또는 다소 자극취가 있는데 그 칼슘염은 물에 녹는다.
◆ 소르빈산의 항균력은 강하지 않으나 곰팡이, 효모, 호기성균, 부패균에 대하여 1,000~2,000배로서 발육을 저지할 수 있다.
◆ 사용량은 소르빈산으로 치즈는 3g/kg, 식육가공품, 정육제품, 어육가공품 등은 2g/kg, 저지방마가린은 2g/kg 이하이다.

9 식품의 방사선 조사 food irradiation

◆ 우리나라 식품위생법에서는 ^{60}Co의 γ선을 사용하되 발아 억제, 살충 및 숙도 조절의 목적에 한하여 사용하도록 되어 있다.

◆ 허가된 품목에는 감자 외에 양파, 곡류, 건조과일, 딸기, 양송이, 생선, 닭고기 등이 있다.

◆ 발아 억제(감자, 양파, 마늘, 파)를 위해서는 0.15kGy 이하 선량이 필요하고, 완전살균이나 바이러스의 멸균을 위해서는 10~50kGy 선량이 필요하고, 유해곤충을 사멸하기 위해서는 10kGy 선량이 필요하고, 기생충을 사멸하기 위해서는 0.1~0.3kGy 선량이 필요하고, 숙도의 지연(망고, 파파야, 토마토)을 위해서는 1.0kGy 이하 선량이 필요하다.

◆ 방사선량의 단위는 Gy, kGy이며(1Gy=1J/kg), 1Gy는 100rad이다.

10 무구조충

◆ 세계적으로 쇠고기를 생식으로 하는 나라 및 회교도에 많으며, 유구조충보다 발현율이 높다.

◆ 일명 민촌충이라고도 한다.

11 비브리오 패혈증

◆ 원인균 : *Vibrio vulnificus*

◆ 성상
  - 해수세균, 그람음성 간균
  - 소금 농도가 1~3%인 배지에서 잘 번식하는 호염성균(8% 이상 식염농도에서 증식하지 못함)
  - 18~20℃로 상승하는 여름철에 해안지역을 중심으로 발생(4℃ 이하, 45℃ 이상에서 증식하지 못함)

◆ 감염 및 원인식품
  - 오염된 어패류의 섭취(경구 감염)
  - 낚시, 어패류의 손질 시, 균에 오염된 해수 및 갯벌의 접촉(창상감염)
  - 알코올 중독이나 만성간질환 등 저항력 저하 환자에 주로 발생
  - 생선회보다는 조개류, 낙지류, 해삼 등 연안 해산물에서 검출빈도 높음

◆ 임상증상
  - 경구 감염 시 어패류 섭취 후 1~2일에 발생, 피부병변 수반한 패혈증
  - 당뇨병, 간질환, 알코올 중독자 등 저항성 떨어져있는 만성질환자에 중증인 경우가 많고 발병 후 사망률은 50%로 높음
  - 오한, 발열, 저혈압, 패혈증
  - 사지의 격렬한 동통, 홍반, 수포, 출혈반 등 창상감염과 유사한 피부병변
  - 창상감염 시 해수에 접촉된 창상부에 발적과 홍반, 통증, 수포, 괴사
  - 예후는 비교적 양호

◆ 예방
　– 여름철 어패류 생식 피함(특히 만성질환자)
　– 어패류는 56℃ 이상의 가열로 충분히 조리 후 섭취
　– 피부에 상처가 있는 사람은 어패류 취급 주의
　– 몸에 상처가 있는 사람은 오염된 해수에 직접 접촉 피함

12 환경호르몬

◆ 생물체에서 정상적으로 생성·분비되는 물질이 아니라, 인간의 산업활동을 통해서 생성, 방출된 화학물질로 생물체에 흡수되면 내분비계의 정상적인 기능을 방해하거나 혼란케 하는 화학물질이다.

◆ 생물체 내로 들어간 후 마치 호르몬인 것처럼 작용해 생물체의 성기능을 마비시키거나 생리 균형을 깨뜨린다.

◆ 현재 확인된 것은 DDT, DES, PCB류(209종), 다이옥신(75종), 퓨란류(135종) 등 현재까지 밝혀진 것만 51여 종류에 달한다.

13 식품의 초기 부패 식별법

◆ 관능검사, 일반세균수 검사, 휘발성 염기질소의 정량, 히스타민(histamine)의 정량, 트리메틸아민(trimethylamine)의 정량 등이 있다.

➕ 환원당 측정은 당의 환원성 유무를 판정하는 방법으로 Bertrand법이 있다.

14 웰치균 식중독

◆ 원인균 : *Clostridium perfringens*
◆ 원인균의 특성
　– 그람양성 간균이고, 아포를 형성한다.
　– 혐기성이고 독소를 생성한다.
　– 아포는 100℃에서 4~5시간 정도의 가열에도 견딘다.
　– 토양, 물, 우유 외에 사람이나 동물의 장관에 존재한다.
◆ enterotoxin
　– sporulation(포자형성) 동안 생합성
　– heat-sensitive(열에 민감) 60℃에서 30분
◆ 감염원
　– 보균자인 식품업자, 조리자의 분변을 통한 식품 감염
　– 오물, 쥐, 가축의 분변을 통한 식품 감염
◆ 원인식품 : 주로 고기와 그 가공품이고, 어패류 및 그 가공품, 면류, 감주 등이다.

15 안식향산 benzoic acid

◆ 세균, 곰팡이, 효모 등 모든 미생물에 광범위하게 항균 효과를 나타낸다.

◆ 과실·채소류 음료, 탄산음료, 기타음료, 인삼음료, 홍삼음료 및 간장(0.6g/kg 이하), 식용 알로에젤 농축 및 알로에젤 가공식품(0.5g/kg 이하), 마요네즈, 잼류(1.0g/kg 이하), 마가린류(1.0g/kg 이하)에 사용이 허가되어 있다.

16 간디스토마 피낭유충^{metacercaria}의 저항력

16 간디스토마 피낭유충[metacercaria]의 저항력

◆ 저온에 강하다.
◆ 식초 중에서는 1시간, 0.3% 염산 및 간장에서는 6시간 이상이면 죽는다.
◆ 열에 약하여 55℃에서 15분, 끓는 물에서는 1분 이상 가열하면 죽는다.

17 허용된 표백제

◆ 환원성 표백제 : 메타 중 아황산칼륨, 무수아황산, 아황산나트륨, 산성 아황산나트륨, 차아황산나트륨 등
◆ 산화형 표백제 : 과산화수소

18 식품 등의 위생적인 취급에 관한 기준 [식품위생법 시행규칙 제2조]

◆ 제조·가공(수입품을 포함한다)하여 최소 판매 단위로 포장(위생상 위해가 발생할 우려가 없도록 포장되고, 제품의 용기·포장에 법 제10조에 적합한 표시가 되어 있는 것을 말한다)된 식품 또는 식품첨가물을 허가를 받지 아니하거나 신고를 하지 아니하고 판매의 목적으로 포장을 뜯어 분할하여 판매하여서는 아니 된다.
◆ 다만, 컵라면, 일회용 다류, 그 밖의 음식류에 뜨거운 물을 부어주거나, 호빵 등을 따뜻하게 데워 판매하기 위하여 분할하는 경우는 제외한다.

19 모든 식품첨가물은 식품첨가물공전에 기준 및 규격이 따로 정해져 있다.

20 TLm

◆ 어류에 대한 급성 독성물질의 유해도를 나타내는 수치이다.
◆ 일정한 시간에 물고기를 오염된 물에 노출시켜 50%가 생존할 수 있는 독성물질의 농도를 말한다.

제2과목 식품화학

21 소성^{plasticity}

21 소성[plasticity]

◆ 외부에서 힘의 작용을 받으면 물질이 변형된다.
◆ 이때 힘을 제거하여도 물체가 본래 상태로 돌아가지 않는 성질을 말한다.
◆ 버터, 마가린, 생크림은 소성을 나타낸다.

22 허용된 합성감미료

◆ saccharine sodium, aspartame, disodium glycyrrhizinate, trisodium glycyrrhizinate, D-sorbitol 등이 있으며 천염감미료인 stevioside도 있다.

> • 유해감미료에는 cyclamate, dulcin, ethylene glycol, perillartine 등이 있다.
> • 알칼로이드(alkaloid)는 쓴맛 성분이다.

23 효소 enzyme

◆ 동식물, 미생물의 생활세포에서 생성되는 물질로서 생물체에서 일어나는 모든 화학반응을 촉매시켜주는 일종의 생체촉매이다.

◆ 효소는 가수분해 효소와 같은 단순단백질인 경우와 산화환원효소와 같은 복합단백질인 경우가 있다.

◆ 복합단백질로 된 효소는 일반적으로 holoenzyme이라 하며, 단순단백부분을 apoenzyme이라 한다.

24 유지의 산패에 영향을 미치는 인자

◆ 온도가 높아짐에 따라 반응속도가 빨라진다.

◆ Cu, Co, Fe, Mn, Ni, Sn 등의 산화환원이 용이한 금속이 문제가 된다.

◆ 자외선 및 자외선에 가까운 단파장의 광선은 유지의 산패를 강하게 촉진한다.

◆ 산소농도가 낮을 때 산화속도는 산소량에 비례한다.

◆ 수분은 자동산화를 촉진시킨다.

◆ hemoglobin, myoglobin, cytochrome C 등의 heme 화합물과 chlorophyll 등의 감광물질들은 산화를 촉진한다.

◆ 불포화도가 심하면 심할수록, 즉 2중 결합에 인접해 있는 활성 methylene($-CH_2$)기가 증가할수록 유지의 산패는 더욱 활발하게 일어난다.

◆ lipoxigenase는 linoleic acid, linolenic acid 및 arachidonic acid 등의 이중결합을 2개 이상 가지고 있는 지방산에 반응하여 hydroperoxide를 만들어 산화시킨다.

25 교질 colloid의 성질

◆ 반투성 : 일반적으로 이온이나 작은 분자는 통과할 수 있으나 콜로이드 입자와 같이 큰 분자는 통과하지 못하는 막을 반투막이라 한다. 단백질과 같은 콜로이드 입자가 반투막을 통과하지 못하는 성질을 반투성이라 한다.

◆ 브라운 운동 : 콜로이드 입자가 불규칙한 직선운동을 하는 현상을 말하고, 콜로이드 입자와 분산매가 충돌하기 때문에 발생한다. 콜로이드 입자는 같은 전하를 띤 것은 서로 반발한다.

◆ 틴들 현상(tyndall) : 어두운 곳에서 콜로이드 용액에 직사광선을 쪼이면 빛의 진로가 보이는 현상을 말한다. 예 구름 사이의 빛, 먼지 속의 빛

◆ 흡착 : 콜로이드 입자 표면에 다른 액체, 기체 분자나 이온이 달라붙어 이들의 농도가 증가

되는 현상을 말한다. 콜로이드 입자의 표면적이 크기 때문에 발생한다.
- 전기이동 : 콜로이드 용액에 직류전류를 통하면 콜로이드 전하와 반대쪽 전극으로 콜로이드입자가 이동하는 현상을 말한다. 예 공장 굴뚝의 매연제거용 집진기
- 엉김과 염석

26 단백질 중의 질소 함량
- 식품의 종류에 따라 대체로 일정하므로 kjeldahl법을 이용하여 질소를 정량한 후 단백질량으로 환산하면 식품 중의 단백질량을 알 수 있다.

27 지방
- 글리세롤(glycerol) 1분자에 지방산(fatty acid) 3분자가 ester 결합을 한 것으로 유지(oil and fat) 또는 triglyceride라고 한다.
- 지방을 지방분해효소(lipase)로 가수분해하면 글리세롤 1분자와 지방산(fatty acid) 3분자가 생성된다.

28 필수아미노산
- 인체 내에서 합성되지 않아 외부에서 섭취해야 하는 아미노산을 필수아미노산이라 한다.
- 성인에게는 valine, leucine, isoleucine, threonine, lysine, methionine, phenylalanine, tryptophan 등 8종이 필요하다.
- 어린이나 회복기 환자에게는 arginine, histidine이 더 첨가된다.

29 vitamin A의 단위 및 소요량
- vitamin A의 함량은 흔히 국제 단위(international unit, IU)로 표시한다.
- 1IU는 $0.6\mu g$의 β-carotene, $0.3\mu g$의 vitamin A에 해당된다.
- 따라서 vitamin A(all-trans-retinol)는 $6,000\mu g \div 0.3\mu g = 20,000IU$이다.

30 갑각류를 가열할 때 생기는 적색 물질
- 새우, 게 등의 갑각류의 생체에는 carotenoid 색소인 astaxanthin이 단백질과 헐겁게 결합하여 청록색을 띠고 있다.
- 가열하면 astaxanthin이 단백질과 분리하는 동시에 공기에 의하여 산화를 받아서 astacin으로 변화하여 적색이 된다.

32 천연지방산
- 포화지방산 : lauric acid($C_{12:0}$), myristic acid($C_{14:0}$), palmitic acid($C_{16:0}$), stearic acid($C_{18:0}$), arachidic acid($C_{20:0}$) 등
- 불포화지방산 : oleic acid($C_{18:1}$), linoleic acid($C_{18:2}$), linolenic acid($C_{18:3}$), arachidonic acid($C_{20:4}$) 등

33 면실유의 독성분

◆ 면실유에는 독성이 강한 성분인 고시폴(gossypol)이 함유되어 있어서 정제 시 반드시 제거해야 한다.

◆ gossypol은 천연항산화제로 작용한다.

34 칼슘^{Ca}의 흡수를 도와주는 요인

◆ 칼슘은 산성에서는 가용성이지만 알칼리성에서는 불용성으로 되기 때문에 유당, 젖산, 단백질, 아미노산 등 장내의 pH를 산성으로 유지하는 물질은 흡수를 좋게 한다.

◆ 비타민 D는 Ca의 흡수를 촉진한다.

➕ 시금치의 수산(oxalic acid), 곡류의 피틴산(phytic acid), 탄닌, 식이섬유 등은 Ca의 흡수를 방해한다.

35 프로비타민^{provitamin} A

◆ 카로티노이드계 색소 중에서 provitamin A가 되는 것은 β-ionone 핵을 갖는 caroten류의 α-carotene, β-carotene, γ-carotene과 xanthophyll류의 cryptoxanthin이다.

◆ 이들 중 비타민 A로서의 효력은 β-carotene이 가장 크다.

◆ 이들 색소는 동물 체내에서 provitamin A로 전환되므로 식품의 색소뿐만 아니라 영양학적으로도 중요하다.

36 식품의 수분정량법

◆ 건조법으로 가압가열건조법, 감압가열건조법, 적외선 수분측정법 등의 건조방법에 의함이 주이다.

◆ 증류법, Karl Fischer법, 전기적 수분측정법 등이 있다.

37 유화^{emulsification}

◆ 분산매와 분산질이 모두 액체인 콜로이드 상태를 유화액(emulsion)이라 하고 유화액을 이루는 작용을 유화라 한다.

◆ 유화액의 형태
  - 수중유적형(O/W) : 물속에 기름이 분산된 형태(우유, 마요네즈, 아이스크림, 두유 등)
  - 유중수적형(W/O) : 기름 중에 물이 분산된 형태(마가린, 버터, 데커레이션용 버터크림 등)

38 식품의 등온탈(흡)습 곡선에서 A영역

◆ 식품의 수분 함량이 5~10%에 이르고 식품 내의 수분이 단분자막을 형성하는 영역이다.

◆ 식품 성분 중의 carboxyl기나 amino기와 같은 이온그룹과 강한 이온결합을 하는 영역으로 식품속의 물 분자가 결합수로 존재한다.

◆ 저장성이나 안정성은 B영역보다 떨어진다.

◆ 이 영역에서는 광선 조사에 의한 지방질의 산패가 심하게 일어난다.

39 특성차이 관능검사 방법

◆ 이점비교검사 : 두 개의 검사물을 제시하고 단맛, 경도, 윤기 등 주어진 특성에 대해 어떤 검사물의 강도가 더 큰지를 선택하도록 하는 방법으로 가장 간단하고 많이 사용되는 방법이다.

◆ 다시료 비교검사 : 어떤 정해진 성질에 대해 여러 검사물을 기준과 비교하여 점수를 정하도록 하는 방법으로 비교되는 검사물 중에 기준과 동일한 검사물을 포함시킨다.

◆ 순위법 : 세 개 이상의 시료를 제시하여 주어진 특성이 제일 강한 것부터 순위를 정하게 하는 방법이다.

◆ 평정법 : 여러 검사물(3~6개)의 특정 성질이 어떤 양상으로 다른지를 조사하려고 할 때 사용되는 방법이다.

40 클로로필chlorophyll 색소의 성질

◆ chlorophyll을 Cu^{++}, Zn^{++}, Fe^{++} 또는 염과 가열하면 chlorophyll 분자 중의 Mg^{++}은 금속이온과 치환되어 녹색이 고정된다.

제3과목 식품가공학

41 동결상freezer burn

◆ 동결육은 빙결정이 승화한 후 미세공이 생길 뿐 표면수축이나 피막형성이 없으며 건조가 거의 중심부까지 진행된다. 이와 같이 동결육의 표면건조가 진행되면 탈수와 산화에 의해 변색되는 부위가 생기며 이 부위는 물에 대한 흡수성을 상실하게 된다. 이 현상을 동결상이라 한다.

◆ 조직감이 질겨지고 색소단백질 변성으로 백탁 현상이 일어나고 이취가 생성되어 상품가치가 떨어진다.

42 수산식품 자원

◆ 절족동물(새우, 게, 가재 등), 연체동물(조개, 오징어, 문어 등), 극피동물(성게, 해삼, 불가사리 등), 척추동물(어류, 파충류, 포유류 등) 등 분류학상 하등한 것에서부터 고등한 것에 이르기까지 각종 부문에 속하는 동물

◆ 조류(김, 미역, 다시마 등)

43 쌀의 도정도

종류	특성	도정률(%)	도감률(%)
현미	나락에서 왕겨층만 제거한 것	100	0
5분도미	겨층의 50%를 제거한 것	96	4
7분도미	겨층의 70%를 제거한 것	94	6
백미	현미를 도정하여 배아, 호분층, 종피, 과피 등을 없애고 배유만 남은 것	92	8
배아미	배아가 떨어지지 않도록 도정한 것		
주조미	술의 제조에 이용되며 미량의 쌀겨도 없도록 배유만 남게 한 것	75 이하	

44 젤리화^{jelly point}를 형성하는 3요소

◆ 설탕 60~65%, 펙틴 1.0~1.5%, 유기산 0.3%(pH 3.0) 등이다.

45 유지의 산패를 측정하는 방법

◆ 관능검사에 의한 방법 : oven test
◆ 물리적 방법 : 가스 크로마토그래피를 이용한 방법, 중량법, 유지의 산소흡수량 측정법, 굴절률의 변화, 유전상수의 변화유지 등
◆ 화학적 방법 : 산값, 과산화물가, TBA, carbonyl 화합물의 측정, AOM법, Kreis test 등

46 카세인(케이신)^{casein}

◆ 탈지유에 산을 가하여 pH 4.6으로 하면 침전하는 우유 단백질이다.
◆ 카세인은 우유 중에 2.6~3.2% 함유되어 있다.
◆ 영양제, 에멀션화제(유화제) 및 마사지용 크림에 쓰인다.

47 과일주스 제조 시 청징 방법

◆ 과즙은 단백질, 펙틴질 또는 미세한 과육 조각이 콜로이드 상태로 부유하여 혼탁해지며, 특히 감귤류의 과피에는 헤스페리딘(hesperidin)이 비교적 다량으로 함유되어 있다.
◆ 청징 방법에는 난백법, casein법, gelatin법, tannin법, 규조토법, pectinase(효소)법 등이 있다.

48 열에너지 양

◆ $5,000 \times 50 \times 3.85 / 3,600 = 267.361$

⊕ 시간당이므로 sec단위로 바꾸면 60sec×60min=3,600

49 수분활성도 ^{water activity, Aw}

◆ 어떤 임의의 온도에서 식품이 나타내는 수증기압(P_s)에 대한 그 온도에 있어서의 순수한 물의 최대수증기압(P_O)의 비로써 정의한다.

$$A_W = \frac{P_S}{P_O} = \frac{N_W}{N_W + N_S}$$

P$_S$: 식품 속의 수증기압

P$_O$: 동일온도에서의 순수한 물의 수증기압

N$_W$: 물의 몰(mole)수

N$_S$: 용질의 몰(mole)수

그러므로 $A_W = \frac{10}{20} = 0.5$

50 알칼리 박피 방법

◆ 과실이나 채소의 껍질은 펙틴질에 의하여 과육 부분에 부착되어 있는데 펙틴질은 뜨거운 알칼리 용액에 쉽게 용출되어 분리된 과피를 쉽게 제거할 수 있다.

◆ 1.5~2%의 NaOH가 주로 사용된다.

51 코지^{koji} 제조의 목적

◆ 코지 중 amylase 및 protease 등의 여러 가지 효소를 생성하게 하여 전분 또는 단백질을 분해하기 위해서다.

◆ 간장 코지 제조 중 시간이 흐름에 따라 protease가 가장 많이 생성되고, 그리고 α -amylase, β -amylase 등 여러 가지 효소가 생성된다.

◆ 간장 코지는 탄수화물 분해보다 단백질 분해를 더 중요시 하고 있으므로 protease가 많이 생성되는 것이 좋다.

52 유통기한의 설정을 위한 고려사항

◆ 식품제조·가공업자는 포장재질, 보존조건, 제조방법, 원료배합비율 등 제품의 특성과 냉장 또는 냉동보존 등 기타 유통실정을 고려하여 위해방지와 품질을 보장할 수 있도록 유통기한 설정을 위한 실험을 통하여 유통기한을 설정하여야 한다.

53 계란의 구조

◆ 난각(egg shell), 난각막(shell membrance), 난백(egg white), 난황(egg yolk)의 4부분으로 구성되어 있다.

54 무발효빵 제조 시 사용되는 팽창제

◆ 중탄산나트륨(NaHCO$_3$), 탄산암모니아[(NH$_4$)$_2$CO$_3$], 주석산[HOOC(CHOH)$_2$COOH], 주석산칼륨[HOOC(CHOH)$_2$COOK] 등이 있다.

◆ 보통 밀가루에 대하여 0.5~2.0% 사용한다.

55 난백의 pH 변화

◆ 신선 난백은 pH 7.6~7.9 사이이다.
◆ 저장기간 동안 난백의 pH는 최대 9.7의 수준으로 증가한다.
◆ 난백의 pH 상승은 난백의 구멍을 통하여 CO_2가 방출되기 때문이다.

56 훈연의 주요 목적

◆ 제품에 연기 성분을 침투시켜 보존성 향상
◆ 특유의 색과 풍미 증진
◆ 육색의 고정화 촉진
◆ 지방산화 방지

> ⊕ 훈연방법 : 냉훈법, 온훈법, 고온훈연법 등이 있다.

57 타피오카 전분

◆ amylose 비율이 적고 호화하기 쉽고 또한 노화하기 어려운 전분이다.
◆ 이 성질을 이용하여 섬유공업, 펄프, 접착제, 화공전분 등의 용도에도 이용된다.

58 육류가 사후경직 상태가 되면

◆ 사후 근육 중의 글리코겐(glycogen)은 혐기적인 분해인 glycolysis에 의해서 젖산과 무기인산(ATP → ADP)이 생성하면서 감소하게 된다.

59 소금 절임의 저장 효과

◆ 고삼투압으로 원형질 분리
◆ 수분활성도의 저하
◆ 소금에서 해리된 Cl^-의 미생물에 대한 살균 작용
◆ 고농도 식염용액 중에서의 산소 용해도 저하에 따른 호기성 세균 번식 억제
◆ 단백질 가수분해효소 작용 억제
◆ 식품의 탈수

60 유지추출에 쓰이는 용매

◆ 비점이 65~69℃인 헥산(hexane)이 가장 많이 이용된다.
◆ 이밖에 헵탄(heptane), 석유 에테르, 벤젠, 사염화탄소(CCl_4), 이황화탄소(CS_2), 아세톤, ether, $CHCl_3$ 등이 쓰인다.

61
- ◆ *Saccharomyces sake* : 일본 청주 효모
- ◆ *Saccharomyces coreanus* : 한국의 약, 탁주 효모
- ◆ *Saccharomyces ellipsoideus* : 포도주 효모
- ◆ *Saccharomyces carlsbergensis* : 맥주의 하면발효효모

62 곰팡이 포자
- ◆ 유성포자 : 두 개의 세포핵이 융합한 후 감수분열하여 증식하는 포자
  - 난포자, 접합포자, 담자포자, 자낭포자 등이 있다.
- ◆ 무성포자 : 세포핵의 융합 없이 단지 분열 또는 출아 증식 등 무성적으로 생긴 포자
  - 포자낭포자(내생포자), 분생포자, 후막포자, 분열포자 등이 있다.

63 amylase를 생산하는 미생물
- ◆ *Asp. niger*, *Asp. oryzae*, *B. mesentericus*, *B. subtilis*, *Rhizopus delemar*, *R. oryzae*, *Endomycopsis fibuliger* 등이 있다.

➕ *Acetobacter aceti*는 알코올을 산화하여 초산을 생산한다.

64 고정화 효소immobilized enzyme**의 장점**
- ◆ 효소의 안정성이 증가한다.
- ◆ 이용 목적에 적절한 성질과 형상의 고정화효소를 조제할 수 있다.
- ◆ 재사용이 가능하다.
- ◆ 반응의 연속화가 가능하다.
- ◆ 반응장치가 차지하는 면적이 적다.
- ◆ 반응생성물의 순도 및 수득률이 향상된다.
- ◆ 자원면이나 환경문제 등의 점에서도 유리하다.

65 원형질protoplasm
- ◆ 세포를 이루는 세포질과 세포핵을 통틀어 이르는 것이며, 단적으로 말하면 세포막 내에 존재하는 물질 전부를 의미한다.
- ◆ 원형질의 구성 : 물(85~90%), 단백질(7~10%), 지질(1~2%), 기타 유기물(1~1.5%), 무기이온(1~1.5%) 등이다.

66 포자형성 세균
- ◆ 주로 호기성균인 *Bacillus*속과 혐기성균인 *Clostridium*속이다.
- ◆ 드물게 *Sporosacina*속, *Sporolactobacillus*속, *Desulfotomaculum*속도 포자를 형성한다.

67 미생물의 증식도 측정법

◆ 건조 균체량(dry weight), 균체 질소량, 원심침전법(packed volume), 광학적 측정법, 총 균 계수법, 생균 계수법, 생화학적 방법 등이 있다.

68 포도당(1몰)으로부터 젖산(2몰)생성

◆ $C_6H_{12}O_6 \longrightarrow 2CH_3CHOHCOOH$
  (분자량 180)   (2×90)

    180 : 180 = 100 : x

    $\therefore\ x = \dfrac{180 \times 100}{180} = 100g$

69 세균 세포의 구조와 기능

구조	기능	화학조성분
편모	운동력	단백질(flagellin)
선모(pili)	유성적인 접합과정에서 DNA의 이동통로와 부착기관	단백질(pilin)
협막(점질층)	건조와 기타 유해요인에 대한 세포의 보호	다당류나 폴리펩타이드 중합체
세포벽	세포의 기계적 보호	다른 물질(teichoic acid, polysaccharide)과의 muco complex
세포막	투과와 수송능	단백질과 지질
메소솜	세포의 호흡능이 집중된 부위로 추정	단백질과 지질
리보솜	단백질 합성	대부분 RNA와 단백질

70 식초산균

◆ *Acetobacter*속의 특성
  – Pseudomonadaceae과에 속하는 그람음성, 호기성의 무포자 간균이다.
  – 편모는 주모인 것과 극모인 것의 두 가지가 있다.
  – 초산균은 alcohol 농도가 10% 정도일 때 가장 잘 자라고 5~8%의 초산을 생성한다.
  – 18% 이상에서는 자랄 수 없고 산막(피막)을 형성한다.
  – 대부분 액체배양에서 피막을 만들며 알코올(ethanol)을 산화하여 초산을 생성하므로 식 초양조에 유용된다.
◆ 초산균을 선택하는 일반적인 조건
  – 산 생성속도가 빠르고, 산 생성량이 많은 것
  – 가능한 한 초산을 다시 산화하지 않고 또 초산 이외의 유기산류나 향기 성분인 에스테류 를 생성하는 것
  – 알코올에 대한 내성이 강하며, 잘 변성되지 않는 것
◆ 일반적으로 식초공업에 사용하는 유용균은 *Acetobacter aceti*, *Acet. acetosum*, *Acet. oxydans*, *Acet. rancens*가 있으며, 속초균은 *Acet. schuüetzenbachii*가 있다.

71 **김치 발효에서 발효 초기 우세균**

◆ 발효 초기 이상젖산균인 *Leuconostoc mesenteroides*가 발효를 주도한다.

◆ 젖산과 함께 탄산가스 및 초산을 생성하여 김치내용을 산성화와 혐기상태로 해줌으로써 호기성 세균의 생육을 억제한다.

72 ◆ *Aspergillus tamari* : 단백질 분해력이 강하여 일본의 Tamari 간장의 koji에 이용하기도 한다.

◆ *Aspergillus sojae* : 단백질 분해력이 강하며 간장 제조에 사용된다.

◆ *Aspergillus flavus* : 발암물질인 aflatoxin을 생성하는 유해균이다.

◆ *Aspergillus glaucus* : 고농도의 설탕이나 소금에서도 잘 증식되어 식품을 변패시킨다.

73 ***Torulopsis*속의 특징**

◆ 세포는 일반적으로 소형의 구형 또는 난형이며 대표적인 무포자 효모이다.

◆ 황홍색 색소를 생성하는 것이 있으나 carotenoid 색소는 아니다.

◆ 위균사를 형성하지 않는다.

◆ 내당성 또는 내염성 효모로 당이나 염분이 많은 곳에서 검출된다.

◆ 오렌지 주스나 벌꿀 등에 발육하여 변패시킨다.

74 **대장균**

◆ 동물이나 사람의 장내에 서식하는 세균을 통틀어 대장균이라 한다.

◆ 그람음성, 호기성 또는 통성 혐기성, 주모성 편모, 무포자 간균이다.

◆ lactose를 분해하여 CO_2와 H_2 가스를 생성한다.

◆ 대장균군 분리 동정에 lactose을 이용한 배지를 사용한다.

◆ 분변오염의 지표세균으로 사용한다.

75 **유산균**

◆ 정상발효 유산균 : *Streptococcus lactis*, *Str. cremoris*, *Lactobacillus delbruckii*, *L. acidophilus*, *L. casei*, *L. homohiochii* 등이 있다.

◆ 이상발효 유산균 : *L. brevis*, *L fermentum*, *L. heterohiochii*, *Leuc. mesenteoides*, *Pediococcus halophilus* 등이 있다.

76 *Aspergillus oryzae*

◆ 국균 중에서 가장 대표적인 균종이다.

◆ 전분당화력이 강하므로 간장, 된장, 청주, 탁주, 약주, 감주 등의 제조에 사용하는 유용한 균이다.

◆ colony의 색은 초기에는 백색이나 분생자가 착생하면 황색에서 황녹색으로 되고 더 오래되면 갈색을 띤다.

◆ 분비효소는 amylase, maltase, invertase, cellulase, inulinase, pectinase, papain, trypsin, lipase이다.

◆ 황국균이라고 하며 생육온도는 25~37℃이다.

77 **젖산균의 발효 형식에 따라**

◆ 정상발효 형식(homo type) : 당을 발효하여 젖산만 생성

$C_6H_{12}O_6 \rightarrow 2CH_3CHOHCOOH$

◆ 이상발효 형식(hetero type) : 당을 발효하여 젖산 외에 알코올, 초산, CO_2 등 부산물 생성

$C_6H_{12}O_6 \rightarrow CH_3CHOHCOOH + C_2H_5OH + CO_2$

$2C_6H_{12}O_6 + H_2O \rightarrow 2CH_3CHOHCOOH + C_2H_5OH + CH_3COOH + 2CO_2 + 2H_2$

78 **맥주의 종류**

◆ 발효시키는 효모의 종류에 따라 상면발효맥주와 하면발효맥주가 있다.

　– 상면발효맥주 : 상면발효효모인 *Saccharomyces cerevisiae*로 발효시켜 제조하고 영국, 캐나다, 독일의 북부지방 등에서 주로 생산한다.

　– 하면발효맥주 : 하면발효효모인 *Saccharomyces carsbergensis*로 발효시켜 제조하고 한국, 일본, 미국 등에서 주로 생산한다.

79 *Clostridium botulinum*

◆ 혐기적 조건에서 잘 번식한다.

◆ 원인식품은 소시지, 육류, 특히 통조림과 밀봉식품이고, 살균이 불충분한 경우에 생성되는 식중독 원인균으로 유명하다.

80 **발효주의 분류**

◆ 단발효주 : 원료 속의 주성분이 당류로서 과실 중의 당류를 효모에 의하여 알코올 발효시켜 만든 술이다. 예 과실주

◆ 복발효주 : 전분질을 아밀라아제(amylase)로 당화시킨 뒤 알코올 발효를 거쳐 만든 술이다.

　– 단행복발효주 : 맥주와 같이 맥아의 아밀라아제(amylase)로 전분을 미리 당화시킨 당액을 알코올 발효시켜 만든 술이다. 예 맥주

　– 병행복발효주 : 청주와 탁주 같이 아밀라아제(amylase)로 전분질을 당화시키면서 동시에 발효를 진행시켜 만든 술이다. 예 청주, 탁주

81 여과장치

◆ 여과는 고체와 액체를 분리하는 가장 중요한 방법이다.
◆ 여과의 추진력에 따라 중력여과기, 압력여과기, 원심여과기, 진공여과기가 있다.

82 압출성형기

◆ 반죽, 반고체, 액체식품을 노즐 또는 다이스(dice)와 같은 구멍을 통하여 압력으로 밀어내어 성형하는 방법이다.
◆ 마카로니, 소시지, 인조육 제품 등 가공에 이용한다. ⓔ 소시지 충전기(stuffer), 마카로니 제조기

83 여과조제 filter aid

◆ 매우 작은 콜로이드상의 고형물을 함유한 액체의 여과를 용이하게 하기 위하여 사용하는 것이다.
◆ 여과면에 치밀한 층이 형성되는 것을 방지하는 목적으로 첨가한다.
◆ 규조토, pulp, 활성탄, 실리카겔, 카본 등이 사용된다.

84 추출 공정에서 용매로서의 조건

◆ 가격이 저렴해야 한다.
◆ 화학적으로 안정해야 한다.
◆ 비열 및 증발열이 작아 회수가 쉬워야 한다.
◆ 용질에 대하여는 용해도가 커야 한다.
◆ 인화 및 폭발하는 등의 위험성이 적어야 한다.
◆ 추출박에 나쁜 냄새와 맛을 남기지 않을 뿐 아니라 독성이 없어야 한다.

85 커팅 밀 cutting mill

◆ 건어육, 건채소, gum상으로 된 식품은 충격력이나 전단력만으로는 잘 부서지지 않기 때문에 조직을 자르는 형태로 절단형 분쇄방식을 이용한다.

86 간헐살균법 discontinuous sterilization

◆ 내열성균 완전살균 필요 시 고압살균기가 없을 때 또는 고온으로 인하여 성분 변화가 초래될 경우 이용한다.
◆ 1일 1회씩 100℃에서 20~50분간 연속 3일을 같은 시간에 반복 가열살균하는 방법이다.
◆ 내열성 포자는 물론 모든 세균을 완전히 멸균시킬 수 있다.

88 색채선별기color sorter

◆ 쇄미를 제거한 완전미 중에 혼입되어 있는 착색립이나 완전미와 같은 크기의 이물질을 제거하는 광학적 선별기이다.
◆ 곡류, 과실류, 채소류, 가공식품 등에 이르기까지 다양한 품목들을 선별할 수 있다.

89 고체식품 분쇄 시 작용하는 힘

◆ 압축(compression), 충격(impact), 전단(shear) 등의 힘이 작용한다.

90 원심력 centrifugal force

◆ $Z = 0.011\dfrac{RN^2}{g}$ (Z : 원심력, R : 반지름, N : 회전속도, g : 중력)
◆ 그러므로 회전속도를 2배로 늘리면 원심력은 4배로 증가한다.

91 외부 열전달 방식에 의한 건조장치의 분류

◆ 대류
 – 식품 정치형 및 식품 반송형 : 캐비닛(트레이), 터널, 컨베이어, 빈
 – 식품 교반형 : 유동층, 회전
 – 열풍 반송형 : 기송, 분무
◆ 전도
 – 식품 정치형 및 식품 반송형 : 드럼, 진공, 동결
 – 식품 교반형 : 팽화
◆ 복사
 – 적외선, 초단파, 동결

92 증발농축 시 관석 현상

◆ 관석의 생성 : 수용액이 가열부와 오랜 기간 동안 접촉하면 가열표면에 고형분이 쌓여 딱딱한 관석이 형성된다.
◆ 관석은 U값을 크게 떨어뜨려 열전달을 방해한다.
◆ 액의 순환속도가 낮을수록 관석 형성이 잘 일어난다.
◆ 증발관은 일정기간 사용한 후에 가열부를 해체하여 관석을 제거해 주어야 한다.

93 건식세척의 종류

◆ 마찰세척(abrasion cleaning)
◆ 흡인세척(aspiration cleaning)
◆ 자석세척(magnetic cleaning)
◆ 정전기적 세척(electrostatic cleaning)

94 식품의 내열성에 영향을 미치는 인자

◆ 열처리 온도
◆ 식품의 pH
◆ 식품의 이온 환경
◆ 식품의 수분활성도
◆ 식품의 성분 조성

95 건조법에서 사용하는 건조제

◆ 산화칼슘, 오산화인, 진한 황산, 수산화나트륨, 염화칼슘, 실리카겔 등

96 세공막 크기

◆ 정밀여과 : 0.01~10μm
◆ 역삼투 : 0.01~0.001μm
◆ 한외여과 : 0.1~0.01μm

97 88번 해설 참조

98 상업적 살균 commercial sterilization

◆ 가열살균에 있어서 식품의 저장성과 품질을 양립시킬 수 있는 최저한도의 열처리를 말한다.
◆ 식품산업에서 가열처리(70~100℃ 살균)를 하였더라도 저장 중에 다시 생육하여 부패 또는 식중독의 원인이 되는 미생물만을 일정한 수준까지 사멸시키는 방법이다.
◆ 산성의 과일통조림에 많이 이용한다.

99 압출 extrusion

◆ 이송, 혼합, 압축, 가열, 반죽, 전단, 성형 등 여러 가지 단위공정이 복합된 가공방법이다.

100 반죽 kneading

◆ 고점도 물체를 혼합하거나 분체에 소량의 액체를 첨가하여 반죽상태를 만들거나 반고체상태의 물체에 첨가물을 혼합할 때 적합하다.

식품산업기사 기출문제 해설

제1과목 식품위생학

1 오크라톡신^{ochratoxin}

◆ *Asp. ochraceus*가 생성하는 곰팡이 독소이다.

2 벤조피렌^{3, 4-benzopyrene}

◆ 발암성 다환 방향족 탄화수소이다.

◆ 구운 쇠고기, 훈제어, 대맥, 커피, 채종유 등에 미량 함유되어 있다.

◆ 공장지대의 대맥에는 농촌지대의 대맥에서보다 약 10배나 함량이 많은 것으로 알려졌으며, 이는 대기오염의 영향 때문으로 판단된다.

◆ 벤조피렌의 발암성은 체내에서 대사활성화되어 DNA와 결합함으로써 생긴다.

3 식품의 포장재로 종이류가 위생상 문제가 되는 이유

◆ 예로부터 종이는 식품포장용으로 많이 사용되어 왔다.

◆ 보건상 문제점은 이를 가공 시 첨가한 유해물질이 용출되어 위해를 일으키는 경우이다.

◆ 착색료의 용출, 형광염료의 이행, 파라핀이나 납 등의 혼입이 문제가 된다.

4 산미료^{acidulant}

◆ 식품을 가공하거나 조리할 때 적당한 신맛을 주어 미각에 청량감과 상쾌한 자극을 주는 식품첨가물이며, 소화액의 분비나 식욕 증진 효과도 있다.

◆ 보존료의 효과를 조장하고, 제품의 pH 조절, 향료나 유지 등의 산화 방지에 기여한다.

◆ 유기산계 : 구연산(무수 및 결정), D-주석산, DL-주석산, 푸말산, 푸말산일나트륨, DL-사과산, 글루코노델타락톤, 젖산, 초산, 디핀산, 글루콘산, 이타콘산 등이 있다.

◆ 무기산계 : 이산화탄소(무수탄산), 인산 등이 있다.

5 대장균의 정성시험

◆ 추정시험, 확정시험, 완전시험의 3단계로 구분된다.
  - 추정시험 : 젖당부이온 배지(LB 배지) 사용
  - 확정시험 : BGLB, EMB, Endo 배지 사용
  - 완전시험 : EMB 배지 사용

6 폐기물 처리

◆ 폐기물·폐수처리시설은 작업장과 격리된(3m 이상) 일정장소에 설치·운영한다.

◆ 폐기물 등의 처리용기는 밀폐 가능한 구조로 침출수 및 냄새가 누출되지 아니 하여야 한다.

◆ 용기는 적정 주기로 세척·소독을 해야 한다.

◆ 식품용기와 구분되어야 한다.

◆ 관리계획에 따라 폐기물 등을 처리·반출하고, 그 관리기록을 유지하여야 한다.

7 식중독 발생 조건

◆ 세균에 필요한 영양소나 수분이 많이 함유해야 한다.

◆ 온도와 습도도 중요한 요소다.

◆ 원인세균에 따른 특정한 식품이 있어야 한다.

◆ 많은 양의 세균이나 독소가 있어야 한다.

◆ 면역기능이 저하되면 식중독 세균에 감염 시 발병할 가능성이 더 높다.

8 비스페놀 A bisphenol A

◆ 환경호르몬으로 에폭시 수지, 폴리카보네이트 수지, PVC첨가제, 플라스틱 강화제, 농약첨가제 등에 사용된다.

◆ 극히 적은 양으로도 생태계 및 인간의 생식기능 저하, 성장장애, 기형, 암 등을 유발한다.

10 개인위생

◆ 식품취급자의 신체를 포함한 복장과 식품취급 습관 등이 안전한 식품생산에 적합하도록 관리하는 것을 의미한다.

11 캐러멜 색소 caramel color

◆ 음료수, 알코올 음료(흑맥주, 위스키 등), 소스, 간장, 과자, 약식에 착색과 향미를 내기 위하여 사용된다.

◆ 다음 식품에는 사용할 수 없다[식품첨가물공전].
  – 천연식품, 다류, 커피, 고춧가루, 실고추, 김치류, 고추장, 인삼 또는 홍삼을 원료로 사용한 건강기능식품

12 식품 등의 표시기준 제7조(소비자가 오인·혼동하는 표시 금지)

◆ 표시대상이 되는 식품 등을 제조·가공·수입·소분·판매하는 영업자는 식품의 용기·포장 등에 다음 각 호의 소비자가 오인·혼동하는 표시를 하여서는 아니 된다.
  ① 식품첨가물공전으로 해당 식품에 사용하지 못하도록 한 합성보존료, 색소 등의 식품첨가물에 대하여 사용을 하지 않았다는 표시
     ⑩ 면류, 김치 및 두부제품에 "무보존료" 등의 표시

② 영양소의 함량을 낮추거나 제거하는 제조·가공의 과정을 하지 아니한 원래의 식품에 해당 영양소 함량이 전혀 들어 있지 않은 경우 그 영양소에 대한 강조 표시

③ 합성착향료만을 사용하여 원재료의 향 또는 맛을 내는 경우 그 향 또는 맛을 뜻하는 그림, 사진 등의 표시

13 콜라의 산미료 acidulant

◆ 콜라는 산미료로 인산을 사용하므로 인이 많이 함유되어 있다.

◆ 인은 칼슘의 1/2 정도의 비율로 필요하다.

◆ 인을 많이 섭취하면 칼슘 흡수를 방해하고 체내에서 칼슘이 방출되도록 한다.

14 바실러스 세레우스 Bacillus cereus 정량시험 [식품공전]

① 균수 측정

◆ 검체 희석액을 MYP 한천배지에 도말하여 30℃에서 24±2시간 배양한다.

◆ 배양 후 집락 주변에 lecithinase를 생성하는 혼탁한 환이 있는 분홍색 집락을 계수한다.

② 확인시험

◆ 계수한 평판에서 5개 이상의 전형적인 집락을 선별하여 보통한천배지에 접종한다.

◆ 30℃에서 18~24 배양한 후 바실러스 세레우스 정성시험 확인시험에 따라 확인시험을 실시한다.

15 쥐에 의한 감염병

◆ 세균성 질환 : 페스트, 와일씨병

◆ 리케차성 질환 : 발진열, 쯔쯔가무시병

◆ 식중독 : salmonela 식중독

◆ 바이러스성 질환 : 유행성 출혈열 등

➕ 폴리오(소아마비)는 파리에 의하여 전파된다.

16 현재 허용되어 있는 살균제

◆ 과산화수소(hydrogen peroxide), 오존수(Ozone Water), 이산화염소(수)(Chlorine Dioxide), 차아염소산나트륨(sodium hypochlorite), 차아염소산수(Hypochlorous Acid Water), 차아염소산칼슘(Calcium hypochlorite), 과산화초산(peroxyacetic acid)의 7종이 있다.

17 대표적인 인수공통감염병

◆ 세균성 질병 : 탄저, 비저, 브루셀라병, 세균성 식중독(살모넬라, 포도상구균증, 장염비브리오), 야토병, 렙토스피라병, 리스테리아병, 서교증, 결핵, 재귀열 등

◆ 리케차성 질병 : 발진열, Q열, 쯔쯔가무시병 등

◆ 바이러스성 질병 : 일본뇌염, 인플루엔자, 뉴캐슬병, 앵무병, 광견병, 천연두, 유행성 출혈열 등

18 식품위생검사와 가장 관계가 깊은 세균

◆ 대장균과 장구균 등이다.

19 기생충과 매개 식품

◆ 채소를 매개로 감염되는 기생충 : 회충, 요충, 십이지장충(구충), 동양모양선충, 편충 등

◆ 어패류를 매개로 감염되는 기생충 : 간디스토마(간흡충), 폐디스토마(폐흡충), 요코가와흡충, 광절열두조충, 아니사키스 등

◆ 수육을 매개로 감염되는 기생충 : 무구조충(민촌충), 유구조충(갈고리촌충), 선모충 등

＋ 아니사키스는 사람의 체내에서 비교적 단시일에 사멸하므로 성충까지 발육하는 일은 없다. 종숙주 장내에서 산란된 아니사키스 충란은 분변과 함께 해수에 배출된다.

20 BOD가 높다는 것은 그 물 속에 분해되기 쉬운 유기물이 많음을 의미하므로 수질이 나쁘다는 것을 뜻한다.

제2과목 식품화학

21 필수아미노산

◆ 인체 내에서 합성되지 않아 외부에서 섭취해야 하는 아미노산을 필수아미노산이라 한다.

◆ 성인에게는 valine, leucine, isoleucine, threonine, lysine, methionine, phenylalanine, tryptophan 등 8종이 필요하다.

◆ 어린이나 회복기 환자에게는 arginine, histidine이 더 첨가된다.

22 프로비타민provitamin A

◆ 카로티노이드계 색소 중에서 provitamin A가 되는 것은 β-ionone 핵을 갖는 caroten류의 α-carotene, β-carotene, γ-carotene과 xanthophyll류의 cryptoxanthin이다.

◆ 이들 중 비타민 A로서의 효력은 β-carotene이 가장 크다.

◆ 이들 색소는 동물 체내에서 provitamin A로 전환되므로 식품의 색소뿐만 아니라 영양학적으로도 중요하다.

23 다환 방향족 탄화수소

◆ 두 개 이상의 벤젠고리를 가지는 방향족 화합물이다.

◆ 독성을 지닌 물질이 많고 일부는 발암물질로 알려져 있다.

◆ 도시나 공장지대 주변에서 생산되는 곡류나 야채류에서 검출되고 있고, 담배 연기, 자동차 배기가스에도 많은 양이 들어 있다.

◆ 숯으로 구운 고기, 훈연한 육제품, 식용유, 커피 등에서도 3, 4-benzopyrene 등의 각종 다환 방향족 탄화수소가 발견되고 있다.

24 쓴맛을 나타내는 화합물

◆ alkaloid, 배당체, ketone류, 아미노산, peptide 등이 있다.
- alkaloid계 : caffeine(차류와 커피), theobromine(코코아, 초콜릿), quinine(키나무)
- 배당체 : naringin과 hesperidin(감귤류), cucurbitacin(오이꼭지), quercertin(양파껍질)
- ketone류 : humulon과 lupulone(hop의 암꽃), ipomeamarone(흑반병에 걸린 고구마), naringin(밀감, 포도)
- 천연의 아미노산 : leucine, isoleucine, arginine, methionine, phenylalanine, tryptophane, valine, proline

25 식물성 검^{gum}류

◆ 식물에 얻어지는 점질물을 식물성 검이라 한다.
◆ 아라비아 검, 구아 검, 로커스트 검, 타마린드 검 등이 있다.

> ➕ 황산콘드로이틴(chondroitin sulfate)은 연골의 주성분으로 알려진 N-아세틸갈락토사민, 우론산, 황산으로 이루어지는 다당류이다.

26 0.01N CH₃COOH 용액의 pH

◆ CH₃COOH는 1mole이 1g 당량과 같으며 전리도가 0.01이기 때문에 0.01N CH₃COOH용액 중의 수소이온 농도는 0.01의 0.01배에 해당한다.
◆ 즉 $[H^+] = 10^{-4}$이며 $pH = \log(1/[H^+]) = -\log 10^{-4} = 4$이다.

27 식품에서 수분의 역할

◆ 화학적인 역할
- 화학적 변화과정에서의 용매, 운반체 혹은 반응성분이 됨
◆ 물리적인 역할
- 형태 유지에 필요한 압력 부여, 식품의 조직감에 관여
- 건조식품 : 조직감, 밀도, 물리적인 구조의 변경(수축)
◆ 미생물적인 역할
- 미생물의 성장, 증식, 생존에 일정량의 수분이 필수적
◆ 경제적인 역할
- 수분(중량)의 변화＝식품의 경제성을 결정
- 건조식품 : 수분 제거로 경량화, 부패 억제
- 저장 수명기간(shelf life) 연장
◆ 영양학적인 역할
- 생명 유지에 필수적 : 체온 유지, 영양소, 노폐물 운반
- 체내 항상성(homeostasis) 유지
- 수용성 비타민, 일부 단백질 및 아미노산의 형태와 성질을 보존

28 밀가루 반죽 품질검사기기

◆ amylograph 시험 : 전분의 호화온도, 제빵에서 중요한 α-amylase의 역가, 강력분과 중력분 판정에 이용

◆ extensograph 시험 : 반죽의 신장도와 인장항력 측정

◆ farinograph 시험 : 밀가루 반죽 시 생기는 흡수력 및 점탄성 측정

➕ 페네트로미터(penetrometer) : 식품의 경도 측정

29 소르비톨 sorbitol

◆ 당알코올로서 성질은 흡습성이 강하고 감미가 있으며, 물, 에탄올에 녹는다.

◆ 비타민 C의 원료로서 또 연화제, 습윤제, 부동제, 계면활성제로 사용될 뿐 아니라 의약품으로서는 체내에 흡수되지 않기 때문에 당뇨병 환자의 저칼로리 감미료로 사용된다.

◆ 최근에는 합성수지의 가소제인 프로필렌글리콜의 원료로서 공업적으로도 다양한 용도를 가진다.

30 carotenoid계 색소

◆ 당근에서 처음 추출하였으며 등황색, 황색 혹은 적색을 나타내는 지용성의 색소들이다.

◆ 산이나 알칼리에 안정적이며 산소가 없는 상태에서는 광선의 조사에 영향을 받지 않는다.

◆ carotenoid류 색소 중 α-carotene, β-carotene, γ-carotene, cryptoxanthin 등은 체내에서 vitamin A로 전환되므로 provitamin A라 하며 영양학적으로 중요하다.

31 글리코겐 glycogen

◆ α-D-glucose가 α-1, 4 결합 및 α-1, 6 결합으로 되어 있다.

◆ amylopectin에 비해 가지가 많고 사슬 길이는 짧다.

◆ 요오드 반응은 아밀로 펙틴과 같이 적갈색이다.

◆ 동물성 저장다당류로 동물성 전분이라고 한다.

◆ 동물의 간(5%), 근육(0.5~1%), 굴 등의 조개류(5~10%)에 많이 함유되어 있다.

32 환원당

◆ 펠링(Fehling) 용액을 떨어뜨리면 적색의 침전물이 생성된다.

◆ 환원당에는 glucose, fructose, lactose가 있고, 비환원당은 sucrose이다.

33 채소를 삶을 때 나는 냄새 성분

◆ 양의 차이는 있으나 H_2S, formaldehyde, mercaptane, acetaldehyde, ethylmercaptane, dimethylsulfide, propylmercaptane, methanol 등이 생성된다.

◆ 주 냄새 성분은 dimethyl sulfide이고 이것은 양배추, 아스파라거스 삶을 때, 해조류 가열 시, 김 구울 때도 발생한다.

34 비타민 C L-ascorbic acid

◆ 콜라겐 합성, 항산화 작용을 한다.
◆ 신선한 채소, 과일에 많으며, 특히 감귤류와 딸기에 많이 들어 있다.

35 식품의 산성 및 알칼리성

◆ 산성 식품
  – P, Cl, S, I, Br 등의 원소를 많이 함유하고 있는 식품
  – 단백질, 탄수화물, 지방이 풍부한 식품은 생체 내에서 완전히 분해하면 CO_2와 H_2O을 생성하고 CO_2는 체내에서 탄산(H_2CO_3)으로 존재하기 때문에 산성식품에 속한다.
  – 곡류, 육류, 어류, 달걀, 콩류 등
◆ 알칼리성 식품
  – Ca, Mg, Na, K, Fe 등의 원소를 많이 함유한 식품
  – 과실류, 야채류, 해조류, 감자류, 당근 등

36 노화의 방지 방법

◆ 수분 함량을 15% 이하로 급격히 줄인다.
◆ 냉동법은 $-20 \sim -30℃$의 냉동상태에서 수분을 15% 이하로 억제한다.
◆ 설탕을 첨가하여 탈수 작용에 의해 유효수분을 감소시킨다.
◆ 유화제를 사용하여 전분 교질 용액의 안정도를 증가시켜 노화를 억제하여 준다.

37 Weissenberg 효과

◆ 가당연유 속에 젓가락을 세워서 회전시키면 연유가 젓가락을 따라 올라간다. 이와 같은 현상을 말한다.
◆ 이것은 액체에 회전운동을 가했을 때에 흐름과 직각방향으로 현저한 압력이 생겨서 나타나는 현상이다.

38 나이아신 niacin

◆ 다른 비타민과는 달리 체내에서 아미노산의 일종인 트립토판으로부터 합성될 수 있다.
◆ 나이아신의 섭취가 부족해도 트립토판을 충분히 섭취하면 결핍증은 일어나지 않는다.
◆ 옥수수를 주식으로 하는 지역에서는 트립토판 섭취가 부족하게 되어 결핍증이 올 수 있다.
◆ 결핍되면 펠라그라(pellagra)가 발병된다. 이외에도 피부염, 피부의 각화, 색소침착, 식욕부진, 설사, 불면증, 구내염, 여러 가지의 신경장해 및 치매증이 나타난다.

39 대두에 함유되어 있는 생리활성 물질

◆ 콩에는 영양성분 외에도 여러 가지 생리활성 물질이 다양하게 들어 있는데 이들은 일반적으로 반영양성분(anti-nutrient)으로 분류되고 있다.

◆ isoflavone, phytic acid, saponin, lectin, protease inhibitor, oligosaccharide, pinitol 등이다.
◆ 이소플라본(daidzein은 약 20.5배, genistein은 18.6배)은 일반콩에 비해 검은콩에 19.5배 많이 함유되어 있다.

40 카로티노이드 carotenoid

◆ 당근에서 처음 추출하였으며 등황색, 황색, 적색을 나타내는 지용성 색소들이다.
◆ 우유, 난황, 새우, 게, 연어 등에도 존재한다.

제3과목 식품가공학

41 젤리점 측정법

◆ 컵시험 : 농축물을 냉수를 담은 컵에 떨어뜨렸을 때 분산되지 않을 때가 완성점이다.
◆ 스푼시험 : 스푼으로 떠서 볼 때 시럽상태가 되어 떨어지지 않고 은근히 늘어질 때 완성점이다.
◆ 온도계법 : 온도계로 104~105℃ 될 때가 완성점이다.
◆ 당도계법 : 굴절당도계로 측정하여 65% 될 때가 완성점이다.

42 원유의 정제

◆ 원유에는 검, 단백질, 점질물, 지방산, 색소, 섬유질, 탄닌, 납물질 등이 들어 있다.
◆ 불순물 중에 흙, 모래, 원료의 조각 등과 같은 것은 정치법, 여과법, 원심분리법, 가열법, 탈검 등의 물리적 방법으로 쉽게 제거할 수 있다.
◆ 단백질, 점질물, 검질 등과 같이 유지 중에 교질상태로 있는 것은 분리가 어려워 탈산법, 탈색법, 탈취법, 탈납법 등의 화학적 방법으로 제거하여야 한다.

43 CA 저장법 controlled atmosphere storage

◆ 냉장고를 밀폐하고 온도를 0℃로 내려 냉장고 내부의 산소량을 줄이고 탄산가스의 양을 늘려 농산물의 호흡작용을 위축시켜 변질되지 않게 하는 저장방법이다.
◆ 과실의 저장에 가장 유리한 저장법은 실내온도를 0~4℃의 저온으로 하여 CO_2 농도를 5%, O_2 농도를 3%, N_2 농도를 92%로 유지되게 조절하는 것이다.
◆ CA 저장에 가장 적합한 과일은 사과, 서양배, 바나나, 감, 토마토 등이다.

44 사후강직 중 pH 변화

◆ 일반적으로 정상육의 사후강직 초기 pH는 7.1~7.3이다.
◆ 해당작용을 포함한 생화학적 반응으로 젖산이 축적되어 사후강직 최종 pH는 5.5~5.7 범위까지 떨어진다.

45 버터 butter

◆ 우유에서 크림을 분리하여 크림에 기계적인 충격을 주어 지방구끼리 뭉쳐서 버터 입자를 형성하고 버터밀크와 분리하여 제조한다.

◆ 크림은 지방구가 클수록 잘 분리된다.

◆ 그러므로 버터는 균질 과정이 필요 없다.

46 두부 응고제의 특성

◆ 두부 응고제에는 $MgSO_4$, $MgCl_2$, $CaCl_2$, $CaSO_4 \cdot H_2O$, glucono-δ-lactone 등이 있다.

 - 염화칼슘($CaCl_2$)의 장점은 응고시간이 빠르고, 보존성이 양호하고, 압착 시 물이 잘 빠진다. 단점은 수율이 낮고, 두부가 거칠고, 견고하다.

 - 황산칼슘($CaSO_4$)의 장점은 두부의 색상이 좋고, 조직이 연하고, 탄력성이 있고, 수율이 높다. 단점은 사용이 불편하다.

 - 글루코노델타락톤(GDL, glucono-δ-lactone)의 장점은 사용이 편리하고, 응고력이 우수하며, 수율이 높다. 단점은 약간의 신맛이 나고, 조직이 대단히 연하다.

47 dextrin의 요오드 정색 반응

◆ 가용성 전분 : 청색

◆ amylodextrin : 청색

◆ erythrodextrin : 적갈색

◆ achrodextrin : 무색

◆ maltodextrin : 무색

48 유지의 채유법

◆ 식물성 유지 채취에는 압착법과 추출법이 이용된다.

◆ 동물성 유지 채취에는 용출법이 이용된다.

 - 우지, 돈지, 어유, 경유 등의 용출법은 boiling process와 melting out process가 있다.

⊕ 착유율을 높이기 위해서 기계적 압착을 한 후 용매로 추출하는 방법이 많이 이용되고 있다.

49 액란을 건조하기 전 당 제거

◆ 계란의 난황에 0.2%, 난백에 0.4%, 전란 중에 0.3% 정도의 유리 glucose가 존재하며 전란을 건조시킬 경우, 이 유리 glucose가 난단백 중의 아미노기와 반응하여 maillard 반응이 나타난다.

◆ 이 반응의 결과 건조란은 갈변, 이취(불쾌취)의 생성, 불용화 현상(용해도 감소) 등이 나타나 품질 저하를 일으키기 때문에 당을 제거해야 한다.

50 생선의 비린 냄새

◆ 신선도가 떨어진 어류에서는 trimethylamine(TMA)에 의해서 어류의 특유한 비린 냄새가 난다.

◆ 이것은 원래 무취였던 trimethylamine oxide가 어류가 죽은 후 세균의 작용으로 환원되어 생성된 것이다.

51 경화유 제조 공정 중 유지에 수소를 첨가하는 목적

◆ 글리세리드의 불포화 결합에 수소를 첨가하여 산화안정성을 좋게 한다.
◆ 유지에 가소성이나 경도를 부여하여 물리적 성질을 개선한다.
◆ 색깔을 개선한다.
◆ 식품으로서의 냄새, 풍미를 개선한다.

52 미생물의 성장에 필요한 최소한의 수분활성도(A_W)

◆ 보통 세균 0.91, 보통 효모·곰팡이 0.80, 내건성 곰팡이 0.65, 내삼투압성 효모 0.60이다.

53 농도 변경법 Pearson's square method

◆ $(45-15) : (60-45) = 100 : x$

$$x = \frac{100(60-45)}{45-15}$$

$\therefore x = 50$

54 밀가루를 체로 치는 이유

◆ 협잡물을 제거하고 밀가루를 분산시켜 공기와의 접촉을 고르게 하고 발효를 돕는다.

55 동결곡선 freezing curve

◆ 식품동결에 있어서 냉동시간과 온도변화와의 관계곡선을 말한다.

56 밀가루 반죽 품질검사기기

◆ Farinograph 시험 : 밀가루 반죽 시 생기는 흡수력 및 점탄성 측정
◆ Extensograph 시험 : 반죽의 신장도와 인장항력 측정
◆ Amylograph 시험 : 전분의 호화온도, 제빵에서 중요한 α-amylase의 역가, 강력분과 중력분 판정에 이용

57 분유류의 장기저장

◆ 수분이 적기 때문에 미생물의 생육이 어려우므로 상온에서 보관할 수 있으나, 분유 중의 지방이 산화되어 풍미의 저하를 가져온다.
◆ 탈지분유는 약 3년간 보존할 수 있고, 전지분유는 6개월에 불과하다.
◆ 분유류의 수분 함량은 5% 이하이어야 한다.

58 수산제품

◆ 수산 훈제품 : 목재를 불완전연소시켜 발생하는 연기에 어패류를 쐬어 어느 정도 건조시켜 독특한 풍미와 보존성을 갖도록 한 제품
◆ 수산 염장품 : 어패류를 소금에 절여서 풍미와 저장성을 좋게 한 제품
◆ 수산 건제품 : 어류, 조개류 및 해조류 등을 태양열 또는 인공열에 의하여 건조시켜 수분 함량을 적게 하여 세균의 발육을 억제시킨 제품
◆ 수산 연제품 : 어육을 소량의 소금과 함께 잘 갈아서 조미료와 보강재료를 넣고 증자, 배소, 그 외의 방법으로 어육을 가열, 응고시킨 제품

59 과즙 청징 방법

◆ 난백을 쓰는 법
◆ 카세인을 쓰는 법
◆ 젤라틴 및 탄닌을 쓰는 법
◆ 규조토를 쓰는 법
◆ 효소(pectinase) 처리

규조토를 쓰는 법은 펙틴 외에 색소, 비타민 등도 흡착하므로 향기가 좋지 않은 결점이 있다.

60

◆ 추가해야 할 물 = w(b−a)/100−b (w : 용량, a : 최초 수분 함량, b : 나중 수분 함량)
    = 1(15−10)/100−15 = 0.058kg

제4과목 식품미생물학

61 방선균(방사선균)

◆ 하등미생물(원시핵세포) 중에서 가장 형태적으로 조직분화의 정도가 진행된 균사상 세균이다.
◆ 세균과 곰팡이의 중간적인 미생물로 균사를 뻗치는 것, 포자를 만드는 것 등은 곰팡이와 비슷하다.
◆ 주로 토양에 서식하며 흙냄새의 원인이 된다.
◆ 특히 방선균은 대부분 항생물질을 만든다.
◆ 0.3~1.0μ 크기이고 무성적으로 균사가 절단되어 구균, 간균과 같이 증식하며 또한 균사의 선단에 분생포자를 형성하여 무성적으로 증식한다.

62 조류 algae

◆ 규조류 : 깃돌말속, 불돌말속 등
◆ 갈조류 : 미역, 다시마, 녹미채(톳) 등
◆ 홍조류 : 우뭇가사리, 김
◆ 남조류 : *Chroococcus*속, 흔들말속, 염주말속 등

63 미생물의 동결보존법

◆ 미생물 세포를 15% 정도의 glycerol, DMSO(dimethyl sulfoxide) 등 동해방지제(cryoprotectant)와 섞어서 서서히 동결시켜 dry ice(약 −70℃) 또는 액체질소(−196℃) 중에서 보존한다.

◆ 동해방지제로는 각종의 당류, 탈지유 등을 첨가해도 보호 효과를 기대할 수 있다.

64 미생물의 증식곡선에서 정지기와 사멸기가 형성되는 이유

◆ 영양물질의 고갈, 대사생성물의 축적, 산소부족 등으로 생균수와 사균수가 같아지면서 생육이 정지된다(정상기 또는 정지기).

◆ 환경 악화로 증식보다 사멸이 진행되어 생균수보다 사멸균수가 증가하여 미생물이 점차 사멸하게 된다(사멸기).

65 김치 숙성에 관여하는 미생물

◆ *Lactobacillus plantarum*, *Leuconostoc mesenteroides*, *Pediococcus halophilus*, *Pediococcus cerevisiae*, *Lactobacillus brevis* 등의 유산균(젖산균)에 의해 발효된다.

66 유산 발효 형식

◆ 정상발효 형식(homo type)
 – 당을 발효하여 젖산만 생성
 – 정상발효 유산균은 *Streptococcus*속, *Pediococcus*속, 일부 *Lactobacillus*속(*L. delbrückii*, *L. acidophilus*, *L. casei*, *L. bulgaricus*, *L. lactis*, *L. homohiochii*) 등이 있다.

◆ 이상발효 형식(hetero type)
 – 당을 발효하여 젖산 외에 알코올, 초산, CO_2 등 부산물 생성
 – 이상발효 유산균은 *Leuconostoc*속(*Leuc. mesenteoides*), 일부 *Lactobacillus*속(*L. fermentum*, *L. brevis*, *L. heterohiochii*) 등이 있다.

67 분열법

◆ 세포의 원형질이 양분되면서 격막이 생겨 두 개의 세포로 분열(fission)하는 방법이다.

◆ *Shizosaccharomyces*속은 분열효모이다.

68 *Monascus purpureus*

◆ 중국과 말레이시아 지역에서 홍주의 제조에 사용하는 홍곡에 중요한 곰팡이이다.

◆ 우리나라 누룩에서도 많이 검출된다.

◆ 집락은 적색이나 적갈색이다.

70 ◆ *Aspergillus flavus*는 발암물질인 aflatoxin을 생성하는 유해균이다.

◆ *Aspergillus niger*는 전분 당화력이 강하고 당액을 발효하며 구연산이나 글루콘산을 생산하는 균주이다.

◆ *Aspergillus oryzae*는 전분 당화력과 단백질 분해력이 강해 간장, 된장, 청주, 탁주, 약주 제조에 이용된다.

◆ *Aspergillus sojae*는 단백질 분해력 강하며 간장제조에 사용된다.

71 포자를 형성하는 세균

◆ Bacillacea과는 포자를 형성하는 gram 양성의 간균이다.

◆ 이 과에는 호기성 세균인 *Bacillus*속과 혐기성인 *Clostridium*속이 있다.

72 *Proteus*속

◆ 병원성 장내세균이고, 주편모를 가지고 있어서 활발한 운동성을 나타낸다.

◆ 중온균의 gram 음성의 간균이며 주로 단백질 식품의 부패에 관여하는 세균이다.

◆ *Proteus morganii*는 강력한 단백질 분해력을 가지고 있어 식품의 부패세균으로 잘 알려져 있으며 특히 histamine decarboxylase 활성이 있어 알레지성 식중독의 원인세균으로 주목받고 있다.

73 편모 flagella

◆ 세포막에서 시작되어 세포벽을 뚫고 밖으로 뻗어 나와 있는 단백질로 구성되어 있는 구조이다.

◆ 지름은 20nm, 길이는 $15 \sim 20\,\mu$m이다.

◆ 세균의 운동기관이다.

◆ 위치에 따라 극모, 주모로 대별한다.

◆ 극모는 다시 단극모, 양극모, 주속모로 나눈다.

74 진핵세포와 원핵세포

◆ 원핵세포의 특징
- 핵막, 인, 미토콘드리아가 없다.
- 염색체 수는 1개이다.
- 세포벽은 peptidoglycan이 존재한다.
- 하등미생물은 원핵세포로 되어 있다.
- 여기에는 세균, 방선균, 남조류 등이 있다.

◆ 진핵세포의 특징
- 핵막, 인, 미토콘드리아를 가지고 있다.
- 염색체 수는 2개 이상이다.
- 세포벽은 peptidoglycan이 없다.

－ 고등미생물은 진핵세포로 되어 있다.

－ 여기에는 곰팡이, 효모, 조류, 원생동물 등이 있다.

75 맥주 제조 공정 중 호프 hop 첨가 시기

◆ 당화가 끝나면 곧 여과하여 여과 맥아즙에 0.3~0.5%의 hop을 첨가한다.

◆ 그 다음 1~2시간 끓여 유효성분을 추출한다.

76 좋은 청주 코지를 제조하기 위해서

◆ 적당한 온도와 습도로 조절된 공기를 원료 증미 층을 통하게 하여 발생된 열과 탄산가스를 밖으로 배출시킨다.

◆ 품온 조절과 산소 공급을 적당히 해야 한다.

77 상면발효효모와 하면발효효모의 비교

	상면효모	하면효모
형식	• 영국계	• 독일계
형태	• 대개는 원형이다. • 소량의 효모점질물 polysaccharide를 함유한다.	• 난형 내지 타원형이다. • 다량의 효모점질물 polysaccharide를 함유한다.
배양	• 세포는 액면으로 뜨므로, 발효액이 혼탁된다. • 균체가 균막을 형성한다.	• 세포는 저면으로 침강하므로, 발효액이 투명하다. • 균체가 균막을 형성하지 않는다.
생리	• 발효작용이 빠르다. • 다량의 글리코겐을 형성한다. • raffinose, melibiose를 발효하지 않는다. • 최적온도는 10~25℃이다.	• 발효작용이 늦다. • 소량의 글리코겐을 형성한다. • raffinose, melibiose를 발효한다. • 최적온도는 5~10℃이다.
대표효모	• *Sacch. cerevisiae*	• *Sacch. carlsbergensis*

78 고정화 효소의 제법

◆ 담체결합법, 가교법, 포괄법의 3가지 방법이 있다.

－ 담체결합법은 공유결합법, 이온결합법, 물리적 흡착법이 있다.

－ 포괄법은 격자형, microcapsule법이 있다.

79 *Penicillium expansum*

◆ 사과 및 배의 표면에 많이 기생하여 저장 중인 과실을 부패시키는 연부병을 일으킨다.

◆ 비교적 저온에서 생육이 저하되기 때문에 수확 후 바로 온도를 낮추는 것이 중요하다.

80 유도기(잠복기, lag phase)

◆ 미생물이 새로운 환경(배지)에 적응하는 데 필요한 시간이다.

◆ 증식은 거의 일어나지 않고, 세포 내에서 핵산(RNA)이나 효소단백의 합성이 왕성하고, 호흡활동도 높으며, 수분 및 영양물질의 흡수가 일어난다.
◆ DNA 합성은 일어나지 않는다.

제5과목 | 식품제조공정

81 버킷 엘리베이터 bucket elevator
◆ 엔드리스(endless) 체인 또는 벨트에 일정간격으로 버킷(운반용 양동이)을 달고, 버킷의 내용물을 연속적으로 운반하는 고체이송기이다.
◆ 크고 무거운 식품 원료를 운반하는 데 주로 사용한다.

82 건조기
◆ 드럼 건조기(drum dryer, film dryer)
  - 액상인 피건조물을 드럼 표면에 얇은 막을 형성하도록 하여 이를 가열표면에 접촉시켜 전도에 의한 건조가 이루어진다.
  - 액체, slurry상, paste상, 반고형상의 원료를 건조하는 데 이용한다.
◆ 분무 건조기(spray dryer)
  - 액상인 피건조물을 건조실(chamber) 내에 $10 \sim 200\mu m$ 정도의 입자 크기로 분산시켜 가열공기로 1~10초간 급속히 건조시킨다.
  - 인스턴트 커피, 분유, 크림, 차 등 건조제품을 만들 때 이용한다.
◆ 포말 건조기(foam mat dryer)
  - 액체식품에 기포 형성제를 넣고 공기나 질소가스를 주입해 거품을 만든 후 건조시키는 방법이다. 건조가 빠르다.
  - 과일주스나 유아식을 건조하는 데 이용한다.
◆ 부상식(유동층, fluidized bid) 건조기
  - 다공판 등의 통기성 재료로 바닥을 만든 용기에 분립체를 넣고, 아래에서부터 공기를 불어 넣으면 어느 풍속 이상에서 분립체가 공기 중에 부유 현탁되는데, 이때 아래에서부터 열풍을 불어넣어 유동화 되고 있는 분립체에 열을 가해 건조시키는 방법이다.
  - 곡물과 같은 입상의 시료를 건조하는 데 적합하다.

83 막분리법
◆ 막분리는 다공성의 분리매체를 통과하는 물질들의 크기와 확산속도 차이에 의해 분리하는 방법으로 액체분리에 많이 이용되고 있다.
◆ 크게 분리하고자 하는 물질의 분자량이 물분자에 비하여 10배 정도로 작은 경우를 역삼투압법이라고 한다.
◆ 분자량이 물분자보다도 수백 배 이상으로 클 경우를 한외여과법이라고 한다.
◆ 가열농축이 아니기 때문에 처리 대상물이 열변성을 받지 않는다. 따라서 단백질과 같은 열에 불안정한 물질의 분리가 가능하다.

84　**팬 믹서** pan mixer

◆ 고체의 양은 많으나 유동성이 비교적 큰 달걀, 크림, 쇼트닝, 과자원료 등을 혼합할 때 이용하는 혼합기이다.
◆ 교반날개가 교반용기 내를 고루 옮겨 다니며 혼합하는 경우와 교반날개의 위치를 고정시켜 놓고 용기를 회전하는 경우가 있다.

85　**선별** selecting, sorting

◆ 보통 재료에는 불필요한 화학물질(농약, 항생물질), 이물질(흙, 모래, 돌, 금속, 배설물, 털, 나뭇잎) 등이 함유되어 있다. 그 중 이물질들은 물리적 성질의 차에 따라 분리, 제거해야 하는데 이 과정이 선별이다.
◆ 선별에서 말하는 재료의 물리적 성질이란 재료의 크기, 무게, 모양, 비중, 성분조성, 전자기적 성질, 색깔 등을 말한다.

2018 2회

86　**장애판** baffle**의 주된 역할**

◆ 교반기를 액체 속에 넣고 회전시키면 와류(vortex)가 발생되어 혼합을 방해하기 때문에 장애판(baffle)을 설치하여 이를 방지한다.

87　**압출면**

◆ 작은 구멍으로 압출하여 만든 면
◆ 녹말을 호화시켜 만든 전분면, 당면 등
◆ 강력분 밀가루를 사용하여 호화시키지 않고 만든 마카로니, 스파게티, 버미셀(vermicell), 누들 등

88　**식품 건조 과정에서 일어나는 변화**

◆ 가용성 물질의 이동
◆ 수축 현상
◆ 표면피막 현상
◆ 영양소 함량 증가
　　– 비타민은 다소 손실
　　– 아스코르브산과 카로틴은 상당량 파괴
◆ 단백질의 변화
　　– 생물가는 건조 방법에 따라 다름
　　– 고온에서 장시간 처리하면 열변성을 일으켜 단백질의 가치를 저하시킴
　　– 저온건조된 것은 소화율이 오히려 상승
◆ 유지의 산패

◆ 탄수화물의 변화
  – 갈변
◆ 식품 색소의 변화
  – 카로틴 색소는 건조 방법에 따라 차이가 현저
  – 고추의 카로틴 색소는 65~75℃로 건조했을 때 가장 손실이 많음
  – 안토시안 색소도 건조처리에 의해서 손상

➕ 가용성 물질의 이동은 화학적 변화가 아니다.

89 원판형 원심분리기 disc bowl centrifuge

◆ 우유에서 크림분리 공정에서 많이 적용되고, 식용유의 정제, 과일주스의 청징 등에도 이용된다.

90 세척 방법

◆ 침지세척(soaking cleaning) : 탱크와 같은 용기에 물을 넣고 식품을 일정시간 담가, 교반하면서 씻어낸 후 건져내는 방식이다. 예 시금치, 감자, 고구마 등 채소 등

◆ 분무세척(spray cleaning) : 식품표면에 물을 분무하여 오염물질을 제거하는데 물의 압력, 물의 부피, 온도, 식품과 분무하는 곳과의 거리, 식품에 분무되는 시간, 분무기의 수에 따라 세척효율이 달라진다. 보통 물의 부피가 작고 압력이 센 경우가 효과적이나 딸기 같은 것은 손상할 경우가 있다.

◆ 부유세척(flotation cleaning) : 식품과 오염물질의 부력 차이를 이용한 세척 방법으로 무거운 조각과 더러운 것들을 비롯하여 썩거나 멍든 재료는 물에 가라 앉기 때문에 적당한 위치에 설치한 탱크 속의 홈통을 통하여 제거하고 정상적인 것만 넘치게 하여 수집한다. 완두콩, 강낭콩, 건조야채로부터 각종 이물질을 제거할 수 있다.

◆ 초음파세척(ultrasonic cleaning) : 계란의 오염물, 과일의 그리스(grease)나 왁스, 야채의 모래흙 등을 제거하는 데 이용한다.

91 압출성형기 extruder

◆ 원료의 사입구에서 사출구에 이르기까지 압축, 분쇄, 혼합, 반죽, 층밀림, 가열, 용융, 성형, 팽화 등의 여러 가지 단위공정이 이루어지는 식품 가공기계다.

◆ 압출성형스낵 : 압출성형기를 통하여 혼합, 압출, 팽화, 성형시킨 제품으로 extruder 내에서 공정이 순간적으로 이루어지기 때문에 비교적 공정이 간단하고 복잡한 형태로 쉽게 가공할 수 있다.

92 증발 농축

◆ 일반적으로 농축이 진행되면 점도가 커지고, 비등점(boiling point)이 높아져 타기 쉽다.

93 디스크 밀 ^{disk mill}

◆ 전단형 분쇄기로서 예전에 사용했던 맷돌과 같은 것이다.
◆ 돌이나 금속으로 된 원판(디스크)을 다른 디스크와 서로 맞대어 서로 반대 방향으로 회전시킨다. 디스크가 회전할 때 생기는 마찰력과 전단력에 의해 분쇄된다.
◆ 옥수수의 습식 분쇄, 곡류가루의 제조, 섬유질 식품의 미분쇄 등에 사용된다.

94 초임계 유체 추출

◆ 물질이 그의 임계점보다 높은 온도와 압력 하에 있을 때, 즉 초임계점 이상의 상태에 있을 때 이물질의 상태를 초임계 유체라 하며 초임계 유체를 용매로 사용하여 물질을 분리하는 기술을 초임계 유체 추출 기술이라 한다.
◆ 초임계 유체로 자주 사용하는 물질은 물과 이산화탄소다.
◆ 초임계 상태의 이산화탄소는 여러 가지 물질을 잘 용해한다.
◆ 목표물을 용해한 초임계 이산화탄소를 임계점 이하로 하면, 이산화탄소는 기화하여 대기로 날아가고 용질만이 남는다.

95 기계 박막식 증발기

◆ 주로 열에 민감한 액체이면서 점도가 높은 용액이나 거품형 용액의 농축에 사용하는 증발기이다.
◆ 설비비가 비싸고, 처리량이 적다.

96 제거해야 할 수분량(x)

◆ $\dfrac{50}{100} \times 100 = \dfrac{80}{100}(100-x)$

$\therefore x = \dfrac{30}{0.8} = 37.5\text{kg}$

97 광학에 의한 선별

◆ 스펙트럼의 반사와 통과 특성을 이용하는 X선, 가시광선, 마이크로파, 라디오파 등의 광범위한 분광 스펙트럼을 이용해 선별하는 방법이다.
◆ 이 방법의 원리는 가공재료의 통과 특성과 반사 특성을 이용하는 선별 방법으로 나뉜다.
◆ 통과 특성을 이용한 선별은 식품에 통과되는 빛의 정도를 기준으로 선별하는 방법이다. 달걀류의 이상 여부 판단, 과일류나 채소류의 성숙도, 중심부의 결함 등을 선별하는 데 이용한다.
◆ 반사 특성을 이용한 선별은 가공재료에 빛을 쪼이면 재료 표면에서 나타난 빛의 산란(scattering), 복사, 반사 등의 성질을 이용해 선별하는 방법이다. 반사정도는 야채, 과일, 육류 등의 색깔에 의한 숙성정도, 곡류의 표면손상, 흠난 과일의 표면, 결정의 존재 여부, 비스킷, 빵, 감자의 바삭거림 정도 등에 따라 달라진다.

98 파쇄형 조립기 ^{break type gramulator}

◆ 단단한 원료를 회전하는 칼에 의해 일정 크기와 모양으로 부수거나 절단하여 조립하는 기계이다.
◆ 대표적인 파쇄형 조립기로는 피츠 밀(fitz mill)이 있다.

99 분쇄의 목적

◆ 생물조직으로부터 원하는 성분을 효율적으로 추출하기 위하여 이루어진다. 즉, 세포조직을 파괴시켜 세포 속에 있는 성분이 노출되므로 건조, 추출, 용해와 같은 반응을 촉진시켜 주는 효과와 더불어 독특한 식품의 물성을 갖도록 한다.
◆ 특정 제품의 입자 규격을 맞추기 위하여 이루어진다. 분말음료용 설탕입자의 조정, 향신료의 제조, 초콜릿의 정제능이 여기에 해당된다.
◆ 입자의 크기를 줄여 표면적을 증대시키기 위하여 이루어진다. 예를 들어 수분 함량이 많은 고체입자를 건조할 때는 건조시간을 단축시킬 수 있다.
◆ 혼합을 쉽게 하기 위하여 이루어진다. 조제식품, 분말수프 등의 제조에 있어서 입자의 크기가 작으면 균일한 혼합이 된다.

100 무균 충전 시스템

◆ UHT(초고온순간살균법)방식으로 살균한 후, 무균 밀폐 공간에서 충전한다.
◆ 기존의 생산방식보다 안전하고 살균 후에 내용물을 바로 냉각시켜 상온에서 충전하기 때문에 제품의 맛과 향, 영양소 파괴를 최소화 할 수 있는 시스템이다
◆ 용기에 관계없이 균일한 품질의 제품을 얻을 수 있다.

식품산업기사 기출문제 해설 2018 3회

제1과목 식품위생학

1 **식품위생 검사 시 채취한 검체의 취급상 주의사항**

◆ 전체를 대표할 수 있어야 한다.
◆ 저온 유지를 위해 얼음을 사용할 때에는 얼음이 검체에 직접 닿지 않게 해야 한다.
◆ 미생물학적 검사를 위한 검체는 반드시 무균적으로 채취한다.
◆ 필요한 경우 운반용 포장을 하여 파손 및 오염되지 않게 한다.
◆ 채취 후 반드시 밀봉한다.
◆ 채취자에게 상처나 감염병이 없어야 한다.
◆ 햇빛에 노출되지 않게 해야 한다.
◆ 미생물이나 화학약품에 오염되지 않아야 한다.
◆ 검체명, 채취장소 및 일시 등 시험에 필요한 모든 사항을 기재한다.

2 ◆ acceptable risk : 수용 가능한 위험확률
◆ ADI : 사람이 일생동안 섭취하여 바람직하지 않은 영향이 나타나지 않을 것으로 예상되는 화학물질의 1일 섭취량
◆ 용량−반응곡선(dose-response curve) : 약물량의 로그값을 가로축에, 반응률을 세로축으로 하여 약물량과 약효의 관계를 나타낸 곡선으로 보통 S자형을 보이는 곡선
◆ GRAS : 해가 나타나지 않거나 증명되지 않고 다년간 사용되어 온 식품첨가물에 적용되는 용어

3 **트랜스지방**trans fatty

◆ 식물성 유지에 수소를 첨가하여 액체유지를 고체유지 형태로 변형한 유지(부분경화유)를 말한다.
◆ 보통 자연에 존재하는 유지의 이중결합은 cis 형태로 수소가 결합되어 있으나 수소첨가 과정을 거친 유지의 경우에는 일부가 trans 형태로 전환된다. 이렇게 이중결합에 수소의 결합이 서로 반대방향에 위치한 trans 형태의 불포화지방산을 트랜스지방이라고 한다.
◆ 일반적으로 쇼트닝과 마가린에 많이 함유되어 있다.
◆ 우리나라 식품 등의 표시기준 제2조 7의3에 의하면「"트랜스지방"이라 함은 트랜스구조를 1개 이상 가지고 있는 비공액형의 모든 불포화지방을 말한다」라고 정의하고 있다.

4 식품의 신선도 검사법 중 화학적 검사법

◆ 암모니아, 휘발성 아민의 측정
◆ 단백질 침전 반응
◆ 휘발성 산, 휘발성 염기질소 측정
◆ 휘발성 환원물질 측정
◆ 과산화물가, 카르보닐가의 측정
◆ pH값에 의한 방법
◆ 산도 측정

⊕ phosphatase 활성검사는 저온살균유의 살균여부 판정에 이용된다.

5 알코올의 일반적인 살균 농도

◆ 에틸알코올은 70% 용액이 침투력이 강하기 때문에 가장 살균력이 강하다.
◆ 세균포자에 대해서는 거의 효과가 없으나 생활균에 대한 효과는 크다.
◆ 살균작용은 탈수작용과 응고작용에 따른다.

6 아미노산(산분해) 간장

◆ 단백질 원료를 염산으로 가수분해하고 NaOH 또는 Na_2CO_3로 중화하여 얻은 아미노산과 소금이 섞인 액체를 말한다.
◆ 산분해 간장의 제조 시 부산물로서 생성되는 염소화합물 중의 하나인 3-클로로-1, 2-프로판디올(MCPD)이 생성된다.
◆ MCPD는 유지 성분을 함유한 단백질을 염산으로 가수분해할 때 생성되는 글리세롤 및 그 지방산 에스테르와 염산과의 반응에서 형성되는 염소화합물의 일종으로 실험동물에서 불임을 유발한다는 일부 보고가 있으나 인체 독성은 알려지지 않고 있다.
◆ WHO의 식품첨가물전문가위원회에서 이들 물질은 '바람직하지 않은 오염물질로서 가능한 농도를 낮추어야 하는 물질'로 안전성을 평가하고 있다.

7 *Listeria monocytogenes*의 특성

◆ 생육환경
  - 그람양성, 무포자 간균이며 운동성을 가짐
  - catalase 양성
  - 생육적온은 30~37℃이고 냉장온도(4℃)에서도 성장 가능
  - 최적 pH 7.0이고 최저 pH 3.3~4.2에서도 생존 가능
  - 최적 Aw 0.97이고 최저 0.90에서도 생존 가능
  - 성장가능 염도(salt %)는 0.5~16%이지만 20%에서도 생존 가능
◆ 증상 : 패혈증, 수막염, 유산, 사산, 발열, 오한, 두통
◆ 잠복기 : 12시간~21일

◆ 감염원 : 포유류 장관, 생유, 토양, 채소, 배수구, 씽크대, 냉장고, 연성치즈, 아이스크림, 냉동만두, 냉동피자, 소시지, 수산물(훈제연어)
◆ 감염량 : 1,000 균 추정
◆ 예방법 : 식육 철저한 가열, 채소류 세척, 비살균 우유 금지, 손, 조리기구, 환경 청결 유지

8 위해평가의 과정(식품위생법 시행령 제4조 ③)

◆ 위해요소의 인체 내 독성을 확인하는 위험성 확인과정
◆ 위해요소의 인체노출 허용량을 산출하는 위험성 결정과정
◆ 위해요소가 인체에 노출된 양을 산출하는 노출평가과정
◆ 위험성 확인과정, 위험성 결정과정 및 노출평가과정의 결과를 종합하여 해당 식품 등이 건강에 미치는 영향을 판단하는 위해도 결정과정

9 식물성 식중독 원인물질과 식품

◆ 시큐톡신(cicutoxin) – 독미나리의 독성분
◆ 에르고톡신(ergotoxin) – 맥각의 독성분
◆ 무스카린(muscarine) – 독버섯의 독성분
◆ 솔라닌(solanine) – 감자의 독성분

10 식품 등의 공전

◆ 식품의약품안전처장은 판매 등을 목적으로 하는 식품 또는 식품첨가물, 기구 및 용기 포장의 제조 등의 기준과 규격을 정하여 고시하여야 하며 그 표시에 관한 기준과 유전자재조합기술을 활용한 원료로 제조 가공한 식품 또는 식품첨가물의 표시에 관한 기준을 정하여 고시하여야 한다.
◆ 또한 각종의 표시기준을 수록한 식품 등의 공전을 작성·보급하여야 한다.

11 기생충과 매개식품

◆ 채소를 매개로 감염되는 기생충 : 회충, 요충, 십이지장충(구충), 동양모양선충, 편충 등
◆ 어패류를 매개로 감염되는 기생충 : 간디스토마(간흡충), 폐디스토마(폐흡충), 요코가와흡충, 광절열두조충, 아니사키스 등
◆ 수육을 매개로 감염되는 기생충 : 무구조충(민촌충), 유구조충(갈고리촌충), 선모충 등

12 영양강화제

◆ 식품의 영양학적 품질을 유지하기 위해 제조공정 중 손실된 영양소를 복원하거나 영양소를 강화시키는 식품첨가물
◆ 식품첨가물공전에 허용된 영양강화제는 122건

13 유해성 포름알데히드와 관련 있는 물질

◆ 요소수지 : 요소와 알데히드류의 축합에 의해 얻어지는데 장기간 사용하면 표면이 거칠어져 유해한 포르말린이 용출되어 위생상 문제가 된다.

◆ urotropin : formaldchyde와 암모니아의 반응생성물이며 유해보존료로 지금은 사용이 금지되었다.

◆ rongalite : 술폭실산염의 포름알데히드 유도체이며 유해표백제로 사용이 금지된 상태이다.

> ⊕ nitrogen trichloride(NCl_3) : 자극성 있는 황색의 휘발성 액체로 밀가루 표백에 사용되었으나 지금은 사용이 금지되었다.

14 식품첨가물의 사용 [식품첨가물공전]

◆ 젤라틴의 제조에 사용되는 우내피 등의 원료는 크롬처리 등 경화공정을 거친 것을 사용하여서는 아니 된다.

◆ 식품제조 가공과정 중 결함 있는 원재료나 비위생적인 제조방법을 은폐하기 위하여 사용되어서는 아니 된다.

◆ 식품 중에 첨가되는 식품첨가물의 양은 물리적, 영양학적 또는 기타 기술적 효과를 달성하는 데 필요한 최소량으로 사용하여야 한다.

◆ 물질명에 「 」를 붙인 것은 품목별 기준 및 규격에 규정한 식품첨가물을 나타낸다.

15 도자기, 법랑기구 등에 사용하는 유약

◆ 납, 아연, 카드뮴, 크롬 등의 유해 금속성분들이 포함되어 있다.

◆ 유약의 소성온도가 충분치 않으면 초자화 되지 않으므로 산성식품 등에 의하여 납 등이 쉽게 용출되어 위생상 문제가 된다.

16 먹는물 수질기준 및 검사 등에 관한 규칙 제2조(건강상 유해영향 무기물질에 관한 기준)

◆ 불소는 1.5mg/L를 넘지 아니할 것

◆ 질산성 질소는 10mg/L를 넘지 아니할 것

◆ 크롬은 0.05mg/L를 넘지 아니할 것

◆ 수은은 0.001mg/L를 넘지 아니할 것

17 자진회수제도 recall

◆ 제품의 문제가 있을 때 그 제품을 생산한 제조업체나 그 제품을 유통시킨 유통업체가 자발적으로 또는 식품의약품안전처장, 시·도지사, 시장, 군수, 구청장의 회수명령에 의해서 이루어지는 일종의 자발적인 제도로 시장에 유통 중인 제품을 신속하게 회수함으로써 사전의 소비자의 피해를 최소화하려는 신뢰성 있는 제도이다.

18 미나마타병의 유래

◆ 일본 미나마타에서 1952년에 발생한 중독 사고이다.
◆ 하천 상류에 위치한 신일본 질소주식회사에서 방류한 공장폐수에 수은이 함유되어 해수를 오염시킨 결과 메틸수은으로 오염된 어패류를 섭취한 주민들에게 심한 수은 축적성 중독을 일으킨 예이다.

19 인수공통감염병

◆ 척추동물과 사람 사이에 자연적으로 전파되는 질병을 말한다. 사람은 식육, 우유에 병원체가 존재할 경우, 섭식 또는 감염동물, 분비물 등에 접촉하여 2차 오염된 음식물에 의하여 감염된다.
◆ 대표적인 인수공통감염병
　－ 세균성 질병 : 탄저, 비저, 브루셀라병, 세균성 식중독(살모넬라, 포도상구균증, 장염비브리오), 야토병, 렙토스피라병, 리스테리아병, 서교증, 결핵, 재귀열 등
　－ 리케차성 질병 : 발진열, Q열, 쯔쯔가무시병 등
　－ 바이러스성 질병 : 일본뇌염, 인플루엔자, 뉴캐슬병, 앵무병, 광견병, 천연두, 유행성 출혈열 등

20 알레르기^{allergy} 식중독

◆ 원인균 : *Proteus morganii*
◆ 가다랭이와 같은 붉은살 생선은 histidine의 함유량이 많아 histamine decarboxylase를 갖는 *Proteus morganii*가 묻어있어 histidine을 histamine으로 분해하여 아민류와 어울려 알레르기성 식중독을 유발한다.
◆ 원인식품 : 가다랭이, 고등어, 꽁치 및 단백질 식품 등
◆ 원인물질 : 단백질의 부패산물로 histamine, ptomaine, 부패아민류 등

➕ 아우라민(auramine)은 유해 황색 색소로 과자 등 식품의 착색료로 사용되었으나 현재는 사용이 금지되었다.

제2과목　식품화학

21 Soxhlet 추출법

◆ ethyl ether를 용매로 식품의 지질을 정량하는 방법이다.

22 맛의 대비

◆ 식염에 citric acid, acetic acid, lactic acid, tartaric acid와 같은 유기산을 가하면 짠맛이 증가한다.

23

◆ 식품의 단백질 정량법에는 Kjeldahl법, Biuret법, Lowry법, Bradford법, BCA법, 전기 영동법, 방사선 동위원소법, UV법(분광학적 정량법) 등이 있다.

◆ 아미노산 분리정량법에는 ion exchange resin chromatography, paper chromatography, gel chromatography, gas chromatography 등이 있다.

24 pectin 물질

◆ 식물조직의 세포벽이나 세포와 세포 사이를 연결해 주는 세포간질에 주로 존재하는 복합 다당류로 세포들을 서로 결착시켜 주는 물질로 작용한다.

◆ 따라서 펙틴은 채소류, 과실류의 가공, 저장 중 조직의 유지와 신선도의 유지 등을 위해 매우 중요하다.

◆ 과일의 숙성 중에 불용성인 protopectin이 효소(protopectinase)작용에 의해 수용성인 pectin으로 변화되면서 조직의 연화(softening)가 진행된다.

25 식품의 산도와 알칼리도

◆ 산도 $= \dfrac{0.1\text{N NaOH 소비 ml}}{\text{시료}} \times \dfrac{1}{10} \times 100$

$= \dfrac{30.0\text{ml}}{10\text{g}} \times \dfrac{1}{10} \times 100 = 30$

◆ 알칼리도 $= \dfrac{0.1\text{N HCl 소비 ml}}{\text{시료}} \times \dfrac{1}{10} \times 100$

⊕ 식품의 산도와 알칼리도
식품 100g에서 얻은 회분을 중화하는 데 필요한 1N(노르말농도)의 산 또는 알칼리도의 ml수이다. 따라서, 식품 10g을 취하면 ×10, 0.1N NaOH로 적정하면 1/10을 계산해 주어야 한다.

26 Henning의 냄새 프리즘 6가지

◆ 매운 냄새(spicy oder) ◆ 꽃향기(flower oder)
◆ 과일향기(fruit oder) ◆ 수지 냄새(resinous oder)
◆ 탄 냄새(burnt oder) ◆ 썩은 냄새(putrid oder)

27 퀴닌 quinine

◆ 쓴맛을 나타내는 대표적인 alkaloid 화합물이다.
◆ 키나무에 함유되어 있다.

28 호화에 미치는 영향

◆ 전분의 종류 : 전분의 입자가 클수록 호화가 빠르다. 즉 감자, 고구마는 쌀이나 밀의 전분 보다 크기 때문에 빨리 일어난다.
◆ 수분 : 전분의 수분 함량이 많을수록 호화가 잘 일어난다.

◆ 온도 : 호화에 필요한 최저온도는 대개 60℃ 정도다. 온도가 높으면 호화의 시간이 빠르다. 쌀은 70℃에서는 수 시간 걸리나 100℃에서는 20분 정도이다.

◆ pH : 알칼리성에서는 팽윤과 호화가 촉진된다.

◆ 염류 : 일부 염류는 전분 알맹이의 팽윤과 호화를 촉진시킨다. 일반적으로 음이온이 팽윤제로서 작용이 강하다(OH⁻ > CNS⁻ > Br⁻ > Cl⁻). 한편, 황산염은 호화를 억제한다.

29 유지의 굴절률

◆ 일반적으로 145~147 정도이다.

◆ 유지의 분자량 및 불포화도의 증가에 따라 그 굴절률은 증대한다.

30 chlorohpyll

◆ 산에 의해 Mg^+이 H^+로 치환되어 pheophytin이 되어 갈색으로 변한다.

31 지방의 산패를 억제하는 산화방지제

◆ 합성 산화방지제 : BHT(dibutyl hydroxy toluene), BHA(butylhydroxyanisol), sodium L−ascorbate, propyl gallate, erythrobic acid 등

◆ 천연 산화방지제 : sesamol, gossypol, lecithin, tocopherol(vit. E) 등

32 Weissenberg 효과

◆ 가당연유 속에 젓가락을 세워서 회전시키면 연유가 젓가락을 따라 올라간다. 이와 같은 현상을 말한다.

◆ 이것은 액체에 회전운동을 가했을 때에 흐름과 직각방향으로 현저한 압력이 생겨서 나타나는 현상이다.

33 기초대사량 측정조건

◆ 적어도 식후 12~18시간이 경과된 다음

◆ 조용히 누워있는 상태

◆ 마음이 평안하고 안이한 상태

◆ 체온이 정상일 때

◆ 실온이 약 18~20℃일 때

34 비타민 B₁ thiamine

◆ 장에서 흡수되어 thiamine pyrophosphate(TPP)로 활성화되어 당질대사에 관여한다.

◆ 100℃까지는 비교적 안정한 편이고 산성에서도 안정적이나 중성 특히 알칼리성에서 분해된다.

◆ 보통 조리 시 10~20% 손실되고 광선에 대해서 안정적이고, allithiamine(마늘)의 매운맛 성분을 형성한다.

◆ 탄수화물의 대사를 촉진하며, 식욕 및 소화기능을 자극하고, 신경기능을 조절한다.

◆ 결핍되면 피로, 권태, 식욕부진, 각기, 신경염, 신경통이 나타난다.

35 유지를 가열하면

◆ 유지의 불포화지방산은 이중결합 부분에서 중합이 일어난다.

◆ 중합이 진행되면 유지는 점도가 높아져 끈끈해지고, 색이 진해지며, 향기가 나빠지고, 소화율이 떨어진다.

36 당알코올 sugar alcohol

◆ 당의 carbonyl기가 H_2 등으로 환원되어 $-CH_2OH$로 된 것이다.

◆ 솔비톨(sorbitol)

- glucose가 환원된 형으로 일부 과실에 1~2%, 홍조류 13% 함유되어 있다.
- 수분 조절제, 비타민 C의 원료, 당뇨병 환자의 감미료, 식이성 감미료로 이용된다.
- 비타민 B_2의 구성 성분이다.

37 glucoamylase

◆ amylose와 amylopectin의 $\alpha-1$, 4 glucan 결합을 비환원성 말단에서 glucose 단위로 차례로 절단하는 효소이다.

◆ 이외도 분지점의 $\alpha-1$, 6 결합을 서서히 분해하여 glucose을 생성한다.

38

◆ 차비신(chavicine) : 후추의 매운맛 성분

◆ 캡사이신(capsaicin) : 고추의 매운맛 성분

◆ 카테콜(catechol) : 히드로퀴논의 이성질체, 피부발암 성분

◆ 갈산(gallic acid) : 차나 감의 떫은맛 성분

39 관능검사 패널

◆ 차이식별 패널

- 원료 및 제품의 품질검사, 저장시험, 원가절감 또는 공정개선 시험에서 제품 간의 품질 차이를 평가하는 패널이다.
- 보통 10~20명으로 구성되어 있고 훈련된 패널이다.

◆ 특성묘사 패널

- 신제품 개발 또는 기존제품의 품질 개선을 위하여 제품의 특성을 묘사하는 데 사용되는 패널이다.
- 보통 고도의 훈련과 전문성을 겸비한 요원 6~12명으로 구성되어 있다.

◆ 기호조사 패널

- 소비자의 기호도 조사에 사용되며, 제품에 관한 전문적 지식이나 관능검사에 대한 훈련이 없는 다수의 요원으로 구성된다.

- 조사크기 면에서 대형에서는 200~20,000명, 중형에서는 40~200명을 상대로 조사한다.
◆ 전문 패널
- 경험을 통해 기억된 기준으로 각각의 특성을 평가하는 질적검사를 하며, 제조과정 및 최종제품의 품질차이를 평가, 최종품질의 적절성을 판정한다.
- 포도주 감정사, 유제품 전문가, 커피 전문가 등

40 겔(젤)^{gel}

◆ 친수 졸(sol)을 가열하였다가 냉각시키거나 또는 물을 증발시키면 분산매가 줄어들어 반고체 상태로 굳어지는데, 이 상태를 겔이라고 한다.
◆ 한천, 젤리, 묵, 삶은 계란 등

제3과목 식품가공학

41 Winterization(탈납처리, 동유처리)

◆ salad oil 제조 시에만 하는 처리이다.
◆ 기름이 냉각 시 고체지방으로 생성되는 것을 방지하기 위하여 탈취하기 전에 고체지방을 제거하는 작업이다.

42 도축 전 처리

◆ 도축 전 가축에게 급수, 사료 절식, 안정시킬 때 도축 후 고기는 방혈이 잘되어 육질이 좋고 해체작업도 용이하게 할 수 있다.

43 원유의 정제

◆ 원유에는 검, 단백질, 점질물, 지방산, 색소, 섬유질, 탄닌, 납물질 등이 들어 있다.
◆ 불순물 중에 흙, 모래, 원료의 조각 등과 같은 것은 정치법, 여과법, 원심분리법, 가열법, 탈검 등의 물리적 방법으로 쉽게 제거할 수 있다.
◆ 단백질, 점질물, 검질 등과 같이 유지 중에 교질상태로 있는 것은 분리가 어려워 탈산법, 탈색법, 탈취법, 탈납법 등의 화학적 방법으로 제거하여야 한다.

44 버터류의 정의 [식품공전]

◆ 버터류라 함은 원유, 우유류 등에서 유지방분을 분리한 것이거나 발효시킨 것을 그대로 또는 이에 식품이나 식품첨가물을 가하여 교반, 연압 등 가공한 것을 말한다.
◆ 축산물가공품의 유형 : 버터, 가공버터, 버터오일

45 청국장의 끈적끈적한 물질

◆ 화학적으로 glutamic acid가 한 줄로 약 5,000개 연결된 polypeptide와 fructose가 중합된 fructan의 혼합물로 구성되어 있다.
◆ 이들 양자의 혼합비율은 일정하지 않고 청국장의 발효가 진행됨에 따라 polypeptide의 함량이 60~80%까지 증가하므로 상대적으로 fructan의 함량이 줄어들게 된다.
◆ 청국장의 점성, 즉 길게 내는 특성은 주로 glutamic acid의 중합도이며, 약 100분자이다.

46 도정률이 증가함에 따른 영양성분의 변화

◆ 섬유소, 회분, 비타민 등의 영양소는 손실이 커지고 탄수화물 양이 증가한다.
◆ 총 열량이 증가하고 밥맛, 소화율도 향상된다.

47 비중＝중량/부피

◆ $0.95 = 18/$부피
◆ 부피 $= 18/0.95$
$$= 18.95 cm^3$$

48 제거해야 할 수분량(x)

◆ $\dfrac{10}{100} \times 100 = \dfrac{20}{100}(100 - x)$

∴ $x = \dfrac{10}{0.2} = 50kg$

49 젤리화에 필요한 성분

◆ 젤리, 마멀레이드 및 잼류는 과실 중의 펙틴, 산 및 이것에 넣는 당분의 세 가지 성분이 각각 일정한 농도와 비율로 되었을 때 젤리화가 된다.

50 어패류의 선도 판정 방법 중 관능적 방법

◆ 가장 많이 이용되는 선도 판정법으로 주로 사람의 시각, 후각, 촉각에 의해 어패류의 선도를 판정한다.
◆ 신속하지만 판정 결과에 대하여는 수치화가 곤란하고 객관성 및 재현성이 떨어지는 판정 방법이다.

51 육가공 기계

◆ chopper(grinder) : 육을 잘게 자르는 기계
◆ silent cutter : 육을 곱게 갈아서 유화 결착력을 높이는 기계로서 첨가물 혼합이나 제조에 이용

◆ stuffer : 원료육과 각종 첨가물을 케이싱에 충전하는 기계
◆ packer : 포장기계

52 온도계수(Q₁₀)

◆ 저장온도가 10℃ 변동 시 여러 가지 작용이 어떻게 변하는가를 나타내는 숫자이다.
◆ 예를 들면 호흡량, 청과물 육질의 연화의 정도, 미생물의 작용을 보면, 보통 $Q_{10}=2\sim3$이면 온도가 10℃ 상승하고 변질이 2~3배 증가하며, 10℃ 낮아지면 변질이 1/2~1/3로 낮아진다.
◆ Q_{10}값이 1.8인 경우 10℃ 낮아지면 변질이 1/1.8로 낮아진다. 따라서 20℃에서 호흡량이 54[CO_2mg/kg/h]이면 10℃에서 호흡량은 $54\times1/1.8=30$[CO_2mg/kg/h]로 낮아진다.

53 열처리의 목적

◆ 세포막을 파괴하고 단백질을 응고시켜서 유지가 쉽게 용출되게 하는 것이다.
◆ 유지의 점도가 낮아진다.
◆ 인지질 기타의 불순물을 불용화 한다.
◆ 원료의 수분 함량을 적절히 조절한다.
◆ 유리지방산 생성을 억제한다.
◆ 세균, 곰팡이 등 미생물을 사멸시킨다.

54 물엿

◆ 전분을 가수분해하되 포도당을 만드는 과정에서 당화를 중지시켜 dextrin과 당분이 일정한 비율(맥아당 : 덱스트린은 2:1이 이상적이다)로 함유되게 하여 단맛과 점조도를 알맞게 맞춘 제품이다.
◆ 산당화엿과 맥아엿이 있다.

55 어패류 선도 판정의 지표물질

◆ 휘발성 염기질소, 트리메틸아민(TMA), 휘발성 환원성 물질(aldehydes가 주체), nucleotides의 분해생성물, hypoxanthine, DMA, 아미노태질소, tyrosine, histamine, indole, 휘발성 산 등이 있다.

56 레닛 rennet

◆ 응류효소인 rennin이 주성분이다.
◆ rennin에 의하여 casein이 paracasein으로 되며 Ca^{2+}의 존재 하에 응고되어 치즈 제조에 이용된다.

$$\kappa-\text{casein} \xrightarrow{\text{rennin}} \text{para}-\kappa-\text{casein} + \text{glycomacropeptide}$$

$$\text{para}-\kappa-\text{casein} \xrightarrow[\text{pH 6.4}\sim6.0]{Ca^{++}} \text{dicalcium para}-\kappa-\text{casein(치즈 커드)}$$

57 세척의 분류

◆ 건식세척의 종류 : 마찰세척(abrasion cleaning), 흡인세척(aspiration cleaning), 자석세척(magnetic cleaning), 정전기적 세척(electrostatic cleaning)

◆ 습식세척의 종류 : 담금세척(soaking cleaning), 분무세척(spray cleaning), 부유세척(flotation cleaning), 초음파세척(ultrasonic cleaning)

58 석회수 첨가 효과

◆ 착색물질인 polyphenol의 흡착을 억제하여 전분의 백도가 높아진다.

◆ 전분에 있는 pectin과 결합하여 pectin산 석회염을 형성하므로 전분미의 사별이 쉽다.

◆ 마쇄 직후 산성인 것이 알칼리성으로 되면서 단백질이 응고되지 않아 전분에 섞이지 않는다.

59 통의 크기

◆ 통에 채우는 물의 무게에 따라 정하는 방법과, 안지름과 높이에 의한 호칭으로 표시하는 방법이 있다. 우리나라는 후자의 방법을 쓰고 있다.

◆ 즉, 100 위의 숫자는 in.(인치) 10 위와 1 위의 숫자는 1/16in.로 나타나는 분수의 분자를 나타낸다.

◆ 예를 들면
  - 211은 지름이 2와 11/16인치를 의미한다.
  - 401은 지름이 4와 1/16인치를 의미한다.

60 마요네즈

◆ 난황의 유화력을 이용하여 난황과 식용유를 주원료로 하여 식초, 소금, 설탕 등을 혼합하여 유화시켜 만든 제품이다.

◆ 난황의 유화력은 난황 중의 인지질인 레시틴(lecithin)이 유화제로서 작용한다.

제4과목 식품미생물학

61 맥아즙의 제조 공정

◆ 맥아 분쇄, 담금, 맥아즙 여과, 맥아즙 자비와 hop 첨가, 맥아즙 여과이다.

◆ 맥아즙 제조의 주목적은 맥아를 당화시키는 데 있다.

62 곰팡이의 유성생식 sexual reproduction

◆ 2개의 다른 성세포가 접합하여 2개의 세포핵이 융합하여 하나의 핵으로 되고 그 핵을 중심으로 하여 유성포자(sexual spore)가 형성된다.

◆ 유성포자에는 접합포자(zygospore), 자낭포자(ascospore), 담자포자(basidiospore), 난포자(oospore)가 있다.

63 진균류 ^{Eumycetes}

◆ 격벽의 유무에 따라 조상균류와 순정균류로 분류
◆ 조상균류
　－ 균사에 격벽(격막)이 없다.
　－ 호상균류, 난균류, 접합균류(*Mucor*속, *Rhizopus*속, *Absidia*속) 등
◆ 순정균류
　－ 균사에 격벽이 있다.
　－ 자낭균류(*Monascus*속, *Neurospora*속), 담자균류, 불완전균류(*Aspergillus*속, *Penicillium*속, *Trichoderma*속) 등

64 *Penicillium*속 곰팡이

◆ 사과의 수송이나 저장 중 또는 감귤류의 저장 중에 많은 피해를 준다.
◆ 수확기의 미소한 상처에서 침입되어 전면으로 번식되고 연화를 일으킨다.

65 산막효모의 특징

◆ 다량의 산소를 요구한다.
◆ 위균사를 형성한다.
◆ 액면에 발육하며 피막을 형성한다.
◆ 산화력이 강하다.
◆ 산막효모에는 *Hansenula*속, *Pichia*속, *Debaryomyces*속 등이 있다.
◆ 이들은 다극출아로 증식하는 효모가 많다.
◆ 대부분 양조공업에서 알코올을 분해하는 유해균으로 작용한다.

66 균체의 유기성분

◆ 중요한 것은 단백질, 핵산, 지질, 탄수화물 등이다.
◆ 단백질은 세포의 기본 구성물질로 세포질의 대부분을 차지하고 있으며, 균체의 총 질소량은 곰팡이 2~7%, 효모 5~10%, 세균 8~13% 범위로 존재한다.
◆ 세포 내 단백질의 대부분은 핵산과 결합한 핵산단백질로 존재한다.

67 증류주

◆ 양조주 또는 그 술의 찌꺼기를 증류하여 주정 함량을 높인 술로서 EX분 함량이 적은 것이 특징이다.
◆ 여기에는 증류식 소주, 희석식 소주, 위스키, 브랜디가 있다.

68 *Clostridium sporogenes*

◆ 혐기적 조건에서 잘 번식한다.
◆ 원인식품은 소시지, 육류, 특히 통조림과 밀봉식품이고, 살균이 불충분한 경우에 생성되는

식중독 원인균으로 유명하다.

69 세균의 세포벽 성분

◆ 그람양성균의 세포벽
- peptidoglycan 이외에 teichoic acid, 다당류 아미노당류 등으로 구성된 mucopolysaccharide을 함유하고 있다.
- 연쇄상구균, 쌍구균(폐염구균), 4련구균, 8련구균, *Staphylococcus*속, *Bacillus*속, *Clostridium*속, *Corynebacterium*속, *Mycobacterium*속, *Lactobacillus*속, *Listeria*속 등

◆ 그람음성균의 세포벽
- 지질, 단백질, 다당류를 주성분으로 하고 있으며, 각종 여러 아미노산을 함유하고 있다.
- 일반 양성균에 비하여 lipopolysaccharide, lipoprotein 등의 지질 함량이 높고, glucosamine 함량은 낮다.
- *Aerobacter*속, *Neisseria*속, *Escherhchia*속(대장균), *Salmonella*속, *Pseudomonas*속, *Vibrio*속, *Campylobacter*속 등

70 계란의 흑색 부패

◆ 원인균 : *Proteus*속
◆ 저장온도가 높으면 생기기 쉽다.
◆ 계란은 불투명하게 되고 난황은 흑색으로 되었다가 파괴되어 전내용이 회갈색으로 된다.
◆ 부패취, 황화수소취가 나고 가스압이 생긴다.

71 진균류 *Eumycetes*

◆ 격벽의 유무에 따라 조상균류와 순정균류로 분류한다.
◆ 조상균류
- 균사에 격벽(격막)이 없다.
- 호상균류, 난균류, 접합균류(*Mucor*속, *Rhizopus*속, *Absidia*속) 등
◆ 순정균류
- 균사에 격벽이 있다.
- 자낭균류(*Monascus*속, *Neurospora*속), 담자균류, 불완전균류(*Aspergillus*속, *Penicillium*속, *Trichoderma*속) 등

72 치즈 표면에 발생되는 곰팡이

◆ *Geotrichum*속 : 유제품의 곰팡이라 할 수 있는 *Geotrichum lactis*는 연질치즈에 발생하여 숙성 중 다른 곰팡이나 표면의 세균의 번식을 억제한다. *Geotrichum rubrum*, *Geotrichum crustacea*는 적색 색소를 생성한다.
◆ *Cladosporium*속 : 균사와 포자는 검고 치즈를 흑변시킨다. 대표적인 균은 *Cladosporium herbarum*이다.

◆ *Penicillium*속 : *Penicillium puberulum*은 cheddar cheese의 표면이 갈라진 부분에 번식하여 녹색을 띤다. *Penicillium casei*는 황갈색의 반점을 cheese rind 위에 형성한다.

◆ *Monilia*속 : *Monilia nigra*는 경질치즈의 표면에 흑반을 일으킨다.

⊕ *Fusarium*속 : 식물의 뿌리, 잎에 침입하는 병원균이 많다. *Fusarium moniliforme*은 벼의 키다리병을 일으킨다. 이외에 *Fusarium graminearum*은 보리의 붉은곰팡이병, *Fusarium lini*은 아마의 시들음병을 일으킨다.

73 황색포도상구균 *Staphylococcus aureus*

◆ 공기, 토양, 하수 등의 자연계에 널리 분포한다.

◆ 그람양성, 무포자 구균이고, 통성 혐기성 세균이다.

◆ 독소 : enterotoxin(장내 독소)
   - 균 자체는 80℃에서 30분 가열하면 사멸되나 독소는 내열성이 강해 120℃에서 20분간 가열하여도 완전파괴되지 않는다.

◆ 특징
   - 7.5% 정도의 소금 농도에서도 생육할 수 있는 내염성균이다.
   - 생육적온은 37℃이고, 10~45℃에서도 발육한다.
   - 다른 세균에 비해 산성이나 알칼리성에서 생존력이 강한 세균이다.

◆ 감염원 : 주로 사람의 화농소, 콧구멍 등에 존재하는 포도상구균(손, 기침, 재채기 등)이다.

74 gluconic acid를 생산하는 미생물

◆ *Aspergillus niger*, *Aspergillus oryzae*, *Penicillium chrysogenum*, *Penicillium notatum* 등의 곰팡이와 *Acetobacter gluconicum*, *Acetobacter oxydans*, *Gluconobacter*속과 *Pseudomonas*속 등의 세균도 있다.

75

◆ *Saccharomyces cerevisiae* : 맥주의 상면발효효모

◆ *Saccharomyces carlsbergensis* : 맥주의 하면발효효모

◆ *Saccharomyces coreanus* : 한국의 약, 탁주 효모

◆ *Saccharomyces rouxii* : 간장, 된장 발효에 관여하는 효모

76 *Neurospora*속

◆ 대부분 자웅이체로 갈색 또는 흑색의 피자기를 만들고 그 중에 원통형의 자낭 안에 4~8개의 자낭을 형성한다.

◆ 무성세대는 오랜지색 또는 담홍색의 분생자가 반달모양의 덩어리로 되어 착색하며 타진나무, 옥수수심, 빵조각에 생육하여 연분홍색을 띠므로 붉은빵곰팡이라고 한다.

◆ 포자의 색소에는 대량의 β-carotene이 함유한다.

77 미생물의 일반적인 배양 최적 pH

◆ 곰팡이와 효모의 최적 pH 5.0~6.5
◆ 세균, 방선균의 최적 pH 7.0~8.0

78 *Bacillus*속

◆ 그람양성 호기성 때로는 통성 혐기성 유포자 간균이다.
◆ 단백질 분해력이 강하며 단백질 식품에 침입하여 산 또는 가스를 생성한다.
◆ *Bacillus subtilis*는 마른 풀 등에 분포하며 고온균으로서 α-amylase와 protease를 생산하고 항생물질인 subtilin을 만든다.
◆ *Bacillus natto*(납두균, 청국장균)는 청국장 제조에 이용되며, 생육인자로 biotin을 요구한다.

79 카탈라아제 catalase

◆ 과산화수소를 물과 분자상태의 산소로 분해하는 효소이다.
◆ 초유, 유방염유에 많이 들어 있고, 유방염유의 검출에 이용된다.

$$2H_2O_2 \rightarrow 2H_2O + O_2$$

80 최대 초산량 측정

◆ $C_6H_{12}O_6 \longrightarrow 2C_2H_5OH + 2CO_2$
   180   2×46

◆ $C_2H_5OH + O_2 \longrightarrow CH_3COOH + H_2O$
   46   60

◆ $180 : 60 \times 2 = 500 : \chi$

   $\chi = 333.3$

제5과목 식품제조공정

81 방사선 살균

◆ 코발트60 동위원소에서 발생되는 고에너지 이온화 방사선에 식품을 노출시켜 전체 또는 일부의 미생물과 해충을 파괴하는 방법이다.
◆ 방사선에 의한 살균 작용은 주로 방사선이 강한 에너지에 의하여 방사선 조사를 받으면 균체의 체내의 수분이 이온화되어 생리적 평행이 깨어지며 대사기능 역시 파괴되므로 균의 생존이 불가능해진다.
◆ X선, γ선 등의 방사선이 살균 목적에 이용된다. 최근에는 Co-60이나 Cs-137과 같은 방사선 동위 원소로부터 방출되는 투과력이 강한 γ선이 포장된 식품이나 약품 등의 멸균에 이용된다.

82 효소의 정제법

◆ 염석법, 유기용매에 의한 침전법, 흡착법, 투석법, 한외여과법, 이온교환법, gel 여과법 등이 이용된다.

83 식품의 추출 조건

◆ 추출용매는 점도가 낮아 유동성이 커야 한다.

◆ 용매의 선택성이 커서 목적하는 성분에 대해서만 용해도가 크고, 그 밖의 성분은 녹이지 않는 성질이 있어야 한다.

◆ 추출용매는 경제성, 작업성, 안전성을 고려하여 선택해야 한다.

◆ 입자의 크기는 되도록 작게 하여 용매와의 접촉면적이 크게 해야 한다.

84 터널 건조기

◆ 2m×2m 정도의 사각형의 단면을 가진 길이가 20~30m인 터널로 되어 있다.

◆ 운전과정에서는 건조된 제품이 실린 궤도운반차가 터널의 한 끝에서 나올 때 새로운 식품을 실은 궤도운반차가 터널의 다른 끝으로 들어가도록 시간이 조절되어 있다.

◆ 열풍과 제품의 이동 방향에 따라 병류식(parallel flow)과 향류식(counter flow)이 있다.

◆ 과일이나 채소의 건조에 흔히 사용된다.

85 성형기의 종류 및 용도

◆ 주조성형기 : 크림, 젤리, 빙과, 빵, 과자 등의 제조에 이용

◆ 압연성형기 : 국수, 껌, 도넛, 비스킷 등의 제조에 이용

◆ 압출성형기 : 마카로니, 소시지, 인조육 제품 등 가공에 이용

◆ 절단성형기 : 과일과 채소의 세절, 과일을 정사각형으로 썰어서 다이싱(dicing), 치즈나 두부의 절단 등에 이용

◆ 과립성형 : 분말주스, 커피분말, 이스트 등의 제조에 이용

86 탈산공정 deaciding

◆ 원유에는 보통 0.5% 이상 유리지방산이 들어 있는데, 이것을 제거하는 것이 탈산이다.

◆ 탈산법 : 수산화나트륨(NaOH) 용액으로 유리지방산을 중화(비누화) 제거하는 알칼리 정제법이 널리 쓰이고 있다.

◆ 생성된 비누분과 함께 검질, 색소 등의 불순물도 동시에 제거할 수 있다.

87 조립기

◆ 파쇄형 조립기(break type gramulator) : 단단한 원료를 회전하는 칼에 의해 일정 크기와 모양으로 부수거나 절단하여 조립하는 기계이다.

◆ 혼합형 조립기(mixing type granulator) : 블렌더 조립기는 원료에 소량의 액체를 혼합하여 으깨기가 된 혼합 원료를 다시 파쇄시켜 과립 형태로 만들 수 있는 기계로 녹말 제조, 향

신료, 계란 분말 등을 제조하는 데 사용한다. 핀 조립기가 블렌더 조립기와 비슷하다. 구형 조립기와 유동층 조립기, 기류식 조립기가 있다.

◆ 압출 조립기(pelleter) : 원료에 소량의 액체를 넣어 혼합하거나 반죽 등을 하여 작은 구멍이 여러 개 있는 원판에서 압출시켜 조립을 하는 기계이다.

◆ 박편형 조립기(flaker type granulator) : 용액 상태로 녹아있는 원료를 가열 또는 냉각시켜 굳게 하여 잘게 부수는 조립기이다. 회전 드럼형과 벨트형이 있다.

88 단위조작

	조작	조작의 목적
열조작	열전달 증발	저온저장, CA저장, 동결저장, 살균저장 농축
확산 조작	결정화 흡수 증류 건조 추출 훈연화 염장 당장	정제 CO_2, O_2 이동 농축, 정제 탈수저장 유지, 당의 분리 훈연, 탈수저장 염장(salting) 당장(sugaring)
기계적 조작	침강, 원심분리 여과, 압착 집진 세분화 교반, 혼합	고액분리, 분급 고액분리 고액분리, 제균 파쇄, 분쇄 조합

89 세척방법

◆ 침지세척 : 탱크와 같은 용기에 물을 넣고 식품을 일정시간 담가, 교반하면서 씻어낸 후 건져내는 방식이다. 예 시금치, 감자, 고구마 등 채소 등

◆ 마찰세척 : 재료 간의 상호 마찰 또는 재료와 세척기의 움직이는 부분과의 상호접촉에 의해 오염물질이 제거되는 방법이다.

◆ 분무세척 : 벨트 위에 식품을 올려놓고 이동하도록 하고 그 위를 여러 개의 노즐을 통하여 물을 분무시켜 세척하도록 한 장치이다. 예 감자, 토마토, 감귤, 사과 등

◆ 부유세척 : 식품과 오염물질의 부력차이를 이용한 세척방법이다. 완두콩, 강낭콩, 건조야채로부터 각종 이물질을 제거할 수 있다.

90 해머 밀 hammer mill

◆ 충격형 분쇄기로, 여러 개의 해머가 부착된 회전자(rotor)와 분쇄실 밑에 있는 반원형의 체로 구성되어 있다.

◆ 회전자는 2,500~4,000rpm으로 회전시키면 해머의 첨단속도는 30~90m/sec에 이르게 되어 식품은 강한 충격을 받아 분쇄된다.

◆ 결정성 고체, 곡류, 건조 채소, 건조 육류 등을 분쇄하는 데 알맞다.

91 ◆ 반죽기(kneader) : 액체의 양이 아주 적을 때 혼합물의 유동성이 더욱 없어지기 때문에 밀가루 반죽과 마찬가지로 반죽을 늘리고 접고 하는 동작을 기계적으로 반복하도록 설계되어 있는 장치

◆ 휘퍼(whipper) : 계란이나 생크림을 거품 내는 기구

◆ 임펠러(impeller) : 회전날개의 원심력에 의해 액체에 운동에너지를 주고 이 운동에너지가 압력으로 변환되어 액체를 수송하는, 원심 펌프 내부에서 회전하는 날개

◆ 유화기(emulsificater) : 교반과 같이 액체–액체 혼합이지만 서로 녹지 않는 액체를 분산시켜 혼합하는 장치

93 유화제의 분류

◆ 유중수적형(W/O) : 버터, 마가린, 데커레이션용 버터크림 등
◆ 수중유적형(O/W) : 우유, 생크림, 아이스크림, 마요네즈, 두유 등

94 상업적 살균 commercial sterilization

◆ 가열살균에 있어서 식품의 저장성과 품질을 양립시킬 수 있는 최저한도의 열처리를 말한다.

◆ 식품산업에서 가열처리(70~100℃ 살균)를 하였더라도 저장 중에 다시 생육하여 부패 또는 식중독의 원인이 되는 미생물만을 일정한 수준까지 사멸시키는 방법이다.

◆ 산성의 과일통조림에 많이 이용한다.

95 분무건조 spray drying

◆ 액체식품을 분무기를 이용하여 미세한 입자로 분사하여 건조실 내에 열풍에 의해 순간적으로 수분을 증발하여 건조, 분말화시키는 것이다.

◆ 열풍온도는 150~250℃이지만 액적이 받는 온도는 50℃ 내외에 불과하여 건조제품은 열에 의한 성분변화가 거의 없다.

◆ 열에 민감한 식품의 건조에 알맞고 연속 대량 생산에 적합하다.

◆ 우유는 물론 커피, 과즙, 향신료, 유지, 간장, 된장과 치즈의 건조 등 광범위하게 사용되고 있다.

96 D값

◆ 균수를 1/10로 줄이는 데 걸리는 시간은 0.25분
◆ $1/10^{12}$ 수준으로 감소(12배)시키는 데 걸리는 시간은 0.25×12 = 3분

97 세척의 분류

◆ 건식세척의 종류 : 마찰세척(abrasion cleaning), 흡인세척(aspiration cleaning), 자석세척(magnetic cleaning), 정전기적 세척(electrostatic cleaning)

◆ 습식세척의 종류 : 담금세척(soaking cleaning), 분무세척(spray cleaning), 부유세척(flotation cleaning), 초음파세척(ultrasonic cleaning)

98 드럼건조 drum dry, film dry

◆ 액상인 피건조물을 드럼 표면에 얇은 막을 형성하도록 하여 이를 가열표면에 접촉시켜 전도에 의한 건조가 이루어진다.

◆ 액체, slurry상, paste상, 반고형상의 원료를 건조하는 데 이용한다.

99 pH와 가열살균 조건

◆ 살균공정에서 중요한 분기점은 pH 4.5이다.

◆ 과일주스와 같은 산성식품(pH 4.5)은 저온살균으로도 미생물 제어가 가능하나, 저산성식품(pH 5~6)이나 비산성식품(pH 7)은 고온살균(116~121℃) 해야 한다.

◆ pH 3.7 이하의 산성식품 또는 수분활성이 낮은 식품은 살균을 하지 않아도 된다.

100 압출성형

◆ 반죽, 반고체, 액체식품을 노즐 또는 다이스(dice)와 같은 구멍을 통하여 압력으로 밀어내어 성형하는 방법이다.

◆ 마카로니, 소시지, 인조육 제품 등 가공에 이용한다. 예 소시지 충전기(stuffer), 마카로니 제조기

식품산업기사 기출문제 해설 2019 1회

제1과목 식품위생학

1 식품첨가물

◆ 식품을 제조·가공·조리 또는 보존하는 과정에서 감미, 착색, 표백 또는 산화방지 등을 목적으로 식품에 사용되는 물질을 말한다. 이 경우 기구·용기·포장을 살균·소독하는 데에 사용되어 간접적으로 식품으로 옮아갈 수 있는 물질을 포함한다.

◆ 식품첨가물의 구비조건
- 인체에 무해하고, 체내에 축적되지 않을 것
- 소량으로도 효과가 충분할 것
- 식품의 제조가공에 필수불가결할 것
- 식품의 영양가를 유지할 것
- 식품에 나쁜 이화학적 변화를 주지 않을 것
- 식품의 화학분석 등에 의해서 그 첨가물을 확인할 수 있을 것
- 식품의 외관을 좋게 할 것
- 값이 저렴할 것

2 폐수오염지표의 검사 항목

◆ BOD(생물화학적 산소요구량), COD(화학적산소요구량), pH, DO(용존산소량), SS(부유물질량), 특정 유해물질, 대장균수, 색도, 온도 등이다.

➕ Active Oxygen Method(AOM)는 유지의 산화안정도의 측정방법이다.

3 진드기류의 방제법

◆ 살충에 의한 방법
◆ 냉장에 의한 방법
◆ 포장에 의한 방법
◆ 가열에 의한 방법
◆ 습도를 줄이는 방법

4 트리할로메탄 trihalomethane

◆ 물속에 포함돼 있는 유기물질이 정수과정에서 살균제로 쓰이는 염소와 반응해 생성되는 물질이다.

◆ 유기물이 많을수록, 염소를 많이 쓸수록, 살균과정에서의 반응과정이 길수록, 수소이온농도(pH)가 높을수록, 급수관에서 체류가 길수록 생성이 더욱 활발해진다.

◆ 인체에 암을 일으키는 발암성 물질로 알려져 세계보건기구(WHO)나 미국, 일본, 우리나라 등에서 엄격히 규제하고 있으며 미국, 일본, 우리나라 등 트리할로메탄에 대한 기준치를 0.1ppm으로 정하고 있다.

5 물질의 독성시험

◆ 급성독성시험 : 동물에 미량으로부터 다량을 투여하여 LD_{50}을 산출한다.

◆ 만성독성시험 : 생쥐, 흰쥐 등을 2년간의 사육시험 결과로 사망률, 병리조직학적 변화, 발암성, 최기형성, 물질의 생체 내 대사 등을 관찰한다. 만성독성시험은 식품이나 식품첨가물이 인체에 끼치는 최대무작용량을 판정하는 데 목적이 있다.

6 식품위생 분야 종사자의 건강진단규칙 제2조

대상	건강진단 항목	횟수
식품 또는 식품첨가물(화학적 합성품 또는 기구 등의 살균·소독제는 제외한다)을 채취·제조·가공·조리·저장·운반 또는 판매하는데 직접 종사하는 사람. 다만, 영업자 또는 종업원 중 완전 포장된 식품 또는 식품첨가물을 운반하거나 판매하는 데 종사하는 사람은 제외한다.	• 장티푸스(식품위생 관련영업 및 집단급식소 종사자만 해당한다) • 폐결핵 • 전염성 피부질환(한센병 등 세균성 피부질환을 말한다)	년1회

7 유해 첨가물

◆ 둘신(dulcin) : 유해 감미료

◆ 롱가리트(rongalite) : 유해 표백제

◆ 아우라민(auramine) : 황색계 tar색소로 유해 색소

◆ 붕산(H_3BO_3) : 유해 보존료

◆ 살리실산(salicylic acid) : 유해 보존료

8 보툴리누스 식중독

◆ 원인균 : *Clostridium botulinus*

◆ 원인균의 특징
- 그람양성 간균으로 주모성 편모를 가지고 있다.
- 내열성 아포를 형성하는 편성 혐기성이다.
- 신경독소인 neurotoxin을 생성한다.
- 균 자체는 비교적 내열성이 강하나 독소는 열에 약하다.

◆ 잠복기 : 12~36시간

◆ 증상 : 신경증상으로 초기에는 위장장애 증상이 나타나고, 심하면 시각장애, 언어장애, 동공확대, 호흡곤란, 구토, 복통 등이 나타나지만 발열이 없다.

◆ 치사율은 30~80%로 세균성 식중독 중 가장 높다.
◆ 원인식품 : 소시지, 육류, 특히 통조림과 병조림 같은 밀봉식품이고, 살균이 불충분한 경우가 많다.
◆ 예방법
 – 식품의 섭취 전 충분히 가열한다.
 – 포장 식육이나 생선, 어패류 등은 냉장 보관하여야 한다.
 – 진공팩이나 통조림이 팽창되어 있거나 이상한 냄새가 날 때에는 섭취하지 않는다.

9 요업 용기로부터 이행 가능한 유해물질

◆ 요업 용기, 즉 도자기, 법랑피복제품, 옹기류 등은 도자기 표면에 유약을 칠하는데 이는 중금속계의 안료로서 소성온도가 완전할 때는 무방하나 소성온도가 불완전하면 납 등이 용출된다.
◆ 그림을 그려 넣은 것을 더 높은 온도로 구울 수 없기 때문에 더욱 문제가 된다.
◆ 800℃ 이하에서 구운 저온 소성의 제품에서 납 외에 구리, 안티몬, 아연, 코발트, 망간, 카드뮴 등이 초산용액에 침출된다.

10 간디스토마(간흡충)

◆ 제1 중간숙주 : 왜우렁이
◆ 제2 중간숙주 : 참붕어, 잉어, 붕어, 큰납지리, 가시납지리, 피라미, 모래무지 등 48종의 민물고기가 보고되고 있다.
◆ 민물고기를 생식하지 않았어도 조리한 기구나 손을 청결히 하지 않거나 소독하지 않으면 감염될 수 있다.

11 곰팡이가 생성하는 독성물질

◆ aflatoxin은 *Aspergillus flavus*에서 생산되는 독성물질이다.
◆ citrinin은 *Pen. citrinum*이 생성한 것으로 쌀을 황변미로 만들어 중독을 일으킨다.
◆ patulin은 *Pen. patulum, Asp. clavatus* 등이 생성하는 독성물질이다.

⊕ saxitoxin은 검은조개, 섭조개, 대합이 생성하는 독성분이다.

12 소독제

◆ 승홍($HgCl_2$), 요오드(iodine), 염소(Cl_2), 표백분, 과산화수소(H_2O_2), 페놀, 크레졸, 역성비누, 알코올, 포르말린 등

⊕ 중성 세제 : 세정력은 강하나 소독 효과는 거의 없어 과일, 채소, 식기, 행주 등의 세척에 사용

13 경구감염병과 세균성식중독의 차이

구분	경구감염병	세균성식중독
감염관계	감염환이 성립된다.	종말감염이다.
균의 양	미량의 균으로도 감염된다.	일정량 이상의 균이 필요하다.
2차 감염	2차 감염이 빈번하다.	2차 감염은 거의 드물다.
잠복기간	길다.	비교적 짧다.
균의 증식	식품에서 증식이 잘 되지 않고 체내에서 증식이 잘 된다.	식품에서 증식하고 체내에서는 증식이 안 된다.
예방조치	예방조치가 어렵다.	균의 증식을 억제하면 가능하다.
음료수	음료수로 인해 감염된다.	음료수로 인한 감염은 거의 없다.
면역	개인에 따라 면역이 성립된다.	면역성이 없다.

14 요소수지 urea resin

◆ 요소와 알데히드류의 축합에 의해 얻어지는 열경화성 합성수지제이다.
◆ 색깔이 풍부하고 광택이 우수하여 가볍고 경도가 높다.
◆ 기본적으로 가교 결합된 경화성 수지로 식기류, 주방용품 등에 사용된다.
◆ 장기간 사용으로 표면이 거칠어져서 유해한 포름알데히드(formalin)가 용출되어 현재 플라스틱 중 위생상 문제가 가장 크다.

15 식품보관 시 냉각 또는 가열의 원칙

◆ 식중독균, 부패균은 일반적으로 사람의 체온(36~37℃) 범위에서 잘 자라며 5℃에서 56℃까지 광범위한 범위에서 증식이 가능하므로 식품보관 시 이 범위를 벗어난 온도에서 보관하도록 하여야 한다.
◆ 세균의 일반적인 증식온도
  - 0℃ 이하 : 거의 발육하지 않음
  - 0~5℃ : 거의 발육하지 못하나 일부 발육하는 세균도 있음
  - 10~37℃ : 모든 세균이 활발히 증식
  - 57~64℃ : 대부분의 세균 증식 불가
  - 65℃ : 대부분 세균 사멸

16 식품오염에 문제가 되는 방사선 물질

◆ 생성률이 비교적 크고
  - 반감기가 긴 것 : Sr-90(28.8년), Cs-137(30.17년) 등
  - 반감기가 짧은 것 : I-131(8일), Ru-106(1년) 등
◆ C에서 문제되는 핵종은 C-12가 아니고 C-14 이다.

17 우유와 관련된 시험

◆ 메틸렌블루(methylene blue) 환원시험 : 우유 중 세균수의 간접측정
◆ 포스파테이즈(phosphatase) 검사법 : 우유의 완전살균(저온살균) 여부 판정
◆ 브리드씨법(Breed's method) : 식품의 일반세균수 검사
◆ 알코올 침전 시험 : 우유의 산패유무 판정

18 장염비브리오균 식중독

◆ 원인균 : *Vibrio parahaemolyticus*
◆ 원인균의 특성
　－ 그람음성 무포자 간균으로 통성 혐기성균이다.
　－ 극모성 편모를 갖는다.
　－ 호염균으로 3% 전후의 식염농도 배지에서 잘 발육한다.
　－ 열에 약하여 60℃에서 2분간 가열하면 사멸한다.
　－ 민물에서 빨리 사멸된다.
　－ 증식 최적온도는 30~37℃, 최적 pH는 7.5~8.5이다.
　－ 감염원은 근해산 어패류가 대부분(70%)이고, 연안의 해수, 바다벌, 플랑크톤, 해초 등에 널리 분포한다.
◆ 잠복기는 평균 10~18시간이다.
◆ 주증상은 설사와 복통이고 환자의 30~40%는 발열, 두통, 오심 등의 전형적인 급성 위장염 증상을 보인다.
◆ 설사가 심할 때는 탈수현상이 일어나기 때문에 콜레라와 비슷한 증상을 나타내기도 한다.
◆ 원인식품은 주로 어패류로 생선회가 가장 대표적이지만, 그 외에도 가열 조리된 해산물이나 침채류를 들 수 있다.

19 허용 보존료

◆ 데히드로초산 나트륨 : 자연치즈, 가공치즈, 버터류, 마가린류 등에 사용
◆ 프로피온산 : 빵, 치즈류, 잼류 등에 사용
◆ 파라옥시 안식향산 에틸 : 캅셀류, 잼류, 망고처트니, 간장, 식초 등에 사용

⊕ 파라옥시 안식향산 프로필 : 내분비 및 생식독성 등의 안전성이 문제가 되어 2008년 식품첨가물 지정이 취소

20 검체 균질화 기기

◆ 스토마커(stomacher)는 식품 또는 고체 시료를 분쇄 희석해서 미생물 검출용 시료를 준비할 때 사용된다.

21 ◆ 식품의 냄새성분은 휘발성이고 지용성이기 때문에 식품을 오래 보존하게 되면 냄새 성분
이 휘발되거나 변질되게 된다.

22 ## 식품의 레올로지(rheology)
◆ 소성(plasticity) : 외부에서 힘의 작용을 받아 변형이 되었을 때 힘을 제거하여도 원상태로
되돌아가지 않는 성질 **예** 버터, 마가린, 샌크림
◆ 점성(viscosity) : 액체의 유동성에 대한 저항을 나타내는 물리적 성질이며 균일한 형태와
크기를 가진 단일물질로 구성된 뉴톤 액체의 흐르는 성질을 나타내는 말 **예** 물엿, 벌꿀
◆ 탄성(elasticity) : 외부에서 힘의 작용을 받아 변형되어 있는 물체가 외부의 힘을 제거하면
원래상태로 되돌아가려는 성질 **예** 한천젤, 빵, 떡
◆ 점탄성(viscoelasticity) : 외부에서 힘을 가할 때 점성유동과 탄성변형을 동시에 일으키는
성질 **예** 난백, 껌, 반죽

23 ## 산가 acid value
◆ 유지 1g 속의 유리지방산을 중화시키는 데 필요한 KOH의 mg수를 산가라 한다.

$$산가 = \frac{KOH \text{ 분자량}}{oleic\ acid\ \text{분자량}} \times \frac{20}{1}$$

$$= \frac{56}{282} \times 20$$

$$= 3.97$$

24 ◆ 팔미트산(palmitic acid)은 16:0, 올레산(oleic acid)은 18:1, 리놀레산(linoleic acid)은
18:2, 리놀렌산(linolenic acid)은 18:3이다.

25 ## anthocyanin계 색소
◆ 꽃, 과실, 채소류에 존재하는 적색, 자색, 청색의 수용성 색소로서 화청소라고도 부른다.
◆ 매우 불안정하여 가공, 저장 중에 쉽게 변색된다.
◆ anthocyanin은 배당체로 존재하며 산, 알칼리, 효소 등에 의해 쉽게 가수분해되어
aglycone인 anthocyanidin과 포도당이나 galactose, rhamnose 등의 당류로 분리된다.

26 ## 과당 furctose
◆ 설탕의 150% 정도로 천연당류 중 단맛이 가장 강하다.
◆ 단맛은 β형이 α형보다 3배 단맛이 강하다.
◆ 과당의 수용액을 가열하면 β형은 α형으로 변하여 단맛이 현저히 저하된다.

27 **효소적 갈변 방지법**

◆ Blanching(열처리) : 효소는 복합 단백질이므로 가열에 의해 쉽게 불활성화 된다.

◆ 아황산가스 또는 아황산염의 이용 : 감자의 경우, pH 6.0에서 효과적으로 억제된다.

◆ 산소의 제거 : 밀폐용기에 식품을 넣고 공기를 제거하거나, 질소나 탄산가스를 치환하면 억제할 수 있다.

◆ phenolase기질의 메틸화 : 과실류, 야채류의 색깔, 향미, texture에 아무런 영향을 주지 않고 갈변을 방지할 수 있는 방법

◆ 산의 이용 : phenolase의 최적 pH는 6~7 정도이므로 식품의 pH를 citric acid, malic acid, ascorbic acid, 인산 등으로 낮추어 줌으로써 효소에 의한 갈색화 반응 억제, ascorbic acid를 가장 많이 사용한다.

◆ 온도 : −10℃ 이하가 효과적이다.

◆ 금속이온제거

28 ◆ 콜라겐은 물과 함께 장시간 가열하면 변성되어 가용성인 gelatin이 된다.

29 **과당**^{furctose}

◆ 설탕의 150% 정도로 천연당류 중 단맛이 가장 강하다.

◆ 단맛은 β형이 α형보다 3배 단맛이 강하다.

◆ 과당의 수용액을 가열하면 β형은 α형으로 변하여 단맛이 현저히 저하된다.

30 **함유황 아미노산**

◆ cysteine, cystine, methionine 등이 있다.

➕ lysine은 지방족 염기성 아미노산이다.

31 **단백질의 등전점**$^{isoelectric\ point}$

◆ 아미노산 분자는 산성 용액에서 $R \cdot CH \cdot NH_3^+COOH$로 되어 음극으로, 알칼리에서는 $R \cdot CH \cdot NH_2COO^-$로써 양극으로 통한다.

◆ 하전이 0일 때는 $R \cdot CH \cdot NH_3^+COO^-$의 형태로 되어 어느 극으로나 이동하지 않는다. 아미노산기의 양하전의 수와 음하전의 수가 같아 전하가 0이 되어 전장에서 이동하지 않게 되는 pH가 있다.

◆ 이 pH를 등전점(isoelectric point)이라 한다.

32 **알리신**^{allicin}

◆ 마늘의 독특한 냄새를 내는 물질로, 마늘이 가지고 있는 약효의 주된 성분이다.

◆ 마늘의 대표적 성분은 유기 유황성분인 알린(alliin)이다.

◆ 이 알린이라는 성분은 마늘을 자르거나 빻을 때 세포가 파괴되면서 alliinase라는 효소의 작용에 의해 매운 맛과 냄새가 나는 알리신으로 변한다.

33 dextrin의 요오드 정색반응

◆ 가용성 전분 : 청색
◆ amylodextrin : 푸른 적색
◆ erythrodextrin : 석살색
◆ achrodextrin : 무색
◆ maltodextrin : 무색

34 유지의 산패를 측정하는 방법

◆ 관능검사에 의한 방법 : oven test
◆ 물리적 방법 : 산소의 흡수속도 측정
◆ 화학적 방법 : 산가(acid value), 과산화물가(peroxide value), TBA(thiobarturic acid value), carbonyl 화합물의 측정, AOM(active oxygen method)법, Kreis test 등

35 식품의 텍스처^{texture}

◆ 식품의 구조를 이루고 있는 요소들의 복합체가 생리적인 감각을 통하여 느껴지는 것으로서 식습관, 소비자의 성향, 제조공정, 치아의 건강상태 등에 크게 영향을 받는다.
◆ 식품의 텍스처를 특정지을 수 있는 성질에는 기계적 특성, 기화학적 특성 및 기타 특성이 있다.
◆ 기계적 특성을 나타내는 변수
  - 견고성(hardness), 응집성(cohesiveness), 점성(viscosity), 탄력성(elasticity), 부착성(adhesiveness) 등의 1차적인 변수
  - 취약성(brittleness), 저작성(chewiness), 점착성(gumminess) 등의 2차적인 변수

36 효소 활성에 크게 영향을 미치는 인자

◆ 온도, pH, 효소의 농도 및 기질농도, 저해체 및 부활체 등이다.

37 단백질의 열에 의한 변성

◆ 식품의 조리와 가공에서 매우 중요하며 가장 일반적인 변성이다.
◆ 가용성 단백질을 가열하면 불용성이 되어 응고하는데 육류, 난류, 어패류에 많다.
◆ 반대로 불용성 단백질이 열변성에 의해 가용성이 되는 수가 있다.
◆ 열변성에 영향을 주는 인자 : 온도, 수분, pH(수소이온농도), 전해질 등이다.

38 단백질의 등전점에서 나타나는 현상

◆ 등전점에서 아미노산은 불안정하여 침전되기 쉬우며, 흡착력과 기포력은 최대가 되고, 용해도, 점도, 삼투압은 최소가 된다.

39 육색의 변화와 고정

◆ 질산염을 사용할 경우 질산염 환원균에 의하여 아질산염을 생성시키고 이 아질산염은 myoglobin과 반응하여 metmyoglobin을 생성시킨다.
◆ 동시에 아질산은 색소고정제인 ascorbic acid와 반응하여 일산화질소가 생성된다.
◆ 이것이 육중의 myoglobin과 반응하여 nitrosomyoglobin의 적색으로 나타난다.

40 유화 emulsification

◆ 분산매와 분산질이 모두 액체인 콜로이드 상태를 유화액(emulsion)이라 하고 유화액을 이루는 작용을 유화라 한다.
◆ 유화액의 형태
  – 수중유적형(O/W) : 물속에 기름이 분산된 형태
    예 우유, 마요네즈, 아이스크림, 두유 등
  – 유중수적형(W/O) : 기름 중에 물이 분산된 형태
    예 마가린, 버터, 데커레이션용 버터크림 등

제3과목 식품가공학

41 경화유 제조 공정 중 유지에 수소를 첨가하는 목적

◆ 글리세리드의 불포화 결합에 수소를 첨가하여 산화 안정성을 좋게 한다.
◆ 유지에 가소성이나 경도를 부여하여 물리적 성질을 개선한다.
◆ 색깔을 개선한다.
◆ 식품으로서의 냄새, 풍미를 개선한다.

42 어패류의 함질소 엑스성분

◆ 함질소 엑스성분의 주체는 아미노산이며 어류(특히 붉은살)에는 히스티딘이 많다.
◆ 연체류, 갑각류, 극피동물에는 단맛이 강한 글리신, 알라닌, 프롤린 등이 주요성분이다.
◆ 수산동물육에는 타우린이 널리 분포되어 있다.
◆ 기타 카르노신, 안세린, 바레닌 등이 수산동물 전반에 함유되어 있다.
◆ 트리메틸옥사이드는 해산동물에 많이 함유되어 있는데 민물고기에는 거의 없다.
◆ 오징어, 문어, 대합, 새우 등의 무척추동물에는 단맛을 띠는 글리신, 베타인이 함유되어 있다.
◆ 5'-뉴클레오타이드류는 어류에는 5'-이노신산이 0.1~0.3% 정도 함유되어 있는데 무척추동물에는 거의 없고 대신 5'-아데닐산이 상당량 함유되어 있다.
◆ 조개류에는 특이적인 감칠맛성분으로 호박산이 함유되어 있다.

43 두부

◆ 콩단백질인 glycinin을 70℃ 이상으로 가열하고 $MgCl_2$, $CaCl_2$, $CaSO_4$ 등의 응고제를 첨가

하면 응고제의 glycinin은 Mg^{++}, Ca^{++} 등의 금속이온에 의해 변성(열, 염류) 응고시켜 얻는다.

44 젤리점 측정법

◆ 컵시험 : 농축물을 냉수를 담은 컵에 떨어뜨렸을 때 분산되지 않을 때가 완성점이다.
◆ 스푼시험 : 스푼으로 떠서 볼 때 시럽상태가 되어 떨어지지 않고 은근히 늘어질 때 완성점이다.
◆ 온도계법 : 온도계로 104~105℃가 될 때가 완성점이다.
◆ 당도계법 : 굴절당도계로 측정하여 65% 될 때가 완성점이다.

45 햄과 베이컨의 일반적인 염지재료

◆ 소금, 질산염 또는 아질산염, 염지보조제인 아스코르빈산염 이외에 설탕과 복합인산염, 조미료, 향신료 등

46 프로바이오틱스 probiotics

◆ 살아서 장까지 도달, 정착, 대사활동하면서 면역기능과 장운동 활성화 등 우리 몸에 유익한 활동을 하는 미생물을 총칭하며 비피더스균과 유산간균이 주요 probiotics이며, 여기에 일부 *Bacillus* 등을 포함하고 있다.
◆ 장 점막에서 생육하게 되면 장내의 환경을 산성으로 만들어 장의 기능을 향상시킨다.

47 즉석섭취·편의식품류[식품등의 표시기준]

◆ 즉석섭취식품 중 도시락, 김밥, 햄버거, 샌드위치, 초밥의 제조연월일 표시는 제조일과 제조시간을 함께 표시하여야 하며, 유통기한 표시는 "○○월○○일○○시까지", "○○일○○시까지" 또는 "○○.○○.○○ 00:00까지"로 표시하여야 한다.

48 식품포장의 목적

◆ 저장성의 증가(식품의 변패를 방지)
◆ 취급상의 간편(인건비 절약)
◆ 상품가치 향상
◆ 위생적 취급가능
◆ 경제적

49 장류의 원료

◆ 쌀 : 된장용으로는 멥쌀이 가장 좋고 5분도미나 싸라기를 써도 무방하다.
◆ 보리 : 겉보리 및 쌀보리가 다 같이 쓰인다. 장류용 보리는 잘 마르고 적당히 성숙하고 내용이 충실하며 종피가 얇은 것이 좋다. 보리는 외피가 제거될 때까지 도정한 것으로 겉보리는 도정률이 약 75%, 쌀보리는 약 90% 되는 것을 쓴다.

◆ 소금 : 된장용으로는 비교적 순수한 상등품을 사용하여야 하나 간장용은 3~4등급의 소금이 담금 덧의 발효를 일으키는 효모의 영양소가 되어 오히려 유리하다.

◆ 물 : 철분이 들어 있지 않고 불순물이 적어야 하나 식용수로 할 수 있으면 상관없다.

50 중화면 제조 시 견수의 역할

◆ 글루텐의 탄성이 높아진다.

◆ 씹을 때 탄성이 좋다.

◆ 글루텐의 신전성을 높인다.

◆ 밀가루의 색소를 황색으로 변하게 한다.

◆ 중화면에 독특한 향기가 나게 한다.

51 브릭스brix 비중계

◆ 녹은 설탕(당)의 농도를 재는 비중계

52 식품가공에 이용되는 단위조작unit operation

◆ 액체의 수송, 저장, 혼합, 가열살균, 냉각, 농축, 건조에서 이용되는 기본공정으로서, 유체의 흐름, 열전달, 물질이동 등의 물리적 현상을 다루는 것이다.

◆ 그러나 전분에 산이나 효소를 이용하여 당화시켜 포도당이 생성되는 것과 같은 화학적인 변화를 주목적으로 하는 조작을 반응조작 또는 단위공정(unit process)이라 한다.

53 건조란

◆ 계란 전란액 중에 수분을 제거하면서 열에 의하여 건조시킨 것이다.

◆ 저장성이 크고, 수송 및 취급이 편리하나 유해균의 오염, 지방산패, 용해도 저하에 유의해야 한다.

◆ 유리 글루코스에 의해 건조시킬 때 갈변, 불쾌취, 불용화 현상이 일어나 품질저하를 일으키기 때문에 탈당처리가 필요하다.

54 과일 및 채소의 데치기blanching 효과

◆ 부피를 감소시킨다.

◆ 미네랄과 일부 비타민이 손실된다.

◆ 부착 미생물을 어느 정도 살균시킨다.

◆ 독성성분을 감소(DDT 50%가 감소)시킨다.

◆ 산화효소를 파괴하여 가공 중에 일어나는 변색 및 변질을 방지한다.

◆ 껍질 벗기기를 쉽게 한다.

55 수분활성도 water activity, Aw

◆ 어떤 임의의 온도에서 식품이 나타내는 수증기압(Ps)에 대한 그 온도에 있어서의 순수한 물의 최대수증기압(Po)의 비로써 정의한다.

$$A_W = \frac{P_S}{P_O}$$

    P_S : 식품 속의 수증기압

    P_O : 동일온도에서의 순수한 물의 수증기압

$$A_W = \frac{0.98}{1.0} = 0.98$$

56 쌀의 도정도

종류	특성	도정률(%)	도감률(%)
현미	나락에서 왕겨층만 제거한 것	100	0
5분도미	겨층의 50%를 제거한 것	96	4
7분도미	겨층의 70%를 제거한 것	94	6
백미	현미를 도정하여 배아, 호분층, 종피, 과피 등을 없애고 배유만 남은 것	92	8
배아미	배아가 떨어지지 않도록 도정한 것		
주조미	술의 제조에 이용되며 미량의 쌀겨도 없도록 배유만 남게 한 것	75 이하	

57 우유의 지방정량법

◆ Gerber법, Babcock법, Roese-Gottlieb법 등이 있다.

➕ Kjeldahl법은 조단백질 정량법이다.

58 염장법의 원리

◆ 소금의 삼투작용에 의해 이루어 진다.
◆ 식품 내외의 삼투차에 의해 침투와 확산의 두 작용으로 식품 내 수분과 소금이온 용액이 바뀌어 소금은 식품 내에 스며들어 흡수되고 수분은 탈수되어 식품의 수분활성이 낮아 진다.
◆ 소금에 의한 높은 삼투압으로 미생물 증식이 억제되거나 사멸된다.

59 제거해야 할 물의 양(x)

$$\frac{(2.5-x)}{(5-x)} \times 100 = 20\%$$

$$\therefore x = 1.875 \text{kg}$$

60 유지추출에 쓰이는 용매

◆ 비점이 65~69℃인 헥산(hexane)이 가장 많이 이용된다.

◆ 이밖에 헵탄(heptane), 석유 에테르, 벤젠, 사염화탄소(CCl_4), 이황화탄소(CS_2), 아세톤, ether, $CHCl_3$ 등이 쓰인다.

제 4 과목   식품미생물학

61 gram 염색법

◆ 일종의 rosanilin 색소, 즉 crystal violet, methyl violet 혹은 gentian violet으로 염색시켜 옥도로 처리한 후 acetone이나 알코올로 탈색시키는 것이다.

◆ gram 염색 순서

A액(crystal violet 액)으로 1분간 염색 → 수세 → 물흡수 → B액(lugol 액)에 1분간 담금 → 수세 → 흡수 및 완전 건조 → 95% ethanol에 30초 색소 탈색 → 흡수 → safranin 액으로 10초 대비 염색 → 수세 → 건조 → 검경

62 *Bacillus natto*

◆ 고초균으로 생육에 biotin이 필요하다.

◆ 콩에 잘 번식하고, 점질물을 생성하며, 독특한 향, 강한 amylase, protease를 생성한다.

◆ 일본의 청국장인 납두로부터 분리된 호기성 포자 형성균이다.

63 편모 flagella

◆ 세포막에서 시작되어 세포벽을 뚫고 밖으로 뻗어 나와 있는 단백질로 구성되어 있는 구조이다.

◆ 지름은 20nm, 길이는 15~20μm이다.

◆ 세균의 운동기관이다.

◆ 위치에 따라 극모, 주모로 대별한다.

◆ 극모는 다시 단극모, 양극모, 주속모로 나눈다.

64 *Pichia*속

◆ 자낭포자가 구형, 토성형, 높은 모자형이다.

◆ 에탄올을 소비하고 당발효성이 없거나 미약하여, KNO_3을 동화하지 않는다.

◆ 주류나 간장에 피막을 형성하는 유해효모이다.

➕ 반면 *Hansenula*속은 산막효모이고 알코올로부터 ester를 생성하지 못하는 것이 많고, KNO_3을 동화하는 것이 *Pichia*속과 차이점이다.

65 ◆ 미생물 대사 중 pyruvate는 산화적 탈탄산효소(pyruvate decarboxylase)로 활성초산 (acetyl-CoA)으로 된다. Acetyl-CoA는 TCA cycle로 들어가 완전히 산화된다.

66 균체 내 효소의 추출법

◆ 기계적 파쇄법, 압력차법, 초음파 파쇄법, 동결용해법, 자기소화법, 효소처리법, 삼투압차 법, 건조 균체의 조제법 등이 있다.

67 세균의 세포벽 성분

◆ 그람 양성균의 세포벽
- peptidoglycan 이외에 teichoic acid, 다당류 아미노당류 등으로 구성된 mucopolysaccharide을 함유하고 있다.
- 연쇄상구균, 쌍구균(폐렴구균), 4련구균, 8련구균, *Staphylococcus*속, *Bacillus*속, *Clostridium*속, *Corynebacterium*속, *Mycobacterium*속, *Lactobacillus*속, *Listeria* 속 등

◆ 그람 음성균의 세포벽
- 지질, 단백질, 다당류를 주성분으로 하고 있으며, 각종 여러 아미노산을 함유하고 있다.
- 일반 양성균에 비하여 lipopolysaccharide, lipoprotein 등의 지질 함량이 높고, glucosamine 함량은 낮다.
- *Aerobacter*속, *Neisseria*속, *Escherhchia*속(대장균), *Salmonella*속, *Pseudomonas*속, *Vibrio*속, *Campylobacter*속 등

68 초산의 양

$CH_3CH_2OH + O_2 \longrightarrow CH_3COOH + H_2O$의 식에서

CH_3CH_2OH의 분자량 46, CH_3COOH의 분자량 60이므로

$46 : 60 = 1000 : X$

$\therefore X = 1,304g$

69 박테리오파지 bacteriophage

◆ Virus 중 세균의 세포(숙주)에 기생하여 세균을 죽이는 virus를, 특히 bacteriophage(phage) 라고 한다.

70 *Saccharomyces cerevisiae*

◆ 영국의 맥주공장에서 분리된 균이다.

◆ 전형적인 상면 효모로 맥주효모, 청주효모, 빵효모 등이 대부분 이 효모에 속한다.

◆ Glucose, fructose, mannose, galactose, sucrose를 발효하나 lactose는 발효하지 않는다.

71 산소 요구성에 따른 미생물의 분류

- ◆ 통성 혐기성균 : 산소가 있으나 없으나 생육하는 미생물
- ◆ 편성 호기성균 : 산소가 절대로 필요한 경우의 미생물
- ◆ 편성 혐기성균 : 산소가 절대로 존재하지 않을 때 증식이 잘되는 미생물
- ◆ 미 호기성균 : 대기 중의 산소분압보다 낮은 분압일 때 더욱 잘 생육되는 미생물

72
- ◆ *Saccharomyces ellipsoideus* : 포도주 효모
- ◆ *Saccharomyces sake* : 일본 청주 효모
- ◆ *Saccharomyces coreanus* : 한국의 약, 탁주 효모

73 *Absidia*속의 균사체

- ◆ *Rhizopus*속과 같이 포복성으로 기질과 접합한 점에서 분지되어 가근이 생긴다.
- ◆ 포자낭병은 가근과 가근 사이의 포복지 중간 부위에서 생긴다.

74 *Pseudomonas fluorescens*(형광균)

- ◆ 호냉성의 부패균이며 겨울에 우유에서 고미를 내게 한다.
- ◆ 단백질 분해력이 강하고, 포도당에서 2-ketogluconic acid를 생성하며, 탄화수소 자화성이 있다.
- ◆ 배지에서 녹색의 형광을 낸다.

75 ◆ 미생물에 자외선, X선, γ 선, 방사선(Cs^{137}, Co^{60} 등) 등은 생명을 지배하는 가장 중요한 핵산(DNA)의 thymine에 작용하여 살균작용과 동시에 변이를 일으킨다.

76 방선균(방사선균)

- ◆ 하등미생물(원시핵 세포) 중에서 가장 형태적으로 조직분화의 정도가 진행된 균사상 세균이다.
- ◆ 세균과 곰팡이의 중간적인 미생물로 균사를 뻗치는 것, 포자를 만드는 것 등은 곰팡이와 비슷하다.
- ◆ 주로 토양에 서식하며 흙냄새의 원인이 된다.
- ◆ 특히 방선균은 대부분 항생물질을 만든다.
- ◆ 0.3~1.0 μ 크기이고 무성적으로 균사가 절단되어 구균과 간균과 같이 증식하며 또한 균사의 선단에 분생포자를 형성하여 무성적으로 증식한다.

77 *Rhizopus*속(거미줄곰팡이 속)

- ◆ 포복지와 가근을 가지고 있으며, 가근에서 포자낭병을 형성하고, 중축 바닥 밑에 포자낭을 형성한다.

78 ◆ *Pseudomonas*속, *Moraxella*속, *Acinetobacter*속 등은 호기성이고 *Clostridium*속은 혐기성이다.

79 **rennet의 대용효소**

◆ 치즈 제조 시 사용되는 응유효소는 rennin이다.
◆ 대용효소로는 *Mucor pusillus*, *Mucor miehei* 등 곰팡이가 생성하는 효소를 상업적으로 많이 이용하고 있다.

80 **대수기(증식기, logarithimic phase)**

◆ 세포는 급격히 증식을 시작하여 세포 분열이 활발하게 되고, 세대시간도 짧고, 균수는 대수적으로 증가한다.
◆ RNA는 일정하고, DNA가 증가한다.
◆ 세포질 합성 속도와 세포수의 증가는 비례한다.
◆ 이때의 증식 속도는 환경(영양, 온도, pH, 산소 등)에 따라 결정된다.
◆ 세대시간, 세포크기가 일정하며 생리적 활성이 가장 강한 시기이고 물리적, 화학적 처리에 대한 감수성이 높은 시기이다.
◆ 세균의 경우는 이 대수기에서 일정의 생육 속도로 세포가 분열하여 n세대 후 세포수는 2^n으로 된다.

제5과목 식품제조공정

81 **D값**

◆ 균수를 1/10로 줄이는 데 걸리는 시간은 0.25분
◆ $1/10^{10}$수준으로 감소(10배)시키는 데 걸리는 시간은 $0.25 \times 10 = 2.5$분이다.

82 **선별(selecting, sorting)**

◆ 보통 재료에는 불필요한 화학물질(농약, 항생물질), 이물질(흙, 모래, 돌, 금속, 배설물, 털, 나뭇잎) 등이 함유되어 있다. 그 중 이물질들은 물리적 성질의 차에 따라 분리, 제거해야 하는데 이 과정이 선별이다.
◆ 선별에서 말하는 재료의 물리적 성질이란 재료의 크기, 무게, 모양, 비중, 성분조성, 전자기적 성질, 색깔 등을 말한다.

83 $D = \dfrac{t}{\log(N_0/N)}$

$D_{110} = \dfrac{50}{\log(N_0/10^{-5}\,N_0)} = \dfrac{50}{5} = 10분$

$D_{125} = \dfrac{5}{\log(N_0/10^{-5}\,N_0)} = \dfrac{5}{5} = 1분$

$$\therefore \ Z = \frac{T-110}{\log(D_0/D_T)} = \frac{125-110}{\log(10/1)} = 15℃$$

84 식품의 방사선 조사

◆ 방사선에 의한 살균작용은 주로 방사선의 강한 에너지에 의하여 균체의 체내 수분이 이온화되어 생리적인 평형이 깨어지며 대사기능 역시 파괴되어 균의 생존이 불가능해진다.

◆ 방사선 조사식품은 발아 억제, 살충, 살균, 숙도조정 등의 목적으로 방사선(γ선·β선·X선 등)을 조사한 식품이다.

◆ 우리나라 사용 방사선의 선원 및 선종은 Co-60의 감마선(γ)이다.

◆ 방사선 조사식품은 방사선이 식품을 통과하여 빠져나가므로 식품 속에 잔류하지 않는다.

◆ 방사선 조사식품은 어떠한 유전적인 영향도 미치지 않는다.

◆ 10kGy 이하의 저선량에서는 식품성분의 변화를 초래하지 않는다.

◆ 방사선조사의 장점은 포장된 상태로 처리가 가능하고, 연속 살균이 가능한 무열 살균이다.

◆ 반면에 단점은 조직의 변화, 영양소의 파괴, 조사취 등의 발생이며 안전성에 대한 불안감이 제기되고 있다.

85 증발 농축

◆ 일반적으로 농축이 진행되면 점도가 커지고, 비등점(boiling point)이 높아져 타기 쉽다.

86 압출제품의 특성에 가장 큰 영향을 미치는 인자

◆ 압출기의 조작조건과 식품자체의 물성이다.

◆ 중요한 조작변수로는 온도, 압력, 사출구(die)의 지름, 전단속도이다.

◆ 공급원료의 특성도 압출성형제품의 조직감과 색상에 영향을 준다.
 – 전분입자는 팽윤되고 물을 흡수하여 호화된다.
 – 고온에서 설탕 존재하에 maillard 갈색화반응에 의하여 단백질 품질이 저하된다.
 – 효소류를 불활성시킨다.

87 오리피스 유량계

◆ 직경이 D_1인 직선관 속 중앙에 직경이 D_2인 구멍이 뚫린 둥근원판(오리피스판)을 흐름에 직각으로 끼워 고정시키면 경계층의 분리현상이 일어나 오리피스구멍의 전후에서 압력차가 생긴다.

◆ 오리피스판 하류에서 유로의 단면적이 가장 좁은 부분과 오리피스 상류의 한 점에 마노미터를 연결하여 압력차를 측정하면 유속을 구할 수 있다.

88 밀 제분 시 조쇄공정

◆ 브레이크 롤을 사용하여 원료밀의 외피는 가급적 작은 조각이 되지 않게 부수어 배유부와 외피를 분리한다.

◆ 이때 외피 부분에 남아 있는 배유를 가급적 완전히 제거하며 외피는 손상되지 않도록 하는 것이 이상적이다.

89 동결건조 freeze drying

◆ 식품을 −30~−40℃까지 급속 동결시킨 후 진공도 1.0~0.1mmHg 정도의 진공을 유지하는 건조기 내에서 얼음을 승화시켜 건조한다.
◆ 장점
   − 위축변형이 거의 없으며 외관이 양호하다.
   − 효소적 또는 비효소적 성분간의 화학반응이 없으므로 향미, 색 및 영양가의 변화가 거의 없다.
   − 제품의 조직이 다공질이고 변성이 적으므로 물에 담그었을 때 복원성이 좋다.
   − 품질의 손상없이 2~3% 정도의 저수분으로 건조할 수 있다.
◆ 단점
   − 딸기나 셀러리 등은 색, 맛, 향기의 보존성은 좋으나 조직이 손상되어 수화시켰을 때 원식품과 같은 경도를 나타내지 못한다.
   − 다공질 상태이기 때문에 공기와의 많은 접촉면적으로 흡습산화의 염려가 크다.
   − 냉동 중에 세포구조가 파괴되었기 때문에 기계적 충격에 대하여 부스러지기 쉽고 포장이나 수송에 문제점이 많다.
   − 시설비와 운전 경비가 비싸다.
   − 건조 시간이 길고 대량 건조하기 어렵다.

90 밀감 통조림의 백탁(흐림)

◆ 주원인 : flavanone glucoside인 헤스페리딘(hesperidin)의 결정
◆ 방지방법
   − hesperidin의 함량이 가급적 적은 품종을 사용한다.
   − 완전히 익은 원료를 사용한다.
   − 물로 원료를 완전히 세척한다.
   − 산 처리를 길게, 알칼리 처리를 짧게 처리한다.
   − 가급적 농도가 높은 당액을 사용한다.
   − 비타민 C 등을 손상시키지 않을 정도로 가급적 장시간 가열한다.
   − 제품을 재차 가열한다.

91 균질화 homogenization

◆ 우유 중의 지방구에 물리적 충격을 가해 그 크기를 작게 분쇄하는 작업이다.
◆ 균질 목적
   − creaming의 생성(지방 분리) 방지
   − 점도의 향상
   − 우유 속에 지방구의 분산

- 소화율 증가
- 지방산화 방지 등

92 연속추출장치

◆ Ballman 추출기 : 기본적으로 바스켓 승강기 형태로서, 바스켓은 용액이 빠져 나갈 수 있도록 다공판으로 이루어져 있는 추출기이다.

◆ Hildebrandt 추출기 : 높이가 다른 2개의 수직형 실린더 탑으로 구성되며 각 탑은 짧고 수평인 실린더에 의해 바닥에서 연결되어 있는 U자형 추출기이다.

◆ Rotocel 추출기 : 실린더형 추출기로 부채꼴 모양의 칸막이로 나누어져 있는 수많은 구역으로 이루어져 있으며, 각 구역은 수직축을 따라 회전하며 다공성 바닥으로 구성되어 있는 추출기이다.

93 플레이트식 증발기

◆ 액체가 판 내를 얇은 필름상태로 고속으로 이동하므로 열전달계수가 비교적 크고, 체류시간이 짧아 열에 민감한 용액의 농축에 적합하다.

◆ 열교환기의 판수를 변화시키므로서 증발능력을 용이하게 조절할 수 있으며 설비면적이 적고 쉽게 해체할 수 있는 장점이 있다.

◆ 균형탱크, 원액펌프, 열교환기, 분리기, 응축기, 제품펌프, 오리피스, 감압용기로 구성되어 있다.

94 초임계유체추출에 주로 사용하는 용매

◆ 기존의 추출은 대부분의 경우가 유기용매에 의한 추출이며 모두가 인체에 유해한 물질이다.

◆ 유기용매에 비해 초임계 CO_2 추출의 가장 큰 장점은 인체에 무해한 CO_2를 용매로 쓴다.

◆ 또 다른 장점은 초임계 CO_2 용매의 경우 온도와 압력의 조절만으로 선택적 물질의 추출이 가능하다.

95 세척의 분류

◆ 건식세척의 종류
- 마찰세척(abrasion cleaning)
- 흡인세척(aspiration cleaning)
- 자석세척(magnetic cleaning)
- 정전기적 세척(electrostatic cleaning)

◆ 습식세척의 종류
- 담금세척(soaking cleaning)
- 분무세척(spray cleaning)
- 부유세척(flotation cleaning)
- 초음파세척(ultrasonic cleaning)

96 식품의 성형

◆ 주조성형 : 일정한 모양을 가진 틀에 식품을 담고 냉각 혹은 가열 등의 방법을 사용하여 고형화시키는 방법이다. 빙과류 냉동성형, 식빵 가열성형, 가압법에 의한 두부의 성형 등
◆ 압연성형 : 반죽을 롤로 늘리어 면대를 만든 다음 세절하거나 압인 노는 압설하는 방법이다. 국수, 껌, 도넛, 비스킷 등
◆ 압출성형 : 반죽, 반고체, 액체식품을 노즐 또는 다이스(dice)와 같은 구멍을 통하여 압력으로 밀어내어 성형하는 방법이다. 마카로니, 소시지, 인조육 제품 등
◆ 절단성형 : 칼날 또는 톱날과 같은 절단수단을 사용하여 식품을 일정한 크기와 모양으로 만드는 성형법이다. 채소 절단, 절간 고구마, 치즈 절단 등

97 외부 열전달 방식에 의한 건조장치의 분류

◆ 대류
 – 식품 정치형 및 식품 반송형 : 캐비닛(트레이), 터널, 컨베이어, 빈
 – 식품 교반형 : 유동층, 회전
 – 열풍 반송형 : 기송, 분무
◆ 전도
 – 식품 정치형 및 식품 반송형 : 드럼, 진공, 동결
 – 식품 교반형 : 팽화
◆ 복사
 – 적외선, 초단파, 동결

98 기류선별기

◆ 풍력을 이용하여 곡물 중에 들어 있는 협잡물을 제거하는 정선기이다.
◆ 주로 쌀 등의 도정공장에서 도정이 끝난 백미와 쌀겨를 분리하기 위하여 사용한다.

99 거품제거제

◆ 식품공업에서 거품을 소멸 또는 억제하기 위하여 사용하는 첨가물이다.
◆ 허용된 소포제는 규소수지(sillicon resin) 외에 6종이 있다.
◆ 소포의 목적 외에는 사용할 수 없다.

100 관형 원심분리기 tubular bowl centrifuge

◆ 고정된 case 안에 가늘고 긴 보울(bowl)이 윗부분에 매달려 고속으로 회전한다.
◆ 공급액은 보울 바닥의 구멍에 삽입된 고정 노즐을 통하여 유입되어 보울 내면에서 두 동심 액체층으로 분리된다.
◆ 내층, 즉 가벼운 층은 보울 상부의 둑(weir)을 넘쳐나가 고정배출 덮개 쪽으로 나가며, 무거운 액체는 다른 둑을 넘어 흘러서 별도의 덮개로 배출된다.
◆ 액체와 액체를 분리할 때 사용한다.
◆ 식용유의 탈수, 과일주스 및 시럽의 청징에 사용된다.

식품산업기사 기출문제 해설

제1과목   식품위생학

1   장염비브리오균 식중독

◆ 원인균 : *Vibrio parahaemolyticus*

◆ 원인균의 특성

– 그람음성 무포자 간균으로 통성 혐기성균이다.

– 극모성 편모를 갖는다.

– 호염균으로 3% 전후의 식염농도 배지에서 잘 발육한다.

– 열에 약하여 60℃에서 2분간 가열하면 사멸한다.

– 민물에서 빨리 사멸된다.

– 증식 최적온도는 30~37℃, 최적 pH는 7.5~8.5이다.

– 감염원은 근해산 어패류가 대부분(70%)이고, 연안의 해수, 바다벌, 플랑크톤, 해초 등에 널리 분포한다.

◆ 잠복기는 평균 10~18시간이다.

◆ 주증상은 설사와 복통이고 환자의 30~40%는 발열, 두통, 오심 등의 전형적인 급성 위장염 증상을 보인다.

◆ 설사가 심할 때는 탈수현상이 일어나기 때문에 콜레라와 비슷한 증상을 나타내기도 한다.

◆ 원인식품은 주로 어패류로 생선회가 가장 대표적이지만, 그 외에도 가열 조리된 해산물이나 침채류를 들 수 있다.

2   식품공장에서 사용하는 용수로 지하수를 이용할 경우

◆ 공공시험기관의 검사를 받아 그 물의 적성이나 안정성을 확인해야 하며 항상 지하수가 오염되지 않도록 주의해야 한다.

◆ 표준적인 정수처리방식은 응집, 침전, 급속여과, 경수의 연화 방식이 가장 널리 이용되고 있다.

3   자외선 살균

◆ 살균력이 강한 파장은 2500~2800Å이고, 가장 강한 파장은 260nm(2537Å)이다.

◆ 살균효율은 조사거리, 온도, 풍속 등의 영향을 받으며 투과력은 약하다.

◆ 장점

– 열을 사용하지 않으므로 사용이 간편하다.

– 살균효과가 크며, 피조사물에 대한 변화가 거의 없고, 균에 내성을 주지 않는다.

◆ 단점
　－ 살균효과가 표면에 한정되고, 지방류에 장시간 조사 시 산패취를 낸다.
　－ 사람의 피부나 눈에 노출되면 장애를 줄 수 있다.
◆ 식품공장의 실내공기 소독이나, 조리대, 작업대, 조리기구 표면 등의 살균에 이용된다.

4 방사선의 장애

◆ 조혈기관의 장애, 피부점막의 궤양, 암의 유발, 생식기능의 장애, 백내장 등이다.
◆ 인체에 침착하여 장애를 주는 부위를 보면 주로 Cs-137는 근육, Sr-90은 뼈, S는 피부, I-131은 갑상선, Co는 췌장, Ru-106는 신장 등이다.

5 유통기한 설정 실험을 생략할 수 있는 경우

◆ 식품의 권장 유통기간 이내로 유통기한을 설정하는 경우
◆ 유통기한 표시를 생략할 수 있는 식품 또는 품질유지기한 표시 대상 식품에 해당하는 경우
◆ 유통기한이 설정된 제품과 다음 각 항목 모두가 일치하는 제품의 유통기한을 이미 설정된 유통기한 이내로 하는 경우
　－ 식품유형, 성상, 포장재질, 보존 및 유통온도, 보존료 사용여부, 유탕·유처리 여부, 살균 (주정처리, 산처리 포함) 또는 멸균방법 등

6 식품 용기 및 포장재료에서 유래되는 유해물질

◆ 금속용기는 구리, 안티몬, 카드뮴, 아연, 주석 등이 보건상 문제가 된다.
◆ 인쇄된 포장지는 톨루엔(toluene)이 위생적 문제를 야기시킬 수 있다.
◆ 소가 목장의 페인트를 핥아 먹거나, 사일로 내부의 페인트에 오염된 사료를 먹는 경우 고기에서 납, 다이옥신 등이 검출될 수 있다.
◆ PVC병은 가소제, 안정제 등이 보건상 문제가 된다.

7 유행성출혈열(신증후군출혈열)

◆ 원인균 : Han taan virus(한탄바이러스)
◆ 전파경로 : 들쥐의 배설물(뇨, 타액)이 경구나 호흡기로 흡입될 때 감염
◆ 증상 : 발열, 출혈, 신장병변이 특징

8 거품제거제

◆ 식품공업에서 거품을 소멸 또는 억제하기 위하여 사용하는 첨가물이다.
◆ 허용된 소포제는 규소수지(sillicon resin) 외에 6종이 있다.
◆ 소포의 목적 외에는 사용할 수 없다.

9 검증^{verification}

◆ 해당업소 HACCP관리계획의 적절성 여부를 정기적으로 평가하는 일련의 활동을 말한다.

◆ 이에 따른 적용방법, 절차, 확인, 기타 평가(유효성, 실행성) 등을 수행하는 행위를 포함한다.

10 인수공통감염병

◆ 척추동물과 사람 사이에 자연적으로 전파되는 질병을 말한다. 사람은 식육, 우유에 병원체가 존재할 경우, 섭식하거나 감염동물, 분비물 등에 접촉하여 2차 오염된 음식물에 의하여 감염된다.

◆ 대표적인 인수공통감염병

　－ 세균성 질병 : 탄저, 비저, 브루셀라병, 세균성식중독(살모넬라, 포도상구균증, 장염비브리오), 야토병, 렙토스피라병, 리스테리아병, 서교증, 결핵, 재귀열 등

　－ 리케차성 질병 : 발진열, Q열, 쯔쯔가무시병 등

　－ 바이러스성 질병 : 일본뇌염, 인플루엔자, 뉴캐슬병, 앵무병, 광견병, 천연두, 유행성출혈열 등

11 경구 감염병

◆ 경구 감염병의 정의

　－ 병원체가 음식물, 손, 기구, 위생동물 등을 거쳐 경구적(입)으로 체내에 침입하여 일으키는 질병을 말한다.

◆ 경구 감염병의 분류

　－ 세균에 의한 것 : 세균성 이질(적리), 콜레라, 장티푸스, 파라티푸스, 성홍열 등

　－ 바이러스에 의한 것 : 유행성 간염, 소아마비(폴리오), 감염성 설사증, 천열(이즈미열) 등

　－ 리케차성 질환 : Q열 등

　－ 원생동물에 의한 것 : 아메바성 이질 등

12 복어중독

◆ 복어의 난소, 간, 창자, 피부 등에 있는 tetrodotoxin 독소에 의해 중독을 일으킨다.

◆ 중독증상은 지각이상, 호흡장해, cyanosis 현상, 운동장해, 혈행장해, 위장장해, 뇌증 등의 증상이 일어난다.

◆ tetrodotoxin의 특징

　－ 약염기성 물질로 물에 불용이며 알칼리에서 불안정하다.

　－ 즉, 4% NaOH에 의하여 4분만에 무독화되고, 60% 알코올에 약간 용해되나 다른 유기용매에는 녹지 않는다.

　－ 220℃ 이상 가열하면 흑색이 되며, 일광, 열, 산에는 안정하다.

13 벤조피렌^{3,4-benzopyrene}

◆ 발암성 다환 방향족탄화수소이다.

◆ 구운 쇠고기, 훈제어, 대맥, 커피, 채종유 등에 미량 함유되어 있다.
◆ 공장지대의 대맥에는 농촌지대의 대맥보다 약 10배나 함량이 많은 것으로 알려졌으며, 이는 대기오염의 영향 때문으로 판단된다.
◆ 벤조피렌의 발암성은 체내에서 대사활성화되어 DNA와 결합함으로써 생긴다.

14 ◆ 식품의 포장이나 용기에 가장 대표적인 플라스틱은 유기 고분자 화합물로서 단량체의 중합 반응을 통해 합성된다.
◆ 중합체의 원료물질인 단량체(monomer)가 반응이 덜 된 채 남아서 식품에 혼입되면 건강상 유해할 수도 있다(예컨대 폴리스타이렌의 단량체인 스타이렌).

15 산화방지제
◆ 수용성과 지용성이 있다.
◆ 수용성 : 주로 색소의 산화방지에 사용되며 에리소르브산(erythorbic acid), L-아스코르빈산(L-ascorbic acid) 등이 있다.
◆ 지용성 : 유지 또는 유지를 함유하는 식품에 사용되며 몰식자산프로필(propyl gallate), 부틸히드록시아니졸(butyl hydroxy anisole, BHA), 디부틸히드록시톨루엔(dibutyl hydroxy toluene, BHT), DL-a-토코페롤(DL-a-tocopherol) 등이 있다.
◆ 산화방지제는 단독으로 사용할 경우 보다 2종 이상을 병용하는 것이 더욱 효과적이며 구연산과 같은 유기산을 병용하는 것이 효과적이다.

16 현재 허용되어 있는 살균제
◆ 과산화수소(hydrogen peroxide), 오존수(Ozone Water), 이산화염소(수)(Chlorine Dioxide), 차아염소산나트륨(sodium hypochlorite), 차아염소산수(Hypochlorous Acid Water), 차아염소산칼슘(Calcium hypochlorite), 과산화초산(peroxyacetic acid)의 7종이 있다.

17 보툴리누스 식중독
◆ 원인균 : *Clostridium botulinus*
◆ 원인균의 특징
  - 그람양성 간균으로 주모성 편모를 가지고 있다.
  - 내열성 아포를 형성하는 편성 혐기성이다.
  - 신경독소인 neurotoxin을 생성한다.
  - 균 자체는 비교적 내열성이 강하나 독소는 열에 약하다.
◆ 잠복기 : 12~36시간
◆ 증상 : 신경증상으로 초기에는 위장장애 증상이 나타나고, 심하면 시각장애, 언어장애, 동공확대, 호흡곤란, 구토, 복통 등이 나타나지만 발열이 없다.
◆ 치사율 : 30~80%로 세균성 식중독 중 가장 높다.

◆ 원인식품 : 소시지, 육류, 특히 통조림과 병조림 같은 밀봉식품이고, 살균이 불충분한 경우가 많다.
◆ 예방법
 – 식품의 섭취 전 충분히 가열한다.
 – 포장 식육이나 생선, 어패류 등은 냉장 보관하여야 한다.
 – 진공팩이나 통조림이 팽창되어 있거나 이상한 냄새가 날 때에는 섭취하지 않는다.

18 밀가루 개량제

◆ 제분된 밀가루의 표백과 숙성기간을 단축시키고, 제빵 효과의 저해물질을 파괴시켜 분질을 개량하고 장기간 저장 중의 품질변화를 억제시키기 위하여 사용되는 첨가물이다.
◆ 국내에서 허용된 밀가루 개량제는 과산화벤조일(diluted benzoyl Peroxide), 과황산암모늄(ammonium persulfate), L-시스테인염산염(L-cysteine Monohydrochloride), 아조디카르본아미드(azodicarbonamide), 염소(chlorine), 요오드산칼륨(potassium iodate), 요오드칼륨(potassium iodide), 이산화염소(chlorine dioxide)등 8종이다.
◆ 알긴산나트륨(sodium alginate)은 증점제(유화제, 안정제)로 사용되는 첨가물이다.

19 포도상구균에 의한 식중독

◆ 잠복기는 1~6시간이며 보통 3시간 정도이다.
◆ 화농성 질환을 일으킨다.
◆ 증상은 가벼운 위장증상이며, 불쾌감, 구토, 복통, 설사 등이 증상이고, 발열은 거의 없고, 보통 24~48시간 이내에 회복된다.
◆ 사망하는 예는 거의 없다.
◆ 생성 독소는 enterotoxin이며, 120℃에서 20분 가열해도 완전히 파괴되지 않는다.
◆ 원인식품은 떡, 콩가루, 쌀밥, 우유, 치즈, 과자류 등이다.
◆ 주로 사람의 화농소나 콧구멍 등에 존재하는 포도상구균(손, 기침, 재채기 등), 조리인의 화농소에 의하여 감염이 된다.
◆ 예방법
 – 화농소가 있는 조리자는 조리에 참여하지 말 것
 – 조리된 식품은 즉석 처리하며 저온 보존할 것
 – 기구 및 식품 등을 멸균처리 할 것

20 동물성 식품의 부패

◆ 동물성 식품은 부패에 의하여 단백질이 분해되어 만들어진 아미노산이 부패 미생물에 의해 탈아미노 반응, 탈탄산 반응 및 동시 반응에 의해 분해되어 아민류, 암모니아, mercaptane, 인돌, 스케톨, 황화수소, 메탄 등이 생성되어 부패취의 원인이 된다.

21 vitamin K

◆ 혈액응고 작용을 한다.

◆ 열에 안정적이나 강산 또는 산화에는 불안정하고, 광선에 의해 쉽게 분해된다.

◆ 결핍되면 피부에 출혈증상이 생기고 혈액응고가 잘 되지 않는다. 사람이나 가축은 소화기관 내의 세균에 의해 합성한 비타민 K를 이용하기 때문에 결핍증은 드물다.

◆ 시금치, 당근잎, 양배추, 토마토, 대두, 돼지의 간 등에 많이 함유되어 있다.

22 안토시아닌anthocyanin **색소**

◆ 식물의 잎, 꽃, 과실의 아름다운 빨강, 보라, 파랑 등의 색소이다.

◆ 안토시아니딘(anthocyanidin)의 배당체로서 존재한다.

◆ 수용액의 pH에 따라 색깔이 변하는 특성을 가지는데 산성에서는 적색, 중성에서는 자색, 알칼리성에서는 청색 또는 청록색을 나타낸다.

◆ 산을 가하면 과실의 붉은 색을 그대로 유지 할 수 있다.

◆ 식물 속에 금속염인 인, 마그네슘, 칼륨 등에 의해 색이 다양하게 나타난다.

23 설탕의 감미도

◆ α형, β형 이성체가 없는 비환원당이다.

◆ 온도에 따라 감미 변화가 거의 없어 상대감미도의 기준물질로 사용된다.

24 유지의 산패

◆ 산화에 의한 산패(산화적 산패)와 물, 산, 알칼리 및 효소에 의한 가수분해적 산패로 대별된다.

◆ 산화에 의한 산패는 유지가 공기 중 분자상 산소(O_2)에 산화되면 hydroperoxide가 생성되고 hydroperoxide는 불안정하기 때문에 빛, 열, 금속, pH 등의 영향으로 분해되어 aldehyde, ketone류, 저급알코올을 생성하고 중합에 의하여 점도가 높아진다.

◆ 지방산의 불포화도가 높을수록 쉽게 산화된다.

⊕ 어유에는 고도불포화지방산이 많이 함유되어 있어서 산패를 가장 잘 일으킨다.

25 Maillard 반응amino carbonyl 반응

◆ 아미노산의 amino기($-NH_2$)와 환원당의 carbonyl($=CO$)기가 축합하여 갈색 색소인 melanoidine을 생성하는 반응이다.

◆ 이 반응은 caramelization과는 달리 거의 자연발생적으로 외부의 에너지 공급 없이도 일어날 수 있다.

26 필수아미노산

◆ 인체 내에서 합성되지 않아 외부에서 섭취해야 하는 아미노산을 필수아미노산이라 한다.

◆ 성인에게는 valine, leucine, isoleucine, threonine, lysine, methionine, phenylalanine, tryptophan 등 8종이 필요하다.

◆ 어린이나 회복기 환자에게는 arginine, histidine이 더 첨가된다.

27 단백질의 등전점^{isoelectric point}

◆ 아미노산 분자는 산성 용액에서 $R \cdot CH \cdot NH_3^+COOH$로 되어 음극으로, 알칼리에서는 $R \cdot CH \cdot NH_2COO^-$로써 양극으로 통한다.

◆ 하전이 0일 때는 $R \cdot CH \cdot NH_3^+COO^-$의 형태로 되어 어느 극으로나 이동하지 않는다. 아미노산기의 양하전의 수와 음하전의 수가 같아 전하가 0이 되어 전장에서 이동하지 않게 되는 pH가 있다.

◆ 이 pH를 등전점(isoelectric point)이라 한다.

28 관능적 특성의 측정 요소들 중 반응척도가 갖추어야 할 요건

◆ 단순해야 한다.

◆ 관련성이 있어야 한다.

◆ 편파적이지 않고 공평해야 한다.

◆ 의미전달이 명확해야 한다.

◆ 차이를 감지할 수 있어야 한다.

29 단당류나 소당류의 주된 기능

◆ 단맛을 부여한다.

◆ 캐러멜화 작용으로 껍질의 색을 진하게 한다.

◆ 독특한 향을 낸다.

◆ 점도를 높여 준다.

◆ 수분 보유력이 있어 제품을 촉촉하게 유지시켜 준다.

30 콜로이드 용액

◆ 수십 내지 수백 개의 분자가 모여서 만들어진 입자가 산포되어 있는 용액으로 입자의 크기가 1~100mμ로 진용액보다 상당히 크기 때문에 인력에 의해 분리되는 경향이 있다.

◆ 진용액의 알맹이는 반투막을 통과하지만 콜로이드 용액의 알맹이는 통과할 수 없다.

◆ 따라서 소금용액의 알맹이는 통과하지만 콜로이드 알맹이는 통과할 수 없다.

◆ 이와 같이 반투막을 이용하여 진용액과 콜로이드를 분리하는 것을 투석이라고 한다.

◆ 졸 상태에서 콜로이드 입자는 항상 브라운 운동을 한다.

◆ 소수 졸에 다량의 전해질을 넣으면 콜로이드 입자는 침전한다. 이 현상을 응석(coagulation)이라 한다.

31 환원당

◆ 단당류는 다른 화합물을 환원시키는 성질이 있어 $CuSO_4$의 알칼리 용액에 넣고 가열하면 구리이온과 산화 환원반응을 한다.

◆ 당의 알데히드($R-CHO$)는 산화되어 산($R-COOH$)이 되고 구리이온은 청색의 2가 이온 ($CuSO_4$)에서 적색의 1가 이온(Cu_2O)으로 환원된다.

◆ 이 반응에서 적색 침전을 형성하는 당을 환원당, 형성하지 않은 당을 비환원당이라 한다.

◆ 환원당에는 glucose, fructose, lactose가 있고, 비환원당은 sucrose이다.

32 신선한 식육의 냄새

◆ acetaldehyde가 주체가 되며 육류를 가열하면 조직 중에 존재하였던 전구체들의 화학적인 변화에 의하여 생성된다.

◆ 가열된 육류의 냄새는 주로 아미노산 및 다른 질소화합물들이 당류와 반응(아미노-카르보닐 반응)하여 생성된다.

33 단백질의 변성

◆ 단백질 분자가 물리적 또는 화학적 작용에 의해 비교적 약한 결합으로 유지되고 있는 고차구조가 변형되는 현상을 변성이라고 한다.

◆ 이 변화는 peptide 결합이 분해되어 일어나는 것과 같은 현저한 변화가 아니고 대부분의 경우 용해도가 감소하여 응고 현상이 일어난다.

◆ 변성 단백질의 성질
- 생물학적 기능의 상실 : 효소활성이나 독성 및 면역성, 항체와 항원의 결합능력을 상실한다.
- 용해도의 감소 : 용해도가 감소하고 보수성도 떨어진다.
- 반응성의 증가 : $-OH$기, $-SH$기, $-COOH$기, $-NH_2$기 등의 활성기가 표면에 나오게 되므로 반응성이 증가한다.
- 분해효소에 의한 분해용이 : 외관은 견고해지나 내부는 단백질 가수분해효소에 의해 분해되기 쉽다.
- 결정성의 상실 : pepsin, trypsin과 같은 결정성의 효소는 그 결정성이 소실된다.
- 이화학적 성질 변화 : 구상 단백질이 변성하여 풀린 구조가 되기 때문에 점도, 침강계수, 확산계수 등이 증가하게 된다.

34 유지의 자동산화 속도

◆ 유지 분자 중 2중 결합이 많으면 활성화되는 methylene기($-CH_2$)의 수가 증가하므로 자동산화 속도가 빨라진다.

◆ 포화지방산은 상온에서 거의 산화가 일어나지 않지만 불포화지방산은 쉽게 산화되며 불포화지방산에서 cis형이 tran형 보다 산화되기 쉽다.

◆ stearic acid(18:0)은 포화지방산이고, oleic acid(18:1), linoleic acid(18:1), linolenic acid(18:2)은 불포화지방산이며 이들의 산화속도는 1 : 12 : 25라는 보고가 있다.

35 단백질의 질소계수

◆ 대부분 단백질의 질소함량은 평균 16%이다.
◆ 정량법에서 kjeldahl법으로 질소량을 측정한 후 질소계수 6.25(100/16)을 곱하면 조단백질량을 구할 수 있다.

36 식물성 식품의 떫은맛 astringent taste

◆ 혀 표면에 있는 점성 단백질이 일시적으로 변성, 응고되어 미각신경이 마비됨으로써 일어나는 수렴성의 불쾌한 맛이다.
◆ 떫은맛은 주로 polyphenol성 물질인 tannin류에 기인한다.
◆ tannin에 속하는 떫은맛 성분
    – 감의 떫은맛은 phenol성인 shibuol과 gallic acid 등의 tannin류
    – 차엽의 떫은맛은 몰식자산과 catechin에 기인
    – 밤 껍질의 떫은맛은 gallic acid 2분자가 축합한 egallic acid에 기인
    – coffee의 수렴성은 chlorogenic acid(coffeic acid와 quinic acd)에 기인

37 불포화 지방산

◆ 탄화수소의 사슬이 단일결합 이외에 하나 이상의 이중결합이 있는 지방산이다.
◆ oleic acid($C_{18:1}$)는 불포화지방산이다.

  ⊕ lauric acid(C_{12}), stearic acid(C_{18}), palmitic acid(C_{16}) 등은 포화지방산이다.

38 노화 retrogradation

◆ α 전분(호화전분)을 실온에 방치할 때 차차 굳어져 micelle 구조의 β 전분으로 되돌아 가는 현상을 노화라 한다.
◆ amylose는 선상분자로서 입체장애가 없기 때문에 노화하기 쉽고, amylopectin은 분지상의 분자로서 입체장애 때문에 노화가 어렵다.
◆ amylose의 비율이 높은 전분일수록 노화가 빨리 일어나고 amylopectin 비율이 높은 전분일수록 노화되기 어렵다.
◆ 옥수수, 밀은 노화하기 쉽고, 고구마, 타피오카는 노화하기 어려우며, 찰옥수수 전분은 amylopection이 주성분이기 때문에 노화가 가장 어렵다.

39 전분의 노화에 영향을 주는 인자

◆ 전분의 종류 : amylose는 선상분자로서 입체장애가 없기 때문에 노화하기 쉽고, amylopectin은 분지분자로서 입체장애 때문에 노화가 어렵다.
◆ 전분의 농도 : 전분의 농도가 증가됨에 따라 노화속도는 빨라진다.
◆ 수분함량 : 30~60%에서 가장 노화하기 쉬우며, 10% 이하에서는 어렵고, 수분이 매우 많은 때도 어렵다.

◆ 온도 : 노화에 가장 알맞은 온도는 2~5℃이며, 60℃ 이상의 온도와 동결될 때 노화가 일어나지 않는다.
◆ pH : 다량의 OH 이온(알칼리)은 starch의 수화를 촉진하고, 반대로 다량의 H 이온(산성)은 노화를 촉진한다.
◆ 염류 또는 각종 이온의 함량

⊕ 노화를 억제하는 방법
 • 수분함량의 조절 : 노화는 수분함량이 60% 이상 30% 이하에서는 속도가 급속히 감소
 • 냉동법
 • 설탕 미첨가
 • 유화제의 사용

40 부착성 adhesiveness

◆ 식품의 표면과 식품이 접촉하는 다른 물질(예 혀, 이, 입천장) 사이의 인력을 극복하는 데 필요한 힘이다.

제3과목 식품가공학

41 두부의 제조

◆ 원료 콩을 씻어 물에 담가 두면 부피가 원료 콩의 2.3~2.5배가 된다.
◆ 두유의 응고 온도는 70~80℃ 정도가 적당하다.
◆ 응고제 : 염화마그네슘($MgCl_2$), 황산마그네슘($MgSO_4$), 염화칼슘($CaCl_2$), 황산칼슘($CaSO_4$), glucono-δ-lactone 등
◆ 소포제 : 식물성 기름, monoglyceride, 실리콘 수지 등

42 팽화곡물 puffed cereals

◆ 곡물을 튀겨서 조직을 연하게 하여 먹기 좋도록 한 것을 말한다.
◆ 과열증기로 곡물을 처리하였다가 갑자기 상압으로 하면 곡물조직 중의 수증기가 조직을 파괴해서 밖으로 나오므로 세포가 파괴되어 연해지는 동시에 곡물은 크게 팽창한다.
◆ 먹기 좋고 소화가 잘 되며, 가공 및 조리가 간단할 뿐만 아니라 협잡물 분리가 쉬워지는 등 유리하다.
◆ 환원당이 별로 증가하지 않지만 수용성 당분은 크게 증가한다.

43 토마토 가공식품

◆ 토마토 퓨레(puree) : 토마토를 펄핑하여 껍질, 씨 등을 제거한 즙액을 농축한 것으로 고형물함량은 6~12%이다.
◆ 토마토 케첩(ketchup) : 퓨레(puree)를 적당히 가열 농축하고(비중 1.06까지) 향신료와 조미료 등을 넣어 비중을 1.12~1.13으로 조정하며 전고형물은 25~30%이 되도록 농축시킨 것이다.

◆ 토마토 페이스트(paste) : 퓨레를 더 졸여서 전고형물을 25% 이상으로 한 것이다.
◆ 토마토 주스(juice) : 토마토를 착즙하는 동시에 과피를 제거한 액즙에 소량의 소금을 넣은 것이다.

44 콜라겐collagen 케이싱

◆ 젤라틴과 젤리를 원료로 한 천연 동물성 단백질인 콜라겐을 대량생산 방식으로 분자상의 용액에 가용성화한 것이다.
◆ 콜라겐은 천연 케이싱과 같이 식용가능하다.

45 가당연유

◆ 생유 또는 시유에 17% 전후의 설탕을 첨가하여 2.5:1 비율로 농축, T.S 28% 이상, 유지방 8.0% 이상, 당분 58% 이하인 제품이다.
◆ 당 농도가 높아 저장성이 길다.

46 훈연smoking

◆ 훈연목적
　－ 보존성 향상
　－ 특유의 색과 풍미증진
　－ 육색의 고정화 촉진
　－ 지방의 산화방지 등
◆ 훈연방법 : 냉훈법, 온훈법, 고온훈연법 등이 있다.

	냉훈법	온훈법	고온훈연법
온도	15~20℃	25~45℃	50~90℃
시간	수일~수주	수시간	1/2~2시간
풍미	강	약	매우 약
보존성	장기간	중간	짧음

47 어묵제조 과정 중 고기갈이

◆ slient cutter나 절구를 사용하여 육조직을 파쇄하고 식염을 첨가하여 단백질을 용해시켜 제품의 탄력을 생성하게 한다.
◆ 고기갈이 육의 온도는 10℃ 이하가 되도록한다.

48 균질

◆ 우유에 물리적 충격을 가하여 지방구 크기를 작게 분쇄하는 작업이다.

◆ 균질의 목적
- creaming의 생성을 방지한다.
- 조직을 균일하게 한다.
- 우유의 점도를 높인다.
- 커드 장력이 감소되어 소화가 용이하게 된다.
- 부드러운 커드가 된다.
- 지방산화 방지 효과가 있다.

49 유지의 채유법

◆ 식물성 유지 채취에는 압착법과 추출법이 이용된다.
◆ 동물성 유지 채취에는 용출법이 이용된다.
- 우지, 돈지, 어유, 경유 등의 용출법은 boiling process와 melting out process가 있다.

⊕ 착유율을 높이기 위해서 기계적 압착을 한 후 용매로 추출하는 방법이 많이 이용되고 있다.

50 평판열교환기|plate heat exchanger

◆ 평판열교환기의 구조는 0.5mm 두께의 얇은 스테인레스 강철판을 파형으로 가공하여 강도를 높이고, 여러 장의 평판을 약 4~7mm의 간격을 두고 겹쳐 조립한 상태이다.
◆ 우유와 가열매체 또는 냉각매체가 한 장의 평판을 사이에 두고 반대 방향으로 흐르면서 평판을 통하여 열을 교환한다.
◆ 예열부, 가열부, 유지부, 냉각부의 4개 부문으로 구성되어 있다.
◆ 우유, 주스 등 액체식품을 연속적으로 HTST법 또는 UHT법으로 살균처리 할 때 이용된다.

51 복숭아 통조림 제조에서 박피 방법

◆ 열탕처리와 약품처리가 있다.
◆ 이핵종은 열탕법으로, 점핵종은 알칼리(NaOH 1~3%) 처리로 박피한다.
◆ 박피 후 염산, 구연산용액으로 중화 세척한다.

52 pH=- log[H⁺]

$pH = -\log(5 \times 10^{-6}) = -0.699 + 5.999 = 5.3$

53 도정도

◆ 현미에서 쌀겨층이 벗겨진 정도를 말한다.
◆ 쌀겨층이 완전히 벗겨진 것을 10분 도미, 쌀겨층이 반이 벗겨진 것을 5분 도미로 표시하는 방법이다.

⊕ 도정률은 정미의 중량이 현미 중량의 몇 %에 해당하는가를 나타내는 방법이다.

54 달걀의 할란검사
◆ 달걀의 할란검사에는 난백계수, Haugh 단위, 난황계수, 난황편심도 등이 있다.

55 식품의 방사선조사
◆ 장점은 포장된 상태로 처리가 가능하고, 연속 살균이 가능한 무열 살균이다.
◆ 단점은 조직의 변화, 영양소의 파괴, 조사취 등의 발생이다.
◆ 안전성에 대한 불안감이 제기되고 있다.
◆ 식품의 방사선 조사기준(식품위생법)
   – 사용방사선의 선원 및 선종은 Co-60의 감마선(γ)으로 한다.
   – 식품의 발아억제, 살충, 살균 및 숙도조절의 목적에 한한다.

56 레토르트 파우치 식품
◆ 플라스틱 필름과 알루미늄박의 적층 필름 팩에 식품을 담고 밀봉한 후 레토르트 살균(120℃에서 4분 이상 살균)하여 상업적 무균성을 부여한 것이다.
◆ 가열·살균 시 통조림보다 열의 냉점 도달시간이 짧아 단시간 가열로 목적하는 살균이 가능하고, 이로 인한 영양소 파괴 및 품질열화를 최소화시킬 수 있다.
◆ 레토르트 파우치는 통조림 식품처럼 장기간 보관이 가능하고 통조림에 비하여 가볍고 유연하며 운송 및 보관이 용이하다.
◆ 유연포장재료는 열전도도가 크기 때문에 살균공정을 단축할 수 있고 통조림이나 병조림에 비해 에너지 비용이 적게 든다.

58 식용유지의 탈색공정
◆ 원유에는 카로티노이드, 클로로필 등의 색소를 함유하고 있어 보통 황록색을 띤다. 이들을 제거하는 과정이다.
◆ 가열탈색법과 흡착탈색법이 있다.
   – 가열법 : 기름을 200~250℃로 가열하여 색소류를 산화분해하는 방법이다.
   – 흡착법 : 흡착제인 산성백토, 활성탄소, 활성백토 등이 있으나 주로 활성백토가 쓰인다.

59 고추장을 신맛으로 만드는 원인
◆ 고추장 제조공정에서 코지를 넣고 60℃에서 3~5시간 유지하여 당화와 단백질 분해를 일으킨다.
◆ 60℃로 보온유지 할 때 품온이 떨어지면서 젖산균이 번식하여 시어질 수 있기 때문에 주의하여야 한다.

60 엔탈피 변화
◆ 얼음의 융해(0℃ 얼음에서 0℃ 물로 온도변화)
   융해잠열은 80cal/g이므로, 80cal/g×100g=8 000cal

◆ 물의 가열(0℃ 물에서 100℃ 물로 온도변화)

물의 열용량은 1cal/g℃이므로, 100g × 1cal/g × 100 = 10000cal

∴ 총엔탈피 변화 = 8000 + 10000 = 18000cal = 18kcal

61　곰팡이의 일반적인 증식방법

◆ 곰팡이는 균사에 의한 것보다는 주로 포자에 의해서 증식한다.

◆ 특히 곰팡이의 증식은 거의 대부분이 무성생식에 의하나 어떤 특정한 환경에서는 유성생식으로 증식하기도 한다.

62　*Saccharomyces cerevisiae*의 특징

◆ 영국의 맥주공장에서 분리된 균이다.

◆ 전형적인 상면 효모로 맥주효모, 청주효모, 빵효모 등이 대부분 이 효모에 속한다.

◆ 세포는 구형, 난형 또는 타원형이다.

◆ glucose, fructose, mannose, galactose, sucrose를 발효하나 lactose는 발효하지 않는다.

63　Gay Lusacc식에 의하면

◆ 이론적으로는 glucose로부터 51.1%의 알콜이 생성된다.

◆ $C_6H_{12}O_6 \longrightarrow 2C_2H_5OH + 2CO_2$의 식에서

◆ 이론적인 ethanol 수득률이 51.1%이므로

100 × 51.1/100 = 51.1g이다.

64　glucoamylase

◆ *Rhizopus delemar* 등에 의해서 대량 생산된다.

◆ 전분의 비환원성 말단으로부터 glucose를 절단하는 당화형 amylase이다.

65　플라스미드plasmid

◆ 소형의 환상 이중사슬 DNA를 가지고 있다. 염색체 이외의 유전인자로서 세균의 염색체에 접촉되어 있지 않고 독자적으로 복제된다.

◆ 정상적인 환경 하에서 세균의 생육에는 결정적인 영향을 미치지 않으므로 세포의 생명과는 관계없이 획득하거나 소실될 수가 있다.

◆ 항생제 내성, 독소 내성, 독소 생성 및 효소 합성 등에 관련된 유전자를 포함하고 있다.

◆ 약제에 대한 저항성을 가진 내성인자(R인자), 세균의 자웅을 결정하는 성결정인자(F인자) 등이 발견되고 있다.

◆ 제한 효소 자리를 가져 DNA 재조합 과정 시 유전자를 끼워 넣기에 유용하다.

◆ 다른 종의 세포 내에도 전달된다.

66 맥아 제조 공정

◆ 정선기→침지조(침맥)→발아관→건조실(배조) 등의 순서로 이행되어 제조된다.
◆ 세척, 침맥, 발아, 배조를 자동 연속화한 장치들이 고안되고 있다.

67 *Pseudomonas*속

◆ 그람음성, 무포자 간균, 호기성이며 내열성은 약하다.
◆ 특히 저온에서 호기적으로 저장되는 식품에 부패를 일으킨다.
◆ 어패류, 육류, 유가공품, 우유, 달걀, 야채 등에 널리 분포하여 식품을 부패시키는 부패세균이다.
◆ *Pseudomonas*속이 부패세균으로서 중요한 점
  - 증식속도가 빠르다.
  - 많은 균종이 저온에서 잘 증식한다.
  - 암모니아 등의 부패 생성물량이 많다.
  - 단백질, 지방 분해력이 강하다.
  - 일부 균종은 색소를 생성한다.
  - 여러 종류의 방부제에 대하여 강한 저항성을 가지고 있다.

68 *Schizosaccharomyces*속

◆ 가장 대표적인 분열효모이고, 세균과 같이 이분열법에 의해 증식한다.
◆ 열대지방의 과실, 당밀, 토양, 벌꿀 등에 분포한다.
◆ glucose, maltose, sucrose를 발효하고 dextrin와 inuline도 발효한다.
◆ 알코올 발효성이 강하다.
◆ *Schizosaccharomyces pombe*가 대표적인 효모이다.

69 진균류 Eumycetes

◆ 격벽의 유무에 따라 조상균류와 순정균류로 분류한다.
◆ 조상균류
  - 균사에 격벽(격막)이 없다.
  - 호상균류, 난균류, 접합균류(*Mucor*속, *Rhizopus*속, *Absidia*속) 등
◆ 순정균류
  - 균사에 격벽이 있다.
  - 자낭균류(*Monascus*속, *Neurospora*속), 담자균류, 불완전균류(*Aspergillus*속, *Penicillium*속, *Trichoderma*속) 등

70 *Bacillus*(고초균)

◆ 호기성 내지 통성혐기성 균의 중온, 고온성 유포자 간균이다.
◆ 단백질 분해력이 강하며 단백질 식품에 침입하여 산 또는 gas를 생성한다.

◆ *Bacillus subtilis*은 밥, 빵 등을 부패시키고 끈적끈적한 점질물질을 생산한다.
◆ 강력한 α-amylase와 protease를 생산하고, 항생물질인 subtilin을 만든다.

71 효모의 분류

◆ 유포자효모 : *Saccharomyces*속, *Schizosaccharomyces*속, *Saccharomycodes*속, *Debaryomyces*속, *Nadsonia*속, *Pichia*속, *Hansenula*속, *Kluyveromyces*속 등
◆ 무포자효모 : *Torulopsis*속, *Cryptococcus*속, *Candida*속, *Rhodotorula*속, *Trichosporon*속, *Kloeckera*속 등

72

◆ *Clostridium*속 : 그람양성, 혐기성 유포자 간균
◆ *Micrococcus*속 : 그람양성, 호기성 무포자 구균
◆ *Pseudomonas*속 : 그람음성, 호기성 무포자 간균
◆ *Streptococcus*속 : 그람양성, 호기성 무포자 구균

73 *Rhizopus*속(거미줄곰팡이속)

◆ 포복지와 가근을 가지고 있으며, 가근에서 포자낭병을 형성하고, 중축 바닥 밑에 포자낭을 형성한다.

74 효모의 세포구조

◆ 효모세포는 대부분 구형 또는 타원형으로 되어 있고, 크기는 배양효모는 7~8×5~6μm 정도이며, 야생효모는 3.5~4.5×3μm 정도이다.
◆ 원형질에는 핵, 액포, 지방립, 미토콘드리아, 리보솜 등이 있다.
◆ 세포벽은 glucan, glucomannan 등의 고분자 탄수화물과 단백질, 지방질 등으로 구성되어 있으며, 두께가 0.1~0.4μm나 된다.
◆ 표면에는 모세포로부터 분리될 때 생긴 탄생흔(birth scar)과 출아할 때 생긴 낭세포의 출아흔(bud scar)이 있다.

75 진핵세포와 원시핵 세포의 다른점

◆ 진핵세포에는 핵막, 미토콘드리아, golgi체 등이 존재하지만 원시핵 세포에는 존재하지 않는다. 양자의 구조적 차이점은 현저하나 화학적 조성은 대단히 유사하다.
◆ 화학적 차이점은 진핵세포에는 sterol이 존재하지만 원시핵세포에는 존재하지 않는다.
◆ 버섯 고형물의 주성분은 탄수화물이고 당질이 60% 이상 차지하고 Vit. B$_1$, B$_2$, nicotin산이 많이 함유되어 있고, ergosterol을 0.08% 정도 함유하고 있다.

76 세포벽의 기능

◆ 세포벽은 세포의 고유한 형태를 유지한다.
◆ 삼투압 충격과 같은 외부 환경으로부터 세포의 내부 구조물과 세포질막을 보호한다.

◆ 외부 충격으로부터 완충작용을 한다.

◆ 세포벽 성분에 의해 항균 및 항바이러스 작용을 하기도 한다.

> ⊕ · 보통 원형의 구균과 막대 모양의 간균의 세포벽 형태의 차이가 있다.
> · 생화학적으로 거의 모든 세균의 세포벽은 peptidoglycan(murein)이라 부르는 거대 분자들의 망상구조로 되어 있다.

77 Candida utilis

◆ 아황산펄프 폐액으로부터 균체를 배양하기에 가장 적합한 균은 무포자 효모인 *Candida utilis*이며 이외에도 *Candida tropicalis* 등도 이용된다.

78 펩티도글리칸^{peptidoglycan}

◆ 세균의 세포벽에 많이 함유되어 있는 당단백질이다.

◆ 세포벽의 강도를 높여주는 역할을 한다.

◆ 그람음성균은 90%, 그람음성균은 10% 정도 함유한다.

◆ 점액분비물과 눈물 속에 존재하는 가수분해 효소인 라이소자임은 펩티도글리칸 층을 분해할 수 있다.

79 클로렐라^{Chlorella}의 특징

◆ 진핵세포생물이며 분열증식을 한다.

◆ 단세포 녹조류이다.

◆ 크기는 2~12 μ 정도의 구형 또는 난형이다.

◆ 분열에 의해 한 세포가 4~8개의 낭세포로 증식한다.

◆ 엽록체를 갖으며 광합성을 하여 에너지를 얻어 증식한다.

◆ 빛의 존재 하에 무기염과 CO_2의 공급으로 쉽게 증식하며 이때 CO_2를 고정하여 산소를 낸다.

◆ 건조물의 50%가 단백질이며 필수아미노산과 비타민이 풍부하다.

◆ 필수아미노산인 라이신(lysine)의 함량이 높다.

◆ 비타민 중 특히 비타민 A, C의 함량이 높다.

◆ 젖산균의 생장촉진 인자를 함유하고 있다.

◆ 단위 면적당 단백질 생산량은 대두의 약 70배 정도이다.

◆ 양질의 단백질을 대량 함유하므로 단세포단백질(SCP)로 이용되고 있다.

◆ 소화율은 떨어지지만 이를 개선하면 사료 및 우주식량으로 이용 가능성이 높다.

◆ 태양에너지 이용율은 일반 재배식물보다 5~10배 높다.

◆ 생산균주 : *Chlorella ellipsoidea*, *Chlorella pyrenoidosa*, *Chlorella vulgaris* 등

80 디옥시리보뉴클레오타이드^{dNTP}

◆ 유전자를 합성하는 재료가 되는 각 뉴클레오티드 염기들이다.

◆ 합성에 필요한 4가지 염기의 뉴클레오타이드를 모두 제공되어야 함으로 dATP, dTTP, dGTP, dCTP 모두 필요로 한다.

81 분무 건조기^{spray dryer}

◆ 액상인 피건조물을 건조실(chamber) 내에 10~200㎛ 정도의 입자 크기로 분산시켜 가열 공기로 1~10초간 급속히 건조시킨다.

◆ 인스턴트 커피, 분유, 크림, 차 등 건조제품을 만들 때 이용한다.

82 해머 밀^{hammer mill}

◆ 충격력을 이용해 원료를 분쇄하는 분쇄기이며 가장 많이 쓰인다.

◆ 중간 분쇄 : 수 cm(1~4cm) 또는 0.2~0.5mm까지 분쇄

◆ 장점 : 몇 개의 해머가 회전하면서 충격과 일부 마찰을 받아 분쇄시키는 것으로 구조가 간 단하며 용도가 다양하고 효율에 변함이 없다.

◆ 단점 : 입자가 균일하지 못하고 소요 동력이 크다.

83 나우타형 혼합기

◆ 원추형 용기에 회전하는 스크루가 용기 벽면에 경사지게 설치되어 자전하면서 용기 벽면 을 따라 공전한다.

◆ 이 형식은 혼합이 빠르고 효율이 우수하기 때문에 대량의 물체에 소량을 혼합하는 데 효과 적이다.

84 디스크밀^{disk mill}

◆ 전단형 분쇄기로서 예전에 사용했던 맷돌과 같은 것이다.

◆ 돌이나 금속으로 된 원판(디스크)을 다른 디스크와 서로 맞대어 서로 반대 방향으로 회전 시킨다.

◆ 디스크가 회전할 때 생기는 마찰력과 전단력에 의해 분쇄된다.

◆ 옥수수의 습식 분쇄, 곡류가루의 제조, 섬유질 식품의 미분쇄 등에 사용된다.

85 초고온순간살균법^{UHT}

◆ 130~150℃에서 2~5초간 살균하는 방법이다.

◆ 내열성 포자도 완전살균이 가능하며, 비타민 C의 파괴가 적어 신선한 상태로 유지가 가능 하여 많이 이용되는 방법이다.

◆ HTST법보다 이화학적 성질변화가 적게 발생한다.

87 막분리법

◆ 장점
  – 분리과정에서 상의 변화가 발생하지 않으며, 상온에서 가동되므로 에너지가 절약된다.
  – 가열하지 않기 때문에 열에 민감한 물질의 열변성 또는 영양분 및 향기성분의 손실을 최 소화 한다.

- 가열, 진공, 응축, 원심분리 등의 장치가 필요 없으며, 단지 가압과 용액 순환만으로 운행되므로 장치와 조작이 간단하다.
- 대량의 냉각수가 필요 없다.
- 분획과 정제를 동시에 행할 수 있다.
- 화학약품을 거의 필요로 하지 않기 때문에 2차 환경오염을 유발하지 않는다.
◆ 단점
- 최대 농축한계인 약 30% 고형분 이상의 농축이 어렵다.
- 순수한 하나의 물질을 얻기엔 많은 공정이 필요하다.
- 막의 오염형성으로 막을 세척하는 동안 운행이 중지된다.
- 다른 농축장비보다 설치비가 비싸다.

88 비가열 살균

◆ 가열처리를 하지 않고 살균하는 방법이다.
◆ 효율성, 안전성, 경제성 등을 고려할 때 일반적인 살균법인 열 살균보다 떨어질 때가 많으나 열로 인한 품질변화, 영양파괴를 최소화할 수 있다는 장점을 갖는다.
◆ 약제 살균, 방사선조사, 자외선 살균, 전자선 살균, 초고압 살균, 여과제균 등이 있다.

89 청결미

◆ 일반미는 취반 전에 물로 여러 번 씻는 반면에 무세미는 이 과정이 생략되고 취반 전 물에 몇 분간 담갔다가 바로 밥을 지을 수 있도록 백미 표면에 겨를 완전히 제거한 쌀을 말한다.
◆ 무세미의 특징
- 정미과정 시 쌀의 표면에 형성되는 요철부에 잔류하는 쌀겨를 제거함으로써 밥맛을 향상시킬 수 있다.
- 밥을 짓기 전에 쌀 씻는 과정이 필요 없어 물 절약 및 수질 오염을 방지할 수 있다.
- 쌀과 밥의 색(백도)을 향상시킨다.
- 쌀을 씻는 과정에서 손실되는 영양성분의 손실을 막아준다.

90 유압식 압착기

◆ 판상식 압착기(plate press)라고도 한다.
◆ 과즙, 식용유를 압착하는 데 널리 이용된다.
◆ 300~600kg/cm²의 압력을 작용하여 압착하는 회분식 압착기이다.
◆ 면포나 면직자루에 원료를 담아서 압착판에 올려놓고 압착하도록 되어 있다.
◆ 이 압착기는 충전, 압착, 분해, 세척 등에 노력이 많이 든다.

➕ 연속식으로 작업할 수 없다.

91 조립기

- ◆ 압출 조립기(pelleter) : 원료에 소량의 액체를 넣어 혼합하거나 반죽 등을 하여 작은 구멍이 여러 개 있는 원판에서 압출시켜 조립을 하는 기계이다.
- ◆ 파쇄형 조립기(break type granulator) : 단단한 원료를 회전하는 칼에 의해 일정 크기와 모양으로 부수거나 절단하여 조립하는 기계이다.
- ◆ 혼합형 조립기(mixing type granulator) : 블렌더 조립기는 원료에 소량의 액체를 혼합하여 으깨기가 된 혼합 원료를 다시 파쇄시켜 과립 형태로 만들 수 있는 기계로 녹말 제조, 향신료, 계란 분말 등을 제조하는 데 사용한다. 핀 조립기가 블렌더 조립기와 비슷하다. 구형 조립기와 유동층 조립기, 기류식 조립기가 있다.
- ◆ 박편형 조립기(flaker type granulator) : 용액 상태로 녹아있는 상태의 원료를 가열 또는 냉각시켜 굳게 하여 잘게 부수는 조립기이다. 회전 드럼형과 벨트형이 있다.

92 압축식 냉동기의 4대 구성요소

- ◆ 압축기, 증발기, 응축기, 팽창밸브

93 정치식 수평형 레토르트의 장치

- ◆ 브리더(bleeder), 벤트(vent), 안전밸브 등은 레토르트의 부속장치이다.
  - – bleeder : 증기와 더불어 혼입되는 공기를 제거하는 장치
  - – vent : 증기 도입 시 retort 내의 공기 배출 장치
  - – 안전밸브 : 증기 발생장치의 과압으로부터 시스템을 보호하기 위해 사용되는 장치

  ⊕ 척(chuck)은 통조림 부속 기기이며 통조림 밀봉기의 주요 부분이다.

94 측정 계기

- ◆ 유량계 : 액체나 기체의 유량을 측정하는 계기의 총칭으로 유량계, 수량계 등이 있다.
- ◆ 압력계 : 액체나 기체의 압력을 측정하기 위한 계기로 기압계, 압력차계, 고압계, 진공계 등이 있으며, 구조도 다양하다.
- ◆ 속도계 : 속도(속력)를 지시해주는 계기이며 속력계라고도 한다.
- ◆ 액면계(수면계) : 각종 용기, 탱크 및 보일러 내부에 있는 유체의 레벨을 확인하는 게이지로써 종류는 튜브식, 반사식, 투시식 및 자석 플로우트식이 있다.

95 산성 식품의 통조림 살균

- ◆ pH가 4.5 이하인 산성식품에는 식품의 변패나 식중독을 일으키는 세균이 자라지 못하므로 곰팡이나 효모류만 살균하면 살균 목적을 달성할 수 있는데, 이런 미생물은 끓는 물에서 살균되므로 비교적 낮은 온도에서 살균한다.
- ◆ 과실, 과실주스 통조림 등

96 부상식(유동층, fluidized bid) 건조기

◆ 다공판 등의 통기성 재료로 바닥을 만든 용기에 분립체를 넣고, 아래에서부터 공기를 불어넣으면 어느 풍속이상에서 분립체가 공기 중에 부유 현탁되는 데, 이때 아래에서부터 열풍을 불어넣어 유동화 되고 있는 분립체에 열을 가해 건조시키는 방법이다.

◆ 곡물과 같은 입상의 시료를 건조하는 데 적합하다.

97 균체 내 효소의 추출법

◆ 기계적 파쇄법, 압력차법, 초음파 파쇄법, 동결융해법, 자기소화법, 효소처리법, 삼투압차법, 건조 균체의 조제법 등이 있다.

98 적외선 건조

◆ 컨베이어나 진동판 위에 식품을 얹어놓고 적외선을 일정시간 내려 쬐어 복사열(radant heating)을 이용하여 건조시키는 방법이다.

◆ 특히 열에 약한 식품에는 장파의 적외선을 사용하고 이것도 비교적 수분이 적은 식품에 이용한다.

◆ 살균도 동시에 이루어지나 살균정도는 차이가 있다. 전분, 과자반죽, 차, 빵가루 및 향신료 등의 식품건조에 이용된다.

99 표면경화 case hardening

◆ 육표면에서 수분이 증발하면 표면의 농도가 높아지기 때문에 수증기압은 낮게 되고 표면은 수축하여 건조된 피막 즉 표면경화를 형성하기 때문에 차츰 건조가 어렵게 된다.

◆ 이를 방지하기 위하여
- 초기 가열온도를 서서히 높이거나 가열 도중 가열을 중지하여 내부 확산이 진행된 후 다시 가열하도록 한다.
- 표면증발속도를 내부 확산 속도보다 느리게 조절한다.

100 역삼투 reverse osmosis

◆ 평형상태에서 막 양측 용매의 화학적 포텐셜(chemical potential)은 같다.

◆ 그러나 용액 쪽에 삼투압보다 큰 압력을 작용시키면 반대로 용액 쪽에서 용매분자가 막을 통하여 용매 쪽으로 이동하는데 이 현상을 역삼투 현상이라 한다.

◆ 역삼투는 분자량이 10~1000 정도인 작은 용질분자와 용매를 분리하는 데 이용된다.

◆ 대표적인 예는 바닷물의 탈염이고, 맥주나 와인 등에서 미생물 제거, 유청의 농축, 각종 주스의 농축 등에 이용된다.

식품산업기사 기출문제 해설 2019 3회

제1과목 식품위생학

1 **황변미 식중독의 원인독소**

- ◆ Citrinin은 *Pen. citrinum*이 생성한 것으로 쌀을 황변미로 만들어 중독을 일으킨다.
- ◆ luteoskyrin와 islanditoxin은 *Pen. islandicum*이 생성한 것으로 저장 중 쌀을 황변미로 만들어 독성을 갖게 한다.

➕ aflatoxin은 *Aspergillus flavus*에서 생산되는 독성물질이다.

2 **식품첨가물의 규격 및 기준 중의 사용기준에 규정된 제한 범위**

- ◆ 대상품목의 제한
- ◆ 용량 또는 사용농도의 제한
- ◆ 사용목적의 제한
- ◆ 사용방법의 제한

3 **회충란의 저항력**

- ◆ 대변 중에서 평균 300일 정도이다.
- ◆ 76℃ 이상으로 1초 이상, 65℃로 10분 이상 가열하면 사멸하나 60℃ 이하에서는 10시간 이상 살아 있다.
- ◆ 저온과 건조에 대한 저항력은 비교적 강하여 −10~−15℃에서도 생존하고 건조상태로 1개월이 지나도 사멸하지 않는다.
- ◆ 석탄산, 크레졸, 포르말린, 알코올 등에 담그어도 1주일 이상 존재하며, 20% 표백분 용액에서도 12일간이나 생존한다.
- ◆ 무잎을 소금절임 해도 15일 이상 생존하며, 식초 중에서 7일 이상 생존한다.
- ◆ 회충란은 일광에 약하다.

4 **자진회수제도**recall

- ◆ 제품의 문제가 있을 때 그 제품을 생산한 제조업체나 그 제품을 유통시킨 유통업체가 자발적으로 또는 식품의약품안전청장, 시도지사, 시장, 군수, 구청장의 회수명령에 의해서 이루어지는 일종의 자발적인 제도로 시장에 유통 중인 제품을 신속하게 회수함으로써 사전의 소비자의 피해를 최소화하려는 신뢰성 있는 제도이다.

5 보존료의 구비조건

◆ 미생물의 발육 저지력이 강할 것
◆ 지속적이어서 미량의 첨가로 유효할 것
◆ 식품에 나쁜 영향을 주지 않을 것
◆ 기호에 맞을 것
◆ 무색, 무미, 무취일 것
◆ 사용이 간편할 것
◆ 값이 저렴할 것
◆ 인체에 무해하고 독성이 없을 것
◆ 장기적으로 사용해도 해가 없을 것

6 선모충 *Trichinella spiralis*

◆ 미국과 유럽에 많으며 아프리카, 남아메리카 및 동양은 드물고 우리나라는 보고된 예가 없다.
◆ 감염경로는 사람을 비롯해서 돼지, 개, 고양이 등 여러 포유동물에 의해서 감염된다.
◆ 예방법은 돼지고기의 생식을 절대로 금하고, 돼지의 사육을 위생적으로 하며, 쥐를 구제한다.

7 어패육의 시간경과에 따른 pH 변화

◆ 어패육은 사후 pH가 내려갔다가 선도의 저하와 더불어 다시 상승한다.

8 에틸카바메이트 *ethyl carbamate*

◆ 우레탄(urethane)이라고도 하며, 화학식은 $H_2NCOOC_2H_5$이다.
◆ carbamic acid의 ethyl ester로 동물 발암원이다.
◆ 국제암연구소(IARC)에서 발암우려물질(Group 2A)로 분류하고 있는 유해물질로서 식품의 저장 및 숙성과정에서 자연적으로 생성되는 것으로 알려져 있다.
◆ 포도주(와인), 위스키, 청주 등의 주류(100ppb) 이외에도 빵, 요구르트, 치즈, 간장, 된장, 김치 등 발효식품에도 함유되어 있다.
◆ 담배와 담배연기에도 상당히 많은 양(300~400ppb)이 들어있다.
◆ 현재까지 알려진 전구물질은 요소(urea), 아르기닌(arginine), 시트룰린(citruline) 등이다.
◆ 저장기간이 길수록, 가열하거나 숙성온도가 높을수록 생성량이 많아진다.

9 만선열두조충의 유충에 의한 감염증

◆ 원인충 : *Spirometra erinaceri, S. mansoni, S. mansonoides*
◆ 제1 중간숙주 : 물벼룩
◆ 제2 중간숙주 : 개구리, 뱀, 담수어 등
◆ 인체에 감염
  – 제1 중간숙주인 플레로서코이드에 오염된 물벼룩이 들어있는 물을 음용
  – 제2 중간숙주인 개구리, 뱀 등을 생식

- 제2 중간숙주를 섭취한 포유류(개, 고양이, 닭) 등을 사람이 생식할 때, 즉 돼지고기나 소고기, 조류 등의 살을 생식

10 적조 현상

◆ 공장이나 도시 하수 중에는 식물영양분으로 인산염, 질소 등이 풍부하다. 따라서 하천이나 바다의 플랑크톤(plankton)이 대량 번식하여 용존 산소를 대량으로 소모하므로 수중산소 가 급격히 떨어져 혐기상태로 되어 부패하면서 악취가 나고 유독화 현상이 나타나는데 이 것을 부영양화 현상이라 한다.

◆ 특히 해역에서는 플랑크톤이 많이 발생해 적색을 띠므로 적조현상이라고도 한다.

11 유통기한 설정기준 : 실험 시 저장조건

◆ 실온유통제품 : 실온이라 함은 1~35℃를 말하며, 원칙적으로 35℃를 포함하되 제품의 특 성에 따라 봄, 가을, 여름, 겨울을 고려하여 선정하여야 한다.

◆ 상온유통제품 : 상온이라 함은 15~25℃를 말하며, 25℃를 포함하여 선정하여야 한다.

◆ 냉장유통제품 : 냉장이라 함은 0~10℃를 말하며, 원칙적으로 10℃를 포함한 냉장온도를 선정하여야 한다.

◆ 냉동유통제품 : 냉동이라 함은 −18℃ 이하를 말하며 품질변화가 최소화 될 수 있도록 냉 동온도를 선정하여야 한다.

◆ 가속실험을 행하는 경우는 앞에서 정하는 유통조건 이외의 온도를 선정할 수 있다.

12 대장균 검사에 이용하는 최확수(MPN)법

◆ 검체 100ml 중의 대장균군수로 나타낸다.

◆ 100ml에 300이면 1000ml 중에는 10배가 되므로 3000이 된다.

13 식품첨가물 32개 용도별 분류

◆ 감미료, 고결방지제, 거품제거제, 껌기초제, 밀가루개량제, 발색제, 보존료, 분사제, 산도 조절제, 산화방지제, 살균제, 습윤제, 안정제, 여과보조제, 영양강화제, 유화제, 이형제, 응 고제, 제조용제, 젤형성제, 증점제, 착색료, 추출용제, 충전제, 팽창제, 표백제, 표면처리제, 피막제, 향료, 향미증진제, 효소제, 청관제

14 세균성 식중독의 잠복기

◆ 황색 포도상구균 식중독 : 1~6시간

◆ 장염비브리오 식중독 : 10~18시간

◆ 대장균 식중독 : 10~30시간

◆ 살모넬라 식중독 : 12~36시간

15 보툴리누스 식중독이 식품위생상 중요한 이유

◆ 이들 균이 생산한 아포는 내열성이 강하여 장시간 끓여도 살균되지 않기 때문이다.

➕ 이들이 생산한 독소(neurotoxin)는 열에 쉽게 파괴되는 단순 단백질로서 80℃에서 20분, 100℃에서 1~2분 가열로 파괴된다.

16 세레우스균 식중독

◆ 원인균 : *Bacillus cereus*
◆ 원인균의 특징
  – 그람양성 간균으로 내열성 아포를 형성한다.
  – 호기성 세균으로 편모가 있다.
  – 증식온도는 5~50℃(최적 30~37℃)이다.
  – 토양, 수중, 공기, 식물표면, 곡류 등 자연계에 널리 분포되어 있다.
  – 식품 등 일반 유기물을 오염시키며 부패균, 병원성세균으로서 알려져 있다.
◆ 생성독소 : enterotoxin이며 설사형, 구토형 독소로 분류한다.
◆ 원인식품 : 볶음밥 등의 쌀밥, 도시락, 김밥, 스파게티, 면류 등의 소맥분으로 된 식품류
◆ 증상 : 설사, 구토를 일으킨다.

17 파툴린patulin

◆ *Penicillium, Aspergillus*속의 곰팡이가 생성하는 독소이다.
◆ 주로 사과를 원료로 하는 사과쥬스에 오염되는 것으로 알려져 있다.
◆ 사과주스 중 파툴린(Patulin)의 잔류허용기준이 2004. 04. 01부터 전면 시행되고 있으며 사과주스, 사과주스 농축액(원료용 포함, 농축배수로 환산하여)의 잔류허용량은 50μg/kg 이하이다.

18 생물화학적 산소요구량(BOD)

◆ 물속에 있는 산화·환원성 물질, 즉 오염될 수 있는 물질이 생물학적인 산화를 받아 주로 무기성의 산화물과 가스가 되기 위해 소비되는 산소량을 ppm으로 표시한 것이다.

19 소금의 방부작용의 원리

◆ 삼투압에 의한 작용
◆ 단백질 분해효소에 의한 방부작용
◆ 산소의 용해도 감소에 의한 작용
◆ 미생물에 대한 Cl⁻이온의 작용
◆ 미생물의 CO_2에 대한 감도를 예민하게 하는 작용

20 첨가물과 주요용도 [식품첨가물공전]

◆ 황산제일철(Ferrous Sulfate) : 강화제
◆ 무수아황산(Sulfur Dioxide) : 보존료
◆ 아질산나트륨(Sodium Nitrite) : 보존료
◆ 질산칼륨(Potassium Nitrate) : 발색제

제2과목   식품화학

21 식품의 texture 성질

◆ 부착성(adhesiveness) : 식품의 표면과 식품이 접촉하는 다른 물질(혀, 이, 입천장) 사이의 인력을 극복하는 데 필요한 힘이다.
◆ 깨짐성(brittleness) : 물질이 깨지는 데 필요한 힘으로 경도와 응집성과 관련이 있다.
◆ 저작성(chewiness) : 단단한 식품을 저작하는 데 필요한 힘이며, 경도, 응집성 및 탄성과 관련이 있다.
◆ 검성(gumminess) : 반고형 식품을 삼키기 위한 상태로 분해하는 데 필요한 힘으로 경도와 응집성과 관련이 있다.

22 거품foam

◆ 분산매인 액체에 분산상으로 공기와 같은 기체가 분산되어 있는 것이 거품이다.
◆ 거품은 기체와 액체의 계면에 제3물질이 흡착하여 안정화된다.
◆ 맥주의 거품은 맥주 중의 단백질, 호프(hop)의 수지성분 등이 거품과 액체 계면에 흡착되어 매우 안정화되어 있다.
◆ 거품을 제거하기 위해서는 거품의 표면장력을 감소시켜 주어야 한다.
◆ 그런 방법으로 찬 공기를 보내든지 알코올, 지방산, 소포제를 첨가하면 된다.

23 SDS 젤 전기영동에 의한 단백질의 분리

◆ 분자의 크기, 모양, 전체 전하의 상대적인 양(net charges)에 기초한다.
◆ 전기영동 이동도(electrophoretic mobility)는 주로 단백질의 분자량에 영향을 받는다.

24 맛의 대비 또는 강화현상

◆ 서로 다른 정미성분이 혼합되었을 때 주된 정미성분의 맛이 증가하는 현상을 말한다.
◆ 설탕용액에 소금용액을 소량 가하면 단맛이 증가하고, 소금용액에 소량의 구연산, 식초산, 주석산 등의 유기산을 가하면 짠맛이 증가하는 것은 바로 이 현상 때문이다.
◆ 예로서 15% 설탕용액에 0.01% 소금 또는 0.001% quinine sulfate를 넣으면 설탕만인 경우보다 단맛이 세진다.

25 지방산 ^{fatty acid}

◆ 자연계의 식품 중에 존재하는 지방산의 대부분이 짝수개의 탄소를 가지며, 말단에 카르복실기(-COOH)를 갖는다.
◆ 알킬기 내에 이중결합이 없는 지방산을 포화지방산이라 하고, 상온에서 대부분 고체 상태이며, 탄소수가 증가할수록 융점이 높아지고 물에 녹기 어렵다.
◆ 알킬기 내에 이중결합이 있는 지방산을 불포화지방산이라 하며 천연유지 중에 존재하는 불포화지방산은 대부분 불안정한 cis형이고 상온에서 액체이며 공기 중의 산소에 의하여 쉽게 산화되고 이중 결합수가 증가할수록 산화 속도는 빨라지고 융점은 낮아진다.
◆ 유지의 용해성은 ether, 석유 ether, 알코올 등 유기용매에 잘 녹고 탄소수가 많고, 불포화도가 높을수록 잘 녹지 않는다.
◆ 휘발성 지방산은 수증기 증류에 의하여 쉽게 분리되는 탄소수 10 이하의 지방산이다.

26 환원당 측정

◆ 당의 환원성 유무를 판정하는 방법으로 Bertrand법이 있다.
◆ 단당류, 이당류는 설탕을 제외하고는 모두 환원당이다.

> ⊕ • Kjeldahl법 : 조단백질 측정법
> • Karl Fischer법 : 수분 측정법
> • Soxhlet법 : 조지방 측정법

27 당류의 온도에 따른 감미도 변화

◆ 온도가 상승됨에 따라서 단맛은 증가하고, 짠맛과 쓴맛은 감소한다.
◆ 신맛은 온도에 의하여 크게 영향을 받지 않으며, 온도의 강하로 쓴맛의 감소가 특히 심해진다.
◆ 설탕은 비환원당으로 온도에 따라 감미 변화가 거의 없어 상대감미도의 기준물질로 사용된다.

28 과산화물가

◆ 유지의 산패도를 나타내는 수치로 유지 1kg에 함유된 과산화물의 밀리 혹은 밀리 당량수로 표시한다.
◆ 시료에 KI를 가하면 과산화물이 요오드화칼륨(KI)과 반응하여 요오드가 유리되므로 그 요오드의 양을 티오황산나트륨용액으로 적정해서 정량한다.

$$-CH_2-CH-CH=CH-+2KI$$
$$\quad\quad\quad |$$
$$\quad\quad OOH$$

29 곡류 및 서류 단백질
◆ 밀, 호밀에는 gliadin, 보리에는 hordenin, 옥수수에는 zein, 감자에는 tuberin이란 단백질이 들어 있다.

30 식품이 색을 나타내는 것
◆ 발색의 기본이 되는 원자단인 발색단과 조색단이 결합해야만 색을 나타낸다.
◆ 발색단(chromophore)으로는 −C=C−(ethylene기), $>$C=O(carbonyl기), −N=N−(azo기), −NO$_2$(nitro기), −N=O(nitroso기), $>$C=S(황 carbonyl기) 등이 있다.
◆ 조색단은 −OH와 −NH$_2$ 등이 있다.

31 전분의 호정화^dextrinization
◆ 전분에 물을 가하지 않고 160~180℃ 이상으로 가열하면 열분해되어 가용성 전분을 거쳐 호정(dextrin)으로 변화하는 현상을 말한다.
◆ 호화와 혼동되기 쉬운데 호화는 화학변화가 따르지 않고 물리적 상태의 변화뿐이나, 호정화는 화학적 분해가 조금 일어난 것으로 호화 전분보다 물에 잘 용해되며 소화효소 작용도 받기 쉬우나 점성은 약하다.

32 단백질 변성
◆ 단백질은 변성되면 −OH기, −SH기, −COOH기, −NH$_2$기 등과 같은 활성기가 표면에 나타나 반응성이 증가한다.

33 비타민 A
◆ 비타민 A는 axerophthol(항 건조안염성 알코올)이라고 한다.
◆ 카로테노이드계 색소 중에서 provitamin A가 되는 것은 β−ionone 핵을 갖는 caroten류의 α−carotene, β−carotene, γ−carotene과 xanthophyll류의 cryptoxanthin이다.
◆ 이들 중 비타민 A로서의 효력은 β−carotene이 가장 크다.

34 인체 내에서 무기염류의 기능
◆ 체액의 pH와 삼투압을 조절
◆ 근육이나 신경의 흥분
◆ 효소를 구성하거나 그 기능을 촉진
◆ 치아와 골격을 구성
◆ 소화액의 분비, 배뇨작용에도 관계
◆ 단백질의 용해도를 증가시키는 작용

35 양파의 매운 성분인 최루성분

◆ prophenyl alchol, propionaldehyde 및 그 중합체 또는 thiopropionaldehyde, 3-hydroxy thiopropionaldehyde 등이 있다.

◆ trans-(+)-S-(1-propenyl)-L-cysteine sulfoxide가 allicinase에 의해 1-propenesulfenic acid를 생성한 후 최루성이 강한 propanethial S-oxide로 바뀐다.

◆ 이 같은 양파의 최루성분은 최소 50개 이상의 다른 화학구조를 가지는 것으로 확인되었다.

36 점탄성^{viscoelasticity}

◆ 외부의 힘에 의하여 물체가 점성 유동과 탄성변형을 동시에 나타내는 복잡한 성질을 말한다.

◆ 점탄성체가 가지는 성질에는 예사성(spinability), Weissenberg의 효과, 경점성(consistency), 신전성(extensibility) 등이 있다.

  - 예사성 : 달걀 흰자위나 청국장 등에 젓가락을 넣었다가 당겨 올리면 실을 빼는 것과 같이 늘어나는 성질
  - weissenberg의 효과 : 가당연유 속에 젓가락을 세워서 회전시키면 연유가 젓가락을 따라 올라가는 현상
  - 경점성 : 점탄성을 나타내는 식품의 견고성을 말하며 반죽의 경점성(반죽의 경도)은 farinogfaph 등을 사용하여 측정한다.
  - 신전성 : 국수 반죽과 같이 대체로 고체를 이루고 있으며 막대상 또는 긴 끈 모양으로 늘어나는 성질

37 칼슘(Ca)의 흡수를 도와주는 요인

◆ 칼슘은 산성에서는 가용성이지만 알칼리성에서는 불용성으로 되기 때문에 유당, 젖산, 단백질, 아미노산 등 장내의 pH를 산성으로 유지하는 물질은 흡수를 좋게 한다.

◆ 비타민 D는 Ca의 흡수를 촉진한다.

> ✚ 시금치의 수산(oxalic acid), 곡류의 피틴산(phytic acid), 탄닌, 식이섬유 등은 Ca의 흡수를 방해한다.

38 농도

◆ 1N HCl 용액은 1000ml 중에 1g 당량인 36.46g 함유한다.

◆ 2N HCl 용액 40ml 중에는 2.9189g 함유한다.

◆ 4N HCl 용액 60ml 중에는 8.7504g 함유한다.

◆ 2N HCl 40mL와 4N HCl 60mL를 혼합하면 100ml 중에 11.6693g 함유한다.

◆ 1000ml 중에 116.693g 함유하므로

◆ $1 : 36.46 = X : 116.693$

  ∴ $X = 3.2N$

39 생선의 비린 냄새

◆ 신선도가 떨어진 어류에서는 trimethylamine(TMA)에 의해서 어류의 특유한 비린 냄새가 난다.

◆ 이것은 원래 무취였던 trimethylamine oxide가 어류가 죽은 후 세균의 작용으로 환원되어 생성된 것이다.

◆ trimethylamine oxide의 함량이 많은 바닷고기가 그 함량이 적은 민물고기 보다 빨리 상한 냄새가 난다.

40 유지의 융점

◆ 포화지방산이 많을수록 그리고 고급지방산이 많을수록 높아진다.

◆ 불포화지방산 및 저급지방산이 많을수록 융점이 낮아진다.

◆ 포화지방산은 탄소수의 증가에 따라 융점은 높아진다.

◆ 불포화지방산은 일반적으로 2중 결합의 증가에 따라 융점이 낮아진다.

◆ 단일 glyceride보다 혼합 glyceride가 한층 융점이 낮아진다.

◆ 동일한 유지에서도 서로 다른 결정형이 존재한다.

◆ α형의 융점이 가장 낮고, β형이 가장 높으며 β'형은 중간이다.

제3과목   식품가공학

41 된장의 숙성 중 변화

◆ 된장 중에 있는 코지 곰팡이, 효모, 그리고 세균 등의 상호 작용으로 화학변화가 일어난다.

◆ 쌀·보리 코지의 주성분인 전분이 코지 곰팡이의 amylase에 의해 dextrin 및 당으로 분해되고 이 당은 다시 알코올발효에 의하여 알코올이 생기며 또 그 일부는 세균에 의하여 유기산을 생성하게 된다.

◆ 또 콩 및 쌀, 보리 코지 단백질은 코지균의 protease에 의하여 proteose, peptide 등으로 분해되고 다시 아미노산까지 분해되어 구수한 맛을 내게 된다.

42 크림의 지방함량

◆ plastic 크림 : 유지방 70% 이상

◆ light 크림 : 유지방 18% 이상

◆ clotted 크림 : 유지방 55% 이상(평균 64%)

◆ whipping 크림 : 유지방 30~50%

43 패들 교반기

◆ 회전축에 붙어있는 패들 모양에 따라 평판, 게이트, 앵커 패들교반기 등이 있다.

◆ 회전속도는 20~150rpm 정도이다.

44 육류 단백질의 냉동변성

◆ 육조직 중의 수분이 동결되면 무기성분이 조직의 일부에 농축되어 단백질을 염석(salting out)시키고, 곧 단백질의 변성이 일어난다.

◆ 또한 얼음결정(ice crystal)이 생성되면 단백질 분자의 주위에서 탈수가 일어나 단백질 분자가 서로 접근함으로써 단백질 분자간의 수소결합을 비롯한 분자간 결합이 형성되어 응집(coagulation)이 일어난다.

45 찹쌀과 멥쌀의 성분상 차이

◆ amylose와 amylopectin의 함량 비율이 다르다.

◆ 멥쌀은 amylose와 amylopectin의 비율이 20 : 80 정도이다.

◆ 찹쌀은 amylose가 함유되어 있지 않고 거의 amylopectin으로만 되어 있다.

46 과일 건조할 때 유황 훈증

◆ 사과, 복숭아, 살구 등은 산화효소의 활성도가 높아 그대로 건조하면 갈색으로 변한다.

◆ 유황으로 훈증하면 효소를 불활성시켜 갈변을 막고, 미생물 증식을 억제하고, 부패 및 병충해를 막는다.

◆ 훈증방법은 원료과실 100kg에 300~400g의 유황을 밀폐실에서 30~60분간 연소시켜 실시한다.

47 polyphosphte(중합인산염)의 역할

◆ 단백질의 보수력을 높이고, 결착성을 증진시키고, pH 완충작용, 금속이온 차단, 육색을 개선시킨다.

◆ 햄, 소시지, 베이컨이나 어육연제품 등에 첨가한다.

48 분쇄기의 분쇄작용

◆ 롤 밀(roll mill) : 2개의 롤이 서로 반대 방향으로 회전하면서 식품에 압축력을 작용하여 분쇄한다.

◆ 디스크 밀(disc mill) : 디스크가 회전할 때 생기는 마찰력과 전단력에 의해 분쇄된다.

◆ 버 밀(bur mill) : 두 개의 회전하는 연마 표면사이에서 단단하고 작은 식품을 절단하거나 압쇄하여 분쇄한다.

◆ 볼 밀(ball mill) : 원통 안에 쇠구슬 등이 들어 있어 식품을 넣고 돌리면 전단력, 마찰력, 충격력에 의하여 분쇄한다.

49 무지유고형분(SNF)

◆ 총고형분 중 지방을 뺀 부분이다. 크림은 지방 함량이 30% 이상이다.

50 첨가해야 할 물의 양

◆ 첨가해야 할 물 $= \dfrac{w(b-a)}{100-b}$

　w : 용량, a : 최초 수분함량, b : 나중 수분함량

◆ 첨가해야 할 물 $= \dfrac{100(15-10.5)}{100-15} = 5.29kg$

51 펙틴의 판별 및 가당량

알코올에 의한 변화	펙틴함량	가당량
젤리모양으로 응고하거나 또는 큰 덩어리가 된다.	많음	과즙의 1/2~2/3
여러 개의 젤리모양의 덩어리를 만든다.	보통	과즙과 같은 양
소수의 작은 덩어리가 생기거나 또는 전혀 덩어리가 생기지 않는다.	조금	농축시키거나 다른 과즙 또는 펙틴을 넣는다.

52 난백 단백질

◆ 오보뮤신(ovomucin) : 난백 단백질 중 1.5~2.9%를 차지하는 불활성 단백질이며 인푸루엔자 바이러스에 의한 적혈구의 응집반응을 억제하는 물질이다.

◆ 오보글로불린(ovoglobulin) : 난백 단백질 중 8.0~8.9% 차지하며 기포성이 우수한 포립제 역할을 한다.

◆ 플라보프로테인(flavoprotein) : 황색 단백질로 플라빈과 복합체를 형성하여 생체 내에서 산화환원효소의 조효소로서 작용한다.

◆ 아비딘(avidin) : 난백 단백질 중 함량은 0.05%로 미량이나 난황 중 biotin과 결합하여 비타민을 불활성화 시킨다.

53 옥수수 전분 제조 부산물(주로 습식법으로 제조)

◆ 옥수수 농축침지액(corn steep liquor)

◆ 옥수수 식용유(corn oil)

◆ 옥수수 글루텐 밀(corn gluten meal)

◆ 옥수수 글루텐 피드(gluten feed)

54 vitamin E(토코페롤)

◆ 산화방지 작용과 노화 방지작용을 한다.

◆ 식물성기름, 쌀, 버터, 달걀, 소의 간 등에 많이 들어 있다.

55 유화emulsification

◆ 교반과 같이 액체-액체 혼합이지만 서로 녹지 않는 액체를 분산시켜 혼합하는 것이다.

56 염장법의 원리

◆ 소금의 삼투작용에 의해 이루어 진다.
◆ 식품 내외의 삼투차에 의해 침투와 확산의 두 작용으로 식품 내 수분과 소금이온 용액이 바뀌어 소금은 식품 내에 스며들어 흡수되고 수분은 탈수되어 식품의 수분활성이 낮아진다.
◆ 소금에 의한 높은 삼투압으로 미생물 증식이 억제되거나 사멸된다.

57 유지의 정제

◆ 채취한 원유에는 껌, 단백질, 점질물, 지방산, 색소, 섬유질, 탄닌, 납질물 그리고 물이 들어 있다.
◆ 이들 불순물을 제거하는 데 물리적 방법인 정치, 여과, 원심분리, 가열, 탈검처리와 화학적 방법인 탈산, 탈색, 탈취, 탈납공정 등이 병용된다.
◆ 유지의 정제공정 : 중화 → 탈검 → 탈산 → 탈색 → 탈취 → 탈납(윈터화) 순이다.

58 어패류의 초기 사후변화

◆ 어패류의 사후변화 과정 중 가장 먼저 일어나는 것은 당의 분해(glycolysis)이다.
◆ 근육 중에 저장된 글리코겐은 해당작용에 의해서 젖산으로 분해되면서 함량이 감소한다.

59 결합수의 특징

◆ 용질에 대하여 용매로 작용하지 않는다.
◆ 100℃ 이상으로 가열하여도 제거되지 않는다.
◆ 0℃보다 낮은 온도에서도 얼지 않으며, 밀도도 크다.
◆ 미생물 번식과 발아에 이용되지 못한다.

60 버터의 증용률^{overrun}

◆ 버터의 증용률(%) $= \dfrac{\text{버터의 중량} - (\text{크림중량} \times \text{크림지방율})}{\text{크림중량} \times \text{크림지방율}} \times 100$

$\qquad\qquad\qquad = \dfrac{10 - 8.2}{8.2} \times 100 = 22\%$

제4과목 식품미생물학

61 효모의 일반적인 사용용도

◆ 배양효모로 주류의 양조, 알코올 제조, 제빵 등에 이용
◆ 균체는 식·사료용, 단백질, 비타민, 핵산물질 등의 생산에 이용
◆ 단세포 단백질(single cell protein, SCP)의 제조에 이용

62 유산 발효형식

◆ 정상발효 형식(homo type)
- 당을 발효하여 젖산만 생성
- 정상발효 유산균은 *Streptococcus*속, *Pediococcus*속, 일부 *Lactobacillus*속 (*L. delbrückii*, *L. acidophilus*, *L. casei*, *L. bulgaricus*, *L. lactis*, *L. homohiochii*) 등 이 있다.
◆ 이상발효 형식(hetero type)
- 당을 발효하여 젖산 외에 알코올, 초산, CO_2 등 부산물 생성
- 이상발효 유산균은 *Leuconostoc*속(*Leuc. mesenteoides*), 일부 *Lactobacillus*속 (*L. fermentum*, *L. brevis*, *L. heterohiochii*) 등이 있다.

63 유도기(잠복기)^{lag phase}

◆ 미생물이 새로운 환경(배지)에 적응하는 데 필요한 시간이다.
◆ 증식은 거의 일어나지 않고, 세포 내에서 핵산(RNA)이나 효소단백의 합성이 왕성하고, 호 흡활동도 높으며, 수분 및 영양물질의 흡수가 일어난다.
◆ DNA 합성은 일어나지 않는다.

64 전분에 존재하는 미생물을 감소시키는 수단

◆ 전분 중의 *Bacillus*속의 포자는 전분을 사용하는 식품 즉 수산연제품에서 아주 주요한 변 패 원인균이다.
◆ 균수를 감소시키는 수단
- 전분유의 분리 정제시에 소량의 액체염소에 의한 살균
- 100℃, 30분간 3일에 걸친 간헐살균
- 1% 염소액에 24시간 침지
- 제조시의 생전분에 차아염소산소다 첨가

65 담자포자^{basidiospore}

◆ 자웅이주 또는 자웅동주의 2개의 균사가 접합하여 담자기(basidium)를 형성한다.
◆ 끝에 있는 4개의 경자에 담자포자를 1개씩 형성한다.

66 phage의 예방대책

◆ 공장과 그 주변 환경을 미생물학적으로 청결히 하고 기기의 가열살균, 약품살균을 철저히 한다.
◆ phage의 숙주특이성을 이용하여 숙주를 바꾸어 phage 증식을 사전에 막는 starter rotation system을 사용, 즉 starter를 2균주 이상 조합하여 매일 바꾸어 사용한다.
◆ 약재 사용 방법으로서 chloramphenicol, streptomycin 등 항생물질의 저농도에 견디고 정상 발효하는 내성균을 사용한다.

67 **1mole glucose 발효 시 생성 에탄올**

◆ $C_6H_{12}O_6 \rightarrow 2C_2H_5OH + 2CO_2$의 식에서 이론적으로 1mole glucose를 발효하면 2mole의 ethanol이 생성된다.

68 **청주 종국 제조 시 나무재의 사용 목적**

◆ 국균(koji)에 무기성분을 공급한다.
◆ pH를 높여서 잡균의 번식을 방지한다.
◆ 국균이 생산하는 산성물질을 중화한다.
◆ 포자형성을 양호하게 한다.

69 **발효주의 분류**

◆ 단발효주 : 원료 속의 주성분이 당류로서 과실 중의 당류를 효모에 의하여 알코올 발효시켜 만든 술이다. ⓔ 과실주
◆ 복발효주 : 전분질을 아밀라아제(amylase)로 당화시킨 뒤 알코올 발효를 거쳐 만든 술이다.
  – 단행복발효주 : 맥주와 같이 맥아의 아밀라아제(amylase)로 전분을 미리 당화시킨 당액을 알코올 발효시켜 만든 술이다. ⓔ 맥주
  – 병행복발효주 : 청주와 탁주 같이 아밀라아제(amylase)로 전분질을 당화시키면서 동시에 발효를 진행시켜 만든 술이다. ⓔ 청주, 탁주

70 **플라스미드**^{plasmid}

◆ 소형의 환상 이중사슬 DNA를 가지고 있다. 염색체 이외의 유전인자로서 세균의 염색체에 접촉되어 있지 않고 독자적으로 복제된다.
◆ 정상적인 환경 하에서 세균의 생육에는 결정적인 영향을 미치지 않으므로 세포의 생명과는 관계없이 획득하거나 소실될 수가 있다.
◆ 항생제 내성, 독소 내성, 독소 생성 및 효소 합성 등에 관련된 유전자를 포함하고 있다.
◆ 약제에 대한 저항성을 가진 내성인자(R인자), 세균의 자웅을 결정하는 성결정인자(F인자) 등이 발견되고 있다.
◆ 제한 효소 자리를 가져 DNA 재조합 과정 시 유전자를 끼워 넣기에 유용하다.
◆ 다른 종의 세포 내에도 전달된다.

➕ 대부분 원핵세포(세균)에 존재하나 일부 진핵세포(효모)에도 존재한다.

71 *Candida*속

◆ 대부분 다극출아에 의해 무성적으로 증식하며 위균사를 현저히 형성한다.
◆ 구형, 계란형, 원통형이고 산막효모이다.
◆ 알코올 발효력이 있는 것도 있다.
◆ *Candida tropicalis*는 *Candida lipolytica*와 마찬가지로 식·사료 효모이다.
◆ 탄화수소 자화성이 강하여 균체 단백질 제조용 석유 효모로서 주목되고 있다.

72 *Absidia*속의 균사체

◆ *Rhizopus*속과 같이 포복성으로 기질과 접합한 점에서 분지되어 가근이 생긴다.
◆ 포자낭병은 가근과 가근 사이의 포복지 중간 부위에서 생긴다.

73 효모의 분류

◆ 유포자효모 : *Saccharomyces*속, *Schizosaccharomyces*속, *Saccharomycodes*속, *Debaryomyces*속, *Nadsonia*속, *Pichia*속, *Hansenula*속, *Kluyveromyces*속 등
◆ 무포자 효모 : *Torulopsis*속, *Cryptococcus*속, *Candida*속, *Rhodotorula*속, *Trichosporon*속, *Kloeckera*속 등

74 진균류^{Eumycetes}

◆ 격벽의 유무에 따라 조상균류와 순정균류로 분류
◆ 조상균류
   – 균사에 격벽(격막)이 없다.
   – 호상균류, 난균류, 접합균류(*Mucor*속, *Rhizopus*속, *Absidia*속) 등
◆ 순정균류
   – 균사에 격벽이 있다.
   – 자낭균류(*Monascus*속, *Neurospora*속), 담자균류, 불완전균류(*Aspergillus*속, *Penicillium*속, *Trichoderma*속) 등

75 streptomycin을 생산하는 균

◆ 방선균인 *Streptomyces griseus*이다.

76 파지 오염에 의한 피해를 입는 발효공업

◆ 최근 미생물을 이용하는 발효공업 즉, yoghurt, amylase, acetone, butanol, glutamate, cheese, 납두, 항생물질, 핵산 관련 물질의 발효에 관여하는 세균과 방사선균에 phage의 피해가 자주 발생한다.

77 미토콘드리아

◆ 외막과 내막의 이중막으로 싸여 있다. 외막은 매끈하며 연속적이지만, 내막은 안쪽으로 반복해서 함입된 구조를 가진 크리스테(cristae)가 있다.
◆ 외막과 내막에는 다양한 효소가 존재하는데, 주요 기능은 당이나 지방산과 같은 영양물질을 산화시키는 일이다.
◆ 특히 크리스테 부위에서는 산화적 인산화 반응을 통해 생명체의 에너지인 ATP가 합성된다.

78 62번 해설 참조

79 *Aspergillus oryzae*

◆ 전분 당화력과 단백질 분해력이 강해 간장, 된장, 청주, 탁주, 약주 제조에 이용된다.
◆ 황국균이라고 하며 생육온도는 25~37℃이다.

⊕ *Aspergillus niger* : 전분 당화력이 강하고 당액을 발효하며 구연산이나 글루콘산을 생산하는 균주이다.

80 우유 살균방법

◆ 저온장시간살균법(LTLT살균법 : 63℃로 30분), 고온단시간살균법(HTST살균법 : 72.5℃로 15초), 초고온멸균법(UHT멸균법 : 130~150℃로 1~5초) 등이 있다.
◆ 저온장시간살균법은 우유 속에 함유될 가능성이 있는 유해세균을 사멸시키기 위해 파스퇴르가 고안한 방법이다.

제5과목　식품제조공정

81 판들형 압축 여과기 plate pressure filter

◆ 필터프레스(filter press)라고도 한다.
◆ 여과판(filter plate), 여과포, 여과틀(filter flame)을 교대로 배열·조립한 것이다.
◆ 여과판은 주로 정방형으로 양면에 많은 돌기들이 있어 여과포(filter cloth)를 지지해 주는 역할을 하며, 돌기들 사이의 홈은 여액이 흐르는 통로를 형성한다.
◆ 구조와 조작이 간단하고, 가격이 비교적 저렴하여 공업적으로 널리 이용되고 있다.
◆ 인건비와 여포의 소비가 크고 케이크의 세척이 효율적이지 못하다.

82 선별의 종류

◆ 무게에 의한 선별 : 육류, 생선류, 과일류, 과일류와 채소류, 달걀류 등을 무게에 따라 선별하여 가공 재료로 사용하는데, 가장 일반적인 선별 방법 중의 하나이다.
◆ 크기에 의한 선별 : 덩어리나 가루를 일정 크기에 따라 진동체나 회전체를 이용하는 체질에 의해 선별하는 방법과 과일류나 채소류를 일정 규격으로 하여 선별하는 방법이 사용된다.
◆ 모양에 의한 선별 : 같은 모양의 재료를 한데 모아 두면 가공할 때 편리한 점이 많아 가공 효율이 높아진다. 쓰이는 형태에 따라 모양이 다를 때 이 선별 방법을 사용한다.
◆ 광학에 의한 선별 : 스펙트럼의 반사와 통과 특성을 이용하는 X-선, 가시광선, 마이크로파, 라디오파 등의 광범위한 분광 스펙트럼을 이용해 선별하는 방법이다. 달걀류의 이상 여부 판단, 과일류나 채소류의 성숙도, 중심부의 결함 등을 선별하는데 이용한다.

83 유지추출에 쓰이는 용매

◆ 비점이 65~69℃인 핵산(hexane)이 가장 많이 이용되고 이밖에 헵탄(heptane), 석유 에테르, 벤젠, 사염화탄소(CCl_4), 이황화탄소(CS_2), 아세톤, ether, $CHCl_3$ 등이 쓰인다.

84 분무건조 spray drying

◆ 액체식품을 분무기를 이용하여 미세한 입자로 분사하여 건조실 내에 열풍에 의해 순간적으로 수분을 증발하여 건조, 분말화시키는 것이다.
◆ 열풍온도는 150~250℃이지만 액적이 받는 온도는 50℃ 내외에 불과하여 건조제품은 열에 의한 성분변화가 거의 없다.
◆ 열에 민감한 식품의 건조에 알맞고 연속 대량 생산에 적합하다.
◆ 우유는 물론 커피, 과즙, 향신료, 유지, 간장, 된장과 치즈의 건조 등 광범위하게 사용되고 있다.

85 해머밀 hammer mill

◆ 충격력을 이용해 원료를 분쇄하는 분쇄기이며 가장 많이 쓰인다.
◆ 중간 분쇄 : 수 cm(1~4cm) 또는 0.2~0.5mm까지 분쇄
◆ 장점 : 몇 개의 해머가 회전하면서 충격과 일부 마찰을 받아 분쇄시키는 것으로 구조가 간단하며 용도가 다양하고 효율에 변함이 없다.
◆ 단점 : 입자가 균일하지 못하고 소요 동력이 크다.

86 병류식 터널건조기

◆ 열풍과 식품의 이동방향이 같은 것으로 입구 쪽에서 고온의 열풍과 접촉하므로 초기 건조 속도가 높아 수축이 적다.
◆ 식품이 터널을 통과할수록 낮은 온도의 습한 열풍과 접촉하므로 차츰 건조 속도가 느려지고 수분함량이 낮은 제품을 얻기 어렵지만 제품은 열에 의한 손상을 적게 받는다.

87 통조림 살균법

◆ 통조림은 레토르트 내에서 가열살균을 하게 된다.
◆ 레토르트 내에 통조림을 넣은 후 생증기를 주입하여 가공온도까지 가온하여 살균한다.

88 막분리기술의 특징

막분리법	막기능	추진력
확산투석(dialsis)	확산에 의한 선택 투과성	농도차
전기투석(electrodialsis, ED)	이온성 물질의 선택 투과성	전위차
정밀여과(microfiltration, MF)	막외경에 의한 입자크기의 분배	압력차
한외여과(ultrafiltration, UF)	막외경에 의한 분자크기의 선별	압력차
역삼투(reverse osmosis, RO)	막에 의한 용질과 용매와의 분리	압력차

89 비가열 살균

◆ 가열처리를 하지 않고 살균하는 방법이다.
◆ 효율성, 안전성, 경제성 등을 고려할 때 일반적인 살균법인 열 살균보다 떨어질 때가 많으나 열로 인한 품질변화, 영양파괴를 최소화할 수 있다는 장점을 갖는다.
◆ 약제살균, 방사선조사, 자외선살균, 전자선살균, 초고압 살균, 여과제균 등이 있다.

90 우유로부터 크림분리

◆ 우유로부터 크림을 분리하는 공정에서 많이 적용되고 있는 분리기술은 원심분리이다.
◆ 원심분리기는 원판형 원심분리기(disc bowl centrifuge)를 많이 이용한다.

91 롤러선별기(크기선별기)

◆ 동일방향으로 회전하는 여러 개의 평행롤러로 구성되어 있다.
◆ 각 롤러는 여러 개의 홈을 가지고 있어서, 롤러가 서로 인접하면 채널을 형성하게 되는데, 재료가 롤러 위로 통과하면서 채널로 빠질 수 있게 된다.
◆ 이들 채널은 그 크기가 출구 쪽으로 점점 커지므로 작은 것부터 먼저 떨어지고 큰 것은 더 멀리 이동하여 떨어져 입자의 크기에 따라서 밑에 있는 용기에 모이게 된다.
◆ 감귤, 사과, 배, 복숭아 등의 과일 선별에 이용된다. 손상을 받기 쉬운 식품의 선별에는 부적합하다.

92 압출성형기

◆ 반죽, 반고체, 액체식품을 노즐 또는 다이스(dice)와 같은 구멍을 통하여 압력으로 밀어내어 성형하는 방법이다.
◆ 마카로니, 소시지, 인조육 제품 등 가공에 이용한다. 예 소시지 충전기(stuffer), 마카로니 제조기

93 균질화의 압력과 온도

◆ 압력 : 140~210kg/cm^2 (2000~3000Lbs/in^2)
◆ 온도 : 50~60℃

94

◆ 과일주스의 종류에 따라 여과 효율을 높이기 위하여 난백(egg albumin), 카제인(casein), 젤라틴(gelatin), 규조토 등의 여과보조제(filter aid)를 사용한다.

95 농도 변경 계산

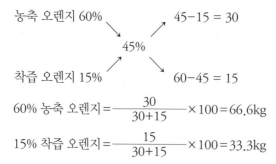

$$60\%\ \text{농축 오렌지} = \frac{30}{30+15} \times 100 = 66.6\text{kg}$$

$$15\%\ \text{착즙 오렌지} = \frac{15}{30+15} \times 100 = 33.3\text{kg}$$

즉, 15% 착즙오렌지와 60% 농축오렌지를 1:2 비율로 혼합하면 된다.

96 휘핑whipping 원리

◆ 거품내기 전의 생크림은 물속에 지방구가 유화 분산되어 있는 형태로 존재한다.

◆ 이것을 4~7℃에서 저으면 거품이 일기 시작한다. 즉, 각각의 지방구가 인지질 막에 싸여 유화되어 있다가 교반의 충격을 받으면 막이 파괴되어 지방구끼리 모여 응집하게 된다.

◆ 유지방함량이 많고 지방구가 클수록 응집력이 크며, 5~10℃ 저온에서 저어야 응집하기 쉽다.

97 농축주스의 생산량

◆ 초기 주스 수분함량 : $1000\text{kg/h} \times \frac{(100-10)}{100} = 900\text{kg/h}$

◆ 초기 주스 고형분 함량 : $1000 - 900 = 100\text{kg/h}$

◆ 수분함량 50%인 농축주스 : $100\text{kg/h} \times 100 \div (100-50) = 200\text{kg/h(C)}$

98 육류 통조림 가공 및 저장 중 흑변 원인

◆ 가열하거나 저장 중에 함황아미노산인 메티오닌(methionine), 시스틴(cystine), 시스테인(cysteine) 등이 분해되어 이들로부터 유리된 −SH기로부터 황화수소(H_2S)가 생성하기 때문이다.

99 균질화homogenization 공정

◆ 우유 중의 지방구에 물리적 충격을 가해 그 크기를 작게 분쇄하는 공정이다.

◆ 균질 효과
   - 크림층의 형성 방지
   - 균일한 유화상태 유지
   - 점도를 향상시켜 조직개선
   - 동결 중에 지방의 응집을 방지
   - 숙성시간 단축
   - 증용률 향상

100 드럼 건조기|^{drum dryer, film dryer}

◆ 액상인 피건조물을 드럼 표면에 얇은 막을 형성하도록 하여 이를 가열표면에 접촉시켜 전도에 의한 건조가 이루어진다.

◆ 액체, slurry상, paste상, 반고형상의 원료를 건조하는 데 이용한다.

식품산업기사 기출문제 해설 2020 1,2회

제1과목 식품위생학

1 DO(용존산소량)

◆ 하천수 중에 DO가 적다는 것은 부패성 유기물 함량이 많다는 뜻이므로 오염도가 높다는 것을 의미한다.

2 가공보조제 [식품첨가물공전 총칙]

◆ 식품의 제조 과정에서 기술적 목적을 달성하기 위하여 의도적으로 사용되고 최종 제품 완성 전 분해, 제거되어 잔류하지 않거나 비의도적으로 미량 잔류할 수 있는 식품첨가물을 말한다.

◆ 식품첨가물의 용도 중 살균제, 여과보조제, 이형제, 제조용제, 청관제, 출용제, 효소제가 가공보조제에 해당한다.

3 파상열(브루셀라증)^{brucellosis}

◆ 병원체
  – 그람음성의 작은 간균이고 운동성이 없고, 아포를 형성하지 않는다.
  – *Brucella melitenisis* : 양, 염소에 감염
  – *Brucella abortus* : 소에 감염
  – *Brucella suis* : 돼지에 감염
◆ 감염원 및 감염경로 : 접촉이나 병에 걸린 동물의 유즙, 유제품이나 고기를 거쳐 경구감염
◆ 증상
  – 결핵, 말라리아와 비슷하여 열이 단계적으로 올라 38~40℃에 이르며, 이 상태가 2~3주 계속되다가 열이 내린다.
  – 발열현상이 주기적으로 되풀이되므로 파상열이라고 한다.
  – 경련, 관절염, 간 및 비장의 비대, 백혈구 감소, 발한, 변비 등의 증상이 나타나기도 한다.

4 지표미생물의 자격요건

◆ 분변 및 병원균들과의 공존 또는 관련성이 있어야 한다.
◆ 배양을 통한 증식과 구별이 용이해야 한다.
◆ 식품 가공처리의 여러 과정을 병원균과 유사한 안정성이 있어야 한다.

5 과즙 통조림의 주석 용출

◆ 통조림 관 내면에 도장하지 않은 것이 산성식품과 작용하면 주석(Sn)이 용출된다.
◆ 주스 통조림을 만드는 물속이나 미숙 과일의 표면에 질산이온이 들어 있어서 질산이온과 같이 주석 용출을 촉진시킨다.
◆ 식품위생법에서 청량음료수와 통조림 식품의 허용량을 250ppm 이하로 규정하고 있다.

6 유해물질과 관련된 사항

◆ Hg(수은) : 미나마타병 유발
◆ DDT : 유기염소제
◆ Parathion(파라치온) : Cholinesterase 작용 억제
◆ Dioxin(다이옥신) : 유해성 유기화합물

7 기생충과 중간숙주

◆ 간디스토마(간흡충) : 제1중간숙주 – 왜우렁이, 제2중간숙주 – 붕어, 잉어 등의 민물고기
◆ 선모충 : 중간숙주 – 돼지
◆ 무구조충(민촌충) : 중간숙주 – 소
◆ 유구조충(갈고리촌충) : 중간숙주 – 돼지

8 자외선 살균

◆ 살균력이 강한 파장은 2500~2800Å이고, 가장 강한 파장은 260nm(2537Å)이다.
◆ 살균효율은 조사거리, 온도, 풍속 등의 영향을 받으며 투과력은 약하다.
◆ 장점 : 열을 사용하지 않으므로 사용이 간편하고, 살균효과가 크며, 피조사물에 대한 변화가 거의 없고, 균에 내성을 주지 않는다.
◆ 단점 : 살균효과가 표면에 한정되고, 지방류에 장시간 조사 시 산패취를 내며, 사람의 피부나 눈에 노출되면 장애를 줄 수 있다.
◆ 식품공장의 실내공기 소독이나, 조리대, 작업대, 조리기구 표면 등의 살균에 이용된다.

9 포스트 하비스트^{post harvest} 농약

◆ 수확 후 처리 농약을 말한다.
◆ 농사를 짓는 동안 뿌리는 농약이 아니라 저장농산물의 병충해 방제 또는 품질을 보존하기 위하여 출하 직전에 뿌리는 농약이다.
◆ 수입된 밀, 옥수수, 오렌지, 그레이프 프루드, 레몬, 바나나, 파인애플 등의 농산물에 많은 양의 포스트 하비스트가 뿌려져서 온다.

10 *Salmonella*균

◆ 동물계에 널리 분포하며 무포자, 그람음성 간균이고, 편모가 있다.

◆ 호기성, 통성혐기성균으로 보통 배지에 잘 발육한다. 최적온도는 37℃, 최적 pH는 7~8이다.
◆ 열에 약하므로 60℃에서 20분 가열하면 사멸되며, 토양과 물속에서 비교적 오래 생존한다.
◆ *Salmonella* 감염증에는 티프스성 질환으로서 *S. typhi*, *S. paratyphi* A·B에 의한 전염병인 장티프스, 파라티프스를 일으키는 것과 급성위장염을 일으키는 감염형이 있다.
◆ *Salmonella*균의 식중독
  − 육류와 그 가공품, 어패류와 그 가공품, 가금류의 알(건조란 포함), 우유 및 유제품, 생과자류, 납두, 샐러드 등에서 감염된다.
  − 주요 증상은 오심, 구토, 설사, 복통, 발열(38~40℃) 등이다.

11 공장폐수

◆ 무기성 폐수와 유기성 폐수로 크게 나눌 수 있다.
◆ 도금공장, 금속공장, 화학공장 등의 무기성폐수 중에 화학적인 유해물질이 함유되어 수산물, 농산물 등에 직접적인 피해를 준다.
◆ 식품공장의 유기성 폐수는 BOD가 높고, 부유물질을 다량 함유하고 있으므로 이에 의해서 공공용수가 오염되어 2차적인 피해를 줄 수 있다.

12

◆ 바퀴벌레는 콜레라, 장티프스, 이질 등의 소화기계 감염병균을 퍼트리고 기생충의 중간숙주 구실도 한다.

13 식용색소 황색 제4호를 사용하여도 되는 식품 [식품첨가물공전]

◆ 과자, 캔디류, 빙과, 빵류, 떡류, 만두, 초콜릿류, 소시지, 어육소시지, 소스, 젓갈류
◆ 절임류, 주류, 식물성크림, 주류, 즉석섭취식품, 두류가공품, 곡류가공품, 아이스크림류 등 이하 생략

14 수인성·식품매개성 바이러스

◆ 로타바이러스, 아스트로바이러스, 아데노바이러스, 노로바이러스 등이다.

15 베로독소^{verotoxin}

◆ 장관 출혈성 대장균(O−157:H−7)이 생산하는 단백질 독소이다.
◆ 장관 출혈성 대장균의 합병증인 용혈성요독증후군을 유발한다.
◆ 단백질 합성을 방해하며, 감염 시 출혈성 설사를 일으킨다.

16 화학적 합성품 [식품위생법 정의]

◆ 화학적 수단으로 원소 또는 화합물에 분해 반응 외의 화학 반응을 일으켜서 얻은 물질을 말한다.

17 임포섹스imposex 현상

◆ 지난 1988~93년 사이 굴, 피조개, 홍합, 바지락 등의 생산량이 해마다 10%씩 감소하는 원인을 조사하던 중 고둥의 암컷에게서 수컷 성기가 생기는 임포섹스현상이 발견되었다.
◆ 원인은 선박용 페인트 등에 함유된 트리뷰틸주석(TBT)이 바다를 오염시켜 암컷 고둥이 TBT에 오염되면서 체내 호르몬에 교란이 일어나 수컷 성기와 수정관이 생기게 된다.
◆ 이 수정관이 과도하게 발달하면서 암컷의 음문을 막아 알이 방출되는 것을 억제시킨다. 그로 인해 고둥의 생산량이 떨어진다.

18 증식온도에 따른 미생물

◆ 저온균 : 실온 및 냉장상태에서 발육가능, 대부분 부패세균(*Yersinia enterocolitica, Listeria monocytogenes*)
◆ 중온균 : 자연계에 널리 분포하며 대부분의 식중독 세균(*Salmonella, Staphylococcus aureus, Clostridium perfringens, Vibrio parahaemolyticus* 등)
◆ 고온균 : 최저 생육온도 45℃, 통조림 멸균공정에서 주요 지표세균(*Bacillus, Clostridium* 속 등)

19 식품의 세균수 검사

◆ 일반세균수 검사 : 주로 Breed법에 의한다.
◆ 생균수 검사 : 표준한천 평판 배양법에 의한다.

20 안식향산benzoic acid이 사용되는 식품

◆ 과실·채소류 음료, 탄산음료 기타음료, 인삼음료, 홍삼음료 및 간장 0.6g/kg 이하
◆ 알로에전잎(겔포함) 0.5g/kg 이하
◆ 절임식품, 마요네즈, 잼류, 마가린 1.0g/kg 이하
◆ 망고처드니 0.25g/kg 이하

제2과목 식품화학

22 β-amylase 효소작용

◆ β-amylase는 전분이나 글리코겐에 작용해서 비환원성 말단에서 맥아당 단위로 α-1,4 결합을 절단하여 β형인 맥아당을 생성한다.

23 anthocyanins

◆ 수용액의 pH에 따라 색깔이 쉽게 변하여 산성에서 적색, 중성에서 자주색, 알칼리성에서는 청색으로 변한다.
◆ 즉 검정콩, 팥 등은 pH 3 또 그 이하의 강산성 용액 중에서는 그의 flavilium 이온은 안정하여 적색을 나타낸다.

24 점탄성^{viscoelasticity}

◆ 외부의 힘에 의하여 물체가 점성 유동과 탄성변형을 동시에 나타내는 복잡한 성질을 말한다.
◆ 점탄성체가 가지는 성질에는 예사성(spinability), Weissenberg의 효과, 경점성 (consistency), 신전성(extensibility) 등이 있다.
  – 예사성 : 달걀 흰자 위나 청국장 등에 젓가락을 넣었다가 당겨 올리면 실을 빼는 것과 같이 늘어나는 성질
  – weissenberg의 효과 : 가당연유 속에 젓가락을 세워서 회전시키면 연유가 젓가락을 따라 올라가는 현상
  – 경점성 : 점탄성을 나타내는 식품의 견고성을 말하며 반죽의 경점성(반죽의 경도)은 farinogfaph 등을 사용하여 측정한다.
  – 신전성 : 국수 반죽과 같이 대체로 고체를 이루고 있으며 막대상 또는 긴 끈 모양으로 늘어나는 성질

25 인

◆ 칼슘과 인의 섭취 비율은 1:1~2이며 인은 칼슘흡수를 방해할 수 있어 적당한 비율로 섭취하여야 한다.

26 관능검사에 영향을 주는 심리적 요인

◆ 중앙경향오차   ◆ 순위오차
◆ 기대오차   ◆ 습관오차
◆ 자극오차   ◆ 후광효과
◆ 대조오차

27 염장 시 마른간의 경우

◆ 유리수의 대부분이 탈수되어 제품의 수분함량은 55~60% 정도이다.
◆ 따라서 전 수분함량에 대한 식품조직의 결합수는 상대적으로 증가한다.

28 관능검사 중 묘사분석

◆ 정의 : 식품의 맛, 냄새, 텍스처, 점도, 색과 겉모양, 소리 등의 관능적 특성을 느끼게 되는 순서에 따라 평가하게 하는 것으로 특성별 묘사와 강도를 총괄적으로 검토하게 하는 방법이다.
◆ 묘사분석에 사용하는 방법
  – 향미 프로필 : 시료가 가지는 맛, 냄새, 후미 등 모든 향미 특성을 분석하여 각 특성이 나타나는 순서를 정하고 그 강도를 측정하여 향미가 재현될 수 있도록 묘사하는 방법
  – 텍스처 프로필 : 식품의 다양한 물리적 특성, 즉 경도, 응집성, 탄력성, 부착성 등 기계적 특성과 입자의 모양, 배열 등 기하학적 특성 그리고 수분과 지방함량 등의 강도를 평가하여 제품의 텍스처 특성을 규정하고 재현될 수 있도록 하는 방법

– 정량적 묘사분석 : 색깔, 향미, 텍스처 그리고 전체적인 맛과 냄새의 강도 등 전반적인 관능적 특성을 한눈에 파악할 수 있게 한 방법
– 스펙트럼 묘사분석 : 제품의 모든 특성을 기준이 되는 절대척도와 비교하여 평가함으로써 제품의 정성적 및 정량적 품질 특성을 제공하기 위해 사용하는 방법
– 시간–강도 묘사분석 : 제품의 몇 가지 중요한 관능적 특성의 강도가 시간에 따라 변화하는 양상을 조사하기 위해 개발된 방법

29 녹말의 가수분해

◆ 녹말(starch)을 묽은 염산이나 효소(amylase)로 가수분해하면 dextrin, maltose를 거쳐 glucose까지 분해된다.

30 유화액의 형태

① 수중유적형(O/W)과 유중수적형(W/O)의 두가지 형이 있다.
◆ 수중유적형(O/W) : 우유, 마요네즈, 아이스크림 등
◆ 유중수적형(W/O) : 마가린과 버터
② 유화액의 형태를 이루는 조건
◆ 유화제의 성질
◆ 전해질의 유무
◆ 기름의 성질
◆ 기름과 물의 비율
◆ 물과 기름의 첨가순서

31 β–amylase

◆ amylose와 amylopectin 내부의 α–1,4–glucan 결합을 비환원성 말단부터 maltose 단위로 규칙적으로 가수분해하여 dextrin과 maltose를 생성하는 효소이다.
◆ 당화형 amylase라 한다.

32 31번 해설 참조

33 유지의 자동산화 속도

◆ 유지 분자 중 2중 결합이 많으면 활성화되는 methylene기($-CH_2$)의 수가 증가하므로 자동산화 속도가 빨라진다.
◆ 포화지방산은 상온에서 거의 산화가 일어나지 않지만 불포화지방산은 쉽게 산화되며 불포화지방산에서 cis형이 tran형 보다 산화되기 쉽다.
◆ oleic acid(18:1), linoleic acid(18:1), linolenic acid(18:2)은 불포화지방산이며 이들의 산화속도는 1 : 12 : 25라는 보고가 있다.

34 일반적인 아미노산의 등전점

◆ 산성 아미노산은 pH 3의 산성 범위
◆ 중성 아미노산은 pH 6~7의 중성 범위
◆ 염기성 아미노산은 pH 10의 알칼리성 범위

35 유기산

◆ 초산은 당질의 초산발효에 의하여 생성되는 유기산으로 식초의 신맛을 내는 주체물질이며 식초 중에는 초산이 4~6% 함유되어 있다.
◆ 구연산은 감귤류, 살구, 레몬, 매실, 포도 등의 과실과 토마토, 상추, 양배추 등의 채소류에 널리 함유되어 있다.
◆ 주석산은 포도, 파인애플, 죽순 등의 식물계에 널리 존재하는 신맛이 강한 유기산으로 청량음료수, 잼, 젤리 등에 구연산, 젖산 등과 함께 사용 된다.
◆ 호박산은 청주, 된장, 간장이나 패류, 사과, 딸기 등에 들어 있으며 맛난 맛을 띠는 물질이다.

36 식품의 수분정량법

◆ 건조법으로 가압가열건조법, 감압가열건조법, 적외선 수분측정법 등의 건조방법에 의해 주로 정량한다.
◆ 이외에 증류법, Karl Fischer법, 전기적 수분측정법 등이 있다.

37 유지를 장시간 고온으로 가열하면

◆ 저장 중의 산패와 같은 현상이 단시간에 일어난다.
◆ 또 고온에 의한 중합 열분해 등 여러 가지 반응이 일어난다.
◆ 고온으로 가열하는 시간이 길면 산가, 과산화물가, 점도 및 굴절률이 높아지고 요오드가가 낮아진다.
◆ 분해 형성된 유리지방산의 존재로 튀김류의 경우 그 기름의 발연점을 급격하게 저하시킴으로써 튀김식품의 품질저하를 가져오게 된다.

38 식품의 산성 및 알칼리성

◆ 알칼리성 식품
  - Ca, Mg, Na, K, Fe 등의 원소를 많이 함유한 식품
  - 과실류, 야채류, 해조류, 감자류, 당근 등
◆ 산성 식품
  - P, Cl, S, I, Br 등 원소를 많이 함유하고 있는 식품
  - 단백질, 탄수화물, 지방이 풍부한 식품은 생체 내에서 완전히 분해하면 CO_2와 H_2O을 생성하고 CO_2는 체내에서 탄산(H_2CO_3)으로 존재하기 때문에 산성식품에 속한다.
  - 곡류, 육류, 어류, 달걀, 콩류 등

◆ 식품 100g을 회화하여 얻은 회분을 중화하는 데 소비되는 N–HCl의 ㎖수를 그 식품의 알칼리도라고 한다.

39 지방의 자동산화

◆ 식용 유지나 지방질 성분은 공기와 접촉하여 비교적 낮은 온도에서도 자연발생적으로 산소를 흡수하여 산화가 일어난다.
◆ 유지의 산소 흡수속도가 급증하여 산화생성물이 급증하게 되는 것이 자동산화이다.
◆ 지방의 자동산화를 촉진하는 인자 : 온도, 금속, 광선, 산소, 수분, heme 화합물, chlorophyll 등의 감광물질 등이 있다. 산소는 지방의 자동산화의 필수적인 요인이다.

40 비타민 B$_{12}$

◆ Co를 함유하고 있으므로 cobalamin이라고 부른다.
◆ 핵산과 단백질 대사 등에 관여하고 성장촉진, 조혈작용에 효과가 있으므로 결핍되면 성장정지와 악성빈혈 증세가 나타난다.

제3과목 식품가공학

41 개량식 간장 제조 시 장달이기

◆ 용기에 소금물을 넣고 메주(Koji)를 넣어 발효 숙성 후 압착하여 국물과 찌꺼기로 나누고 국물은 80℃에서 30분간 달인다.
◆ 달이는 목적
  – 미생물 살균 및 효소파괴
  – 향미부여
  – 갈색향상
  – 청징(단백질 응고, 앙금제거) 등

42 도정률

◆ 정미의 중량이 현미 중량의 몇 %에 해당하는가를 나타내는 방법이다.
  – 현미 : 나락에서 왕겨층만 제거한 것(도정률 100%)
  – 백미 : 현미를 도정하여 배아, 호분층, 종피, 과피 등을 없애고 배유만 남은 것(도정률 92%)
  – 배아미 : 배아가 떨어지지 않도록 도정한 것
  – 주조미 : 술의 제조에 이용되며 미량의 쌀겨도 없도록 배유만 남게 한 것(도정률 75% 이하)

43 버터 제조공정 중 교동^{churning}

◆ 교반작용에 의해 크림의 지방구피막을 손상시켜 유지방을 유출되게 하여 이때 유지방은 뭉쳐서 좁쌀크기의 버터입자로 만드는 공정이다.

◆ 교반작용에 의해 유지방이 물에 유화된 상태(O/W)에서 유지방에 물이 유화된 상태(W/O)로 전환된다.

44 두부의 응고정도에 영향을 주는 인자

◆ 두유의 농도, 응고 온도 및 시간, 응고제의 종류 및 농도, 그리고 교반 조건 등에 영향을 받는다.

45 계란의 품질과 선도판정 요소

① 외부적인 선도
◆ 난형, 난각질, 난각의 두께, 건전도, 청결도, 난각색, 비중법, 진음법, 설감법
② 내부적인 선도
◆ 투시검사
◆ 할란검사 : 난백계수, Haugh 단위, 난황계수, 난황편심도

46 polyphosphte(중합인산염)의 역할

◆ 단백질의 보수력을 높이고, 결착성을 증진시키고, pH 완충작용, 금속이온 차단, 육색을 개선시킨다.
◆ 햄, 소시지, 베이컨이나 어육연제품 등에 첨가한다.

47 유지의 정제

◆ 채취한 원유에는 껌, 단백질, 점질물, 지방산, 색소, 섬유질, 탄닌, 납질물 그리고 물이 들어 있다.
◆ 이들 불순물을 제거하는데 물리적 방법인 정치, 여과, 원심분리, 가열, 탈검처리와 화학적 방법인 탈산, 탈색, 탈취, 탈납공정 등이 병용된다.
◆ 유지의 정제공정 : 중화 → 탈검 → 탈산 → 탈색 → 탈취 → 탈납(원터화) 순이다.

48 제빵 시 설탕첨가 목적

◆ 효모의 영양원으로 발효 촉진
◆ 빵 빛깔과 질을 좋게 함
◆ 산화방지
◆ 수분 보유력이 있어 노화 방지

49 D_{118}값

$$\log \frac{D_{118}}{D_{121}} = \frac{T_2 - T_1}{Z}$$

$$\log \frac{D_{118}}{0.2} = \frac{121 - 118}{10} = 0.3$$

$$\frac{D_{118}}{0.2} = 10^{0.3} = 2$$

$$D_{118} = 2 \times 0.2 = 0.4 \text{분}$$

51 유통기한 설정실험에 사용되는 검체
◆ 실험에 사용되는 검체는 생산·판매하고자 하는 제품과 동일한 공정으로 생산한 제품으로 하여야 한다.

52 주입할 당액의 농도
◆ $W_2 = W_3 - W_1$
◆ $Y = \dfrac{W_3 Z - W_1 X}{W_2}$

W_1 : 고형물량(g)	W_2 : 주입당액의 무게(g)
W_3 : 제품내용 총량(g)	X : 담기 전 과육의 당도(%)
Y : 주입할 시럽 당도(%)	Z : 제품규격당도(%)

53 불활성 기체 사용 효과
◆ 다공질 건조지방성 식품(전지분유 등)의 산화방지를 위해서 불활성기체인 질소 가스를 치환하여 산소량을 제거하여 저장성을 높인다.

54 레닛rennet 분말의 첨가량
◆ 치즈제조 시 원료유에 대해 0.002~0.004% 첨가한다.

55 연기성분의 종류와 기능
◆ phenol류 화합물은 육제품의 산화방지제로 독특한 훈연취를 부여, 세균의 발육을 억제하여 보존성 부여
◆ methyl alcohol 성분은 약간 살균효과, 연기성분을 육조직 내로 운반하는 역할
◆ carbonyls 화합물은 훈연색, 풍미, 향을 부여하고 가열된 육색을 고정
◆ 유기산은 훈연한 육제품 표면에 산성도를 나타내어 약간 보존 작용

56 살균 후 통조림을 급랭시키는 이유
◆ 과열에 의한 조직 연화방지, 변색방지, struvite 성장억제, 호열균(50~55℃)의 번식을 막기 위해서이다.
◆ 냉각은 38℃ 정도로 자체 열로 통 표면의 수분이 건조될 때까지 한다.

57 마요네즈

◆ 난황의 유화력을 이용하여 난황과 식용유를 주원료로 하여 식초, 소금, 설탕 등을 혼합하여 유화시켜 만든 제품이다.

◆ 난황의 유화력은 난황 중의 인지질인 레시틴(lecithin)이 유화제로서 작용한다.

58 동물 사후강직

◆ 동물이 죽으면 수분에서 수 시간이 지나 근육이 강하게 수축되어 경화되고 육의 투명도도 떨어져 흐려지게 되는데 이 현상을 사후강직(rigor mortis)라 한다.

◆ 사후에 근육에서는 ATP가 소실되어 myosin filament와 actin filament 간에 서로 미끄러져 들어가 근육이 수축하게 되고 또한 actin과 myosin 간에 강한 결합(actomyosin)이 일어나서 경직이 지속된다.

59 MG^{May Grünwaid} 시약으로 염색판정 시의 정백도

◆ 과피와 종피는 청색(1분도미, 현미)

◆ 호분층은 담녹색 내지 담청색(5분도미)

◆ 배유는 담청홍색 내지 담홍색(7분도미)

◆ 배아는 담황록색(10분도미)

60 계량 등의 단위는 국제 단위계 [식품공전]

◆ 길이 : m, cm, mm, μm, nm

◆ 용량 : L, mL, μL(l, ㎖, ㎕)

◆ 중량 : kg, g, mg, μg, ng, pg

◆ 넓이 : cm^2

◆ 열량 : kcal, kj

제4과목 식품미생물학

61 *Aspergillus*속의 특징

◆ amylase와 protease의 분비가 강하므로 청주, 약주, 된장, 간장 등의 양조에 많이 사용한다.

◆ 균총의 색상은 황색, 녹색, 흑색, 갈색, 백색 등으로 다양하며 주로 분생자의 색상에 의한다.

◆ 균사는 격막이 있고 보통 무색이다.

62 배지

◆ 그 성상에 따라 액체배지, 고체배지 및 반고체배지 등으로도 구분된다.

◆ 액체배지는 균체의 증식이나 생화학적 시험 또는 대사산물을 얻는 데 사용된다.

◆ 고체배지는 평판배지, 사면배지 및 고층배지가 있는데, 이들은 모두 미생물의 순수분리와 보존용으로 많이 쓰인다.
◆ 반고체배지는 운동성 실험과 미생물의 보존목적에 이용되고 있다.

63 효모의 균체 생산 배양조건

◆ 온도 : 최적온도는 일반적으로 25~26℃이다.
◆ pH : 일반적으로 pH 3.5~4.5의 범위에서 배양하는 것이 안전하다.
◆ 당농도 : 당농도가 높으면 효모는 알코올 발효를 하게 되고 균체 수득량이 감소한다. 최적 당농도는 0.1% 전후이다.
◆ 질소원 : 증식기에는 충분한 양이 공급되지 않으면 안 되나 배양 후기에는 질소농도가 높으면 제품효모의 보존성이나 내당성이 저하하게 된다.
◆ 인산농도 : 낮으면 효모의 수득량이 감소되고 너무 많으면 효모의 발효력이 저하되어 제품의 질이 떨어지게 된다.
◆ 통기교반 : 알코올 발효를 억제하고 능률적으로 효모균체를 생산하기 위해서는 배양 중 충분한 산소공급을 해야 한다.

64 효모의 증식상태

◆ $X_2 = X_1 e^{u(t_2 - t_1)}$
단, X_1, X_2는 각각 시간 t_1, t_2에 있어서 효모량이다. μ는 단위 균체량당 증식 속도를 나타낸다.
◆ 효모는 세대 시간에 역비례한다.
◆ 그러므로, $\mu = \dfrac{2.303\log(x_2/x_1)}{(t_2 - t_1)}$

$\qquad\qquad = \dfrac{2.303\log(10^3/10^2)}{10}$

$\qquad\qquad = 0.2303$

65 치즈의 발효, 숙성에 관여하는 미생물

◆ *Penicillium roqueforti*는 프랑스 로크포르치즈의 곰팡이 스타터이다.
◆ *Propionibacterium shermanii*는 스위스 에멘탈치즈의 스타터로 치즈 눈을 형성하고 특유의 풍미를 생성시키기 위해 사용한다.

66 젖산균 lactic acid bacteria

◆ 당을 발효하여 다량의 젖산을 생성하는 세균을 말한다.
◆ 그람양성, 무포자, 간균 또는 구균이고 통성혐기성 또는 편성 혐기성균이다.
◆ catalase 활성은 대부분 음성을 나타낸다.
◆ 장내에 증식하여 유해균의 증식을 억제한다.

◆ 생육에는 비타민, 아미노산 또는 어떤 종류는 peptide를 생육인자로서 요구하며 탄수화물을 발효시켜 에너지원으로 사용한다.
◆ 발효형식에 따라
  – 정상 발효젖산균 : 당류로부터 젖산만을 생성
  – 이상 발효젖산균 : 젖산 이외의 알코올, 초산 및 CO_2 가스 등 부산물을 생성

67 대장균

◆ 동물이나 사람의 장내에 서식하는 세균을 통틀어 대장균이라 한다.
◆ 그람음성, 호기성 또는 통성혐기성, 주모성 편모, 무포자 간균이다.
◆ lactose를 분해하여 CO_2와 H_2 gas를 생성한다.
◆ 대장균군 분리 동정에 lactose을 이용한 배지를 사용한다.

68 효모의 특성

◆ *Sporobolomyces*속 : 사출포자는 형성하지만 분절포자는 형성하지 않는 비발효성 효모이다.
◆ *Rhodotorula*속 : 출아 증식을 하고 carotenoid 색소를 생성하며 빨간색소를 갖고 지방의 집적력이 강하여 유지효모로 알려져 있다.
◆ *Schizosaccharomyces*속 : 동태접합에 의하여 자낭 중에 4~8개의 구형, 타원형의 포자를 형성한다. 무성생식은 분열법에 의해 증식하고 발효성이 있으며 열대지방의 과실, 당밀, 벌꿀 등에 분포한다.
◆ *Candida*속 : 출아에 의해 무성적으로 증식하고, 위균사를 현저히 형성하며, 구형, 계란형, 원통형이고 산막효모이다.

69 세균의 세포벽

◆ 생화학적으로 거의 모든 세균은 peptidoglycan(murein)이라 부르는 거대 분자들의 망상 구조로 되어 있다.
◆ Peptidoglycan은 아미노산으로 구성된 peptide부분과 탄수화물로 구성된 glycan으로 되어 있다.
◆ 세포벽은 세포의 고유한 형태를 유지하며, 삼투압 충격과 같은 외부 환경으로부터 세포의 내부 구조물과 세포질막을 보호하고, 외부 충격으로부터 완충작용을 한다.
◆ 세포벽 성분에 의해 항균 및 항바이러스 작용을 하기도 한다.

70 김치의 발효후기에 관여하는 미생물

◆ 발효 중기에 산도가 높아지면서 발효후기에는 *Lactobacillus plantarum*과 *Lactobacillus brevis*가 생육한다.
◆ 정상젖산균인 *Lactobacillus plantarum*은 *Leuconostoc*속 보다 3~4배 산생성능이 높으며 김치 발효 후기까지 지속적으로 생육함으로써 김치의 산패를 일으키는 원인균이다.

71 **세균과 효모의 증식곡선**

◆ 유도기 : 미생물이 새로운 환경에 적응하는 시기

◆ 대수기 : 세포분열이 활발하게 되고 균수가 대수적으로 증가하는 시기

◆ 정상기 : 영양물질의 고갈, 대사생성물의 축적, 산소부족 등으로 생균수와 사균수가 같아지는 시기

◆ 사멸기 : 환경 악화로 증식보다 사멸이 진행되어 생균수보다 사멸균수가 증가하는 시기

72 ◆ 가근(rhizoid)과 포복지(stolen)을 갖는 곰팡이는 *Rhizopus*속(거미줄곰팡이속) 등이다.

73 ◆ 내생포자는 리소자임(lysozyme)과 같은 항생물질에 대해 저항성을 갖지만 영양세포는 저항성이 없다(감수성이 있다).

74 ***Penicillium*속과 *Aspergillus*속의 차이점**

◆ *Penicillium*속과 *Aspergillus*속은 분류학상 가까우나 *Penicillium*속은 병족세포가 없다.

◆ 또한 분생자병 끝에 정낭(vesicle)을 만들지 않고 직접 분기하여 경자가 빗자루 모양으로 배열하여 취상체(penicillus)를 형성하는 점이 다르다.

75 **바이러스**virus

◆ 동식물의 세포나 미생물의 세포에 기생하고 숙주세포 안에서 증식하는 여과성 입자(직경 0.5μ 이하)를 virus라 한다.

◆ 바이러스는 핵산(DNA와 RNA) 중 어느 한 가지 핵산과 이것을 싸고 있는 단백질을 가지고 있을 뿐이다.

◆ 독자적인 대사기능은 없고 생세포 내에서만 증식한다.

◆ 바이러스는 유전 정보를 복사하는 기본적인 생명 현상을 유지하는 최소 단위다.

◆ 백신의 제조는 어떤 병원체의 면역유발 물질(항원)에 대한 유전정보를 가진 유전자를 전혀 다른 미생물인 바이러스의 유전자에 끼워 넣어 사람에게 주사하면, 바이러스 자체와 유전자 일부를 가져온 원체에 대한 항체가 모두 생긴다.

◆ 일반 항생제로는 치료 효과가 없다

76 ***Saccharomyces cerevisiae***

◆ 영국의 맥주공장에서 분리된 균이다.

◆ 전형적인 상면 효모로 맥주효모, 청주효모, 빵효모 등이 대부분 이 효모에 속한다.

◆ glucose, fructose, mannose, galactose, sucrose를 발효하나 lactose는 발효하지 않는다.

77 bacteriophage^{phage}

◆ 살아있는 동식물의 세포나 미생물의 세포에 기생하고 숙주세포 안에서 증식하는 여과성 입자(직경 0.5μ 이하)를 virus라 한다. virus 중 세균의 세포에 기생하여 세균을 죽이는 virus를 bacteriophage라고 한다.

78 발효주의 분류

◆ 단발효주 : 원료속의 주성분이 당류로서 과실 중의 당류를 효모에 의하여 알코올 발효시켜 만든 술이다. 예 과실주
◆ 복발효주 : 전분질을 아밀라아제(amylase)로 당화시킨 뒤 알코올 발효를 거쳐 만든 술이다.
  – 단행복발효주 : 맥주와 같이 맥아의 아밀라아제(amylase)로 전분을 미리 당화시킨 당액을 알코올 발효시켜 만든 술이다. 예 맥주
  – 병행복발효주는 청주와 탁주 같이 아밀라아제(amylase)로 전분질을 당화시키면서 동시에 발효를 진행시켜 만든 술이다. 예 청주, 탁주

79 *Candida*속

◆ 대부분 다극출아를 하며 세포는 구형, 난형, 원통형 등이다.
◆ 위균사를 만들고 알코올 발효력이 있는 것도 있다.
◆ *Candida tropicalis*는 *Candida lipolytica*와 마찬가지로 식·사료 효모이며, 또한 이들은 탄화수소 자화성이 강하여 균체 단백질 제조용 석유 효모로서 주목받고 있다.
◆ *Candida albicans*와 같이 사람의 피부, 인후 점막 등에 기생하여 candidiasis를 일으키는 병원균도 있다.

80 대장균^{E. coli}

◆ 동물이나 사람의 장내에 서식하는 세균을 통틀어 대장균이라 한다.
◆ 대장균은 그람음성, 호기성 또는 통성혐기성, 주모성 편모, 무포자 간균이고, 젖당(lactose)을 분해하여 CO_2와 H_2 gas을 생성한다.
◆ 대장균군 분리 동정에 lactose을 이용한 배지를 사용한다.

제5과목 식품제조공정

81 중력 여과^{gravity filtration}

◆ 혼합액에 중력을 가하여 여과재를 통과시켜 여과액을 얻고 고체 입자는 여과재 위에 퇴적되게 하는 방법이다.
◆ 음료수나 용수 처리 등에 사용된다.
◆ 에너지 소비가 가장 적다.

82 병류식 터널건조기

◆ 열풍과 식품의 이동방향이 같은 것으로 입구 쪽에서 고온의 열풍과 접촉하므로 초기 건조 속도가 높아 수축이 적다.

◆ 식품이 터널을 통과할수록 낮은 온도의 습한 열풍과 접촉하므로 차츰 건조 속도가 느려지고 수분함량이 낮은 제품을 얻기 어렵지만 제품은 열에 의한 손상을 적게 받는다.

83 해머 밀 hammer mill

◆ 충격형 분쇄기로, 여러 개의 해머가 부착된 회전자(rotor)와 분쇄실 밑에 있는 반원형의 체로 구성되어 있다.

◆ 회전자는 2500~4000rpm으로 회전시키면 해머의 첨단속도는 30~90m/sec에 이르게 되어 식품은 강한 충격을 받아 분쇄된다.

◆ 결정성 고체, 곡류, 건조 채소, 건조 육류 등을 분쇄하는 데 알맞다.

84 기체조절 저장

◆ 호흡률은 1kg의 식물이 호흡작용으로 1시간 동안 방출하는 탄산가스의 양(mg)을 호흡량 또는 호흡속도라 한다.

◆ 온도가 10℃ 상승하면 호흡량이 2~3배 증가하고 변패요인의 작용속도도 2~3배 증가한다.

◆ 발열량이란 농산물 1톤이 24시간동안 발생되는 열량으로 표시한다.

◆ 추숙과정에서 에틸렌(ethylene)가스가 생성되는데 ethylene의 생성이 호흡의 상승작용을 유도하여 성숙을 촉진한다.

85 고점도 반고체의 혼합

◆ 고점도 물체 또는 반고체 물체는 점도가 낮은 액체에서처럼 임펠러에 의해 유동이 생성되지 않으므로 물체와 혼합날개가 직접적인 접촉에 의해 물체는 비틀림, 이기기(kneading), 접음(folding), 전단(shearing), 압축작용을 연속적으로 받아 혼합된다.

86 원료의 전처리 조작

◆ 정선, 세척, 분쇄, 껍질 및 심제거, 절단, 고르기, 탈기, 분할 등

87 단위조작

	조작	조작의 목적
열조작	열전달	저온저장, CA저장, 동결저장, 살균저장
	증발	농축

확산조작	결정화	정제
	흡수	CO_2, O_2 이동
	증류	농축, 정제
	선소	발수저장
	추출	유지, 당의 분리
	훈연화	훈연, 탈수저장
	염장	염장(salting)
	당장	당장(sugaring)
기계적 조작	침강, 원심분리	고액분리, 분급
	여과, 압착	고액분리
	집진	고액분리, 제균
	세분화	파쇄, 분쇄
	교반, 혼합	조합

89 막여과

◆ 막여과 과정 중 여과보조제(filter aid)와 응집제를 필요로 하지 않는다.

90 젤리의 강도에 영향을 주는 인자

◆ 펙틴의 농도, 펙틴의 분자량, 펙틴의 에스테르화 정도, 당의 농도, pH, 염류의 종류 등이다.

91 피츠밀 fitz mill

◆ 단단한 원료를 회전하는 칼에 의해 일정 크기와 모양으로 부수거나 절단하여 조립하는 기계이다.

92 식품의 수분함량

◆ 건량기준 수분함량

$$Md = \frac{Wm}{Wd} \times 100\%$$

  Md : 건량기준수분함량(%)
  Wm : 물질 내 수분의 무게(g)
  Wd : 완전히 건조된 물질의 무게(g)

◆ 습량기준(총량기준) 수분함량(%)

$$Mw = \frac{Wm}{Wm + Wd} \times 100\%$$

  Mw : 습량기준수분함량(%)
  Wm : 물질 내 수분의 무게(g)
  Wd : 완전히 건조된 물질의 무게(g)

◆ 건량기준 수분함량이 25%일 때

$$Md(\%) = \frac{25}{100} \times 100 = 25$$

즉, Wm : 25, Wd : 100

$$Mw(\%) = \frac{25}{25+100} \times 100 = 20\%$$

93 혼합공정

◆ 반죽(kneading) : 고체−액체 혼합으로 다량의 고체분말과 소량의 액체를 섞는 조작
◆ 교반(agitation) : 액체−액체 혼합을 말하며, 저점도의 액체들을 혼합하거나 소량의 고형물을 용해 또는 균일하게 하는 조작
◆ 유화(emulsification) : 교반과 같이 액체−액체 혼합이지만 서로 녹지 않는 액체를 분산시켜 혼합하는 조작
◆ 정선(cleaning) : 원료로부터 오염물질을 분리, 제거하는 조작

94 초고온순간살균법^{UHT}

◆ 130~150℃에서 2~5초간 살균하는 방법이다.
◆ 내열성 포자도 완전살균이 가능하며, 비타민 C의 파괴가 적어 신선한 상태로 유지가 가능하여 많이 이용되는 방법이다.
◆ HTST법보다 이화학적 성질변화가 적게 발생한다.
◆ 연속작업이 가능하다.

95 식품의 건조과정에서 일어날 수 있는 변화

◆ 식품의 건조과정에서 자유수 함량이 줄어들어 저장성이 향상될 수 있다.

96 가열치사시간

◆ $F_{120} = mD_{120} = 12 \times (0.2) = 2.4분$
◆ $F_{110} = F_{120}10^{(120-T)/Z}$
$= 2.4 \times 10^{(120-110)/10}$
$= 24$

97 사이클론 분리기(집진기)

◆ 기체 속에 직경이 5㎛ 정도인 미세한 입자가 혼합되어 있을 때나 기체 속에 미세한 액체입자(mist)가 혼합되었을 때 쉽게 분리할 수 있는 분리기이다.
◆ 사이클론은 제분공업, 차류공업, 농약공업 등에 사용된다.

98 압출 extrusion

◆ 압출은 이송, 혼합, 압축, 가열, 반죽, 전단, 성형 등 여러 가지 단위공정이 복합된 가공방법 이다.

99 김치제조 시 절임 공정

◆ 소금의 농도, 절임시간, 온도가 매우 중요할 뿐만 아니라 사용하는 물의 수질 및 절임방법 등에 따라 절임식품인 김치의 발효에 큰 영향을 준다.
◆ 절임방법 : 건염법, 염수법, 혼합법 등이 있다.

100 드럼 건조기 drum dryer, film dryer

◆ 액상인 피건조물을 드럼 표면에 얇은 막을 형성하도록 하여 이를 가열표면에 접촉시켜 전 도에 의한 건조가 이루어진다.
◆ 액체, slurry상, paste상, 반고형상의 원료를 건조하는 데 이용한다.

제1과목 | 식품위생학

1 첨가물의 잔류허용량

◆ 1일 섭취허용량(체중 60kg)

　60×10mg=600mg

◆ 첨가물의 잔류허용량(식품의 몇 %)

　600mg/500000mg×100=0.12%

2 인수공통감염병

◆ 척추동물과 사람 사이에 자연적으로 전파되는 질병을 말한다. 사람은 식육, 우유에 병원체가 존재할 경우, 섭식하거나 감염동물, 분비물 등에 접촉하여 2차 오염된 음식물에 의하여 감염된다.

◆ 대표적인 인수공통감염병

　– 세균성 질병 : 탄저, 비저, 브루셀라병, 세균성 식중독(살모넬라, 포도상구균증, 장염비브리오), 야토병, 렙토스피라병, 리스테리아병, 서교증, 결핵, 재귀열 등

　– 리케차성 질병 : 발진열, Q열, 쯔쯔가무시병 등

　– 바이러스성 질병 : 일본뇌염, 인플루엔자, 뉴캐슬병, 앵무병, 광견병, 천연두, 유행성 출혈열, 중증열성혈소판감소증후군, 중증급성호흡기증후군(SARS)이나 중동호흡기증후군(MERS), 코로나바이러스감염증-19(COVID-19) 등

3 COD(화학적산소요구량)

◆ 물속의 산화기능 물질이 산화되어 주로 무기성 산화물과 가스로 되기 위해 소비되는 산화제에 대응하는 산소량을 말한다.

◆ 유기물은 적으나 무기환원성 물질(아질산염, 제1철염, 황화물 등)이 많으면 BOD는 적어도 COD는 높게 나타난다.

4 2번 해설 참조

5 육색고정제

◆ 질산염($NaNO_3$), 아질산염($NaNO_2$), 질산칼륨(KNO_3), 아질산칼륨(KNO_2) 등이 있다.

◆ 이들은 식품 중의 dimethylamine과 반응하여 발암물질의 일종인 nitrosamine을 생성하기 때문에 사용허가 기준 내에서 유효적절하게 사용해야 한다.

◆ 육가공품에서는 육중량에 대해 0.07g/kg 이하이고, 어육가공품의 경우는 0.05g/kg 이하

로 사용되고 있다.

6 산화방지제

◆ 유지의 산패에 의한 이미, 이취, 식품의 변색 및 퇴색 등을 방지하기 위하여 사용하는 첨가물이며 수용성과 지용성이 있다.
   - 수용성 산화방지제 : 주로 색소의 산화방지에 사용되며 erythrobic acid, ascorbic acid 등이 있다.
   - 지용성 산화방지제 : 유지 또는 유지를 함유하는 식품에 사용되며 propyl gallate, BHA, BHT, ascorbyl palmitate, DL-a-tocopherol 등이 있다.
◆ 산화방지제는 단독으로 사용할 경우 보다 2종 이상을 병용하는 것이 더욱 효과적이며 구연산과 같은 유기산을 병용하는 것이 효과적이다.

7 검체의 일반적인 채취방법

◆ 깡통, 병, 상자 등 용기·포장에 넣어 유통되는 식품 등은 가능한 한 개봉하지 않고 그대로 채취한다.
◆ 대장균이나 병원 미생물의 경우와 같이 검체가 불균질할 때는 다량을 채취하는 것이 원칙이다.

8 페놀수지phenol resin

◆ 페놀과 포름알데히드로 제조되는 열경화성수지로 내열성, 내산성이 강하다.
◆ 완전히 축합, 경화하면 원료에서 유래되는 페놀과 포르말린의 용출이 없으며 무독하고 안전하다. 그러나 축합, 경화가 불안전한 것은 페놀과 포르말린이 용출되어 식품 위생상 문제가 되고 있다.

9 멜라민melamin수지

◆ melamin과 formalin을 축합하여 만든 수지이다.
◆ 요소수지와 같이 열경화성 수지로 역시 formalin용출이 문제가 된다.
◆ 비교적 formalin의 용출이 적으며 phenol수지에 비하여 약간 떨어지는 정도이다.
◆ 멜라민 수지 식기류는 전자레인지에 돌리거나 산성이 강한 식초를 장기 보관하는 경우 원료 물질이 우러날 수 있기 때문에 주의해야 한다.
◆ 용기를 부드럽게 만드는 DEHP 등의 가소제는 사용되지 않는다.
◆ 멜라민수지 식기류에 있는 무늬나 그림은 우선 그려진 후에 멜라민수지로 다시 코팅되므로 음식물과 접촉해도 인쇄된 성분이 식품으로 옮겨지지 않는다.

10 쥐에 의한 전염병

◆ 세균성 질환 : 페스트, 와일씨병 등
◆ 리케차성 질환 : 발진열, 쯔쯔가무시병 등

◆ 식중독 : salmonela 식중독
◆ 바이러스성 질환 : 신증후군 출혈열(유행성 출혈열) 등

➕ 폴리오(소아마비)은 파리에 의하여 전파된다.

11 보툴리누스 식중독

◆ 원인균 : *Clostridium botulinus*
◆ 원인균의 특징
  - 그람양성 간균으로 주모성 편모를 가지고 있다.
  - 내열성 아포를 형성하는 편성 혐기성이다.
  - 신경독소인 neurotoxin을 생성한다.
  - 균 자체는 비교적 내열성 강하나 독소는 열에 약하다.
◆ 잠복기 : 12~36시간
◆ 증상 : 신경증상으로 초기에는 위장장애 증상이 나타나고, 심하면 시각장애, 언어장애, 동공확대, 호흡곤란, 구토, 복통 등이 나타나지만 발열이 없다.
◆ 치사율 : 30~80%로 세균성 식중독 중 가장 높다.
◆ 원인식품 : 소시지, 육류, 특히 통조림과 병조림 같은 밀봉식품이고, 살균이 불충분한 경우가 많다.
◆ 예방법
  - 식품의 섭취 전 충분히 가열한다.
  - 포장 식육이나 생선, 어패류 등은 냉장 보관하여야 한다.
  - 진공팩이나 통조림이 팽창되어 있거나 이상한 냄새가 날 때에는 섭취하지 않는다.

12 미생물 검사용 검체의 운반 [식품공전]

◆ 부패, 변질 우려가 있는 검체
  - 미생물학적인 검사를 하는 검체는 멸균용기에 무균적으로 채취하여 저온(5℃±3 이하)을 유지시키면서 24시간 이내에 검사기관에 운반하여야 한다.
  - 부득이한 사정으로 이 규정에 따라 검체를 운반하지 못한 경우에는 재수거하거나 채취일시 및 그 상태를 기록하여 식품위생검사기관에 검사 의뢰한다.

13 식품과 자연 독성분

◆ venerupin : 모시조개(바지락), 굴의 독성분
◆ saxitoxin : 섭조개의 독성분
◆ tetrodotoxin : 복어의 독성분
◆ solanine : 감자의 독성분

14 이물 시험법

◆ 이물시험법에는 체분별법, 여과법, 와일드만 플라스크법, 침강법 등이 있다.

◆ 체분별법
- 검체가 미세한 분말 속의 비교적 큰 이물일 때
- 체로 포집하여 육안검사
◆ 여과법
- 검체가 액체이거나 또는 용액으로 할 수 있을 때의 이물
- 용액으로 한 후 신속여과지로 여과하여 이물검사
◆ 와일드만 플라스크법
- 곤충 및 동물의 털과 같이 물에 젖지 않는 가벼운 이물
- 원리 : 검체를 물과 혼합되지 않는 용매와 저어 섞음으로서 이물을 유기용매 층에 떠오르게 하여 취함
◆ 침강법
- 쥐똥, 토사 등의 비교적 무거운 이물

15 PVC필름이 위생상 문제가 되는 이유

◆ 성형조제로 쓰이는 vinyl chloride monomer의 유출, 가소제 및 안정제가 그 원인인데 이들 모두 발암물질이다.

16 식중독의 치사율

◆ *Proteus*균 식중독 : 사망하는 일은 거의 없다.
◆ *Botulinus*균 식중독 : 30~80%(A, B형 70% 이상, E형은 30~50%)
◆ *Staphylococcus* 식중독 : 사망은 거의 없다.
◆ *Salmonella* 식중독 : 0.3~1.0%
◆ 장염 *Vibrio* : 2~3일이면 회복된다.

17 11번 해설 참조

18 보존료의 구비조건

◆ 미생물의 발육 저지력이 강할 것
◆ 지속적이어서 미량의 첨가로 유효할 것
◆ 식품에 나쁜 영향을 주지 않을 것
◆ 기호에 맞을 것
◆ 무색, 무미, 무취일 것
◆ 사용이 간편할 것
◆ 값이 저렴할 것
◆ 인체에 무해하고 독성이 없을 것
◆ 장기적으로 사용해도 해가 없을 것

19 식품오염에 문제가 되는 방사선 물질

◆ 생성률이 비교적 크고
- 반감기가 긴 것 : Sr-90(28.8년), Cs-137(30.17년) 등
- 반감기가 짧은 것 : I-131(8일), Ru-106(1년) 등

◆ 위해도는 Sr-90이 1, Cs-137이 1, I-131이 2, Ru-106이 0이다.

◆ 인체에 침착하여 장해를 주는 부위는 Sr-뼈. Cs-근육, I-갑상선, Ru-신장 등이다.

20 우유의 살균법

◆ 우유 자체에는 최소한도의 영향만 미치게 하고 우유 중에 혼입된 모든 병원 미생물을 사멸할 수 있게 고안되어 있다.

◆ 우유 살균은 우유 성분 중 열에 가장 쉽게 파괴될 수 있는 크림선(cream line)에 영향을 미치지 않고 우유 중에 혼입된 병원 미생물 중 열에 저항력이 가장 강한 결핵균을 파괴할 수 있는 적절한 온도와 시간으로 처리한다.

제 2 과목   식품화학

21 관능검사의 사용 목적

◆ 신제품 개발
◆ 제품 배합비 결정 및 최적화 작업
◆ 품질 관리규격 제정
◆ 공정개선 및 원가절감
◆ 품질수명 측정
◆ 경쟁사의 감시
◆ 품질 평가방법 개발
◆ 관능검사 기초연구
◆ 소비자관리

22 Millon 반응

◆ 아미노산 용액에 $HgNO_3$와 미량의 아질산을 가하면 단백질이 있는 경우 백색 침전이 생기고 이것을 다시 60~70℃로 가열하면 벽돌색으로 변한다.

◆ 이는 단백질을 구성하고 있는 아미노산인 티로신, 디옥시페닐알라닌 등의 페놀고리가 수은화합물을 만들고, 아질산에 의해 착색된 수은착염으로 되기 때문이다.

23 당류의 감미도

◆ 설탕(sucrose)의 감미를 100으로 기준하여 과당 150, 포도당 70, 맥아당 50, 젖당 20의 순이다.

24 밀가루 반죽 품질검사 기기

◆ extensograph 시험 : 반죽의 신장도와 인장항력 측정
◆ amylograph 시험 : 전분의 호화온도, 제빵에서 중요한 α-amylase의 역가, 강력분과 중력분 판정에 이용
◆ farinograph 시험 : 밀가루 반죽 시 생기는 흡수력 및 점탄성 측정

⊕ texturometer는 식품의 경도, 응집성, 탄력성, 점성, 부착성 등 측정

25 엽산folic acid

◆ Vit. M이라고도 한다.
◆ 결여되면 초기에는 무력감, 우울증, 건망증세가 나타난다.
◆ 결핍상태가 되면 거구적 혈구성빈혈, 소화기장애, 성장부진 등이 발생한다.

26 나이아신niacin

◆ 다른 비타민과는 달리 체내에서 아미노산의 일종인 트립토판으로부터 합성될 수 있다.
◆ 나이아신의 섭취가 부족해도 트립토판을 충분히 섭취하면 결핍증은 일어나지 않는다.
◆ 옥수수를 주식으로 하는 지역에서는 트립토판 섭취가 부족하게 되어 결핍증이 올 수 있다.
◆ 결핍되면 펠라그라(pellagra)가 발병된다. 이외에도 피부염, 피부의 각화, 색소침착, 식욕부진, 설사, 불면증, 구내염, 여러 가지의 신경장해 및 치매증이 나타난다.

27 소르비톨sorbitol

◆ 당알코올로서 성질은 흡습성이 강하고 감미가 있으며, 물, 에탄올에 녹는다.
◆ 비타민 C의 원료로서 연화제, 습윤제, 부동제, 계면활성제로 사용될 뿐 아니라 의약품으로서는 체내에 흡수되지 않기 때문에 당뇨병 환자의 저칼로리 감미료로 사용된다.
◆ 최근에는 합성수지의 가소제인 프로필렌글리콜의 원료로서 공업적으로도 다양한 용도를 가진다.

28 유지를 고온에서 장시간 가열하면

◆ 자동산화, 열산화 중합, 가열분해 등이 진행된다.
  − 공기 중에서 100℃ 이하로 가열하면 자동산화 중합이 일어난다.
  − 200~300℃의 고온으로 가열하면 열산화 중합이 일어난다.
  − 산소가 없는 상태에서 200~300℃의 고온으로 가열하면 열중합이 일어나 이중체, 삼중체 등의 중합체가 형성된다.

29 안토시아닌anthocyanin 색소

◆ 식물의 잎, 꽃, 과실의 아름다운 빨강, 보라, 파랑 등의 색소이다.
◆ 안토시아니딘(anthocyanidin)의 배당체로서 존재한다.

◆ 수용액의 pH에 따라 색깔이 변하는 특성을 가지는데 산성에서는 적색, 중성에서는 자색, 알칼리성에서는 청색 또는 청록색을 나타낸다.
◆ 산을 가하면 과실의 붉은 색을 그대로 유지할 수 있다.

30 아미노산의 정색 반응
◆ 닌히드린 반응, 밀론 반응, 크산토프로테인 반응, 사카구리 반응, 흡킨스콜 반응, 유황 반응 등이 있다.

31 고시폴 gossypol
◆ 면실유에는 독성이 강한 성분인 gossypol이 함유되어 있어서 정제 시 반드시 제거해야 한다.

32 부제탄소원자
◆ C의 결합수 4개가 각각 다른 원소나 원자단에 결합되어 있는 것을 말한다.
◆ 당의 광학적 이성체의 수는 2^n이다.
◆ 부제성 탄소가 3개이며, $2^3 = 8$개의 이성체가 있고, 대개 D:L=4:4 이다.

33 식품 중 수분활성도(Aw)
◆ 염장멸치 : Aw 0.6 이하
◆ 어육소시지와 베이컨 : Aw 0.9 이상
◆ 신선한 어패류 : Aw 0.98~0.99
◆ 수분이 적은 건조식품인 곡물 : Aw 0.60~0.64 정도
◆ 완전 건조식품 : Aw 0

34 겨자의 향기 성분
◆ 겨자씨에 존재하는 주요 glucosinolate인 sinigrin(allyl glucosinolate)은 겨자씨를 마쇄할 때 그 조직 내에 존재하는 thioglucosidase(myrosinase)에 의하여 가수분해되어 겨자 특유의 강한 자극성의 향기 성분인 allyl isothiocyanate와 그 유도체인 allyl nittile, allyl thiocyanate 등을 형성한다.

35 물의 끓는점이 높은 이유
◆ 수소결합은 다른 분자간 결합보다 힘이 세다.
◆ 수소결합을 많이 할수록 끓는점은 높다.
◆ 물은 끓는점이 100℃, 알코올은 78.3℃, 에테르는 34.6℃이다.
◆ 원래 물질의 끓는점은 분자량이 클수록 높은데 물은 분자량이 18, 에탄올은 46, 에테르는 74.12이다.
◆ 물의 끓는점이 높은 이유는 분자하나당 수소결합 수가 더 많기 때문이다

◆ 물은 수소결합이 4개, 에탄올은 2개, 에테르는 없다.

36 조단백질 함량

◆ 대부분 단백질의 질소함량은 평균 16%이다.
◆ 정량법에서 kjeldahl법으로 질소량을 측정한 후 질소계수 6.25(=100/16)을 곱하면 조단백질량을 구할 수 있다.
◆ 조단백질량 = 질소함량×질소계수 = 1.5×6.25 = 9.38

37 노화[retrogradation]

◆ α 전분(호화전분)을 실온에 방치할 때 차차 굳어져 micelle 구조의 β 전분으로 되돌아가는 현상을 노화라 한다.
◆ 노화에 영향을 주는 인자
  - 온도 : 노화에 가장 알맞은 온도는 2~5℃이며, 60℃ 이상의 온도와 동결 때는 노화가 일어나지 않는다.
  - 수분함량 : 30~60%에서 가장 노화하기 쉬우며, 10% 이하에서는 어렵고, 수분이 매우 많은 때도 어렵다.
  - pH : 다량의 OH 이온(알칼리)은 starch의 수화를 촉진하고, 반대로 다량의 H 이온(산성)은 노화를 촉진한다.
  - 전분의 종류 : amylose는 노화하기 쉽고, amylopectin은 노화가 어렵다. 옥수수, 밀은 노화하기 쉽고, 감자, 고구마, 타피오카는 노화하기 어려우며, 찰옥수수 전분은 노화가 가장 어렵다.

38 조단백질 함량

◆ 대부분 단백질의 질소함량은 평균 16%이다.
◆ 정량법에서 kjeldahl법으로 질소량을 측정한 후 질소계수를 곱하면 조단백질량을 구할 수 있다.
◆ 조단백질량 = 질소함량×질소계수
◆ 즉, 10=1.7×질소계수, 질소계수=5.88

39 기호도 검사

◆ 관능검사 중 가장 주관적인 검사는 기호도 검사이다.
◆ 기호검사는 소비자의 선호도가 기호도를 평가하는 방법으로 새로운 식품의 개발이나 품질 개선을 위해 이용되고 있다.
◆ 기호검사에는 선호도 검사와 기호도 검사가 있다.
  - 선호도 검사는 여러 시료 중 좋아하는 시료를 선택하게 하거나 좋아하는 순서를 정하는 것이다.
  - 기호도 검사는 좋아하는 정도를 측정하는 방법이다.

40 식품에서 콜로이드^{colloid} 상태

분산매	분산질	분산계	식품의 예
기체	액체	에어졸	향기부여 스모그
	고체	분말	밀가루, 전분, 설탕
액체	기체	거품	맥주 및 사이다 거품, 발효 중의 거품
	액체	에멀젼	우유, 생크림, 마가린, 버터, 마요네즈
	고체	현탁질	된장국, 주스, 전분액, 스프
		졸	소스, 페이스트
		겔	젤리, 양갱
고체	기체	고체거품	빵, 쿠키
	액체	고체겔	한천, 과육, 버터, 마가린, 초콜릿, 두부
	고체	고체교질	사탕과자, 과자

제3과목   식품가공학

41 winterization(탈납처리, 동유처리)

◆ salad oil 제조 시에만 하는 처리이다.
◆ 기름이 냉각 시 고체지방으로 생성이 되는 것을 방지하기 위하여 탈취하기 전에 고체 지방을 제거하는 작업이다.

42 과일주스 제조 시 백탁의 원인

◆ 과즙은 단백질, 펙틴질 또는 미세한 과육 조각이 콜로이드 상태로 부유하여 혼탁해지며, 특히 감귤류의 과피에는 헤스페리딘(hesperidin)이 비교적 다량으로 함유되어 있으며, 헤스페리딘은 감귤류 제품을 흐리게 하는 백탁의 원인이 되는 성분이다.
◆ 보통 80℃로 순간 살균하여 단백질, 고무질 등이 응고되면 쉽게 제거한 다음 45℃ 이하로 냉각시켜 0.05~0.1%의 pectin분해효소를 넣고 교반하여 청징시킨다.
◆ 청징 방법 : 난백법, casein법, gelatin법, tannin법, 규조토법, pectinase(효소)법 등이 있다.

43 과실주스 중의 부유물 침전

◆ 대부분 주스는 펙틴 등 기타 침전물을 함유하고 있어 여과만으로 투명한 과일주스를 얻기 어렵다.
◆ 따라서 투명과즙 제조 시 혼탁물인 펙틴, 섬유, 단백질 등을 분해, 응고, 침전시켜 제거해야 한다.
◆ 청징 방법으로는 난백, 카제인, 젤라틴, 탄닌, 흡착제, 효소 등을 처리하여 실시한다.

44 **콩나물 성장에 따른 화학적 성분의 변화**

◆ 지방은 발아 후기에 비교적 빨리 감소하고, 단백질은 전발아 기간 동안 약간 감소하고, 섬유소는 발아 10일 후에 2배로 증가하고, 수용성 단백태질소는 약 $\frac{1}{4}$로 감소한다.

◆ 콩 자체에는 없던 vit. C가 빠르게 승가하여 발아 7~8일에 최고지가 된다.

◆ vit. B군 중 B_2는 급속히 증가하여 10일 후에 3배로 증가한다.

45 **훈연제조 시 훈연 침투속도**

◆ 훈연농도
◆ 훈연실의 공기속도
◆ 훈연실의 상대습도
◆ 훈연제품의 표면 상태

46 **총 살균시간**^{TDT} → 총 살균시간[TDT]

◆ $D = \dfrac{U}{\log A - \log B}$ (U: 가열시간, A: 초기균수, B: U시간 후 균수)

◆ 초기균수 10^4, 나중 균수 10

◆ $\log = \dfrac{U}{\log 10^4 - \log 10^1} = \dfrac{U}{3}$

   $U = 40 \times 3 = 120$초

47 **치즈**^{cheese} → 치즈[cheese]

◆ 우유를 젖산균에 의하여 발효시키고 렌닛(rennet) 등의 응류효소로 단백질을 응고시킨 후 유청을 제거한 다음 가온, 가압 등의 처리에 의하여 얻어지는 응고물(curd)를 이용한다.

48 **제거해야 할 수분량(x)**

◆ $\dfrac{10}{100} \times 1 = \dfrac{20}{100}(1-x)$

   $\therefore x = \dfrac{0.4}{0.5} = 0.8\text{kg}$

49 **계란의 등급 결정을 하기 위한 품질기준(우리나라)**

◆ 외관판정, 투광판정, 할란판정에 의해서 등급을 결정한다.
   – 외관판정 : 난각의 상태 즉 난각의 청결상태, 모양, 조직 등을 판정
   – 투광판정 : 기실의 크기, 난황의 위치, 난백의 투명도와 결착력 등을 판정
   – 할란판정 : 난황의 높이, 농후난백의 높이, 수양난백의 양, 이물질의 크기, 호우단위 계수 등을 판정
◆ 이외에 계란의 신선도를 판정하는 방법으로 진음법, 설감법, 비중법 등이 있다.

50 **밀가루를 체로 치는 이유**

◆ 협잡물을 제거하고 밀가루를 분산시켜 공기와의 접촉을 고르게 하고 발효를 돕는다.

51 **맥주 원료용 보리의 품질**

◆ 입자의 형태가 고른 것
◆ 수분이 13% 이하인 것
◆ 곡피가 엷은 것
◆ 전분질이 많으며 단백질이 적은 것
◆ 발아력이 균일하고 왕성한 것
◆ 색깔이 좋은 것
◆ 곰팡이가 피지 않고 협잡물이 적은 것

52 **마요네즈**

◆ 난황의 유화력을 이용하여 난황과 식용유를 주원료로 하여 식초, 소금, 설탕 등을 혼합하여 유화시켜 만든 제품이다.
◆ 난황의 유화력은 난황 중의 인지질인 레시틴(lecithin)이 유화제로서 작용한다.

53 **곡류의 저장방법**

◆ 미곡은 벼의 형태로 저장하는 것이 가장 좋다.
◆ 외피를 벗기지 않는 상태의 벼나 원맥은 저장 중 물리적 장해를 받기 어렵고, 잘 건조되어 있으면 해충이나 미생물, 쥐 등의 피해가 비교적 적다.

54 **육색고정제(발색제)**

◆ 육색소를 고정시켜 고기 육색을 그대로 유지하는 것이 주목적이고 또한 풍미를 좋게 하고, 식중독 세균인 *Clostridium botulium*의 성장을 억제하는 역할을 한다.
◆ 발색제에는 아질산나트륨($NaNO_2$), 질산나트륨($NaNO_3$), 아질산칼륨(KNO_2), 질산칼륨(KNO_3) 등이 있다.
◆ 육색고정 보조제로는 ascorbic acid가 있다.

55 **버터의 증용률**^{overrun}

◆ 버터의 증용률(%) $= \dfrac{\text{버터의 중량} - (\text{크림중량} \times \text{크림지방율})}{\text{크림중량} \times \text{크림지방율}} \times 100$

$\qquad\qquad\quad = \dfrac{100-80}{80} \times 100 = 25\%$

56 분무건조^{spray drying}

◆ 건조실 내에 열풍을 불어 넣고 열풍 속으로 농축우유를 분무시키면 우유는 미세입자가 되어 표면적이 크게 증가하여 수분이 순간적으로 증발한다.

◆ 열풍온도는 150~250℃이지만 유적이 받는 온도는 50℃ 내외에 불과하여 분유는 열에 의한 성분변화가 거의 없다.

◆ 실제 우유의 건조에 분무건조가 가장 많이 이용되고 있다.

57 글리시닌이 응고되는 원리

◆ 콩단백질의 주성분인 글리시닌(glycinin)은 묽은 염류용액에 녹는 성질이 있다.

◆ 콩에는 인산칼륨과 같은 가용성 염류가 들어 있으므로 마쇄하여 두유를 만들면 글리시닌이 녹아 나온다.

◆ 70℃ 이상으로 가열 한 다음 염화칼슘, 염화마그네슘, 황산칼슘과 같은 염류와 산을 넣으면 글리시닌이 응고하여 침전된다.

58 냉동식품 포장재료의 필수 구비조건

◆ 방습성, 내한성, 내수성이 있어야 한다.

◆ 가스투과성이 낮아야 한다.

◆ 가열 수축성이 있어야 한다.

> ⊕ 폴리에스테르(polyester), 폴리에틸렌(PE), 폴리비닐리덴클로라이드(PVDC) 등을 기본재료로 한 복합필름이 사용된다. 즉 lamination 한 것이 이용된다.

59 식물성 유지가 동물성 유지보다 산패가 덜 일어나는 이유

◆ 식물성 유지에는 동물성 유지보다 천연항산화제가 많이 함유되어 산패가 잘 일어나지 않는다.

◆ 항산화제로는 tocopherol(Vit E), 아스코르빈산(Vit C), gallic acid, quercetin, sesamol 등이 있다.

◆ 이들 물질은 산화방지 보조물질(synergist)을 첨가하면 효과적이다.

60 줄^{joule}과 칼로리와의 관계

◆ 4.1855J＝1cal, 1JJ＝0.2389cal

◆ 50×0.2389J＝11.95cal, 약 12cal

제4과목   식품미생물학

61 Waldhof형 발효조

◆ 아황산 펄프폐액을 사용한 효모생산을 위하여 독일에서 개발된 발효조이다.

◆ 발생하는 거품은 기계적으로 처리되고 산소 이용률도 높으며, 공기의 제균이 요구되지 않는다.

◆ 연속배양도 가능하다.

62 아플라톡신aflatoxin

◆ *Asp. flavus*가 생성하는 대사산물로서 곰팡이 독소이다.

◆ 간암을 유발하는 강력한 간장독성분이다.

63 진균류Eumycetes

◆ 격벽의 유무에 따라 조상균류와 순정균류로 분류한다.

◆ 조상균류
  - 균사에 격벽(격막)이 없다.
  - 호상균류, 난균류, 접합균류(*Mucor*속, *Rhizopus*속, *Absidia*속) 등

◆ 순정균류
  - 균사에 격벽이 있다.
  - 자낭균류(*Monascus*속, *Neurospora*속), 담자균류, 불완전균류(*Aspergillus*속, *Penicillium*속, *Trichoderma*속) 등

64 간장제조 시 균주

◆ *Aspergillus tamari* : 단백질 분해력이 강하여 일본의 Tamari간장의 koji에 이용하기도 한다.

◆ *Aspergillus sojae* : 단백질 분해력 강하며 간장제조에 사용된다.

◆ *Aspergillus flavus* : 발암물질인 aflatoxin을 생성하는 유해균이다.

◆ *Aspergillus glaucus* : 고농도의 설탕이나 소금에서도 잘 증식되어 식품을 변패시킨다.

65 식초양조에서 종초에 쓰이는 초산균의 구비조건

◆ 산 생성속도가 빠르고, 생성량이 많아야 한다.

◆ 가능한 한 다시 초산을 산화하지 않아야 한다.

◆ 초산 이외의 유기산류나 에스테르류를 생성해야 한다.

◆ 알코올에 대한 내성이 강해야 한다.

◆ 잘 변성되지 않아야 한다.

67 맥주발효 효모

◆ *Saccharomyces cerevisiae* : 맥주의 상면발효효모(영국계)

◆ *Saccharomyces carlsbergensis* : 맥주의 하면발효효모(독일계)

일반적인 미생물의 탄소원

◆ 효모, 곰팡이, 세균은 glucose, dextrose, fructose 등 단당류와 설탕, 맥아당 등의 2당류가 잘 이용되고, xylose, arabinose 등의 5탄당, lactose, raffinose 등과 같은 oligosaccharide을 이용하기도 한다.

◆ 젖당(lactose)은 장내 세균과 유산균의 일부에 잘 이용되나 효모의 많은 균주는 이용하지 못한다.

69 젖산균의 발효형식에 따라

◆ 정상발효형식(homo type) : 당을 발효하여 젖산만 생성
$C_6H_{12}O_6 \rightarrow 2CH_3CHOHCOOH$

◆ 이상발효형식(hetero type) : 당을 발효하여 젖산외에 알코올, 초산, CO_2 등 부산물 생성
$C_6H_{12}O_6 \rightarrow CH_3CHOHCOOH + C_2H_5OH + CO_2$
$2C_6H_{12}O_6 + H_2O \rightarrow 2CH_3CHOHCOOH + C_2H_5OH + CH_3COOH + 2CO_2 + 2H_2$

70 *Botrytis cinerea*

◆ 포도 수확기에 포도에 번식하면 신맛이 없어지고 수분이 증발하여 단맛이 증가하므로 귀부포도주 양조에 이용된다.

◆ 이 균에 의해 생성된 글리세린과 글크론산 등의 여러 가지 물질은 복잡한 풍미의 포도주를 만든다.

◆ 귀부 포도로 만든 와인은 단맛과 향기가 풍부해 디저트 와인으로 주로 마신다.

71 *Rhodotorula*속

◆ 원형, 타원형, 소시지형이 있고, 위균사를 만들고, 출아 증식을 한다.

◆ carotenoid 색소를 현저히 생성하며, 빨간 색소를 갖고 지방의 집적력이 강하다.

◆ *Rhodotorula glutinis*는 적색을 띠며 건조중량으로 35~60%에 상당하는 다량의 지방을 축적하는 유지효모이다.

72 공업적으로 lipase를 생산하는 미생물

◆ *Aspergillus niger, Rhizopus delemar, Candida cylindraca, Candida paralipolytica* 등을 사용한다.

73 유산 발효형식

◆ 정상발효형식(homo type) : 당을 발효하여 젖산만 생성
　－ EMP경로(해당과정)의 혐기적 조건에서 1mole의 포도당이 효소에 의해 분해되어 2mole의 ATP와 2mole의 젖산이 생성된다.
　－ $C_6H_{12}O_6 \xrightarrow{\quad\quad} 2CH_3CHOHCOOH$
　　　포도당　　2ATP　　　젖산

74 *Aspergillus oryzae*

◆ 황국균(누룩곰팡이)이라고 한다.

◆ 생육온도는 25~37℃이다.

◆ 전분 당화력과 단백질 분해력이 강해 간장, 된장, 청주, 탁주, 약주 제조에 이용된다.

◆ 분비효소는 amylase, maltase, invertase, cellulase, inulinase, pectinase, papain, trypsin, lipase이다.

◆ 특수한 대사산물로서 kojic acid를 생성하는 것이 많다.

75 VBNC^{viable but not culturable} **미생물**

◆ 대사활동이 매우 낮고 분열되지 않지만 살아 있으며 일단 회복되면 배양할 수 있는 능력을 가진 미생물을 말한다.

◆ 즉 난배양 미생물이라고 할 수 있다.

◆ 살아 있지만 배양을 할 수 없는 균으로 미생물 배지를 이용한 실험에서 검출될 수 있다.

76 *Lactobacillus homohiochii*

◆ 청주를 부패시켜 불쾌취를 주는 화락균이다.

◆ 청주에 증식하여 백탁과 산패를 야기시키고 향기도 나쁘게 한다.

77 **당밀 원료에서 주정을 제조하는 과정**

◆ 당밀→희석→발효조정제→살균→발효→증류→제품 순이다.

◆ 당화공정이 필요 없다.

78 **유도기(잠복기)**^{lag phase}

◆ 미생물이 새로운 환경(배지)에 적응하는 데 필요한 시간이다.

◆ 증식은 거의 일어나지 않고, 세포 내에서 핵산(RNA)이나 효소단백의 합성이 왕성하고, 호흡활동도 높으며, 수분 및 영양물질의 흡수가 일어난다.

◆ DNA 합성은 일어나지 않는다.

79 **진균류**^{Eumycetes}

◆ 고등 미생물로서 곰팡이, 버섯, 효모의 대부분이 여기에 속한다.

◆ 격벽(septa)의 유무에 따라 조상균류와 순정균류로 분류한다.

　　– 조상균류는 균사에 격벽이 없고 여기에는 호상균류, 접합균류(곰팡이 : *Mucor*속, *Rhizopus*속), 난균류 등이 있다.

　　– 순정균류는 균사에 격벽이 있고 여기에는 자낭균류(곰팡이, 효모), 담자균류(버섯, 효모), 불완전균류(곰팡이, 효모) 등이 있다.

◆ 진균류의 번식은 주로 포자에 의해 이루어진다.

◆ 유성포자에는 접합포자, 자낭포자, 담자포자, 난포자가 있다.

80 위균사를 형성하는 효모

◆ *Saccharomyces*속 : 구형, 닌형 또는 타원형이고, 위균사를 민드는 것도 있다.
◆ *Candida*속 : 구형, 난형, 원통형이고, 대부분 위균사를 잘 형성한다.
◆ *Hanseniaspora*속 : 레몬형이고, 위균사를 형성하지 않는다.
◆ *Trigonopsis*속 : 삼각형이고, 위균사를 형성하지 않는다.

제5과목　식품제조공정

81 원심분리기

◆ 디슬러지 원심분리기(desludge centrifuge) : 고체의 농도가 높을 경우 사용하는 원심분리기이다.
◆ 관형 원심분리기(tubular bowl centrifuge) : 액체-액체 원심분리기 가운데 가장 간단한 형태이다.
◆ 원통형 원심분리기(cylindrical bowl centrifuge) : 공급액의 고체농도가 1~2%로 낮고, 고체입자의 침강이 용이한 경우에 사용한다.
◆ 노즐 배출형 원심분리기(nozzle discharge centriguge) : 공급액 중에 수 % 이상의 고체가 함유되어 있는 경우에 사용되며 퇴적된 고체를 노즐을 통해 연속적으로 배출한다.

82 녹말의 정제

◆ 전분유에는 녹말 외에 가용성 당분, 색소 단백질 등이 들어 있어 이를 제거하는 공정이 녹말의 정제이다.
◆ 초기에는 노즐형 원심분리기가 사용되었으나 점차 수세형 노즐분리기 등 분리기의 개량으로 분리 능력이 매우 향상되고 있다.

83 진동체vibrating screen

◆ 여러 가지 체면을 붙인 상자형의 체를 수평 혹은 경사(15~20°)시켜 직선진동(수평만), 원진동(경사만), 타원진동(수평과 경사)등의 고속 진동을 주어 체면 상의 입자 군을 분산 이동시켜서 사별하는 체이다.
◆ 기초에 진동이 전해지지 않도록 코일스프링, 진동고무, 공기스프링 등으로 지지되어 있다.
◆ 체가 1, 2, 3상으로 되어 있으며 2~4종의 입자 군으로 사별할 수 있다.

85 원심분리법에 의한 크림분리기cream separator

◆ 원통형(tubular bowl type)과 원추관형(disc bowl type) 분리기가 있다.
◆ 원추관형(disc bowl type) 분리기가 많이 이용되고 있다.

86 농도변경 계산

농축 오렌지 60%   45 − 15 = 30

                   45%

착즙 오렌지 15%   60 − 45 = 15

$60\% \text{ 농축오렌지} = \dfrac{30}{30+15} \times 100 = 66.6\text{kg}$

$15\% \text{ 착즙오렌지} = \dfrac{15}{30+15} \times 100 = 33.3\text{kg}$

즉, 15% 착즙오렌지와 60% 농축오렌지를 1:2 비율로 혼합하면 된다.

87 통조림 내용물의 pH

◆ 식품의 살균공정에서 큰 영향을 주는 인자는 식품의 pH이다.
◆ pH가 낮아 산성이 높으면 살균시간이 단축된다.
◆ 과일주스와 같은 산성식품은 저온살균으로도 미생물 제어가 가능하나, 비산성 식품은 100℃ 이상에서 가압 살균해야 한다.

88 상업적 살균^{commercial sterilization}

◆ 가열살균에 있어서 식품의 저장성과 품질을 양립시킬 수 있는 최저한도의 열처리를 말한다.
◆ 식품산업에서 가열처리(70~100℃ 살균)를 하였더라도 저장 중에 다시 생육하여 부패 또는 식중독의 원인이 되는 미생물만을 일정한 수준까지 사멸시키는 방법이다.
◆ 산성의 과일통조림에 많이 이용한다.

89 식품의 방사선 조사^{food irradiation}

◆ 우리나라 식품위생법에서는 ^{60}Co의 γ−선을 사용하되 발아억제, 살충 및 숙도조절의 목적에 한하여 사용하도록 되어 있다.
◆ 허가된 품목에는 감자 외에 양파, 곡류, 건조과일, 딸기, 양송이, 생선, 닭고기 등이 있다.
◆ 발아억제(감자, 양파, 마늘, 파)를 위해서는 0.15kGy 이하 선량이 필요하고, 완전살균이나 바이러스의 멸균을 위해서는 10~50kGy 선량이 필요하고, 유해곤충을 사멸하기 위해서는 10kGy 선량이 필요하고, 기생충을 사멸하기 위해서는 0.1~0.3kGy 선량이 필요하고, 숙도의 지연(망고, 파파야, 토마토)을 위해서는 1.0kGy 이하 선량이 필요하다.

90 기류 정선법

◆ 풍력을 이용하여 곡물 중에 들어 있는 협잡물을 제거하는 정선기이다.
◆ 주로 쌀 등의 도정공장에서 도정이 끝난 백미와 쌀겨를 분리하기 위하여 사용한다.

91 면역글로불린^{immunoglobulin}

◆ 혈청으로부터만 유래된 것으로 알려졌으나 유선에서도 일부분이 합성되는 것으로 보고되고 있다.
◆ 초유에 함량이 높으며, 초유의 총 단백질 함량(15~26%)의 50~60%나 된다.

92 고체 식품 분쇄 시 작용하는 힘

◆ 압축(compression), 충격(impact), 전단(shear) 등의 힘이 작용한다.

93 난백 단백질

◆ ovalbumin, conalbumin, ovomucoid, lysozyme, ovoglobulin, ovomucin 등이 있다.

> ⊕ lipovitellin, lipovitellenin, phosvitin, livetin 등은 난황 단백질이다.

94 통조림 제조 시 탈기의 목적

◆ 가열살균 시 관내 공기의 팽창에 의하여 생기는 밀봉부의 파손 방지
◆ 관내면의 부식을 억제
◆ 호기성 세균의 발육 억제
◆ 산화에 따른 내용물의 향미, 색택, 영양가의 열화 방지

95 고온살균장치

◆ 회분식(batch type) 살균 : 각 단계를 별도로 수행하는 방법이다.
  − 레토르트(retort), 가압살균기(autoclave) 등
◆ 연속식(continuous type) 살균 : 예열, 살균, 예냉, 냉각의 과정을 연속적으로 수행하는 방법이다.
  − 회전식 살균기, 수탑식 살균기, 하이드로록 살균기 등

96 침강분리의 원리

◆ 유체 중에 들어 있는 입자는 3가지 힘인 중력(gravity), 부력(buoyant force), 항력(drag force)의 작용을 받는다.

97 이송기

◆ 가공체계에서 각 공정 간의 원료 이동, 물질의 상태 이동, 식품의 이동 등에 쓰이는 기기를 말한다.
◆ 기체 이송에는 fan, blower, compressor 등이 사용된다.
◆ 액체 이송에는 pipe, pump 등이 사용된다.
◆ 고체 이송에는 conveyer, thrower 등이 사용된다.

98 기송식 건조기^{pneumatic dryer}

◆ 높은 속도의 열풍 속에 시료를 투입하여 시료를 열풍기류와 함께 이동시키면서 건조하는 방식이다.

◆ 곡물, 밀가루, 감자, 육류 등의 건조와 우유, 달걀분말 등의 2차 건조기로 널리 이용되고 있다.

99 역삼투^{reverse osmosis}

◆ 평형상태에서 막 양측 용매의 화학적 포텐셜(chemical potential)은 같다.

◆ 그러나 용액 쪽에 삼투압보다 큰 압력을 작용시키면 반대로 용액 쪽에서 용매분자가 막을 통하여 용매 쪽으로 이동하는데 이 현상을 역삼투 현상이라 한다.

◆ 역삼투는 분자량이 10~1000 정도인 작은 용질분자와 용매를 분리하는 데 이용된다.

◆ 대표적인 예는 바닷물의 탈염(desalination)이고, 미생물 제거, 유청의 농축, 주스의 농축 등에 이용된다.

100
◆ $D_{110℃}$=8분 : 110℃에서 미생물을 90% 감소시키는 데 필요한 시간은 8분이다.

◆ $F_{110℃}$=8분 : 110℃에서 미생물을 모두 사멸시키는 데 걸리는 시간은 8분이다.

한번에 합격하는 자격증 시험!
요양·간호·식품 원큐패스 시리즈

요양

**요양보호사 필기 실기
핵심 총정리**
25,000원

**요양보호사 CBT 대비
모의고사 문제집**
16,000원

간호

**간호조무사
핵심 총정리**
26,000원

**간호조무사
모의고사 문제집**
18,000원

식품

식품기사 필기
38,000원

**식품기사 필기
기출문제**
23,000원

**식품산업기사 필기
기출문제**
22,000원

식품 필기
산업기사
기출문제

★★★
한국산업인력공단
출제기준에 맞춘 문제집

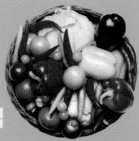

PART 1 식품위생학
PART 2 식품화학
PART 3 식품가공학
PART 4 식품미생물학
PART 5 식품제조공정

정가 **22,000**원

13570

(주)다락원 경기도 파주시 문발로 211

📞 (02)736-2031 (내용문의: 내선 291~298 / 구입문의: 내선 250~252)
📠 (02)732-2037
🌐 www.darakwon.co.kr
☕ http://cafe.naver.com/1qpass

출판등록 1977년 9월 16일 제406-2008-000007호

9788927773535
ISBN 978-89-277-7353-5